普通高等教育园林景观类『十二五』规划教材

# 园林植物遗传育种学

主　编　杜晓华　张菊平
副主编　杨鹏鸣　王凤华　邓小莉



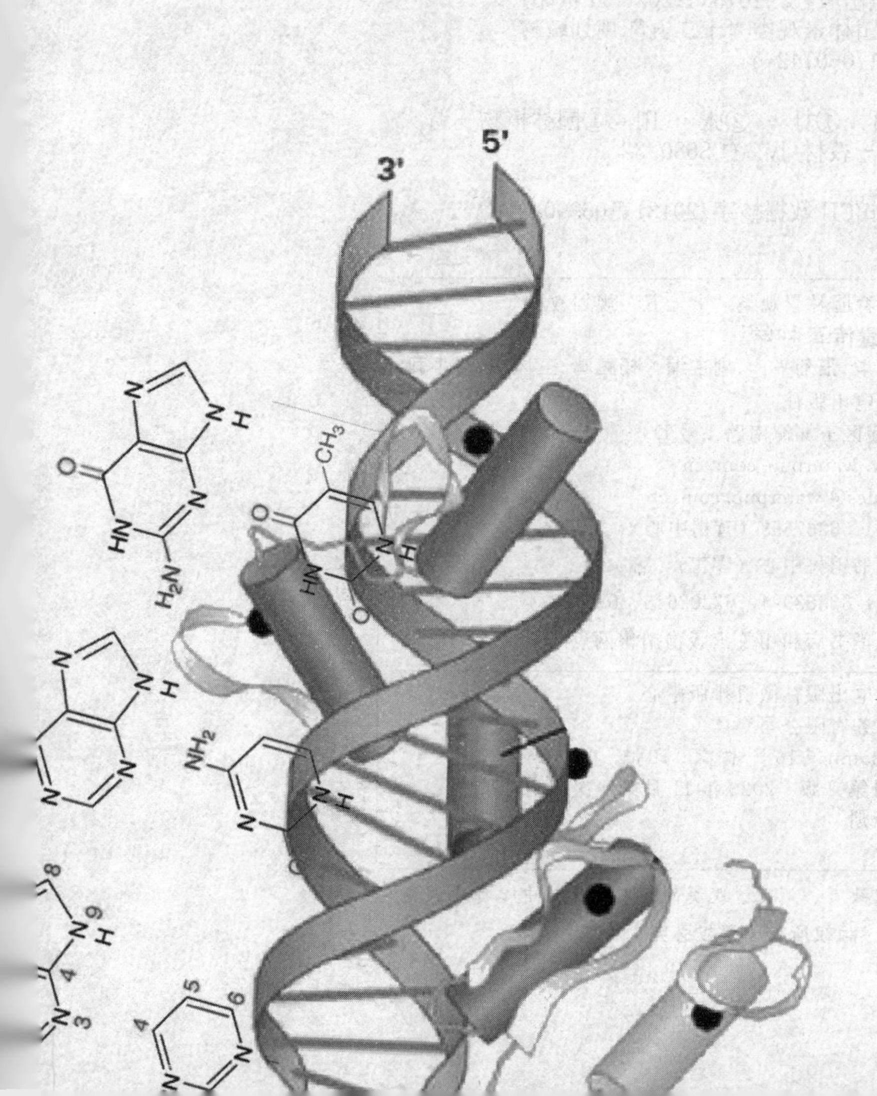

## 内 容 提 要

本教材内容新颖，起点高，涵盖面广，适用性强。全书共分为遗传和育种两部分共20章，其中遗传部分7章，育种部分13章。在遗传学部分，我们贯彻少而精的原则，压缩和删去一些与园林植物育种联系不大的章节和理论。以（园林）植物为主，力求系统地向读者介绍现代遗传学的基础理论与进展，使读者完整准确掌握遗传学的基本原理和方法，为育种实践打下理论基础；同时在各章节中尽可能与园林植物相联系以反映园林与观赏园艺的专业特点。在育种学部分，系统介绍了园林植物种质资源、引种驯化、选择育种、有性杂交育种、优势杂交育种、远缘杂交育种、人工诱变育种、倍性育种和生物技术育种等育种途径。每章后附有习题，可供读者复习自测，以强化学习有关的知识。

本教材配有彩色图片和素材，同时还配备了PPT课件等丰富的教学资源，可在http：//www.waterpub.com.cn/softdown查阅下载。

本教材适合用于园林、景观专业的师生作为教材，也可供相关专业的教师和科研人员参考使用。

图书在版编目（CIP）数据

园林植物遗传育种学 / 杜晓华，张菊平主编. -- 北京：中国水利水电出版社，2013.4(2020.11重印)
普通高等教育园林景观类“十二五”规划教材
ISBN 978-7-5170-0742-5

Ⅰ. ①园… Ⅱ. ①杜… ②张… Ⅲ. ①园林植物－遗传育种－高等学校－教材 Ⅳ. ①S680.32

中国版本图书馆CIP数据核字(2013)第063904号

| | |
|---|---|
| 书　　名 | 普通高等教育园林景观类“十二五”规划教材<br>**园林植物遗传育种学** |
| 作　　者 | 主编　杜晓华　张菊平　　副主编　杨鹏鸣　王凤华　邓小莉 |
| 出版发行 | 中国水利水电出版社<br>（北京市海淀区玉渊潭南路1号D座　100038）<br>网址：www.waterpub.com.cn<br>E-mail：sales@waterpub.com.cn<br>电话：(010) 68367658（营销中心） |
| 经　　售 | 北京科水图书销售中心（零售）<br>电话：(010) 88383994、63202643、68545874<br>全国各地新华书店和相关出版物销售网点 |
| 排　　版 | 中国水利水电出版社微机排版中心 |
| 印　　刷 | 天津嘉恒印务有限公司 |
| 规　　格 | 210mm×285mm　16开本　20印张　662千字 |
| 版　　次 | 2013年4月第1版　2020年11月第4次印刷 |
| 印　　数 | 7001—9000册 |
| 定　　价 | **42.00**元 |

# 本书编委会


**主　编**

杜晓华（河南科技学院）

张菊平（河南科技大学）

**副主编**

杨鹏鸣（河南科技学院）

王凤华（河南科技大学）

邓小莉（新乡学院）

**参　编**

孙陶泽（长江大学）

李桂荣（河南科技学院）

李小梅（河南科技学院）

母洪娜（长江大学）

赵　升（潍坊学院）

琚淑敏（徐州工程学院）

周俊国（河南科技学院）

# 前言 Preface

随着社会经济的发展和人民生活水平的提高，环境的绿化美化越来越受到重视，对园林植物新优品种的需求愈加迫切，要求广大园林和观赏园艺工作者能够很好掌握现代遗传学的基础理论和园林植物育种技术，多快好省地培育出园林植物新品种。遗传学是当今生命科学蓬勃发展中最富活力的学科之一，新的研究成果不断涌现，理论不断更新完善。以遗传学理论为指导的植物育种学，新技术和新方法也层出不穷。笔者认为，有必要将这些新知识与技术予以介绍，以造就一批掌握现代理论和技术的园林人才。

《园林植物遗传育种学》是园林景观类学科中重要的专业课。为适应学科的发展和21世纪教学改革的需要，编写一本适合现代园林景观与观赏园艺专业教学的遗传育种学势在必行。为此，借普通高等教育园林景观类“十二五”规划教材编写之机，在中国水利水电出版社的统一规划和指导下，我们从事园林植物遗传育种教学与科研的工作者，在深入分析国内外同类优秀教材的基础上，结合近年来遗传学与育种技术方面的发展，编写了本教材，作为适应新时期教学改革的一次尝试。

在教材编写大纲的制定及编写过程中，我们广泛征求了参加编写的各位教师和往届学生的意见和建议，综合借鉴了国内外遗传学和园林植物育种学教材的优点，按照我国高等教育“宽口径、厚基础”的发展要求，结合园林景观类的专业特点，除突出教材的先进性和实用性外，还强调了结构的完整性和系统性，重点阐述遗传学的基础理论与育种学的基本技术。遗传学部分在力求将经典遗传学与现代遗传学内容进行有机结合，系统地向学生介绍遗传学的基础理论和分析方法。在章节安排上，突破传统教材模式，不再从学生已经十分熟悉的细胞结构、细胞分裂和孟德尔遗传规律讲起，因为这常会让学生感觉乏味，而失去进一步学习的兴趣与动力，本教材直接从现代社会大家感兴趣的DNA讲起，试图将传统遗传学知识与现代分子遗传学内容进行有机整合，给学生构建一个完整系统的遗传学基础知识结构；学习遗传学理论的目的是为通过观赏性状遗传规律的分析指导园林植物育种实践，为增强实用性，本教材将遗传规律按照“质量性状的遗传”“数量性状的遗传”和“细胞质基因控制的遗传”进行了归类阐述，并适当介绍了一些现代遗传分析手段。育种学部分以园林植物育种工作程序为主线，分别阐述了育种目标的制定、种质资源的考察与收集、育种方法、新品种审定与良种繁育。由于育种方法是本科教学的重点，因此将各育种方法分别单列一章，分别阐述了引种、选择育种、杂交育种、辐射育种、倍性育种和生物技术育种。园林植物繁殖方式不同（有性繁殖与无性繁殖），育种方法上亦有明显区别，因此本教材将“无性繁殖植物育种”与“有性繁殖植物育种”区分开讲述，在有性繁殖植物（一二年草本花卉）中，现在$F_1$代种子应用愈加普遍，杂种优势育种的重要性日益凸显，为此本教材将“杂种优势育种”单列一章，考虑到远缘杂交育种已经成为当前新品种培育上的重要方向，“远缘杂交育种”

也单列为一章。在书中的每章后附有思考题，可供学生复习自测，以深化学习的知识和原理，熟练掌握各项原理和技术。

全书分遗传和育种两个部分，共20章，其中遗传部分7章，育种部分13章。编写工作分工如下：绪论、第1章和第2章由杜晓华撰写；第3章由邓小莉和杜晓华撰写；第4章由杨鹏鸣和杜晓华撰写；第5章由母洪娜和杜晓华撰写；第6章由王凤华撰写；第7章由李小梅撰写；第8章由张菊平撰写；第9章由邓小莉撰写；第10章和第11章由张菊平撰写；第12章由周俊国撰写；第13章由李桂荣撰写；第14章由杨鹏鸣撰写；第15章由母洪娜撰写；第16章由琚淑敏撰写；第17章由杨鹏鸣撰写；第18章由王凤华撰写；第19章由孙陶泽撰写；第20章由赵升撰写。张玉园、黄伶俐、穆金燕等研究生及刘芳、桑慧芳等同学对教材进行了校对，李方针同学对部分插图进行了修缮。本教材的出版尤其离不开中国水利水电出版社淡智慧主任等同志的大力支持。在此对为本书面世做出贡献的所有人员表示衷心的感谢。

本教材作为普通高等教育园林景观类“十二五”规划教材，其内容要求新，起点高，涵盖面广，适用性强。作为编写者，我们深感责任重大。虽然在大家的共同努力下完成了这一艰巨任务，但由于时间紧、任务重，不妥之处敬请广大教师和读者提出宝贵意见，以供再版修改时采用。

本教材配有彩色图片和素材，同时还配备了PPT课件等丰富的教学资源，可在 http://www.waterpub.com.cn/softdown 查阅下载。

**编　者**

2012年11月

# 目录
Contents

## ◎下篇 育 种

# 绪 论

**本章学习要点**

- 遗传、变异的概念及其与进化的关系
- 品种的概念及其属性
- 园林植物遗传育种学的任务与研究内容
- 园林植物育种的发展动态

园林植物遗传育种学是研究园林植物性状的遗传和变异规律，以及如何培育园林植物新品种的一门科学。园林植物遗传育种学是丰富园林植物种类，增加品种多样性的有力武器，在园林建设中意义重大；园林植物遗传育种学也是帮助人们破解自然密码，揭示生命奥秘，认识世界的重要工具之一。

在城乡园林事业中，我们所见到和用到的丰富多彩、万紫千红的园林植物，以及日常生活中用于装饰生活环境、丰富生活情趣的多姿多彩、芳香宜人的鲜切花、盆花等观赏植物，都是园林植物遗传育种工作的美丽结晶。随着人们生活水平的提高和环保意识的增强，人们期待着园林中所用的植物不但更加多种多样、丰富多彩，起着绿化、美化和香化的作用，而且还能够防尘、杀菌、吸收有害气体，起到保护环境、维持生态平衡的作用。此外，抗性更强、品质更优（如观赏期延长）、更适合商业化生产等也是人们对一些园林植物的期望。这些期望给园林植物遗传育种工作提出了新的任务，需要园林工作者不断地去丰富和改良现有园林植物，为人们的生活提供丰富多彩、功能多样、高品质的园林植物品种。了解自然，洞察生命奥秘（如花的发育），也是人们对园林植物遗传育种学的期望之一。

## 0.1 园林植物遗传育种学的基本概念

园林植物遗传育种学是以园林植物为研究对象，将遗传学和植物育种学相结合的一门学科。所谓园林植物（Landscape plants），即观赏植物（Ornamental plants），泛称花卉（Garden flowers），是指具有一定观赏价值，适用于室内外布置以美化环境并丰富人们生活的植物。包括各种园林树木、草本花卉、草坪植物、地被植物，以及室内外盆花、鲜切花、花木盆景、甚至干花。

遗传（heredity）是生物界的一种普遍现象。“种瓜得瓜，种豆得豆”。一串红种下去总是长成一串红；金鱼草的红色总会在其后代中出现，这种子代和亲代相似的现象被称为遗传。物种在不断繁殖中得以延续，通过遗传保持了稳定。在有性繁殖情况下，遗传通过性细胞实现，而在无性繁殖情况下，遗传通过体细胞来实现。然而亲代与子代的相似并不意味着子代与亲代总是完全相像。在有性繁殖的情况下，亲代与子代之间、子代个体之间，有时会存在着不同程度的差异。例如，带花斑的三色堇有性后代中会出现无花斑的类型；在无性繁殖情况下，子代中有时也会在某个性状出现与亲代不一样的新类型。例如，带刺月季的芽变枝条繁殖的后代可能出现无刺的类型。这种亲代与子代之间、子代个体之间表现差异的现象就是变异（variation）。遗传和变异是生物繁殖过程中出现的最普遍的两种现象。遗传学（genetics）就是研究生物遗传和变异的科学。以观赏植物为研究材料，以各种观赏性状为研究对象，研究观赏植物性状遗传与变异的基本规律即称为园林植物遗传学。遗传是相对的、保守的；而变异是绝对的、发展的。没有变异，不会产生新的性状，也就不可能有物种的进化和新品种的选育；没有遗传，不可能保持性状和物种的相对稳定，变异也不会积累，生物不可能进化。此外，遗传与变异的表现与环境密不可分。子代从亲代获得遗传物质，需要从环境中摄取营养，通过新陈代谢进行生长发育，表现出性状的遗传和变异。

以遗传学理论为指导，通过一定的方法和程序改良园林植物的固有类型，选育出符合园林建设和人们消费需求的园林植物品种，并对其进行良种繁育的技术过程称为园林植物育种（breeding of landscape plants）。园林植物育种学是研究培育园林植物新优品种的原理和技术的科学。

品种（cultivar）是经人类培育选择创造的、经济性状和生物学特性符合人类生产和生活要求的、性状相对整齐一致的栽培植物群体。品种不是植物分类学的最小单位，而是一个经济学和栽培学上的概念，是栽培植物的特定类型。野生植物中不存在品种。不符合生产要求的，没有利用价值的植物材料也不能称为品种。景士西认为，品种应具有优良、适应、整齐、稳定、特异 5 种属性。优良（excellence）指在一定时期内主要经济性状符合生产和消费市场的需要；适应（adaptability）指生物学特性适应于一定地区生态环境和农业技术的要求；整齐（uniformity）指可用适当的繁殖方式保持群体内不妨碍利用的整齐度；稳定（stability）指可用适当的繁殖方式保持前后代遗传的稳定性；特异（distinctness）指具有某些可区别于其他品种的标志性状。因此品种也可定义为，遗传上相对一致，具有相似或一致的外部形态特征，具有一定经济价值的某种栽培植物个体的总称。

品种是在一定的自然和栽培条件下形成的，所以要求一定的自然和栽培条件。没有一个品种能适应所有地区和一切栽培方法。任何品种在生产上被利用的年限都是有限的。随着经济的发展和人民生活水平的提高，对品种也会提出更新的要求，因而必须不断地创造新品种，及时进行品种更新。这就是品种的地区性和时间性。

## 0.2 园林植物遗传育种学的任务和内容

### 0.2.1 园林植物遗传育种学的任务

园林植物遗传育种学的任务在于：阐明园林植物各种观赏性状的遗传和变异的现象及其表现规律，探索其遗传和变异的原因及其物质基础，揭示其内在规律；并运用这些遗传规律，将自然存在的或人工创造的变异类型通过一定的方法和程序，选育出性状基本一致、遗传相对稳定、符合育种目标与要求的园林植物新类型和新品种，并进行科学的繁育。

园林植物遗传育种学的研究对象不仅包括一、二年生草本植物，而且包括多年生的乔木、灌木。它不仅要以遗传学作为理论指导，同时与其他学科如植物学、花卉学、树木学、植物栽培学、植物生理学、植物生态学、细胞生物学、分子生物学、生物化学、生物统计学、生物工程技术、信息技术等有着密切的关系。我们应努力学习和掌控这些相关的科技知识，综合运用各学科的先进成果，促进园林植物观赏性状遗传规律的认识，加快园林植物新品种培育的步伐，为我国园林事业做出贡献。

### 0.2.2 园林植物遗传育种学的内容

园林植物遗传育种学的基本内容主要包括以下两个方面：

一是遗传学部分，包括遗传物质及其传递途径，基因的结构与基因的表达规律，基因转化为性状所需的内外环境，基因在世代间传递的方式和规律，遗传物质改变的原因等。

二是育种学部分，包括育种对象的选择和育种目标的制定，种质资源的调查、收集、保存和评价，各种育种途径（如引种驯化、选择育种、杂交育种、诱变育种、多倍体育种和生物技术育种）的选择与应用，新品种的登录、审定和保护，以及良种繁育的程序和方法。

## 0.3 遗传学的发展简史

很早以前，人类在农业生产和家畜饲养的实践中便认识到遗传和变异现象，并且通过选择，育成了大量的优良品种。然而，系统的遗传学理论研究则直到 18 世纪下半叶和 19 世纪上半叶才开始，由拉马克（Lamarck J. B.）提出器官的用进废退学说（use and disuse of organ），又称获得性状遗传（inherience of acquired characters），认为生物经常使用的器官逐渐发达，不使用的器官逐渐退化，并且这种后天获得的性状是可以遗传的。该理论被后来的新达尔文主义所否定。1859 年达尔文（Darwin C.）发表的《物种起源》中提出了自然选择为中心的进化学说，有力论证了生物是由简单到复杂、由低级到高级逐渐进化的。这被认为是19世纪自然科学中最伟大的成就之一。

遗传学真正意义上的开始是孟德尔 G. J.（Mendel G. J.）于1856—1866年进行的豌豆杂交试验。孟德尔通过对豌豆杂交后代细致的记载和统计分析，认为性状的遗传受细胞内遗传因子控制，并遵循分离和自由组合遗传规律。但这一重要理论当时并未受到重视，直到1900年，狄弗里斯 H.（de Vries H.）、柯伦思（Correns Carl）和柴马科 E.（von Tschermak E.）三人分别在不同地点、不同植物上经过大量杂交工作得出与孟德尔完全相同的遗传规律时，才得以重新发现。由此，孟德尔被推崇为遗传学的奠基者，1900年被公认为是遗传学建立和开始发展年。随后，贝特森 W.（Bateson W.）于1906年提出了"遗传学"（genetics）这一名词。约翰生 W. L.（Johannsen W. L.）于1909年发表了"纯系学说"提出"基因（gene）"一词以代替孟德尔的遗传因子概念。

这一时期，细胞学和胚胎学已有了很大发展，对于细胞结构、有丝分裂、减数分裂、受精过程已比较了解。1903年萨顿 W. S.（Sutton W. S.）提出，染色体在减数分裂期间的行为是解释孟德尔遗传规律的细胞学基础。1910年，基于对果蝇的性连锁白眼突变的观察结果，摩尔根 T. H.（Morgan T. H.）发现性状连锁现象，提出基因位于染色体上。1913年，他的学生斯蒂文特 A. H.（Sturtevant A. H.）绘制出了果蝇遗传连锁图，表明基因在染色体上线性排列。

1927年，缪勒 H. J.（Muller H. J.）和斯特德勒 A. F.（Stadler A. F.）分别用X射线处理果蝇和玉米，研究基因的本质，证明X射线可以诱发基因突变。1930—1932年，费希尔 R. A.（Fisher R. A.）等人应用数理统计方法分析性状的遗传变异，推断遗传群体的各项遗传参数，开创了数量遗传学和群体遗传学。

1941年，比德尔 G. W.（Beadler G. W.）等人通过研究链孢霉的生化突变型，提出了"一个基因一个酶"的学说，将基因与蛋白质的功能结合起来。1944年阿委瑞 O. T.（Avery O. T.）用细菌转化试验直接证明遗传物质是脱氧核糖核酸（DNA）。1953年，沃森 J. D.（Watson J. D.）和克里克 H. C.（Crick F. H. C.）根据X射线衍射分析，提出了DNA双螺旋结构模型，对DNA的分子结构、自我复制以及DNA作为遗传信息的储存和传递提供了合理的解释，开创了分子遗传学发展的新时代。

1957年，本兹尔（Benzer）以 $T_4$ 噬菌体为材料，提出了顺反子（cistron）学说，把基因具体化为DNA分子上的一段核苷酸顺序。1961年，莫诺 J.（Monod J.）和雅各布 F.（Jacob F.）在研究大肠杆菌乳糖代谢的调节机制中，发现了基因表达的调控"开关"，提出了操纵子（operon）学说。1961—1965年，尼伦伯格 M. W.（Nirenberg M. W.）等人完成了遗传密码的破译工作，将核酸上的碱基序列信息与蛋白质结构联系了起来。

1970年，史密斯 H. O.（Smith H. O.）发现了能切割DNA分子的限制性内切酶（restriction enzyme）。接着1973年伯格 P.（Berg P.）在试管内将两种不同生物的DNA（SV40和λ噬菌体的DNA）连接在一起，建立了DNA重组技术，并于1974年获得了第一株基因工程菌株，从而拉开了基因工程的序幕。1983年世界第一株转基因烟草诞生。1977年，桑格 F.（Sanger F.）等人发明了简单快速的DNA序列分析法，为基因的合成与基因组分析提供了便利。1990年由美国提出共6个国家（包括中国）参与实施的"人类基因组计划"，于2005年基本完成测序工作。杨树的全基因组测序工作由美国能源部启动并于2004年圆满完成。大量测定的基因组序列信息又催生了基因组学、蛋白质组学和生物信息学。基因表达调控的深入研究，使表观遗传学研究进入到一个快车道。

目前遗传学已经作为生命科学的核心带领着其他学科快速发展。在基础遗传学飞速发展的今天，园林植物遗传学研究也在日益向纵深发展。了解遗传物质对园林植物观赏性状等的表达控制机理以及观赏性状的遗传变异规律，是进行园林植物品种改良的基础。

## 0.4 我国园林植物育种的历史与现状

### 0.4.1 我国园林植物种质资源丰富、育种历史悠久

我国汉武帝时已开始大规模的园林植物引种工作，"上林苑，方三百里，……名花异卉，三千余种植

其中……”。北宋时已从月季、腊梅等的天然授粉种子中选育新品种。《洛阳牡丹记》《菊谱》和《荔枝谱》等专著中记述了唐、宋时期通过芽变选种来选育重瓣、并蒂的菊花、牡丹和芍药等花卉品种的过程。然而在19世纪以后，当世界进入科学育种阶段，整个育种事业迅速发展时，我国园林植物育种工作却由于历史原因发展缓慢。直至新中国成立后，才逐渐的恢复并发展起来。

我国素有“世界园林之母”的美誉，意指中国野生植物资源和栽培花卉种质极其丰富。近些年来，我国植物学和花卉学工作者曾先后对云南、吉林、陕西、新疆、河南、辽宁、湖北等19个省（自治区、直辖市）的野生花卉种质资源进行了综合考察，摸清了这些地区野生花卉的种类、分布及资源概况，并发现了一些新种。先后建立了木兰资源圃（富阳、建德，11属90种200多份）、梅花资源圃（武汉，180多个）、荷花资源圃（武汉，百余个）；牡丹芍药资源圃（菏泽、洛阳，500多份）、菊花资源圃（南京、北京，近3000个品种）、金花茶资源圃（南宁，20余种）、蕨类资源圃（贵阳）等。

### 0.4.2 育种方法的应用成效显著

在引种驯化方面，我国进行了许多珍稀植物的引种驯化，如银杉、水杉、银杏、杜仲、珙桐等，并从世界各地引种了大量园林植物，极大地丰富了我国园林植物种类。例如，从韩国、日本等亚洲其他国家引种了大花蕙兰、观赏凤梨、彩叶竹芋、日本冷杉、日本五针松、东京樱花、日本晚樱、龙柏、黑松、赤松、鸡爪槭、雪松、柚木、印度橡皮树、鸡冠花、雁来红、曼陀罗、除虫菊等；从大洋洲引入桉树、银桦、金合欢、白千层、木麻黄、麦秆菊等；从欧洲引入悬铃木、月桂、油橄榄、金鱼草、雏菊、矢车菊、桂竹香、羽衣甘蓝、飞燕草、三色堇、金盏菊、香豌豆、毛地黄、香石竹、郁金香等；从非洲引入油棕、咖啡、天竺葵、马蹄莲、唐菖蒲、小苍兰、非洲菊等；从美洲引入池杉、湿地松、火炬松、香柏、广玉兰、北美鹅掌楸、刺槐、橡胶树、霍香蓟、蒲包花、波斯菊、蛇目菊、花菱草、银边翠、天人菊、千日红、含羞草、紫茉莉、月见草、矮牵牛、半支莲、茑萝、一串红、万寿菊、百日草、美女樱、晚香玉、一品红、大丽花、旱金莲、多种仙人掌类等。

在选择育种方面，我国园林育种工作者曾对荷兰菊、杂种美人蕉、君子兰、小苍兰、水仙、荷花、华北紫丁香，以及一些抗寒花卉等进行了良种选育。

在杂交育种方面，我国曾对金花茶、美人蕉、菊花、君子兰、小苍兰、百合、石蒜、荷花、梅花、杜鹃、月季、鹤望兰、百合等进行了杂交育种研究，育成了许多优良品种。例如，中国农科院蔬菜花卉研究所，通过杂交育种已选出4个具有花形美、花枝长、刺少、抗性强的月季切花品种；上海园林科研所、昆明庆成花卉有限公司、深圳先科四季青鲜花公司等多家科研院所和花卉公司也在从事育种工作，在百合、兰花、荷花、梅花、金花茶、香石竹等品种选育上有出色的成果。

诱变育种方面，1956—1998年，我国利用诱变技术育成观赏植物新品种近100个，其中菊花30多个、月季40多个，其他花卉还有小苍兰、瓜叶菊、朱顶红、美人蕉、紫罗兰、金鱼草、矮牵牛、杜鹃、唐菖蒲、荷花、梅花等。彭镇华先生利用辐射诱变已选育出浓香型矮化水仙。

多倍体育种上，曾对金鱼草、君子兰、百合、荷花等进行了多倍体诱导的试验，取得了明显的效果。尤其是在试管内诱导多倍体，为获得大量的多倍体创造了条件。

生物技术应用方面，我国育种工作者曾在菊花、百合等花卉的育种工作中，成功地应用了生物技术。植物组织培养、原生质体培养、体细胞杂交等进行了花卉品种复壮及优良品种选育，为加快育种进度，应用了植物组织培养、原生质体培养和体细胞杂交等技术手段对保存濒危花卉种质资源起到了重要作用。在花卉的基因工程育种方面，北京大学从多种植物中克隆了与花青素代谢有关的查尔酮合酶基因，并将它转入矮牵牛中，使花色发生改变，得到了一些自然界没有的变异。在植物抗病毒基因工程研究上，北京大学目前已克隆了TMV、CMV、PVX、PVY、SMV等病毒的外壳蛋白基因。在园林树木抗病基因工程上，目前我国已获得含有Bt基因和蛋白酶抑制剂基因的转基因杨树植株，其具有明显的杀虫活性。

## 0.5 园林植物育种的发展动态

### 0.5.1 育种目标更加突出适应商品化生产和增强抗性

随着花卉产业的规模化发展和环保意识的增强，培育节约能源、耐贮运、节省生产成本的花卉品种已经成为荷兰、德国等花卉生产国的育种目标。西欧、北欧和北美因地处温带，为满足花卉生理需要，冬季加温造成的温室的能源费用几乎占到全部生产费用的30%以上。夜间温度10℃就能开花的菊花品种和12～14℃就能开花的一品红品种的选育，无疑使能耗大大减少。随着城市发展和耕地的不断减少，有些观赏植物需要种植到废弃的工地、废物垃圾场地，将来许多园林植物可能需要在目前认为不适合的区域种植。农药用量的不断增加，使生态环境污染严重。工业化发展，工业废气和汽车尾气排放的增加，使环境进一步恶化。因此抗逆性（耐盐碱、抗旱、抗寒）、抗病虫害、抗污染品种的选育日益成为园林植物育种的重要目标。

### 0.5.2 重视种质资源的收集、评价和开发利用

种质资源是育种工作的物质基础。目前世界上许多国家开展了园林植物种质资源的调查、收集，并建立了一定规模的种质资源库。如我国的洛阳国家牡丹基因库、中国梅花品种资源圃等。对于珍稀濒危的园林植物种质资源，各国都在努力加以保护，探讨致濒机制及其对策。许多国家着手建立种质资源基因库，如我国广西金花茶基因库。一些资源先进国家已经建立起比较完善、规范化的资源工作体系。如美国农业部、日本农林水产省都设置了专门的几个部门，负责各类作物种质资源的考察、收集、保存和评价工作部门。为丰富城市园林中植物的多样性，并降低栽培管理费用，选拔观赏价值高（如缠枝牡丹、紫花地丁）、或具有特殊优点（如四季开花的蒲公英、秋季开蓝色花的沙参）、或抗逆性很强（如耐旱、抗寒、耐践踏）的野生花卉进入绿地已成为当前园林界的共识。

### 0.5.3 广泛利用杂种优势

杂种优势现象是生物界比较普遍的现象，杂种优势利用在园林植物，特别是矮牵牛、三色堇、金鱼草、紫罗兰等一、二年生草本花卉的育种中得到广泛应用。在目前培育的花卉新品种中，杂种一代（$F_1$）约占70%～80%。全美花卉评选会（All American Selection，缩写为AAS），是世界性的最有权威的花卉新品种评选会。每年从世界各国送来的种子分别送到全美30个点栽培，由各地专家打分，最后评出金、银、铜奖。从得AAS奖的品种来看，近些年中杂种一代占71.8%。杂种一代制种授粉操作，所需劳力较多，影响种子生产成本，因而，自交不亲和系及雄性不育系的选育又提上日程。

### 0.5.4 探索育种的新途径、新技术

随着科学技术的发展，世界育种工作者十分重视育种的新途径、新方法的研究和应用。激光、离子束、强电磁场、太空微重力和宇宙射线，作为新的诱变方法已在园林植物育种中应用；通过花药、花粉和子房培养等单倍体育种、使育种材料迅速纯化，对加快园林植物育种进程提供了新途径；体细胞杂交和原生质体非对称融合，解决了远缘杂交障碍和优异异源细胞质转育的难题；利用转基因技术打破物种间遗传物质交流的局限，解决了一些常规育种中难以解决的问题。目前已获得了菊花、仙客来、香石竹、矮牵牛、现代月季、郁金香等转基因植物。分子设计育种与常规育种技术的结合为花卉的定向育种提供了技术保证。应用分子标记技术（如AFLP、SSR、SNP等）检测植物DNA多态性，构建基因组指纹图谱，分析资源的遗传多样性，为品种的鉴定、资源的分类及核心库的建立提供了DNA水平的依据。

### 0.5.5 拓展传统名花

所谓名花是指知名度高、品质优良的园林植物。改革名花走新路，是当前国内外花卉育种的方向之一。我国的十大名花（梅花、牡丹、菊花、兰花、月季、杜鹃花、山茶、荷花、桂花、水仙）的优点很多，这是我们祖先千百年来引种、选育和改良的结晶。然而十大名花仍需要改革，方可普及国内、飘香世界。在对菊花的改良中，北京林业大学利用野菊进行远缘杂交，经过连续选育，育成了株型低矮、着花繁密、抗逆性强的地被菊，有效拓展了名花。比利时杜鹃花因落叶杜鹃育种中心在比利时而得名，比利时根特研究所对其花期进行拓展改良，原品种仅在圣诞节前开花，育出开花提前4个多月的“夏花”（8月15日前）、开花推后的“冬花”（12月1日、1月5日）和“早春花”（2月15日、3月15日）等系列新品种，可谓改革名花，走出了新路。

## 小　结

园林事业的发展需要更加丰富多彩、功能多样、品质更优的园林植物新类型和新品种。园林植物遗传育种学是实现这一期望的有力武器。它通过探索与揭示园林植物观赏性状遗传和变异的规律，并能动地运用这些规律来改良园林植物的固有类型，选育出符合园林建设和人们消费需求的园林植物新类型和新品种，并进行良种繁育以推广应用。遗传是指子代和亲代相似的现象，变异是指亲代与子代之间、子代个体之间表现差异的现象。在物种的繁殖过程中，通过变异产生新的性状，为物种的进化和新品种的选育提供了条件；没有遗传，不可能保持性状和物种的相对稳定，变异也不会积累，生物不可能进化。品种是经人类培育选择创造的、经济性状和生物学特性符合人类生产、生活要求的，性状相对整齐一致的栽培植物群体。品种应具有优良、适应、整齐、稳定、特异 5 种属性。

始于 19 世纪中后期孟德尔豌豆杂交试验的遗传学，在短短 100 余年历史中发展迅速，研究从简单到复杂，从宏观到微观，由最初的个体、细胞水平，深入到现代的分子水平，在生命科学中居于核心地位，并发展至 30 多个学科分支。园林植物育种工作开始较早，已有数千年的历史，自遗传学诞生以来，开始进入科学育种的快车道。我国虽分别开展了园林植物引种、选择育种、杂交育种、诱变育种和生物技术育种等工作，但由于各种原因，目前依然滞后于发达国家。当前世界园林植物育种正呈现出育种目标更加突出适应商品化生产和增强抗性、重视种质资源的收集和开发利用、广泛利用杂种优势、探索育种的新途径新技术和拓展传统名花的发展动态。

## 思　考　题

1. 什么是遗传？什么是变异？遗传、变异与环境在生物的进化中各起怎样的作用？
2. 如何理解品种的概念及其基本特征？
3. 怎样看待传统的育种手段与现代生物技术在园林植物育种中的作用？
4. 结合实际，谈谈我国园林植物育种的成就和发展趋势。

# 上篇　遗　　传

# 第1章　遗传物质及其传递

**本章学习要点**

- DNA的化学结构与双螺旋结构模型
- 染色体形成与染色体形态
- DNA的复制过程
- 细胞有丝分裂与减数分裂
- 高等植物雌雄配子体的形成与双受精过程
- Southern杂交与PCR技术

1866年，孟德尔通过豌豆杂交试验发现了遗传规律，并将世代间传递的遗传物质称为"遗传因子"，标志着遗传学的开端。这种抽象的"遗传因子"后来被称为"基因"。但基因的化学本质究竟是什么？亲代又是如何将自己所有的"基因"完美地传递给其后代的呢？

## 1.1　DNA是遗传物质的证据

20世纪20年代的许多研究表明，基因位于染色体上，而高等生物的染色体主要由脱氧核糖核酸（deoxyribonucleic acid，DNA）和蛋白质组成。那么，遗传物质到底是DNA还是蛋白质呢？这需要科学的试验证据来证明。

### 1.1.1　细菌的DNA转化

肺炎双球菌（*Diplococcus pneumonia*）有两种类型：一种是光滑型（Smooth，S型），能合成由多糖组成的凝胶状荚膜，此荚膜包裹在细菌的周围，可保护细菌免受寄主酶的破坏，使其能够侵染寄主，引起人的肺炎和小鼠的败血症，该类细菌在固体培养基上生长形成光滑菌落；另一种是粗糙型（Rough，R型），细菌不能在其表面合成多糖荚膜，在培养基上形成粗糙菌落，因没有荚膜保护，所以不会对寄主产生危害。

1928年格里菲斯F.（Griffith F.）发现，如果分别将活的R型细菌和高温（65℃）杀死的S型细菌注入小鼠体内，都不会引起败血症；但如果将活的R型细菌和高温杀死的S型细菌一起注入小鼠体内，则小鼠会患败血症而死亡（见图1-1）。从死鼠血液中分离出的细菌全部是S型。可以肯定，高温杀死的S型细菌的注射物质中必然含有某种能进入R型细菌细胞的物质，该物质能使R型细菌产生抵抗小鼠免疫系统的能力，引起小鼠败血症。1944年，阿委瑞O.（Avery O.）等证明使R型细胞变为S型细胞的化学物质是DNA。他们首先开发了一种从细菌细胞中获取DNA的化学方法，然后将从S型细菌中分离的DNA提取物与R型细菌混合在一起培养，结果产生了一些S型细菌。其所以确认导致转化的物质是DNA，是因为破坏蛋白质或核糖核酸（ribonucleic acid，RNA）后并不影响转化活性，而破坏DNA则消除了转化活性。由此证明，起转化作用的物质是DNA，因此遗传物质是细胞内DNA。

### 1.1.2　噬菌体世代间的DNA传递

噬菌体是一种极小的侵染细菌等微生物的病毒，由蛋白质外壳和DNA组成，DNA包裹在蛋白质外壳内。$T_2$噬菌体在侵染大肠杆菌的过程中，通过尾丝附着在细菌的细胞壁上，将噬菌体遗传物质注入细菌细胞，经过复制，形成数百个子代噬菌体，并通过宿主细胞的裂解而释放子代噬菌体。1952年，赫尔

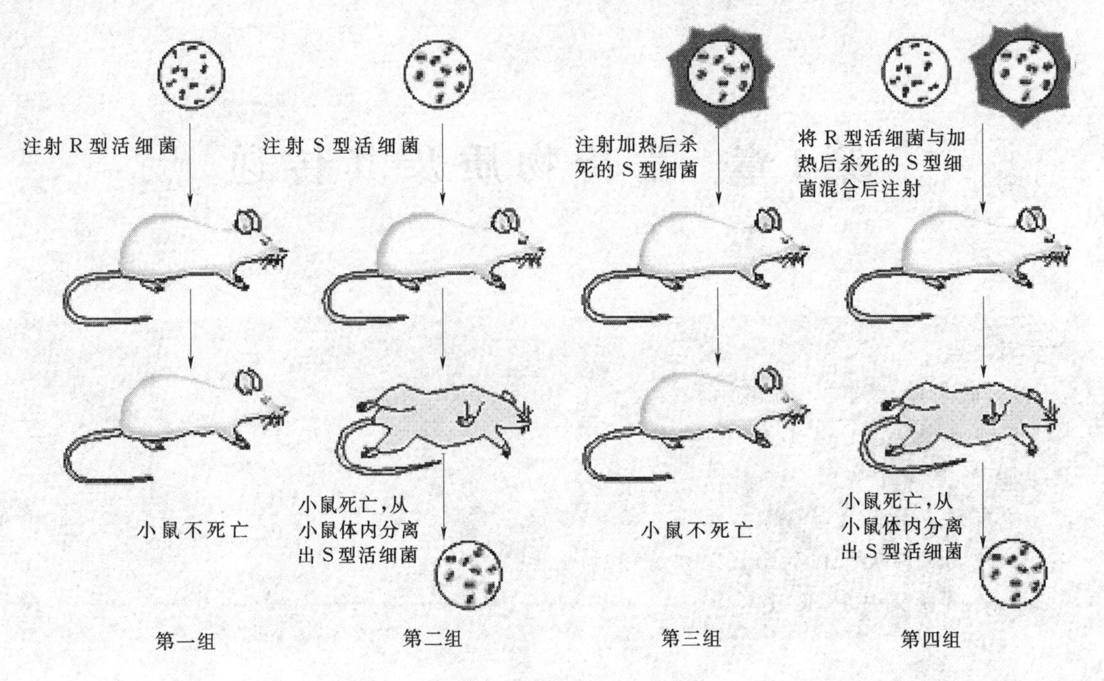


图1-1 肺炎双球菌转化实验

希A.（Hershey A.）和蔡斯M.（Chase M.）将$T_2$噬菌体分成2组，一组用放射性同位素$^{32}P$标记，另一组用放射性同位素$^{35}S$标记。因为P是DNA的组分，但不是蛋白质的组分；而S是蛋白质的组分，但不见于DNA。然后用以上2组标记的$T_2$噬菌体分别感染大肠杆菌，10min后，用搅拌器甩掉附着于细胞表面的噬菌体，并通过离心获得含细菌的沉淀物和含游离噬菌体的上清液，这时分别测定沉淀物和上清液的同位素放射性。结果发现，在$^{32}P$标记的处理中，几乎全部放射性活性见于细菌体内，而没有被甩掉，说明噬菌体的DNA进入了细菌体内；在$^{35}S$标记的处理中，放射性活性大部分见于被甩掉的外壳中，细菌内只有很低的放射性活性，说明噬菌体的蛋白质并没有进入细菌的细胞内（见图1-2）。这一点也被后来的电子显微镜观察结果所证实。

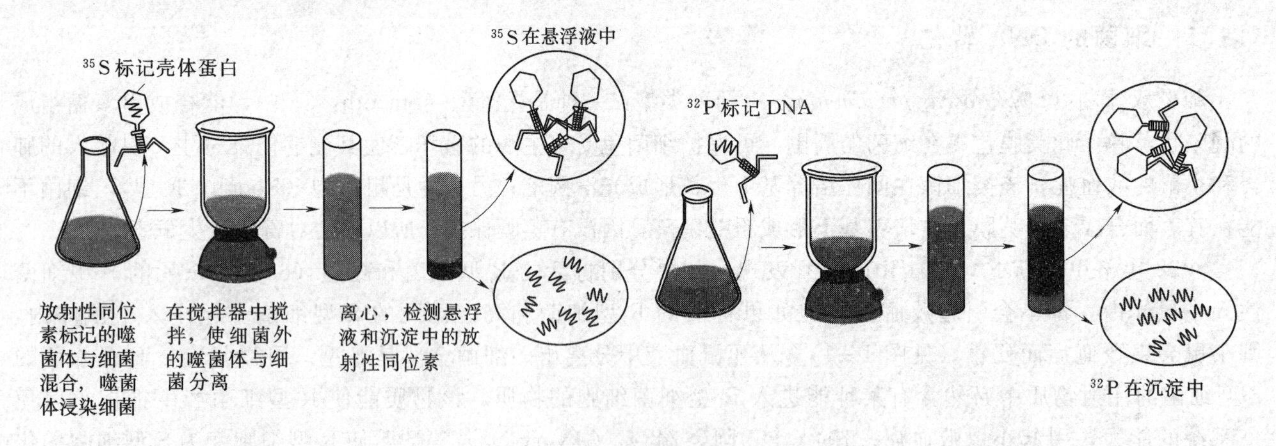


图1-2 $T_2$噬菌体同位素标记实验

## 1.2 DNA的化学结构

化学分析表明，DNA分子的构成单元是脱氧核苷酸（deoxynucleotide），两个脱氧核苷酸之间由3′和5′位的磷酸二酯键相连，数千个核苷酸按5′—3′方向相连形成多聚体长链，每个多聚核苷酸的一端为5′磷酸（5′-P）基团，而另一端为3′羟基（3′-OH）基团。每个脱氧核苷酸包括3个部分：五碳糖、磷酸和含氮碱基［见图1-3（a）］。含氮碱基通常有4种，即腺嘌呤（A）、鸟嘌呤（G）、胞嘧啶（C）和胸腺嘧啶（T）（见图1-4）。然而，作为遗传物质的DNA在细胞分裂时是如何进行复制的？又是如何控制遗传性状的呢？20世纪50年代的许多研究者期望通过明确DNA的分子结构来回答以上问题。

1953年，剑桥大学的沃森J.（Watson J.）和克里克F.（Crick F.）提出了DNA分子的三维结构模型，即著名的DNA双螺旋结构，很好地回答了DNA如何实现自我复制、控制遗传性状和发生突变。沃森和克里克的DNA分子结构模型为：DNA分子是由两条多核苷酸链以右手螺旋的形式，彼此以一定的空间距离，平行地缠绕于同一轴上，很像一个扭曲起来的梯子［见图1-3（b）］；两条多核苷酸链走向为反向平行（antiparallel），即一条链为5′—3′方向，而另一条链为3′—5′方向；两条长链的内侧是扁平的盘状碱基，碱基一方面与脱氧核糖相联系；另一方面通过氢键（hydrogen bond）与互补的碱基相联系，相互层叠宛如一级一级的梯子横档。互补碱基对A与T之间形成两对氢键，而C与G之间形成三对氢键。上下碱基对之间的距离为0.34nm；每个螺旋为3.4nm，刚好10个碱基对，直径约为2nm；在双螺旋分子的表面，大沟（major groove）和小沟（minor groove）交替出现。

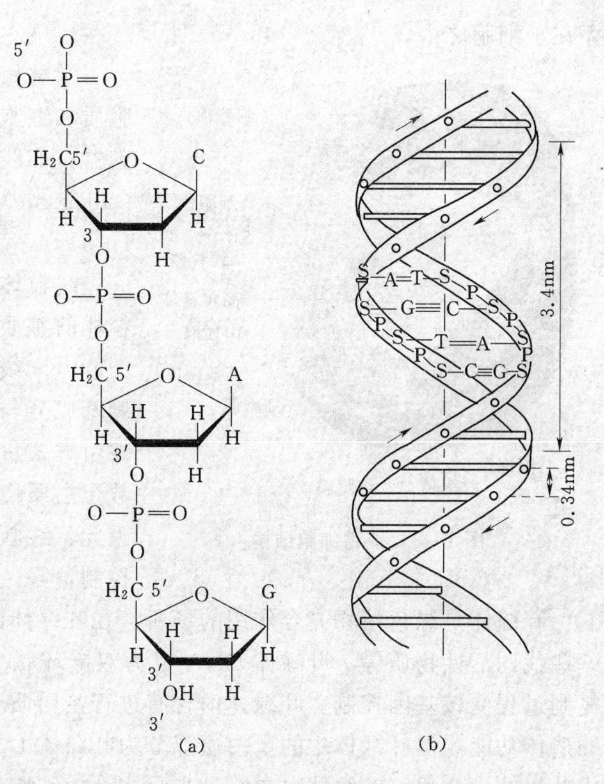


图1-3 DNA分子的化学结构

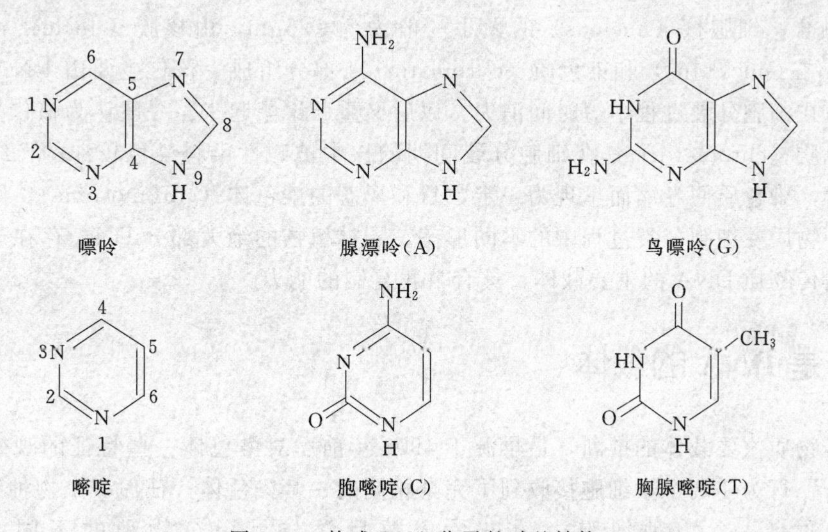


图1-4 构成DNA分子的碱基结构

DNA双链分子中的A-T和C-G的碱基互补配对不但意味着DNA分子的每条链上的每一个碱基与另一条链上相对位置上的碱基相匹配，而且一条链上成千上万个4种碱基进行排列，形成的序列是几乎无限的。假设某一段DNA分子链有1000对核苷酸，则该段就可以有$4^{1000}$种不同的组合形式，$4^{1000}$种不同排列组合的分子结构，反映出来就是$4^{1000}$种不同性质的基因。实际上一个基因的大小通常要超过1000对核苷酸。因此，DNA中4种碱基能够编码形成一个生物所需的庞大遗传信息。

## 1.3 DNA在细胞中的分布

园林植物是一个多细胞生物，每个个体都是由细胞（cell）构成的，生命活动也是以细胞为基础的，园林植物的生长发育表现为细胞数目的增加或细胞的生长，繁殖同样需经过一系列的细胞分裂，才能连绵不绝。因此，细胞是园林植物结构和生命活动的基本单位，是联系亲代和子代的桥梁。遗传物质DNA就存在于细胞之中。

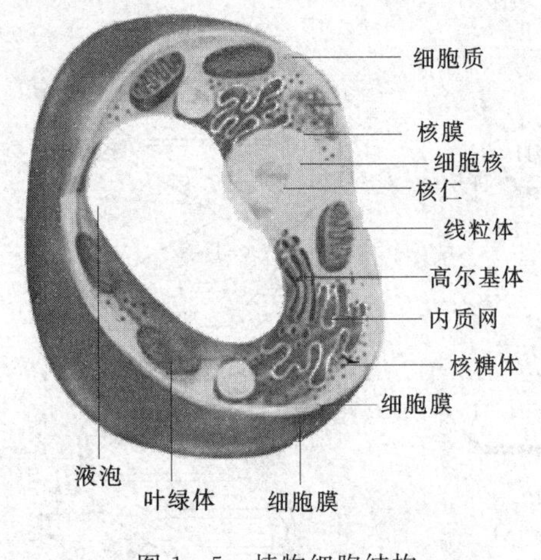


图 1-5 植物细胞结构

园林植物的细胞结构从外到内依次为：细胞壁、细胞膜、细胞质和细胞核。细胞质中含有许多具有一定形态、结构特征的细胞器，如线粒体（mitochondria）、叶绿体（chloroplast）、核糖体（ribosome）、内质网（endoplasmic）和液泡（vacuole）等（见图 1-5）。

线粒体是细胞内氧化和呼吸的中心，是细胞的动力工厂。线粒体的基质中含有 DNA、RNA 和核糖体，具有独立合成蛋白质的能力。线粒体中的 DNA 为环状双链分子，不与组蛋白结合，碱基成分与核 DNA 成分有所不同。线粒体中的 DNA 能够按照半保留方式进行自我复制，但其复制过程中所需要的聚合酶和大多数蛋白质由核基因编码，在细胞质中完成后，转运到线粒体中。因此，线粒体的生长和繁殖受细胞核和自身基因组两套遗传体系控制，是一种半自主性细胞器。

叶绿体是绿色植物光合作用的场所。在叶绿体的基质中，含有 DNA、RNA、核糖体 RuBP 羧化酶和一些代谢活性物质等。叶绿体 DNA 也为双链环状分子，不与组蛋白结合，按半保留方式进行自我复制，复制过程受核基因控制。叶绿体内含有进行蛋白质合成的全套机构，能够独立合成蛋白质，具有相对独立的遗传功能。但叶绿体中的蛋白质部分为叶绿体 DNA 编码，自主合成；部分则为核基因编码，在细胞质或叶绿体中合成。叶绿体也是一种半自主性的细胞器。

早在 19 世纪 70 年代，人们便清楚地认识到细胞核在遗传中的重要性，尤其是当发现两个配子在受精过程中发生了核融合。细胞核（nucleus）的大小一般为 5～25μm，由核膜（nuclear membrane）、核液（nuclear sap）、核仁（nucleolus）和染色质（chromatin）4 部分组成。核仁主要由 RNA 和蛋白质集聚而成，折光率较强。在细胞分裂过程中短时间消失，以后又重新聚集起来。一般认为核仁是核内蛋白质合成的重要场所。染色质（chromatin）是在细胞分裂间期的核中被碱性染料染色较深的、纤细的线状物。当细胞进入分裂期时，染色质便卷缩而呈现为一定数目和形态的染色体（chromosome）。因此，染色质和染色体实际上是同一物质在细胞分裂过程中的不同形态。园林植物的绝大部分 DNA 存在于细胞核内的染色体上，染色体是遗传物质 DNA 的主要载体，具有自我复制的能力。

## 1.4 染色体是 DNA 的载体

染色体是遗传物质主要载体的推断，最早源于 1900 年前后对染色体一些特征的观察，如在细胞分裂期染色体的“分开”行为使两个子细胞接收到了完全相同的一套染色体；任何一个物种细胞内的染色体数目几乎总是恒定的；一个物种细胞中的染色体数目常与另一个物种的不同。1910 年摩尔根（Morgan. T. H.）通过果蝇的杂交试验，证实了基因存在于染色体上。20 世纪 20 年代，显微观察结合特定染色发现，DNA 存在于染色体上，几种类型的蛋白质也存在于染色体上。那么 DNA 和蛋白质又是如何组成染色体的呢？

### 1.4.1 染色质的基本结构

染色质，也称染色质线（chromatin fiber），在园林植物等真核生物中，它是脱氧核糖核酸（DNA）和蛋白质及少量核糖核酸（RNA）组成的复合物，其中 DNA 含量约占染色质重量的 30%。组蛋白是与 DNA 结合的碱性蛋白，有 $H_1$、$H_2A$、$H_2B$、$H_3$ 和 $H_4$ 5 种。组蛋白含量与 DNA 大致相等，很稳定，在染色质结构上具有决定的作用。非组蛋白在不同细胞间变化较大，可能与基因的表达调控有关。

研究发现，染色质的基本结构单位是核小体（nucleosome）、连接丝（linker）和一个分子的组蛋白 $H_1$。每个核小体的核心是由 $H_2A$、$H_2B$、$H_3$ 和 $H_4$ 4 种组蛋白各以两个分子组成的八聚体，其形状近似于扁球体（见图 1-6）。DNA 双螺旋就盘绕在这八个组蛋白分子的表面。连接丝把两个相邻的核小体串

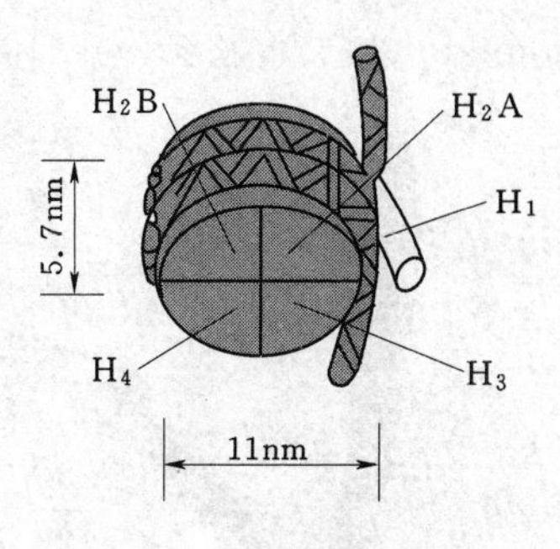

图1-6　核小体结构模型

联起来，它是两个核小体之间的DNA双链。组蛋白 $H_1$ 结合于连接丝和核小体的接合部位，锁住核小体DNA的进出口，稳定核小体的结构。在大部分细胞中，一个核小体及其连接丝约含有180～200个碱基对（base pair，bp）的DNA，其中约146bp盘绕在核小体表面1.75圈，其余碱基则为连接丝，其长度变化较大，从8～114bp不等。

在间期细胞核中，染色质一些区段染色较深，称为异染色质区（heterochromatin region）；而另一些区段则染色较浅，称为常染色质区（euchromatin region）。异染色质和常染色质在化学组成上并没有什么区别，而只是螺旋化程度不同。在细胞分裂间期，异染色质区的染色质仍然是高度螺旋化而紧密蜷缩的，故染色很深。而常染色质区的染色质因为脱螺旋化而呈松散状态，故染色很浅。在同一染色体上表现的这种差别称为异固缩（heteropycnosis）现象。常染色质的DNA主要是单拷贝序列和中度重复序列，该区域的基因具有活跃的转录和翻译活性。而异染色质一般不编码蛋白质，只对维持染色体结构的完整性起作用。异染色质又可分为组成型异染色质（constitutive heterochromatin）和兼性异染色质（facultative heterochromatin）。组成型异染色质主要是高度重复的DNA序列，分布在染色体的着丝点、端粒等特殊区域，与染色体结构有关，一般不含结构基因。兼性异染色质可存在于染色体的任何部位，可在某类细胞内表达，而在另一类细胞中不表达。

### 1.4.2　染色体的结构模型

在细胞有丝分裂的中期，光学显微镜下可观察到：染色体由两条染色单体组成。每条染色单体包括一条染色质线，即每条染色单体就是一个DNA分子与蛋白质结合形成的染色质线。当它完全伸展时，直径不过10nm，而长度可达几毫米至几厘米；当它盘绕卷曲时，长度可收缩至几微米，差不多缩短了近万倍。染色质线在细胞分裂过程中是如何卷缩成为一定形态特征的染色体的呢？人们曾提出不同的模型，目前认为比较合理的是Bark等人于1977年提出的4级结构模型（见图1-7）。

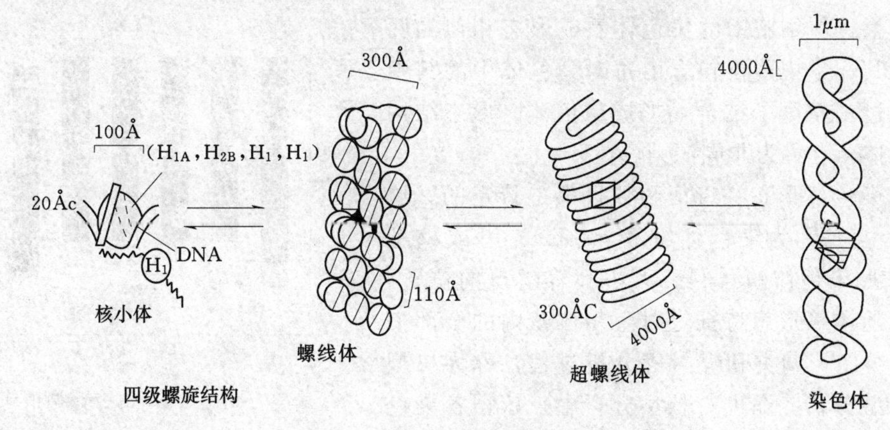

图1-7　染色体的四级模型

该模型认为，核小体组成的念珠式染色质线是染色体的一级结构，直径为10nm，此过程中需要组蛋白 $H_2A$、$H_2B$、$H_3$ 和 $H_4$ 的参与。然后，该染色质线螺旋化形成外径30nm，内径10nm，每一圈有6个核小体的螺线体（solenoid），即染色体的二级结构，此过程中组蛋白 $H_1$ 参与作用。螺线管再螺旋化，形成直径为400nm的圆筒状超螺线体，即染色体的三级结构。超螺线体附着在由非组蛋白组成的骨架上，再次折叠盘绕和螺旋化，形成具有一定形态直径约1μm的染色体。经过4次压缩后，DNA分子的长度分别被压缩了7倍、6倍、40倍和5倍，即最初长度被压缩了8000～10000倍。这种变化的生物学意义在于：在细胞间期里，染色质的松散状态有利于染色质的复制和基因的表达；在细胞分裂期，高度螺旋化的染色体比较容易分开。

### 1.4.3　染色体的形态和数目

根据细胞学观察，每条染色体在有丝分裂的中期具有明显和典型的形态特征，都有一个着丝粒（centromere）和被着丝粒分开的两个臂（arm）。在细胞分裂时，纺锤丝就附着在着丝粒区域，即着丝点部分。

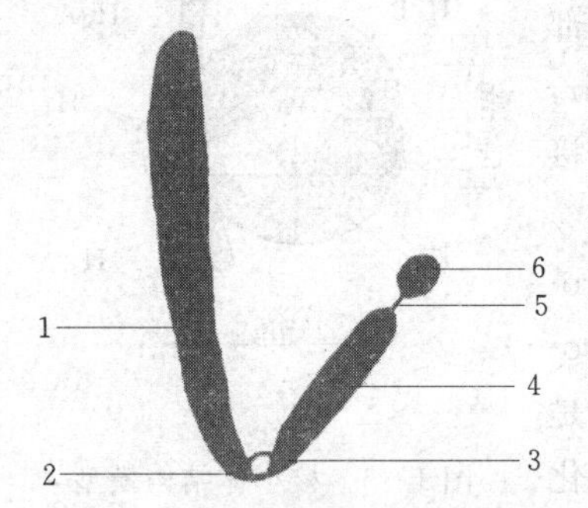

图1-8 染色体形态示意图
1—长臂；2—主缢痕；3—着丝点；4—短臂；5—次缢痕；6—随体
（引自朱军，2002）

着丝点对染色体向两极牵引具有决定性的作用。如果某一染色体发生断裂形成染色体断片，则缺失了着丝点的断片将不能正常地随着细胞分裂而分向两极，因而常会丢失。各个染色体的着丝点位置是恒定的。根据着丝点的位置可将染色体分为4类：着丝点位于染色体中间，称中间着丝点染色体，两臂大致等长，在细胞分裂后期表现为V形；着丝点较近于染色体的一端，称近中着丝点染色体，形成一个长臂和一个短臂，表现为L形；着丝点靠近或位于染色体末端，称近端着丝点染色体或端着丝点染色体，近似于棒状；染色体的两个臂都极其短，则称粒状染色体。着丝点所在的区域是染色体缢缩部分，称为主缢痕（primary constriction）。在某些染色体的一个或两个臂上还常有另外的缢缩部位，称为次缢痕（second constriction）。某些染色体次缢痕的末端所具有的圆形或略呈长形的突出体，称为随体（satellite）（见图1-8）。

染色体的大小在不同物种或同一物种的不同染色体之间差异较大。一般染色体长度为0.2～50.0μm，宽度为0.2～2.0μm。除双子叶植物中的牡丹属和鬼臼属染色体较大外，一般双子叶植物的染色体要比单子叶植物的染色体小。

每种生物的染色体数目是相对恒定的，然而染色体数目在不同物种间差异往往较大。例如，一种菊科（*Haplopappus gracillis*）植物只有两对染色体，但在瓶儿草属（*Ophioglossum*）的一些物种中染色体数目高达400～600对。虽然被子植物通常比裸子植物的染色体数目多，但染色体的数目却与生物的复杂程度并无多大关系。在许多园林植物中，体细胞中的染色体通常是成对存在的。这样形态和结构相同的一对染色体，称为同源染色体（homologous chromosome），同源染色体所含的基因位点相同。但在某些园林植物如银杏、红豆杉中，有一对形态和所含基因位点不同的同源染色体，称为性染色体。染色体之所以成对出现是因为每对同源染色体中一条来自于母本，而另一条来自父本。如果将体细胞中的染色体看成形态相似的两套染色体，那么其配子中则仅包含由每对染色体中的其中一套染色体。通过受精配子结合而形成二倍体。形态结构不同的各对染色体，互称为非同源染色体。

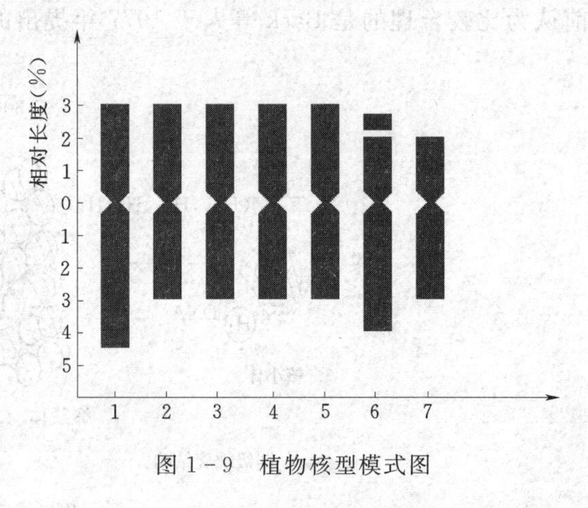

图1-9 植物核型模式图

每种生物的染色体形态、特征和数目都是特定的，这种特定的染色体组成称为染色体组（genome）型或核型（karyotype）。按照染色体的数目、大小和着丝点的位置、臂比、次缢痕和随体等形态特征，对生物体核内的全部染色体进行配对、分组、归类和编号等分析过程，称为核型分析或染色体组型分析。在进行核型分析中，依据各染色体的特征绘制的图，称为核型模式图（idiogram）（见图1-9）。园林植物的核型分析对于鉴定系统发育过程中物种间的亲缘关系和远缘杂种具有重要意义。

## 1.5 DNA的复制

作为遗传物质的DNA，必须能够自我复制，才能保证在世代间的稳定传递。那么DNA是如何进行复制的呢？实际上，当沃森和克里克在提出DNA双螺旋结构模型的同时，已经表示“我们所假设的特定碱基的配对表明了遗传物质的复制机理”。

### 1.5.1 DNA的半保留复制

沃森和克里克提出的DNA复制机理是：DNA分子是由极性相反的两条脱氧核糖核酸链组成的双螺旋结构，两条链之间的碱基由氢键连接，碱基腺嘌呤（A）与胸腺嘧啶（T）配对，鸟嘌呤（G）与胞嘧啶（C）配对。复制时，DNA 双链一端的氢键逐渐断开，形成两条单链，然后各自作为模板，从细胞核内吸取与碱基配对的游离脱氧核苷酸（dATP 吸取 dTTP，dCTP 吸取 dGTP），进行氢键的结合，在复杂酶系统作用下，逐步连接起来，各自合成一条新的互补链，与原来的模板单链互相盘绕在一起，形成双链 DNA 分子结构。这样随着 DNA 分子双螺旋的完全拆开，就逐渐形成了两个新的 DNA 分子，与原来的完全一样（见图 1－10）。由于通过复制形成的两个 DNA 分子，各保留了原来亲本 DNA 双链的一条单链，所以这种复制方式称为半保留复制（semiconservative replication）。

1958 年，梅塞尔森 M. S.（Meselson M. S.）和斯塔尔 F. W（Stahl F. W.）的实验结果证实了 DNA 的半保留复制。他们将分别来自 $^{14}$N 培养基和 $^{15}$N 培养基上的大肠杆菌的 DNA 进行 CsCl 梯度离心，结果发现，来源于 $^{14}$N 培养基的，在离心管上部形成 DNA 带，即轻带；来源于 $^{15}$N 培养基的，在离心管下部形成 DNA 带，即重带；从 $^{15}$N 培养基转入 $^{14}$N 培养基繁殖的子一代，则在离心管中部形成 DNA 带，可称为杂种带。将子一代细菌 DNA 进行加热变性，使 DNA 双链变为两条单链，然后离心，在离心管中分别得到了一条轻带和一条重带，说明一代细菌 DNA 确实是杂种链；将此子一代继续在 $^{14}$N 培养基上繁殖形成子两代，则在离心管内形成一条轻带和一条杂种带（见图 1－11）。以上结果完全印证了 DNA 的半保留复制。

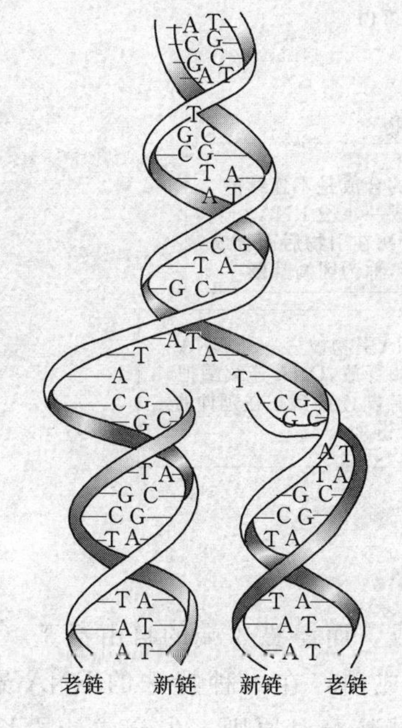


图 1－10　DNA 的半保留复制

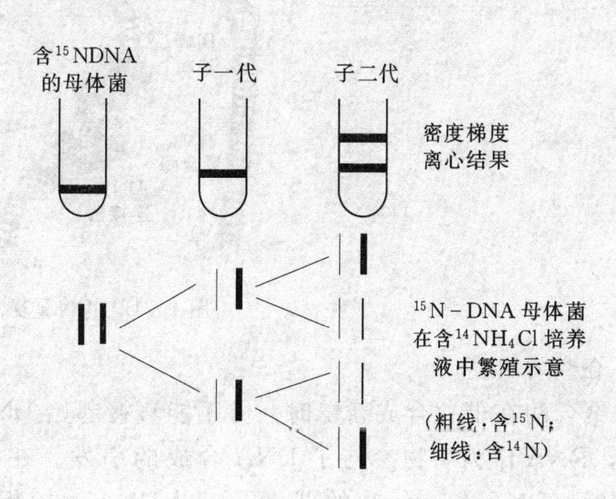


图 1－11　DNA 半保留的实验证据

## 1.5.2　DNA 复制起点和复制方向

DNA 复制是从 DNA 分子的特定部位开始的，此部位称为复制起点（origin）。在同一个复制起点控制下合成的一段 DNA 序列称为复制子（replicon）。在园林植物等真核生物中，每条染色体的 DNA 复制都是多起点的，即多个复制起点共同控制一条染色体的复制，因此每条染色体上具有多个复制子。大量研究表明，真核生物的 DNA 复制是双向的，即从复制起点开始，同时向相反的两个方向进行。

## 1.5.3　DNA 复制过程

实际上，DNA 复制是一个复杂的过程，需要多种酶的参与。其中 DNA 新链的合成是在 DNA 聚合酶的催化下完成的。在园林植物等真核生物中，DNA 聚合酶共有 5 种，分别是：α、β、γ、δ 和 ε。其中 DNA 聚合酶 α 控制不连续的后随链的合成，而 DNA 聚合酶 δ 则控制前导链的合成，DNA 聚合酶 β 可能与 DNA 的修复有关，而 DNA 聚合酶 γ 是唯一在线粒体中发现的 DNA 聚合酶。

### 1.5.3.1　双螺旋的解链

DNA 复制时，新链（或子链）合成是以原 DNA 分子的两条链（也称亲本链）为模板，这就需要在

DNA 合成前使连接碱基的氢键断裂，将双螺旋的两条链分开。但我们知道双螺旋一圈约为 10 个核苷酸，即每隔 10 个核苷酸，DNA 链必须旋转 360°，两条链才能解开。在生物体内，DNA 的解旋是由 DNA 解旋酶（helicase）来催化完成，所需能量由 ATP 提供。当 DNA 双链解开后，单链 DNA 结合蛋白（single - strand DNA - binding protein，SSB）马上结合到分开的单链上，使其保持伸展状态，防止分开的双链因碱基互补重新结合或同一条链的互补碱基间配对形成发夹状结构，而阻止 DNA 的合成。在 DNA 解旋过程中，双螺旋的不断旋转会在 DNA 复制叉前形成一种张力而导致超螺旋产生。这种张力的消除主要是通过 DNA 拓扑异构酶（topoisomerase）来完成的。DNA 拓扑异构酶Ⅰ和 DNA 拓扑异构酶Ⅱ可以分别对 DNA 双链中的一条链或两条链进行切割，产生切口，使另一条链或两条链按照松弛超螺旋的方向旋转一圈，然后再将其共价相连，从而消除其张力（见图 1-12）。

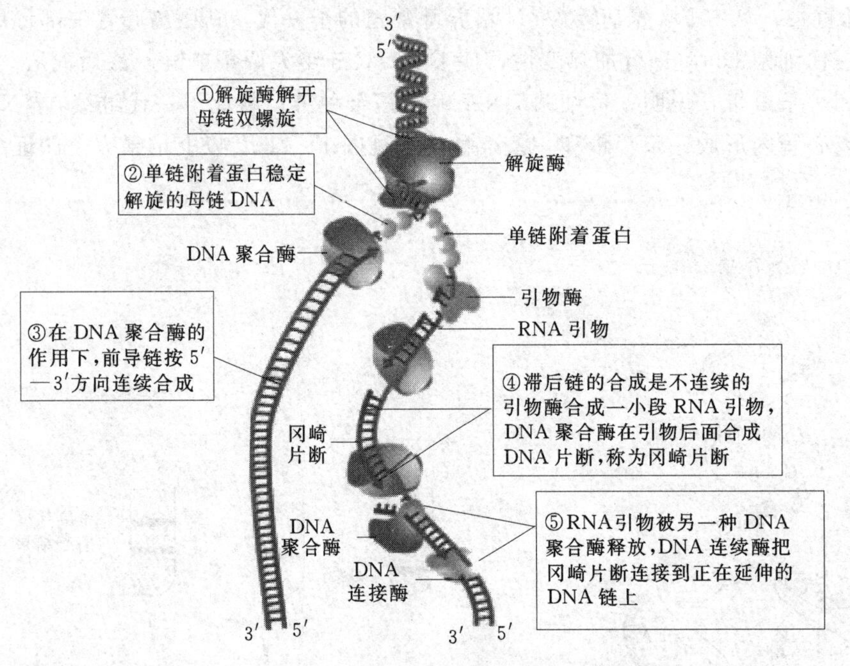


图 1-12　DNA 复制过程

**1.5.3.2**　合成的引发

DNA 聚合酶在催化合成新链时，并不能直接起始 DNA 的合成，而需要 3′端的自由羟基（—OH）。研究表明，RNA 作为引物参与了 DNA 合成的引发。在 DNA 合成前，在一种特殊的 RNA 聚合酶—DNA 引物酶（DNA primase）的催化下，以 DNA 为模板，根据碱基配对原则，先合成一段长度为 10 个核苷酸的 RNA 引物，提供 3′端自由—OH。然后，在 DNA 聚合酶 α 和 δ 的作用下进行 DNA 新链的合成。

**1.5.3.3**　DNA 链的延伸

当 DNA 链向一个方向延伸时，由于 DNA 双螺旋的两条互补链方向相反，即一条链是从 5′～3′，而另一条是 3′～5′，但负责生物 DNA 合成的酶却只有 5′～3′的聚合功能，这样两条 DNA 链在延伸时就产生了矛盾。研究发现，其实只有一条链的合成是连续的，而另一条是不连续的。现把连续合成的链称为前导链（leading strand），真核生物中由 DNA 聚合酶 δ 催化合成；而另一条先沿 5′～3′方向合成许多长度为 100～150 个核苷酸的片段，然后再由连接酶将其连接起来，称为后随链（lagging strand），真核生物中后随链由 DNA 聚合酶 α 合成。在后随链上合成的不连续 DNA 单链小片段，称为冈崎片段（okazaki fragment）。

由于园林植物等真核生物的染色体是线状的，当新链 5′末端的 RNA 引物被切除后，就没有 3′端的自由羟基为 DNA 合成提供引物，因此新链 5′末端是无法自动合成的。研究表明，在 DNA 的末端存在特殊的串联重复序列结构，如拟南芥为 TTTAGGG。此外，在真核生物细胞中，存在一种端体酶（telomerase），能在没有引物的情况下合成 DNA 的末端。

## 1.6 细胞分裂

园林植物的生长和繁殖是通过细胞增殖来实现的，细胞的增殖是靠分裂来实现的。伴随细胞的分裂，染色体作为DNA的载体通过一系列有规律的变化，使遗传物质从母细胞精确地传递给子细胞，保证物种的连续性和生物的正常生长与发育。

细胞并不是时时刻刻都在进行分裂。在两次连续的细胞分裂（mitosis，M）之间细胞必须进行分裂前的准备，这一时期细胞不进行分裂，在光学显微镜下看不见染色体，细胞周期的该阶段称为分裂间期（interphase）。间期的细胞核不仅进行DNA的复制，而且与DNA相结合的组蛋白也在加倍合成。同时细胞进行生长，使核体积和细胞质体积的比例达到最适平衡状态。根据DNA合成的特点，间期又可划分为3个时期：① $G_1$ 期（$1^{st}$ Gap）：又称DNA合成准备期，是细胞分裂后的第一个间隙，主要进行蛋白质、脱氧核糖核苷酸等大分子的合成以及细胞体积的增大，为DNA合成做准备。不分裂细胞就停留在 $G_1$ 期，称为 $G_0$ 期；② S期（period of DNA synthesis）：又称DNA合成期，此期进行DNA复制，DNA含量加倍，但着丝粒没有复制，组蛋白大量合成；③$G_2$ 期（$2^{nd}$ gap）：也称DNA合成后期，主要是进行能量储备和微管蛋白的合成，为细胞分裂做准备。这三个时期持续时间的长短因物种、细胞种类和生理状态的不同而有明显差异。一般S期的时间较长，且稳定；$G_1$ 和 $G_2$ 的时间较短，变化也较大。一个细胞周期中各时期的顺序为：$G_1 \rightarrow S \rightarrow G_2 \rightarrow M$（见图1-13）。

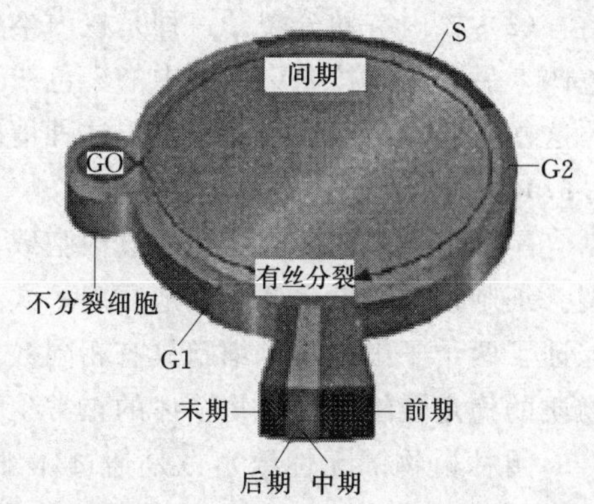

图1-13 细胞有丝分裂周期
（引自Klug and Cummings，2000）

园林植物在由一个受精卵细胞发育成为多细胞的个体中，体细胞和配子中的染色体数目明显不同，体细胞通常为2倍体，而配子为单倍体，这就说明植物细胞存在两种不同的分裂方式：一种能保持染色体数目不变，而另一种使细胞染色体数目减半。前者称为有丝分裂（mitosis），后者称为减数分裂（meiosis）。

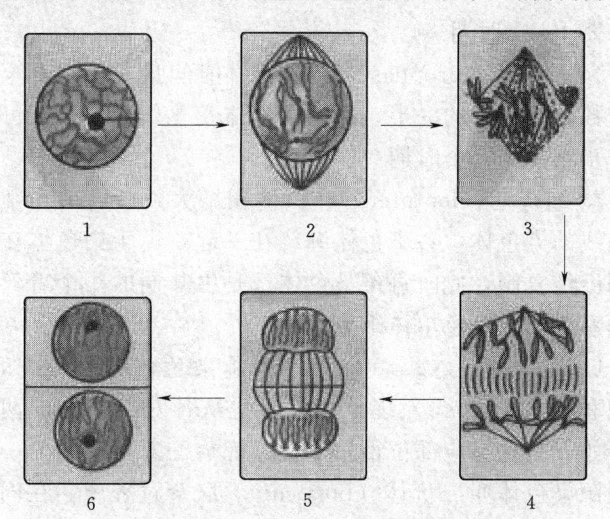

图1-14 植物体细胞有丝分裂的模式图
1—间期；2—前期；3—中期；4—后期；5—末期；6—子细胞

### 1.6.1 有丝分裂

有丝分裂是植物体细胞数量增长过程中进行的一种分裂方式，包含细胞核分裂和细胞质分裂两个紧密相连的过程。

#### 1.6.1.1 细胞分裂的过程

根据光学显微镜下核分裂变化的特征，有丝分裂期可分为连续的4个时期（见图1-14）：

（1）前期（prophase）：细胞核内出现细长而卷曲的染色体，每个染色体有两个染色单体，核仁和核膜逐渐模糊不明显，高等植物细胞两极出现纺锤丝。

（2）中期（metaphase）：核仁、核膜消失标志着前期的结束，中期的开始。细胞内出现清晰可见由纺锤丝构成的纺锤体（spindle）。各个染色体的着丝点均排列在纺锤体中央的赤道面上，而其两臂则自由地分散在赤道面的两侧。此时是进行染色体鉴别和计数的最佳时期。

（3）后期（anaphase）：每条染色体的着丝点分裂为二，染色单体成为独立染色体，在纺锤丝牵引下细胞向两极移动。染色体向两极移动标志着中期的结束，后期的开始。

（4）末期（telophase）：染色体到达两极，不再移动标志着后期的结束，末期的开始。围绕染色体出现新核膜，核仁重新出现，一个母细胞内形成两个子核，接着细胞质分裂，形成两个细胞。染色体变到染色质标志着末期结束，$G_1$ 的开始。

分裂期中各时期所经历时间的长短，可因物种和外界环境的不同而变化。一般前期最长，可持续1～2h，中期、后期和末期都较短，分别为5～30min。

**1.6.1.2 有丝分裂中的特殊情况**

(1) 多核细胞。细胞核进行多次重复分裂，而细胞质不分裂时，会形成具有许多游离核的细胞，称为多核细胞。在一些园林植物胚发育的某个时期的细胞中可以见到。

(2) 核内有丝分裂。一种是核内染色体中的染色线连续复制，但染色单体并不分开，从而形成多线染色体。另一种是核内染色体中的染色线连续复制后，其染色单体也分开，但其细胞核不分裂，结果加倍了的这些染色体都留在一个核里。这种情况在组织培养的细胞和绒毡层细胞中存在。

**1.6.1.3 有丝分裂的遗传学意义**

园林植物个体的生长是通过细胞数目的增加和细胞体积的增大实现的，细胞数目的增加依赖于有丝分裂。细胞核内的染色体准确地复制一次，形成的两条染色单体规则地分开并均匀地分配到两个子细胞中，保证了两个子细胞与母细胞具有相同数量和质量的染色体，在遗传组成上完全相同。细胞上下代之间遗传物质的稳定性维持了植物个体的正常生长与发育。

园林植物的无性繁殖也是通过体细胞的有丝分裂来实现的。通过有丝分裂染色体准确而有规律地分配到子细胞中去，保障了世代间染色体数目的恒定性，也就保证了无性繁殖植物物种的连续性和稳定性。

### 1.6.2 减数分裂

减数分裂是性母细胞成熟时，配子形成过程中所发生的一种特殊的有丝分裂，因为它使体细胞染色体数目减半，故称减数分裂。

**1.6.2.1 减数分裂的过程**

减数分裂包括两次连续的细胞分裂。第一次分裂是减数的；第二次分裂是等数的。整个过程可概述如下（见图1-15）。

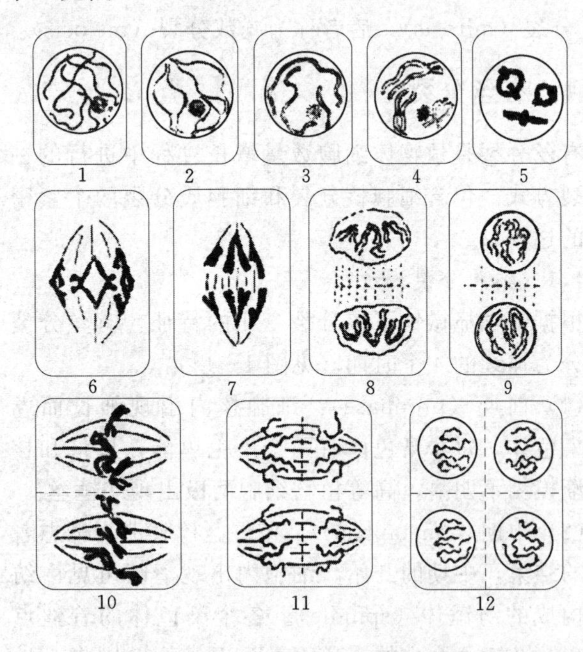


图1-15 减数分裂的模式图

1—细线期；2—偶线期；3—粗线期；4—双线期；5—终变期；6—中期Ⅰ；7—后期Ⅰ；8—末期Ⅰ；9—前期Ⅱ；10—中期Ⅱ；11—后期Ⅱ；12—末期Ⅱ

(1) 第一次分裂，可分为前期Ⅰ、中期Ⅰ、后期Ⅰ和末期Ⅰ4个时期。

1) 前期Ⅰ（prophase Ⅰ）：持续时间最长，约占全部减数分裂时间的一半。此期染色体变化较为复杂，可进一步细分为5个时期。

a. 细线期（leptotene）：核体积增大，核内出现细长如线的染色体，各染色体缠绕在一起。由于染色体在间期已经复制，此时每条染色体都是由共同的一个着丝点联系的两条染色单体组成。

b. 偶线期（zygotene）：各同源染色体分别配对，出现联会（synapsis）现象。联会先从各对染色体的两端开始，其他对应部位很快靠拢，完成配对。联会的一对同源染色体叫二价体（bivalent）。联会过程中，在同源的染色体之间开始形成联会复合体（synaptonemal），其主要成分是自我集合的蛋白质，具有固定同源染色体的作用。

c. 粗线期（pachytene）：二价体逐渐缩短变粗，同源染色体的联会复合体完全形成。由于每个二价体中其实有4条染色单体，其中一条染色体的两条染色单体互称姊妹染色单体，而不同染色体的染色单体之间互称非姊妹染色单体。此时，非姊妹染色单体之间的相应部位发生交换（crossing over），造成遗传物质的重组。

d. 双线期（diplotene）：染色体继续变短变粗，联会复合体开始解体，联会的同源染色体之间因相互排斥而开始分开，但因非姊妹染色单体在粗线期的交换，二价体仍被几个交叉（chiasma）连接在一起。交叉数目的多少因染色体的长度而异，一般较长的染色体的交叉数较多。

e. 终变期（diakinesis）：染色体更为浓缩和短粗。这时看到交叉向二价体的两端移动，并且逐渐接近于末端，这一过程叫做交叉端化（terminalization）。这时，每个二价体分散在整个核内，可以一一区分开，所以是鉴定染色体数目的最好时期。

2）中期Ⅰ（metaphase Ⅰ）：核仁和核膜消失，出现纺锤体。各二价体分散在赤道板的两侧，二价体中两个同源染色体的着丝点面向相反的两极，同源染色体之间在赤道面的上下排列是随机的。

3）后期Ⅰ（anaphase Ⅰ）：在纺锤丝的牵引下，各二价体的两个同源染色体分别被拉向细胞的两极，每一极只分到同源染色体中的一个，实现了2n数目的减半（n）。因为每条染色体的着丝点还没有分开，此时每条染色体仍包含二条染色单体。

4）末期Ⅰ（telophase Ⅰ）：染色体到达两极，松散变细，核膜、核仁重新出现，逐渐形成两个子核。同时细胞质也分为两部分，形成两个子细胞，称为二分体（dyad）。有些植物此时只进行了核分裂，而胞质并未分裂，如芍药属植物。

从末期Ⅰ结束到第二次分裂开始前，一般有一个短暂的停顿时期，但不进行DNA复制，称为中间期（interkinesis）。

（2）第二次分裂，与有丝分裂过程十分相似，分前期Ⅱ、中期Ⅱ、后期Ⅱ和末期Ⅱ4个时期。

1）前期Ⅱ（prophase Ⅱ）：染色体又开始浓缩，每个染色体有两条染色单体，着丝点仍连接在一起，但染色单体彼此散得很开。

2）中期Ⅱ（metaphase Ⅱ）：每个染色体的着丝点整齐地排列在细胞的赤道板上。着丝点开始分裂。

3）后期Ⅱ（anaphase Ⅱ）：着丝点分裂为二，各个染色单体由纺锤丝分别拉向两极。

4）末期Ⅱ（telophase Ⅱ）：染色体到达两极并再次松散变为细丝状，同时细胞质分为两部分，这样经过两次分裂，产生了4个子细胞，称为四分体（retrad）或四分孢子（tetraspore）。各细胞的染色体数为最初的一半。

#### 1.6.2.2　减数分裂的遗传学意义

在园林植物生活周期中，减数分裂是配子体（花粉和胚囊）形成过程中的必要阶段。减数分裂时核内染色体复制一次，而细胞连续分裂两次，染色体严格按一定的规律分到4个子细胞中，这4个子细胞发育为雄性细胞（花粉）或1个发育为雌性细胞（胚囊），各自具有母细胞半数的染色体（n）。雌雄配子受精结合为合子，又恢复到全数染色体（2n）。这样保证了亲代与子代间染色体数目的恒定性，为后代个体的正常发育和性状稳定遗传提供了物质基础，也保证了物种的相对稳定性。另一方面，由于同源染色体分开，移向两极是随机的，加上同源染色体的非姊妹染色单体之间的片断交换，使基因的重组类型大大增加，配子的种类多样化，从而增加了生物的变异性，提高了生物的适应性，为生物的进化和人工选择创造了机会。

## 1.7　园林植物的生殖

生物世代的繁衍是通过生殖来完成的。植物的生殖方式主要有两种：无性生殖（asexual reproduction）和有性生殖（sexual reproduction）。

### 1.7.1　无性生殖

无性生殖是通过亲本营养体的分割而产生许多后代个体，这种方式也称为营养体生殖。例如，植物利用块茎、鳞茎、球茎、芽眼和枝条等营养体产生后代，都属于无性生殖。由于它是通过体细胞的有丝分裂而生殖的，后代与亲代具有相同的遗传组成，因而后代与亲代一般总是保持相似的性状。

### 1.7.2　有性生殖

有性生殖是通过亲本的雌雄配子（gametes）受精（fertilization）而形成合子，随后进一步分裂、分

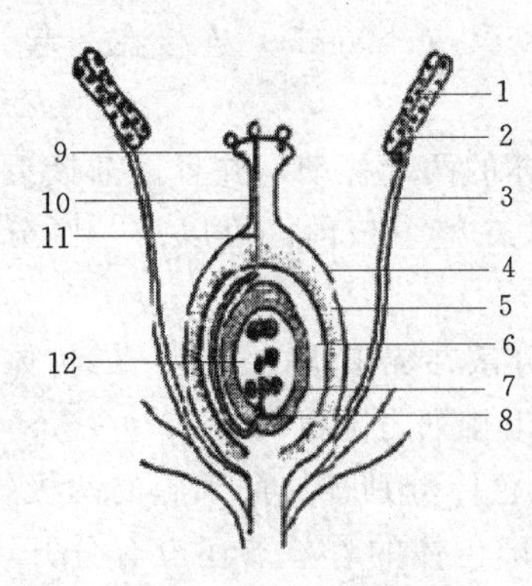

图 1-16 植物的雄蕊和雌蕊
1—花粉粒；2—花药；3—花丝；4—子房；5—子房壁；6—珠被；7—柱头；8—珠孔；9—柱头；10—花柱；11—花粉管；12—胚囊

化和发育而产生后代。有性生殖是最普遍、最重要的生殖方式，许多园林植物通过有性生殖来繁殖后代。其次，无性生殖的一些植物，在一定条件下，也可进行有性生殖。高等植物的有性生殖，最重要的是生殖细胞（雌雄配子）的形成。

**1.7.2.1** 雌雄配子体的形成

高等植物只有到个体发育成熟时，才从体细胞中分化形成生殖细胞。有性生殖的全过程都是在花器里进行的，其中有直接联系的是雄蕊和雌蕊（见图 1-16）。

1. 雄性配子体的形成

雄性配子是在雄蕊的花药中产生的。首先在花药内分化出孢原细胞，然后孢原细胞（2n），经数次有丝分裂分化成花粉母细胞（pollen mother cell）(2n)，也称小孢子母细胞。每个花粉母细胞经过减数分裂产生 4 个小孢子（microspore），并进一步发育成单核花粉粒。每个单核花粉粒经过 1 次有丝分裂，形成营养细胞（n）和生殖细胞（n），即二核花粉粒。随后生殖细胞又经过 1 次有丝分裂，最终形成包含 2 个精细胞（n）和 1 个营养核的成熟花粉粒，即雄配子体（male gametophyte）。一些园林植物在二核花粉粒的阶段就开始散粉，当花粉管萌发后，生殖细胞才进行有丝分裂产生 2 个精细胞（见图 1-17）。

2. 雌性配子体的形成

雌性配子是在雌蕊的子房中产生的。子房里着生着胚珠，在胚珠的珠心组织里分化出大孢子母细胞（megaspore mother cell），也称胚囊母细胞。由一个大孢子母细胞（2n）经减数分裂，产生 4 个直线排列的大孢子（macrospore）(n)，即四分孢子。其中一个远离珠孔的大孢子继续发育，最后成为胚囊，其余 3 个大孢子发生退化而自然解体，养分被吸收利用。继续发育的大孢子的核进行连续 3 次的有丝分裂，产生含 8 个单倍体核（实际为 7 个细胞）的胚囊，其中 1 个为卵细胞，2 个为助细胞（synergid），3 个为反足细胞（antipodal），2 个极核（polar nucleus）组成一个细胞。此时的胚囊称为雌配子体（female gametophyte）（见图 1-17）。

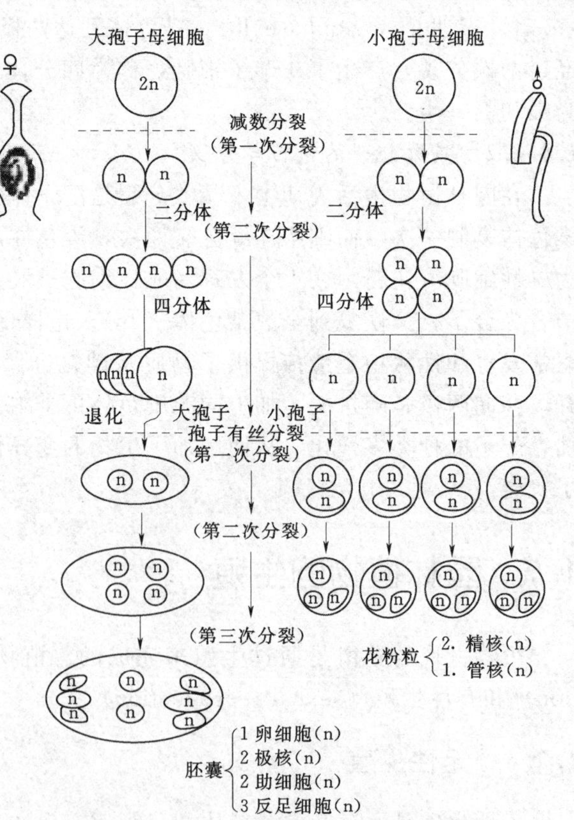

图 1-17 高等植物雌雄配子体的形成过程
（引自朱军，2002）

**1.7.2.2** 高等植物的双受精

当植物的雌雄配子体发育完成后，就可以进行授粉受精了。首先是成熟的花粉粒落在雌蕊的柱头上，该过程称为授粉（pollination）。授粉可以是同一朵花内或同一植株上花朵间的授粉（称为自花授粉），也可以是不同植株间的授粉（称为异花授粉）。授粉后，花粉粒在柱头上萌发，形成花粉管，穿过花柱、子房和珠孔，进入胚囊。花粉管延伸时，营养核走在 2 个精核的前端。花粉管进入胚囊一旦接触助细胞即破裂，助细胞同时破坏。2 个精核和花粉管的内含物一同进入胚囊，这时 1 个精核（n）与卵细胞（n）受精结合为合子（2n），将来发育成胚。雄配子与雌配子融合为一个合子的过程，称为受精（fertilization）。同时另 1 个精核（n）与 2 个极核（n + n）受精结合为胚乳核（3n），将来发育成胚乳。这一过程就称为双受精（double fertilization）（见图 1-18）。

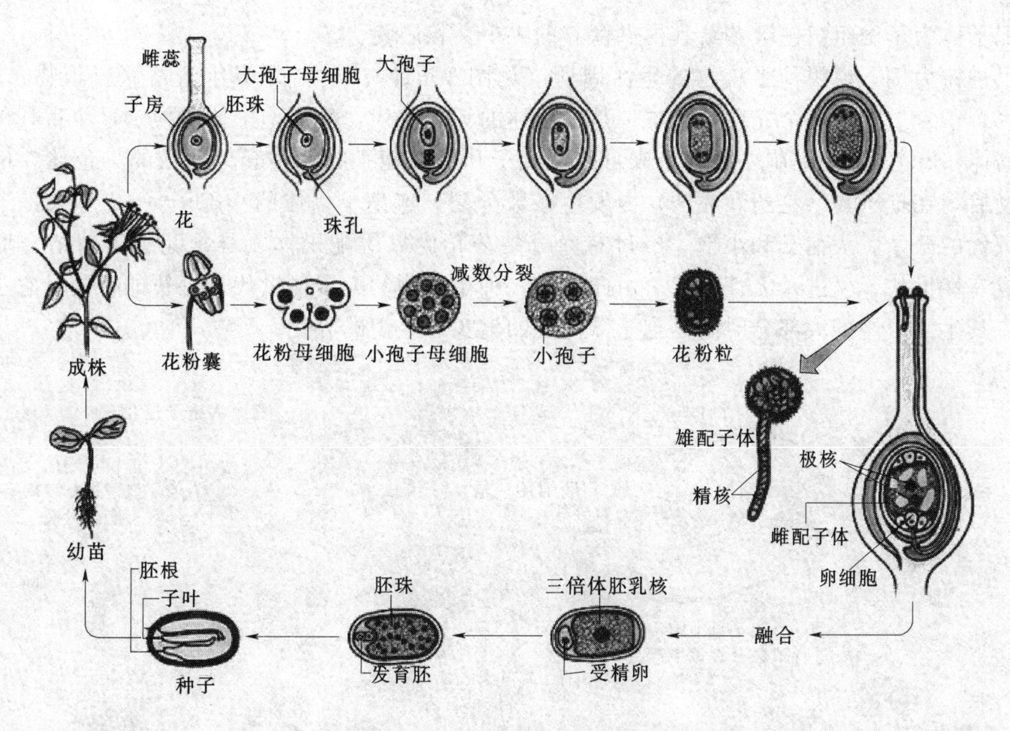


图1-18 高等植物的双受精过程

通过双受精最后发育成种子。种子的主要组成部分是胚、胚乳和种皮。胚和胚乳都是受精形成的，而种皮是母本花朵的营养组织形成的。如双子叶植物的种皮是由胚珠的珠被形成的。就染色体数目而言，胚、胚乳和种皮分别为 2n、3n 和 2n。就遗传组成而言，胚和胚乳是真正雌雄配子结合的产物，而种皮只是母体组织的一部分。因此，一个真正的种子可以说是由胚、胚乳和母体 3 方面密切结合的嵌合体。

#### 1.7.2.3 无融合生殖

无融合生殖（apomixis）是指雌雄配子不发生核融合的一种无性生殖方式。它被认为是有性生殖的一种特殊方式或变态。无融合生殖可分为两大类：营养的无融合生殖（vegetative apomixis）和无融合结子（agamospermy）。

营养的无融合生殖包括可以代替种子而进行的无融合生殖。例如，一些百合品种在地上茎叶腋处产生变态的气生小鳞茎（珠芽）。无融合结子指能产生种子的无融合生殖。包括：①单倍配子体无融合生殖。指雌雄配子体不经过正常受精而产生单倍体胚（n）的一种生殖方式，简称单性生殖（parthenogenesis）。包括授粉后卵细胞未经受精而发育成单倍体胚的孤雌生殖（female parthengenesis）；以及精子进入卵细胞后，尚未与卵细胞融合，而卵核即退化解体，由雄核取代卵核的地位，在卵细胞中发育成具有父本染色体的单倍体胚的孤雄生殖（male parthengenesis）。②二倍配子体无融合生殖。指从二倍体的配子体发育而成孢子体的无融合生殖。胚囊没有经过减数分裂，而由造孢细胞或邻近的珠心细胞形成，胚囊中的核都是二倍体（2n）。③不定胚。是由珠心或珠被的二倍体细胞产生为胚，完全不经过配子体阶段。

### 1.7.3 高等植物的生活周期

植物的生活周期（life cycle）是指从合子到个体成熟再到个体死亡所经历的一系列发育阶段。有性生殖植物的生活周期大多数包括有 1 个有性世代和 1 个无性世代。通常情况下，植物的 1 个受精卵发育成为 1 个孢子体（sporophyte）（2n），这称为孢子体世代，就是无性世代，孢子体经过一定的发育阶段，某些细胞特化进行减数分裂，染色体减半，遂转入配子体（gametophyte），产生雌性或雄性配子，这就是配子体世代，即有性世代。雌性和雄性配子经过受精形成合子，于是又发育成新一代的孢子体（2n）。这样无性世代和有性世代交替发生，称为世代交替（alternation of generation）。

不同的植物有不同的生活周期。在苔藓植物中，配子体是十分明显且独立生活的世代，孢子体小且依赖于配子体。而在蕨类植物和种子植物中，情况正好相反，孢子体是独立、明显的世代，而配子体则不明显。其中裸子植物和被子植物的配子体，是完全寄生的世代。例如，被子植物中雄配子体已缩小为 3 核花粉粒，雌配子体为子房组织包被并给其提供营养的1个8核胚囊。

这里以桃树为例，说明种子植物的生活周期（见图1-19）。桃树是多年生蔷薇科植物，雌雄同花。从受精卵（合子）发育成一个完整的植株，是孢子体的无性世代，称为孢子体世代。这个世代的体细胞染色体是二倍体（2n），每个细胞中都含有来自雌性配子和雄性配子的一整套单倍数的染色体。孢子体发育到一定程度后，在孢子囊（花药和胚珠）内发生减数分裂，产生单倍体的小孢子（n）和大孢子（n），这是配子体世代的开始。大孢子和小孢子经过有丝分裂分化为雌雄配子体。雌雄配子受精结合形成合子以后，即完成有性世代，又进入无性世代。由此可见，种子植物的配子体世代是短暂的，而且它主要在孢子体内度过。其生活史中的大部分时间是孢子体体积的增长和组织的分化。

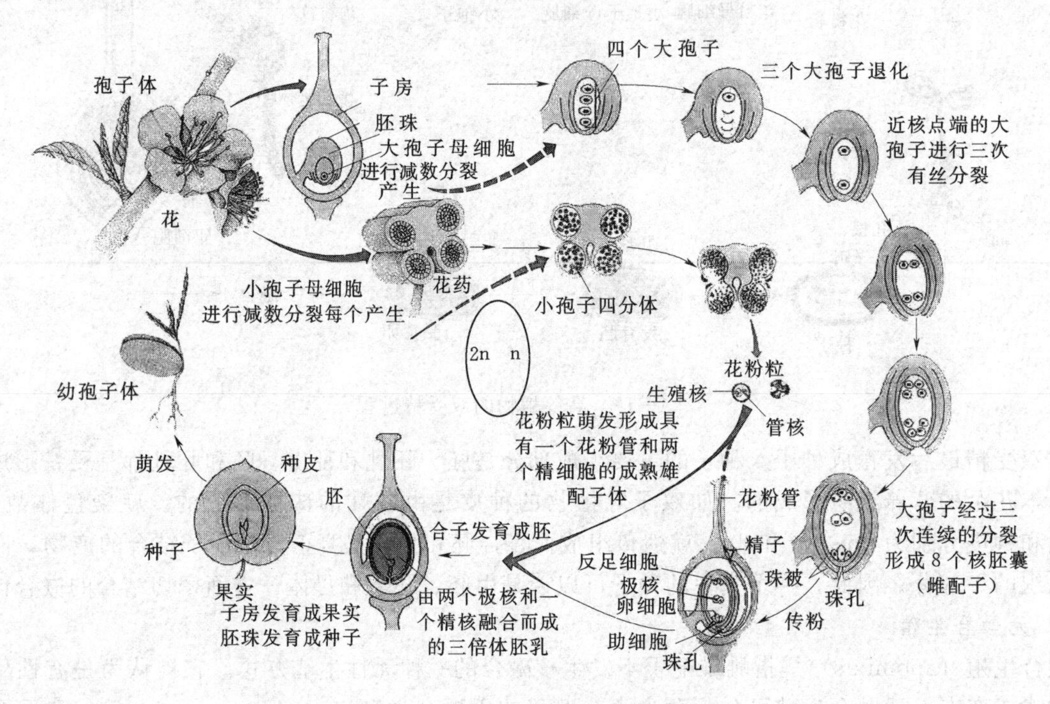


图1-19 桃树的生活周期

## 1.8 DNA操作技术

随着对核酸化学结构（DNA和RNA）及DNA复制机制的进一步了解，以及一些工具酶（如限制性内切酶、Taq DNA聚合酶等）的发现，一些DNA操作技术便应运而生。这些技术的诞生极大地加快了遗传学的研究进程，促进了遗传育种学科的发展。这里简要介绍一下在园林植物（分子）遗传育种中经常用到的两项基本技术：核酸的分子杂交技术和体外扩增技术。

### 1.8.1 核酸分子杂交

核酸分子杂交是指核酸探针与待检DNA通过Watson-Crick碱基配对形成稳定的杂合双链DNA分子的过程。主要包括2项技术：Southern杂交和Northern杂交。

Southern杂交（Southern blotting）由英国的Southern于1975年发明的。首先将待检测DNA用限制性酶酶切，然后将酶切的DNA进行琼脂糖凝胶电泳。电泳结束后，对DNA片段进行变性处理（即使碱基间的氢键断开，让双链DNA变为单链）。然后，将凝胶上的DNA转移到硝酸纤维滤膜或尼龙膜上，并烘干固定。再将放射性同位素或非放射性物质标记的核酸探针与膜上的DNA片段进行杂交。探针是一段经过标记的、已知序列的多聚核苷酸，长度在几百碱基对以上。杂交完成后，洗去膜上非特异性结合的探针，用X光放射自显影检测杂交信号。如果转移的膜上具有与探针序列互补或部分互补的片段，放射自显影后就会检测到杂交带信号。Southern杂交可用于筛选基因库中的阳性克隆；分析基因组DNA某一个基因的拷贝数；用于RFLP分析，鉴定不同物种或亚种中的相关序列等（见图1-20）。

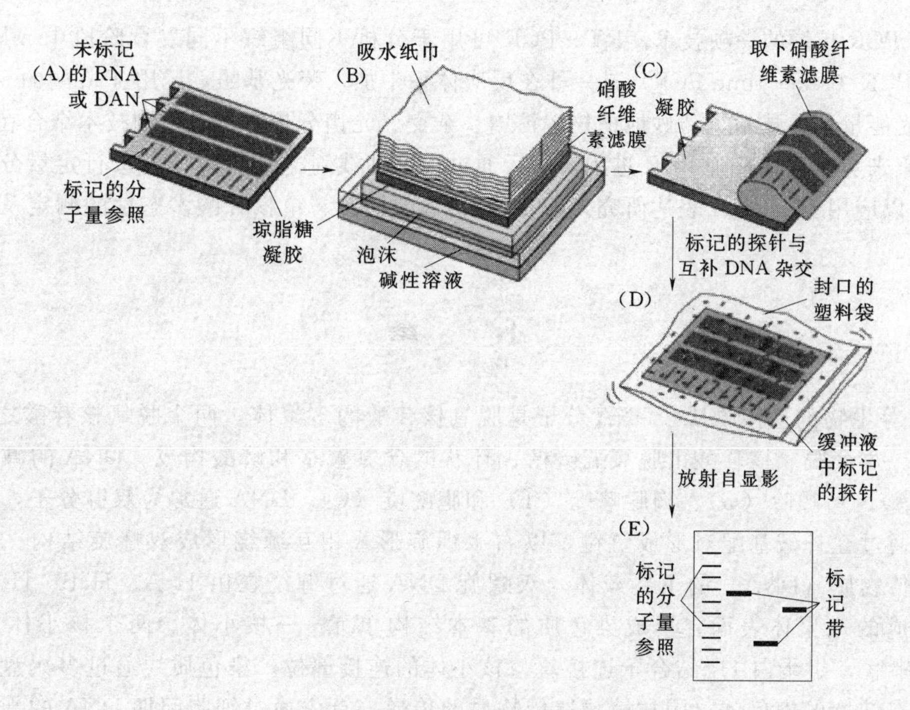


图 1-20　Southern 杂交技术流程

Northern 杂交（Northern blotting）采用与 Southern 杂交相同的原理及程序，不同的是用于待检测进行琼脂糖凝胶电泳的核酸是 RNA。其基本程序是从待分析的细胞或组织中提取总 RNA，并从中分离出 mRNA。mRNA 经过琼脂糖凝胶电泳后，转移至膜上进行核酸分子杂交。杂交的探针来自克隆的基因。如果膜上有与探针互补的 RNA 分子，则在 X 光片上可见到杂交信号带。Northern 杂交广泛用于研究基因在不同细胞、组织或器官的表达情况和 mRNA 的定量分析等。

## 1.8.2　核酸体外扩增技术

核酸体外扩增技术也称聚合酶链式反应（polymerase chain reaction，PCR）由美国科学家 Mullis 于 1986 年发明的。PCR 类似于 DNA 的天然复制过程，根据 DNA 半保留复制原理，利用酶促反应在体外可快速合成特定的 DNA 片段。该技术首先依据待扩增 DNA 片段的序列信息，人工合成一对与待扩增片段两条链上的两端序列分别互补的引物；然后在将 DNA 模板高温变性成单链后，使两条引物分别与单链 DNA 模板复性，在耐热 DNA 聚合酶（Taq polymerse）及 4 种脱氧核苷酸存在下，由引物引导沿 $5'\rightarrow3'$ 方向延伸，合成新的 DNA 互补链。PCR 反应程序可概述为以下 3 个步骤：①变性：在 94～95℃使模板 DNA 的双链变性成单链；②复性：两个引物分别与单链 DNA 互补复性，复性的温度为 50～70℃；③延伸：在引物的引导及 DNA 聚合酶的作用下，于 72℃合成模板 DNA 的互补链。这 3 个步骤称为一个循环，如此反复进行，每一次循环所产生的 DNA 均能成为下一次循环的模板，每一次循环都能使靶 DNA 特定区域的拷贝数扩增 1 倍，PCR 产物以 $2^n$ 的指数形式迅速增加，经过 25～30 个循环后，理论上可使模板 DNA 扩增 $10^6$～$10^7$ 倍以上（见图 1-21）。PCR 具有特异性强、灵敏度高、操作简便、省时等特点，现已广泛应用于基因的分离与克隆、核酸序列分析、遗传进化研究、作物分子育种、疾病诊断、法医学等多个领域。基于普通 PCR 技术，现已衍生出 RT-PCR、实时定量 PCR 等多种 PCR 类型。RT-PCR（reverse transcription PCR）是以 mRNA 为模板，经反转录为

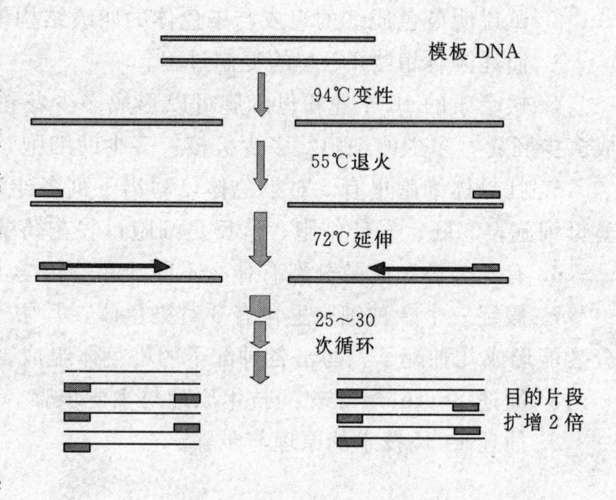


图 1-21　PCR 原理示意图

DNA后再进行PCR扩增的一项技术。RT-PCR可用于分析不同组织不同发育阶段中mRNA的表达状况。实时定量PCR（real-time PCR）是一种在反应体系中加入荧光基团，运用Taq酶的5′→3′外切核酸酶的活性和荧光能量传递技术，巧妙地把核酸扩增、杂交、光谱分析和实时检测技术结合在一起，借助于荧光信号的积累来实时监测整个PCR进程，最后通过标准曲线对未知核酸模板进行定量分析的方法。实时定量PCR可以应用于mRNA表达研究，DNA拷贝数的检测、单核苷酸多态性的测定及易位基因的检测等。

## 小 结

DNA是高等生物的遗传物质。DNA分子是脱氧核苷酸的多聚体，两个脱氧核苷酸之间由3′-5′磷酸二酯键相连。每个脱氧核苷酸由脱氧五碳糖、环状的含氮碱基和磷酸构成。DNA的碱基有4种，分别是腺嘌呤（A）、鸟嘌呤（G）、胸腺嘧啶（T）和胞嘧啶（C）。DNA通常为双链分子，两条多核苷酸链反向平行，通过互补碱基配对形成氢键，以右手螺旋形式相互缠绕形成双螺旋结构。植物细胞核中的染色体是遗传物质（DNA）的主要载体。双螺旋DNA通过缠绕在由$H_2A$、$H_2B$、$H_3$和$H_4$组蛋白各2个分子组成的八聚体表面，形成染色质的基本结构单元——核小体。两个核小体之间由连接丝（DNA双链）串联，组蛋白$H_1$结合于连接丝与核小体的连接部位。染色质线通过多次盘绕、螺旋化而蜷缩成一定形态结构的染色体。园林植物遗传物质的传递，首先通过细胞间期DNA的半保留复制保证形成的两条染色单体遗传信息完全相同，再经过细胞分裂期染色体有规律地变化，染色单体相互分开，分别进入两个子细胞，通过无性和有性生殖方式完成。园林植物的无性生殖主要是通过体细胞的有丝分裂来实现的；而有性生殖则是通过胚囊母细胞与花粉母细胞的减数分裂，分别形成雌、雄配子体，再经过授粉受精过程，精卵细胞融合成为合子来实现的。有丝分裂过程中遗传物质的精确复制与完整传递，使子代与亲代具有十分相似的表型特征，保证了物种的稳定性，也为良种繁育提供了重要途径。减数分裂中非同源染色体的随机组合与非姊妹染色单体的片段交换，为植物的变异提供了重要的物质基础，有利于物种进化，为人工选择提供了丰富的材料。对DNA化学结构，特别是碱基互补配对原则的了解，催生了核酸分子杂交技术，为基因的分离、克隆及遗传育种研究提供了重要技术手段。根据DNA半保留复制原理，发明了DNA片段快速扩增技术—PCR。PCR通过简单的高温变性、低温退火、中温延伸3个步骤的多次循环，在数小时之内就可使靶DNA片段扩增到数万倍至几十万倍，极大地方便了园林植物的遗传操作。

## 思 考 题

1. 简述DNA分子的结构模型，并说明脱氧核苷酸的化学构成。
2. 试说明染色质线的组成与染色体的四级结构模型。
3. 简述园林植物DNA的复制过程。
4. 矮牵牛的10个花粉母细胞可以形成多少花粉粒？多少精核？多少管核？有10个卵母细胞可以形成多少胚囊？多少卵细胞？多少极核？多少助细胞？多少反足细胞？
5. 牡丹体细胞里有5对染色体，写出下列各组织的细胞中染色体数目：①叶；②根；③胚乳；④胚囊母细胞；⑤胚；⑥卵细胞；⑦反足细胞；⑧花药壁；⑨花粉管核。
6. 有丝分裂和减数分裂有什么不同？在遗传学上各有什么意义？
7. 假定一个杂种细胞里含有3对染色体，其中A、B、C来自父本、A′、B′、C′来自母本。通过减数分裂能形成几种配子？写出各种配子的染色体组成。
8. 简述Southern杂交的技术原理与主要步骤。
9. 简述PCR技术的原理与步骤。

# 第2章　基因的表达

**本章学习要点**

- 基因的概念与植物基因的结构
- 植物RNA转录与多肽的翻译
- 植物基因表达的调控
- 花发育的过程
- 基因突变的类型与机制，突变的诱发与修复

每种生物都是由一整套遗传性状构成的，这些特征性状使它区别于其他的物种或品种。然而，这些性状并不能直接遗传，亲代传递给后代的遗传物质是DNA，遗传信息储存在DNA的碱基序列中。那么如何将储存在DNA碱基序列中的这些遗传信息解码出来，使后代表现出由亲代所传递而来的“遗传性状”呢？这就涉及遗传物质的另一属性——基因的表达。

## 2.1　基因的概念

说到基因的表达，我们遇到的第一个问题就是“什么是基因?”。早在1856年，遗传学的奠基人孟德尔，发现并提出了控制生物单个性状的“遗传因子”，即现在所说的“基因（gene）”。实际上，遗传学的英文单词（genetics）即来源于基因（genes）一词。无论遗传学家致力于分子、细胞、个体，还是群体水平的研究，基因总是他们研究的“中心”。1910—1925年，摩尔根（Morgan）等以果蝇为材料，通过一系列研究指出，基因是位于染色体上呈直线排列的遗传单位，是携带遗传信息的结构单位和控制性状的功能单位。1944年，Avery等的肺炎双球菌转化实验证明基因的化学本质是DNA，即基因就是一段具有遗传功能的DNA序列。此后，随着遗传学研究的不断深入，基因的概念进一步具体化。

现在人们认为，基因是具有一定遗传效应的DNA分子中特定的一段核苷酸序列，它是遗传信息传递和性状分化、生长发育的依据。基因中碱基序列的不同排列，造就了可明显区分的多个遗传性状。基因在结构上是可分的，一个基因可以划分为若干个小单位，如突变单位和重组单位。一个基因内包含大量的突变单位和重组单位。需要注意的是，并不是一段DNA序列只用于转录和翻译成一个RNA或多肽链。研究发现，同一个DNA序列可以参与编码两个以上的RNA或多肽链，其被称为重叠基因（overlapping gene）。简而言之，基因是一个含有特定遗传信息的核苷酸序列，它是遗传物质的最小功能单位。从细胞水平上理解，基因相当于染色体上的一点，称为位点（locus）。从分子水平上看，一个位点还可以分成许多基本单位，称为座位（site）。一个座位一般指一个核苷酸对。

基因作为一个具有遗传功能的单位，应该具有一套完整的结构。研究表明，园林植物的基因通常包括转录区和非转录区两部分。基因的转录区主要包括转录起始位点、起始密码子、外显子、内含子、终止密码子、poly（A）信号等6个具有典型功能特点的部分。非转录区主要包括启动子、终止子、调控序列等3个部分（见图2-1）。翻译成蛋白质的部分被称为可读框（open reading frame，ORF），具体指从翻译起始密码子ATG开始至翻译终止密码子所对应的DNA序列。

基因具有多种类型。根据转录和翻译产物的有无，植物基因可分为结构基因（structural gene）、调节基因（regulator gene）和无翻译产物基因。结构基因指可以编码一个RNA分子或一条多肽链的一段DNA序列。调节基因指其产物参与调控其他结构基因表达的基因。从基因的功能和特点上，植物基因还

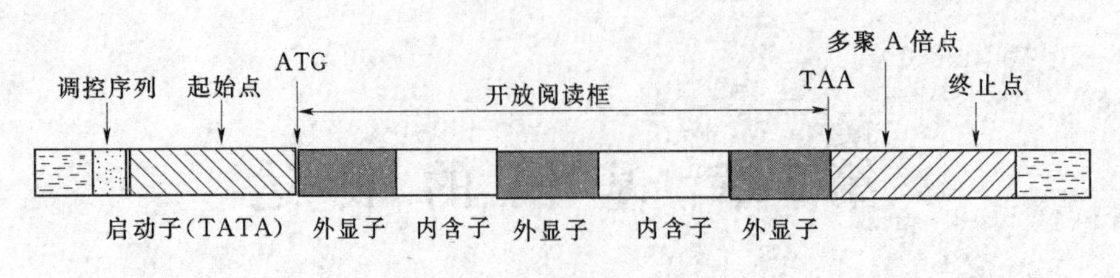


图 2-1　植物基因的结构

可分为跳跃基因（jumping gene）、假基因（pseudogene）、持家基因（housekeeping gene）等。跳跃基因指可以在染色体上移动位置的基因。假基因指已经丧失功能但结构还存在的 DNA 序列。持家基因指维持细胞生存基本功能的基因，这类基因在一个生物体的几乎所有细胞中持续表达。例如，植物中编码三羧酸循环代谢途径中催化各阶段反应的酶基因。

## 2.2　转录

基因对生物性状的控制，并不是直接的，而是间接的。绝大多数基因通过将 DNA 中的核苷酸序列信息转化为蛋白质中的氨基酸序列信息，指导特定蛋白质的合成。各种特定的酶催化了细胞内特定的生物化学反应，合成或降解了特定的生物大分子，产生了特定的细胞或组织类型，使生物表现出特定的遗传性状。例如园林植物的花色主要是由花瓣细胞中的花色素决定的，类黄酮是花色素中的第一大类，广泛分布于绝大多数高等植物的花中。类黄酮的生物合成途径如图 2-2 所示。其中由苯基苯乙烯酮（又称查尔酮）合酶（chalcone synthase，CHS）催化 4-香豆酸 CoA 与丙二酸 CoA 合成苯基苯乙烯酮，为类黄酮提供基本的碳骨架，因此 CHS 是类黄酮类物质合成的第一个关键酶。CHS 酶由 *CHS* 基因编码。目前已从矮牵牛（*Petunia hybrida*）、金鱼草（*Antirrhinum majus*）、松树（*Pinus spp.*）、紫罗兰（*Matthiola incana*）和白苏（*Perilla frutescens*）等多种园林植物中分离克隆到了 *CHS* 基因。

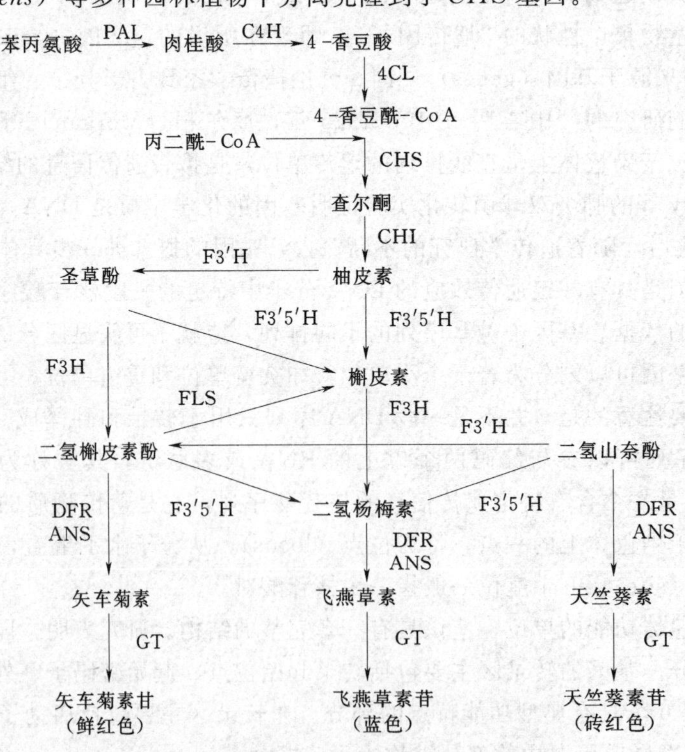


图 2-2　类黄酮生物合成途径（引自戴思兰，2005）

PAL—苯丙氨酸脱氢酶；C4H—肉桂酸羟化酶；4CL—4-香豆酰 CoA 连接酶；CHS—查尔酮合成酶；CHI—查尔酮异构酶；F3H—黄烷酮 3-羟化酶；F3′H—类黄酮 3′-羟化酶；ANS—花青素合成酶；F3′5′H—黄烷酮 3′，5′-羟化酶；DFR—二氢黄酮醇还原酶；GT—葡萄糖苷转移酶

那么基因是如何编码蛋白质的呢？根据克里克提出的中心法则，DNA → RNA → 蛋白质。基因合成蛋白质的过程一般分为两个步骤，第一步是 DNA 转录（transcription）为 RNA；第二步由 RNA 翻译（translation）成蛋白质或多肽链。

DNA 转录为 RNA 的过程基本上与 DNA 复制中 DNA 的合成非常相似，新链合成的方向也都为 5′→3′，但有以下几方面明显不同：①只有一条 DNA 链在转录中被用作 RNA 合成的模板，而 DNA 复制中是两条链作为模板。通常将 RNA 合成中作为转录模板的 DNA 链称为模板链（template strand），而另一条链称为非模板链（nontemplate strand）；②合成 RNA 的所用原料为核苷三磷酸，即三磷酸腺苷（ATP）、三磷酸鸟苷（GTP）、三磷酸胞苷（CTP）和三磷酸尿苷（UTP）。而 DNA 合成时则为脱氧核苷三磷酸；③RNA 链的合成不需要引物，可以直接起始合成，而 DNA 合成必须要有引物的引导；④RNA 合成时碱基的互补配对中 U 与 A 配对，而在 DNA 合成中则为 T 与 A 配对。

## 2.2.1　RNA 的主要类型

目前发现，转录合成的 RNA 分子主要有三种类型：信使 RNA（messenger RNA，mRNA）、转移 RNA（transfer RNA，tRNA）、核糖体 RNA（ribosomal RNA，rRNA），其次还有一些小核 RNA（small nuclear RNA，snRNA）、端体酶 RNA（telomerase RNA）和反义 RNA（antisense RNA）。

### 2.2.1.1　mRNA

贮存在 DNA 碱基序列中的遗传信息并不能直接决定蛋白质的合成，而是需要一种中介物质来传递信息，这个中介就是信使 RNA（mRNA）。mRNA 的功能就是把 DNA 上的遗传信息精确无误地转录下来，然后由 mRNA 的碱基顺序决定蛋白质的氨基酸顺序，完成基因表达过程中遗传信息的传递。在真核生物中，转录形成的 RNA 中，含有大量的非编码序列。这种未经加工的前体 mRNA（pre-mRNA）常称为不均一核 RNA（heterogenous nuclear RNA，hnRNA）。转录完成后，hnRNA 经过加工去除非编码序列，最后大约只留下 25%的 RNA 用作蛋白质的翻译。

### 2.2.1.2　tRNA

然而，蛋白质的原料（20 种氨基酸）与 mRNA 的碱基之间缺乏特殊的亲和力。因此，必须有一种运载工具将氨基酸搬运到核糖体上，按照 mRNA 提供的蓝图合成蛋白质，它就是转移 RNA（tRNA）。tRNA 的功能是把氨基酸搬运到核糖体上，并依据 mRNA 的遗传密码依次准确地将它携带的氨基酸连接成多肽链。每种氨基酸可与 1～4种 tRNA 相结合，现已知的 tRNA 有 40 种以上。tRNA 分子量为 25—30KD，由 70～90 个核苷酸组成，是最小的 RNA，而且具有甲基化了的嘌呤和嘧啶，以及假尿嘧啶核苷和次黄嘌呤核苷等稀有碱基，这类稀有碱基一般是 tRNA 在转录后经过特殊的修饰而成。tRNA 的结构为三叶草形（见图 2-3），其 5′端末端具有 G 或 C，3′端末段以 ACC 终结，有一个反密码子环和一个胸腺嘧啶环。反密码子环的顶端有 3 个暴露的碱基，称为反密码子（anticodon），反密码子可与 mRNA 链上互补的密码子配对。

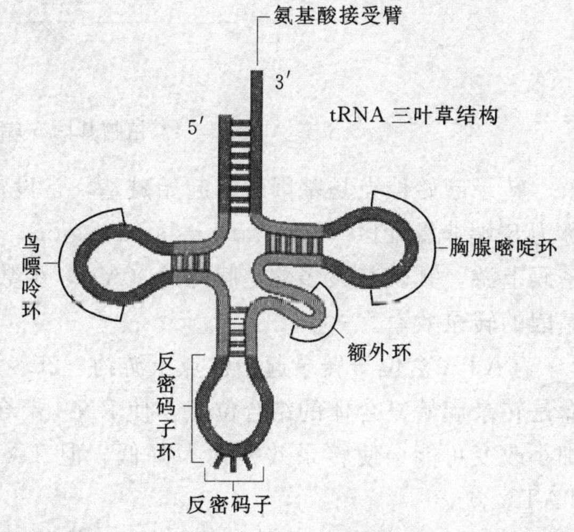

图 2-3　tRNA 的结构（引自朱军，2002）

### 2.2.1.3　rRNA

rRNA 一般与核糖体蛋白质结合在一起，形成核糖体（ribosome），而核糖体是合成蛋白质的场所。真核生物含有 5S、5.8S、18S 和 28S 4 种 rRNA，分别具有大约 120、160、1900 和 4700 个核苷酸。rRNA 为单链，但存在许多发夹式螺旋的双链区域。

### 2.2.1.4　其他 RNA

小核 RNA（snRNA）存在于真核生物的细胞核中，现在发现的 snRNA 有 5 种，它们与 40 种左右的核内蛋白质共同组成 RNA 剪接体（spliceosome），在转录后的加工过程中起重要作用。端体酶 RNA 与染色体末端的复制有关，反义 RNA 参与基因表达的调控。

### 2.2.2 转录过程

通常把转录形成一个 RNA 分子的一段 DNA 序列称为一个转录单位（transcript unit）。在真核生物中，一个转录单位大多只含有一个基因。催化转录真核生物 RNA 的聚合酶有 3 种，分别为 RNA 聚合酶Ⅰ、RNA 聚合酶Ⅱ、RNA 聚合酶Ⅲ，均为 10 个以上亚基组成的复合酶。其中 RNA 聚合酶Ⅰ位于细胞核内，催化除 5S rRNA 外的所有 rRNA 的合成；RNA 聚合酶Ⅱ催化合成 mRNA 前体；RNA 聚合酶Ⅲ催化 tRNA 和小核 RNA 的合成。转录总是从 5′→3′端进行，因此 RNA 的 5′端常被称为上游（upstream），3′端被称为下游（downstream）。转录过程可分为以下三步。

#### 2.2.2.1 转录的起始

上面已提到，RNA 的转录是以 DNA 的一条链为模板的，而且是其中的一段序列。那么转录应该选择哪条 DNA 链作为模板？又该从 DNA 链的什么地方起始呢？其实，这主要决定于基因启动子所在的位置。

1. 植物的启动子元件

启动子位于转录起始位点上游，是启动基因转录的调控序列。核心启动子主要包括 4 个重要的区域：转录起始位点、TATA 盒（TATA Box）、CAAT 盒（CAAT Box）和 GC 盒（GC Box）（见图 2-4）。

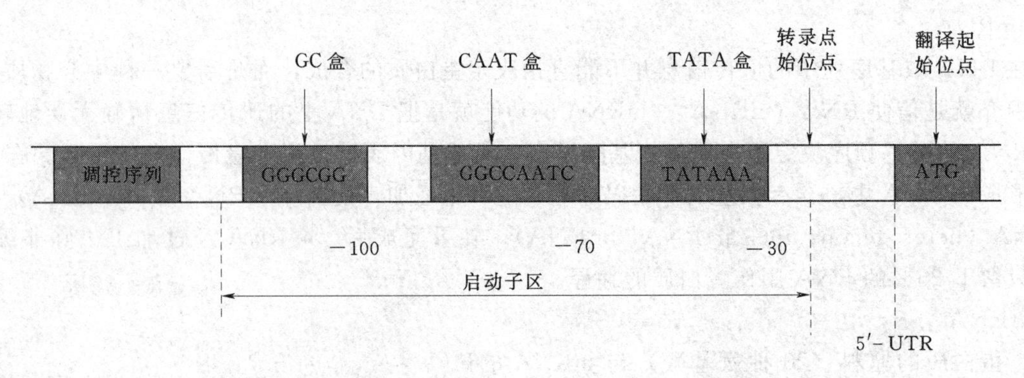


图 2-4 植物基因 5′端启动子元件（转录起始点用+1 表示）

转录起始位点是基因转录起始碱基，常设定为+1 位。从转录起始位点到起始密码子 ATG 的区域被称为 5′端非翻译区（5′-untranslated region，5′-UTR）。在高等植物中，核基因转录起始位点位于 ATG 密码上游，其碱基大多数是腺嘌呤（A），少数情况为鸟嘌呤（G）。转录起始位点发生变化或缺失会影响基因的转录效率。

TATA 盒位于转录起始位点上游约－25～－35bp 之间。其核心序列是 5′-TCACTATATATAG。该盒是转录起始复合体的结合位点，使 RNA 聚合酶Ⅱ结合到启动子的正确位点启动转录。TATA 盒序列的细小改变可能会使转录效率大大降低。但 TATA 盒并不是在所有基因中存在，一些持家基因就不含有 TATA 盒。

CAAT 盒一般位于基因约－80bp 的位置处，其核心序列是 GGT（C）CAATCT，因其保守序列 CAAT 而得名。转录因子通过与 CAAT 盒和 GC 盒结合，可促进转录起始复合体的组装。CAAT 盒正反方向都起作用。但有些基因无此序列。

GC 盒的具体位置因基因不同而不同，一般位于基因约－100bp 位置处，可位于 CAAT 盒上游，也可位于 TATA 盒与 CAAT 盒之间。它的核心序列是 GGGCGG，可有多个拷贝，并能以任何方向存在而不影响其功能。

按作用方式及功能不同，植物启动子可分为 3 种类型：①组成型启动子。其在所有组织中都能启动基因表达，表达具有持续性，不表现时空特异性，也不受外界因素的诱导，在不同组织中的表达水平基本相同。因此，启动基因转录的 RNA 量和蛋白质的表达量也是相对恒定的。从结构上看，大多数组成型启动子位于基因转录起始位点上游几百个核苷酸处，保守序列为 TGACTG。②组织特异型启动子。在组织特异型启动子调控下，基因常常只在某些特定的器官或组织中表达，而且常表现出发育调节的特性。组织特异型启动子除在植物叶片、根、胚胎、内皮层、韧皮部、花粉绒毡层等器官或组织中具有特异性外，还具有种间特异性。③诱导型启动子。可在某些物理或化学信号的刺激下启动或大幅度提高基因的表达。例如，光诱导表达基因启动子、热诱导表达基因启动子和激素诱导表达基因启动子等。

2. RNA 转录起始过程

RNA 聚合酶Ⅱ起始 mRNA 的转录需要多个转录因子的参与（见图 2-5）。首先蛋白复合体 TFⅡD 结合到 TATA 盒上，然后以 TFⅡD 为中心，TFⅡB、TFⅡF、RNA 聚合酶Ⅱ、TFⅡE 和 TFⅡH 依次结合到启动子上，接着 TFⅡH 磷酸化 RNA 聚合酶Ⅱ，最后 RNA 聚合酶Ⅱ从转录起始复合物中释放出来开始转录。

RNA 聚合酶Ⅰ起始的 5.8S、18S 和 28S 的转录，首先是上游结合因子（upstream binding factor，UBF）特异结合到核心启动子和上游控制元件中富含 GC 的区域。接着转录辅助因子 SL1（selectivity factor 1）结合到启动子上，并与 UBF 相互作用。当这两个转录因子结合到启动子上后，RNA 聚合酶Ⅰ与核心启动子结合并开始转录。

RNA 聚合酶Ⅲ起始的 tRNA 和 snRNA 的转录需要三个转录因子的参与，即 TFⅢA、TFⅢB 和 TFⅢC。首先，TFⅢA 和 TFⅢC 帮助 TFⅢB 结合到正确位置；然后，TFⅢB 使 RNA 聚合酶Ⅲ特异结合到核心启动子上，其中 TFⅢB 由 TATA 序列结合蛋白（TATA binding protein，TBP）和另外两种蛋白质组成，TBP 是 RNA 聚合酶Ⅲ转录所必需的亚基。

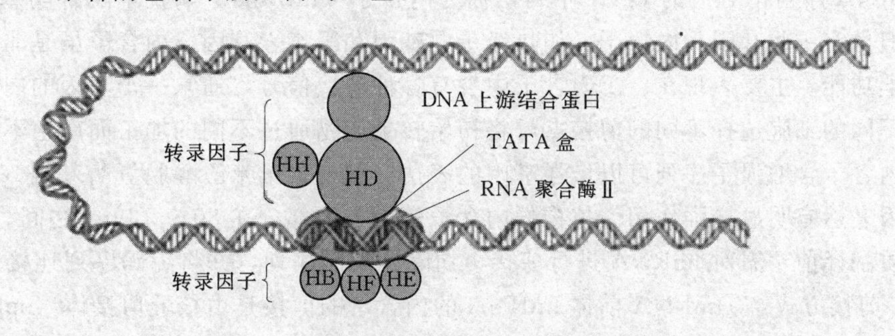


图 2-5　真核生物 mRNA 转录起始复合物

### 2.2.2.2　转录的延伸

RNA 聚合酶在转录起始后，对 DNA 的结合紧密状况会发生变化，在多种辅助蛋白质的共同作用下，使 RNA 聚合酶结合在 DNA 模板上并向前移动，DNA 双链不断解开和重新闭合，RNA 转录泡（transription bubble）不断前移，合成新的 RNA 链。RNA 合成的速度约为 30～50nt/s（见图 2-6）。当 RNA 链合成大约 30 个核苷酸后，在 mRNA 前休的 5′端加上一个 7-甲基鸟嘌呤核苷的帽子。该帽子的作用，一是防止被 RNA 酶降解；二是在蛋白质翻译时，帮助识别起始位置。

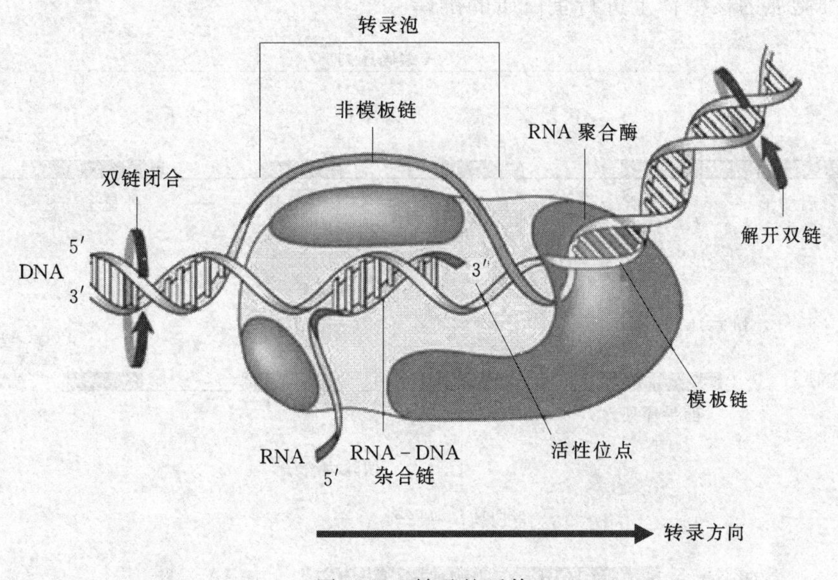


图 2-6　转录的延伸

**2.2.2.3** 转录的终止

当RNA链延长遇到终止信号（termination signal）时，RNA转录复合体发生解体，RNA聚合酶脱离DNA模板链，新合成的RNA链也被释放出来。真核生物RNA聚合酶Ⅰ在其蛋白质终止因子的协助下，识别由18个核苷酸组成的终止序列而使转录终止；RNA聚合酶Ⅲ在存在蛋白质ρ的情况下，转录会终止；RNA聚合酶Ⅱ转录终止于加聚腺苷酸［poly（A）］尾巴3′末端下游1000～2000个核苷酸处。在真核生物基因的3′非翻译区内有一段保守序列AATAAA，它与其下游的一段GT丰富区（或T丰富区）共同构成mRNA加尾的信号序列。AATAAA序列发生点突变或缺失，均导致切除作用和mRNA加尾作用显著降低或不能正常有效进行。当mRNA转录到加尾信号序列，会产生AAUAAA和随后的GT（或U）的丰富区，然后由核酸内切酶在AAUAAA下游10～30bp的部位切除多余的核苷酸序列，最后在poly（A）聚合酶的催化下加上大约200个聚腺苷酸尾巴poly（A）。该尾巴可增加mRNA的稳定性，并保证mRNA从细胞核向细胞质的顺利运输。

**2.2.2.4** 切除内含子

DNA转录形成的原初转录物，称为不均一核RNA（heterogeneous nuclear RNA，hnRNA）。hnRNA经过RNA拼接，保留与成熟RNA中的区域所对应的DNA序列，称为外显子（exon）。而经过RNA拼接反应被去除的RNA序列相对应的DNA序列，称为内含子（intron）。如查尔酮合酶基因*CHS*一般含有一个内含子。但也有一些基因无内含子，如热激蛋白基因和凝集素基因。内含子虽是非编码序列，但却具有重要的生物学功能，主要表现在：①内含子中含有各种剪接信号，通常一个基因的内含子序列几乎都不具有同源性。不同的细胞选择不同的剪接点，将初始转录产物通过不同的加工而产生不同的蛋白质或转录分子；②有些内含子含增强子序列可以增强基因的表达。例如，玉米乙醇脱氢酶基因（adhl）的第一个内含子对外源基因表达有明显增强作用。植物的内含子较短，大部分在80～139bp之间。

通常在蛋白质翻译前，需对hnRNA进行剪接，切除非编码序列，并将编码序列连接起来。现已证实主要有三种RNA剪接方式：①mRNA前体hnRNA的内含子的剪接是由核酸剪接体（spliceosome）来完成的。核酸剪接体先进行装配，识别基因内含子的共有序列（大多数基因内含子5′端为GU，3′端为AG，以及其他一些共有序列），然后在内含子与外显子交界处进行切割，最后将外显子重新连接起来，成为成熟的mRNA。②某些tRNA前体，首先是在剪接内切核酸酶（splicing endonulease）的催化下，非常精确地在内含子与外显子的交界处进行切割，然后在剪接连接酶（splicing ligase）的催化下重新连接起来，成为成熟的tRNA。③某些rRNA前体的内含子在RNA分子本身的催化下完成，无需酶的参与和外界能量，称为RNA自剪接（self-splicing）。

经过加帽、加尾、剪接等一系列加工后，基因转录形成的原初转录物才能成为成熟的mRNA（见图2-7），被运送到细胞质的核糖体上进行蛋白质的翻译。

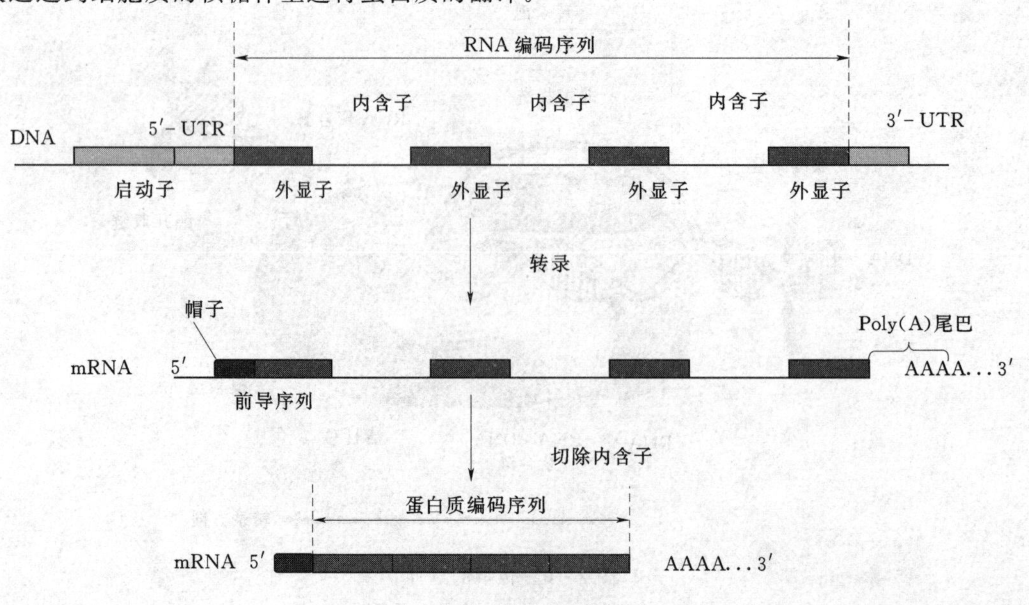


图2-7 真核生物mRNA的加工

## 2.3　翻译

当 mRNA 完成转录和加工后，成熟 mRNA 分子便游离到细胞质的核糖体上，开始蛋白质的翻译。蛋白质的翻译是将 mRNA 中的密码信息（碱基序列）解码为线状的氨基酸顺序，合成特定的多肽链。多肽链中特定的氨基酸序列决定了每条多肽链特殊的三维折叠构形。典型的蛋白质通常由一个或多个多肽链组成。虽然决定多肽链中氨基酸序列的是 mRNA 中的碱基序列，其实真正执行“翻译”的是 tRNA 分子。tRNA 分子一端携带特定的氨基酸，另一端通过反密码子与 mRNA 上的 3 个紧邻的碱基组成密码子互补，将特定的氨基酸按照顺序一个接一个排列起来，最终生成新的肽链。

### 2.3.1　遗传密码

mRNA 分子是由 4 种核苷酸组成的多聚体。这 4 种核苷酸的不同在于所含碱基（A、U、C、G）的不同。以一个 mRNA 含有 1000 对核苷酸来说，这 4 种碱基就有 $4^{1000}$ 种排列组合，而表达出无限信息。mRNA 分子的碱基序列信息要翻译成多肽链中的氨基酸序列信息，碱基与氨基酸之间必须存在一定的密码关系。显然不可能 1 个碱基决定 1 个氨基酸或 2 个碱基决定 1 个氨基酸，因为现存有 20 种氨基酸，4 种碱基或 16 种（$4^2$）碱基组合不敷应用。3 个碱基的密码子组合有 64 种（$4^3$），比 20 种氨基酸多出 44 种，是因为一些密码子组合对应相同的氨基酸。1 个氨基酸可由 1 个以上的三联体密码子决定的现象称为简并(degeneracy)。

每个三联体密码翻译为何种氨基酸呢？科学家从 1961 年开始经过大量实验，1966—1967 年，完成了 64 种已知三联体密码字典（见表 2 - 1）。由表 2 - 1 可以看出，除 3 个三联体密码子 UAA、UAG 和 UGA 不编码任何氨基酸，是多肽合成的终止信号外，其余 61 种密码子都编码氨基酸。AUG 在编码甲硫氨酸的同时，也是多肽链合成的起始信号；GUG 编码缬氨酸外，在某些生物中兼有多肽合成起点作用。除色氨酸和甲硫氨酸分别对应 1 个密码子外，其余氨基酸分别对应 2～6 个密码子，这就是密码子的简并现象。从简并现象的分析可以看出，同义密码子大多是前 2 位碱基相同，而第 3 位碱基不同。如果 DNA 分子上密码子

**表 2 - 1　　　　遗 传 密 码 字 典**

| 第一碱基 | 第二碱基 U | | C | | A | | G | | 第三碱基 |
|---|---|---|---|---|---|---|---|---|---|
| U | UUU | 苯丙氨酸 phe | UCU | 丝氨酸 ser | UAU | 酪氨酸 tyr | UGU | 半胱氨酸 cys | U |
| | UUC | | UCC | | UAC | | UGC | | C |
| | UUA | 亮氨酸 leu | UCA | | UAA | 终止信号 | UGA | 终止信号 | A |
| | UUG | | UCG | | UAG | 终止信号 | UGG | 色氨酸 trp | G |
| C | CUU | 亮氨酸 leu | CCU | 脯氨酸 pro | CAU | 组氨酸 his | CGU | 精氨酸 arg | U |
| | CUC | | CCC | | CAC | | CGC | | C |
| | CUA | | CCA | | CAA | 谷氨酰胺 gln | CGA | | A |
| | CUG | | CCG | | CAG | | CGG | | G |
| A | AUU | 异亮氨酸 ile | ACU | 苏氨酸 thr | AAU | 天冬酰胺 asn | AGU | 丝氨酸 ser | U |
| | AUC | | ACC | | AAC | | AGC | | C |
| | AUA | | ACA | | AAA | 赖氨酸 lys | AGA | 精氨酸 arg | A |
| | AUG | 甲硫氨酸 met 起始信号 | ACG | | AAG | | AGG | | G |
| G | GUU | 缬氨酸 val 兼做起始信号 | GCU | 丙氨酸 ala | GAU | 天冬氨酸 asp | GGU | 甘氨酸 gly | U |
| | GUC | | GCC | | GAC | | GGC | | C |
| | GUA | | GCA | | GAA | 谷氨酸 glu | GGA | | A |
| | GUG | | GCG | | GAG | | GGG | | G |

的第 3 位碱基发生突变，突变后所形成的三联体密码，可能与原来的三联体密码翻译成相同的氨基酸，多肽链保持原有的氨基酸组成而不会出现任何变异，所以密码子的简并现象对于生物遗传的稳定性具有重要意义。

那么，如何根据遗传密码表推断多肽链中的氨基酸组成呢？这里以矮牵牛的查尔酮合酶编码基因 *CHS-A* 举例说明。编码前 10 个氨基酸的 DNA 双链为：

5′-ATGGTGACAGTCGAGGAGTATCGTAAGGCA-3′ （非模板链）

3′-TACCACTGT CAGCTCCT CATAGCATTCCGT-5′ （模板链）

该区段按照 5′—3′的方向，从左到右转录的 mRNA 序列应为：

5′-AUGGUGACAGUCGAGGAGUAUCGUAAGGCA-3′

根据表 2-1 的密码子，从左到右依次翻译，AUG 对应甲硫氨酸，GUG 对应缬氨酸，以此类推，多肽链的该区段氨基酸的序列应为：

Met Val Thr Val Glu Glu Tyr Arg Lys Ala

（甲硫氨酸 缬氨酸 苏氨酸 缬氨酸 谷氨酸 谷氨酸 酪氨酸 精氨酸 赖氨酸 丙氨酸）。

## 2.3.2 多肽链的合成

转录完成后，成熟的 mRNA 从细胞核运送至细胞质的核糖体上，开始多肽链的翻译。核糖体是蛋白质的合成中心，它是由 rRNA 与核糖体蛋白组成的小颗粒。高等植物的核糖体为 80S，由 60S 大亚基和 40S 小亚基组成；大亚基包括 5S、5.8S 和 28S 三种 rRNA 和 49 种多肽，小亚基包括 18S rRNA 和 33 种多肽。在蛋白质合成间隙，大亚基和小亚基分开并分散存在于细胞质中。

### 2.3.2.1 氨基酰 tRNA 的形成

在翻译开始以前，首先各种氨基酸在 ATP 的参与下活化，然后在氨酰基 tRNA 合成酶（aminoacyl tRNA synthetase）的催化下，与其相对应的 tRNA 结合形成氨基酰 tRNA。生物体总共有 20 种氨基酰 tRNA 合成酶，即一种氨基酸对应一种合成酶。

### 2.3.2.2 肽链的起始

首先核糖体 40S 亚基与起始因子 $eIF_3$ 结合，形成 $40S_N$ 蛋白复合体。然后，在 $eIF_2$ 的协助下，甲硫氨酰 tRNA 与 $40S_N$ 蛋白复合体结合形成 43S 复合体。在 $eIF_4$ 的协助下，mRNA 结合到 43S 复合体上形成 48S 复合体，其中 mRNA 的前导序列可能起识别作用。$eIF_1$ 和 $eIF_{1A}$ 启动复合体扫描翻译起始位点，甲硫氨酸 tRNA 通过反密码子识别起始密码子 AUG，而直接进入核糖体 P 位。在 $eIF_5$ 因子和 $eIF_{5B}$ 因子的作用下，60S 核糖体亚基与 48S 复合体结合，形成 80S 起始复合体，完成肽链的起始，此过程需要水解一分子 GTP 以提供能量（见图 2-8）。

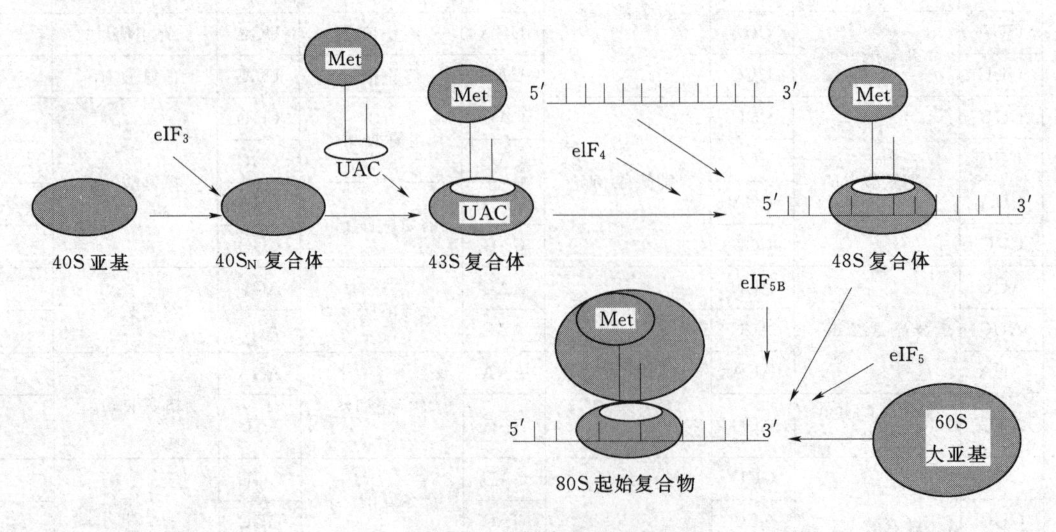


图 2-8 肽链合成的起始

#### 2.3.2.3　肽链的延伸

当甲硫氨酰tRNA结合在核糖体的P位后，与其相邻的核糖体上的三联体密码位置就称为A位(aminoacyl，A)。第二个氨酰基tRNA，通过反密码子与密码子的配对，就进入A位。此过程需要带有1分子GTP的延伸因子1（elongation factor，eEF-1）的参与。随后，在转肽酶的催化下，A位氨基酰tRNA上的氨基酸残基与P位上的氨基酸的碳末端间形成肽键。核糖体向前移一个三联体密码，原来在P位上的tRNA离开核糖体，A位的多肽tRNA转入P位，A位空出。此过程需要延伸因子eEF-2参与。空出的A位可以结合另外一个氨酰基tRNA，从而开始第二轮的多肽链延伸（见图2-9）。

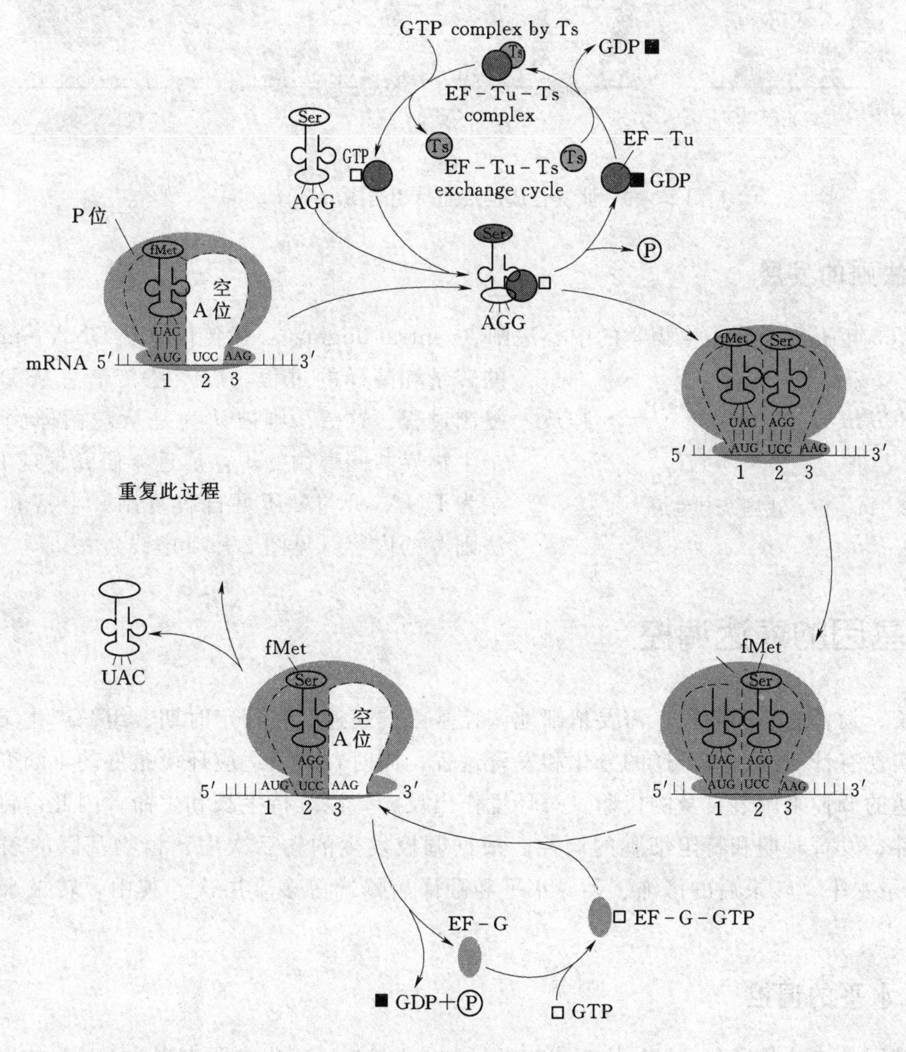


图2-9　肽链的延伸（引自Russell，2000）

#### 2.3.2.4　肽链的终止

当肽链延伸遇到终止密码子UUA、UAG或UGA进入核糖体A位时，因没有相应的氨基酸tRNA能与之结合，而释放因子（release factor，eRF）能识别这些密码子并与之结合，改变转肽酶的活性，在新合成多肽链的末端加上水分子，从而使多肽链从P位tRNA上释放出来，离开核糖体，完成多肽链的合成。随后核糖体解体为40S和60S两个亚基（见图2-10）。

#### 2.3.2.5　肽链的加工

在核糖体上合成的多肽链，首先其N端的甲硫氨酸被切除形成二硫键，然后经过磷酸化、糖基化等修饰，以及非功能片段的切除，最后经过卷曲或折叠，成为具有立体结构和生物活性的蛋白质，或作为结构蛋白、功能蛋白以及控制反应的酶。

实际上随着肽链的延伸，当mRNA上蛋白质合成的起始位置移出核糖体后，另一个核糖体可以识别起始位点，并与其结合，进行第二条肽链的合成。最终一条mRNA分子可以同时结合多个核糖体，称为多聚核糖体（polyribosome）。多个核糖体同时翻译一个mRNA分子，大大提高了多肽链的合成效率。

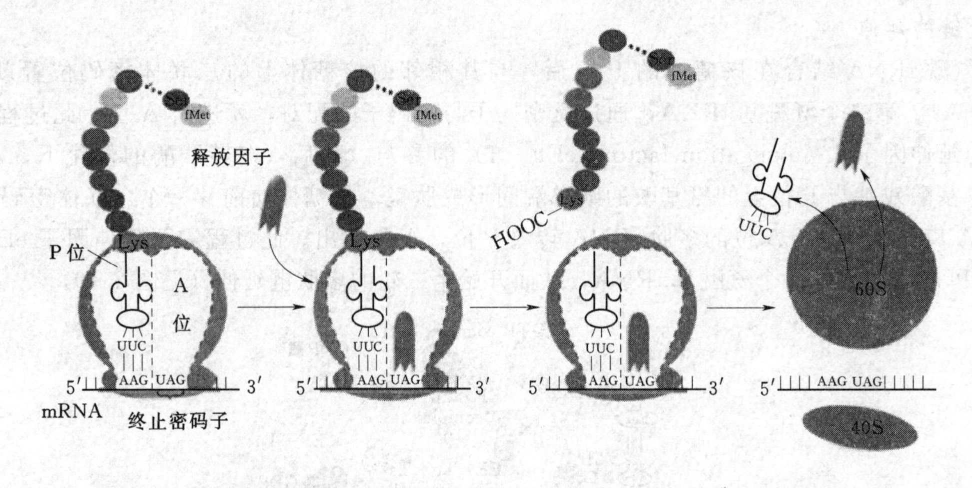


图 2-10 肽链合成的终止（引自 Russell，2000）

### 2.3.3 中心法则的发展

Crick 于 1963 年提出了分子生物学的中心法则（central dogma）：遗传信息从 DNA→mRNA→多肽链的转录和翻译的过程，以及遗传信息从 DNA→DNA 的复制过程。这一法则被认为是从噬菌体到真核生物的整个生物界共同遵循的规律。近年研究发现 RNA 可以逆转录为 DNA，RNA 还可自我复制，丰富和发展了“中心法则”的内容（见图 2-11 虚线）。

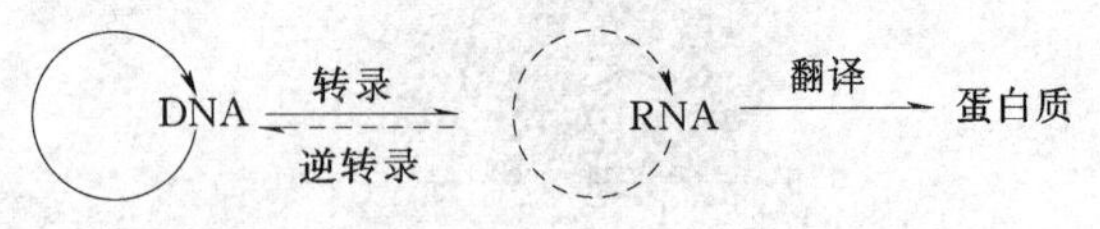


图 2-11 中心法则及其发展

## 2.4 植物基因的表达调控

植物在生长、发育的不同阶段，需要精细地调控基因的表达，在特定时期、组织产生不同种类和含量的蛋白质，以实现有计划的、不可逆的分化和发育过程。同时，为了适应环境条件的不断变化，植物体必须通过基因表达的调控来调节自身的代谢，对环境作出反应，以维持生长和生命。因此，许多植物基因表达受到外界条件、发育时期和特定细胞的调控。根据调控发生的先后次序，植物基因的表达调控可分为 DNA 水平、转录水平、转录后的修饰、翻译水平和翻译后修饰等多个层次。其中，转录水平的调控是最主要的。

### 2.4.1 DNA 水平的调控

植物有些基因的表达是通过 DNA 的变化来调控的，DNA 的变化主要表现为 DNA 的甲基化（methylation)，即在甲基化转移酶的作用下，少数胞嘧啶（cytosine）碱基第 5 位碳原子上的氢被一个甲基（$CH_3$）所取代。甲基化的胞嘧啶在 DNA 复制时可整合到正常 DNA 序列中。DNA 的甲基化具有抑制基因表达的作用。DNA 甲基化对基因表达的调控机制可能有 3 种：①DNA 甲基化影响了蛋白质的识别与作用；②甲基化影响 DNA 的构象，如使 B-DNA 形成 Z-DNA，从而影响了基因的活性；③当 DNA 甲基化造成了 DNA 与核小体蛋白间相互缠绕作用的加强，或细胞内存在甲基胞嘧啶结合蛋白，其与甲基化 DNA 结合，形成非活性染色质，使转录因子不同结合到启动子区，造成基因的沉默。植物的不同组织和不同发育阶段 DNA 甲基化水平不同。

### 2.4.2 转录水平的调控

基因在转录水平上的调控包括 DNA 是否转录成 RNA 和转录效率的调控。多数真核生物基因转录水平的调控是正调控。在植物中，RNA 聚合酶自身不能有效地启动转录，只有当转录因子与相应的顺式作用元件结合形成蛋白复合体后才能有效启动转录。

2.4.2.1　植物基因的调控元件

调控元件是特异的与某些具有调控作用的蛋白质分子相互作用来激活或抑制基因表达的一段DNA序列。该元件不是启动子共有的核心元件。调控元件可存在于TATA盒的上游、非翻译区的前导序列、3′端的下游、内含子内部等位置。最典型的调控元件是增强子（enhancer）和沉默子（silencer）。

1. 增强子

增强子可提高RNA聚合酶Ⅱ的效率进而增强基因的表达。不同的增强子相互间在结构上的同源性较少，但具有一些短的简并共有序列。例如G盒，共同序列为CACGTG，在细胞接受外界信号时对转录起始的频率起调控作用。增强子具有以下特征：①增强子能通过启动子提高靶基因的转录效率（见图2-12），没有启动子的存在增强子不表现活性；②增强子对启动子没有严格的专一性，同一增强子可以影响不同类型启动子的转录；③增强子一般具有组织或细胞特异性，植物中许多重要的发育基因即为增强子所调控，许多增强子仅在某些细胞中有效，而在其他细胞中无效；④增强子没有固定的位置，可在基因5′上游、基因内或其3′下游序列中，也可远离转录起始位点；⑤增强子发挥作用与其序列的正反方向无关。

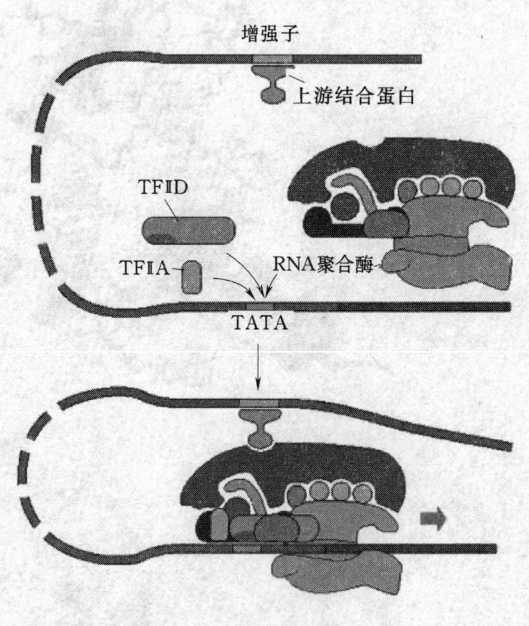

图2-12　增强子促进转录

2. 沉默子

沉默子的主要功能是降低基因的表达水平。其特点是：①可以远距离作用于所连接的启动子；②对基因的阻遏作用没有方向的限制，无论位于启动子的上游或下游均可阻遏所调控的基因的表达。此外，有些沉默子的作用方式具有组织特异性，有些则是非特异性的；大多数沉默子对启动子没有专一性；有的沉默子直接阻遏启动子的转录，有的沉默子对启动子的阻遏依赖于增强子。

2.4.2.2　转录因子

转录因子（transcription factor）也称反式作用因子（trans-acting factor），是一类在细胞核内通过结合顺式作用元件来调控基因转录的蛋白质因子。基因能否转录的关键是转录因子与调控元件的结合。转录因子多种多样，但大体可分为普遍性转录因子和特异性转录因子两类。普遍性转录因子帮助RNA聚合酶正确识别起始位点并开始转录，如TFⅡA、TFⅡB等；特异性转录因子特异地应答外界刺激或时空性，调节相关基因地转录或转录水平，如拟南芥的抗冷转录因子CBF等。典型的转录因子包括4个区域，即DNA结合区、转录调控区、蛋白质相互作用区和核定位信号区。

DNA结合区（DNA binding domain）是指可以特异地识别并结合特定顺式作用元件的区域。对大量转录调控因子结构的研究表明，DNA结合结构域具有高度保守的空间结构，主要结构特征有：α螺旋—转角—α螺旋结构、锌指结构、亮氨酸拉链结构或螺旋—环—螺旋结构（见图2-13）。

转录调控区（transcription regulation domain）包括转录激活区和转录抑制区两种。有时一个反式作用因子可能有一个以上的转录激活区。转录激活区一般由30～100个氨基酸组成，主要功能是与其他反式作用因子或RNA聚合酶结合，使一些距离TATA盒较远的顺式作用元件所结合的反式作用因子参与转录起始的调控。转录激活区的结构特征主要表现为：富含酸性氨基酸、富含谷氨酰胺或脯氨酸。转录抑制区主要是阻遏基因的表达，例如，菜豆碱性区—亮氨酸拉链的ROM2转录因子能与子叶贮藏蛋白基因*DLEC2*的增强子结合，从而抑制增强子对*DLEC2*基因转录的激活作用。

蛋白质相互作用区是不同转录因子之间发生相互作用的功能域，因为很多转录因子都是以异源二聚体的形式行使功能的。例如，许多开花的MADS类特异转录因子GLLBOSA和DEFICIEN相互作用，共同起调控作用。蛋白质相互作用结构域的氨基酸序列很保守，大多与DNA结合区相连并形成一定的空间结构。

核定位信号区（nuclear localization signal）是控制转录因子进入细胞核的区段，该区域富含精氨酸和

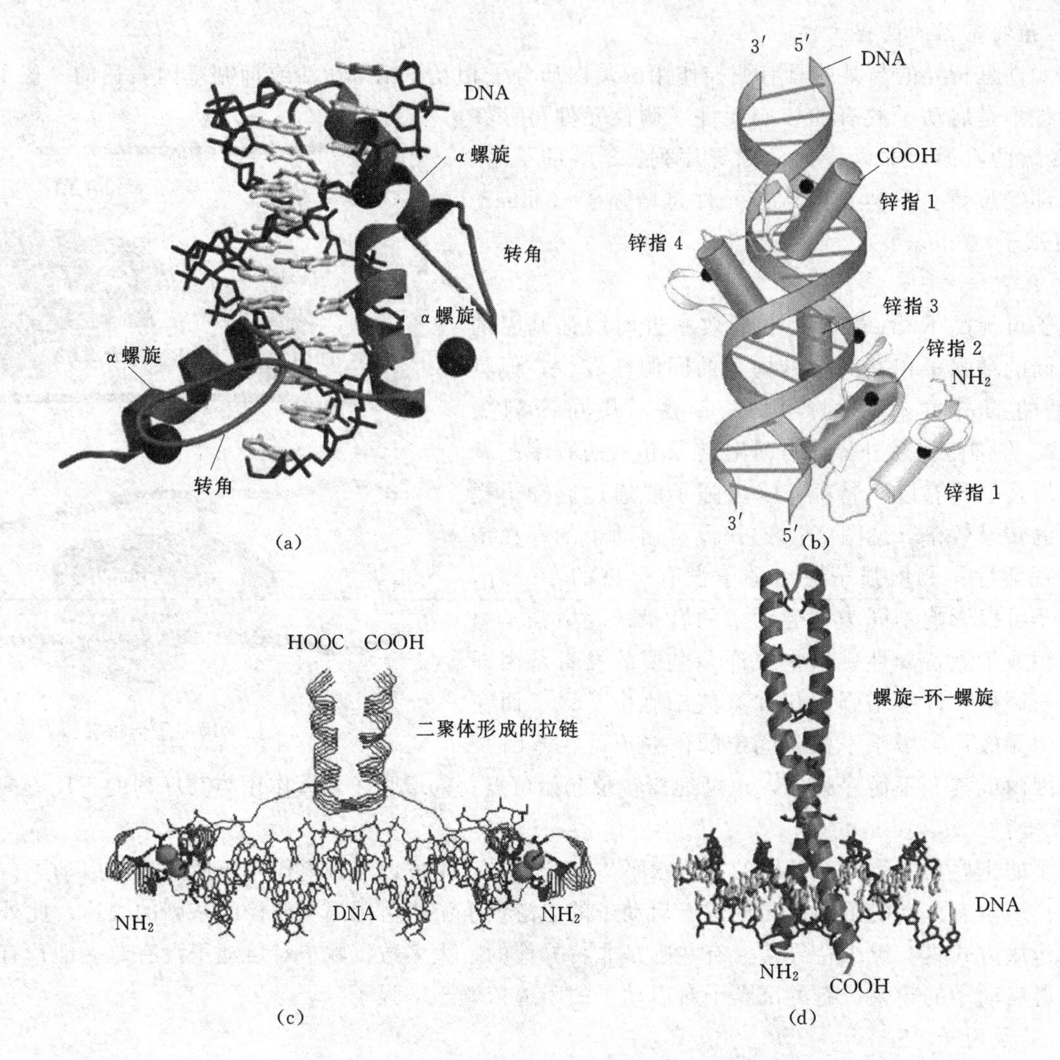


图 2-13 转录因子的结构

(a) α螺旋—转角—α螺旋结构；(b) 锌指结构；(c) 亮氨酸拉链结构；(d) 螺旋—环—螺旋结构

赖氨酸残基。有的转录因子有 1 个以上的核定位信号区，如玉米的转录因子 O2 有 A 和 B 两个核定位信号区。

## 2.4.3 转录后水平的调控

基因转录形成的前体 mRNA 分子需经过加工、修饰等环节，因此 mRNA 的不同剪接方式将产生不同的多肽翻译模板，改变基因的表达。转录水平的调控还表现为 mRNA 在细胞内的降解速度。

### 2.4.3.1 选择性剪接

前体 mRNA 在不同情况下在不同位置发生内含子的剪切和外显子之间的连接，生成不同 mRNA 分子的现象称为选择性剪接。植物中选择性剪接较为少见，目前仅在 RNA 聚合酶Ⅱ的合成、Rubisco 激活酶的合成等基因表达中发现选择性剪接。选择性剪接能通过产生不同的蛋白质满足细胞不同的生理功能的需要，甚至进一步调控那些负责启动不同发育程序的基因的表达。

### 2.4.3.2 小分子 RNA 的调控

植物中成熟的 mRNA 从细胞核运输到细胞质核糖体上进行翻译的过程中，一些 mRNA 分子会被小分子 RNA（microRNA，miRNA）降解，从而抑制其翻译。所有植物的 miRNA 都产生于一个 70bp 的前体 miRNA（pre-miRNA），这个前体 miRNA 在它的两个末端存在回文序列（反向重复序列），两个回文序列碱基互补配对，使前体 miRNA 形成发夹结构，这个发夹结构被核糖核酸酶（Dicer）剪为 21～23bp 的小二聚体（miniduplexes）。其中二聚体中和目标 mRNA 互补的非编码的单链 RNA 分子称 miRNA。这个小二聚体与 RNA 诱导沉默复合体（RNA-induced silencing complex，RISC）结合，在 ATP 的参与下，

RISC把双链解成单链，释放正义RNA。RISC用反义链RNA在核糖体上结合到目标mRNA分子，RISC在结合位点中间部位把目标mRNA分子剪成两半，剪成两半的mRNA分子进一步被其他核糖酸酶降解（见图2-14）。

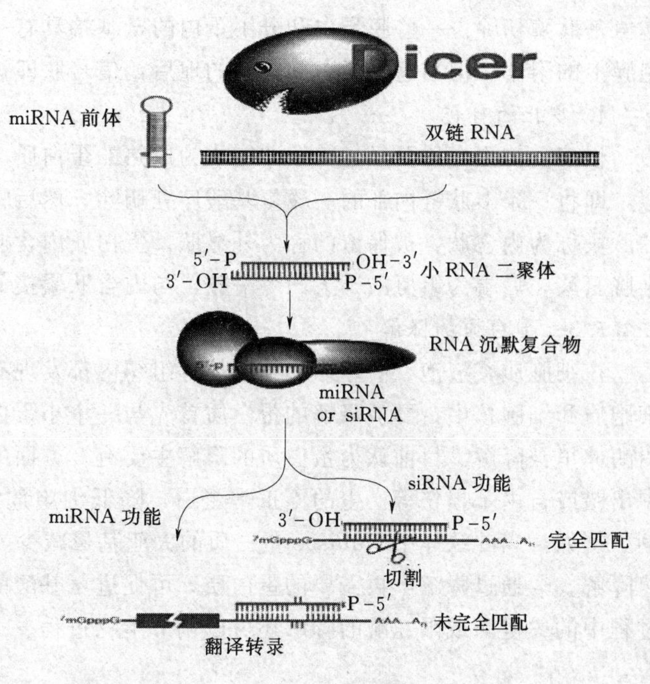


图2-14　miRNA对基因表达的抑制

## 2.4.4　翻译水平的调控

真核生物中，对细胞生存十分重要的一些蛋白质的合成，基因表达的调控也发生在翻译水平。翻译水平的调控途径有2种：①阻遏蛋白与mRNA结合，阻止蛋白质的翻译。例如，铁蛋白的功能是在细胞内贮存铁。当细胞中没有铁时，阻遏蛋白会与铁蛋白mRNA结合，阻止铁蛋白的翻译；当细胞中有铁存在时，阻遏蛋白就不再与铁蛋白mRNA结合，使翻译得以进行。②受细胞质中调节机制的控制，成熟的mRNA被迫以失活状态贮存起来。例如，植物的种子可以贮存多年，一旦条件适合，可以立即发芽。在种子萌发的最初阶段，未出现mRNA的合成，但蛋白质的合成十分活跃。

## 2.4.5　翻译后水平调控

大多数多肽必须经过翻译后的加工过程，才能形成一定的天然构象，具备特定的功能。多肽的不同加工方式构成了基因表达的翻译后水平调控。其调控方式大体可分为3种：多肽链的折叠、肽链的修饰和合成蛋白质的降解。

### 2.4.5.1　多肽链的折叠

通常新生肽链的N端一旦出现，肽链便开始进行空间折叠，逐步产生正确的二级结构、模序和结构域，一直到形成完整的空间构象。虽然蛋白质的一级结构（氨基酸排列顺序）储存着蛋白质折叠方式的信息，但细胞中大多数天然蛋白质折叠都需要在其他蛋白（如分子伴侣、蛋白二硫键异构酶）的辅助下完成。分子伴侣可识别肽链的非天然构象，阻止蛋白质中多肽之间、多肽内和多肽与其他大分子之间的不正确互作，促进各功能域和整体蛋白质的正确折叠。如热激蛋白（heat shock protein，HSP）家族，在植物受到热胁迫时，可促进维持植物正常生命活动蛋白质的正确折叠，降低热伤害。蛋白二硫键异构酶通过在富含半胱氨酸区域催化错配二硫键断裂并形成正确的二硫键连接来加速蛋白质的正确折叠，最终使分泌蛋白、膜蛋白等形成热动力学最稳定的天然构象。

### 2.4.5.2　肽链的修饰

一些蛋白质正确折叠后，还需要进一步的修饰才会产生有活性的蛋白质。肽链的修饰方式有4种。

1. 肽链的N端修饰

在特定条件下，某些蛋白质在酶的作用下会在N端添加上额外的氨基酸残基，使蛋白质的稳定性发生改变。例如，在精氨酰tRNA蛋白转移酶的作用下，蛋白质的N端氨基酸有时会加入一个精氨酸，使本来稳定的氨基酸变得容易降解。

2. 氨基酸化学修饰

氨基酸的化学修饰主要指氨基酸残基的羟基化、磷酸化、乙酰化、羧基化、糖基化等。氨基酸残基的修饰可以改变蛋白质的理化性质，调节酶或蛋白的自身活性。例如，核小体中心的组蛋白$H_3$乙酰化后，可使染色质结构发生改变，影响该区基因的表达。

3. 多肽链切割

甲硫氨酸是真核生物多肽合成的起始氨基酸，然而最终形成的多肽中大约一半的甲硫氨酸会被甲硫氨酸氨基肽酶切除。一些膜蛋白和分泌蛋白的氨基端具有一段疏水性强的信号肽序列，用于前体蛋白质在细胞膜上的附着。但当这些蛋白到达目的地后，信号肽即被切除。

4. 多肽的剪接

很多前体蛋白质要经过剪接才能成为成熟的蛋白质。蛋白质的剪接与RNA分子内含子的剪接过程类似，即将一条多肽链内部的一段氨基酸序列切除，然后将两端的序列连接在一起成为成熟的蛋白。被剪切的肽段称为内含肽，被保留的称为外显肽。蛋白质内含肽的切割位点十分保守。内含肽前端的氨基酸常为半胱氨酸，后端为组氨酸－天门冬酰胺，与内含肽紧接的外显肽序列常为半胱氨酸、丝氨酸或苏氨酸。

#### 2.4.5.3 蛋白质的降解

在细胞质、液泡、叶绿体和细胞核等组织内都发现有蛋白质的降解酶或有降解功能的蛋白复合体。在细胞质和细胞核中，要被降解的蛋白质首先与一个小蛋白—泛素共价结合，然后泛素化的蛋白被送入到蛋白酶体里被降解。目前认为蛋白质的降解主要有3方面的意义：①可及时去除细胞内由于多肽合成、折叠中出错或自由基损伤等产生的不正常蛋白，降低细胞危害。②可维持蛋白质复合体中不同亚基的正确比例。例如，当叶绿体中Rubisco蛋白质的大亚基量减少，而由细胞核产生的小亚基进入叶绿体后就会被迅速降解。③通过降解不再需要的蛋白质，可促进氨基酸的循环利用，为新的生长提供原料。当然，对生物过程中的关键酶或限速酶的降解还可以调节生物过程。

## 2.5 花发育的遗传调控

千姿百态、五彩缤纷的花是显花植物的有性繁殖器官，也是园林植物的主要观赏器官。花的发育是一个复杂的形态建成过程，受到内源信号与环境信号的双重控制，该过程大体可分为3个阶段：开花决定(flowering determination)、花的发端（flower evocation）和花器官的发育（floral organ development)。

### 2.5.1 开花决定

开花决定，又称成花诱导，是植物生殖生长启动的第一个阶段。植物在完成营养生长的幼年期后，便具备了感受环境因子开花的能力，即到达了感受态。到达感受态的植物一旦受到低温、赤霉素、长（或短）日照等成花诱导，分生组织将由营养生长向生殖生长转变。

#### 2.5.1.1 光周期诱导

植物花发育的光周期诱导系统主要由3个功能组分构成：控制振荡器的光信号输入途径；控制并产生近似24h昼夜节律震荡的中央振荡器；产生与振荡器昼夜节律一致的输出途径。

1. 光信号输入途径

一些植物的开花受到昼夜长短变化的控制，这种现象称为光周期（photoperiod)。在24h昼夜周期中，日照长度短于一定时数才能开花的植物称为短日照植物，如菊花、一品红等；相反，日照长度长于一定时数的植物称为长日照植物，如百合、天仙子等；而开花不受日照长短的影响，在任何日照下都能开花的植物称为日中性植物，如月季。光周期的作用与生物钟光信号输入的受体（光受体）有关。目前发现的光受体有3类：光敏色素（phytochrome，phy)，如*PHYA*、*PHYB*、*PHYC*、*PHYD*、*PHYE*；隐花色素（cryptochrome，cry)，如*CRY*1、*CRY*2；紫外光-B受体（UV-B receptor)。光敏色素可能是红光进入生物钟的媒介，而隐花色素属于蓝光/近紫外光受体。试验表明，在较强的红光下，*PHYB*主要充当生物钟光信号受体；而在低强度的红光和蓝光下，*PHYA*充当生物钟光受体；在中等强度的蓝光下，*CRY*1和*CRY*2充当光受体；在高强度的蓝光下，仅*CRY*1充当光受体；紫外光-B受体接收280～320nm的紫外光。位于光受体下游的生物钟光信号输入因子主要有：*GI*、*ZTL*、*FKF*1和*DET*1等。

2. 中央振荡器

中央振荡器主要由3个转录因子构成，分别为*LHY*、*CCA*1和*TOC*1。*TOC*1激活*LHY*和*CCA*1的转录表达，而*LHY*和*CCA*1反馈抑制*TOC*1的转录表达。其实*TOC*1具有双重作用，既参与光信号的输入过程，又是生物钟中央振荡器的组分。

3. 输出途径

CO基因编码的锌指蛋白是昼夜节律钟和开花之间的桥梁。CO基因是最早分离克隆的开花调节基因之一，其表达与花期直接相关，表达量在长日下比短日下高，短日条件下诱导CO表达即能很快引起开花。CO蛋白能够激活 *LFY* 和 *TFL*1 等花分生组织特性基因的转录。

#### 2.5.1.2 春化作用

一些植物必须经历一定的低温处理才能促进花芽形成和花器发育的现象，称为春化作用（vernalization）。春化作用的感受部位在茎端。*FLC*、*FRI* 是春化作用的两个抑制基因。试验证实，*FLC* mRNA的积累会抑制开花，*FRI* 能促进 *FLC* 的转录，低温春化则能抑制 *FLC* 的转录而促进开花。此外，*FLC* 的转录还受到另外2个基因（*VRN*1、*VRN*2）的抑制。Burn认为春化作用能引起DNA的去甲基化，促进赤霉素生物合成中关键酶基因的表达，从而引起开花。此观点得到实验证实，因为转入可降低DNA甲基化水平的反义甲基转移酶基因 *MET*1，提早了植物花期。

#### 2.5.1.3 自主途径

在光周期不适宜的情况下，拟南芥也能开花，只是花期略晚，这条途径称为自主途径。该途径与光周期途径相独立，其晚花现象能被春化作用所补偿。自主途径与春化作用途径交叉的原因在于自主途径的组件能抑制 *FLC* 转录产物的积累。*LD*、*FCA* 等基因与自主途径有关，现已被克隆。

#### 2.5.1.4 生长调节物质诱导

植物生长调节剂已广泛应用于花卉生产中的花期调控。IAA等生长素在短日照下可大幅度抑制菊花开花。赤霉素（gibberellin，GA）可使一些需低温春化的植物在常温下开花，也能加速短日照条件下野生型拟南芥和长日下的一些晚花突变体的开花。GA信号转导途径中关键基因 *GAI* 突变，植物表现为晚花。Blazquez等的实验证明，GA通过激活 *LFY* 的表达促进拟南芥开花。多胺作为活性物质，在植物成花转变中起调控作用。多胺对浮萍开花具有抑制作用，且随浓度的增加抑制作用加强。外源供给多胺有利于石竹试管苗成花。多胺对花芽分化的作用机理目前还不十分清楚。

#### 2.5.1.5 碳水化合物诱导

在完全黑暗的条件下，对拟南芥的地上部施以蔗糖、葡萄糖后，拟南芥能够开花，说明碳水化合物是开花诱导的另一种途径。在光诱导条件下，茎、叶中贮藏的淀粉等碳水化合物转化为蔗糖，在茎端分生组织中积累。施用蔗糖能够绕过 *FRI*、*FLC* 对开花的抑制作用。在拟南芥中已发现adg1、cam1、gi、pgm、sex1等突变体的淀粉合成、积累和转移发生改变，造成晚花。

#### 2.5.1.6 开花抑制途径

许多植物在开花之前须达到一定的年龄或大小，即感受态，在此之前茎端分生组织不能对开花的内外部信号作出感应。

EMF1/2是开花的强抑制子，它通过抑制 *AP*1 等花分生组织特性基因的表达来抑制开花，其突变体不经过营养生长而形成胚性花。一些促进开花的基因可能通过直接或间接抑制 *EMF* 的表达来促进开花。*TFL* 是另一种开花抑制因子，抑制花在顶端生长点的形成，它可能通过抑制自主途径基因来延迟花期。其突变体叶片数减少，花序分生组织提前出现。*FWA*、*FT* 为两个晚花基因，推测其功能为激活下游花分生组织特性基因 *AP*1 的表达，与 *LFY* 的激活途径平行。

### 2.5.2 花的发端

花的发端，即茎端分生组织向花分生组织的转变，由花分生组织特性基因（floral meristem identity genes）控制，这类基因在成花转变中被激活，控制着下游花器官特性基因和级联基因的表达。

目前在拟南芥中发现至少有7个位点的基因参与花分生组织形成过程的调控，它们是 *LFY*、*AP*1、*AP*2、*CAL*、*UFO*、*WUS* 和 *TFL*。其中 *LFY*、*AP*1 基因可能起着关键性的调控作用。*LFY* 强突变体基部花完全转变为叶芽，顶部花表现出部分花的特性。*LFY* 基因转录的RNA最早出现于花序分生组织的下侧即将产生花原基的部位，随着花分生组织的形成，其表达量逐渐增加并分布于整个花分生组织中；而当花器官原基开始出现后，中央部位的表达大部分消失。*LFY* 基因所编码的蛋白在氨基酸末端存在中央酸性区域及富含脯氨酸区域，表明可能为转录因子。*AP*1 的功能与 *LFY* 部分冗余，其表达时期晚于 *LFY*，二者具有加性效应，能相互促进表达。*LFY* 或 *AP*1 的组成型表达能提早花期。*CAL*、*AP*2、*UFO* 基因辅助 *LFY*、*AP*1 促进花分生组织的形态建成。*TFL*1 保持花序分生组织的不终止性，抑制花原基的分化。其突变体花期提前，无限花序以单花终止，侧枝发育成单朵花。

在金鱼草中发现 *FLO* 和 *SQUA* 参与花分生组织的调控作用。金鱼草 *FLO* 突变体，不能形成花分生组织，而只能在产生苞片的顶端产生不定芽；而 *SQUA* 突变体，只形成花序组织而不能形成花结构。*FLO* 基因所编码的蛋白也在氨基酸末端存在中央酸性区域及富含脯氨酸的区域，表明可能为转录因子。

### 2.5.3 花器官的发育

#### 2.5.3.1 ABC 模型

当花分生组织分化完成后，就开始花器官的发育。典型的完全花由外到内依次由花萼、花瓣、雄蕊和心皮 4 轮结构组成。通过对拟南芥和金鱼草突变体的分生组织不正常发育而产生异型的器官和组织的现象（也称同源异型突变）的研究，Meyerowitzhe 和 Bowman 提出了花器官发育的 ABC 模型，阐明了 A、B、C 3 类花器官特性基因如何控制 4 轮花器官的发育。该模型认为，A 类基因控制第 1 轮花萼的发育；C 类基因控制第 4 轮心皮的发育；A 类和 B 类基因共同控制第 2 轮花瓣的发育；B 类和 C 类基因共同控制第 3 轮雄蕊的发育。而且 A、C 两类基因相互拮抗，即 A 功能基因能够抑制 C 在 1～2 轮的表达，C 反过来也能抑制 A 在 3～4 轮表达。随着新突变体的出现，人们发现了控制矮牵牛胚珠和胎座发育的 *FBP*7 与 *FBP*11 基因，将其列为 D 功能基因，于是 ABC 模型便延伸为 ABCD 模型。

#### 2.5.3.2 MADS-box 基因家族

花器官的发育由一组同源异型基因（homeotic gene）控制。在拟南芥中，控制花器官发育的同源异型基因有 *AP*1、*AP*2 和 *LUG*（A 类），*AP*3、*PI*（B类）和 *AG*（C 类）。这些基因的任何一个基因的突变都会引起花器官性状的改变。例如，在 *AP*2 单突变体中，外两轮花器官发育为心皮和雄蕊，而在 *AG* 单突变体中，内轮花器官为花瓣和萼片。除 *AP*2 表达为转录后调控外，其余基因主要在转录水平上调节。在金鱼草中，调控花器官发育的同源异型基因为 *SQUA*（A类）、*GLO*、*DE*（B类）*F* 和 *PLE*（C类）。

拟南芥 *AP*1、*AP*3、*PI* 和 *AG* 基因和金鱼草的 *SQUA*、*GLO*、*DEF* 和 *PLE* 基因编码产物均含有 MADS 盒。所谓 MADS 盒，是指一个由 56～58 个氨基酸残基组成的高度保守区，是转录因子与目标基因上特异 DNA 序列结合的功能区。具有该保守区的基因属于 *MADS box* 基因家族。植物中的 *MADS box* 基因的结构相似，具有高度保守的 MADS 区（M），中度保守的 K 区（K），M 区与 K 区间插入中间区（I）和 C 末端区（C）。此外，一些基因还具有 N 末端区（N）。M 区的 N 端能够与特定的 DNA 序列结合，C 端则参与二聚体及多聚体的形成。K 区位于 M 区下游，对于选择性形成二聚体起关键作用。Ⅰ区不太保守，长度各异。在拟南芥的一些 *MADS box* 基因中，Ⅰ区对于选择性的形成二聚体起关键作用。C 区是变化最大的区，功能尚不清楚，可能参与转录激活或多聚体的形成，对某些 MADS 蛋白与 DNA 结合及形成二聚体是必需的。转录因子 MADS 盒蛋白常以二聚体状态执行功能。*AP*2 不属于 MADS 盒基因，*AP*2 编码 2 个高度保守的重复单元的核蛋白，其中具有 68 个氨基酸的重复序列叫做 *AP*2 区。

作为拟南芥 A 功能基因，*AP*1 和 *AP*2 控制花萼和花瓣的发育。其中 AP1 受 LFY 的激活，在花发育早期具有决定花分生组织特性的功能，其 mRNA 在整个花分生组织表达，后期受 *AG*、*HUA*1、*HUA*2 等基因的抑制而局限于花器官 1～2 轮，从而控制花萼、花瓣的发育。而 *AP*2 在各轮花器官和营养器官中均有转录，转录过程不受花分生组织特性基因的调节，转录后调控使其表达局限于花的 1～2 轮。此外，*AP*2 还具有抑制 *AG* 基因在花萼和花瓣中表达的功能。

拟南芥 B 功能基因 *AP*3 和 *PI* 的突变体均为第 2 轮变为花萼，第 3 轮变为心皮。*PI* 和 *AP*3 表达的维持均依赖于自主调控途径，需要 *LFY*、*AP*1、*UFO* 等多个因子的作用。*LFY* 花特异性激活 B 基因的转录，而 *UFO* 则使 B 基因局限于 2～3 轮，*LUG*、*SUP* 等基因能抑制 B 基因在第 1 和 4 轮中的表达。*AP*3 和 *PI* 蛋白必须结合成异二聚体才能结合到 CArG 盒上行使功能。

拟南芥 C 功能基因 *AG* 在 3、4 轮中表达。在花发育的早期决定雄蕊和雌蕊的发育，后期决定正确的细胞分化。此外，*AG* 还决定花分生组织的终止性，并抑制 *AP*2 在内两轮的表达。*AG* 决定雄蕊发育、雌蕊发育和花分生组织终止性的 3 个功能相互独立，第 3 个功能比前两个需要更高的 *AG* 表达水平。*LFY*

能与 *AG* 第 2 个内含子内的增强子结合，从而直接激活 *AG* 的转录。除 *AP2* 外，*LUG*、*FIL*、*SEU* 和 *LSN* 均具有抑制 *AG* 在 1、2 轮表达的功能。*ANT* 参与胚珠的发育和花器官的分化与发育，功能与 *AP2* 部分冗余，能抑制 *AG* 在第 2 轮的表达。*BEL1* 与胚珠发育相关，并调控 *AG* 在胚珠的特定区域表达。*CLF* 在花发育的晚期在茎叶中保持对 *AG* 的抑制作用。*CLF* 和 *WLC* 均是营养器官中 *AG*、*AP3* 的负调节基因，而 *WLC* 则可能通过甲基化作用来抑制 *AG* 和 *AP3* 基因的表达。

在拟南芥中发现与胚珠的发育有关的 D 类基因有：*AG*、*SIN*、*HUELLEN - LOS*、*INO*、*ANT*、*TSL*、*BEL1*、*CUC1/2* 等。*SEP* 基因在花中特异表达，从而将 A、B、C 基因限制在花中发挥功能。因其与花瓣、雄蕊、雌蕊的发育有关，被称为 E 功能基因。

## 2.6　突变、转座与修复

突变（mutation）指遗传物质的改变。由于基因突变而表现突变性状的细胞或个体，称为突变体（mutant）。突变在自然界广泛存在，是生物进化与遗传学研究，以及新品种选育原材料的主要来源。

### 2.6.1　突变的类型

#### 2.6.1.1　自发突变与诱发突变

在没有特殊的诱导条件下，由自然的外界环境条件或生物体内的生理和生化变化而产生的突变，称为自发（spontaneous）突变。绝大多数突变是自发产生的，这也意味着就统计学上讲，突变是一个随机、不可预测的事件。然而，每一个基因都有一个特征突变率（mutation rate），可用来测定 DNA 序列在每一个世代内发生变化的概率。不同基因的突变率差异很大。例如，控制玉米籽粒颜色的 R 基因的平均突变率为 4.92%，而控制种子凹陷的 sh 基因仅为 0.012%，两者相差近 500 倍。基因的自发突变率一般较低。据估计，高等生物的基因突变频率大约为 $1\times10^{-4}\sim1\times10^{-8}$，即大约在 10 万到 1 亿个配子里，有一个基因发生突变。

在化学诱变剂（mutagen）或辐射处理的作用下，基因的突变率可大幅度提高。这种在特殊的诱变因素影响下发生的突变称为诱发（induced）突变。基因的突变率因物种不同而异。突变率的估算，遗传学上采用突变体占观察总个体数的比例。对于有性生殖生物而言，突变率常用一定数目配子中突变配子数的比例来表示；对于无性繁殖生物而言，突变率常用一个群体在一次繁殖过程中发生突变的个体或细胞数所占的比例来表示。

#### 2.6.1.2　显性突变与隐性突变

突变通常是独立发生的，一对等位基因总是其中之一发生突变，另一个一般不发生突变。当单个隐性基因突变为显性基因时，称为显性突变（dominant mutation），如 aa→Aa。而当单个显性基因突变为隐性基因时，则称为隐性突变（recessive mutation），如 AA→Aa。

在自交情况下，相对来说，显性突变表现得早而纯合得慢，隐性突变则表现得晚而纯合快。前者在 $M_1$ 代（诱发当代长成的植株）表现，$M_2$ 代（$M_1$ 代繁殖的后代）纯合，检出纯合突变体则在 $M_3$ 代。后者在 $M_2$ 代表现，$M_2$ 代纯合，检出纯合突变体也在 $M_2$ 代。育种实践中，当显性基因突变为隐性基因时，自花授粉植物自然繁殖，突变性状就会分离出来。异花授粉植物则不然，突变基因会在群体中长期保持异质结合而不表现，只有人工自交或互交，纯合突变体才可能出现。

#### 2.6.1.3　性细胞突变与体细胞突变

在植物个体发育过程中，突变可在任何一个阶段、任何一个细胞内发生。然而，突变最初发生的细胞类型对个体有很大的影响。如果突变发生的细胞最终形成配子体，称为配子系突变（germ - line mutation），也称性细胞突变。突变的基因可通过授粉受精直接传递给后代。而发生在其他细胞内的称为体细胞突变（somatic mutation），体细胞突变则不能通过受精直接传递给后代。体细胞突变通常会产生一个正常组织和突变组织的混合体，即嵌合体（chimaera）。常在吊兰、鸡冠花等园林植物中可见到。要保留性状优良的体细胞突变，需通过嫁接、压条、扦插或组织培养等无性繁殖方法将它从母体上分割下来加以繁殖形成新的个体。许多园林植物如菊花、大丽花、玫瑰、郁金香等的芽变新品种都是通过此方法选育而来的。

在性细胞中如果发生显性突变，它可在当代立即表现出来；如果是隐性突变或下位型突变，它们的作用被其他基因所遮盖，当代不能表现，只有到 $F_2$ 代突变基因处于纯合状态时才能表现出来。在体细胞中如果发生显性突变（aa→Aa）或者纯合状态的隐性突变（Aa→aa），当代就会表现出来，形成镶嵌现象，即个体的一部分组织表现原有性状，而另一部分表现突变了的性状。镶嵌范围的大小取决于突变发生时期的早晚。突变发生愈早，镶嵌范围越大；发生愈晚，镶嵌范围愈小。例如，鸡冠花一般为黄色和红色，黄色花为隐性 a 基因控制，红色花为显性 A 基因控制。常见的黄色花为正常类型，但 a 很容易变成 A，如果 a 较早的变为 A，则红色斑块较大；如果较晚，则红色斑块较小或呈条纹状。如果红色鸡冠花上产生隐性突变（Aa→aa），则红色冠底上出现黄色条纹或斑块呈红黄镶嵌的两色鸡冠花。

试验表明，性细胞的突变频率比体细胞高，这是因为性细胞在减数分裂的末期对外界环境条件具有较大的敏感性，而且性细胞突变可以通过受精过程直接传递给后代。而体细胞突变则不能，突变了的体细胞在生长过程中往往竞争不过周围的正常细胞，受到抑制或消失。

**2.6.1.4** 条件突变与非条件突变

对于遗传分析而言，最有用的突变是那些遗传效应能被任意开启或关闭的突变，即条件突变（conditional mutation）。因为这类突变能在限定的环境条件（restrictive condition）下产生表现型上的变化，但在另外一种条件下则不能。例如，温敏型突变就是一种条件突变，其突变性状的表达取决于温度。在适宜温度下，生物体表现野生型性状；而在高于限定温度下，则表现为突变型。在这种突变体中，由于突变基因产生了氨基酸被替换的蛋白质，该蛋白对温度比较敏感，在适宜温度下能正确折叠，发挥正常功能；但在限定条件下，不稳定而发生变性。温度敏感的例子很多。例如，一些温敏型雄性不育的植物突变体，当气温超过一定温度，花粉发育过程中的关键酶失活，就不能产生育性花粉；当植株处于正常温度时，花粉发育正常。例如，对拟南芥突变体 atms1 而言，当温度处在 16～23℃，花粉发育正常，而当温度超过 27℃，便不能产生花粉。

**2.6.1.5** 功能缺失突变与获得功能突变

根据突变对基因功能的影响，突变可分为功能缺失突变（loss - of - function mutation）、次形态突变（hypomorphic mutation）、超形态突变（hypermorphic mutation）和获得功能突变（gain - of - function mutation）4 种。

1. 功能缺失突变

突变会造成基因完全失去活性，或使基因产物完全失去功能，称为功能缺失突变，又称无效突变（null mutations）或敲除突变（knockout mutations）。比如当突变造成基因全部或部分缺失时，或者因发生氨基酸取代而导致翻译的蛋白质没有活性，最终基因功能缺失。大多数缺失功能突变属于隐性突变。

2. 次形态突变

次形态突变是指突变会使基因的表达水平降低或基因产物的活性减弱，但不会消失。典型的情况是来自于核苷酸置换导致基因转录水平的下降，或氨基酸取代削弱了蛋白质的功能。这种突变有时称渗漏突变，指个体间因偶然性在表达水平或活性上存在差异，一些个体蛋白质有充足的活性，而另一些个体因“泄漏”产生出准表型。大多数次形态突变也属于隐性突变。

3. 超形态突变

与次形态突变相反，超形态突变会使基因的表现加强，超出通常的基因表达水平。典型的情况是因为突变使基因的调控系统改变，使基因产物过度生产。

4. 获得功能突变

此种突变使基因的作用发生了性质上的改变。例如，获得功能突变可使一种细胞或组织中通常无活性的基因变得有活性，或使某发育时期不表达的野生型基因开始表达。许多获得功能突变属于显性突变。一个野生型基因在不正常位置的表达也称异位表达。例如，植物花发育过程中的同源异型突变。

**2.6.1.6** 大突变与微突变

基因突变引起性状变异的程度是不相同的。有些突变效应表现明显，容易识别，称为大突变。控制质量性状的基因突变大都属于大突变。有些突变效应表现微小，较难察觉，称为微突变。控制数量性状的基因突变大多属于微突变。

## 2.6.2　基因突变的分子机制

从分子水平来看，所有突变均来自于 DNA 核苷酸序列的改变或者基因组中 DNA 序列的缺失、插入或重排。

### 2.6.2.1　碱基替换

最简单的突变类型就是碱基替换（base substitution），即 DNA 双螺旋中的核苷酸对会被不同的核苷酸对所代替。例如，在一条 DNA 链中一个 G 替换 A，这种替换产生了一个暂时的 G－T 碱基对错配，但是在接下来的复制中，这种错配会被新产生的两个双链 DNA 分子中正确的 G－C 碱基对和 A－T 碱基对所代替。其中产生的 G－C 碱基对就是突变子，而 A－T 碱基对属于非突变子。同样地，一条链中一个 A 替换了 T，产生了一个暂时的 T－T 错配，这一错配也会在复制中被一个子 DNA 分子中 T－A 和另一子分子中 A－T 碱基对所分解。其中产生的 T－A 碱基对是突变子，而 A－T 为非突变子。如果考虑 DNA 的极性，上述的 T－A 和 A－T 是不等价的。

在碱基替换中，一个嘌呤被另一个嘌呤替换或一个嘧啶被另一嘧啶替换，称为转换（transition）。转换的可能情形有 4 种：T→C、C→T、A→G 或 G→A。而一个嘌呤被一个嘧啶替换或一个嘧啶被一个嘌呤替换，称为颠换（transversion）。颠换的可能情形有 8 种：T→A、T→G、C→A、C→G、A→T、A→C、G→T 或 G→C。如果碱基替换随机发生，因为转换有 4 种情形，颠换有 8 种情形，转换：颠换应为 1：2；但在自发碱基突变中，转换：颠换却为 2：1。

### 2.6.2.2　蛋白质改变

编码区的许多碱基替换将导致一种氨基酸被另一种氨基酸所代换，这种突变称为错义突变（missence mutation）。蛋白质中单个氨基酸的代换可能改变蛋白质的生物功能。但并不是所有的碱基替换都会造成氨基酸代换，绝大多数密码子第三位的碱基替换不会改变所编码的氨基酸。这种仅改变核苷酸序列而没有引起氨基酸改变的突变，称为同义替换（synonymous substitution），因为检测不到表现型的变化。

碱基的偶然替换也可能产生终止密码子 UAA、UAG 或 UGA。例如，正常的色氨酸第三位 G 被替换为 A，密码子 UGG 将转变为 UGA。这将导致翻译在突变密码子位置终止，形成一条不完整的多肽链。这种产生一个终止密码子的碱基替换突变称为无义突变（nonsense mutation），因为无义突变产生了未成熟肽链的终止，留下的多肽片段几乎没有功能。

当编码区插入或缺失的核苷酸正好是 3 的整倍数时，将造成氨基酸的增加或删除。当插入或缺失的核苷酸使三联体密码子的阅读顺序移动，将造成突变座位下游所有的氨基酸发生改变。这种使 mRNA 中密码子阅读框发生移动的突变称为移码突变（frameshift mutation）。常见的移码突变是单个碱基的增添或缺失。除非核苷酸的插入或缺失位于羧基端，否则任何非 3 整倍数的插入或缺失都将造成移码突变。移码突变合成的蛋白质通常没有功能。

## 2.6.3　转座

### 2.6.3.1　转座元件的发现

在 20 世纪 40 年代初，麦克林托克（Barbara McClintock）在研究玉米的籽粒斑点遗传中发现一个调控籽粒斑点的遗传元件，该元件还会造成染色体的断裂。她将这一元件称为 *Ds*（Dissociation）元件。遗传作图显示，染色体断裂经常发生在 *Ds* 或其附近位置。进一步观察发现 *Ds* 的位置有时会移动到另一个新的位置，即转座（transposition），并导致染色体在新的位置上发生断裂。但是 *Ds* 的移动仅在 *Ac*（Activator）遗传元件出现在相同基因组上时才会发生。*Ac* 自身能在基因组上移动，并改变其插入点的基因或插入点附近的基因的表达。自从麦克林托克发现 *Ds*/*Ac* 转座元件以来，现已在矮牵牛、金鱼草、飞燕草、甜豌豆等多种植物中发现转座元件。对于一些植物而言，转座元件是基因组的主要成分。例如，玉米基因组中转座元件的比例高达 55%以上。因同类群的转座元件拷贝间具有高度的多样性，依据这些转座元件在 DNA 序列上的相似性，可将它们分为不同的类型或家族。

**2.6.3.2**　转座元件的类型及其机制

根据转座方式的不同，高等生物的转座元件可分为两大类，即DNA转座子（DNA transposon）和反转录转座子（retrotransposon）。

1. DNA转座元件

DNA转座元件的特点是都具有两个末端反向重复序列（terminal inverted repeat，TIR），即转座元件两个末端的重复序列的方向是相反的。*Ds*元件中末端重复序列长度为11bp（见图2-15），但在其他DNA转座子家族中，重复序列可能达几百个碱基对长。DNA转座元件的转座机制为"切割/粘贴"，即转座子被转座酶从基因组的某个位置切割下来，然后插入到基因组的另一个位置。图2-15为*Ds*元件插入到玉米第9号染色体的野生型皱缩基因（*sh*）中，造成了该基因的敲除突变。在*Ds*转座过程中，在转座酶（transposase）的催化下，靶座位首先被切割成交错状切口，在每条DNA链上留下8个核苷酸的3′突出端。然后3′突出末端与插入的*Ds*元件的末端衔接，从而使每条链上产生8个核苷酸的缺口。最后在修复酶的作用下，缺口被填充，从而在插入的*Ds*两侧产生了对靶序列中8个碱基的复制。末端重复序列中含有转座酶的结合位点，便于转座酶识别转座元件并使其结合到切割靶座位，因此一般来说末端重复序列对转座是必需的。绝大多数转座元件插入的特征是存在靶座位的复制，其源于转座酶对靶序列的非对称性切割。每个转座元件家族都有自己的转座酶，不同的转座酶在靶DNA链上切口间的距离是不同的，切口间的距离也决定了靶座位的复制长度。

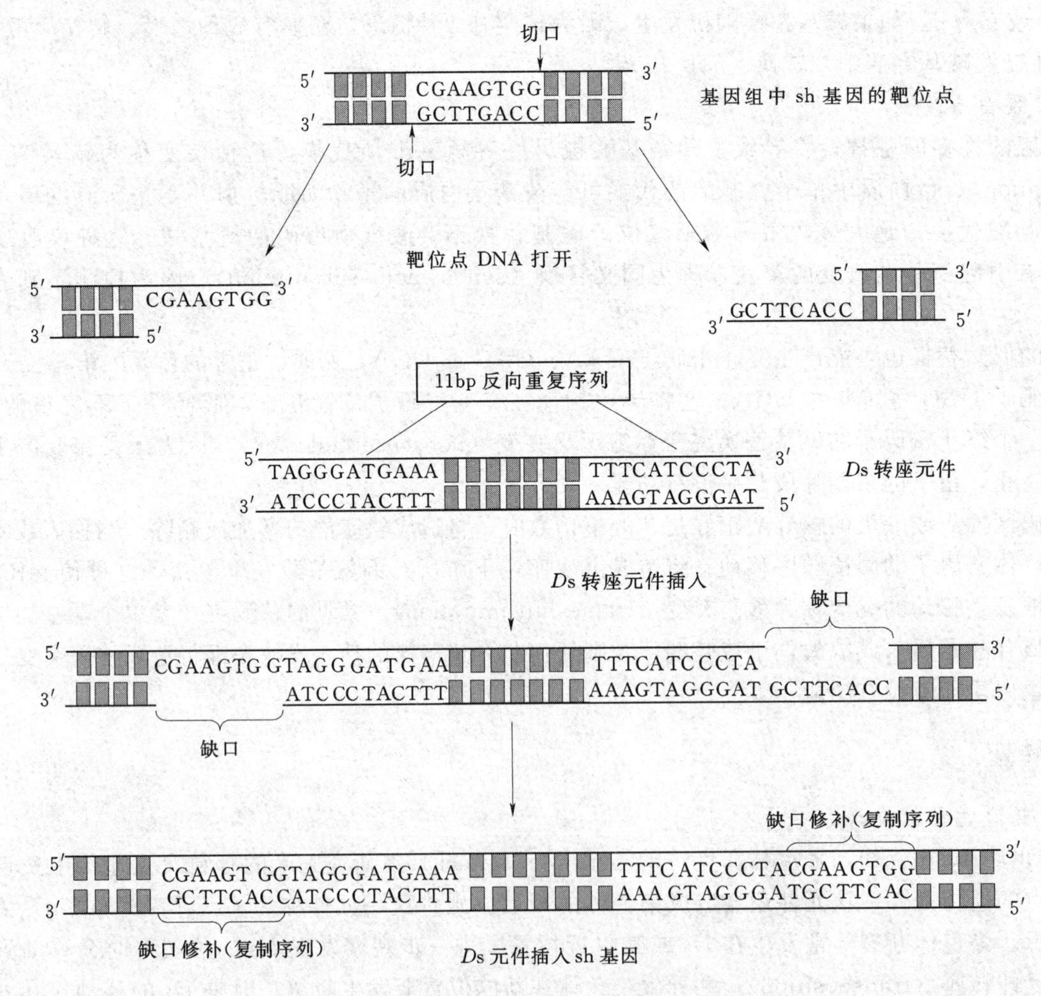


图2-15　玉米*Ds*转座元件的切割-粘贴

（引自Hartl and Jones，2002）

DNA转座元件包括自主元件（autonomous element）、非自主元件（non-autonomous element）和微型反向重复转座元件（miniature inverted-repeattransposable element，MITE）3种类型，这3种类型的DNA转座子在植物界广泛存在。所谓自主元件，即能够编码有功能的转座酶，实现自身转座的DNA

转座元件。其编码转座酶的DNA序列位于末端反向重复序列之间的中心区。如果转座元件中编码转座酶的基因被删除或失去活性，那么其只有在同家族自主元件存在时才能实现转座，这类转座元件称为非自主元件。自主元件与非自主元件通常以一个转座系统的形式存在于植物的基因组中，如玉米的 *Ac/Ds* 和 *En/Spm* 转座系统。玉米 *Ds* 元件在 *Ac* 不存在时不能转座，原因在于 *Ds* 中缺少编码有功能转座酶的基因，而 *Ac* 元件的存在能够激活 *Ds* 元件的转移，实现转座。目前发现的植物自主元件/非自主元件主要隶属两个超家族（superfamily），即 *hAT* 和 *CACTA*，其中 *hAT* 超家族包括玉米的 *Ac/Ds* 转座系统和金鱼草的 *Tam*3 转座元件等，而 *CACTA* 超家族包括玉米的 *En/Spm* 转座系统和高粱的 Candystripe 转座元件等。

微型反向重复转座元件与非自主元件结构相似，具有末端反向重复序列，但较短。此外，与自主元件和非自主元件在植物基因组中的拷贝数一般较少不同，微型反向重复转座元件的拷贝数较高，如玉米的 *mPIF* 元件的拷贝数超过6000。

2. 反转录转座元件

反转录转座元件是真核生物中最为丰富的一类转座元件，其转座过程以RNA为中间媒介，首先由DNA转座元件转录为RNA，再以RNA为模板，以与转座元件的长末端重复序列（long terminal repeats，LTR）互补的tRNA序列为引物，在转座元件自身编码的反转录酶作用下，反转录产生一条互补的DNA链。DNA第一链合成后，转座元件编码的核酸酶切割单链RNA模板作为第二条DNA链合成的引物，复制合成第二条DNA链。最后合成的双链DNA插入到新的染色体座位。由于反转录转座子通过复制实现转座，因此转座导致转座元件拷贝数的增加。

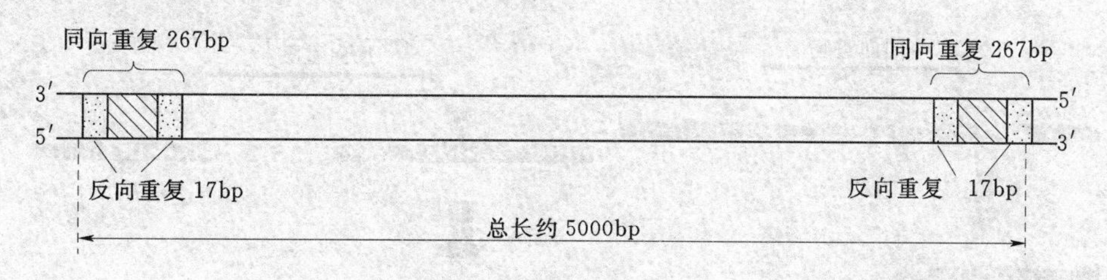


图2-16　果蝇反转录转座元件 *copia* 的序列组成
（引自 Hartl and Jones，2002）

植物反转录转座子可分为长末端重复序列反转录转座子（LTR retrotransposons）和非LTR反转录转座子（non-LTR retrotransposon）两个亚类。LTR反转录转座子的两端具有长的同向末端重复序列，长度一般为200～500bp。典型的LTR反转录转座子是果蝇的 *copia* 元件（见图2-16），在LTR同向末端重复序列的两侧为短末端反向重复序列。LTR反转录转座子两侧的LTR不编码蛋白质，但包含转录的起始信号和终止信号，内部的编码区主要包括3个与转座有关的基因，分别是 *gag*、*pol* 和 *int*。*gag* 基因编码的蛋白质负责反转录转座子RNA的成熟和包装，*pol* 基因编码反转录酶和RNase H，*int* 编码整合酶。

非LTR反转录转座子的两端没有LTR，而在其3′末端具有poly（A）尾巴，根据其结构又分为长散布元件（long interspersed element，LINE）和短散布元件（short interspersed element，SINE）。LINE具有 *gag* 和 *pol* 基因，但是缺乏 *int* 基因。起源于RNA聚合酶转录产物的SINE是最小的反转录转座子，它不编码基因，其转座依赖于LINE和/或LTR反转录转座子编码的酶来实现。SINE型转座子如水稻的p-SINE1转座子、烟草中的TS转座子等。

反转录转座子广泛存在于植物界，从单细胞的藻类到高等的被子植物和裸子植物都有Ty1-copia类反转录转座子。反转录转座子在植物基因组中以多拷贝的形式存在，而且拷贝数通常很高，如玉米的Ty1-copia类反转录转座子Opie-1的拷贝数达到30000以上，百合的LINE类反转录转座子Del2的拷贝数达到250000。反转录转座子在染色体上的分布缺乏普遍规律。例如，多数Ty1-copia类反转录转座子遍布在除核仁组织区（nucleolus organizing region，NOR）和着丝点以外的染色体区域，但拟南芥和鹰嘴豆（Cicer arietinum）的Ty1-copia类反转录转座子却主要分布于着丝点附近的异染色质区，而香蕉的gypsy类反转录转座子monkey既在NOR集中又在染色体其他区域散布存在。

**2.6.3.3　转座引发突变的原因**

1. 转座元件插入造成突变

在绝大多数生物中，许多突变的发生与转座有关。例如，在果蝇的一些基因内，大约半数能引起表型变化的自发突变源于转座。矮牵牛的花色基因中，大多数源于转座引发的变异。在 *Ds* 元件插入到玉米的 *sh* 基因引发的基因突变中，转座元件是一个 DNA 元件，其与玉米 *Ac* 元件有联系，能产生一个 8bp 的靶座位复制，它的插入座位位于支链淀粉酶Ⅰ（SBEⅠ）的基因内，造成等位基因的功能丧失。孟德尔试验中豌豆的皱缩突变也是由于转座引发的基因突变。

绝大多数转座元件出现在基因组的非必需区，通常不会造成明显的表型变化。但当元件开始转座并插入到基因的必需区时，则会改变该基因的功能。例如，如果一个转座元件插入到 DNA 的编码区，插入元件就会打断编码区。由于绝大多数元件包含了它们自己的编码区，转座元件的转录会干扰原基因的转录，因此，转座元件的插入能产生敲除突变，即使原基因的转录能通过转座元件，因为编码区包含了不正确的序列，生物的表型也会发生改变。

2. 拷贝间的重组产生变异

一个转座元件的不同拷贝之间的重组可造成遗传畸变。如图 2－17 所示，同一个 DNA 分子中拷贝间的重组会产生两种可能的结果。一种情况是重复区段的方向相同，拷贝之间的配对会形成了一个环，重组后将产生一个自由 DNA 环，DNA 环中包含了两个元件间的区域，而 DNA 分子的其余部分被删除。第二种情况是拷贝以反方向出现，拷贝之间的配对会形成了一个发卡（hairpin）结构，重组后将产生一个倒位（inversion），即两个元件间的基因顺序被反转了过来。

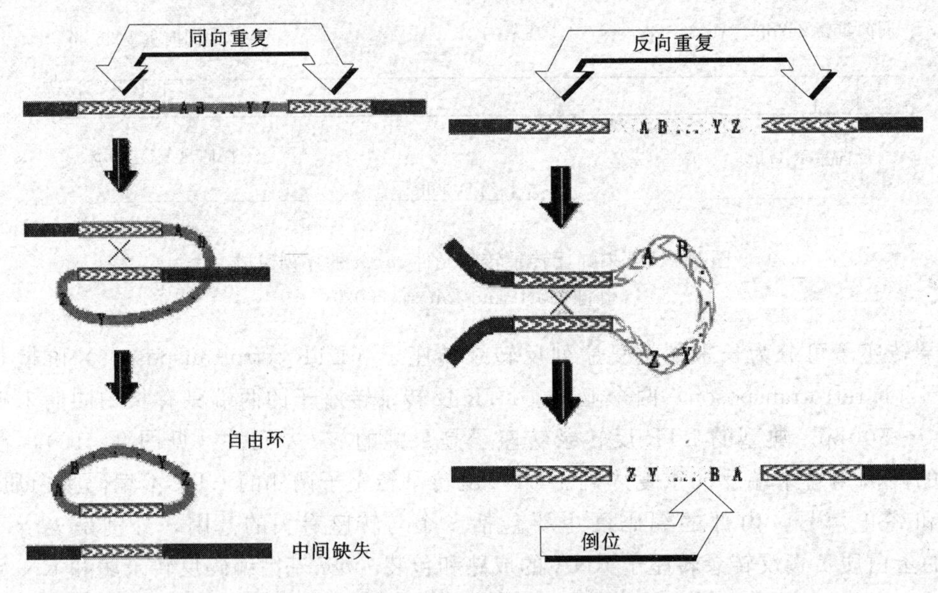


图 2－17　同一染色体上转座元件间的重组

（引自 Hartl and Jones，2001）

如果两个 DNA 分子来自同源染色体，其转座元件的不同拷贝间发生重组将产生一个拷贝间区域被复制的产物和一个删除了相同区域的互换产物。其情形与非同源染色体中拷贝间的易位重组相似。结果是非同源染色体间末端片段的交换，被称为相互易位（reciprocal translocation）。

### 2.6.4　基因突变的特征

**2.6.4.1　突变的重演性**

同一突变可以在同种生物的不同个体间多次发生称为突变的重演性。突变的重演性还表现为同种生物不同世代间可以发生同样的突变。生物进化史上曾经出现过的突变在现代乃至未来仍有可能出现。同一突变先后发生的频率也极相似。

**2.6.4.2　突变的可逆性**

突变像许多生物化学反应过程一样是可逆的。一般将物种的野生型 *A* 突变为 *a* 时（$A \rightarrow a$）称为正突变。反之 $a \rightarrow A$ 时称为反突变或叫回复突变。正突变和反突变的频率一般是不一样的。多数情况下，正突变的频率高于反突变，因此在自然界中所出现的突变多数为隐性突变。

#### 2.6.4.3　突变的多方向性

基因突变的方向是不定的，可以多方向发生。例如，基因 $A$ 可以突变为 $a$，也可以突变为 $a_1$，$a_2$，$a_3$，…由于 $a_1$，$a_2$，$a_3$，…之间在生理功能与性状表现方面存在差异，而形成突变的多方向性。对于 $A$ 来说 $a$，$a_1$，$a_2$，$a_3$ 都是隐性基因。这些隐性突变基因彼此之间，以及它们与 $A$ 基因之间都存在对性关系。用其中两个表现型不同的纯合体杂交，其 $F_2$ 都呈现等位基因的 3∶1 或 1∶2∶1 的分离比例。这些具有对应关系的基因常位于同一个基因位点（locus）上，称为复等位基因（multiple allele）。对于同一物种而言，复等位基因大多存在于的不同个体中。在生物界中，复等位基因现象广泛存在。例如，一些植物中存在的自交不亲和性由一组自交不亲和的复等位基因 $S_1$、$S_2$、$S_3$、$S_4$、…控制。

#### 2.6.4.4　突变的有害性和有利性

由于现存的生物都是经历长期自然选择进化而来的，它们的遗传基础及其控制下的代谢过程都已达到相对平衡和协调的状态。若某一基因发生突变，则原有的协调关系与平衡状态会被打破，给生物带来不利的影响，如生活力下降，孕性降低等。因此大多数基因的突变对生物的生长和发育是有害的。极端的有害突变可导致个体的死亡，如植物中的白化突变，白化苗不能合成叶绿素，当子叶中的养料耗尽时，幼苗便死亡。

有些基因仅仅控制一些次要性状，即使发生突变，也不会影响植物的正常生理活动，这种突变称为中性突变（neutral mutation），例如花色、花斑等。另外，还有少数突变对植物生命活动更有利，例如抗病性、早熟性等。

#### 2.6.4.5　突变的平行性

亲缘相近的物种经常发生相似的基因突变，称为突变的平行性。因此，当了解一个物种的一系列类型时，常可预见到其近缘种和属也会存在着相似的类型。突变的平行现象对于研究物种间的亲缘关系，物种进化和人工的定向诱变都具有一定的意义。

#### 2.6.4.6　突变发生的随机性与热点区

突变具有随机性，即突变在何时、哪个细胞发生是无法预测的，而且突变的发生与生物体对环境的适应无关。但每个基因自发突变的频率是特定的，因此可以对特定突变发生的概率进行预测。也就是说，特定细胞内特定基因的发生概率或一定大小的群体中特定基因的突变概率是相对确定的。

然而，突变在生物的基因组或一个基因内发生的位置并不是随机的。一些 DNA 序列更易发生突变，这些 DNA 序列称为突变的热点区（hot spots）。研究发现，在基因组和基因内的许多座位存在突变的热点区。如胞嘧啶甲基化座位，其突变率很高，且通常是 G-C→A-T 的转换。在许多生物中，一种特殊酶能在 DNA 的某些靶序列上添加甲基，使一些胞嘧啶碱基的碳-5 位发生甲基化，产生 5-甲基胞嘧啶，替代了正常的胞嘧啶。胞嘧啶甲基化的遗传学功能目前还不十分清楚，但胞嘧啶甲基化高的 DNA 区趋向于基因活性下降。例如，玉米中某些转座元件因胞嘧啶甲基化，而使该拷贝不表现活性。

5-甲基胞嘧啶和胞嘧啶有时会损失一个氨基酸基团，这一过程称为脱氨基作用。这种脱氨基作用通常是诱导产生的。当 5-甲基胞嘧啶被脱去氨基，它会转变成正常的胸腺嘧啶。在双螺旋 DNA 中，将产生一个暂时的 G-T 错配。这种错配有可能被错配修复系统修正。如果修正为 A-T，那么双螺旋就经历一个转换突变；如果没有被立即修复，那么在下一个世代含有 T 碱基的链通常与 A 配对，产生一个 A-T 碱基对的突变。

### 2.6.5　突变的诱发

自然条件下各种动植物发生基因突变的频率很低，但在物理、化学等因素的诱变下，基因的突变率会大大提高。诱发基因突变对于植物的遗传育种来说，能够获得大量的变异体，为遗传学研究和新品种培育提供丰富的材料。

#### 2.6.5.1　辐射诱变

辐射是一种能源，照射后可使细胞获得大量的能量，造成原子激发或电离而导致基因突变。辐射诱变的作用是随机的，不存在特异性。根据照射后是否引发原子电离，常将辐射诱变分为以下两种类型。

1. 紫外线诱变

紫外线具有较高的能量，除能使被照射的细胞产生热能外，还能使其原子激发，使碱基内发生化学变化，导致基因突变。紫外线照射主要使同链上临近的胸腺嘧啶核苷酸联合成胸腺嘧啶二聚体（TT），这种联合使碱基靠得更近，从而造成双螺旋的扭曲，导致转录和DNA复制障碍。紫外线还能将胞嘧啶脱氨成尿嘧啶，或是将水加到嘧啶的$C_4$、$C_5$位置上成为光产物。紫外线诱变的最有效波长是260nm左右，其作用集中在DNA的特定部位。但紫外线的穿透力不强，在园林植物上一般用于配子体的诱变。

2. 电离辐射诱变

电离辐射包括X射线和γ射线等电磁辐射，以及α射线、β射线和中子等粒子辐射，以上射线的能量很高，除产生热能和使原子激发外，还能使原子发生电离（ionization），即射线的能量使DNA分子的某些原子外围的电子脱离轨道，这些原子从中性变为带正电荷的离子，称为原发电离。在射线经过的通路上，形成大量离子对，该过程中产生的电子，多数尚有较大的能量，能引发二次电离。电离的结果造成基因分子结构改变，产生突变了的新基因，或造成染色体断裂，引起染色体结构的畸变。X射线、γ射线和中子适用于外照射，即辐射源与接受照射的物体之间保持一定的距离，让射线从外部透入物体内，在体内诱发突变。α射线和β射线穿透力较弱，用于内照射。常用的β射线辐射源是$^{32}P$和$^{35}S$，采用浸泡或注射法，使其渗入植物体内进行诱变。就单基因而言，基因突变的频率与辐射剂量成正比，即辐射的剂量越大，基因突变率就越高。辐射剂量指被照射的物质所吸收的能量数值。但是基因突变率不受辐射强度的影响。辐射强度指单位时间内照射的剂量数。如果照射的总剂量不变，不管单位时间内照射的剂量是多还是少，基因突变率总是一定的。

**2.6.5.2** 化学诱变

利用化学试剂引发基因突变通常称为化学诱变。化学试剂的诱变作用是有特异性的，即一定性质的诱变剂能够诱发一定类型的变异。目前发现的化学诱变剂种类很多，依据它们的化学结构或功能不同，可分为烷化剂、碱基类似物等。

1. 碱基类似物

碱基类似物是一种与DNA碱基非常相似的化合物，能在正常的复制过程中与模板链中的碱基配对，渗入到DNA分子中去，引起碱基错配，最终导致碱基对的替换，引起突变。例如，5-溴尿嘧啶的分子结构与胸腺嘧啶基本相同，只是在$C_5$位置上的以Br取代$CH_3$。它的氢键原子也和胸腺嘧啶完全一样，常常以酮式状态和腺嘌呤配对。但溴原子对碱基的电子分布有明显的影响，使得正常的酮式结构经常转移成互变异构体烯醇式结构，烯醇式结构具有胞嘧啶的氢键特性，容易与鸟嘌呤配对。因此，当DNA复制时，醇式的5-溴尿嘧啶和鸟嘌呤配对成G-5-BUe的核苷酸对。下一次复制时，鸟嘌呤按正常情况和胞嘧啶配对，引起A-T向G-C的改变。同样G-C也可变成A-T。

2. 弱酸类

一些化学物质能与DNA发生作用并改变碱基间氢键的特性。例如，亚硝酸，它通过对腺嘌呤、胞嘧啶和鸟嘌呤的脱氨作用，改变每个碱基氢键的特异性。5-甲基胞嘧啶脱氨产生了胸腺嘧啶，胞嘧啶脱氨生成了尿嘧啶。腺嘌呤的脱氨产物为次黄嘌呤，次黄嘌呤常与胞嘧啶配对，而不与胸腺嘧啶配对，结果导致A-T→G-C转换。

3. 烷化剂

烷化剂是目前应用最广泛而有效的园林植物诱变剂。最常用的有甲基磺酸乙酯（EMS）、氮芥等。它们都带有一个或多个活泼的烷基，这些烷化剂能够在DNA碱基上添加不同的化学基团，要么改变碱基的配对特性，要么造成DNA分子结构扭曲。鸟嘌呤的烷化作用最容易发生在G的$N_7$位置上，形成7-烷基鸟嘌呤。7-烷基鸟嘌呤可与胸腺嘧啶配对，从而产生G-C→A-T的转换。EMS与胸腺嘧啶和鸟嘌呤的反应要比与腺嘌呤和胞嘧啶更容易些。

4. 插入或删除碱基的试剂

吖啶是一个平面为三个环状，大小约与嘌呤-嘧啶碱基对相同的分子。例如，2-氨基吖啶，它能嵌入到DNA双链中心的碱基之间，在拓扑异构酶的协助下引起单一核苷酸的缺失或插入。拓扑异构酶通常能使 DNA 双链断开，然后自由末端旋转，再封闭断开处，以减轻 DNA 中的扭力。在吖啶存在时，拓扑异构酶在 DNA 上留下切口。修复失败会导致在此座位处插入或删除一个或一些碱基对，而编码区单碱基的插入或缺失会产生移码突变。

## 2.6.6　DNA 的修复

虽然很多因素能引起 DNA 的结构改变，但绝大多数的 DNA 损伤能被生物体自身的安全保障体系所修复，从而保持遗传物质 DNA 的稳定。研究发现，DNA 的修复主要有 5 种形式。

### 2.6.6.1　光修复

紫外线照射产生的胸腺嘧啶二聚体，可被光激活酶（photoreactivating enzyme）直接逆转修复。光激活酶在正常情况下沿着 DNA 链滑动，在遇到嘧啶二聚体时可与之特异结合，在有蓝光提供能量的条件下，能打开嘧啶二聚体之间的共价键，使 DNA 恢复正常（见图 2-18）。

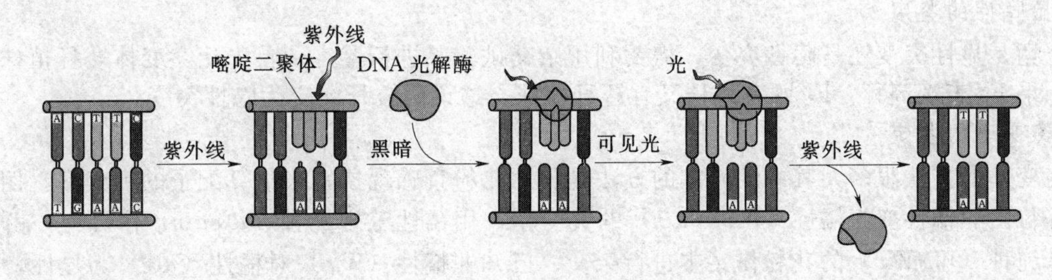


图 2-18　光修复过程

### 2.6.6.2　切除修复

切除修复（excision repair）是在多种酶的作用下，将 DNA 分子中受损伤的部分切除，并以一条完整链为模板合成切除部分，使 DNA 恢复正常结构的过程。DNA 的损伤可能来源于双螺旋的扭曲。切除修复过程中，一个修复内切核酸酶识别 DNA 损伤所产生的扭曲，并在糖磷酸骨架上形成 1 个或 2 个切口。DNA 聚合酶便以 5′切口处留下的 3′-OH 端为引物，合成新链来替代损伤的 DNA 片段。最后在 DNA 连接酶的作用下，形成一条完整的 DNA 链。

### 2.6.6.3　AP 核酸内切酶修复系统

在细胞中有多种类型的 DNA 糖苷酶。如尿嘧啶 DNA 糖苷酶。当胞嘧啶因自发或氧化脱氨产生尿嘧啶时，尿嘧啶 DNA 糖苷酶可将其从脱氧核糖的五碳糖上去除。结果 DNA 上出现无嘧啶碱基位点。DNA 中的嘌呤多少也会水解而留下无嘌呤碱基的位点，两者皆称为 AP 位点（apyrimidinic site）。这些 AP 位点能被一种依赖于 AP 核酸内切酶的修复系统所修复。AP 核酸内切酶的修复机制在于 AP 核酸内切酶首先从 DNA 上切除没有碱基的五碳糖，留下一个单链缺口，然后该缺口被 DNA 聚合酶和 DNA 连接酶所修复。

### 2.6.6.4　错配修复系统

在每轮复制中，错配核苷酸在模板中出现频率是 $10^{-5}$。其中大约 99%的错配会立即被 DNA 聚合酶的校对功能所修正，使每轮复制中模板核苷酸的错配率降至 $10^{-7}$；余下的错配核苷酸的 99%又将被错配修复系统（mismatch repair system）所修正，从而使总体的错配率降至 $10^{-10}$。在错配修复中，当错配碱基被检测到时，未甲基化的 DNA 链首先在错配位置附近被切开。然后，外切核酸酶降解切开的 DNA 链直到错配的另一端，产生一个单链缺口。切除完成后，DNA 聚合酶以另一条完整链为模板，填充缺口，最终消除错配。错配修复系统也可修正许多小的插入与缺失。

### 2.6.6.5　复制后修复

有时 DNA 的损伤并没有被逆转或去除，而是在 DNA 复制时，越过 DNA 的损伤部位，使危害最小化，这种修复过程称为复制后修复（postreplication）。当 DNA 聚合酶到达损伤位置（如嘧啶二聚体）时，复制发生短暂的停顿。然后越过该 DNA 损伤处，DNA 合成再次开始，产生一条带有缺口的子链，该缺口可通过与极性相同的母链重组交换而补齐。在未损伤的母链上产生的第二个缺口可以被修复系统补全。通过重组交换和再合成，产生的两条完整单链作为下一轮复制的模板，合成没有损伤的 DNA 分子。

### 2.6.7 基因突变的鉴定

经自然或诱发而产生的变异植株是否属于真实的基因突变，是显性突变还是隐性突变，突变发生频率如何，都需要进行鉴定。

#### 2.6.7.1 突变发生的鉴定

变异有可遗传变异和不遗传的变异。由基因本身发生某些化学变化而引起的变异是可遗传的。而由一般环境条件引起的变异是不遗传的。一旦发现与原始亲本不同的变异体，就要鉴定它是否属于可遗传变异。例如，高秆园林植物经理化因素处理后，在其后代中发现个别矮化植株。这种变异体究竟是基因突变的结果，还是土壤瘠薄等原因造成？将变异体与原始亲本一起种植在相同土壤和栽培条件下，比较两者的表现。如果变异体与原始亲本不同，仍然是矮秆，说明是可遗传的变异，是基因发生了突变。反之，如果变异体与原始亲本表现相似，都是高秆，说明是不遗传的变异。

#### 2.6.7.2 显隐性的鉴定

突变究竟是显性突变还是隐性突变，需要利用杂交试验来进行鉴定。首先让突变体矮秆植株与原始亲本杂交，如果 $F_1$ 表现高秆，$F_2$ 既有高秆又有矮秆植株，这说明矮秆突变为隐性突变。

#### 2.6.7.3 突变率的鉴定

测定突变率的方法很多，其中最简单的方法是利用花粉直感现象，来估算配子的突变率。例如，为了测定玉米籽粒由非糯性变为糯性（$Wx \rightarrow wx$）的突变率，用糯性玉米纯种（$wxwx$）作母本，由诱变处理非糯性玉米纯种（$WxWx$）的花粉作父本进行杂交。已知非糯性（$Wx$）对糯性（$wx$）为显性，如果没有突变发生，授粉后的果穗应该完全结成非糯性籽粒。实际中则可能在 2 万个籽粒中出现了 2 粒糯性玉米，这是因为在父本的 2 万粒花粉中有 2 粒花粉的基因已由 $Wx$ 突变为 $wx$，从而可知该诱变处理条件下 $Wx$ 的突变率为 0.01%。

## 小 结

基因是一个含有特定遗传信息的核苷酸序列，它是遗传物质的最小功能单位。园林植物的基因包含编码蛋白质的外显子区与不编码蛋白的内含子，称为断裂基因。基因的表达一般分为 DNA 转录为 RNA 和 RNA 翻译成多肽链两个步骤。园林植物 RNA 的转录通常以一条 DNA 链中的一段为模板，以 4 种核糖核酸为原料，在多个转录因子的辅助下，分别由 RNA 聚合酶Ⅰ、Ⅱ、Ⅲ催化，从基因的起始位点开始，按照 5′到 3′方向，合成原初 rRNA、mRNA 和 tRNA 分子，合成停止在终止子处；然后经过剪接（切）加工，去掉内含子，连接起外显子。mRNA 还需在 5′端戴上 7-甲基鸟嘌呤的帽子，3′加上多聚（A）尾巴，才能成为成熟的 mRNA 分子，被运至细胞质中的核糖体上进行多肽链翻译。园林植物基因启动子区的 CAAT 盒、TATA 盒等与 RNA 聚合酶在 DNA 链上的结合及 DNA 双链的解开有关。蛋白质的翻译是由 tRNA 分子运送特定的氨基酸，按照 mRNA 中的碱基序列，通过反密码子与 mRNA 上 3 个紧邻的碱基组成的密码子互补，将特定的氨基酸按顺序一个接一个排列起来，最终生成新的肽链，经过折叠加工后形成具有活性的蛋白质。园林植物基因的表达还受到 DNA 水平、转录水平、转录后水平、翻译水平及翻译后水平等多层次的调控，其中转录调控是主要的，由转录因子和基因上的调控元件完成。花的发育是基因表达调控的典型例子。由外界光、温等引发上游基因的表达，进一步通过转录因子调控下游基因的表达，诱导花的发端和花器官的发育。基因在传递过程中，有时会发生突变。突变发生的分子机制在于碱基的替换、插入或删除等造成蛋白质的翻译错误。此外，转座元件的插入也是诱发突变的一个重要方面。自然突变率一般很低，在物理辐射和化学诱变剂的处理下，突变率会大大提高。突变一般是随机的偶然事件，但在 DNA 水平，在基因组和基因内存在突变的热点区。生物体拥有一套突变修复机制，以减少因各种外界条件引发的基因突变，维持物种的相对稳定性。

## 思 考 题

1. 什么是基因？植物基因的结构主要包括哪几部分？

2. 转录与复制有什么不同？植物 RNA 转录主要包括哪几步？
3. 简述植物多肽链翻译的基本过程。
4. 植物基因表达都受到哪几个层次的调控？转录水平的调控是如何进行的？
5. 花的发育大体分为哪几个阶段？简述花器官发育的 ABC 模型。
6. 转座元件有几种类型？转座元件引发突变的原因是什么？
7. 什么是基因突变？基因突变有哪些类别？
8. 简述基因突变的分子机制。
9. 诱发基因突变的方法有哪些？

# 第3章 质量性状的遗传

**本章学习要点**

- 分离规律及其验证
- 独立分配规律及其验证
- 孟德尔遗传规律的概率原理
- 等位基因间的互作和非等位基因间互作
- 连锁遗传、连锁与交换机理
- 交换值的测定和基因定位
- 性连锁及伴性遗传

植物遗传性状可分为两种类型：一类性状表现为离散的、不连续的变异，依据该类性状可对杂种后代群体中的不同个体进行明确的分组，这类性状称为质量性状（qualitative character），如豌豆的红花与白花；另一类性状表现为连续的变异，在自然群体或杂种后代群体中该类性状表现为一系列的中间过渡类型，很难对不同的个体进行明确的分组，这类性状称为数量性状（quantitative character），如花朵的直径，植株的高矮，冠幅的大小。对于质量性状的遗传规律研究，可以采用经典的遗传学分析方法（分离规律、独立分配规律或连锁遗传规律）；而对于数量性状的遗传规律研究则需要借助于数理统计的方法进行。本章中主要讨论质量性状遗传规律的研究方法，即孟德尔发现的分离规律（the law of segregation）和独立分配规律（the law of independent assortment），以及摩尔根发现的连锁遗传规律（the law of linkage）。这三个基本规律，构成了经典遗传学的基石，对于植物育种工作有着深刻的指导作用。

实际上人类很早便认识到遗传现象，并开展了选择育种和杂交育种工作，但未能总结出一套“杂种形成与发展普遍适用的规律”。孟德尔（Gregor Johamn Mendel，1822—1884）是奥地利古老的布隆镇（Brünn）的修道士，他的父亲擅长园艺技术。受父亲的影响，他自幼酷爱园艺。1851 年，孟德尔进入维也纳大学学习，在那里受到了系统和严格的科学教育与训练。1853 年，他回到布隆镇圣托马斯（St. Thomas）修道院当修道士。1856 年开始在修道院的花园里种植豌豆，开始了他的“豌豆杂交试验”，到 1864 年共进行了 8 年，发现了前人未认识到的遗传规律，该规律后来被称为孟德尔定律，即分离规律和独立分配规律。分离规律和独立分配规律分别成为一对相对性状、两对或多对相对性状遗传分析的主要依据。

## 3.1 一对相对性状的遗传

孟德尔首先从种子商那里买来了 34 个豌豆品种，并从中挑选出 22 个纯系（pure line）。这些纯系品种的性状表现都很稳定。所谓性状（character）是指生物体所表现的形态特征和生理特性的总称。在研究豌豆等植物的性状遗传时，孟德尔将植株所表现的性状总体区分为各个单位作为研究对象。例如，豌豆的花色、种子的形状等。这些被区分开的每一个具体性状称为单位性状（unit character）。不同品种间在同一个单位性状上常有不同的表现，如豌豆花色有红色和白色，种子形状有圆粒和皱粒。这种同一性状的不同表现形式称为相对性状（contrasting character）。孟德尔选用豌豆（*Pisum sativum*）为试验材料有两个原因：一是豌豆品种间具有明显易于区分的相对性状；二是豌豆是严格的自花授粉植物。

### 3.1.1　显性性状与隐性性状

孟德尔在进行豌豆杂交试验时，选取了具有明显差别的 7 对相对性状的品种作为亲本，分别进行杂交，并详细记载了杂交后代的系谱资料。这里以红花和白花的杂交组合为例进行说明（见图 3－1）。

图 3－1 中，P 表示亲本，♀表示母本，♂表示父本，×表示杂交，母本常写在×符号之前，父本写在×符号之后。例如，A×B，表示以 A 为母本，B 为父本的杂交；若 B×A，则表示以 B 为母本，A 为父本的杂交。如果 A×B 为正交，B×A 则为反交（reciprocal cross）。杂交时，先在母本植株上选一或几个花蕾，仔细打开花瓣，除去全部雄蕊，并套袋。然后从父本上取下成熟花粉授到已去雄的母本柱头上，再次套袋隔离。待豆荚成熟后，其中所结的种子就是子一代（first filial generation，$F_1$），由这些种子长成的植株也是 $F_1$ 代。

孟德尔发现，将真实遗传的红花类型和白花类型杂交后，所有 $F_1$ 植株只表现其中一个亲本的性状（红花），另一方亲本的性状（白花）没有表现出来。如果进行反交，结果一样，$F_1$ 全为红花。可见红花作父本或作母本，都不影响 $F_1$ 花色的表现。孟德尔将在 $F_1$ 中表现出来的性状称为显性性状（dominant character），如红花、圆粒；在 $F_1$ 中没有得到表现的性状称为隐性性状（recessive character），如白花、皱粒。

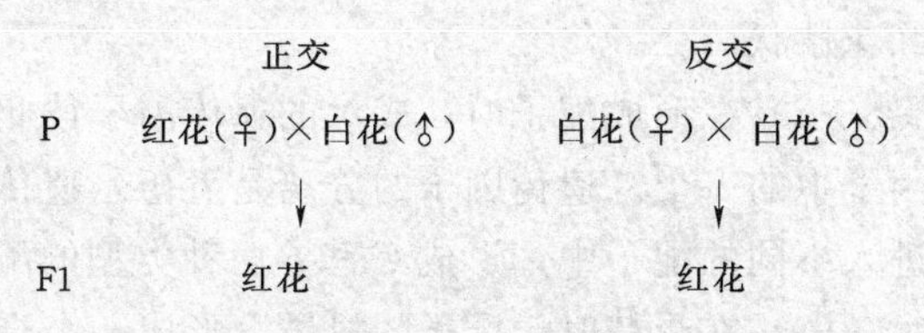

图 3－1　一对相对性状的豌豆杂交试验

后来研究表明，花色主要与花瓣中的色素有关。红花豌豆植株具有一套完整的矢车菊色素合成途径。而白花豌豆由于色素合成途径中关键酶基因的突变，而导致该酶不能合成，色素产生途径中断，花瓣呈现白色。在 $F_1$ 代中，一对等位基因中的一个基因正常，因此能够保证色素的正常合成，表现与亲本一致的红色。而对于豌豆种子形状来说，圆粒豌豆含有编码支链淀粉酶的正常基因，而支链淀粉酶可以催化合成支链淀粉。当豌豆种子干燥失水时，支链淀粉使籽粒的收缩均匀一致，因此表现为圆粒。而在皱粒豌豆中，支链淀粉合成酶基因发生突变，而不能合成支链淀粉，缺乏支链淀粉的种子在干燥失水时的不规则收缩，使种子表现为皱粒。$F_1$ 代中具有一个正常的支链淀粉合成酶基因，因此也能合成支链淀粉，总体看来表现为圆粒。

### 3.1.2　分离现象

孟德尔时代流行的是“混合”遗传的观点，认为亲本的性状在杂交后代中混合在了一起，遗传物质就像液体一样在结合时将永久地混合在一起。依据这一逻辑自然而然地推断出，杂交后代将趋向于共享一套相同的性状。但孟德尔的豌豆杂交试验结果并不是这样。$F_1$ 红花植株自交（自交用“⊗”表示）后，获得的种子和长成的后代，即子二代（$F_2$）结果显示，$F_2$ 中除有开红花的植株外，又出现了开白花的植株，即显性性状和隐性性状都同时表现出来了，这种现象叫做性状分离现象（character segregation）。孟德尔还发现，在 $F_2$ 代中，红花植株与白花植株的比例为 3∶1。在其他 6 个相对性状的 $F_2$ 代中也出现了相似的结果（见表 3－1），显性和隐性植株的比例约为 3∶1。

表 3－1　　豌豆一对相对性状杂交试验结果

| 性状 | 杂交组合 | $F_1$ 表现的相对性状 | $F_2$ 的表现 | | |
|---|---|---|---|---|---|
| | | | 显性性状 | 隐性性状 | 比例 |
| 花色 | 红色/白色 | 红色 | 705 | 224 | 3.15∶1 |
| 种子形状 | 圆粒/皱粒 | 圆粒 | 5474 | 1850 | 2.96∶1 |
| 种皮颜色 | 黄色/绿色 | 黄 | 6022 | 2001 | 3.01∶1 |
| 豆荚形状 | 饱满/皱缩 | 饱满 | 882 | 299 | 2.95∶1 |
| 未熟豆荚色 | 绿色/黄色 | 绿色 | 408 | 152 | 2.82∶1 |
| 花着生位置 | 腋生/顶生 | 腋生 | 651 | 207 | 3.64∶1 |
| 株高 | 正常/矮化 | 正常 | 187 | 277 | 2.84∶1 |

#### 3.1.2.1 分离现象的解释

虽然孟德尔当时并不知道DNA和染色体，但他意识到每一个亲本给它的后代传递了一套遗传因子（hereditary determinant）（即“基因”），遗传性状由这些遗传因子控制。例如，一对遗传因子控制花色，另一对遗传因子控制种子的形状。他认为，$F_2$代中隐性性状（白花）重新出现，说明亲本传递给后代的遗传因子在$F_1$杂种中互不沾染，不相混合。因此，遗传绝不是“混合式”的，而是“颗粒式”的。由此，孟德尔提出假说对分离现象进行了解释，该假说主要包含三点：

（1）遗传因子在植株体细胞中成对存在。在每个生殖细胞或配子中仅包含了每对遗传因子中的一个。例如，红花纯系品种产生的所有配子含有“红花因子”（*C*），而白花纯系品种的配子都含有“白花因子”（*c*）。当两个品种杂交时，$F_1$分别接收到一个*C*和一个*c*，因此$F_1$遗传组成为*Cc*。*C*和*c*虽同在$F_1$体细胞一起，但并不融合，彼此独立存在，只是由于*C*对*c*为显性，*c*在$F_1$中便隐藏起来了，所以$F_1$表现出红花性状。

（2）在形成配子时，成对的遗传因子彼此分离，均等地分配到不同的配子中去，每个配子只含有成对因子中的一个。遗传因子的分离是孟德尔遗传学的核心。例如，红花$F_1$形成配子时，*C*与*c*分离，各自进入不同的配子中，形成*C*和*c*两种类型的配子，这两种类型的配子数目相等。

（3）在受精时，配子随机结合形成一个合子或新个体。例如，当含有*C*的雄配子与含有*C*的雌配子受精结合时，结果产生*CC*受精卵或合子；而当含有*C*的雄配子与含有*c*的雌配子受精结合时，产生*Cc*的合子；当含有*c*的雄配子与含有*c*的雌配子受精结合时，产生*cc*的合子。由于受精的结果是一种随机事件，因此合子中结合特定基因的概率与特定配子的产生有关。由于配子要不含有*C*，要不含有*c*，概率各为1/2。当一个特定的雄配子与一个特定的雌配子同时出现并结合时，其概率为1/2×1/2=1/4。因此，无论*C*或*c*来自$F_1$的雄配子还是雌配子，它们的随机结合在$F_2$代中将产生1/4*CC*，1/2*Cc*，1/4*cc*，由于*CC*、*Cc*均表现红花显性性状，其总和为3/4，而1/4*cc*表现白花，因此$F_2$就有红：白=3：1的比例（见图3-2）。

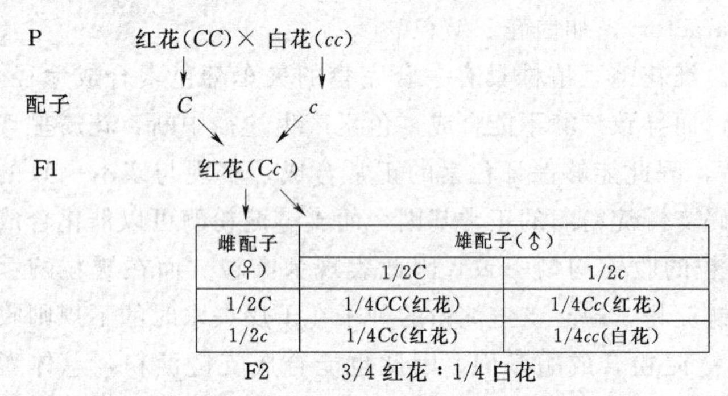


图3-2 孟德尔对分离现象的解释

#### 3.1.2.2 孟德尔试验的一些重要概念

（1）等位基因（allele）：同源染色体上位置相同，支配相对性状的基因称为等位基因。

（2）基因型（genotype）：生物个体的遗传组成称为基因型，如*CC*、*Cc*、*cc*。基因型是生物性状发育的内在基础。

（3）表现型（phenotype）：生物体所表现的性状称为表现型（或表型）。如红花、白花，它是基因型和环境作用下的具体表现，可以直接观测。

（4）纯合体（homozygote）：等位基因完全相同的个体，如*CC*和*cc*，称为纯合体。这种个体只能产生一种类型的配子，自交后代不会出现分离现象。

（5）杂合体（heterozygote）：等位基因不同的个体称为杂合体，如*Cc*。这种个体由于基因分离，形成两种类型的配子，自交后代将出现分离。

（6）真实遗传（true breeding）：子代性状永远与亲代性状相同的遗传方式称为真实遗传。

### 3.1.3 分离规律的验证

孟德尔对分离现象的解释是建立在假说之上的，该假说的实质是杂交种在形成配子时成对基因（等位基因）彼此分离，产生两种不同类型而且数目相等的配子。为了证实该假说的真实性，孟德尔采用以下几种方法对其进行了验证。

#### 3.1.3.1 测交法

测交是指被测验的个体与隐性纯合体间的杂交，根据测交子代的表现型种类和比例确定被测个体的基因型的方法。因为隐性纯合体只能产生一种含有隐性基因的配子，在与任何基因的另一种配子形成合子时，不会掩盖另一种配子所含基因的表现。所以，测交后代的表现型种类及其比例就能反映出被测个体所产生的配子类型和比例。例如，将红花豌豆品种（*CC*）与白花豌豆品种（*cc*）杂交，产生的红花 $F_1$ 代杂合体（*Cc*）与隐性纯合亲本白花品种（*cc*）测交。如果产生的测交子代（$F_t$）中 50%开红花（*Cc*），50%开白花（*cc*），就说明 $F_1$ 代产生了 *C* 和 *c* 两种配子，并且数目相等，$F_1$ 代的基因型就为 *Cc*（见图 3-3）。

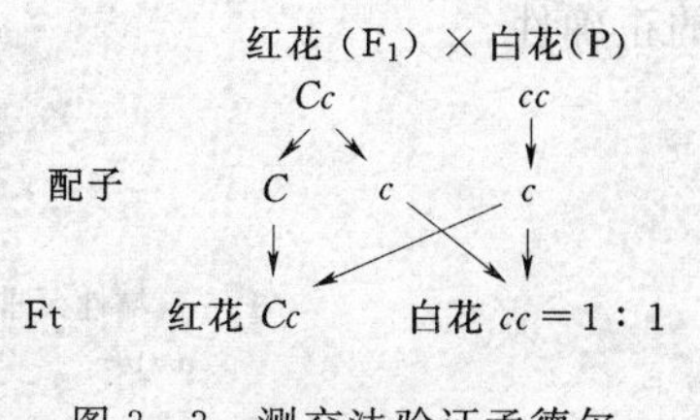


图 3-3 测交法验证孟德尔分离规律

试验结果与预期的完全相同，说明 $F_1$ 确实形成了数目相同的两类配子，分离规律的假说是正确的。

**3.1.3.2 自交法**

$F_2$ 植株个体通过自交生成 $F_3$ 株系，根据 $F_3$ 株系的性状表现，推论 $F_2$ 个体的基因型及其比例。$F_2$ 的白花植株（*cc*）只能产生白花的 $F_3$；而在 $F_2$ 的红花植株中 1/3 应该是纯合体（*CC*），产生的 $F_3$ 应全部开红花；而 2/3 应该是杂合体，$F_3$ 会出现红花与白花性状的分离，其后代群体中红花植株与白花植株的比例应为 3：1（见图 3-4）。试验结果果真如此，进一步证实了孟德尔提出的分离规律。孟德尔连续自交了 4～6 代，结果均与推论相符（见图 3-5）。而且其他 6 对相对性状的分离结果也如此（见表 3-2）。

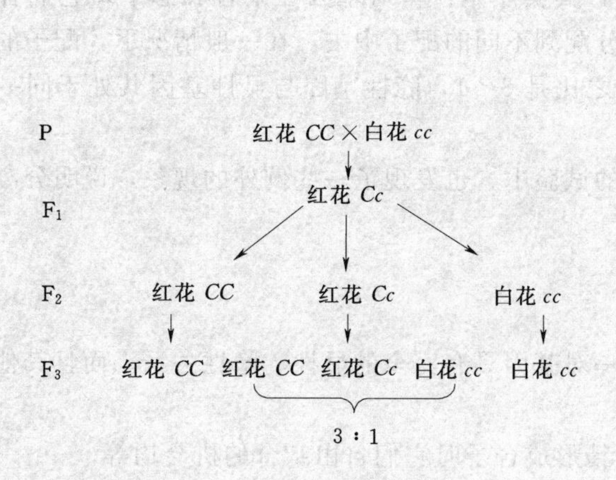


图 3-4 自交法验证孟德尔分离规律

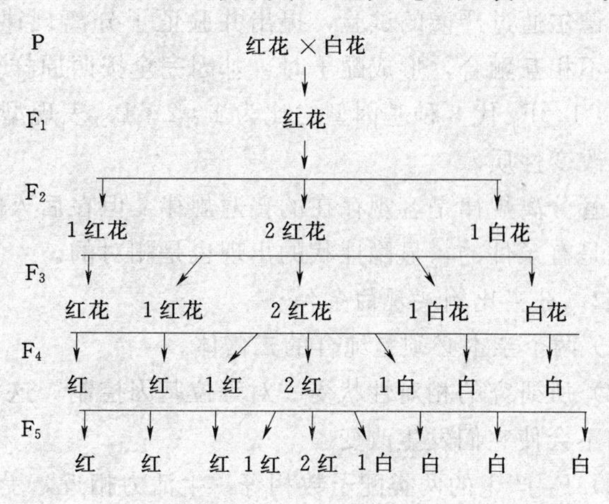


图 3-5 $F_1$～$F_5$ 的分离图解

**表 3-2 豌豆 $F_2$ 表现显性性状的个体自交后 $F_3$ 表现型种类及其比例**

| 性状 | 显性 | 在 $F_3$ 表现为显性：隐性＝3：1 的株系数 | 在 $F_3$ 完全表现显性性状的株系数 | $F_3$ 株系总数 |
|---|---|---|---|---|
| 花色 | 红 | 64 (1.80) | 36 (1) | 100 |
| 种子形状 | 圆 | 372 (1.93) | 193 (1) | 565 |
| 种皮颜色 | 黄 | 353 (2.13) | 166 (1) | 519 |
| 豆荚形状 | 饱满 | 71 (2.45) | 29 (1) | 100 |
| 未熟豆荚色 | 绿 | 60 (1.50) | 40 (1) | 100 |
| 花着生位置 | 腋生 | 67 (2.03) | 33 (1) | 100 |
| 植株高度 | 高 | 72 (2.57) | 28 (1) | 100 |

**3.1.3.3 $F_1$ 花粉鉴定法**

植物经过减数分裂形成的花粉粒只含有一对等位基因中的一个。对于 $F_1$ 来说，其花粉要么含有显性基因，要么含有隐性基因。因此对于在花粉中表达的基因，就有可能通过生化测定来检测花粉的基因型。玉米、高粱、水稻等禾本科植物的花粉粒有糯性和非糯性两种，糯性为支链淀粉，而非糯性为直链淀粉。糯性是隐性性状，由隐性基因 *wx* 控制；非糯性由显性基因 *Wx* 控制。由于非糯性的直链淀粉，遇碘呈深蓝色；而糯性的支链淀粉遇碘呈红棕色。所以，利用不同淀粉对碘的反应可以检查同一花药中的花粉的分离情况。用稀碘液处理 $F_1$ 植株形成的花粉，通过显微镜可以清楚地观察 50%的花粉染成深蓝色，50%花粉染成红棕色，清楚地表明了两类配子的比例为1：1（见图3－6和图3－7）。从而证明孟德尔分离规律的正确性。

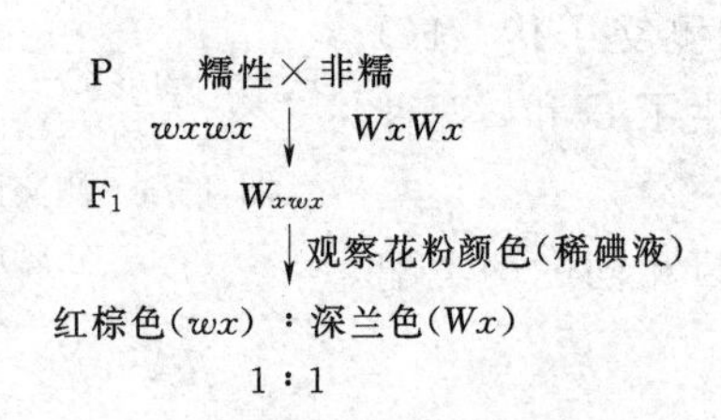


图3－6 $F_1$ 花粉鉴定法验证孟德尔规律

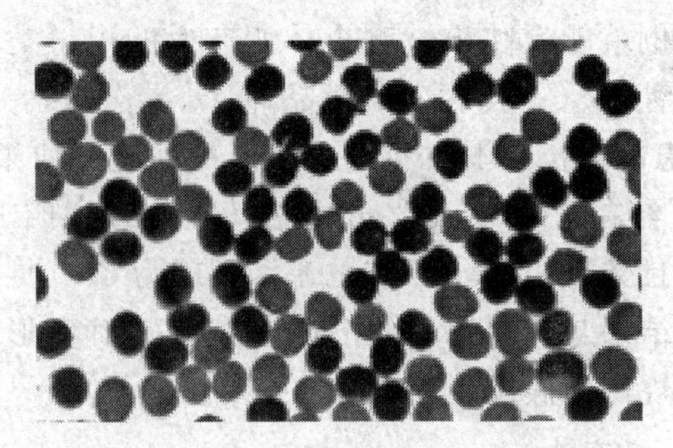

图3－7 显微镜观察花粉颜色
（引自浙江大学精品课网站）

## 3.1.4 分离规律的实质及分离比例实现的条件

### 3.1.4.1 分离规律的实质

孟德尔通过严谨的试验，提出并验证了分离规律，其实质是：一对基因在杂合状态下，它们各自独立，并不相互融合，形成配子时，基因完全按照原样分配到不同的配子中去。在一般情况下，配子的分离比是1：1，$F_2$ 代3种基因型之比为1：2：1，表现型之比是3：1，隐性基因与显性基因共处于同一细胞内而不改变性质。

尽管分离规律是客观存在的普遍规律，但在后人的试验中，也发现了一些例外的现象，说明分离规律的实现是有条件的，显隐性状的出现也是相对的。

### 3.1.4.2 分离比例实现的条件

（1）两个亲本必须是纯合的二倍体。

（2）所研究的相对性状受一对等位基因控制，这一对基因具有完全的显性、隐性关系。而且其他基因的影响不会使它们发生改变。

（3）$F_1$ 产生的两类配子数相等，生活力相近，受精形成合子时它们自由结合的机会均等。

（4）相对来说 $F_2$ 的个体都处于相同的环境条件下，且试验分析的群体足够大。这些条件在一般情况下是具备的，所以大多数试验结果都符合遗传分离规律。

## 3.1.5 分离规律的应用

分离规律是遗传学中最基本的规律之一，它从本质上阐明了控制生物性状的遗传物质是以自成单位的基因存在的。基因在体细胞中成对存在，在遗传上具有高度的独立性。在减数分裂的配子形成过程中，成对基因互不干扰，彼此分离，通过基因重组而表现出来。这一规律从理论上说明了生物界由于杂交和分离所出现变异的普遍性。

1. 杂交亲本的选择

分离规律表明，杂种通过自交将产生性状分离。所以，必须重视表现型和基因型间的联系和区别。在利用杂种优势进行 $F_1$ 代制种时，要严格选择杂交材料，亲本一定要纯。如果父母本不纯，$F_1$ 就会分离，出现假杂种。在遗传学研究中，$F_2$ 代的分离比会严重偏离。

2. 杂交后代的预测

根据分离规律可以预期后代分离的类型和频率，进行有计划种植，以提高育种效果，加速育种进程。杂种通过自交也会导致基因的纯合。因此，在杂交育种工作中，往往通过杂种后代的连续自交和选择以促使个体基因型纯合。例如，三色堇花的黄色与白色是由一对显性基因和隐性基因控制的，在 $F_2$ 群体中虽然很容易选到黄色花的植株，但根据分离规律，可以预料其中一些黄色花植株仍要分离。因此仍需要通过自交和进一步选择才能选出花色稳定的纯合体植株。

3. 良种保纯

良种生产中要防止天然杂交而发生分离退化，应去杂去劣及适当隔离繁殖。当选出 $F_1$ 的优良植株后，要保持 $F_1$ 的杂种优势，可采用无性繁殖的方法，以控制后代发生分离。

4. 利用花粉培育纯合体品种

从分离规律可知，杂种产生的配子只有成对基因中的一个，是纯粹的。因此利用单倍体育种培育纯合的二倍体，可以大大缩短育种中自交系选育的年限（见图 3－8）。

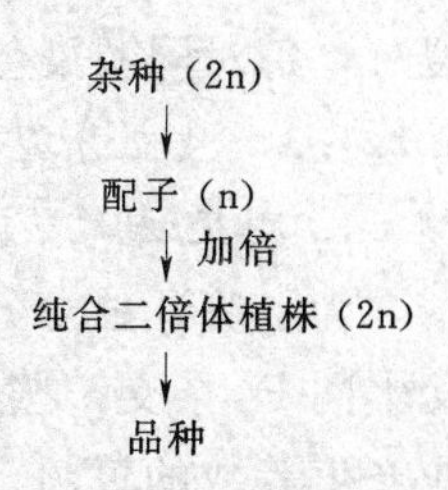


图 3－8　花粉培育纯合体示意图

## 3.2　两对与多对相对性状的遗传

孟德尔在研究了一对相对性状的遗传现象后，又对两对及两对以上相对性状的遗传现象进行了分析，在此基础上发现了独立分配（自由组合）规律。

### 3.2.1　两对相对性状的遗传

#### 3.2.1.1　独立分配现象

孟德尔选取一个亲本是黄色种子、圆粒的豌豆品种，另一个亲本是绿色种子、皱粒的豌豆品种进行杂交。结果发现，$F_1$ 代豌豆均为黄色种子、圆粒。让 $F_1$ 代植株自交，在 $F_1$ 代植株上所结的 $F_2$ 代中表现 4 种类型：其中黄色圆形和绿色皱形 2 种类型和亲本相同；黄色皱形和绿色圆形则是亲本性状的重新组合，且存在一定的比例关系。如图 3－9 所示。

P　　黄色、圆粒 × 绿色、皱粒

↓

$F_1$　　黄色、圆粒（15 株自交结 556 粒种子）

↓

| $F_2$ 种子 | 黄、圆 | 黄、皱 | 绿、圆 | 绿、皱 | 总数 |
| --- | --- | --- | --- | --- | --- |
| 实得粒数 | 315 | 101 | 108 | 32 | 556 |
| 理论比例 | 9 ： | 3 ： | 3 ： | 1 | 16 |
| 理论粒数 | 312.75 | 104.25 | 104.25 | 34.75 | 556 |

图 3－9　豌豆二对相对性状的遗传

如果将上述两对相对性状的试验结果分别进行分析，可以看出：

黄色籽粒：绿色籽粒＝（315＋101）：（108＋32）＝416：140＝2.98：1

圆形籽粒：皱形籽粒＝（315＋108）：（101＋32）＝423：133＝3.17：1

显、隐性性状也出现 3：1 的比例，与分离规律出现的比例相同。如果将二对相对性状联系在一起分析，$F_2$ 的表现型分离比为 9：3：3：1。这恰恰是 3：1 的平方，说明每对相对性状的分离是各自独立的，一对相对性状的分离，与另一对相对性状的分离无关，不同对相对性状之间可以自由组合。

#### 3.2.1.2　独立分配现象的解释

在上述试验中，两对相对性状受两对等位基因控制，以 *Y* 和 *y* 分别代表控制黄色籽粒和绿色籽粒的基因；以 *R* 和 *r* 分别代表控制圆粒和皱粒的基因。黄色圆粒纯合体亲本基因型为 *YYRR*，绿色皱粒纯合体亲本基因型为 *yyrr*。对于 *YYRR* 基因型的个体，在减数分裂过程中，等位基因分离，即 *Y* 与 *Y*、*R* 与 *R* 分离，独立分配到不同的配子中去。而位于非同源染色体上的非等位基因自由组合，只形成一种 *YR* 类型的配子。所谓非等位基因（non－allele）遗传学上指非同源染色体上的基因或同源染色体上不同位置的基因。同理 *yyrr* 只能形成 *yr* 类型的配子。雌、雄配子结合形成基因型为 *YyRr* 的 $F_1$。$F_1$ 在形成配子时，同源染色体上的等位基因分离，*Y* 与 *y* 分离，*R* 与 *r* 分离，各自独立分配到不同的配子中去，不同对染色体上的非等位基因自由组合。*Y* 可以和 *R* 或 *r* 组合，形成 *YR* 或 *Yr* 类型配子；*y* 可以和 *R* 或 *r* 组合，形成 *yR* 或 *yr* 类型配子。这样基因型为 *YyRr* 的 $F_1$ 植株，经减数分裂，形成了 *YR*、*Yr*、*yR*、*yr* 四种组合的配子，且各种组合的配子数相等。

由于在受精过程中两性配子的结合是随机的，于是就在 $F_2$ 中出现 16 种组合，9 种基因型，4 种表现型，即黄色圆粒，黄色皱粒，绿色圆粒，绿色皱粒。它们的比例为 9：3：3：1，如图 3－10 所示。

因此，独立分配的实质是：控制这两对性状的两对等位基因，分布在不同的同源染色体上；在减数分裂时，每对同源染色体上等位基因发生分离，而位于非同源染色体上的基因，可以自由组合。

**3.2.1.3 独立分配规律的验证**

1. 测交法

为了验证独立分配规律是否正确，孟德尔又用测交的方法进行了验证，即用双隐性的绿色皱粒个体作父本同 $F_1$ 杂交，按分离和自由组合的原理，$F_1$ 应形成数目相等的 *YR*、*Yr*、*yR*、*yr* 4 种配子，测交后代应产生等数的黄圆、黄皱、绿圆、绿皱 4 种表现型个体。实验结果与预期结果完全一致，证明了独立分配规律的正确性。如图 3-11 所示。

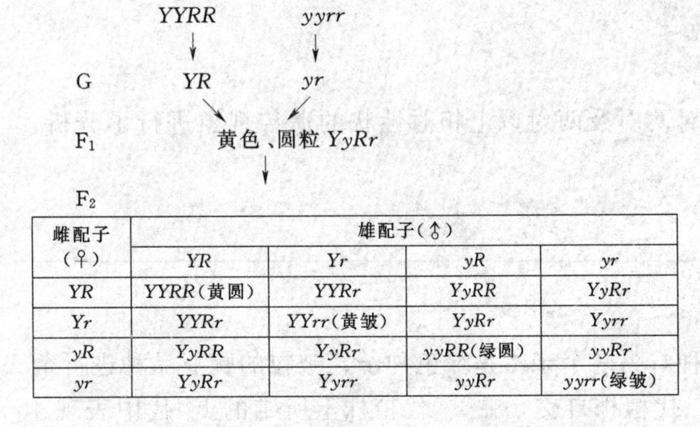


| 雌配子（♀） | 雄配子（♂） | | | |
|---|---|---|---|---|
| | *YR* | *Yr* | *yR* | *yr* |
| *YR* | *YYRR*（黄圆） | *YYRr* | *YyRR* | *YyRr* |
| *Yr* | *YYRr* | *YYrr*（黄皱） | *YyRr* | *Yyrr* |
| *yR* | *YyRR* | *YyRr* | *yyRR*（绿圆） | *yyRr* |
| *yr* | *YyRr* | *Yyrr* | *yyRr* | *yyrr*（绿皱） |

图 3-10 两对相对性状的遗传

$F_1$ *YyRr* × *yyrr*

配子 *YR* *Yr* *yR* *yr* *yr*

| 测交后代 | | 基因型 表现型 比率 | *YyRr* 黄圆 | *Yyrr* 黄皱 | *yyRr* 绿圆 | *yyrr* 绿皱 |
|---|---|---|---|---|---|---|
| | 预期结果 | | 1 | 1 | 1 | 1 |
| | 实际结果 | ♀*YyRr* × *yyrr*♂ | 31 | 27 | 26 | 26 |
| | | ♀*yyrr* × *YyRr*♂ | 24 | 22 | 25 | 26 |

图 3-11 $F_1$ 的测交试验结果

2. 自交法

按照分离和独立分配规律的理论可做如下判断：纯合基因型的 $F_2$ 植株有 4/16（*YYRR*、*yyRR*、*YYrr*、*yyrr*）通过自交生成 $F_3$，性状不分离；一对基因杂合的 $F_2$ 植株有 8/16（*YyRR*、*YYRr*、*yyRr*、*Yyrr*）通过自交生成 $F_3$，一对性状分离（3∶1），另一对性状稳定；两对基因杂合的 $F_2$ 植株有 4/16（*YyRr*）通过自交生成 $F_3$，两对性状均分离（9∶3∶3∶1）。

孟德尔试验结果如表 3-3 所示。

**表 3-3** **自交法验证独立分配规律**

| 株数 | 理论比例 | $F_2$ 植株基因型 | 自交形成 $F_3$ 表现型 |
|---|---|---|---|
| 38 | 1/16 | *YYRR* | 黄圆，不分离 |
| 28 | 1/16 | *YYrr* | 黄皱，不分离 |
| 35 | 1/16 | *yyRR* | 绿圆，不分离 |
| 30 | 1/16 | *yyrr* | 绿皱，不分离 |
| 65 | 2/16 | *YyRR* | 圆粒，籽粒色 3∶1 分离 |
| 68 | 2/16 | *Yyrr* | 皱粒，籽粒色 3∶1 分离 |
| 60 | 2/16 | *YYRr* | 黄子叶，籽粒形状 3∶1 分离 |
| 67 | 2/16 | *yyRr* | 绿子叶，籽粒形状 3∶1 分离 |
| 138 | 4/16 | *YyRr* | 两对性状均分离，呈 9∶3∶3∶1 分离 |
| T=529 株 | | | |

$F_2$ 植株群体中按表现型归类，则

| *Y_R_* | *Y_rr* | *yyR_* | *yyrr* | 总计 |
|---|---|---|---|---|
| 301 | 96 | 102 | 30 | 529 |

由此看来，自由组合规律的内容是：控制相对性状的等位基因分布在一对同源染色体的两条不同的染色体上，在减数分裂形成配子时，每对同源染色体上的每一对等位基因发生分离，独立分配到不同的配子中去，一对等位基因与另一对等位基因的分离互不干扰，各自独立；而位于非同源染色体上的基因之间，可以自由组合。所以自由组合规律的实质，即在于形成配子时位于同源染色体上的等位基因分离，而位于

非同源染色体上的非等位基因自由组合。

### 3.2.2　多对相对性状的遗传

孟德尔在进行了两对相对性状的分析之后，又对三对和三对以上的相对性状作了杂交试验，其结果仍然符合独立分配规律。当然现在我们知道，两对或多对基因遗传符合独立分配规律的前提是：这些不同的等位基因必须是位于不同的同源染色体上。以黄色、圆粒、红花豌豆（*YYRRCC*）与绿色、皱粒、白花豌豆（*yyrrcc*）为亲本杂交，$F_1$ 全部为黄色、圆粒、红花（*YyRrCc*）。$F_1$ 减数分裂后，形成 *YRC*、*YRc*、*YrC*、*Yrc*、*yRC*、*yRc*、*yrC*、*yrc* 8 种组合的雌雄配子，且各种组合的配子数相等。又由于这 8 种组合的雌配子与另 8 种组合的雄配子随机结合，于是形成 64 种组合，27 种基因型，8 种表现型的 $F_2$ 后代，如图 3-12 所示。

P　黄、圆、红　×　绿、皱、白
　YYRRCC　↓　yyrrcc
$F_1$　黄、圆、红　YyRrCc　←完全显性
$F_1$ 配子类型　$2^3=8$
　(YRC、YrC、YRc、yRC、yrC、Yrc、yRc、yrc)
$F_2$ 组合　$4^3=64$　←雌雄配子间随机结合
$F_2$ 基因型　$3^3=27$
$F_2$ 表现型　$2^3=8$　←27∶9∶9∶9∶3∶3∶3∶1

图 3-12　三对独立性状的遗传规律

3 对基因的 $F_1$ 自交相当于：$(YyRrCc)^2=(Yy\times Yy)(Rr\times Rr)(Cc\times Cc)$ 单基因杂交；每一单基因杂种的 $F_2$ 均按 3∶1 比例分离。所以 3 对相对性状遗传的 $F_2$ 表现型的分离比例是：

$$(3:1)^3=27:9:9:9:3:3:3:1$$

如有 n 对独立基因，则 $F_2$ 表现型比例应按 $(3:1)^n$ 展开，于是便得一通式：凡独立遗传的性状，杂合子 $F_1$ 自交分离的规律，都是以一对基因为基础的，如表 3-4 所示。

表 3-4　不同对基因的遗传分析（理论数字）

| $F_1$ 基因对数 | $F_1$ 形成的配子种类 | $F_1$ 雌雄配子组合数 | $F_2$ 基因型种类 | 完全显性时 $F_2$ 表现型种类 | $F_2$ 表现型分离比 |
|---|---|---|---|---|---|
| 1 | $2^1$ | $4^1$ | $3^1$ | $2^1$ | $(3:1)^1$ |
| 2 | $2^2$ | $4^2$ | $3^2$ | $2^2$ | $(3:1)^2$ |
| 3 | $2^3$ | $4^3$ | $3^3$ | $2^3$ | $(3:1)^3$ |
| 4 | $2^4$ | $4^4$ | $3^4$ | $2^4$ | $(3:1)^4$ |
| ⋮ | ⋮ | ⋮ | ⋮ | ⋮ | ⋮ |
| n | $2^n$ | $4^n$ | $3^n$ | $2^n$ | $(3:1)^n$ |

### 3.2.3　独立分配规律的应用

独立分配规律揭示了多对基因之间自由组合的关系，它解释了不同基因自由组合是生物界发生变异的重要原因之一。按照自由组合规律，在显性作用完全的条件下，$F_2$ 的表现型种类因其基因对数而不同。例如，两对基因的可能组合有 $2^2=4$ 种表现型，3 对基因可能组合有 $2^3=8$ 种表现型，4 对基因可能组合有 $2^4=16$ 种表现型，如果有 20 对基因，其组合则应是 $2^{20}=1048576$ 种表现型，这是何等惊人的数字！然而事实也正是如此，生物界有了丰富的变异类型，可以广泛适应于不同的自然条件，有利于物种的进化。植物形形色色的变异，为选择提供了丰富的材料。

在有性生殖中由于基因重组和性状分离，我们应考虑如何采取措施注意品种的保纯防杂、防止近交、防止优良性状的变质与退化，这是良种繁育中非常重要的问题。

根据独立分配规律，还可以预测杂种后代中出现某些优良性状个体的大致比例，以便确定杂种后代种植群体的大小。

例如在矮牵牛中，紫色（*YY*）对黄色（*yy*）是完全显性的，抗病（*RR*）对感病（*rr*）是完全显性的。紫色抗病（*YYRR*）与黄色感病（*yyrr*）杂交，如果要在 $F_3$ 中得到 10 株稳定遗传的黄色抗病（*yyRR*）类型，则 $F_2$ 应种植多大规模？在 $F_2$ 至少要选择多少黄色抗病株呢？杂交及后代选择如图 3-13 所示。

P　　紫色抗病（*YYRR*）× 黄色感病（*yyrr*）

↓

$F_1$　　紫色抗病 *YyRr*

↓⊗

$F_2$　　2/16 *yyRr* 与 1/16 *yyRR* 为黄色抗病

图 3-13　矮牵牛紫色抗病与黄色感病杂交 $F_2$ 的分离

其中 *yyRR* 纯合型在黄色抗病株总数中占比为 1/16，在 $F_3$ 中不再分离。所以，如果要在 $F_3$ 获得到 10 个稳定遗传的黄色抗病株（*yyRR*），则群体至少要种 160 株，在 $F_2$ 至少要选 30 株以上表现型为黄色抗病的植株（*yyRR*、*yyRr*）。

### 3.2.4　遗传学数据的统计处理

在 20 世纪初，人们通过大量的遗传学试验资料的统计分析，认识到概率原理和统计学分析在遗传研究中的重要性和必要性。

#### 3.2.4.1　概率原理

概率（probability），也称或然率，指一定事件总体中某一事件出现的几率。在孟德尔的豌豆试验中，基因进入配子以及配子的结合形成合子都是一种几率。例如，圆粒×皱粒的 $F_1$ 为杂合基因型 *Rr*。当 $F_1$ 植株的花粉母细胞进行减数分裂时，带有 *R* 或 *r* 基因的雄配子在所形成的雄配子总数中概率各占 1/2。雌配子也一样。因此，在遗传研究中可通过概率来推算遗传比率。其中乘法定律和加法定律是遗传学分析中用得最多的两个基本定律。

（1）乘法定律，指两个独立事件同时发生的概率等于各个事件发生概率的乘积。例如，豌豆的籽粒颜色与饱满度，这两对性状是受两对独立基因的控制，属于独立事件。因此，黄色、圆粒 × 绿色、皱粒杂交产生的杂种基因型（*YyRr*）在进行减数分裂时，两个非等位基因同时进入某一配子的概率则是各基因概率的乘积，即 1/2×1/2＝1/4。在 $F_1$ 中杂合基因（*YyRr*）对数 n＝2，故可形成 $2^n=2^2=4$ 种配子。根据概率的乘法定理，4 个配子中的基因组合及其出现的概率是：$YR=(1/2)^2=1/4$，$Yr=(1/2)^2=1/4$，$yR=(1/2)^2=1/4$，$yr=(1/2)^2=1/4$。

（2）加法定律，指两个互斥事件同时发生的概率是各个事件各自发生概率之和。所谓互斥事件是指某一事件出现时，另一事件即被排斥。例如：豌豆花的颜色不是红色就是白色，二者只居其一。豌豆花红色和白色的概率，则为二者概率之和，即 1/2＋1/2＝1。

**表 3-5　*YyRr* 产生的配子及自交后代的基因型**

| 雌配子（♀） | 雄配子（♂） | | | |
|---|---|---|---|---|
| | (1/4) *YR* | (1/4) *Yr* | (1/4) *yR* | (1/4) *yr* |
| (1/4)*YR* | (1/16)*YYRR* | (1/16)*YYRr* | (1/16)*YyRR* | (1/16)*YyRr* |
| (1/4)*Yr* | (1/16)*YYRr* | (1/16)*YYrr* | (1/16)*YyRr* | (1/16)*Yyrr* |
| (1/4)*yR* | (1/16)*YyRR* | (1/16)*YyRr* | (1/16)*yyRR* | (1/16)*yyRr* |
| (1/4)*yr* | (1/16)*YyRr* | (1/16)*Yyrr* | (1/16)*yyRr* | (1/16)*yyrr* |

由表 3-5 可以看出，同一配子中不可能同时存在具有互斥性质的等位基因，只可能存在非等位基因，故形成了 *YR*、*Yr*、*yR*、*yr* 4 种配子，且其概率各为 1/4，其雌雄配子受精后成为 16 种合子。通过受精所形成的组合彼此是互斥事件，各雌雄配子受精结合为一种基因型的合子以后，它就不可能再同时形成另一种基因型的合子。因此，可将上述 $F_2$ 群体的表现型和基因型进一步归纳为表 3-6。

**表 3-6　豌豆黄色、圆粒与绿色、皱粒杂交 $F_2$ 基因型和表现型的比例**

| 表现型 | 基因型 | 基因型比例 | 表现型比例 | $F_3$ 株系 |
|---|---|---|---|---|
| 黄圆 *Y _ R _* | *YYRR* | 1 | 9 | 38（不分离） |
| | *YyRR* | 2 | | 65（3∶1） |
| | *YYRr* | 2 | | 60（3∶1） |
| | *YyRr* | 4 | | 138（9∶3∶3∶1） |
| 黄皱 *Y _ rr* | *YYrr* | 1 | 3 | 28（不分离） |
| | *Yyrr* | 2 | | 68（3∶1） |
| 绿圆 *yyR _* | *yyRR* | 1 | 3 | 35（不分离） |
| | *yyRr* | 2 | | 67（3∶1） |
| 绿皱 *yyrr* | *yyrr* | 1 | 1 | 30（不分离） |

由表3-6可知，$F_2$群体共有9种基因型，其中4种基因型为纯合体，1种基因型的两对基因均为杂合体，与$F_1$一样，4种基因型中的一对基因纯合，另一对基因杂合。$F_2$群体中有4种表现型。

如果将两对基因单独考虑，那么*Yy*自交可以形成三种基因型，*YY*、*Yy*、*yy*，其比例为1/4∶2/4∶1/4。同理，*Rr*也形成3种基因型，*RR*、*Rr*、*rr*，其比例也是1/4∶2/4∶1/4。那么，这些非等位基因再相互结合，结果如图3-14所示。

*YyRr* × *YyRr*

↓

| | 1/4 *YY* | 2/4*Yy* | 1/4*yy* |
|---|---|---|---|
| 1/4 *RR* | 1/16 *YYRR* | 2/16 *YyRR* | 1/16 *yyRR* |
| 2/4 *Rr* | 2/16 *YYRr* | 4/16 *YyRr* | 2/16 *yyRr* |
| 1/4 *rr* | 1/16 *YYrr* | 2/16 *Yyrr* | 1/16 *yyrr* |

图3-14　两对非等位基因组合结果

也可用分支法对豌豆杂种*YyRr*自交后代各种基因型和表现型比例进行计算，如图3-15所示。

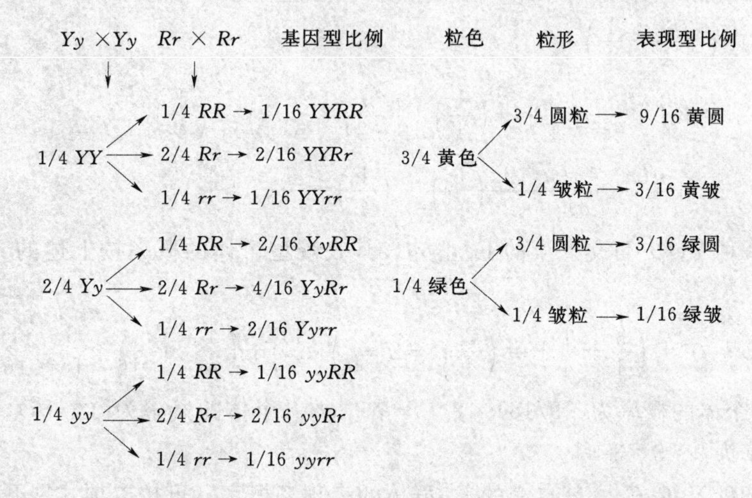


图3-15　分支法计算*YyRr*自交后代中各种基因型和表现型及所占比例

**3.2.4.2**　二项式展开

采用上述棋盘方格或分支法将显性和隐性基因数目不同的组合及其概率进行整理排列，工作较繁。可采用二项式公式进行简便分析。

设$p$=某一事件出现的概率，$q$=另一事件出现的概率，$p+q=1$。

$n$=估测其出现概率的事件数。二项式展开的公式为：

$$(p+q)^n=p^n+np^{n-1}q+\frac{n(n-1)}{2!}p^{n-2}q^2+\frac{n(n-1)(n-2)}{3!}p^{n-3}q^3+\cdots+q^n$$

当$n$较大时，二项式展开的公式就会过长。

为了方便，如仅推算其中某一项事件出现的概率，可用以下通式：

$$\frac{n!}{r!\ (n-r)!}p^r q^{n-r}$$

其中，$n$为后代总数；$r$为某事件（基因型或表现型）出现的次数；$n-r$为另一事件（基因型或表现型）出现的次数。！代表阶乘符号，如4!，即表示4×3×2×1=24。应注意：0！或任何数的0次方均等于1。

现以*YyRr*为例，用二项式展开分析其后代群体的基因型结构。显性基因*Y*或*R*出现的概率$p=(1/2)$，隐性基因*y*或*r*出现概率$q=(1/2)$，$p+q=1$。$n$=杂合基因个数。当$n=4$。则代入二项式展开为：

$$\begin{aligned}(p+q)^n&=\left(\frac{1}{2}+\frac{1}{2}\right)^4\\&=\left(\frac{1}{2}\right)^4+4\left(\frac{1}{2}\right)^3\left(\frac{1}{2}\right)+\frac{4\times3}{2!}\left(\frac{1}{2}\right)^2\left(\frac{1}{2}\right)^2+\frac{4\times3\times2}{3!}\left(\frac{1}{2}\right)\left(\frac{1}{2}\right)^3+\left(\frac{1}{2}\right)^4\\&=\frac{1}{16}+\frac{4}{16}+\frac{6}{16}+\frac{4}{16}+\frac{1}{16}\end{aligned}$$

这样计算所得的各项概率与图3-15所列结果相同。

4显性基因为（1/16），3显性和1隐性基因为（4/16），2显性和2隐性基因为（6/16），1显性和3隐性基因为（4/16），4隐性基因为（1/16）。

如果只需了解3显性和1隐性基因个体出现的概率，即 $n=4$，$r=3$，$n-r=4-3=1$；则可采用单项事件概率的通式进行推算，获得同样结果：

$$\frac{n!}{r!\ (n-r)!}p^r q^{n-r}=\frac{4!}{3!\ (4-3)!}\left(\frac{1}{2}\right)^3\left(\frac{1}{2}\right)=\frac{4\times3\times2\times1}{3\times2\times1\times1}\left(\frac{1}{8}\right)\left(\frac{1}{2}\right)=\frac{4}{16}$$

上述二项式展开可应用于杂种后代 $F_2$ 群体基因型的排列和分析；同样可应用于测交后代 $F_t$ 群体中表现型的排列和分析。因为测交后代，显性个体和隐性个体出现的概率都分别是1/2。

杂种 $F_2$ 不同表现型个体频率，亦可采用二项式分析。任何一对完全显隐性的杂合基因型，其 $F_2$ 群体中显性性状出现的概率 $p=(3/4)$、隐性性状出现的概率 $q=(1/4)$，$p+q=(3/4)+(1/4)=1$。$n$ 代表杂合基因对数。则其二项式展开为：

$$\begin{aligned}(p+q)^n&=\left(\frac{3}{4}+\frac{1}{4}\right)^n\\&=\left(\frac{3}{4}\right)^n+n\left(\frac{3}{4}\right)^{n-1}\left(\frac{1}{4}\right)+\frac{n(n-1)}{2!}\left(\frac{3}{4}\right)^{n-2}\left(\frac{1}{4}\right)^2\\&\quad+\frac{n(n-1)(n-2)}{3!}\left(\frac{3}{4}\right)^{n-3}\left(\frac{1}{4}\right)^3+\cdots+\left(\frac{1}{4}\right)^n\end{aligned}$$

例如，两对基因杂种 $YyRr$ 自交产生的 $F_2$ 群体，其表现型个体的概率按上述的（3/4）：（1/4）概率代入二项式展开为：

$$(p+q)^n=\left(\frac{3}{4}+\frac{1}{4}\right)^2=\left(\frac{3}{4}\right)^2+2\left(\frac{3}{4}\right)\left(\frac{1}{4}\right)+\left(\frac{1}{4}\right)^2=\frac{9}{16}+\frac{6}{16}+\frac{1}{16}$$

表明具有 $Y\_R\_$ 个体的概率为（9/16），$Y\_rr$ 和 $yyR\_$ 个体的概率为（6/16），$yyrr$ 的个体概率为（1/16），即表现型比率为9∶3∶3∶1。

同理，三对基因杂种 $YyRrCc$，其自交的 $F_2$ 群体的表现型概率，可按二项式展开求得：

$$(p+q)^n=(p+q)^3=\left(\frac{3}{4}\right)^3+3\left(\frac{3}{4}\right)^2\left(\frac{1}{4}\right)+3\left(\frac{3}{4}\right)\left(\frac{1}{4}\right)^2+\left(\frac{1}{4}\right)^3=\frac{27}{64}+\frac{27}{64}+\frac{9}{64}+\frac{1}{64}$$

表明 $Y\_R\_C\_$ 的个体概率为（27/64），$Y\_R\_cc$、$Y\_rrC\_$ 和 $yyR\_C\_$ 的个体各占9/64，$Y\_rrcc$、$yyR\_cc$ 和 $yyrrC\_$ 的个体各占（3/64），$yyrrcc$ 的个体概率为（1/64）。即表现型的遗传比率为27∶9∶9∶9∶3∶3∶3∶1。

如仅需了解 $F_2$ 群体中某表现型个体出现的概率，则可用上述单项事件概率的通式进行推算。例如，在三对基因杂种 $YyRrCc$ 的 $F_2$ 群体中，试问两显性性状和一隐性性状个体出现的概率是多少？即 $n=3$、$r=2$、$n-r=3-2=1$。则可按上述通式求得：

$$\frac{n!}{r!\ (n-r)!}p^r q^{n-r}=\frac{3!}{2!\ (3-2)!}\left(\frac{3}{4}\right)^2\left(\frac{1}{4}\right)=\frac{3\times2\times1}{2\times1\times1}\left(\frac{9}{16}\right)\left(\frac{1}{4}\right)=\frac{27}{64}$$

上述二项式展开可应用于：①杂种后代 $F_2$ 群体基因型的排列和分析；②自交 $F_2$ 或测交后代 Ft 群体中表现型的排列和分析。

**3.2.4.3 卡方测验（Chi 平方测验）**

由于各种因素的干扰，遗传学试验实际获得的各项数值与其理论上按概率估算的期望数值常具有一定的偏差。两者之间出现的偏差是属于试验误差造成呢？还是真实的差异？通常采用 $x^2$ 测验进行判断。

对于计数资料，通常先计算衡量差异大小的统计量 $x^2$，根据 $x^2$ 值查知其概率的大小即可判断偏差的性质，这种检验方法叫做 $x^2$ 测验。进行 $x^2$ 测验时可利用以下公式：

$$x^2_{(n-1)}=\sum_{i=1}^{n}\frac{(O_i-E_i)^2}{E_i}$$

其中 $x^2$ 为差异度量值；$n$ 为子代分离的类型数目；$n-1=$ 自由度（$df$），即子代分离类型的数目减1；$O_i$ 为第 $i$ 个类型的观察数值；$E_i$ 为第 $i$ 个类型的理论值；$\sum$ 是总和符号。有了 $x^2$ 值和自由度，就可查出P值。P值是指实测值与理论值相差一样大以及更大的积加概率。

例如，子代表现为1∶1、3∶1，自由度是1；表现为9∶3∶3∶1，自由度为 $4-1=3$。用 $x^2$ 测验检验上节中孟德尔两对相对性状的杂交试验结果，如表3-7所示。

表3-7 孟德尔两对基因杂种自交结果的 $x^2$ 测验

| 项目 | 黄、圆 | 绿、圆 | 黄、皱 | 绿、皱 |
|---|---|---|---|---|
| 实测值($O$) | 315 | 108 | 101 | 32 |
| 理论值($E$) | 312.75 | 104.25 | 104.25 | 34.75 |
| $(O-E)$ | 2.25 | 3.75 | −3.25 | −2.75 |
| $(O-E)^2$ | 5.06 | 14.06 | 10.56 | 7.56 |
| $(O-E)^2/E$ | 0.016 | 0.135 | 0.101 | 0.218 |
| $x^2=\sum\frac{(O-E)^2}{E}$ | $x^2=0.016+0.135+0.101+0.218=0.47$ | | | |

注 理论值是由总数556粒种子按9：3：3：1分配求得的。

由表3-7求得 $x^2$ 值为0.47，自由度为3，查表3-8即得P值在0.90～0.95之间，说明实际值与理论值差异发生的概率在90%以上，因而样本的表现型比例符合9：3：3：1。需指出的是，遗传学实验中P值常以5%（0.05）为标准，当 $P>0.05$ 时说明"差异不显著"即观测值与理论值的差异是由于随机误差所致，$P<0.05$ 时，说明"差异显著"，即实验值与理论值不符合。

表3-8 $x^2$ 表

| $df$ \ P | 0.99 | 0.95 | 0.90 | 0.80 | 0.70 | 0.50 | 0.30 | 0.20 | 0.10 | 0.05 | 0.01 |
|---|---|---|---|---|---|---|---|---|---|---|---|
| 1 | 0.00016 | 0.004 | 0.016 | 0.064 | 0.148 | 0.455 | 1.074 | 1.642 | 2.706 | 3.841 | 6.635 |
| 2 | 0.0201 | 0.103 | 0.211 | 0.446 | 0.713 | 1.386 | 2.408 | 3.219 | 4.605 | 5.991 | 9.210 |
| 3 | 0.115 | 0.352 | 0.584 | 1.005 | 1.424 | 2.366 | 3.665 | 4.642 | 6.251 | 7.815 | 11.345 |
| 4 | 0.297 | 0.711 | 1.064 | 1.649 | 2.195 | 3.357 | 4.878 | 5.989 | 7.779 | 9.488 | 13.277 |
| 5 | 0.554 | 1.145 | 1.610 | 2.343 | 3.000 | 4.351 | 6.064 | 7.269 | 9.236 | 11.070 | 15.086 |
| 6 | 0.872 | 1.635 | 2.204 | 3.070 | 3.828 | 5.345 | 7.231 | 8.588 | 10.645 | 12.017 | 16.812 |
| 7 | 1.239 | 2.167 | 2.833 | 3.822 | 4.671 | 6.346 | 8.783 | 9.803 | 12.017 | 14.067 | 18.475 |
| 8 | 1.646 | 2.733 | 3.490 | 4.594 | 5.527 | 7.344 | 9.524 | 11.030 | 13.362 | 15.507 | 20.090 |
| 9 | 2.088 | 3.325 | 4.168 | 5.380 | 6.393 | 8.343 | 10.656 | 12.242 | 14.684 | 16.919 | 21.666 |
| 10 | 2.558 | 3.940 | 4.865 | 6.179 | 7.627 | 9.342 | 11.781 | 13.442 | 15.987 | 18.307 | 23.209 |

注 表内数字是各种 $x^2$ 值，$df$ 为自由度；P为在一定自由度下 $x^2$ 大于表中数值的概率。

### 3.2.5 基因间的互作

研究发现，一对相对性状除受控于一对等位基因外，有时也受控于两对或多对等位基因。因此，性状的决定可以看成是等位基因间的互作和非等位基因间的互作。

#### 3.2.5.1 等位基因间的相互作用

对于不同的性状，等位基因间的相互作用也不尽相同。概括起来主要有以下几种。

(1) 完全显性（complete dominance），指 $F_1$ 表现与亲本之一完全一样，如孟德尔豌豆杂交试验中的7对相对性状。

(2) 不完全显性（complete dominance），指 $F_1$ 表现为双亲性状的中间型。如金鱼草、紫茉莉花色的遗传。将红花金鱼草与白花金鱼草杂交，$F_1$ 则表现为双亲的中间性状（见图3-16）。

将 $F_1$ 自交，$F_2$ 代出现性状分离，其中1/4植株开红花，2/4植株开粉红色花，1/4植株开白花，说明 $F_1$ 出现中间型性状并非是基因的掺和，而是显性不完全；当相对性状表现为不完全显性时，其表现型与基因型一致。

P 红花 × 白花
$RR$ ↓ $rr$
$F_1$ $Rr$ 粉红
↓
$F_2$ 1红($RR$)：2粉红($Rr$)：1白($rr$)

图3-16 金鱼草不完全显性后代表现

孟德尔试验中豌豆种子的圆粒和皱粒，如果用显微镜检查，纯合圆粒种子很饱满，而 $F_1$ 的种子并不十分饱满，其介于纯合圆粒种子与纯合皱粒种子形状之间，表现为不完全显性。

(3) 共显性 (codominance)，指双亲性状同时在 $F_1$ 个体上表现出来。如人类的镰刀形贫血病。正常人红细胞呈碟形，一个正常人与红细胞呈镰刀形的贫血病患者结婚，所生子女的红细胞则既有碟形的，又有镰刀形的，一般表现正常，缺氧时出现贫血症。

皱粒豌豆种子的分子机制是正常的支链淀粉合成酶基因中插入了一个转座子。因此，如果用现代分子手段（凝胶电泳）来检测的话，由于突变基因片段比正常基因片段大一些，其带型在凝胶上要滞后于正常基因的带型。$F_1$ 代两个带型均会出现，而在分子性状上表现为共显性（见图 3-17）。由于 $F_1$ 只具有一个正常支链淀粉合成酶基因，产生的支链淀粉量就会大大减少，使种子干燥时持水力下降，这也就解释了前面提到的显微镜下观察豌豆种子圆粒性状的不完全显性了。

(4) 镶嵌显性 (mosaic dominance)，双亲性状在 $F_1$ 的不同部位同时表现。如辣椒花色的遗传表现（见图 3-18）。

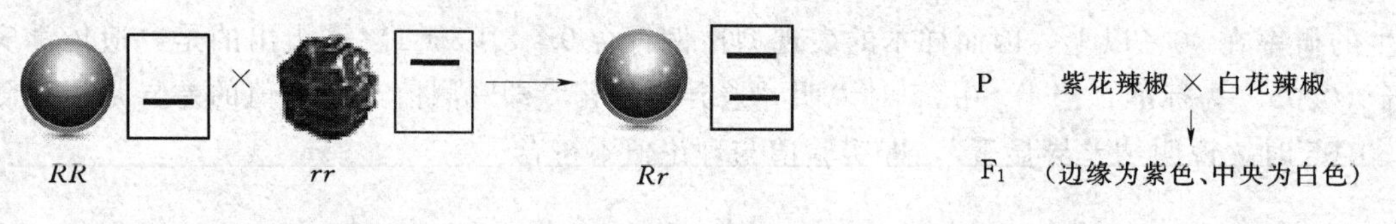


图 3-17 豌豆的圆粒与皱粒的分子性状

图 3-18 镶嵌显性在辣椒花色中的表现

(5) 复等位基因 (multiple allele)，指在同源染色体的相同位点上，存在 3 个或 3 个以上的等位基因。例如，决定翠菊舌状花红色的基因就有 $R$、$r'$、$r$，分别产生飞燕草色素、矢车菊色素和天竺葵色素。决定人类 ABO 血型系统的基因有 $I^A$、$I^B$、$I^O$，其中 $I^A$ 与 $I^B$ 之间表现共显性，而 $I^A$ 和 $I^B$ 分别对 $I^O$ 显性，每个人只有 3 个等位基因中的任意 2 个，所以这 3 个复等位基因组成 6 种基因型，表现 4 种表现型（见表 3-9）。

**表 3-9　　人类 ABO 血型及其基因型**

| 基 因 型 | 抗 原 | 血 型 |
|---|---|---|
| $I^AI^A$ 或 $I^AI^o$ | A | A |
| $I^BI^B$ 或 $I^BI^o$ | B | B |
| $I^AI^B$ | A、B | AB |
| $I^oI^o$ | 无 | O |

任何一个二倍体个体只存在复等位基因中的两个不同的等位基因。只有在群体中的不同个体之间才有可能在同源染色体的相同位点上出现 3 个或 3 个以上的成员；在同源多倍体中，一个个体上可同时存在复等位基因的多个成员。

**3.2.5.2 非等位基因间的相互作用**

许多情况下，基因与性状之间并不是一对一的关系，而是两个或更多基因影响一个性状。这里主要讨论两对相互独立的非等位基因决定一个单位性状的情形。虽然 $F_2$ 代的基因型类型及其比例与孟德尔豌豆试验中两对相对性状（分别受控于一对等位基因）的遗传一样，但 $F_2$ 的表型不再是 9∶3∶3∶1，而呈现为以下 6 种主要情形。

1. 互补作用 (complementary effect)

两对独立遗传基因分别处于纯合显性或杂合显性时，共同决定一种性状的发育；当只有一对基因是显性，或两对基因都是隐性时，则表现为另一种性状，$F_2$ 产生 9∶7 的比例。例如香豌豆 (Lathyrus odoratuo) 花色的互补遗传（见图 3-19）。

P　白花 $CCpp$ × 白花 $ccPP$

↓

$F_1$　紫花($CcPp$)

↓ ⊗

$F_2$　9 紫花($C\_P\_$)∶7 白花($3C\_pp+3ccP\_+1ccpp$)

图 3-19 香豌豆花色的互补作用

以上出现的紫花性状与其野生祖先的花色相同，称返祖现象 (atavism)。是因为显性基因在进化过程中，$CCPP$ 中的显性基因 $C$ 突变为 $c$，产生了一种白花品种 ($ccPP$)，或 $P$

突变 $p$，又产生另一种白花品种（$CCpp$）。而这两种突变形成的白花品种杂交后又会产生紫花性状（$C$-$P$-）。

2. 积加作用（additive effect）

两种显性基因同时存在时产生一种性状，单独存在时能分别表示相似的性状，两种基因均为隐性时又表现为另一种性状，$F_2$ 产生 9∶6∶1 的比例。例如：南瓜形状的遗传（见图 3-20）。

3. 重叠作用（duplicate effect）

两对独立基因对表现型能产生相同的影响，$F_2$ 产生 15∶1 的表型分离比例。重叠作用也称重复作用，只要有一个显性重叠基因存在，该性状就能表现。例如，荠菜蒴果性状的遗传（见图 3-21）。

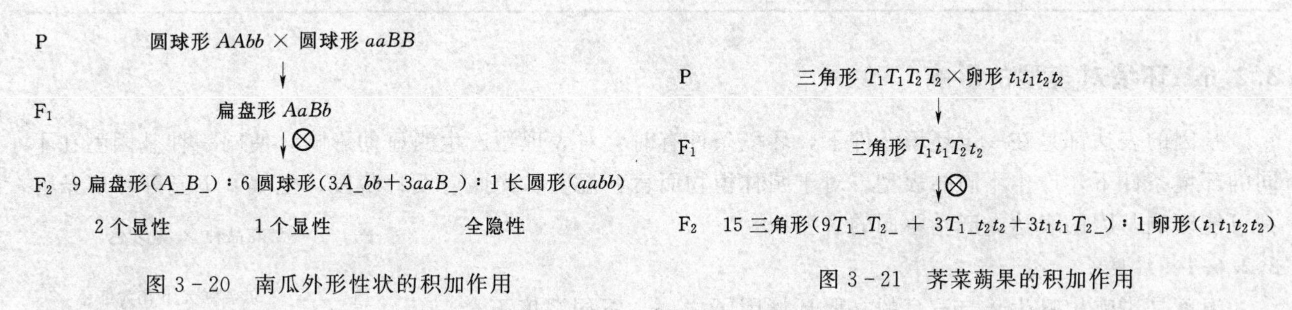


图 3-20 南瓜外形性状的积加作用

图 3-21 荠菜蒴果的积加作用

4. 显性上位作用（epistatic dominance）

所谓上位性是指两对独立遗传基因共同对一对性状发生作用，其中一对基因对另一对基因的表现有遮盖作用。显性上位是指起遮盖作用的基因是显性基因。因此，其 $F_2$ 的表型分离比例为 12∶3∶1。例如，西葫芦的显性白皮基因（$W$）对显性黄皮基因（$Y$）有上位性作用（见图 3-22）。

5. 隐性上位作用（epistatic recessiveness）

当性状由两对非等位基因控制时，其中一对隐性基因对另一对非等位基因起上位性作用，而使 $F_2$ 的表型分离比例为 9∶3∶4。例如，向日葵花色的遗传，当 $A$ 基因存在时，另一对基因 $L$ 和 $l$ 都能表现各自的作用，即 $L$ 表现黄色，$l$ 表现橙黄色。当 $A$ 基因缺乏时，隐性基因 $a$ 对 $L$ 和 $l$ 起上位作用，使 $L$ 和 $l$ 的作用都不能表现出来。如图 3-23 所示。

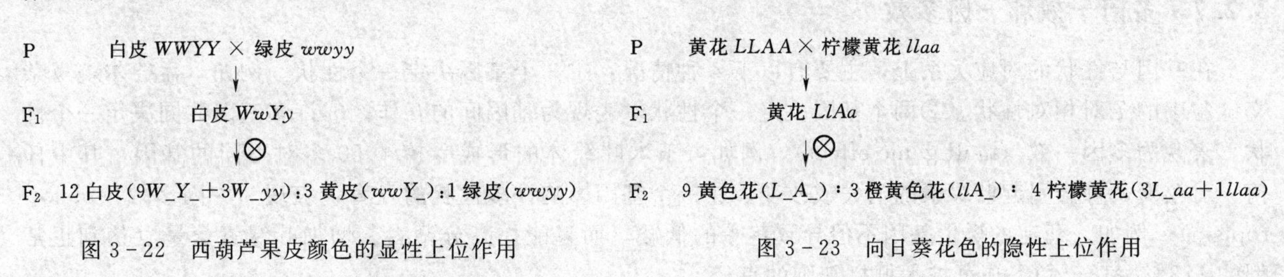


图 3-22 西葫芦果皮颜色的显性上位作用

图 3-23 向日葵花色的隐性上位作用

6. 抑制作用（inhibiting effect）

在两对独立基因中，其中一对基因单独不决定表型，但却对另一对基因的表现有抑制作用。当其显性基因对另一对基因有抑制作用时，$F_2$ 的分离比例为 13∶3。如玉米胚乳蛋白层颜色的遗传，$I$ 基因自身不决定颜色，但却对有色基因 $C$ 有抑制作用，因此 $C\_I\_$ 表现白色是由于 $I$ 基因抑制了 $C$ 基因的作用，同样，$ccI\_$ 也是白色。$ccii$ 中虽然 $ii$ 不起抑制作用，但 $c$ 不能使蛋白质层表现颜色，因此也是白色的。只有 $C\_ii$ 表现有色（见图 3-24）。

P 白色蛋白质层 $CCII$ × 白色蛋白质层 $ccii$

$F_1$ 白色 $CcIi$

⊗

$F_2$ 13 白色($9C\_I\_+3ccI\_+1ccii$)：3 有色($C\_ii$)

图 3-24 玉米不同基因型的白色蛋白质层

抑制作用与显性上位作用不同在于：抑制基因本身不能决定性状，$F_2$ 只有 2 种类型；显性上位基因所遮盖的其他基因（显性和隐性）本身还能决定性状，$F_2$ 有 3 种类型。

在上述两对基因互作中，$F_2$ 分离出 2 种类型的有互补作用（9∶7）、重叠作用（15∶1）和抑制作用（13∶3）；$F_2$ 分离出 3 种类型的有积加作用（9∶6∶1）、隐性上位作用（9∶3∶4）和显性上位作用（12∶3∶1）。以上各种情况实际上是 9∶3∶3∶1 基本型的演变（见表 3-10）。

表 3-10 基因互作各种类型的比例

| 次序 | 基因互作类型 | 比例 | 相当于自由组合比例 |
|---|---|---|---|
| 1 | 互补作用 | 9∶7 | 9∶(3∶3∶1) |
| 2 | 积加作用 | 9∶6∶1 | 9∶(3∶3)∶1 |
| 3 | 重叠作用 | 15∶1 | (9∶3∶3)∶1 |
| 4 | 显性上位 | 12∶3∶1 | (9∶3)∶3∶1 |
| 5 | 隐性上位 | 9∶3∶4 | 9∶3∶(3∶1) |
| 6 | 抑制作用 | 13∶3 | (9∶3∶1)∶3 |

### 3.2.6 环境对表型的影响

基因的表达都是在一定环境条件下，环境条件有时会对表现型产生明显的影响，使同一种基因型在不同的环境条件下，产生不同的表型。对于园林植物而言，温度、光照、发育阶段、土壤pH值等环境条件都可能影响基因的表达，产生不同的表型。

#### 3.2.6.1 温度

温度是影响植物生长与发育的主要环境因子之一，不同温度下金鱼草的花色表现不一（见图3-25）。

P 红花品种 × 象牙色

↓

$F_1$ 低温强光下花为红色
高温遮光下花为象牙色

图3-25 金鱼草花色随温度的变化

#### 3.2.6.2 光照

无性系菊花单株，在短日照下花期提早；在长日照下花期延后。蒲公英无性系单株在光照较强的高山上栽培株型低矮，而在平原则株型高大。

#### 3.2.6.3 发育阶段

在须苞石竹（Dianthus barbatus）中，花的白色和暗红色是一对相对性状。若开白花的植株与开暗红色花的植株杂交，杂种 $F_1$ 的花最初是纯白色的，以后慢慢变为暗红色。这样随着发育时期的不同显隐性关系也可相互转化。

### 3.2.7 多因一效和一因多效

在基因与性状的对应关系上，主要有以下4种情况：①一个基因决定一个性状。例如，孟德尔豌豆杂交试验中的7对相对性状。②两个基因决定一个性状，表现为基因间的互作。③许多基因共同决定一个性状，表现为多因一效（multigenic effect）。例如，玉米叶绿体的形成受控于50多对不同的基因，其中任何一对改变，都会引起叶绿素的消失或改变。④一个基因影响许多性状的发育，表现为一因多效（pleiotropism）。例如，菊花的矮生基因不但导致茎干的低矮，而且能提高分蘖力、增加叶绿素含量（达到正常型的128%～185%）、还可扩大栅栏细胞的直径。

多因一效与一因多效现象可从生物个体发育整体上理解，性状是由许多基因所控制的一系列生化过程连续作用的结果；如果某一基因发生了改变，其影响主要在以该基因为主的生化过程中，但也会影响与该生化过程有联系的其他生化过程，从而影响其他性状的发育。

## 3.3 连锁遗传

1910年，美国学者摩尔根（Morgan T. H.，1866—1945）等对果蝇眼色和翅长两对相对性状的遗传进行了研究，发现和揭示了孟德尔独立分配规律之外的另一遗传规律——连锁遗传规律。摩尔根等人还把基因的遗传与染色体的行为动态地结合起来，创立了基因论，提出染色体是基因的载体，基因呈直线排列在染色体上。

### 3.3.1 连锁与交换

#### 3.3.1.1 性状连锁遗传的发现

性状连锁遗传现象最早是贝特逊（Bateson）和潘耐特（Pannett）1906年研究香豌豆花色和花粉形状

两对性状遗传时发现的。他们做了以下两个试验。

第一个试验用的两个杂交亲本分别是紫花、长花粉粒和红花、圆花粉粒。紫花（$P$）对红花（$p$）为显性，长花粉粒（$L$）对圆花粉粒（$l$）为显性，杂交试验过程及结果如图 3－26 所示。

由试验结果看出，$F_2$ 虽然出现 4 种表现型，但不符合 9∶3∶3∶1 的分离比例。其中亲本性状（紫长、红圆）的实得数大于理论数；而重新组合性状（紫圆、红长）的实得数则小于理论数。这显然是自由组合规律所不能解释的。

第二个试验用的两个杂交亲本是紫花、圆花粉粒和红花、长花粉粒。两个亲本各具有一对显性基因和一对隐性基因，杂交试验过程及结果如图 3－27 所示。

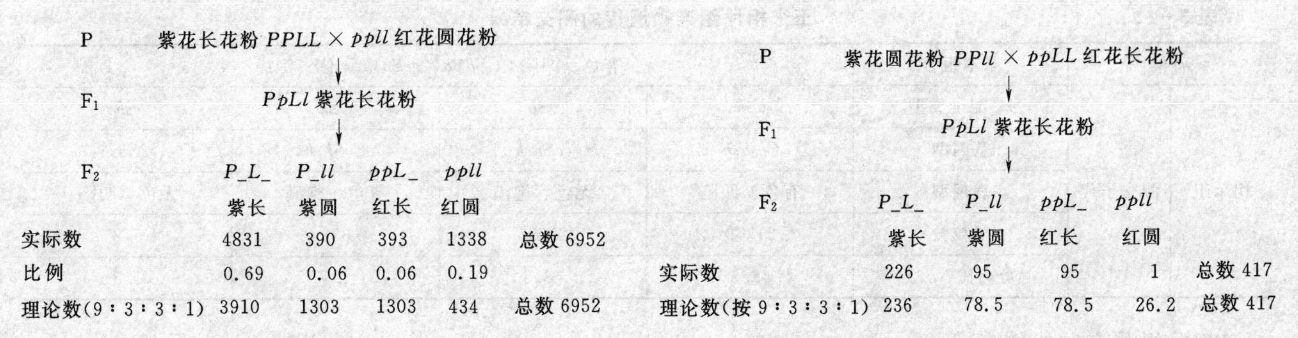


图 3－26　香豌豆的连锁遗传（相引组）　　图 3－27　香豌豆的连锁遗传（相斥组）

与第一个试验结果相同，$F_2$ 的分离比例仍然不符合 9∶3∶3∶1，也是亲本组合（紫圆、红长）的实得数大于理论数；而重新组合（紫长、红圆）的实得际数少于理论数。

两个试验结果都表明，原来为同一亲本中所具有的两个性状，在 $F_2$ 中常常表现出有联系在一起遗传的现象，这种现象称为连锁遗传。

遗传学上把两个显性性状联系在一起，两个隐性性状联系在一起的杂交组合，称为相引组（coupling phase）。把一个显性性状和一个隐性性状联系在一起的杂交组合，称为相斥组（repulsion phase）。

#### 3.3.1.2　连锁遗传的解释和验证

1. 连锁遗传的解释

在上述两个试验中，两对相对性状的遗传在 $F_2$ 代不遵循自由组合规律，那么单独一对相对性状的遗传是否遵循分离规律呢？分析结果如下：

相引组：

紫∶红＝(4831＋390)∶(1338＋393)＝5221∶1731≈3∶1

长∶圆＝(4831＋393)∶(1338＋390)＝5224∶1728≈3∶1

相斥组：

紫∶红＝(226＋95)∶(95＋1)＝321∶96≈3∶1

长∶圆＝(226＋95)∶(95＋1)＝321∶96≈3∶1

显然就每一对相对性状的分离而言，仍遵循分离规律。为什么会出现不符合独立分配规律的现象呢？我们知道，独立遗传中 9∶3∶3∶1 的比例是以 $F_1$ 产生 4 种数目相等的配子为前提的。如果 $F_1$ 形成的 4 种配子数不等，就不可能出现 9∶3∶3∶1 的比例。据此可以这样推论，在连锁遗传的情况下，$F_2$ 不表现独立遗传的典型比例，可能是 $F_1$ 形成 4 种配子数不等的缘故。

2. 连锁遗传的验证

对上述推论，这里以玉米为试验材料，分别对其籽粒颜色与饱满度的相引组和相斥组进行测交验证。

相引组的杂交组合是籽粒有色、饱满（$CCShSh$）与无色、凹陷（$ccshsh$）；相斥组的杂交组合是籽粒有色、凹陷（$CCshsh$）与无色、饱满（$ccShSh$）。产生的 $F_1$ 再与用双隐性亲本（$ccshsh$）进行测交，结果如表 3－11 和表 3－12 所示。

相引组测交后代的表现：

亲组合类型 $\dfrac{4032+4035}{8368}\times 100=96.4\%$　　重组合类型 $\dfrac{149+152}{8368}\times 100=3.6\%$

**表 3-11　　玉米相引组连锁遗传的测交结果**

| 项目 | | 亲本组合 | 有色、饱满 *CCShSh*×无色、凹陷 *ccshsh* | | | |
|---|---|---|---|---|---|---|
| 相引组 | 测交子代 | $F_1$ 配子类型 | *CSh* | *csh* | *Csh* | *cSh* |
| | | 基因型 | *CcShsh* | *ccshsh* | *Ccshsh* | *ccShsh* |
| | | 表现型 | 有色、饱满 | 无色、凹陷 | 有色、凹陷 | 无色、饱满 |
| | | 子粒数 | 4032 | 4035 | 149 | 152 |
| | | 分离比（%） | 48.2 | 48.2 | 1.8 | 1.8 |

**表 3-12　　玉米相斥组连锁遗传的测交结果**

| 项目 | | 亲本组合 | 有色、凹陷 *CCShSh*×*ccShsh* 无色、饱满 | | | |
|---|---|---|---|---|---|---|
| 相斥组 | 测交子代 | $F_1$ 配子类型 | *Csh* | *cSh* | *CSh* | *csh* |
| | | 基因型 | *Ccshsh* | *ccShsh* | *CcShsh* | *ccShsh* |
| | | 表现型 | 有色、凹陷 | 无色、饱满 | 有色、饱满 | 无色、凹陷 |
| | | 子粒数 | 21379 | 21096 | 638 | 672 |
| | | 分离比（%） | 48.5 | 48.5 | 1.5 | 1.5 |

相斥组测交后代的表现：

亲组合类型$\frac{21379+21096}{43785}\times100=97.0\%$　　　　重组合类型$\frac{638+672}{43785}\times100=3.0\%$

测交试验结果证实 $F_1$ 形成的 4 种类型配子中，亲本组合的配子数多于配子总数的 50%，重新组合的配子数少于配子总数的 50%。说明原来亲本双方中的两对非等位基因（相引组的 *CSh* 和 *csh*，相斥组的 *Csh* 和 *cSh*）有联系在一起遗传的趋势。

3. 连锁遗传的机制

我们知道，染色体作为基因的载体，其数目与基因的数目相比要少得很多，因此每条染色体上常常带有许多基因，显然位于同一染色体上，在配子形成过程中不能独立分配，它们必然随着染色体作为一个整体而传递，从而表现为连锁遗传现象。

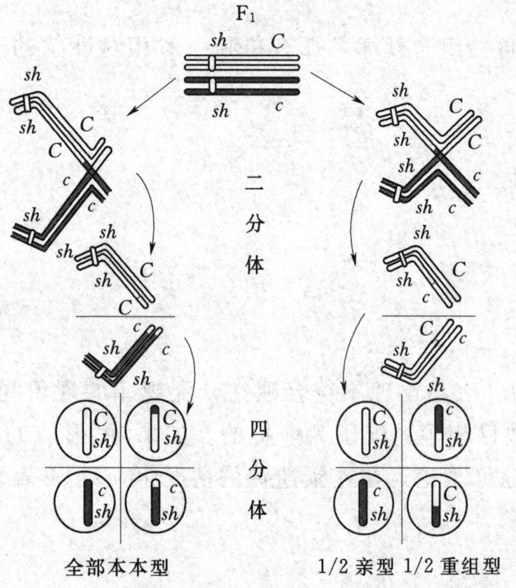

例如，控制玉米籽粒颜色和饱满度的两对基因均位于玉米第 9 对染色体上，在相引组中，*C* 和 *Sh* 连锁在一条染色体上，而 *c* 和 *sh* 连锁在其同源的另一条染色体上，两亲本的同源染色体所载的基因分别是$\frac{SH\quad C}{SH\quad C}$和$\frac{sh\quad c}{sh\quad c}$，其 $F_1$ 为$\frac{SH\quad C}{sh\quad c}$。减数分裂时，来自父母双方的两条同源染色体 $\underline{SH\quad C}$ 和 $\underline{sh\quad c}$ 被分配到不同的配子中去。

由于在杂种减数分裂前期Ⅰ的粗线期非姐妹染色单体之间发生了片段的交换，如果交换发生在 *SH* 和 *C* 基因之间，那么就会产生两个基因重新组合的配子类型（见图 3-28）；否则，产生的配子就 *SH* 和 *C* 基因而言为亲本类型。由于在全部生殖母细胞中，各联会的同源染色体的交换不可能全部发生在 *C* 与 *Sh* 基因之间。例如，在玉米 $F_1$ 的 100 个孢母细胞中，交换发生在 *C* 和 *Sh* 相连区段之内的有 7 个，依据表 3-13 分析，400 个配子中，两种重组类型的配子各为 7 个，两个亲本类型各为 193 个。

图 3-28　交换与重组型配子形成过程的示意图
（引自浙江大学精品课网站，2011）

有时同一染色体上的非等位基因之间连锁紧密，比如着丝点附近的基因，往往不会发生染色体片段的交换，那么 $F_1$ 所产生的配子就只有两种，测交的结果也只能产生与亲本性状相同的两种组合。这种同一染色体上的基因在遗传过程中不能独立分配，而是随着染色体作为一个整体，共同传递到子代中去的现象叫完全连锁（complete linkage）。同源染色体上的非等位基因完全连锁的情况较为少见。大多数测交后代除了出现亲本类型外，还出现了重新组合类型，这种同一同源染色体上两个非等位基因之间或多或少地发生非姊妹染色单体之间交换的现象称为不完全连锁（incomplete linkage）。

表 3-13 玉米 $F_1$ 孢母细胞的交换

| 项目 | 亲型配子 | | 重组型配子 | |
|---|---|---|---|---|
| | *CSh* | *csh* | *Csh* | *cSh* |
| 93 个孢母细胞不发生交换 93×4＝372 个配子 | 186 | 186 | | |
| 7 个孢母细胞发生交换 7×4＝28 个配子 | 7 | 7 | 7 | 7 |
| 总配子数 | 193 | 193 | 7 | 7 |

一般情况下，连锁与交换是相互联系的，有连锁就有交换。因此，有亲本组合就有重新组合。

## 3.3.2 交换值与基因的定位

### 3.3.2.1 交换值（crossing-over value）

交换值指同源染色体非姐妹染色单体间的对应片段发生互换，此过程叫做交换或重组。同源染色体的非姊妹染色单体间有关基因的染色体片段发生交换的频率称为交换值，也称重组率。交换值一般利用重新组合配子数占总配子数的百分率进行估算。

交换值(%)＝(重新组合配子数/总配子数)×100%

### 3.3.2.2 交换值的测定

测定交换值的方法主要有两种：一种是测交法，一般适用于玉米、烟草等去雄和授粉容易，可结大量种子的植物；另一种方法是自交法，一般适用于麦、稻、豆等回交去雄难，种子少的植物。

1. 测交法

将杂种 $F_1$ 与隐性纯合体测交，然后根据测交后代的表现型种类和数目计算重组类型和亲本型配子的数目。如对于表 3-13 的玉米测交结果，*sh* 与 *c* 基因的交换值＝[(7＋7)/400]×100%＝3.5%。

2. 自交法

这里以香豌豆的相引组杂交试验结果（见图 3-26）为例。假设 $F_1$ 形成的 4 种类型配子 *PL*、*Pl*、*pL*、*pl* 的频率分别为 a、b、c、d。那么自交形成的 $F_2$ 结果就是这些配子的平方（a*PL*：b*Pl*：c*pL*：d*pl*)²，其中 $F_2$ 中纯合双隐性 *ppll* 个体数即为 $d^2$。现已知香豌豆 *ppll* 个体数为 1338 株，其表现型比率 $d^2$＝1338/6952×100%＝19.2%。那么 $F_1$ *pl* 配子频率＝$\sqrt{d^2}=\sqrt{0.192}=0.44$，即亲本型配子 *pl* 的频率为 44%，亲本型 *PL* 与 *pl* 应是相等的，故也为 44%。两种重组型配子比例则为：100%－44%－44% ＝12%，即交换值为 12%。

### 3.3.2.3 交换值与连锁强度的关系

当没有交换发生时，交换值将为 0，假定所有性母细胞都在所研究的两对非等位基因之间发生交换，交换值将为 50%。因此，交换值常变化于 0～50%之间。当两个非等位基因之间的距离越大，发生交换的机会就越大，交换值越趋于 50%；而当它们之间的距离越小，发生交换的概率就越小，交换值越趋于 0%。因此，交换值的大小可以被当作基因间的距离。

### 3.3.2.4 基因定位

基因在染色体上各有其一定的位置。基因定位就是确定基因在染色体上的位置。确定基因的位置主要是确定基因之间的距离和顺序，而基因之间的遗传距离可以用交换值来表示。基因之间的碱基序列长度称为物理距离。因此准确地估算出基因间的交换值，就可确定基因在染色体上的相对位置，从而将基因标记在染色体上。基因定位基本方法有：两点测验和三点测验。

1. 两点测验（two-point testcross）

两点测验通过 3 次相对性状亲本的杂交和 3 次与隐性纯合亲本的测交，分别测定两对基因间交换值，通过比较最后确定它们在同一染色体上的位置。例如：玉米 *C*（有色）对 *c*（无色）、*Sh*（饱满）对 *sh*（凹陷）、*Wx*（非糯性）对 *wx*（糯性）为显性。为确定 3 对基因的位置，分别进行 3 组杂交与测交试验：

第一组试验是用有色、饱满的纯种玉米（*CCShSh*）与无色、凹陷的纯种玉米（*ccshsh*）杂交，再使 $F_1$（*CcShsh*）与无色、凹陷的双隐性纯合体（*ccshsh*）测交。

第二组试验是用糯性、饱满的纯种玉米（*wxwxShSh*）与非糯性、凹陷的纯种玉米（*WxWxshsh*）杂交，再使 $F_1$（*Wxwxshsh*）与糯性、凹陷的双隐性纯合体（*wxwxshsh*）测交。

第三组试验是用非糯性、有色的纯种玉米（*WxWxCC*）与糯性、无色的纯种玉米（*wxwxcc*）杂交，再使 $F_1$（*WxwxCc*）与糯性、无色的双隐性纯合体（*wxwxcc*）测交。试验的结果见表 3－14。

**表 3－14　　玉米两点测验的三个测交结果**

| 试验类别 | 亲本和后代 | 表现型及基因型 | | 种子粒数 | 重组型配子/% |
|---|---|---|---|---|---|
| | | 种类 | 亲本组合或重新组合 | | |
| 第一个试验（相引组） | $P_1$ | 有色、饱满（*CCShSh*） | | | |
| | $P_2$ | 无色、凹陷（*ccshsh*） | | | |
| | 测交后代（$F_t$） | 有色、饱满（*CcShsh*） | 亲 | 4032 | |
| | | 无色、饱满（*ccShsh*） | 新 | 152 | 3.6 |
| | | 有色、凹陷（*Ccshsh*） | 新 | 149 | T＝8368 |
| | | 无色、凹陷（*ccshsh*） | 亲 | 4035 | |
| 第二个试验（相斥组） | $P_1$ | 糯性、饱满（*wxwxShSh*） | | | |
| | $P_2$ | 非糯性、凹陷（*WxWxshsh*） | | | |
| | 测交后代（$F_t$） | 非糯性、饱满（*WxwxShsh*） | 新 | 1531 | 20.0 |
| | | 非糯性、凹陷（*Wxwxshsh*） | 亲 | 5885 | T＝14985 |
| | | 糯性、饱满（*wxwxShsh*） | 亲 | 5991 | |
| | | 糯性、凹陷（*wxwxshsh*） | 新 | 1488 | |
| 第三个试验（相引组） | $P_1$ | 非糯性、有色（*WxWxCC*） | | | |
| | $P_2$ | 糯性、无色（*wxwxcc*） | | | |
| | 测交后代（$F_t$） | 非糯性、有色（*WxwxCc*） | 亲 | 2542 | |
| | | 非糯性、无色（*Wxwxcc*） | 新 | 739 | 22.0 |
| | | 糯性、有色（*wxwxCc*） | 新 | 717 | T＝6714 |
| | | 糯性、无色（*wxwxcc*） | 亲 | 2716 | |

第一、第二个试验结果表明，基因 *Cc* 与 *Shsh* 是连锁的，*Wxwx* 与 *Shsh* 是连锁的。那么，*Cc* 与 *Wxwx* 肯定也是连锁的，根据第一、第二两个试验结果，*Cc* 与 *Shsh* 之间的交换值＝(149＋152)/8368×100％＝3.6％；*Wxwx* 与 *Shsh* 之间的交换值＝(1531＋1488)/14985×100％＝20％。但是仅根据这两个交换值还无法确定它们三者在同一条染色体上的相对位置。因为只根据这两个交换值，它们在同一条染色体上的排列顺序会有两种可能性。

第一种：

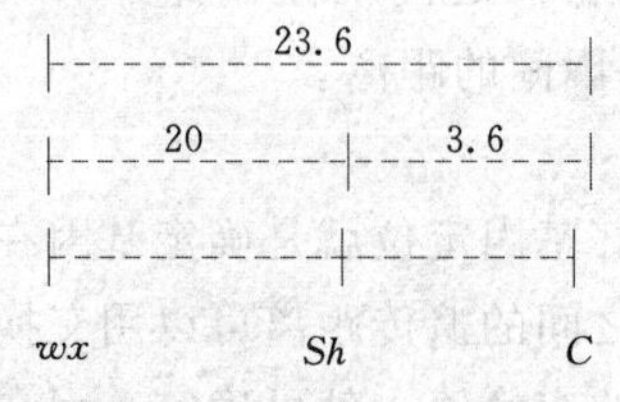


第二种：

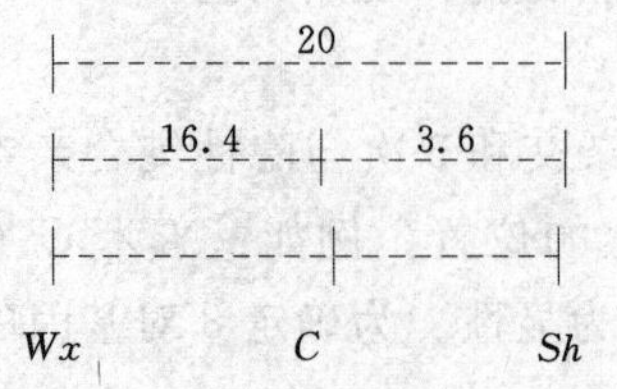

如果是第一种排列顺序，则 *Wxwx* 与 *Cc* 间的交换值应该是23.6%；如果是第二种排列顺序，则 *Wxwx* 与 *Cc* 间的交换值应该是16.4%。究竟这两种排列哪种和实际情况相吻合，还必须要知道 *Wxwx* 与 *Cc* 这两对基因之间的交换值。第三个试验结果表明，*Wxwx* 与 *Cc* 交换值=(739+717)/(2542+739+717+2716)×100%=22%，这与23.6%比较接近，而与16.4%相差较多。所以，可以确定第一种排列顺序符合实际，即 *Shsh* 在染色体上的位置应排在 *Wxwx* 和 *Cc* 之间。

用同样的方法和步骤，还可以把第四对、第五对及其他各对基因的连锁关系和位置确定下来。由于两点测验需要进行三次杂交和三次测交，工作量大，而且如果两对连锁基因之间的距离超过5个遗传单位，准确性便没有下面介绍的三点测验法高。

2. 三点测验

通过一次杂交和一次用隐性亲本测交，同时测定三对基因在染色体上的位置，是基因定位最常用的方法。其不但纠正了两点测验的缺点，使估算的交换值更为准确，而且通过一次试验可同时确定三对连锁基因的位置。下面仍以玉米 *Cc*、*Shsh* 和 *Wxwx* 三对基因为例，说明三点测验的方法。

(1) 确定基因在染色体上的位置。

将籽粒有色、凹陷、非糯性的玉米纯系与籽粒无色、饱满、糯性的玉米纯系杂交得 $F_1$，再使 $F_1$ 与无色、凹陷、糯性的隐性纯合体进行测交。以“+”代表各显性基因，其对应隐性基因分别以 *c*、*sh* 和 *wx* 代表。测交结果如图3-29所示。

P　　凹陷、非糯、有色 × 饱满、糯性、无色

　　　*shsh*　++　++ ↓ ++　*wxwx*　*cc*

$F_1$　　饱满、非糯、有色 × 凹陷、粒性、无色

　　　+*sh*　+*wx*　+*c* ↓ *shsh*　*wxwx*　*cc*

| $F_t$ 表现型 | 根据 $F_t$ 表现型推知 $F_1$ 配子基因型 | 粒数 | 交换类别 |
|---|---|---|---|
| 饱满 糯性 无色 | +　*wx*　*c* | 2708 | 亲型 |
| 凹陷 非糯 有色 | *sh*　+　+ | 2538 | 亲型 |
| 饱满 非糯 无色 | +　+　*c* | 626 | 单交换 |
| 凹陷 糯性 有色 | *sh*　*wx*　+ | 601 | 单交换 |
| 凹陷 非糯 无色 | *sh*　+　*c* | 113 | 单交换 |
| 饱满 糯性 有色 | +　*wx*　+ | 116 | 单交换 |
| 饱满 非糯 有色 | +　+　+ | 4 | 双交换 |
| 凹陷 糯性 无色 | *sh*　*wx*　*c* | 2 | 双交换 |
| 总 数 | 6708 | | |

图3-29　玉米三点测交的测交结果

在 $F_1$ 产生的各类配子比例中，未发生交换的亲本型配子最多，单交换类型次之，双交换类型最少。所谓单交换，就是在3个连锁基因之间仅发生了一次交换。所谓双交换，就是在3个连锁区段内，每个基因之间都分别要发生一次交换。根据上述测交后代各种配子种类的比例可知，+ *wx c* 和 *sh* + +为亲本型。+++和 *c sh wx* 为双交换配子类型。其他均为单交换类型。

以两种亲本表现型（即个体数最多的）为对照，在双交换中发生改变的基因就是3个连锁基因中的位于中间位置的基因，即 *sh* 基因在 *wx* 和 *c* 基因之间。这样它们的排列顺序就确定下来。

(2) 确定基因之间的距离。

相邻两个基因间的遗传距离就是它们之间的交换值。由于每个双交换中都包括两个单交换，故估计两个单交换值时，应分别加上双交换值。

双交换值=[(4+2)/6708]×100%=0.09%

*wx*-*sh* 间单交换=[(601+626)/6708]×100%+0.09%=18.4%

*sh*-*c* 间单交换=[(116+113)/6708]×100%+0.09%=3.5%

因此，三对连锁基因在染色体上的位置和距离确定如图3-30所示：

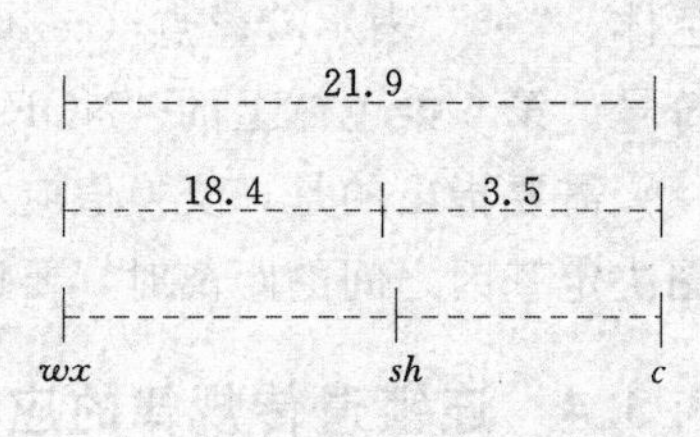


图3-30　三对连锁基因在染色体上的位置和距离

(3) 干扰与符合。

根据概率理论，如果单交换的发生是独立的，那么它们就应该是互不影响的同时发生。以上述玉米三点测验为例，理论的双交换值=单交换1

的百分率×单交换2的百分率=0.184×0.035×100%=0.64%而实际双交换值只有0.09%，可见一个单交换发生后，在它邻近再发生第二个单交换的机会就会减少，这种现象称为干扰（interference）。干扰程度的大小通常用符合系数或称并发系数（coefficient of coincidence）来表示。

符合系数=实际双交换值÷理论双交换值

符合系数常变动于0～1之间。当符合系数等于1时，表示无干扰，两个单交换独立发生；当符合系数等于0时，表示完全干扰，即一点发生交换后其邻近一点就不发生交换。上例的符合系数=0.09÷0.64=0.14，接近0，说明两个单交换的发生受到相当严重的干扰。

## 3.3.3 连锁遗传图

通过连续多次二点或三点测验，可以确定位于同一染色体基因的位置和距离，把它们标志出来后可以绘成连锁遗传图，又称遗传图谱（genetic map）。存在于同一染色体上的全部基因称为连锁群。一种生物连锁群的数目与染色体对数应是一致的，例如，芍药n=5、矮牵牛n=7、百合n=12，连锁群数分别为5、7、12。但有时因为现有资料的不足或某些标记基因的空缺而使连锁群暂时少于或多于染色体对数。

绘制连锁遗传图时的规则如下：①以染色体的短臂一端作为原点，标为0。其他的基因所在的位置距0点的单位标出来，依次向下，不断补充变动。若有位于最先端基因之外的新发现基因，则应把0点让给新基因，其余基因作相应变动。②用相对性状的符号和代表基因位点的数字分别标在染色体的右边和左边。标出字母不代表基因的显隐性（大小写）。连锁图反映了一对同源染色体上的基因排列情况，并不反映某一位点的基因是 *A* 或 *a*。图3-31所示为绘制的玉米连锁图。

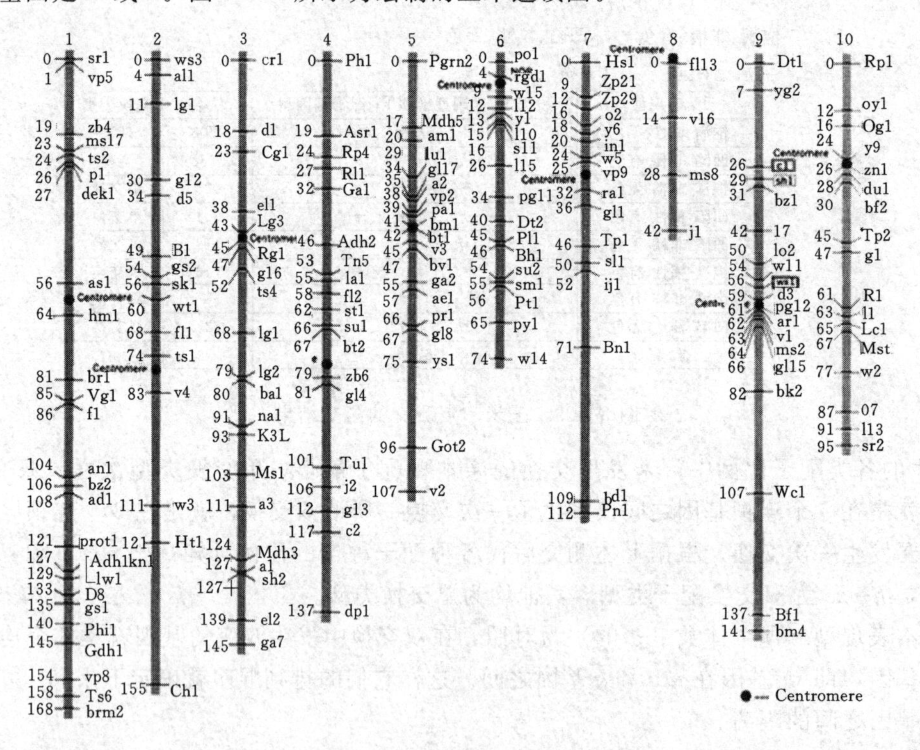


图3-31 玉米的连锁遗传图

图中最上方的数字1、2、…表示玉米染色体序号，即第1条染色体、第2条染色体、……第10条染色体。“·”表示着丝点（centromere）。每条染色体左边的数字和右边的符号分别表示相应基因的位点和符号。第6染色体上的“NOR”指核仁组织中心（nucleolus organizer）。

需要指出的是，交换值应小于50%，图中标志基因之间距离的数字为累加值。因此在应用连锁遗传图决定基因之间的距离时，要以靠近的较为准确。

## 3.3.4 连锁遗传规律的应用

在理论上，连锁遗传规律说明一些结果不能独立分配的原因，发展了孟德尔定律，使性状遗传规律更为完善；把基因定位于染色体上，即染色体是基因的载体；明确各染色体上基因的位置和距离。

在实践上，可以利用性状连锁关系作为间接选择的依据，提高选择效果。例如，植物叶面上的绒毛与其抗热性状相关性较强，控制两个性状的关键基因存在连锁关系，在育种中注意选择叶面有绒毛的优良单株，也就等于同时选得了抗热的材料。此外，根据交换值的大小可以合理安排育种工作规模。一般情况下，两基因间的交换值大，其重组型就多，选择的机会也就越大，那么育种群体可适当小一些；相反，交换值小，重组型少，选择机会小，育种群体应适当大一些。

例如，假设三色堇抗病基因（*R*）与晚花基因（*F*）均为显性。二者为连锁遗传，交换率为 2.4%。如果用抗病晚花的纯合亲本与感病、早花的另一纯合亲本杂交。希望在 $F_3$ 选出抗病早花纯合株系 5 个，问 $F_2$ 群体至少种多少株？

按照上述亲本组合进行杂交，试验过程和预期结果可如图 3－32 所示。

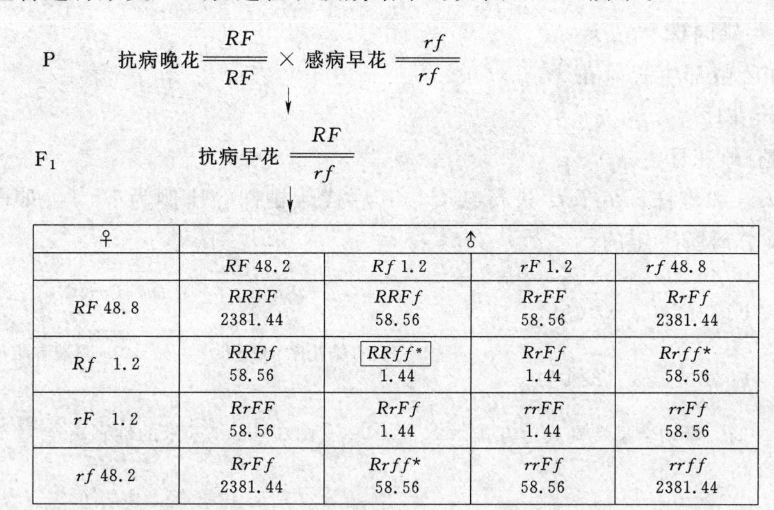


| ♀ | ♂ | | | |
|---|---|---|---|---|
| | *RF* 48.2 | *Rf* 1.2 | *rF* 1.2 | *rf* 48.8 |
| *RF* 48.8 | *RRFF* 2381.44 | *RRFf* 58.56 | *RrFF* 58.56 | *RrFf* 2381.44 |
| *Rf* 1.2 | *RRFf* 58.56 | *RRff** 1.44 | *RrFf* 1.44 | *Rrff** 58.56 |
| *rF* 1.2 | *RrFF* 58.56 | *RrFf* 1.44 | *rrFF* 1.44 | *rrFf* 58.56 |
| *rf* 48.2 | *RrFf* 2381.44 | *Rrff** 58.56 | *rrFf* 58.56 | *rrff* 2381.44 |

图 3－32　三色堇抗病与花期连锁遗传

*表示理想植株　□表示理想中的纯合体

由图 3－32 及数据可知：抗病早花类型为：$RRff+2\times RrFf=(1.44+58.56+58.56)/10000=1.1856\%$，其中纯合抗病早花类型（*RRff*）$=1.44/10000=0.0144\%$。所以要在 $F_2$ 中选得 5 株理想的纯合体，则按 10000：1.44＝X：5 的比例计算，X＝10000×5/1.44＝3.5 万株，其群体至少要种 3.5 万株，才能满足原定计划的要求。

## 3.3.5　性别决定与伴性遗传

### 3.3.5.1　性别决定

性别决定的方式主要有 4 种，分别是性染色体决定型、单基因决定型、环境决定型和倍性决定型。

1. 性染色体决定型

生物染色体可以分为两类：一类是性染色体；二类是常染色体。性染色体是指直接与性别决定有关的一个或一对染色体。性染色体如果是成对的，则往往是异型的，即形态、结构和大小以及功能都有所不同。常染色体是指其他各对染色体，通常以 A 表示。常染色体的各对同源染色体一般都是同型的，即形态、结构和大小基本相同。

由性染色体决定性别的遗传机制中，主要有以下两类：

（1）雄杂合型（*XY* 型），凡雄性是两个异型性染色体的生物都称为 *XY* 型性决定。用 *X* 和 *Y* 分别代表两条性染色体。雌性的性染色体为 *XX*；雄性的性染色体为 *XY*。雌雄异株的种子植物基本属于这一类，如蛇麻、菠菜：雌 *XX*，雄 *XY*。在 *XY* 型中，雌性个体只产生一种含有 *X* 染色体的配子，雄性个体则产生 *X* 和 *Y* 两种配子，因此产生的子代性别之比例是 1：1。如图 3－33 所示。

P（♀）*XX* × *XY*（♂）

↓

$F_1$ 1*XX*（♀）：1*XY*（♂）

图 3－33　雄杂合型性别决定方式

（2）雌杂合型（*ZW* 型），凡雌性是两个异型性染色体的生物都称为 *ZW*

型性决定。用 $Z$ 和 $W$ 分别代表两条性染色体。雌性为 $ZW$，雄性为 $ZZ$。植物中的草莓、银杏、红豆杉等都属于这一类。银杏和红豆杉均是雌 $ZW$，雄 $ZZ$。

在 $ZW$ 型中，雄性个体只产生一种含有 $Z$ 染色体的配子，雌性个体则产生 $Z$ 和 $W$ 两种配子，因此产生的子代性别之比例也是 1∶1。如图 3-34 所示。

低等植物只在生理上表现出性别的分化，而在形态上却很少有差别。种子植物性别的差异，主要是对雌雄异株的植物，雌株和雄株在某些性状上表现出的差异。

2. 单基因决定型

玉米是雌雄同株异花植物，其决定雌雄各有一对等位基因。*Ba* 控制雌花序，隐性突变基因 *ba* 可使植株没有雌穗只有雄花序。*Ts* 控制雄花序，隐性突变基因 *ts* 可使雄花序成为雌花序并能结实。因此基因型不同，植株花序也不同。

*Ba _ Ts _*　正常雌雄同株

*Ba _ tsts*　顶端和叶腋都生长雌花序

*babaTs _*　仅有雄花序

*babatsts*　仅顶端有雌花序

如果让雌株 *babatsts* 和雄株 *babaTsts* 进行杂交，其后代雌雄株的比例为 1∶1。如图 3-35 所示，说明玉米的性别是由 *Ts ts* 分离所决定的。

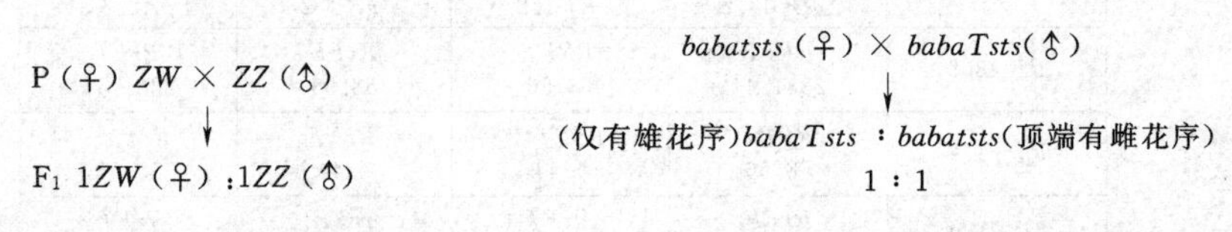


图 3-34　雌杂合型性别决定方式　　图 3-35　玉米的性别决定

3. 倍体决定型

性别是由染色体的倍性决定的，如蜜蜂、蚂蚁等。自然状态下，正常受精卵发育的二倍体（2n）为雌性；而由孤雌生殖发育的单倍体（n）为雄性。

4. 环境决定型

性别完全由环境决定。如黄瓜：雌雄同株异花，氮肥多时雌花形成较多，日照时间短时形成雌花。大麻（小麻）：雌雄异株，夏季播种，雌雄发育正常；秋季播种，50%～90%雌株转化为雄株。

### 3.3.5.2　伴性遗传

伴性遗传（sex-linked inheritance）是指性染色体上基因所控制的某些性状，在遗传上总是和性别相关联，这种与性别相连锁的遗传现象，又称为性连锁。这种遗传现象是摩尔根等人（1910）在果蝇的杂交试验中首次发现的。在纯种红眼果蝇的群体中发现个别白眼个体。

以 *w* 代表白眼基因，以＋号代表红眼基因。让雌性红眼果蝇与雄性白眼果蝇杂交，其 $F_1$ 全是红眼。$F_1$ 近亲繁殖产生的 $F_2$ 既有红眼，又有白眼，比例是 3∶1，如图 3-36 所示。

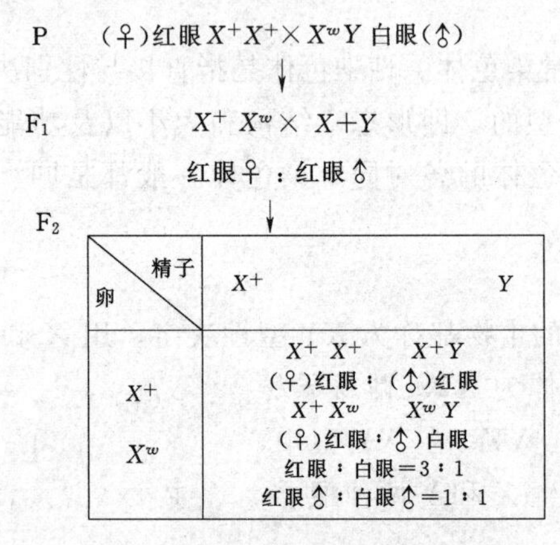


图 3-36　果蝇白眼性状的连锁遗传

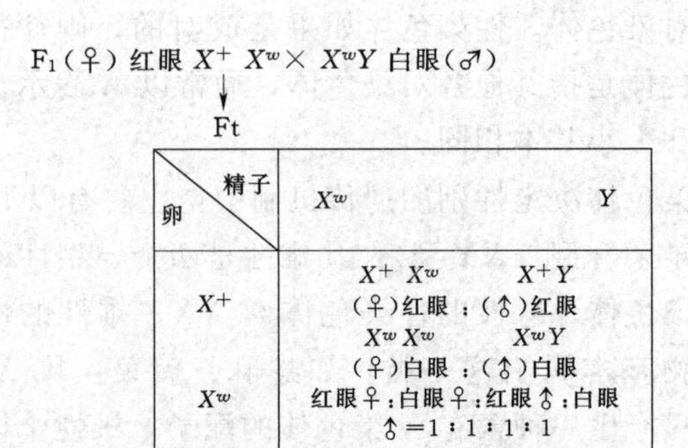


图 3-37　$F_1$ 红眼雌果蝇与白眼雄果蝇的测交

图 3－36 说明是一对基因的差异，其 $F_2$ 群体中白眼果蝇都是雄性而无雌性，这就是说白眼这个性状的遗传，是与雄性相联系的，同 $X$ 染色体的遗传方式相似。

假设：果蝇的白眼基因在 $X$ 染色体上，而 $Y$ 染色体上不含有它的等位基因，上述遗传现象可以得到合理解释，如图 3－37 所示。

#### 3.3.5.3　限性遗传和从性遗传

限性遗传（sex－limited inheritance）是指位于 $Y$ 染色体（$XY$ 型）或 $W$ 染色体（$ZW$ 型）上的基因所控制的遗传性状只局限在雄性或雌性上表现的现象。

限性遗传与伴性遗传的区别在于：限性遗传只局限在一种性别上表现，而伴性遗传则可在雄性也可在雌性上表现，只是表现频率有所差别。

从性遗传（sex－controlled inheritance）或称性影响遗传（sex－influenced inheritance）：其与限性遗传不同，是指不含于 $X$ 或 $Y$ 染色体上基因所控制的性状表现，而是因为内分泌及其他关系使某些性状或只出现于雌雄一方；或在一方为显性，另一方为隐性的现象。

## 小　结

在自然群体或杂种后代群体中表现为离散或不连续变异的性状称为质量性状。对于由一对等位基因控制的一对相对性状而言，其遗传表现符合孟德尔发现的分离规律，即显性性状与隐性性状在测交 1 代表现为 1∶1 的分离比例；在 $F_2$ 代，当显性完全时表现为 3∶1 的分离比例，显性不完全时，则表现为 1∶2∶1 的比例。分离现象的实质是杂交种在形成配子时成对基因（等位基因）彼此分离，产生两种不同类型而且数目相等的配子。对于两对相对性状的遗传而言，当这两对相对性状由两对非等位基因控制，且该两对基因位于非同源染色体上时，其遗传表现符合孟德尔的独立分配规律，即在测交 1 代出现两种亲本类型和两种重组类型，其分离比例为 1∶1∶1∶1；在 $F_2$ 代，两个显性性状个体、一个显性性状与一个隐性性状个体、双隐性性状个体的比例为 9∶3∶3∶1。独立分配规律的实质是在杂种形成配子的过程中，两对非等位基因互不干扰独立遗传，即等位基因随同源染色体的分开而分离，而非等位基因随非同源染色体在子细胞中的随机分配而自由组合。分离规律和独立分配规律均可采用测交法和自交法进行验证。对于多对相对性状的遗传而言，只要控制这些性状的非等位基因位于非同源染色体上，则仍然符合独立分配规律。由于配子的形成和受精，尤其是等位基因的组合是一种概率事件，因此对遗传学数据可以采用概率的乘法定理与加法定理来分析。当涉及的基因数日较多时，采用二项展开式分析较为简便。在判断实际获得的各项数值是否属于真实遗传差异时进行卡方测验是必要的环节。

当一对相对性状由二对非等位基因控制时，性状的遗传则表现为非等位基因之间的互作。当二对非等位基因独立遗传时，其后代基因型的类型和比例仍然符合独立分配规律，但性状表现发生了变化，呈现互补、积加、重叠、显性上位、隐性上位、抑制等各种不同的遗传效应。植物性状的表现除受控于本身内在的基因外，有时还受到温度、光照和发育阶段等环境条件的影响。

当两对相对性状由位于同源染色体上的非等位基因控制时，将表现为性状的连锁遗传现象，即在 $F_2$ 与测交一代出现的 4 种表现型中，亲本类型多，而重组类型少的现象。连锁遗传的机制在于，在杂种配子形成的细胞减数过程中，位于同一染色体上的非等位基因随染色体作为一个整体而传递，重组类型的出现是粗线期非姊妹染色单体交换的结果。重组类型出现的比率直接与非姊妹染色单体有关基因染色体片段的交换频率相关，因此重组型配子数占总配子数的百分率常用交换值来反映。交换值的大小可采用测交法或自交法进行估计。一般而言，两基因之间交换频率的高低（或交换值的大小）与两个连锁基因在染色体间的距离成正比，因此两个基因之间的遗传距离常用交换值来表示。两点测验是基因定位的最基本方法，而三点测验是基因定位的最常用方法。三点测验首先根据双交换发生的机会最少判断中间的基因，从而确定基因的顺序，然后根据计算的交换值确定基因间的距离。有些植物存在雌雄个体差别，其性别可能由性染色体、单基因或环境等决定。如果控制某个性状的基因位于性染色体上，该性状的遗传将表现为性连锁。

## 思 考 题

1. 名词解释。

单位性状　等位基因　测交　不完全显性　共显性　基因型　表现型

杂合体　纯合体　一因多效　多因一效　连锁遗传　干扰　基因定位

连锁遗传图　连锁群

2. 问答。

（1）分离规律的实质是什么？

（2）独立分配规律在育种实践上有何意义？

（3）测交在遗传学上有什么意义？

（4）为什么会出现不完全连锁？

（5）基因互作有几种类型，各出现什么比例？

（6）如何根据重组值判断是自由组合还是连锁互换？

3. 图示下列各题。

（1）紫茉莉的花色有红、粉红和白三种，现有一组红花与白花的材料杂交，其后代出现了大约25%的红花植株、50%的粉红花植株和25%的白花植株，试用杂交图示说明其遗传方式。

（2）在南瓜中，白色果实是由显性基因 *Y* 决定的，黄色果实是由隐性基因 *y* 决定的，盘状果实是由显性基因 *S* 决定的，球状果实是由隐性基因 *s* 决定的。将白色盘状果实类型与黄色球状果实类型杂交，$F_1$ 均为白色盘状果实。如让 $F_1$ 个体全部自交，试问 $F_2$ 的表现型预期比例如何？

（3）一个豌豆品种的性状是高茎（*DD*）和花开在顶端（*aa*），另一个豌豆品种的性状是矮茎（*dd*）和花开在叶腋（*AA*）。让它们杂交，$F_1$ 产生几种配子，比例如何？$F_2$ 的基因型、表现型如何？

（4）在番茄中，缺刻叶与马铃薯叶是一对相对性状；紫茎与绿茎是另一对相对性状。当紫茎缺刻叶植株（*AACC*）与绿茎马铃薯叶植株（*aacc*）杂交，其 $F_2$ 的结果如下：

| 紫茎缺刻叶 | 紫茎马铃薯叶 | 绿茎缺刻叶 | 绿茎马铃薯叶 |
|---|---|---|---|
| 247 | 90 | 83 | 34 |

这两对基因是否为自由组合？

（5）在玉米中，高茎基因（*D*）对矮茎基因（*d*）是显性；常态叶基因（*C*）对皱缩叶基因（*c*）是显性。现以高茎、常态叶品系（*DDCC*）与矮茎、皱缩叶品系（*ddcc*）杂交，再用双隐性品系同 $F_1$ 测交，得到的后代是：

高茎、常态叶　83　株　　高茎、皱缩叶　19　株

矮茎、常态叶　17　株　　矮茎、皱缩叶　81　株

试问这两对基因是否连锁？如有连锁，交换值是多少？

（6）金鱼草的白花窄叶与红花宽叶植株进行杂交，得到10株白花窄叶，20株白花中等叶，10株白花宽叶，20株粉红窄叶，40株粉红中等叶，20株粉红宽叶，10株红花窄叶，20株红花中等叶与10株红花宽叶。

1）两株亲本性状由几对基因控制，属何种显性类别？

2）所列表现型中哪几种是纯合的？

4. 计算题。

（1）在南瓜中，果实的白色（*W*）对黄色（*w*）是显性，果实盘状（*D*）对球状（*d*）是显性，这两对基因是自由组合的。问下列杂交可以产生哪些基因型，哪些表型，它们的比例如何？

1）*WWDD*×*wwdd*　　2）*WwDd*×*wwdd*

3）*Wwdd*×*wwDd*　　4）*Wwdd*×*WwDd*

（2）在南瓜中，球状果基因对长形果基因为显性。两个不同的纯型合子球状果品系杂交产生如下的结果：

盘状果89，球状果62，长形果11。试分析该遗传形式，并对上述数据作 $x^2$ 检验，指出 $F_1$ 的基因型，

表型以及 $F_2$ 的基因型。

(3) 真实遗传的紫茎缺刻叶植株 ($AACC$) 与真实遗传的绿茎马铃薯植株 ($aacc$) 杂交，$F_2$ 如下：

紫茎缺刻叶　紫茎马铃薯叶　绿茎缺刻叶　绿茎马铃薯叶

247　90　83　34

在总共 454 株 $F_2$ 中，计算 4 种表型的预期数；进行 $x^2$ 测验；问这两对基因是否是自由组合的？

(4) 两种植株有 4 对自由组合基因之差，他们相交，$AABBCCDD \times aabbccdd$，产生的 $F_1$，再自花授粉（大小写字母代表有显性表型作用的等位基因）。试问：

1) $F_2$ 中有多少不同的基因型？

2) $F_2$ 中 4 个因子的表型都是隐性的基因型有多少？

3) $F_2$ 中 4 个显性基因均为纯和的基因型有多少？

4) 假如最初的杂交是 $AAbbCCdd \times aaBBccDD$，请回答以上 3 个问题。

(5) 在豌豆中，蔓茎 ($T$) 对矮茎 ($t$) 是显性，绿豆荚 ($G$) 对黄豆荚 ($g$) 是显性；圆豆子 ($R$) 对皱豆子 ($r$) 是显性。现有下列两种杂交组合，问它们后代的表型如何？

1) $TTGgRr \times ttGgrr$。

2) $TtGgrr \times ttGgrr$。

(6) 当二白花香豌豆杂交时，$F_1$ 为紫花，而 $F_1$ 自交得 55 株紫花和 45 株白株。问：

1) 这是什么表型类型？

2) 亲本、$F_1$ 和 $F_2$ 的基因型如何？

(7) 如孟德尔所发现的那样，豌豆种皮灰色对白色显性。在下列的杂交实验中，已知亲本的表型而不知其基因型，产生的子代列表如下：

| 亲　本 | 子　代 | |
|---|---|---|
| | 灰 | 白 |
| ①灰×白 | 82 | 78 |
| ②灰×灰 | 118 | 39 |
| ③白×白 | 0 | 50 |
| ④灰×白 | 74 | 0 |
| ⑤灰×灰 | 90 | 0 |

1) 用 $G$ 代表灰色基因，用 $g$ 代表白色基因，请写出每个亲本可能的基因型？

2) ②、④、⑤杂交组合中，灰色个体的 $F_1$ 代有多少在自交时能产生白色后代？

(8) 在玉米中，有 3 个显性基因 $A$，$B$ 和 $R$ 对种子着色是必须的。基因型 $ACR$ 是有色的；其他基因皆无色。有色植株与 3 个植株杂交，获得如下结果：与 $aaccRR$ 杂交，产生 50% 的有色种子；与 $aaCCrr$ 杂交，产生 25% 的有色种子；与 $AAccrr$ 杂交，产生 50% 的有色种子。问这个有色植株的基因型是什么？

(9) 紫茉莉花的红花基因对白花基因是不完全显性。如两种植物杂交，产生 18 个红花，32 个粉花，15 个白花，植物亲本的表型是什么？

(10) 假设控制花色的基因 $Cr$ 和 $CR$ 之间为不完全显性，$CRCR$ 花色是红色的，$CRCr$ 是粉红，$CrCr$ 是白色的；控制种子颜色的基因 $Sb$ 和 $SB$ 之间是不完全显性，$SBSB$ 的种子是黑红色，$SBSb$ 粉红色，$SbSb$ 是白色。预期下列杂交子代的表型及比例。

1) $CRCRSbSb \times CrCrSBSB$。

2) $CRCrSBSb \times CRCrSBSb$。

3) $CRCrSBSb \times CrCrSbSb$。

4) $CrCrSBSb \times CRCrSbSb$。

(11) 番茄红果 ($R$) 对黄果 ($r$)、二室 ($M$) 对多室 ($m$) 是显性，这两对基因独立遗传，现将红果二室与红果多室杂交子一代植株有：3/8 红果二室，3/8 红果多室，1/8 黄果二室，1/8 黄果多室。问：两个亲本的基因型是什么？如何进行验证？

（12）Stadler 用玉米的一个连锁隐性基因无色（$c$）皱皮（$sh$）和蜡质（$wx$）是纯合的品系，与另一个对这些基因的显性等位基因（$C\ Sh\ Wx$）是纯合的品系杂交，其 $F_1$ 代与纯合的隐性品系回交，有如下的子代：

| 表型 | 数目 | 表型 | 数目 |
| --- | --- | --- | --- |
| $C\ Sh\ Wx$ | 17957 | $C\ Sh\ wx$ | 4455 |
| $c\ sh\ wx$ | 17699 | $c\ sh\ Wx$ | 4654 |
| $C\ sh\ wx$ | 509 | $C\ sh\ Wx$ | 20 |
| $c\ sh\ Wx$ | 524 | $c\ Sh\ wx$ | 12 |

1）画出这 3 个基因的连锁图。

2）计算符合系数。

# 第4章　数量性状的分析

**本章学习要点**

- 数量性状的特征
- 数量性状的遗传模型
- 数量性状的遗传参数及其估算
- 近交的遗传效应
- 杂种优势的遗传学原理

前几章学习了有关质量性状的遗传分析方法，这些性状的表现型呈不连续的变异，如豌豆花色为红色与白色、花序着生的位置为顶生与腋生。这些性状的遗传表现直接由其基因型决定，因此可以根据遗传群体表现型的变异推测群体的基因型差异。在杂种后代的分离群体中，采用经典遗传学分析方法，研究其遗传动态。在园林植物中，还有一类呈连续变异的数量性状，如株高、花朵的直径、重瓣性、抗寒性等。这些数量性状在一个自然群体或杂种后代群体中，很难对不同个体进行明确分组，求出不同级之间的比例，因此不能采用质量性状的分析方法依据表现型变异推断群体的遗传变异，而借助数理统计的方法可以很好地研究数量性状的遗传规律。

## 4.1　数量性状的特征

与质量性状相比，数量性状无论在表型上，还是在基因组成上都存在很大的不同。

### 4.1.1　数量性状的表型特点

数量性状在表型上有两个最显著的特点：

(1) 数量性状在杂种后代群体的变异表现为连续性，呈正态分布。例如，园林植物花朵的直径，当采用纯系大花亲本与小花亲本杂交时，$F_2$ 代个体的花冠长度一般会介于杂交亲本之间，呈现连续分布，不能明确分为不同的组别，只能通过测量的方法进行统计。除花朵直径、株高、冠幅、切花产量等表现为严格的连续变异性状外，数量性状还包括一类准连续变异的性状，如重瓣性、单株分枝数、单株花数等。在分离后代中，性状表现会介于亲本之间，从少到多，难以明确分组。但这种准连续变异的性状只能通过计数的方法进行统计。

(2) 数量性状对环境条件比较敏感。在某些环境条件下，数量性状能获得充分的表现，而在另一些环境条件下，可能表现的较差。但这种变异是不遗传的。

例如，玉米果穗长度不同的两个亲本杂交（见表4-1），其 $F_1$ 的果穗长度处于两个亲本的中间，$F_2$

**表4-1**　　玉米果穗不同长度植株数的分布

| 长度 | 果穗长/cm | | | | | | | | | | | | | | | | |
|---|---|---|---|---|---|---|---|---|---|---|---|---|---|---|---|---|---|
| | 5 | 6 | 7 | 8 | 9 | 10 | 11 | 12 | 13 | 14 | 15 | 16 | 17 | 18 | 19 | 20 | 21 |
| 短穗亲本 | 4 | 21 | 24 | 8 | | | | | | | | | | | | | |
| 长穗亲本 | | | | | | | | | 3 | 11 | 12 | 15 | 26 | 15 | 10 | 7 | 2 |
| $F_1$ | | | | | 1 | 12 | 12 | 14 | 17 | 9 | 4 | | | | | | |
| $F_2$ | | | 1 | 10 | 19 | 26 | 47 | 73 | 68 | 68 | 39 | 25 | 15 | 9 | 1 | | |

植株果穗的长度呈现广泛的变异，这种变异呈现连续性，很难分组，也就不能求出不同组之间的比例。此外，在 $P_1$、$P_2$、$F_1$ 中，虽然各群体中的个体基因型一致，但受环境条件的影响，各个体的穗长也呈现连续的分布，而不是只有一个长度。$F_2$ 群体既有由于基因所造成的基因型差异，又有由于环境的影响所造成的差异，因此 $F_2$ 的连续分布比亲本和 $F_1$ 都更广泛。

### 4.1.2 数量性状的多基因假说

1909 年，瑞典遗传学家尼尔逊·埃尔（Nilson－Ehle，H.）在小麦籽粒颜色的遗传研究中，发现红粒小麦品种与白粒品种杂交，$F_1$ 为中间型，$F_2$ 群体中籽粒颜色可以分为红色和白色两组。有些组合呈 3∶1分离，属于 1 对基因控制；有些组合为 15∶1，属于 2 对基因控制；有些组合 63∶1，属于 3 对基因控制。若观察再详细一点，可以发现，在红粒组中红色的程度又分为好几个等级。假设 $R$ 为控制红色素合成的基因，而隐性基因 $r$ 为不能合成红色素。$R_1$、$R_2$、$R_3$ 为非等位基因，其对红色素的合成效应相同，且为累加效应。杂交试验结果如图 4－1 所示。

P 红粒($r_1r_1r_2r_2R_3R_3$)×白粒($r_1r_1r_2r_2r_3r_3$)
↓
$F_1$ $r_1r_1r_2r_2R_3r_3$
红粒
↓⊗
$F_2$ 2$R$ 1$R$1$r$ 2$r$
浅粒 最浅红 白

P 红粒($r_1r_1R_2R_2R_3R_3$)×白粒($r_1r_1r_2r_2r_3r_3$)
↓
$F_1$ $r_1r_1R_2r_2R_3r_3$
红粒
↓⊗
$F_2$ 4$R$ 3$R$1$r$ 2$R$2$r$ 1$R$3$r$ 4$r$
深红 中红 浅红 最浅红 白

P 红粒($R_1R_1R_2R_2R_3R_3$)×白粒($r_1r_1r_2r_2r_3r_3$)
↓
$F_1$ $R_1r_1R_2r_2R_3r_3$
红粒
↓⊗
$F_2$ 6$R$ 5$R$1$r$ 4$R$2$r$ 3$R$3$r$ 2$R$4$r$ 1$R$5$r$ 6$r$
最深红 暗红 深红 中红 浅红 最浅红 白

图 4－1 红粒小麦×白粒小麦 $F_2$ 基因型与表现型频率

如果只有 1 对基因控制时，$F_1$ 植株产生的配子为：♂G：$\frac{1}{2}R+\frac{1}{2}r$，♀G：$\frac{1}{2}R+\frac{1}{2}r$。雌雄配子受精结合，$F_2$ 的基因型频率为：

$$\left(\frac{1}{2}R+\frac{1}{2}r\right)\left(\frac{1}{2}R+\frac{1}{2}r\right)=\left(\frac{1}{2}R+\frac{1}{2}r\right)^2$$
$$=\frac{1}{4}RR+\frac{2}{4}Rr+\frac{1}{4}rr$$

表现型 3∶1

当性状由 $n$ 对独立基因决定时，则 $F_2$ 的表现型频率为：

$$\left(\frac{1}{2}R+\frac{1}{2}r\right)^{2n}$$

当 $n=2$ 时，代入上式并展开，即得：

$$\left(\frac{1}{2}R+\frac{1}{2}r\right)^{2\times 2}=\underset{4R}{\frac{1}{16}}+\underset{3R}{\frac{4}{16}}+\underset{2R}{\frac{6}{16}}+\underset{1R}{\frac{4}{16}}+\underset{0R}{\frac{1}{16}}$$

当 $n=3$ 时，代入上式并展开，即得：

$$\left(\frac{1}{2}R+\frac{1}{2}r\right)^{2\times 3}=\underset{6R}{\frac{1}{64}}+\underset{5R}{\frac{6}{64}}+\underset{4R}{\frac{15}{64}}+\underset{3R}{\frac{20}{64}}+\underset{2R}{\frac{15}{64}}+\underset{1R}{\frac{6}{64}}+\underset{0R}{\frac{1}{64}}$$

为简便起见，亦可用杨辉三角形中双数行（即第二列中的 2，4，…，8）来表示，如图 4－2。

以上分析结果与实际观察到的表型比例完全相符。据此，尼尔逊·埃尔提出了多基因假说（multiple gene hypothesis）。该假说的要点是：①数量性状是由许多彼此独立的基因作用的结果，每个基因对性状表现的效果甚微，但其遗传方式仍然符合孟德尔的遗传规律。②控制同一数量性状的非等位基因之间的效应相等，各基因的作用是累加的，呈剂量效应。③各等位基因之间表现为不完全显性或无显性。

1 1
1 2 1 ← $n=1$
1 3 3 1
1 4 6 4 1 ← $n=2$
1 5 10 10 5 1
1 6 15 20 15 6 1 ← $n=3$
1 7 21 35 35 21 7 1
1 8 28 56 70 56 28 8 1 ← $n=4$

图 4－2 杨辉三角形

近年来，借助于分子标记和数量性状基因位点（quantitative trait loci，QTL）作图技术，已经可以在分子标记连锁图上标出单个基因位点的位置，并确定其遗传效应。对植物众多数量性状基因定位和效应分析表明，数量性状可由少数效应较大的主基因（major gene）控制，也可由数目较多、效应较小的微效基因（minor gene）控制。此外还存在效应较小的修饰基因（modifying gene）作用，这些基因的作用微小，但能增强或削弱主基因对表现型的作用。

### 4.1.3 数量性状与质量性状的关系

数量性状和质量性状的共同点是：①数量性状和质量性状都是生物体表现出来的生理特性和形态特征，都属性状范畴，都受基因控制；②控制数量性状和质量性状的基因都位于染色体上，它们的传递方式都遵循孟德尔式遗传。

数量性状和质量性状的不同点是：①质量性状差异明显，呈不连续变异，表型呈现一定的比例关系，一般受环境的影响较小；而数量性状差异不明显，呈连续变异，表型一般不呈现一定的比例关系，受环境的影响较大；②质量性状受单基因或少数基因控制，数量性状受多基因控制。

数量性状与质量性状的区分并不是绝对的。有些性状因区分的标准不同可以是质量性状又可以是数量性状。如植物花的红色与白色，表现为质量性状，但若测其分离群体中单株色素含量则可能表现为数量性状。其次有些性状因杂交亲本相差基因对数的不同而不同（相差越多则连续性越强）。再次有些基因既控制数量性状又控制质量性状。在特定条件下多对微效基因中的某一对的分离也可以使杂交子代中出现明显可区分的表型。例如在菊花株高方面，当两个品系的其他有关植株高矮的微效基因都相同而只有某一对基因不同的情况下，杂交子代中的植株高度便可以明显地划分为不重叠的高矮两组。

## 4.2 数量性状的遗传分析

由于数量性状受多对基因控制，且它们的表现容易受环境的影响，其遗传分析要比质量性状复杂得多。同一品种在不同环境条件下，数量性状的表现会有很大的差别。因此，研究数量性状的遗传时，往往要分析多对基因的遗传表现，并要特别注意环境条件的影响。1918 年 Fisher 发表“根据孟德尔遗传假设对亲子间相关性的研究”论文，将统计方法与遗传分析方法结合，创立了数量遗传学。1925 年著《研究工作者统计方法》（Statistical Methods for Research Workers）一书，首次提出方差分析（analysis of variance，ANOVA）方法，为数量遗传学研究提供了有效的分析方法，为数量遗传学的发展奠定了基础。

### 4.2.1 数量性状的基本统计参数

数量性状在杂交后代中不能得到明确比例，需应用数理统计方法对遗传群体的均值（mean，以 $\mu$ 表示）、方差（variance，$V$）、协方差（covariance，$C$）和相关系数（correlation coefficient，以 $r$ 表示）等遗传参数进行估算，发现数量性状遗传规律。由于对于任何一个群体，人们往往无法观测和分析所有可能个体的性状表现，在实际分析时，常通过对随机抽取的一些样本个体进行观测，计算其均值（$\overline{x}$）和方差（$\overline{V}$），实现对群体均值（$\mu$）和方差（$V$）的无偏估计。

#### 4.2.1.1 平均数

平均数表示一组资料的集中性，是某一性状全部观察数（表现型值）的算术平均。用$\overline{x}$或$\hat{\mu}$表示。其计算公式如下：

$$\overline{x}\text{或}\hat{\mu}=\frac{x_1+x_2+x_3+\cdots+x_n}{n}=\frac{\sum x_i}{n}$$

式中　$x_i$——$x$ 性状的第 $i$ 项观测值。

#### 4.2.1.2 方差和标准差

方差是各变量值与其均值离差平方的平均数，它是测算数值型数据离散程度的最重要的方法。样本方差的算术平方根叫做样本标准差（standard deviation，SD）或称标准误（standard error）。方差用$\overline{V}$或 $S^2$ 表示，标准差用 $S$ 表示。方差和标准差是测算离散趋势最重要、最常用的指标。$V$ 和 $S^2$ 越大，表示这个资料的变异程度越大，则平均数的代表性越小。样本方差的计算公式为：

$$\overline{V}=\frac{\sum(x_i-\overline{x})^2}{n-1}$$

标准差与原观察值的单位相同，因此更为常用。其计算公式为：

$$S=\sqrt{V}=\sqrt{\frac{\sum x_i^2-\frac{1}{n}(\sum x)^2}{n}}$$

一般来讲，育种上要求标准差大，即差异大，有利于单株的选择；而良种繁育场则要求标准差小，即差异小，可保持品种稳定。在统计分析中，群体平均数可度量群体中所有个体的平均表现；群体方差可度量群体中个体的变异程度。因此，对数量性状方差的估算和分析是进行数量性状遗传研究的基础。

**4.2.1.3** 协方差（$C$）和相关系数（$r$）

由于存在基因连锁或一因多效，同一遗传群体的不同数量性状之间常会存在不同程度的相互关联，可用协方差度量这种共同变异的程度。如两个相互关联的数量性状（性状 $X$ 和性状 $Y$）的协方差 $C_{xy}$ 可用样本协方差来估算：

$$\hat{C}_{xy}=\frac{1}{n-1}\sum_{i=1}^{n}(x_i-\hat{\mu}_x)(y_i-\hat{\mu}_y)$$

其中 $x_i$ 和 $y_i$ 分别是性状 $X$ 和性状 $Y$ 的第 $i$ 项观测值，$\hat{\mu}_x$ 和 $\hat{\mu}_y$ 则分别是两个性状的样本均值。

协方差值受成对性状度量单位的影响，相关性遗传分析常采用不受度量单位影响的相关系数（$r=C_{XY}/\sqrt{V_XV_Y}$）来表示，相关系数是变量之间相关程度的指标，取值范围为［－1，1］。$|r|$ 值越大，变量之间的线性相关程度越高；$|r|$ 值越接近 0，变量之间的线性相关程度越低。

## 4.2.2 数量性状的遗传模型

生物群体的变异可分为表现型变异（phenotypic variation）和遗传变异（genetic variation）。当基因表达不因环境的变化而异时，个体表现型值（phenotypic value，$P$）是基因型值（genotypic value，$G$）和随机机误（random error，$e$）的总和，即

$$P=G+e$$

在数理统计分析中，通常采用方差（variance，$V$）度量某个性状的变异程度。所以，遗传群体的表现型方差（phenotypic variance，$V_P$）是基因型方差（genotypic variance，$V_G$）与机误方差（error variance，$V_e$）之和，即

$$V_P=V_G+V_e$$

控制数量性状的基因具有各种效应，主要包括：加性效应（additive effect，$A$）、显性效应（dominance effect，$D$）和上位性效应（epitasis effect，$I$）。加性效应是基因位点（locus）内等位基因之间（如纯合基因型 $A_1A_1$ 中 $A_1$ 与 $A_1$ 之间）以及非等位基因之间（如 $A_1$ 与 $A_2$）的累加效应，基因型的加性效应是上下代遗传中可以固定的遗传分量；显性效应是基因位点内等位基因之间的互作效应（如 $A$ 与 $a$ 之间），属于非加性效应，不能在世代间固定，与基因型有关，随着基因在不同世代中的分离与重组，基因间的关系（基因型）会发生变化，显性效应会逐代减小；上位性效应是指非等位基因之间的相互作用（如显性上位作用或隐性上位作用）对基因型值产生的效应，也属于非加性效应，不能稳定遗传。基因型值是各种基因效应的总和。如果不考虑上位性效应，则称为加性－显性模型，生物的基因型值 $G=A+D$，其表现型值为：$P=G+e=A+D+e$。群体表现型方差可以分解为加性方差、显性方差和机误方差。那么表现型方差也可以写为：

$$V_P=V_A+V_D+V_e$$

对于某些性状，不同基因位点的非等位基因之间可能存在相互作用，即上位性效应。生物的基因型值 $G=A+D+I$，称为加性－显性－上位性模型，表现型值为：

$$P=G+e=A+D+I+e$$

该群体表现型方差可以分解为加性方差、显性方差、上位性方差和机误方差。那么表现型方差也可以写为：

$$V_P=V_A+V_D+V_I+V_e$$

假设只存在基因加性效应（$G=A$），4 种基因数目的 $F_2$ 群体表现型值频率分布如图 4－3 所示。

当机误效应不存在时，如性状受少数基因（如 1～5 对）控制，表现典型的质量性状；但基因数目较

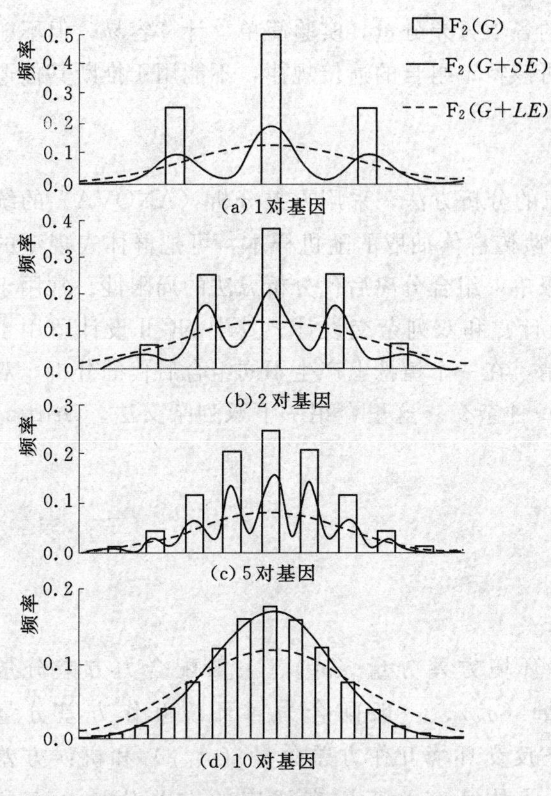


图 4-3　不同基因数目及机误效应的 $F_2$ 群体表现型值频率分布

多时（如 10 对）则有类似数量性状的表现。当存在机误效应时，表现型呈连续变异，当受少数基因（如 1～5 对）控制时，可对分离个体进行分组；但基因数目较多（如 10 对）则呈典型数量性状表现。所以多基因（polygenes）控制的性状一般均表现数量遗传的特征。但是一些由少数主基因控制的性状仍可能因为存在较强的环境机误而归属于数量性状。生物所处的宏观环境对群体表现也具有环境效应（$E$），基因在不同环境中表达也可能有所不同，会存在基因型与环境互作效应（$GE$）。所以生物体在不同环境下的表现型值可以细分为：$P=E+G+GE+e$，群体表现型变异也可作相应分解：

$$V_P=V_G+V_{GE}+V_e$$

加性—显性遗传体系的互作效应中的 $GE$ 互作效应包括加性与环境互作效应（$AE$）和显性与环境互作效应（$DE$）。个体表现型值：$P=E+A+D+AE+DE+e$，表现型方差：

$$V_P=V_E+V_A+V_D+V_{AE}+V_{DE}+V_e$$

同理，加性－显性－上位性遗传体系的互作效应中个体表现型值可以写作：

$P=E+A+D+I+AE+DE+IE+e$，表现型方差

$$V_P=V_E+V_A+V_D+V_I+V_{AE}+V_{DE}+V_{IE}+V_e$$

### 4.2.3　遗传参数的估算

通过一定的杂交试验设计，结合统计分析方法，可估算出数量性状表现型变异中遗传变异（包括加性方差、显性方差、上位性方差）的分量以及基因型与环境互作变异的分量。

#### 4.2.3.1　遗传效应及其方差的分析

1. 二亲本杂交

早期数量遗传研究的群体，一般采用遗传差异较大的二个亲本杂交，分析亲本及其 $F_1$、$F_2$ 或回交世代的表现型方差，进一步估算群体的遗传方差或加性、显性方差。

基因型不分离的纯系亲本及其杂交所得 $F_1$ 的变异归因于环境机误变异（$V_e$），基因型方差等于 0。$F_2$ 世代变异则包括分离个体的基因型变异和环境机误变异，$V_{F2}=V_G+V_e$，因此

$$V_G=V_{F2}-V_e$$

对于异花授粉植物，由于可能存在严重的自交衰退现象，常用 $F_1$ 表现型方差估算环境机误方差，即 $V_e=V_{F1}$。对于自花授粉植物，可用纯系亲本（或自交系）表现型方差估计环境机误方差，或采用亲本和 $F_1$ 的表现型方差，即

$$V_e=\frac{1}{2}(V_{p1}+V_{p2})\text{或}V_e=\frac{1}{3}(V_{p1}+V_{p2}+V_{F1})$$

如假设不存在基因型与环境的互作效应（$V_{GE}=0$）和基因的上位性效应（$V_I=0$），$F_2$ 表现型方差可以分解为：$V_{F2}=V_G+V_e=V_A+V_D+V_e$；增加两个回交世代（$B_1=F_1\times P_1$ 和 $B_2=F_1\times P_2$），可进一步估算加性方差和显性方差，即

$$V_A=2V_{F2}-(V_{B1}+V_{B2})$$

$$V_D=(V_{B1}+V_{B2})-V_{F2}-V_e$$

采用单一组合的分离后代表现型方差，估算遗传群体的各项方差分量，实验简单、计算容易，但不能估算基因型与环境互作的方差分量。所获结果只能用于分析该特定组合的遗传规律，不能用于推断其他遗传群体的遗传特征。

2. 多亲本杂交

20 世纪 50 年代以来发展的多亲本杂交组合的世代均值的分析方法，采用方差分析（ANOVA）的统计方法分析一组亲本和 $F_1$ 遗传变异，如果这组亲本是从某遗传群体抽取的随机样本，可把群体表现型的方差分解为各项方差分量，估算群体的遗传方差分量，克服单一组合分离后代分析方法的局限性。常用于植物的遗传交配设计方法有：北卡罗莱纳设计Ⅱ（NCⅡ设计）和双列杂交设计。其中 NCⅡ设计适用于植物个体上的多个花器同时与若干个雄性亲本完成授粉受精，在一个植株上产生不同组合后代的分析。双列杂交设计适用于多个亲本的相互杂交，每个单株只参加一种杂交。这里介绍一下双列杂交法。Griffing 的双列杂交有 4 种方法：

方法 1：全部亲本和正、反交组合（$p^2$ 个遗传材料）；

方法 2：亲本和正交组合［$p(p+1)/2$ 个遗传材料］；

方法 3：正、反交组合［$p(p-1)$ 个遗传材料］；

方法 4：正交组合［$p(p-1)/2$ 个遗传材料］。

采用 ANOVA 方法分析方法 1 和方法 3，可以估算环境方差分量（$\sigma_E^2$）、一般配合力方差分量（$\sigma_{GCA}^2$）、特殊配合力方差分量（$\sigma_{SCA}^2$）、正反交方差分量（$\sigma_R^2$）、一般配合力×环境互作方差分量（$\sigma_{GCA\times E}^2$）、特殊配合力×环境互作方差分量（$\sigma_{SCA\times E}^2$）、正反交环境互作方差分量（$\sigma_{R\times E}^2$）和机误方差分量（$\sigma_e^2$）。对双列杂交方法 2 和方法 4 的分析，则不能估算有关正反交效应的方差分量（$\sigma_R^2$ 和 $\sigma_{R\times E}^2$）。以上试验方差分量的估算见第 16 章。在此基础上，各项遗传方差分量可按照以下公式估算：

加性方差分量： $$V_A=\frac{4}{1+F}\sigma_{GCA}^2$$

显性方差分量： $$V_D=\frac{4}{(1+F)^2}\sigma_{SCA}^2$$

加性×环境互作方差分量： $$V_{AE}=\frac{4}{1+F}\sigma_{GCA\times E}^2$$

显性×环境互作方差分量： $$V_{DE}=\frac{4}{(1+F)^2}\sigma_{SCA\times E}^2$$

其中 $F$ 是近交系数。环境方差和机误方差的估算公式为：$V_E=\sigma_E^2$，$V_e=\sigma_e^2$。

目前一些学者已针对以上杂交设计方法开发出了相应计算机软件，使各种分量的估算更加便捷。

**4.2.3.2** 遗传力的估算及其应用

在以上各项方差估算的基础上，进一步估算各种遗传效应分量的相对大小，对育种选择具有重要的指导意义。遗传力（heritability）是度量性状的遗传变异占表现型变异相对比率的重要遗传参数，定义为遗传方差（$V_G$）在总方差（$V_p$）中所占比值。简单的数量遗传分析，一般假定遗传效应只包括加性效应和显性效应，而不存在基因效应与环境效应的互作。通常将总的遗传方差占表现型方差的比率定义为广义遗传力（heritability in the broadsense，$H^2$），即

$$H^2=V_G/V_P=(V_A+V_D)/(V_E+V_A+V_D)$$

某性状 $H^2=70\%$，表示在后代的总变异（总方差）中，70%是由基因型差异造成的，30%是由环境条件影响所造成的。$H^2=20\%$，说明环境条件对该性状的影响占 80%，而遗传因素所起的作用很小。在这样的群体中选择，效果一定很差。

通常将加性方差占表现型方差的比率定义为狭义遗传力或狭义遗传率（heritability in the narrow sense，$h^2$），即

$$h^2=V_A/V_P=V_A/(V_E+V_A+V_D)$$

狭义遗传率较高的性状，在杂种早期世代进行选择收效比较显著。而应狭义遗传率较低的性状，则应在杂种后期世代进行选择。

# 4.3　近亲繁殖和杂种优势

## 4.3.1　近交和杂交的概念

许多植物是通过有性方式进行繁殖的，由于产生雌雄配子的亲本来源和交配方式的不同，其后代遗传动态会有明显的差异。杂交（hybridization）指通过不同个体之间的交配而产生后代的过程。异交（outbreeding）指亲缘关系较远的个体间随机相互交配。近交（inbreeding）是指亲缘关系相近个体间杂交，亦称近亲交配。自交（selfing）主要是指植物的自花授粉（self - fertilization），由于其雌雄配子来源于同一植株或同一花朵，因而它是近亲交配中最极端的方式。回交（backcross）指杂种后代与其亲本之一的再次交配。例如，甲×乙的 $F_1$×乙→$BC_1$，$BC_1$×乙→$BC_2$，…；或 $F_1$×甲→$BC_1$，$BC_1$×甲→$BC_2$，…。$BC_1$ 表示回交第一代，$BC_2$ 表示回交第二代，余类推。也有用（甲×乙）×乙等方式表示的。在回交中，轮回亲本（recurrent parent）是指被用来连续回交的亲本。非轮回亲本（non - recurrent parent）是指未被用于连续回交亲本。

19 世纪达尔文在植物试验中提出“异花受精一般对后代有益、自花受精时常对后代有害”的理论，为杂种优势的理论研究和利用奠定了基础。在孟德尔遗传规律重新发现后，近亲繁殖和杂种优势成为数量遗传研究的一个重要方面和近代育种工作的一个重要手段。

植物群体或个体近亲交配的程度，一般根据天然杂交率的高低可分为以下几种：①自花授粉植物（self - pollinated plant）：如水稻、小麦、大豆、烟草等，天然杂交率低（1%～4%）。②常异花授粉植物（often cross - pollinated plant）：如棉花、高粱等，其天然杂交率常较高（5%～20%）。③异花授粉植物（cross - pollinated plant）：如玉米、黑麦、白菜型油菜等，天然杂交率高（20%～50%），自然状态下是自由传粉。

## 4.3.2　近交的遗传效应

一般来说，近交的遗传效应有两个，近交能够促进后代基因的纯合，自交或近交的后代基因纯合性高，性状比较整齐一致。近交另一个重要的遗传效应就是近交衰退，表现为近交后代的生活力下降，适应能力减弱，抗病能力较差，或者出现畸形性状。

### 4.3.2.1　自交的遗传学效应

自交会导致基因纯合，形成多种基因型的纯合体（或纯系），从而导致植物的生活力下降（自然状态下，杂交繁殖的个体人为自交则生活力下降）。下面介绍一下杂合体 *Aa* 连续自交的后代基因型比例的变化，如表 4 - 2 所示。

**表 4 - 2　杂合体 *Aa* 自交后代基因型比例的变化**

| 世代 | 自交代数 | 基因型及比例 | 杂合体比例 | 纯合体比例 |
| --- | --- | --- | --- | --- |
| $F_1$ | 0 | 1*Aa* | 1 | 0 |
| $F_2$ | 1 | 1/4*AA*，2/4*Aa*，1/4*aa* | 1/2 | 1/2 |
| $F_3$ | 2 | 1/4*AA*，2/16*AA*，4/16*Aa*，2/16*aa*，1/4*aa* | 1/4 | 3/4 |
| $F_4$ | 3 | 6/16*AA*，4/64*AA*，8/64*Aa*，4/64*aa*，6/16*aa* | 1/8 | 7/8 |
| ⋮ | ⋮ | ⋮ | ⋮ | ⋮ |
| $F_r$ | | | $(1/2)^{r-1}$ | $1-(1/2)^{r-1}$ |
| $F_{r+1}$ | | | $(1/2)^r$ | $1-(1/2)^r$ |

一对等位基因随着自交代数的增加，纯合体的比例越来越多，杂合体的比例越来越小。但其纯合体增加的速度和强度决定于基因对数、自交代数、选择。基因对数多，纯合速度就慢，需要的自交代数多，基因对数少，纯合速度就快，需要的自交代数少。当有 n 对异质基因（条件：独立遗传、后代繁殖能力相

同）、自交 r 代，其后代群体中纯合体频率的计算公式为：纯合体的比例＝$[1-(1/2)^r]^n$。植物体在杂合情况下隐性基因被掩盖，自交后成对基因分离和重组，有害的隐性性状得以表现（如白苗、黄苗、花苗、矮化苗等畸形性状），从而淘汰有害的个体、改良群体的遗传组成。而自花授粉植物长期自交，有害隐性性状已被自然选择和人工选择所淘汰，其后代自交一般能保持较好的生活力。

**4.3.2.2** 回交的遗传学效应

回交是指近亲繁殖的一种方式。指杂种后代与双亲之一进行再次杂交。在回交过程中，一个杂种与其轮回亲本回交一次，可使后代增加轮回亲本的 1/2 基因组成。多次连续回交，其后代将基本上回复为轮回亲本的基因组成。如 *Aa* 用全隐性亲本 *aa* 回交，其后代基因型比例的变化如下（见表 4－3）。

**表 4－3　用 *aa* 个体回交杂合体 *Aa* 后代基因型比例的变化**

| 回交代数 | 基因型及比例 | 杂合体比例 | 纯合体比例 |
|---|---|---|---|
| $B_0$ | *Aa* | 1 | 1－1 |
| $B_1$ | 1/2*Aa*，1/2*aa* | 1/2 | 1－1/2 |
| $B_2$ | 1/4*Aa*，1/4*aa*，1/2*aa* | 1/4 | 1－1/4 |
| $B_3$ | 1/8*Aa*，1/8*aa*，3/4*aa* | 1/8 | 1－1/8 |
| ⋮ | ⋮ | ⋮ | ⋮ |
| $B_r$ | | $(1/2)^r$ | $1-(1/2)^r$ |

一对等位基因回交后代纯合体的速度同自交一样。纯合的速度同样是 $1-(1/2)^r$，但自交是所有纯合体加起来的速度，回交只是一种纯合体。在基因型纯合的进度上，回交显然大于自交。一般回交 5～6 代后，杂种基因型已基本被轮回亲本的基因组成所置换。

### 4.3.3 杂种优势的表现和遗传理论

**4.3.3.1** 杂种优势（heterosis）

杂种优势是指两个遗传组成不同的亲本杂交产生的 $F_1$，在生长势、生活力、繁殖力、抗逆性、产量和品质等方面优于双亲的现象。

$F_1$ 杂种优势的特点是：

（1）许多性状综合表现优势。如表现为茎粗、叶大、抗病、抗虫、抗寒、抗旱等。

（2）在一定范围内，双亲亲缘关系、生态类型和生理特性差异越大，后代杂种优势就越强。

（3）杂交亲本的纯合度越高，后代杂种优势越明显。

（4）优势大小与环境条件的作用关系密切。同一杂种在不同地区、不同管理水平下会表现出不同的杂种优势。就一般而言，$F_1$ 适应力＞$P_1$、$P_2$。

（5）$F_2$ 群体内出现性状的分离和重组，与 $F_1$ 相比，$F_2$ 生长势、生活力、抗逆性和产量等方面出现衰退现象。亲本纯度越高，性状差异越大，$F_1$ 优势越强，$F_2$ 衰退就越严重。衰退程度单交＞双交＞品种间。

**4.3.3.2** 杂种优势遗传理论

1. 显性假说（dominance hypothesis）

1910 年，布鲁斯（Bruce A. B.）等人提出显性基因互补假说。琼斯（Jones D. F.，1917）进一步补充为显性连锁基因假说，简称显性假说。显性假说认为，杂种优势是一种由于双亲的显性基因全部聚集在 $F_1$ 引起的互补作用。一般有利性状多由显性基因控制；不利性状多由隐性基因控制。

$P_1$ 多节而节短×$P_2$ 少节而节长
↓
$F_1$
多节而节长，7～8in

图 4－4

例如：豌豆有两个品种的株高均为 5～6in，但其性状有所不同，$F_1$ 集中了双亲显性基因，表现杂种优势，如图 4－4 所示。

2. 超显性假说（overdominance hypothesis）

超显性假说亦称等位基因异质结合假说，主要由肖尔（Shull G. H.）和伊斯特（East F. M.）于 1908 年提出。超显性假说认为，双亲基因型异质结合所引起基因间互作形成杂种优势，等位基因间无显隐性关系，但杂合基因间的互作大于纯合基因。

设：$a_1a_1$ 纯合等位基因能支配一种代谢功能，生长量为10个单位；

$a_2a_2$ 纯合等位基因能支配另一种代谢功能，生长量为4个单位；

$a_1a_2$ 杂合等位基因则能支配两种代谢功能，生长量大于10个单位。则 $a_1a_2 > a_1a_1 > a_2a_2$。

说明异质等位基因的作用优于同质等位基因，可以解释杂种远远优于最好亲本的现象。许多生化遗传学试验，也证明这一假说：

例：同一位点上的两个等位基因（$a_1$、$a_2$）各抗锈病一个生理小种，其纯合体（$a_1a_1$ 或 $a_2a_2$）各抗一个生理小种；杂合体（$a_1a_2$）则能抗两个生理小种，如图4-5所示。

P　$a_1$　$a_1 \times a_2$　$a_2$ 各抗一个生理小种
↓
$F_1$　$a_1a_2$　能抗两个生理小种

图4-5

显性假说与超显性假说均认为杂种优势来源于双亲间基因型的相互关系。但显性假说强调杂种优势源于双亲显性基因间互补（有显隐性）；而超显性假说强调杂种优势源于双亲等位基因间互作（无显隐性）。事实上，上述两种情况都存在。

3. 产生杂种优势的其他原因

（1）非等位基因互作（上位性）对杂种优势表现的影响：费希尔（Fisher R. A.，1949）和马瑟（Mather K.，1955）认为除等位基因互作外，非等位基因互作（上位性）在杂种优势表现中也是一个重要因素。实际上大多数性状都是受多基因控制的，其性状表现上难以区别等位基因互作和非等位基因互作。例如，普通小麦起源可作为说明非等位基因互作的例证，三个在生产上无利用价值的野生种的杂交，形成在生产上利用价值极高的普通小麦。遗传分析推论，普通小麦所表现出来的杂种优势源于染色体间基因互作，即是非等位基因间互作结果，如图4-6所示。

野生一粒小麦＋拟斯卑尔脱山羊草＋方穗山羊草
AA 2n＝14　BB 2n＝14　DD 2n＝14
↓
普通小麦(2n＝42)AABBDD

图4-6

（2）核质互作与杂种优势：除了双亲细胞核之间的异质作用之外，$F_1$ 核质之间也可能存在一定的相互作用，引起杂种优势。如20世纪60年代以来，许多研究证实玉米、高粱、小麦、棉花等作物在双亲间的线粒体、叶绿体活性上可以出现互补作用，与杂种优势的表现密切相关。因此，可利用两个杂交亲本间线粒体、叶绿体活性互补作用来预测杂种优势。

（3）基因多态性与杂种优势：现代生物学的发展已能在分子水平上了解基因多态性（主要在调控区）在结构和功能上的差异。这些差异与杂种优势可能有着较大关系。

（4）基因网络系统与杂种优势：由鲍文奎（1990）提出，各生物基因组都有一套保证个体正常生长与发育的遗传信息。$F_1$ 是两个不同基因组一起形成的一个新网络系统，当整个基因网络处于最佳状态时，即可表现出杂种优势。

（5）环境互作效应对杂种优势的影响：杂种优势的遗传实质在于数量基因各种遗传效应的综合作用，包括遗传主效应（加性、显性、上位性等）和GE互作效应（加性×环境互作、显性×环境互作、上位性×环境互作等）。

因此，杂种优势是由于双亲显性基因互补、异质等位基因互作和非等位基因互作的单一作用或是由于这些因素综合作用和累加作用而引起的。

## 小　　结

园林植物的一些性状在杂种后代群体中呈连续性变异，且易受环境影响，即表现为典型的数量性状特征。对数量性状的研究理论基础是多基因假说。目前认为，数量性状可由少数效应较大的主基因控制，也可由数目较多、效应较小的微效基因控制；每个基因的遗传方式仍然符合孟德尔的遗传规律；各基因的作用具有累加性，也可能存在显性或上位性作用。对数量性状的遗传分析常采用数理统计的方法，主要参数有平均数、方差、协方差等。并通过杂交组合的设计如双亲杂交或多亲杂交，借助特定的遗传模型如加性－显性的遗传模型，对各遗传分量进行估算，分析性状的遗传规律。在各项方差估算的基础上，可进一步估算各种遗传效应分量的相对大小，如遗传力。狭义遗传率较高的性状，在杂种早期世代进行选择收效比较显著。而狭义遗传率较低的性状，则在杂种后期世代进行选择。近交能促进后代基因的纯合，但同时导致近交衰退的遗传学效应。两个遗传组成不同的亲本杂交产生的 $F_1$ 在生活力、繁殖力、抗逆性等方面优于双亲的现象称为杂种优势，杂种优势是生物界较为普遍的现象。关于杂种优势产生的机理目前有显性假说、超显性假说、上位性假说等。

## 思　考　题

1. 如果有一个植株的 4 个显性基因是纯合的，另一植株的相应的 4 个隐性基因是纯合的，两植株杂交，问 $F_2$ 中基因型及表现型像父母本的各有多少？
2. 质量性状和数量性状的区别在哪里？这两类性状的分析方法有何异同？
3. 基于对数量性状遗传本质的理解，叙述数量性状的多基因假说的主要内容。
4. 叙述主效基因、微效基因、修饰基因对数量性状遗传作用的异同之处。
5. 什么是基因的加性效应、显性效应及上位性效应？它们对数量性状的遗传改良有何作用？
6. 什么是广义遗传率和狭义遗传率？它们在育种实践上有何指导意义？
7. 杂合体 $Aa$ 自交三代后，群体中杂合体的比例是多少？如果与隐性亲本 $aa$ 回交三代后，群体中杂合体的比例又是多少？
8. $F_1$ 杂种优势表现在哪些方面？影响杂种优势的强弱有哪些？

# 第 5 章　细胞质基因控制性状的遗传

**本章学习要点**

- 细胞质基因控制性状的遗传特点
- 叶绿体遗传的现象及分子基础
- 线粒体遗传的分子基础
- 胞质雄性不育的机理及其应用

前几章所讨论的遗传现象与规律，包括质量性状的遗传和数量性状的遗传，都是由位于细胞核内染色体上的基因决定的，因此称为细胞核遗传或核遗传（nuclear inheritance）。虽然核遗传在植物的遗传过程中占据着主导地位，但植物某些性状的遗传却不是或者不完全是由核基因所决定的，而是取决于或部分取决于细胞质内的基因。子代的性状由细胞质内的基因所决定的遗传现象称为细胞质遗传（cytoplasmic inheritance），也叫母体遗传（maternal inheritance）、核外遗传（extra - nuclear inheritance）、非孟德尔遗传（non - Mendelian inheritance）。研究和了解细胞质遗传的现象与规律，对于正确认识核质关系，全面理解生物遗传现象和人工创造新的生物类型具有重要的意义。

## 5.1　细胞质遗传现象及其特点

### 5.1.1　柳叶菜属的细胞质遗传

柳叶菜属（*Epilobium*）观赏植物通常为二倍体，花粉中的细胞质很少。研究者用黄花柳叶菜属为母本，刚毛柳叶菜属为父本，杂交一代再作母本同体回交经过 24 代回交转育，获得细胞质几乎完全是黄花柳叶菜的，而细胞核几乎完全是刚毛柳叶菜的材料。如果用 L 和 H 分别表示黄花柳叶菜和刚毛柳叶菜的细胞质，hh 表示刚毛柳叶菜的核基因型，则新材料可表示为 L（hh），原来的刚毛柳叶菜可表示为 H（hh）。将这两种材料进行正反交：①L(hh)×H(hh)；②H(hh)×L(hh)。结果发现正交与反交在植物的育性、杂种优势、对病毒的敏感性和真菌的抵抗力等方面存在显著的差异。差异最大的是育性，其中 L(hh)×H(hh) 子代的花粉是不育的，而 H(hh) ×L(hh) 的子代是可育的。由于正反交的细胞核遗传物质（hh）都是一样的，所不同的就是细胞质（L 或 H），因此，结果说明柳叶菜属的育性等性状是由细胞质基因控制的。目前，有 600 多个种（属）被子植物的细胞质遗传方式得到确定。

### 5.1.2　细胞质遗传的特点

在植物有性繁殖过程中，由于卵细胞内除细胞核外，还有大量的细胞质及其所含的各种细胞器，因此在受精过程中，卵细胞为子代提供了核基因和全部或大部分细胞质基因；而精细胞内除细胞核外，没有或极少有细胞质，也没有或极少有各种细胞器，受精过程中精细胞仅能为子代提供核基因，不能或很少为子代提供细胞质基因（见图 5 - 1）。因此，一切受细胞质基因决定的性状，只能通过卵细胞遗传给子代，而不是通过精细胞传给子代。因此，细胞质遗传的特点是：

（1）杂交后代一般不呈现一定的分离比例，遗传方式是非孟德尔式的。

（2）正交反交结果不同，$F_1$ 性状与母本性状相同，因此称为母性遗传。

（3）通过连续回交能把母本的核基因全部置换掉，但母本细胞质基因及其控制的性状不会消失。

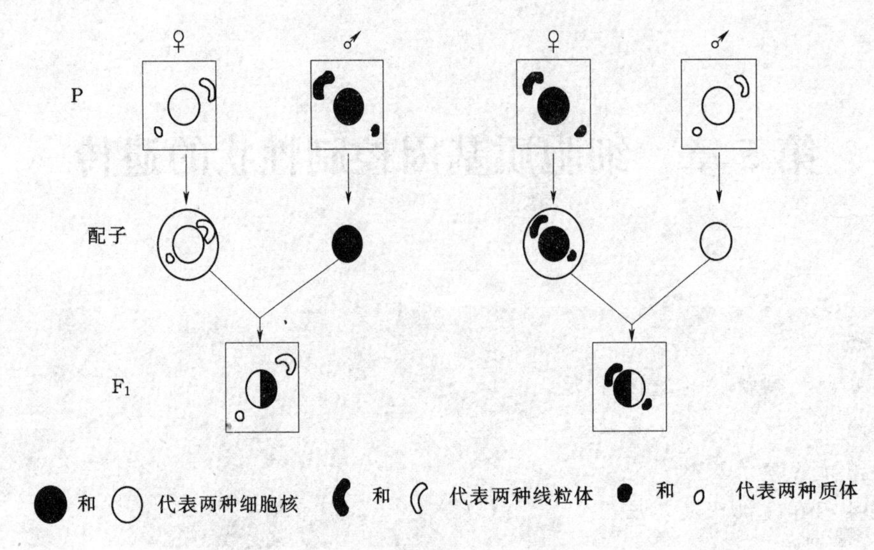


图 5-1 正反交差异形成的原因（引自朱军，2002）

## 5.2 叶绿体遗传

叶绿体是地球上绿色植物体中将光能转化为化学能的重要细胞器。叶绿体主要存在于叶肉细胞中，每个植物细胞中大约有 20～40 个叶绿体。叶绿体中含有遗传物质 DNA，其遗传方式属于非孟德尔式遗传。

### 5.2.1 紫茉莉花斑性状的遗传

紫茉莉（*Mirabilis jalapa*）中有一种花斑植株，着生有绿色、白色、绿白相间的花斑型 3 种枝条。研究表明，绿色枝条细胞中含有正常的叶绿体，而白色枝条的细胞只含有无叶绿素的白色质体，花斑枝条的细胞一些为含有叶绿体绿细胞，一些为含有白色质体的白细胞。1908 年，柯伦斯（Correns）分别以这 3 种枝条上的花做母本，用 3 种枝条上的花粉分别对各枝条上的花进行授粉，并将所结种子播种，观察杂交后代的表现（见表 5-1）。结果显示，白色枝条上的杂交种子都长成白苗；绿色枝条上的杂交种子都长成绿苗；而花斑枝条上的杂交种子或者长成绿苗，或者长成白苗，或者长成花斑苗。杂种植株所表现的性状完全由母本枝条决定，与提供花粉的父本无关。叶绿体存在于细胞质中，子代的质体类型决定于母本枝条的质体，而与花粉来自于哪一种枝条无关，因此叶绿体遗传符合细胞质遗传的特征。

表 5-1 紫茉莉花斑性状的遗传

| 接受花粉的枝条 | 提供花粉的枝条 | 杂种植株的表现 |
|---|---|---|
| 白色 | 白色<br>绿色<br>花斑 | 白色 |
| 绿色 | 白色<br>绿色<br>花斑 | 绿色 |
| 花斑 | 白色<br>绿色<br>花斑 | 白色、绿色、花斑 |

### 5.2.2 叶绿体遗传的分子基础

叶绿体 DNA（chloroplast DNA，ctDNA）是裸露的闭合环状双链分子，大小一般在 120～217kb 之间，通常以多拷贝形式存在，在高等植物的每个叶绿体内含有约 30～60 个拷贝。某些藻类中每个叶绿体内约有100个拷贝。叶绿体DNA的一个显著特点是不含有5-甲基胞嘧啶，该特点可用来进行叶绿体DNA提取纯度的检测。

叶绿体DNA大约含有60～200个基因，这些基因负责编码叶绿体本身结构和组成的一部分物质，如rRNA、tRNA、核糖体蛋白质、光合作用膜蛋白以及RuBp羧化酶的大亚基等，以及与生物体抗药性、对温度的敏感性和某些营养缺陷型等紧密相关的物质。叶绿体的基因结构一般具有以下特点：①启动子序列中有类似原核生物基因的-10区和-35区的结构，但位置可能有所差异。②转录终止序列存在互补结构，可形成终止茎环结构。③有些相邻基因之间共转录形成顺反子。④蛋白质翻译起始氨基酸为甲酰化甲硫氨酸，与原核生物相同。⑤叶绿体中一些基因与原核生物基因的同源性很高，如编码RNA聚合酶α、β亚基的基因；但一些基因与原核生物明显不同，具有自己的特性，如16S—23S基因之间存在较大的间隔区，有些基因具有内含子等。

叶绿体DNA能够自我复制。根据对衣藻和纤细裸藻的研究发现，叶绿体DNA的复制是在核DNA合成前数小时进行的，两者的合成时期完全独立。叶绿体的复制方式与核DNA一样也是半保留复制。但叶绿体DNA的复制酶及许多参与蛋白质合成的组分都是由核基因编码的，在细胞质中合成而后转运进入叶绿体。

叶绿体具有自己的转录翻译系统。叶绿体的核糖体沉降系数大约是70S，其中50S亚基包括23S、4.5S和5S rRNA，30S亚基仅包括16S rRNA。许多核糖体RNA基因与大肠杆菌同源，如玉米、烟草与大肠杆菌的16S rRNA基因同源性达到74%。叶绿体蛋白质合成中所需要的tRNA都由叶绿体基因组编码，合成的tRNA都没有3′-CCA端。叶绿体中约有60种不同的核糖体蛋白，但只有1/3的蛋白是由叶绿体基因所编码。叶绿体基因转录水平与发育阶段诱导和光诱导有关，如*rbcl*、*psbA*基因在光照4小时后转录水平加强。基因的表达调控主要表现在转录水平、转录后水平及翻译调控和翻译后的修饰。

### 5.2.3　叶绿体遗传系统与核遗传系统的关系

1943年，罗兹（Rhoades，M. M.）报道玉米的第7染色体上有一个控制白色条纹的基因（*ij*），纯合的（*ijij*）植株叶片表现为白色和绿色相间的条纹。如果将条纹株与正常绿色株正反杂交，并将$F_1$自交，结果见图5-2。当以绿色植株为母本时，$F_1$全部表现正常绿色，$F_2$出现绿色和白化或条纹3∶1的分离，表明绿色与非绿色为一对核等位基因的差别，纯合个体表现白色或条纹。但以条纹株为母本时，$F_1$出现正常绿色、条纹和白化3类植株，并且无一定比例。如果将$F_1$条纹株与正常绿色株回交，后代仍然出现比例不定的3类植株。继续用正常绿色株做父本与条纹株回交，直至*ij*基因全部被取代，仍没有发现父本对这个性状的影响。可见，条斑一旦在纯合体雌株中出现，便能以细胞质遗传的方式而稳定遗传。

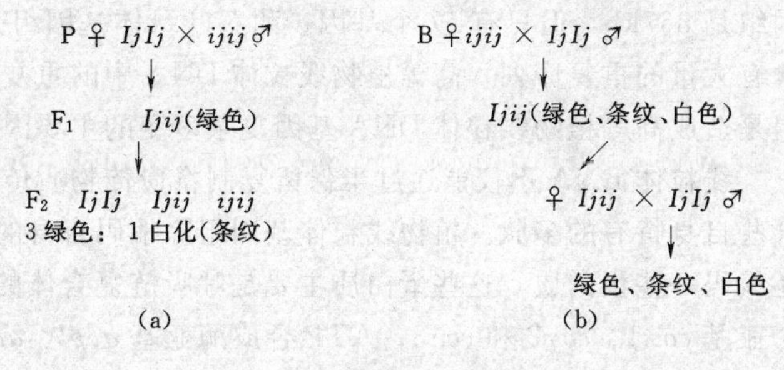

图5-2　玉米条纹叶的遗传

以上例子说明，叶绿体虽然具有一整套不同于核基因组的遗传信息的复制、转录和翻译系统，但在作用于某些性状时却与核基因组之间存在着十分密切的协调配合关系。例如叶绿体中二磷酸核酮糖羧化酶（Rubisco），其大亚基由叶绿体基因组编码，在70S核糖体上合成，而其小亚基却是由核DNA编码，在细胞质中80S核糖体上合成之后，穿过叶绿体膜进入叶绿体中与大亚基一起整合为全酶。总之，叶绿体基因组是存在于核基因组之外的另一遗传系统，控制叶绿体的部分多肽的合成，而对于整个叶绿体的发育、增殖及机能的正常发挥却是由核基因组和叶绿体基因组共同控制的，因此，叶绿体基因组在遗传上仅有相对的自主性或半自主性。

## 5.3　线粒体遗传

线粒体是一种存在于大多数真核细胞中由两层膜包被的细胞器，它是细胞内氧化磷酸化和合成三磷酸腺苷（ATP）的主要场所，为细胞的活动提供了能量，有“细胞动力工厂”之称。此外，线粒体还参与诸如细胞分化、细胞信息传递和细胞凋亡等过程，并拥有调控细胞生长和细胞周期的能力。线粒体内存在遗传物质 DNA，对植物的某些性状有决定作用。

### 5.3.1 植物线粒体遗传

高等植物线粒体遗传表现出复杂的遗传规律，有 3 种基本遗传方式：母系遗传、双亲遗传和父系遗传。例如，在小麦（*Triticum*）、玉米（*Zea mays*）、大豆（*Glycine max*）、高粱（*Sorghum bicolor*）、甜菜（*Beta vulgaris*）、水稻（*Oryza sativa*）、烟草（*Nicotiana rustica*）、大麦（*Hordeum vulgare*）、猕猴桃（*Actinidia*）、丁香属（*Syringa*）和杨属（*Populus*）等植物中已证明为母系遗传（Carrer H，1993；Lutz K A，2001；Huang F C，2002；李振星，2011）。而在甘蓝型油菜（*Brassica napus*）中发现存在线粒体 DNA 父系遗传现象，在 $F_1$ 子代中有 10%的植株的线粒体 DNA 来自于父本。另外，在小麦和小黑麦的属间杂种、大麦和黑麦（*Secale cereale*）的属间杂种、牛尾草（*Festuca pratensis*）和黑麦草（*Lolium perenne*）的属间杂种、香蕉（*Musa acuminata*）、小果野蕉（*Musa acuminate*）中线粒体 DNA 表现为父系遗传特点（FaureS，1994；龚海云，2007；崔彬彬，2006）。在芸苔属（*Brassica campestris*）、紫苜蓿（*Medicago sativa*）、吊兰（*Chlorophytum comosum*）、天竺葵（*Pelargonium zonale*）、月见草（*Oenothera speciosa*）和迎春花（*Jasminum nudiflorum*）中线粒体 DNA 遗传则表现为父系或两系遗传潜能（李振星，2011；胡适宜，1994；Sodmergen，1998；GuoFL，1995）。

总体来看，在被子植物中，线粒体的遗传方式以母系遗传占绝对的统治地位，只有少数物种为线粒体双亲遗传或者父系遗传。在裸子植物中，不同的种差别较大，松科（*Pinaceae*）、红豆杉科（*Tax aceae*）的线粒体多为母系遗传，而松杉类植物其他 4 个科南洋（*Araucariaceae*）、杉科（*Taxodiaceae*）、柏科（*Cupressaceae*）和三尖杉科（*Cephalotaxaceae*）的线粒体主要为父系遗传。

### 5.3.2 线粒体遗传的分子基础

线粒体 DNA（mitochondrial DNA，mtDNA）是裸露的双链 DNA 分子。植物线粒体 DNA 的大小从 200～2500kb 不等。其结构有闭合环状的，也有线性的，其中环状结构出现的频率较低，在玉米和大豆中仅为 5%。与动物相比，植物线粒体基因组较大，但线粒体的基因数目并不多。例如，拟南芥线粒体的基因组是 367kb，但只有 57 个基因；甜菜叶绿体基因组是 501kb，但只有 52 个基因。植物线粒体基因组中含有大量的重复序列，高等植物线粒体 DNA 中的重复序列为 6bp～14kb，甚至更大。这些重复序列的重组是造成高等植物线粒体 DNA 基因复杂多变的主要因素。

线粒体 DNA 不仅能通过半保留复制将遗传物质传递给后代，而且还能转录所编码的遗传信息，合成某些自身特有的多肽。植物线粒体基因组除编码自身的核糖体 rRNA（5S，18S，26S）和一些 tRNA 外，还编码一些蛋白质，这些蛋白质主要是呼吸链复合体的亚基和核糖体多肽，如细胞色素氧化酶复合体的三个亚基 *cox*1、*cox*2 和 *cox*3；ATP 合成酶亚基 *atpl*、*atp*6 和 *atp*9，NADH 脱氢氧化酶复合体的九个亚基 *nad*1～*nad*4、*nad*41、*nad*5－9，以及核糖体蛋白小亚基 *rp*1～*rp*3、*rp*5、*rp*7、*rp*12～*rp*14、*rp*16 和 *rp*19 等。但植物线粒体中的大多数蛋白质是由核基因编码的，它们包括线粒体基质、内膜、外膜、转录和翻译所需的大部分蛋白质，这些蛋白质通过跨膜运输到线粒体内。大多数植物线粒体基因是单独转录的，但也存在以多顺反子方式进行转录的。例如在玉米的线粒体中，相隔 110 个核苷酸的 18S 和 5S 基因是由同一条 DNA 链同一方向共转录产生一个双顺反子的前体，随后加工产生成熟的 18S 和 5S rRNA。一些线粒体基因内含有内含子，如 *cox*2 和 *nad* 基因，所以这些基因产生的 mRNA 需要加工才能成为成熟的 mRNA。植物线粒体 mRNA 5′端不加帽子，3′端也没有多聚腺苷酸化，但通常有长的不翻译的 5′前导序列和 3′尾端序列。一些线粒体基因之间存在共享的重叠序列，例如矮牵牛花 *atp*9 基因和 *pcf* 基因共享一部分序列。植物线粒体基因的表达调控主要体现在转录水平和转录后水平，同时，也存在着翻译后的调节。

由于线粒体 DNA 具有分子量小、结构简单、进化速度快等特点，线粒体基因组已被广泛地用于雄性不育、分子进化、生物分类、近缘种、种内群体间亲缘关系及群体遗传多样性研究领域。线粒体不但含有 DNA，而且具有自身转录和翻译系统，能合成与自身结构有关的一部分蛋白质，同时又依赖核编码的蛋白质的输入。因此，线粒体是半自主性的细胞器，它与核遗传体系处于相互依存的关系。

## 5.4　细胞质遗传与植物的雄性不育

在细胞质基因决定的许多性状中，与植物生产关系最密切的性状之一是植物的雄性不育性（male sterility）。雄蕊发育不正常，不能产生有正常功能的花粉，但雌蕊发育正常，能接受外来花粉而受精结实的雄性不育是生产实践中植物雄性不育利用的主要特征。雄性不育性在植物界普遍存在，据 Kaul 报道，已在 43 科、162 属、320 个种的 617 个品种或种间杂种中发现了雄性不育。如果杂交的母本具有雄性不育性，可以免除人工去雄，节约人力，降低种子成本，并且可以保证种子纯度。目前水稻、玉米、高粱、棉花、大豆、谷子、蓖麻、苎麻、红麻、甜菜、油菜、洋葱、萝卜、叶用芥菜、辣椒、茄子、菜薹、向日葵、西瓜等植物上已经利用雄性不育性进行杂交种子的生产。对地被类植物如三角山羊草等以及园林树木类植物如杉木的雄性不育性也已进行了广泛的研究，有的已接近用于生产。

### 5.4.1　植物雄性不育的类型

可遗传的雄性不育性可分为两种类型。第一种为核不育型（gene determind type），即植物的雄性不育性由核内染色体上的基因所决定。核不育型多属自然发生的变异，在水稻、小麦、大麦、玉米、谷子、番茄和洋葱等许多作物中都发现过。这种不育型的败育过程发生于花粉母细胞减数分裂期间，不能形成正常花粉。由于败育过程发生较早，败育得十分彻底。多数核不育性受一对隐性基因（*ms*）控制，纯合体（*msms*）表现为雄性不育，这种不育性能为相对显性基因（*Ms*）所恢复。杂合体（*Msms*）后代呈简单的孟德尔式分离。但核不育性的一个重要特征是用普通的遗传改良方法不能使整个群体均保持这种不育性，这也是核不育性利用的最大障碍之一。

第二种为质核互作不育型，也称胞质不育型（cytoplasmic male sterility，CMS），即植物的雄性不育性由细胞质基因和细胞核基因相互作用共同控制。在玉米、小麦和高粱等作物中，这种不育类型花粉的败育多发生在减数分裂以后的雄配子形成期。但在矮牵牛、胡萝卜等植物中，败育发生在减数分裂过程中或之前，就多数情况而言，质核型不育型的表现特征比核不育型复杂一些。遗传试验研究证明，质核型不育性是由不育的细胞质基因和相对应的核基因所决定的。当胞质不育基因 *S* 存在时，核内必须有相对应的一对（或一对以上）隐性基因 *rr*，即 *S*（*rr*）个体才能表现不育。杂交或回交时，只要父本核内没有 *R* 基因，则杂交子代一直保持雄性不育，表现了细胞质遗传的特征。如果细胞质基因是正常可育基因 *N*（即正常状态），即使核基因仍然是 *rr*，个体仍是正常可育的。总而言之，如果核内存在显性基因 *R*，不论细胞质基因是 *S* 还是 *N*，个体均表现育性正常。胞质不育基因 *S*，对应的可育基因 *N*；核内不育基因 *r*，对应的可育基因 *R*，*R* 又称为育性恢复基因。

如果以不育个体 *S*（*rr*）为母本，分别与 5 种能育型 *N*(*rr*)、*N*(*RR*)、*S*(*RR*)、*N*(*Rr*) 和 *S*(*Rr*) 杂交（见图 5-3），杂交结果可归纳为以下三种情况：

（1）*S*（*rr*）× *N*（*rr*）→*S*（*rr*），$F_1$ 不育，说明 *N*（*rr*）具有保持不育性在世代中稳定传递的能力，因此，*N*（*rr*）称为保持系。*S*（*rr*）由于能够被 *N*（*rr*）所保持，从而在后代中出现全部稳定不育的个体，因此，*S*（*rr*）称为不育系。

（2）*S*（*rr*）×*N*（*RR*）→*S*（*Rr*），或 *S*（*rr*）× *S*（*RR*）→ *S*（*Rr*），$F_1$ 全部育性正常，说明 *N*（*RR*）或 *S*（*RR*）具有恢复育性的能力，因此，*N*（*RR*）或 *S*（*RR*）称为恢复系。

（3）*S*(*rr*)×*N*(*Rr*)→*S*(*Rr*)+*S*(*rr*)，*S*(*rr*)×*S*(*Rr*)→*S*(*Rr*)+*S*(*rr*)，$F_1$ 表现育性分离，说明 *N*（*Rr*）或 *S*（*Rr*）具有杂合的恢复能力，因此，*N*（*Rr*）或 *S*（*Rr*）称为恢复性杂合体。很明显，*N*（*Rr*）的自交后代能选育出纯合的保持系 *N*（*rr*）和纯合的恢复系 *N*（*RR*）；而 *S*（*Rr*）的自交后代，能选育出不育系 *S*（*rr*）和纯合恢复系 *S*（*RR*）。

| 母本（♀） |  | 父本（♂） |  | 杂种一代($F_1$) |
|---|---|---|---|---|
| *S*(*rr*) | × | *S*(*RR*) | → | *S*(*Rr*) |
| *S*(*rr*) | × | *S*(*Rr*) | → | *S*(*Rr*) |
| *S*(*rr*) | × | *N*(*Rr*) | → | *S*(*rr*) |
| *S*(*rr*) | × | *N*(*RR*) | → | *S*(*Rr*) |
| *S*(*rr*) | × | *N*(*rr*) | → | *S*(*rr*) |

图 5-3　核质互作不育性的遗传

通过以上分析可知，质核型不育性由于细胞质基因和核基因间的互作，既可以找到保持系使不育性得到保持，又可以找到相应的恢复系而使育性得到恢复。因此，质核不育型在农业生产中的实用价值最大，在农作物和经济作物的杂种优势利用上得到广泛应用。

### 5.4.2　质核互作不育型的遗传特点

质核型不育性的遗传较为复杂，其遗传特点主要体现在以下几个方面：

（1）不育性表现为孢子体不育和配子体不育两种类型。孢子体不育是指花粉的育性受孢子体基因型控制，而与花粉本身所含基因无关。如果孢子体的基因型为*rr*，则全部花粉败育；基因型为*RR*，全部花粉可育；基因型为*Rr*，产生的花粉有两种（*R*，*r*），这两种花粉都可育。自交后代表现株间分离。玉米T型不育系属于这个类型。配子体不育是指花粉育性直接受雄配子体（花粉）本身的基因决定。如果配子体内的核基因为*R*，则该配子可育；如果配子体内的核基因为*r*，则该配子不育。玉米M型不育系属于此种类型。

（2）胞质不育基因与核育性基因存在对应关系。同一植物内可以有多种质核不育类型。这些不育类型虽然同属质核互作型，但是由于胞质不育基因和核基因的来源和性质不同，在表现型特征和恢复性反应上往往表现明显的差异，这种情况在小麦、水稻、玉米等作物中都有发现。由于对应关系，对每一种不育类型而言，都需要与之对应的特定恢复基因来恢复育性。

（3）不育性受单基因控制或多基因控制。单基因不育性是指一个胞质基因与一对相对应的核不育基因共同决定不育性，一个恢复基因就可以恢复育性。但有些不育性则是由两对以上的核基因与对应的胞质基因共同决定，恢复基因间的关系比较复杂，其效应表现为累加或其他互作形式。因此，当不育系与恢复系杂交时，$F_1$的表现常因恢复系携带的恢复因子多少而表现不同，$F_2$的分离也较为复杂，常常出现由育性较好到接近不育等许多过渡类型。已知小麦T型不育系和高粱的3197A不育系就属于这种类型。在核质互作型不育型中，多基因控制的不育性较为普遍。

（4）不育性和育性的恢复受到环境条件的影响。质核型不育性比核型不育性容易受到环境条件的影响。特别是多基因不育性对环境的变换更为敏感。气温就是一个重要的影响因素。例如，高粱3197A不育系在高温季节开花的个体常出现正常黄色的花药。在玉米T型不育性材料中，也曾发现由于低温季节开花而表现较高程度的不育性。

### 5.4.3　核质互作雄性不育性的发生机理

核质互作型雄性不育是由胞质基因与核基因共同作用的结果。寻找细胞质内不育基因的载体，以及胞质基因与核基因之间的相互作用关系是深入研究不育性发生机理的关键，但目前仍停留在假说的阶段。

#### 5.4.3.1　胞质不育基因的载体

1. 细胞器假说

研究发现，玉米可育细胞质N与3种不育细胞质T、C、S在线粒体DNA分子组成上有明显的区别，而它们的叶绿体DNA（ctDNA）并没有明显差别。因此认为，线粒体基因组（mtDNA）是雄性不育的载体。Northern blotting分析表明，在mtDNA基因*atp*9、*atp*6和*cox*2上，玉米正常可育株与C型不育株转录产物的长度和数目不同，对这3个基因结构的进一步分析认为这3个基因很可能与C型雄性不育性的表现直接相关。此外，在矮牵牛、水稻、甜菜等植物上，也发现细胞质雄性不育系与正常可育系在mtDNA上存在差别，而在ctDNA的结构未见差异。对水稻BT型雄性不育的研究发现，其mtDNA的orf79序列表达产物ORF79蛋白具有毒性，能抑制大肠杆菌的生长。将orf79与BT型细胞质雄性不育恢复基因*rftb*上的线粒体定位序列连接，让其在普通水稻品种花药中特异表达，发现存在orf79表达的植株花粉全部表现为半不育，从而确认orf79为BT型水稻CMS雄性不育基因。

但也有试验观察发现，玉米、水稻、小麦、高粱和油菜的不育系与保持系之间在叶绿体超微结构和叶绿体DNA上存在明显的不同。因此推断，叶绿体DNA的某些变异可能破坏了叶绿体与细胞核以及线粒体间的固有平衡，从而导致雄性不育的形成。

2. 附加体假说

附加体假说认为，在植物细胞中存在一种决定育性的游离基因，是一种附加体。当它游离于细胞质中时，植株育性正常；当它进入细胞核时就变成了恢复系。如果个体中没有这种游离基因，则导致雄性不育。

3. 病毒假说

一些学者曾通过电镜在蚕豆和玉米的雄性不育株中观察到一种直径 50～70nm 的圆球体或内含物，而在正常可育植物中没有。推测这些物质可能是某种病毒，存在于对其敏感的植株（*rr*）中，可与二倍体宿主共生，但对单倍体花粉有较大危害，因而造成雄性不育。

**5.4.3.2**　质核互作不育型的假说

1. 质核互补控制假说

该假说认为，花粉的形成是由雄蕊发育过程中一系列正常的代谢活动完成的，这一系列代谢活动需要各种酶的催化以及一些蛋白质的参与。这些酶和蛋白质可由线粒体 DNA 编码，也可由核 DNA 编码。一般情况下，只要质核双方有一方携带可育性遗传信息时，无论是 *N* 还是 *R*，都能形成正常花粉。*R* 可以补偿 *S* 的不足，*N* 可以补偿 *r* 的不足。只有当 *S* 与 *r* 共存时，由于不能互相补偿，所以表现不育。如果 *N* 与 *R* 同时存在，线粒体 DNA 能产生某种抑制物质阻遏 *R* 基因的表达，避免浪费。

2. 能量供求假说

该假说认为，植物的育性与线粒体的能量转化效率有关。进化程度低的野生种或栽培品种的线粒体能量转化率低，供能低，耗能也低，供求平衡，因此可育。进化程度较高的栽培品种线粒体能量转化率高、供能高，供求平衡，也可育。而在核置换杂交时，如果供能低的作母本，高耗能的作父本，得到的杂种由于能量供求不平衡，而表现为雄性不育。

3. 亲缘假说

该假说认为，遗传结构的差距会导致个体生理生化代谢上的差异。亲缘关系较大的两个亲本，杂交后的生理不协调的程度较大，当这种不协调达到一定程度，就会导致植株代谢水平下降，合成能力减弱，分解大于合成，花粉中的活性物质（蛋白、核酸等）减少，导致败育。所以远缘杂交或远距离的不同生态型间的杂交，可能导致雄性不育。据此，保持系的获得应从不育系亲缘关系较远的品种中寻找；而恢复系则应从不育系亲缘关系较近的品种去寻找。

## 5.4.4　质核互作雄性不育性的利用

杂交母本获得了雄性不育性，就可以免去杂交种大面积制种时繁重的去雄劳动，并保证杂交种子的纯度。目前质核互作雄性不育性在生产中得到了广泛的推广和应用。但质核互作雄性不育应用时必须三系配套，即具备雄性不育系（简称 A 系），保持系（简称 B 系）和恢复系（简称 C 系）。

实际应用时，首先确定有明显杂种优势的组合，然后将杂交母本转育成不育系，常用的转育方法是利用已有的雄性不育材料与母本杂交，并连续回交若干次。原来育性正常的母本即为新转育的不育系的同型保持系。如果父本本身带有恢复基因，经测定可直接利用配置杂交种。否则，要利用带有恢复基因的材料进行转育，转育方法同转育不育系基本相同。三系法的制种方法如图 5-4 所示。

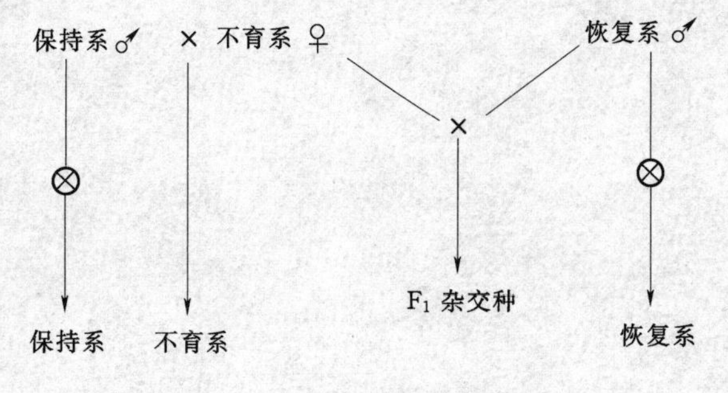


图 5-4　三系法杂交制种示意图

## 小　　结

除细胞核内染色体上的遗传物质外，在细胞质中也存在遗传物质，并控制着某些性状的表达。但在遗传信息的传递过程中，由于合子形成时精、卵细胞所含内含物的差异，使由这部分基因控制的性状表现为母性遗传的特点。植物细胞质中的遗传物质主要集中在叶绿体和线粒体中。叶绿体 DNA 和线粒体 DNA 均为裸露的双链 DNA 分子，闭合环状结构，在基因的结构和表达方面与原核生物相近；但其一些基因又含有内含子，线粒体 DNA 还存在线性分子结构。线粒体基因的表达虽有多顺反子形式，但以单基因为主，表现出真核生物基因的特点。叶绿体 DNA 主要编码一些与光合相关的多肽，而线粒体 DNA 则主要编码与呼吸代谢有关的酶或蛋白质。叶绿体和线粒体都有自身的 DNA 和表达翻译系统，但同时又有赖于核基因编码蛋白的输入，因此都是半自主性的细胞器。植物雄性不育可分为核不育和核质互作不育两种类型，其中核质互作雄性不育由于既可找到保持系使不育性得到保持，又可找到相应的恢复系使育性得到恢复，因此在杂交育种生产上得到了广泛应用。但在生产上必须做到三系配套使用。

## 思 考 题

1. 什么叫细胞质遗传？它的特点有哪些？

2. 如果正反杂交试验获得的 $F_1$ 表现不同，这可能是由于 A 性连锁，B 细胞质遗传，C 母性遗传。如何用试验方法验证它属于哪一种情况？

3. 细胞质基因与细胞核基因之间在遗传上的相互关系如何？

4. 怎样获得雄性不育基因和恢复基因？

5. 用某不育系与恢复系杂交，得到 $F_1$ 全部正常可育。将 $F_1$ 花粉再给不育系亲本授粉，后代中出现 90 株可育株和 270 株不育株。试分析该不育系类型及遗传基础。

# 第6章　染色体与基因组学

**本章学习要点**

- 染色体核型分析
- 染色体形态、结构和数量变异
- 基因组及基因组学

染色体是遗传物质DNA的主要载体，基因是遗传的物质基础，是DNA或RNA分子上具有遗传信息的特定核苷酸序列，生物细胞内的所有遗传物质的总和称为基因组。现代遗传学的研究已经深入到系统水平，即从整体角度对植物的基因组和蛋白质组进行研究。

## 6.1　染色体

### 6.1.1　染色体分带

每个物种不仅在染色体形态特征上有各自的特异性和稳定性，而且染色体的形态和数目也是相对稳定的，并且可以作为物种分类的标准之一。近年来由于染色技术的发展，可以更准确地鉴定染色体数目和形态，用特殊的染色方法，使染色体产生明显的色带（暗带）和未染色的明带相间的带型（banding patterns)，形成不同的染色体个性，以此作为鉴别单个染色体和染色体组的一种手段，这就是染色体分带技术。分带技术可分为两大类：①产生的染色带分布在整个染色体的长度上，如：G、Q和R带；②局部性的显带，只能使少数特定的区域显带，如C、T和N带。

#### 6.1.1.1　染色体分带的主要类型

1. Q带（Q-banding)

Q带是最早用的分带方法，由卡斯珀森（Caspersson）等人于1969年首次提出，也叫荧光分带法。它是利用氮芥喹吖因荧光染料对染色体染色，在荧光显微镜下染色体显示出明暗不同的带纹，一般富含AT碱基的DNA区段表现为亮带，富含GC碱基的区段表现为暗带。这种方法的优点是分类简便，可显示独特的带型。缺点是标本易褪色，不能做成永久性标本。

2. G带（Giemsa-banding)

将染色体制片，经盐溶液、胰酶或碱处理，再用吉母萨染料（Giemsa）染色，染色体的全部长度上显示丰富的带纹，称为G带。一般富含AT碱基的DNA区段表现为暗带。G带方法较简单，带纹较清晰、精细，可制成永久性的标本。

3. C带（C-banding)

染色体标本经一定浓度的酸（HCl）及碱［$Ba(OH)_2$］变性处理，再经2×SSC在60℃中温育1h，最后用Giemsa染料染色显带。此法主要显示异染色质，常染色质只能显出较淡的轮廓。

4. N带（N-banding)

又称Ag-As染色法。主要用于染核仁组织区的酸性蛋白质。

5. R-带（Reverse-banding)

染色体用磷酸盐溶液进行高温处理，然后用吖啶橙或吉母萨染料进行染色，其显示的带型同G带和Q带明暗相间的带型正好相反，即Q带、G-带显带的部位，R带不显，反之，在Q带、G-带显带弱的部位，R带为深染区，故R－带也叫反带。

6. T－带（terminal－banding）

对染色体末端区的特殊显带法，能够产生特殊的末端带型。

#### 6.1.1.2　染色体分带的应用

1. 核型分析

染色体分带技术是核型分析的有力工具，例如，黑麦草属的6个种，不用分带时，核型完全一样，用分带分析后不仅发现了彼此的区别，还发现近交种和远交种也有区别。小黑麦（新麦5号）2n＝8x＝56，经C带染色证明：在小黑麦的染色体中具末端带的染色体来自黑麦，无末端带的来自小麦。

2. 亲缘关系的鉴定

据报道，亲缘关系相近的分带带纹相似程度也很大，例如，野生稻和栽培稻，野生大豆和栽培大豆等亲缘关系相近，他们的主要带纹基本一致。柑橘属的柠檬、橘子、柚子、甜橙同属不同种，有一定的亲缘关系，带型主要显示类同的末端带。

3. 染色体工程的细胞学鉴定

在染色体工程中，分带技术常常用来鉴定染色体的变迁情况。

### 6.1.2　染色体核型分析（karyotype analysis）

#### 6.1.2.1　核型分析的概念

染色体核型是指体细胞染色体在光学显微镜下所有可测定的表型特征的总称，不同物种的染色体有各自特定的形态结构，这种形态特征是相对稳定的。根据染色体的长度、着丝点位置、臂比、随体等特征，借助染色体分带技术对生物的染色体进行分析、比较、排序、编号就是染色体核型分析，也叫染色体组型分析，它是研究物种演化、分类以及染色体结构、形态与功能关系的重要手段。

#### 6.1.2.2　染色体核型分析的方法

1. 确定染色体数目

每一种生物的染色体数目是恒定的，多数园林植物是二倍体，也就是说，每一体细胞中有两组同样的染色体，有时与性别直接有关的染色体，即性染色体，可以不成对。染色体数目通常用2n和n表示，如栽培牡丹2n＝10，n＝5；野生牡丹属2n＝24，n＝12。

2. 确定染色体的形态特征

染色体的形态特征包括染色体的绝对长度、相对长度、臂比、着丝点指数、着丝点的位置、随体的有无等。着丝粒在染色体上的位置是识别染色体的一个重要标志，现在常用臂比值来衡量，参考标准是利文（Leven A. K）等1964年提出的，当臂比为1.00～1.70的称为中部着丝粒染色体（M，m）；臂比在1.71～3.00的为近中部着丝粒染色体（sm）；臂比在3.01～7.00的为近端部着丝粒染色体（st）；臂比在7.0以上的为端部着丝粒染色体（t，T）。也有用着丝粒指数衡量的。计算公式如下：

相对长度＝每条染色体的长度/全套染色体长度

臂比＝长臂/短臂

着丝点指数＝短臂/（长臂＋短臂）

3. 染色体分类

根据形态测定的结果，将染色体进行分组排队，着丝粒类型相同，相对长度相近的分一组，同一组的按染色体长短顺序配对排列，各指数相同的染色体配为一对，可根据随体的有无进行配对，将染色体按从长到短的顺序排列排队，短臂向上（见图6－1），并写出核型公式。如凤丹白牡丹2n＝2x＝10＝6m＋2sm＋2st；野牡丹（M. malabathricum）2n＝10m（2SAT）＋14sm；毛稔（M. sanguineurn）2n＝10m＋12sm＋2st；地稔（M. dodecandrum）2n＝12m＋12sm；细叶野牡丹（M. intermedium）2n＝

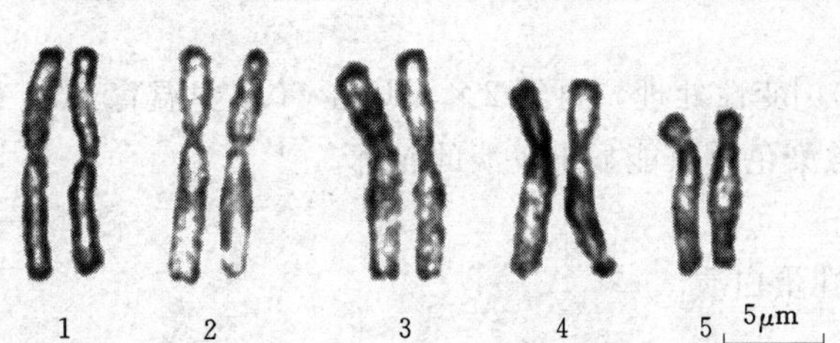


图6－1　凤丹白牡丹核型图（李子峰等，2007）

12m＋10sm＋2st，SAT代表具随体的染色体，符号前的数字代表该类染色体的数目。

4. 核型描述

核型描述包括基本染色体数目、染色体的形状、大小，次缢痕的数目、位置，随体的数目、形状、大小，染色体相对长度与绝对长度，以及常染色质和异染色质的分布与大小等。核型一般分为两类：一是对称核型，指主要有中部和近中部着丝粒染色体组成的核型；另一类是不对称核型，指由大小差异很大、着丝粒多为端部或近端部染色体组成的核型。此外，还有一种核型称为衍生核型，它是由染色体易位、倒位和着丝粒融合等引起的，一般与染色体基本数目的减少及不对称核型的增加同时进行。在核型演化中，有的通过易位导致染色体数减少了，但染色体臂数未变，这种染色体数目的变异称为罗伯逊变异，引起这种染色体数变异的易位称为罗伯逊易位，这是由Roberton在1916年第一次提出来的。

### 6.1.3　染色体的形态变异

#### 6.1.3.1　A染色体和B染色体

一般把真核细胞染色体组中的任何正常染色体，包括常染色体和性染色体，称为A染色体，把超过正常染色体数目以外的染色体，称为B染色体。B染色体又称副染色体、超数染色体或额外染色体，它一般比正常染色体小，主要由异染色质组成。减数分裂时自身配对无规律，也不与A染色体配对，表现为非孟德尔遗传。B染色体对植物的表型有一定的影响，影响的程度取决B染色体的数量，一般随着B染色体数目的增加，植物的生长势、结实率下降、适应性增强。

B染色体首先在玉米中发现，现已证实许多种植物都存在B染色体，研究B染色体与基因表达、植物抗性、群落分布以及它在自然选择、系统进化中的作用和地位，已引起人们的重视。

#### 6.1.3.2　多线染色体

1. 形态结构

多线染色体是一种巨大染色体，它是由于DNA多次复制后所产生的子染色体整齐排列、紧密结合在一起而形成的。由于它所在的细胞处于永久间期，不分裂，因而随着复制的不断进行，核体积不断增加，多线化细胞的体积也相应增大。

多线染色体最早于1881年由巴尔比安尼首先在双翅目摇蚊幼虫的唾腺细胞中观察到，后来在1933年，佩因特在果蝇唾腺、海茨和鲍尔等在毛蚊属再次看到这种染色体，此后在昆虫的多种组织如肠、气管、脂肪体细胞和马尔皮基氏管上皮细胞内以及在其他动植物的一些高度特化细胞，如反足细胞里也发现了这种巨大染色体。

2. 带及间带的形成

沿着多线染色体的长轴有一系列深色的带和透亮的间带交替排列，带上的DNA纤维高度卷曲，DNA含量高，能用碱性染料着色；间带的DNA含量低，不能用碱性染料着色。研究表明大约85%DNA分布在带上，15%分布在带间。

3. 多线染色体与基因活性

在个体发育的某个时期，多线染色体的某些带纹变得疏松膨大而形成胀泡，最大的胀泡叫做巴尔比安尼氏环。胀泡是基因转录和翻译的形态学标志，在这里DNA解旋呈开放环，RNA的合成活跃，核糖体排列成多聚核糖体长链，甚至还可观察到从巴尔比安尼环上新合成的蛋白质分泌颗粒。

#### 6.1.3.3　灯刷染色体

灯刷染色体首先在鲨鱼卵母细胞发现。它是卵母细胞第一次减数分裂时停留在双线期的染色体，是一个二价体，含4条染色单体，由轴和侧丝组成，形似灯刷（见图6-2）。灯刷染色体的轴由染色粒、轴丝构成，每条染色体轴长400μm，由主轴染色粒向两侧伸出成对的侧环，染色粒是染色单体紧密折叠区域，直径约为0.25～2μm，为不转录区，侧环是DNA转录活跃区域。一套灯刷染色体约有1万个侧环，侧环轴是由DNA分子外被基质组成，基质成分为RNA和蛋白质。灯刷染色体是研究基因表达极为理想的实验材料。

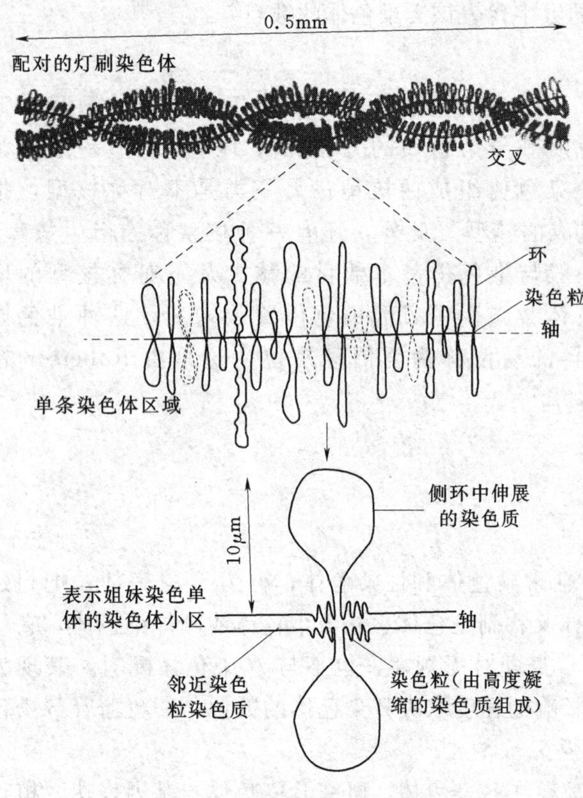


图 6-2 灯刷染色体结构图解

### 6.1.4 染色体的结构变异

染色体的结构是相当稳定的，但某些条件影响下，也可能发生变异，当染色体的结构发生改变时，遗传信息随之改变，从而引起生物性状发生改变，这就是染色体结构变异。

#### 6.1.4.1 染色体结构变异的机理

关于染色体结构变异的机理，有断裂—重接假说和互换假说两种。断裂—重接假说是 L.J. 斯塔德勒于 1931 年提出的。该假说认为，在自发或诱发情况下，染色体发生断裂，断裂端具有愈合与重接的能力，当染色体在不同区段发生断裂后，在同一条染色体内或不同的染色体之间以不同的方式重接时，就会导致各种结构变异的出现。断裂的染色体在重新连接时可能会产生 3 种情况：①按原先的顺序重接，恢复成原初结构；②断裂末端不再连接，结果没有着丝点的染色体发生部分丢失，有着丝点的染色体部分“封闭”起来；③断裂后的染色体与另一断裂的染色体重接，从而造成染色体结构变异。

互换假说是由 Revell（1959）和 Evans（1962）提出来的，该假说认为染色体诱发发生原发性损伤或初级损伤有 3 种情况，一是在损伤部位未断裂，染色体断片没有移动位置；二是损伤后，两个相邻的损伤部位之间虽然发生了交换，但是由于修复作用，最终没有发生真正的交换，而恢复成原初结构；第三种情况是，发生了真正的交换，造成染色体结构的变异。

#### 6.1.4.2 染色体结构变异的类型

依据断裂的数目和位置，断裂端是否连接以及连接的方式，染色体结构变异可以分为缺失、重复、倒位、易位等 4 种类型。

1. 缺失

缺失（deletion）是指染色体断裂并丢失了某个片段。丢失的片段如果位于某染色体臂的端部，称为顶端缺失；如果在臂的内部，则称为中间缺失（见图 6-3）。顶端缺失可在染色体两端同时发生，两端连接起来形成环形染色体，这种情况在植物中多见。中间缺失比较普遍，缺失区段大小差异较大，大到染色体臂大段，小到碱基对，与突变不同的是缺失无法恢复。

缺失对于生物体的生长和发育是有害的，缺失纯合体可能引起致死或表型异常，在杂合体中如携有显性等位基因的染色体区段缺失，则隐性等位基因得到表现，出现所谓假显性。染色体缺失的形成过程如图 6-3 所示。

2. 重复

重复（duplication）指染色体中存在两段或两段以上的相同片段，通常是由于同源染色体间发生非对等交换而产生的。如果某区段按照自己在染色体上的正常直线顺序重复的称为顺接重复；如果在重复时颠倒了自己在染色体上的正常直线顺序的称为反接重复，如图 6-4 所示。

3. 倒位

倒位是染色体片段倒转 180°，造成染色体内的重新排列。如果倒位发生在染色体的一条臂上，称为臂内倒位；如果倒位包含了着丝粒区，则称为臂间倒位。减数分裂时，正常的染色体同倒位染色体之间发生交叉互换，会使配子染色体上某一区段缺失或重复，从而造成染色体异常。这是因为倒位杂合子在减数分裂时，两条同源染色体不能以直线形式配对，一定要形成一个圆圈才能完成同源部分的配对，这个圆圈称为倒位环（见图 6-5）。

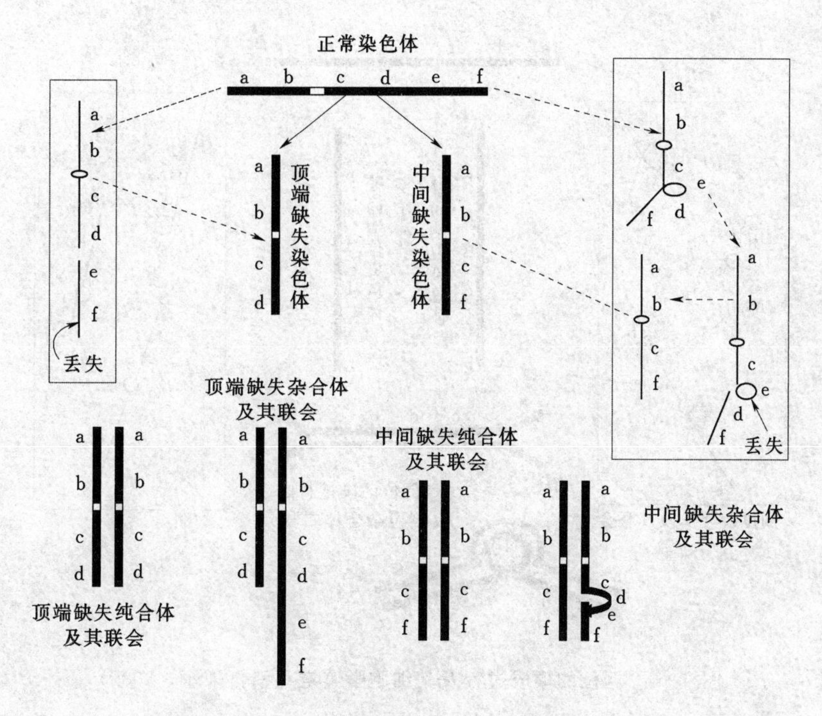


图 6-3　缺失的形成过程及其细胞学鉴定示意图（引自朱军，2002）

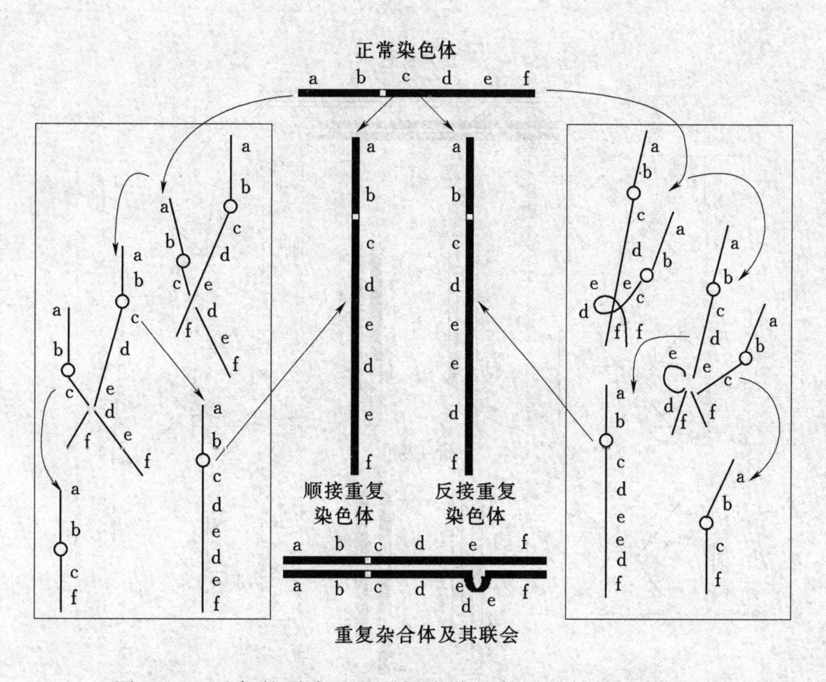


图 6-4　重复的形成过程及细胞学鉴定（引自朱军，2002）

一个倒位杂合体如果着丝粒在倒位环的外面，则在减数分裂后期会出现“断片和桥”的现象，即一条染色单体的两端都有一个着丝粒，成为跨越两端的“桥”，同时伴随一个没有着丝粒的断片。“桥”在染色体移向两极进入子细胞时被拉断，造成很大缺失；断片则不能进入子细胞的核内，所以由此形成的配子往往是死亡的。一个倒位杂合体如果着丝粒在倒位环的里面，在环内发生交换后，虽然不会出现“桥”和断片，但也会使交换后的染色单体带有缺失或重复，形成不平衡的配子。这种配子一般也没有生活力。

4. 易位（translocation）

易位是指某段染色体片段位置的改变。易位发生在一条染色体内时称为移位或染色体内易位；发生在两条同源或非同源染色体之间时称为染色体间易位。染色体间的易位可分为转位和相互易位。前者指一条染色体的某一片段转移到了另一条染色体上，而后者则指两条染色体间相互交换了片段

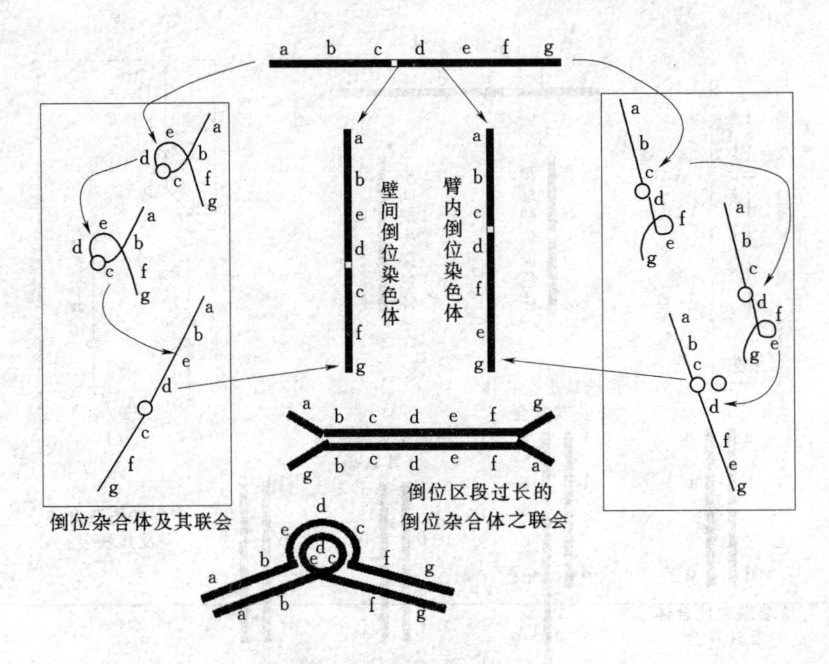


图 6-5 倒位的形成过程及其细胞学鉴定（引自朱军，2002）

（见图 6-6）。

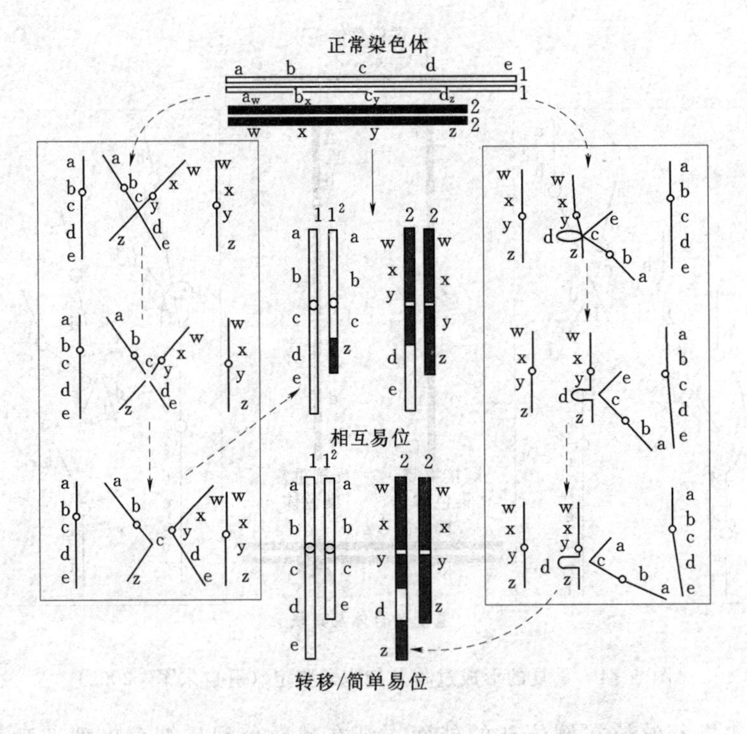


图 6-6 易位的各种类型及形成过程（引自朱军，2002）

相互易位是比较常见的结构变异，在各条染色体间都会发生，相互易位仅有位置的改变，没有可见的染色体片段的增减时称为平衡易位，它通常没有明显的遗传效应。罗氏易位是相互易位的一种特殊形式，两条近端着丝粒染色体（D/D，D/G，G/G）在着丝粒处或其附近断裂后形成两条衍生染色体，一条由两者的长臂构成，几乎具有全部遗传物质；而另一条由两者的短臂构成，由两个短臂构成的小染色体。由于缺乏着丝粒或因几乎全由异染色质组成，故常丢失。它的存在与否不引起表型异常。罗氏易位通常又称为着丝粒融合。

染色体结构变异，使排列在染色体上的基因的数量和排列顺序发生改变，从而导致性状的变异，大多数染色体变异对生物体是不利的，有的甚至导致死亡。

### 6.1.5　染色体的数量变异

在某些因素的作用下，还可能会发生染色体数目的变异，染色体数量变异与结构变异一样能引起生物遗传性状发生改变。

#### 6.1.5.1　染色体组

染色体组（genome）指细胞中的一组完整非同源染色体，它们在形态和功能上各不相同，但是携带着控制一种生物生长发育、遗传和变异的全部信息，这样的一组染色体，叫做一个染色体组，即基数染色体的总称，用 X 表示。二倍体的配子含有一个染色体组。

#### 6.1.5.2　染色体的整倍体变异

整倍体变异是染色体数以染色体组基数为单位成倍数性的增加或减少，形成的变异个体的染色体数目是基数的整数倍。生物学中，把体细胞中只含有单个染色体组的个体称为一倍体，体细胞中含有两个染色体组的个体叫二倍体，过半数的高等植物都是二倍体。具有配子染色体数（n）的个体称为单倍体，单倍体可分单元单倍体（一倍体）和多元单倍体。多元单倍体是多倍体的单倍体，有 2 个或 2 个以上的染色体组。由于单倍体中没有同源染色体，在减数分裂时仅仅出现一价染色体，因此他们几乎不能形成种子，但偶尔一价染色体会全部移向一极，此时就能形成有功能的配子，产生种子。因此单倍体在多数情况下是高度不育的。凡是细胞内含有 3 个或 3 个以上染色体组的个体称为多倍体，体细胞中含有 3 个染色体组的个体叫三倍体，比如三倍体卷丹、三倍体水仙等。体细胞中含有 4 个染色体组的个体叫四倍体，比如四倍体百日草、金鱼草、麝香百合等，至少有 2/3 的园林植物都存在多倍体。

多倍体分同源多倍体和异源多倍体，如果增加的染色体组来自同一物种的叫做同源多倍体，一般是由二倍体直接加倍形成；如果增加的染色体组来自不同物种的叫做异源多倍体，一般是由不同种、属间的杂交种染色体加倍形成。染色体加倍后，在减数分裂时期，染色体的联会将出现各种形态，对同源三倍体来说，它的任何同源区段内只能有两条染色体联会，另一条无法进行正常的配对，因此无法形成正常配子，所以三倍体是高度不育的。对同源四倍体来说，其中有两条染色体发生联会，其余两条不发生联会或者形成四价体，并提早解离，因此同源四倍体一般育性也较低。

异源多倍体是物种演化的一个重要因素，异源多倍体有偶倍数的异源多倍体和奇倍数的异源多倍体之分。在偶倍数的异源多倍体细胞内，同源染色体是成对的，在减数分裂时能正常联会形成二价体，所以这种异源多倍体是可育的，自然界能够自繁的异源多倍体几乎都是偶倍数的。奇倍数的异源多倍体在减数分裂时，会出现未能配对的染色体，因此表现不育或部分不育，自然界中奇倍数的异源多倍体一般都是可以无性繁殖的，以此生存。

#### 6.1.5.3　染色体数目的非整倍体变异

在生物体内还会出现非整倍体，即生物体内的染色体数目比该物种的正常染色体数（2n）多或少一条或若干条。比正常染色体数（2n）多的非整倍体称为超倍体，比正常染色体数（2n）少的称为亚倍体。根据多出或少的染色体数，又可以分为下列几种：

三体：体细胞中较正常二倍体增加了一条，即 2n＋1。

单体：体细胞较正常二倍体少了一条，即 2n－1。

双三体：体细胞中某两对染色体都增加一条，即 2n＋1＋1。

双单体：体细胞中某两对染色体都少 1 条，即 2n－1－1。

四体：在二倍体的基础上，某对染色体多出二条，即 2n＋2。

缺体：体细胞中一对同源染色体全部丢失了，即 2n－2。

非整倍体可以在自然界自发形成，但出现频率极低；也可以通过三倍体形成，因为其染色体配对和向两极移动不正常；给单倍体植株授以正常二倍体花粉也能形成非整倍体。非整倍体在染色体工程和基因定位中有重要的应用价值，例如，单体、缺体、三体等可用来测定基因所在的染色体，用于染色体的替换、添加等。

染色体数量变异的主要类型见表 6－1。

表 6-1 整倍体和非整倍体的染色体组（X）及其染色体的变异类型（杨业华，2000）

| 染色体数目的变异 | | | 染色体组（X）及其染色体 | 合子染色体数（2n）及其组成 | | |
|---|---|---|---|---|---|---|
| | | | | 染色体组数 | 染色体组类别 | 染色体 |
| 整倍体 | 二倍体 | | $A=a_1a_2a_3$<br>$B=b_1b_2b_3$<br>$E=e_1e_2e_3$ | 2X<br>2X<br>2X | AA<br>BB<br>EE | $a_1a_1a_2a_2a_3a_3$<br>$b_1b_1b_2b_2b_3b_3$<br>$e_1e_1e_2e_2e_3e_3$ |
| | 同源 | 三倍体 | $A=a_1a_2a_3$ | 3X | AAA | $a_1a_1a_1a_2a_2a_2a_3a_3a_3$ |
| | | 四倍体 | | 4X | AAAA | $a_1a_1a_1a_1a_2a_2a_2a_2a_3a_3a_3a_3$ |
| | 异源 | 四倍体 | $A=a_1a_2a_3$<br>$B=b_1b_2b_3$ | 4X | AABB | $(a_1a_1a_2a_2a_3a_3)$<br>$(b_1b_1b_2b_2b_3b_3)$ |
| | | 六倍体 | $A=a_1a_2a_3$<br>$B=b_1b_2b_3$<br>$E=e_1e_2e_3$ | 6X | AABBEE | $a_1a_1a_2a_2a_3a_3$<br>$b_1b_1b_2b_2b_3b_3$<br>$e_1e_1e_2e_2e_3e_3$ |
| | | 三倍体 | | 3X | ABE | $(a_1a_2a_3)$ $(b_1b_2b_3)$ $(e_1e_2e_3)$ |
| 非整倍体 | | 单体 | $A=a_1a_2a_3$ | 2n−1 | AAB（$B-1b_3$） | $(a_1a_1a_2a_2a_3a_3)$<br>$(b_1b_1b_2b_2b_3)$ |
| | | 缺体 | $B=b_1b_2b_3$ | 2n−2 | AA（$B-1b_3$）<br>（$B-1b_3$） | $(a_1a_1a_2a_2a_3a_3)$<br>$b_1b_1b_2b_2$ |
| | | 双单体 | | 2n−1−1 | AAB（$B-1b_2-1b_3$） | $(a_1a_1a_2a_2a_3a_3)$<br>$(b_1b_1b_2b_3)$ |
| | | 三体 | $A=a_1a_2a_3$ | 2n+1 | A（$A+1a_3$） | $a_1a_1a_2a_2a_3a_3a_3$ |
| | | 四体 | | 2n+2 | A（$A+2a_3$） | $a_1a_1a_2a_2a_3a_3a_3a_3$ |
| | | 双三体 | | 2n+1+1 | A（$A+1a_2+1a_3$） | $a_1a_1a_2a_2a_2a_3a_3a_3$ |

## 6.2 基因组学

### 6.2.1 基因组及基因组学

#### 6.2.1.1 基因组的概念

基因组（genome）一词最早出现于1920年，指真核生物的染色体组。由于真核细胞的线粒体、叶绿体以及病毒颗粒中都存在遗传物质，因此，现在认为基因组是指生物所携带的遗传物质的总和。

#### 6.2.1.2 基因组的C值及C值悖论

基因组大小称为C值，是指生物体的单倍体基因组所含的DNA总量，以碱基对数为单位。物种不同，C值不同，从原核生物到真核生物，进化程度越高，C值越大。但C值的大小并不能完全说明生物进化的程度和遗传复杂性，即C值和它进化复杂性之间并没有严格的对应关系，这种现象称为C值悖论（C value paradox），如图6-7所示。

C值悖论的表现：一是一些物种之间的复杂性差异不大，但C值相差很大；二是低级生物的C值高于高级生物；三是基因组DNA的含量远远高于预期的编码蛋白质的基因数目。C值悖论现象使人们认识到真核生物基因组中存在大量的不编码基因产物的DNA序列。

#### 6.2.1.3 基因组的结构

真核生物的基因组结构很复杂，一般可以分为基因和基因外序列，其中基因外序列在基因组中占有相当大的比例。

1. 基因在基因组中的组织形式

基因是具有功能的核苷酸序列，基因在基因组中的组织形式有：①单一序列：基因组中大多数的基因，在基因组中只有一份的DNA序列，例如，大多数的结构基因，但并非所有的单一序列都是结构基

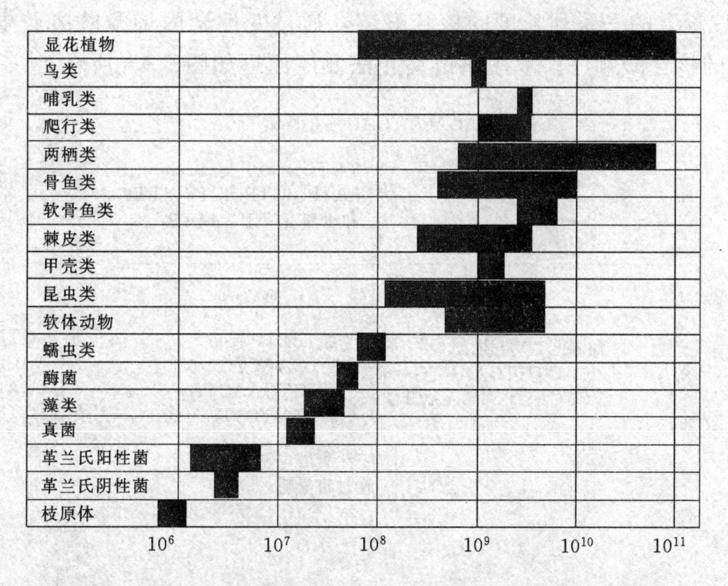


图 6-7　不同生物类群 C 值变化范围（引自孙乃恩等，1996）

因。②基因家族：指真核生物基因组中，来源相同、结构相似、功能相关的一组基因。同一家族中的成员可以紧密的排列在一起，成为一个基因簇；也可能分散在同一染色体的不同部位，甚至不同染色体上。③串联重复基因：DNA 序列相同或相似的许多基因串联形成基因簇。常见的串联重复基因有：组蛋白基因，rRNA 基因以及 tRNA 基因等。

2. 基因外序列在基因组中的组织形式

所谓基因外序列是指基因转录单位和基因相关序列以外的 DNA 序列，根据 DNA 序列在基因组中出现的拷贝数，可以分为：单一序列和重复序列。①单一序列：主要指在整个基因组中只出现一个拷贝的序列，有时出现 2～3 个拷贝的也归为此类。②重复序列：真核生物染色体基因组中重复出现的核苷酸序列，根据重复的次数可以分为高度重复序列和中度重复序列，前者指重复几百万次，一般是少于 10 个核苷酸残基组成的短片段，如 SSR。后者指重复次数为几十次到几千次。根据在基因组中的分布分为串联重复序列、散布重复序列。所谓串联重复序列是指以核心序列（重复单元）首尾相连多次重复形成的重复序列。而散布重复序列是指广泛分布在整个基因组中的重复序列。

#### 6.2.1.4　基因组学的诞生

基因组学一词是美国 H Roderick 于 1986 年提出来的，是指研究生物基因组的组成、各基因的精确结构、相互关系及表达调控的科学。目前基因组学又分为两个部分，结构基因组学（structural genomics）和功能基因组学（functional genomics），前者指研究基因和基因组的结构、基因组作图和基因定位等，后者则着重研究不同序列结构的功能、基因的相互作用、基因表达及其调控等。

### 6.2.2　DNA 测序

DNA 的序列是进一步研究和改造目的基因的基础，目前用于 DNA 测序的技术主要有 Sanger 等（1977）发明的双脱氧链末端终止法与 Maxam 与 Gilbert（1977）发明的化学降解法。

Sanger 法也称酶法，它是利用大肠杆菌 DNA 聚合酶Ⅰ，以单链 DNA 为模板，寡聚核苷酸为引物，根据碱基配对原则将脱氧核苷三磷酸（dNTP）的 5′-磷酸基团与引物的 3′-OH 末端生成 3′，5′-磷酸二酯键。通过磷酸二酯键的不断形成，新的互补 DNA 得以从 5′→3′延伸。Sanger 引入了双脱氧核苷三磷酸（ddNTP）作为链终止剂，ddNTP 比 dNTP 在 3′位置缺少一个羟基（2′，3′-ddNTP），但由于 5′-磷酸基团正常，因此可以加入到新合成的 DNA 链中，但由于缺少 3′-OH，不能同后续的 dNTP 形成 3′，5′-磷酸二酯键，从而导致 DNA 链不能继续延伸，终止在这个异常的核苷酸处。在 4 组独立的反应体系中，在 4 种 dNTP 混合底物中分别加入 4 种 ddNTP 中的一种后，链的持续延伸将与随机发生却十分特异的链终止展开竞争，在掺入 ddNTP 的位置链延伸终止。结果产生 4 组分别终止于模板链的每一个 A、每一个 C、每一个G和每一个T位置上的一系列长度的核苷酸链，通过变性聚丙烯酰胺凝胶电泳，从放射自显影胶片上直接读出DNA上的核苷酸顺序。双脱氧链终止法测序原理如图6-8所示。

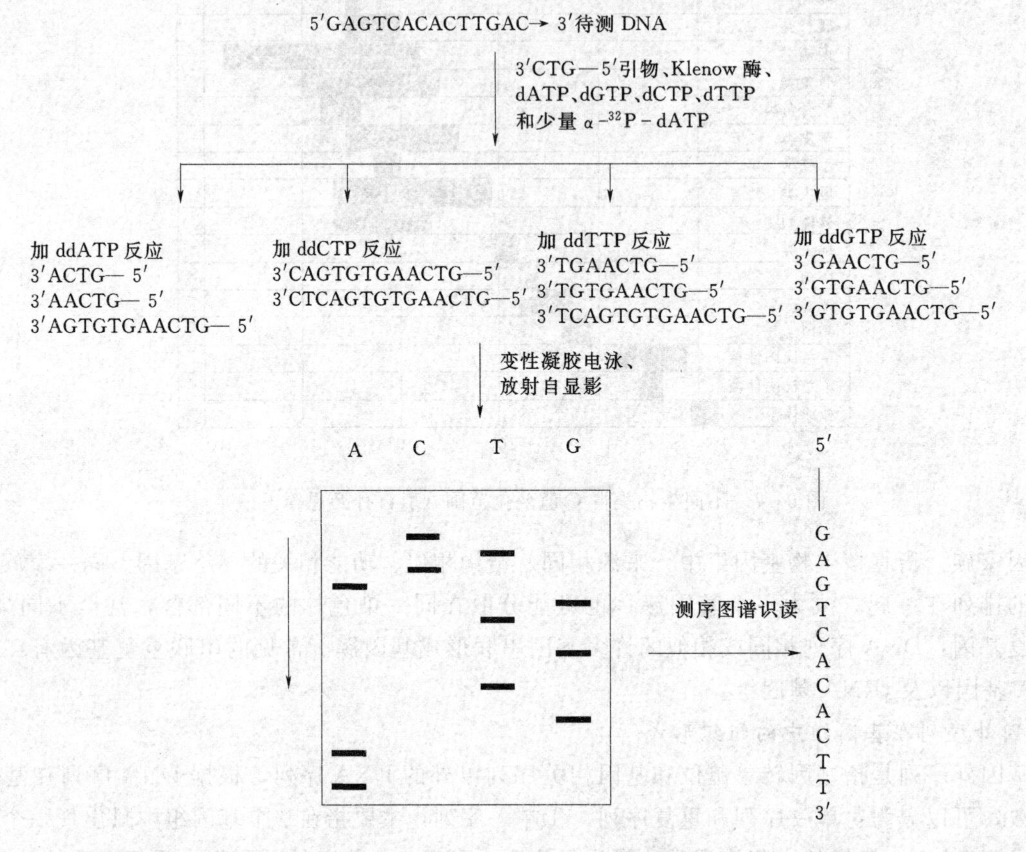


图6-8 Sanger法测序示意图

化学降解法是Maxam和Gilbert于1977年建立的DNA序列的测定方法，其基本原理是，首先对待测DNA末端进行放射性标记，再分别采用不同的化学方法修饰和裂解特定碱基（4组或5组相互独立的化学反应，见表6-2）分别得到部分降解产物，其中每一组反应特异性地针对某一种或某一类碱基进行切割，各组反应物通过聚丙烯酰胺凝胶电泳进行分离，通过放射自显影，确定各片段末端碱基，从而直接读取待测DNA片段的核苷酸序列。作为标记用的放射性同位素主要有[γ-$^{32}$P] ATP，[γ-$^{32}$P] GTP，[γ-$^{32}$P] TTP，或[γ-$^{32}$P] CTP，或γ-$^{33}$NTP，S-$^{35}$NTP，Maxam-Gilbert化学降解法测序的原理如图6-9所示。

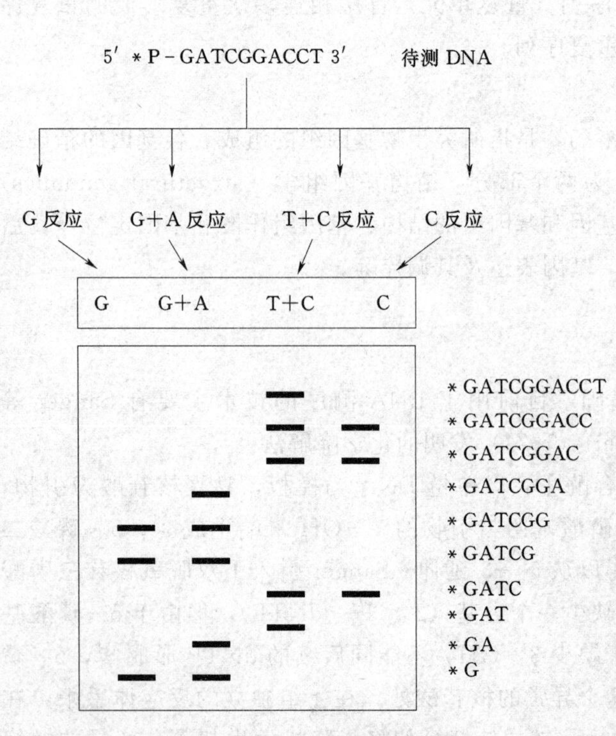


图6-9 化学降解法测序原理

双脱氧终止法和化学降解法是目前公认的两种最通用、最有效的DNA序列分析方法，Sanger、Maxam和Gilbert等人也因此分享了1979年度诺贝尔化学奖。随着计算机相关技术的发展，DNA自动化测序技术取得了突破性进展。DNA自动化测序包括反应自动化、反应产物分析自动化。虽然各种DNA自动测序系统差别很大，但大都沿用Sanger的双脱氧核苷酸链终止法原理进行，主要的差别在于非放射性标记物和反应产物（标记DNA片段）分析系统。

表 6-2　Maxam-Gilbert 化学降解法测序的常用化学试剂

| 反应体系 | 化学修饰试剂 | 断裂部位 | 反应体系 | 化学修饰试剂 | 断裂部位 |
|---|---|---|---|---|---|
| G | 硫酸二甲酯 | G | C | 肼+NaCl（1.5M） | C |
| A+G | 哌啶甲酸，pH2.0 | G 和 A | A>C | 90 C，NaOH（1.2M） | A 和 C |
| C+T | 肼，联氨 $NH_2.NH_2$ | C 和 T | | | |

## 6.2.3　基因组测序

在 DNA 测序的基础上，可以对生物的基因组进行测序，前提是先将基因组进行降解或克隆，然后再分别对降解后的片段或克隆进行测序，最后再将所获得的序列进行组装，从而获得基因组序列。基因组序列的测定是一种大规模的序列测定，选择适当的测序策略很重要，主要有两种方法：鸟枪法和作图法。

### 6.2.3.1　鸟枪法测序（shotgun sequencing）

将基因组 DNA 采用一定的方法随机地“敲碎”成小片段，将这些小片段全部克隆到合适的测序载体后再进行测序，测序完成后，再将这些片段的序列连接起来拼接出全基因组序列（见图 6-10）。有 3 种方法可用来将 DNA 大片段切割成小片段：限制性内切酶、超声波处理和 DNA 酶 I 降解。鸟枪测序法成本低、速度快、易于自动化，但是在测序后期，大量重复测序使测序效率变低。

### 6.2.3.2　作图法测序（map-based sequencing）

也叫克隆重叠群法。对于真核生物的基因组首先建立其基因组图谱，再将基因组打断为许多片段，建立重叠群，对单个叠连群采用鸟枪法测序，最后在叠连群内进行拼接出全长序列，根据基因组图谱可以将叠连群定位于染色体上，每个叠连群序列测定完成之后，就可以拼装出整个染色体的 DNA 序列（见图 6-11）。

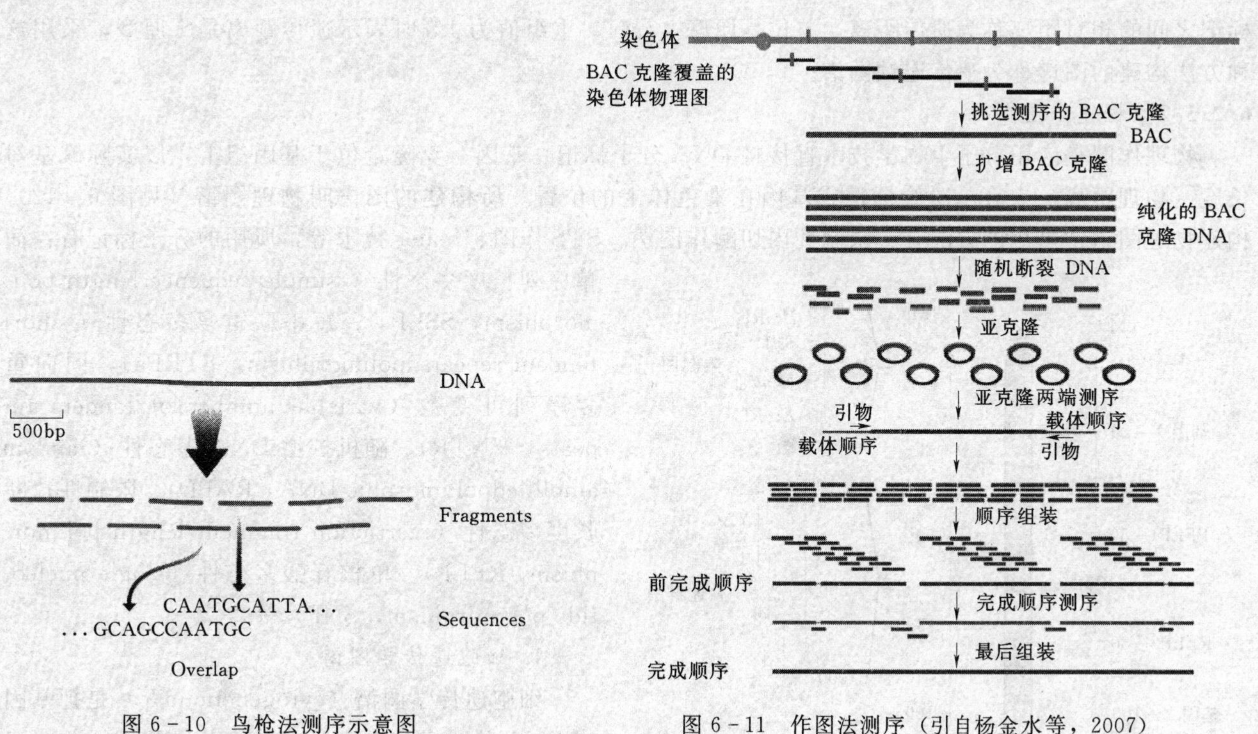


图 6-10　鸟枪法测序示意图　　图 6-11　作图法测序（引自杨金水等，2007）

### 6.2.3.3　序列片段的拼接

无论是用全基因组鸟枪法还是采用作图法测序，得到的都是成百上千万的小片段 DNA 序列，最后必须要将它们组装成基因组每条染色体上真实的排列顺序，这是手工操作无法完成的，需要借助计算机和数据库以及相关的软件系统。目前 DNA 序列组装的主要软件是由美国华盛顿大学 Phil Green 实验室开发的 Phred-Phrap-Consed 系统，Phred（测序器）是一种碱基识别系统（base-caller），它根据自动测序仪信号按顺序识别碱基，估计测序错误率等。Phrap（组装器）根据 Phred 的结果从头组装由鸟枪法产生的不同的短序列，Consed（校对器）与 Phrep 组成一个有机整体，利用 Phrap 组装的序列由 Consed 编辑、整合人工校对结果等。

### 6.2.4 基因组注释

基因组注释（Genome annotation）是利用生物信息学方法和工具对基因组所有基因的生物学功能进行注释，包括基因的识别和基因的功能注释。基因识别的核心是确定全基因组序列中所有基因的确切位置，从基因组序列预测新基因主要有 3 种方法：①分析 mRNA 和 EST 数据直接得到结果；②通过相似性比对从已知基因和蛋白质序列得到间接证据；③基于各种统计模型和算法从头预测。对预测出的基因进行功能注释可以利用已知功能基因的注释信息为新基因注释：①序列数据库相似性搜索；②序列模体（Motif）搜索；③直系同源序列聚类分析。

### 6.2.5 基因组作图

基因组计划的基本目标是获得全基因组序列，然后再对这些序列进行解读。目前获取基因组序列的方法主要是进行测序，然后再对数据进行组装。但是目前 DNA 测序时，每个反应获得的 DNA 序列仅为 500 个碱基左右，因此要对基因组进行测序，必须将 DNA 裂解成小片段，然后对每个小片段分别测序，最后再将这些片段的 DNA 序列进行组装。要正确地进行 DNA 序列组装，需要依赖于基因图谱，因此需要进行基因组作图。基因组作图的方法可分为遗传作图（genetic mapping）和物理作图（physical mapping）。

#### 6.2.5.1 遗传作图

采用遗传学方法将基因或者 DNA 分子标记标定在染色体上构建连锁图谱，它是以多态性的遗传标记为基础，根据减数分裂过程中遗传标记之间的重组值来确定两个遗传标记在染色体上的相对位置。基因或标记之间的相对距离称为遗传距离，单位是厘摩（cM），重组值为 1% 时表示遗传距离是 1 厘摩，采用这种方法构建的图谱称为遗传连锁图谱。

#### 6.2.5.2 物理作图

物理作图是应用分子生物学技术直接将 DNA 分子标记、基因、克隆定位于基因组上，以实际碱基对长度（物理距离）来表示遗传标记或基因在染色体上的位置，所构建的图谱叫物理图谱（见图 6－12）。构建物理图谱常采用的方法有：限制性内切酶作图法、STS 作图、fisher 技术等，所用的分子标记有：简单序列长度多态性（simple sequence length polimorphism，SSLPs），短串联重复多态性（short tandem repeats polimorphism，STRPs），同向重复序列可变数（variable number of tandem repeats，VNTR）、随机扩增 DNA 多态性（random amplifiedpolymorphic DNA，RAPD）、限制性片断长度多态性（restriction fragment length polimorphism，RFLP）、单核苷酸多态性（single nucleotide polymirphism，SNP）等。

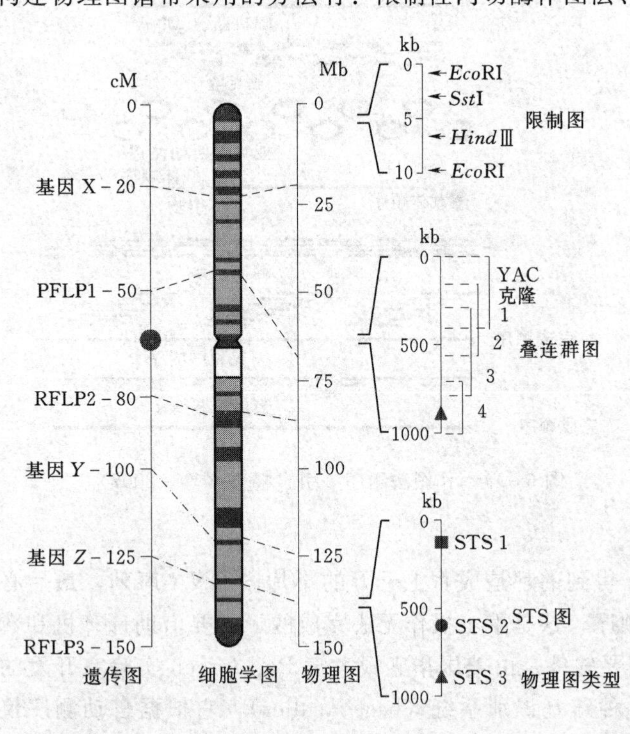


图 6－12 各种图谱类型（引自 Sunstad 等，2003）

1. 细胞遗传学图谱

细胞遗传学图谱（cytogenetic map）是把基因或 DNA 片段定位在它所在的染色体区域，并粗略地测出它们之间相距的碱基长度的一种 DNA 物理图谱，也称为染色体图谱（chromosome map）。细胞遗传学图谱制作的关键是原位杂交探针序列与染色体目标序列的相互作用，目前用得最多的是荧光原位杂交（fluoscence in situ hybridization，FISH）技术。

2. DNA 限制性内切酶酶切图谱

DNA 限制性内切酶酶切图谱是一种重要的 DNA 物理图谱，它由一系列位置确定的多种限制性内切酶酶切位点组成，以直线或环状图式表示。限制性内切酶在 DNA 链上特异性切割核苷酸序列，经酶切后产生不同长度的 DNA 片段，由此构成独特的酶切图谱。

3. 叠连群图谱（contig map）

一组相互两两头尾拼接的可装配成长片段的 DNA 序列克隆群称为叠连群。根据基因文库中叠连群插入片段的顺序关系，通过相互邻接的两个片段间存在的重叠部分，推断各叠连群覆盖整个染色体的克隆片段在染色体上的顺序所构建出的图谱，称为叠连群图谱。

### 6.2.6　比较基因组学

比较基因组学（comparative genomics）是在基因组图谱和测序的基础上，对已知的基因和基因组结构进行比较，了解基因的功能、表达调控机制和物种进化过程的学科。通过不同亲缘关系物种的基因组序列进行比较，能够鉴定出编码序列、非编码序列、调控序列以及物种独有的序列。对基因组范围之内进行序列比对，可以了解不同物在核苷酸组成、同线性关系和基因顺序方面的异同，进而获得基因预测与定位、生物系统进化等信息。

### 6.2.7　功能基因组学

功能基因组学（functuional genomics）也叫后基因组学（postgenomics），它是利用结构基因组所提供的信息，在基因组或系统水平上全面分析基因功能的科学。包括基因的识别和鉴定、基因功能发现、基因表达分析、突变检测等。基因的功能包括生物学功能，如作为蛋白质激酶对特异蛋白质进行磷酸化修饰；细胞学功能，如参与细胞间和细胞内信号传递的途径；发育上的功能，如参与形态建成等。功能基因组学研究采用的手段包括经典的减法杂交、差示筛选、cDNA 代表差异分析、mRNA 差异显示、基因表达的系统分析（serial analysis of gene expression，SAGE）、cDNA 微阵列（cDNA microarray）、DNA 芯片（DNA chip）、序列标志片段显示（sequence tagged fragments display）、基因打靶、反义 RNA、RNAi 技术等。

## 6.3　蛋白质组学

### 6.3.1　蛋白质的结构

蛋白质结构是指蛋白质分子的空间结构，作为一类重要的生物大分子，蛋白质主要由碳、氢、氧、氮、硫等化学元素组成，蛋白质的分子结构可划分为四级。

#### 6.3.1.1　蛋白质一级结构

蛋白质的一级结构（primary structure）是指蛋白质多肽链中氨基酸残基的排列顺序，它是各种氨基酸通过肽键连接起来成为的多肽链，是蛋白质最基本的结构，蛋白质的特殊生物学活性首先取决于蛋白质的一级结构。

#### 6.3.1.2　蛋白质二级结构

蛋白质的二级结构（secondary structure）是指肽链中的主链进行有规则的卷曲折叠，形成周期性结构的构象。二级结构是通过骨架上的羰基和酰胺基团之间形成的氢键维持的，氢键是稳定二级结构的主要作用力。常见的二级结构有 α-螺旋、β-折叠、β-转角等几种形式。

1. α-螺旋（α-helix）

肽链主链绕假想的中心轴盘绕成螺旋状的一种结构，一般是右手螺旋（见图 6-13）。螺旋靠链内氢键维持。每个氨基酸残基（第 n 个）的羰基氧与多肽链 C 端方向的第 4 个残基（第 n+4 个）的酰胺氮形成氢键。在典型的右手 α-螺旋结构中，螺距为 0.54nm，每一圈含有 3.6 个氨基酸残基，每个残基沿着螺旋的长轴上升 0.15nm。螺旋的半径为 0.23nm。

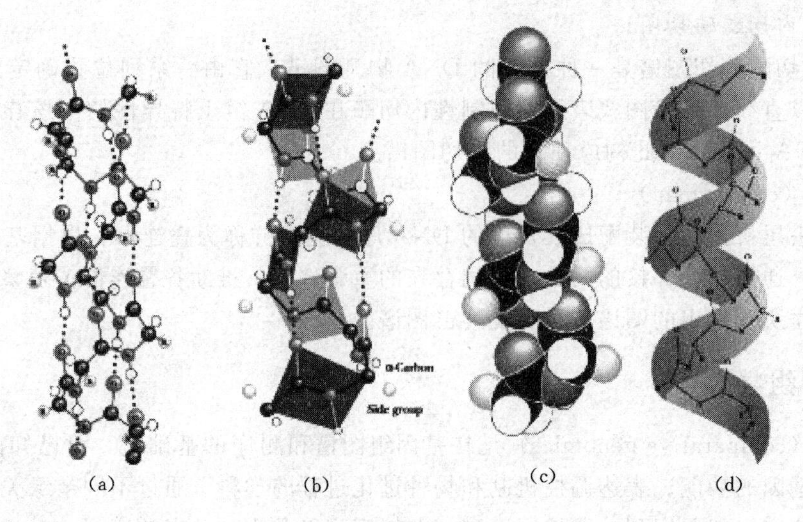


图 6-13 右手 α-螺旋结构示意图

2. β-折叠（β-sheet）

β-折叠结构又称为β-折叠片层结构和β-结构等，是蛋白质中的常见的二级结构，是由伸展的多肽链组成的（见图 6-14）。在β-折叠结构中，多肽链几乎是完全伸展的。相邻的两个氨基酸之间的轴心距为0.35nm，侧链R交替地分布在片层的上方和下方，相邻肽链主链上的C=O与N—H之间形成氢键，氢键与肽链的长轴近于垂直。所有的肽键都参与了链间氢键的形成，因此维持了β-折叠结构的稳定。肽链可以是平行排列（由N到C方向）；或者是反平行排列（肽链反向排列）。在平行的β-折叠结构中，相邻肽链的走向相同，氢键不平行。在反平行的β-折叠结构中，相邻肽链的走向相反，但氢键近于平行。从能量角度考虑，反平行式更为稳定。

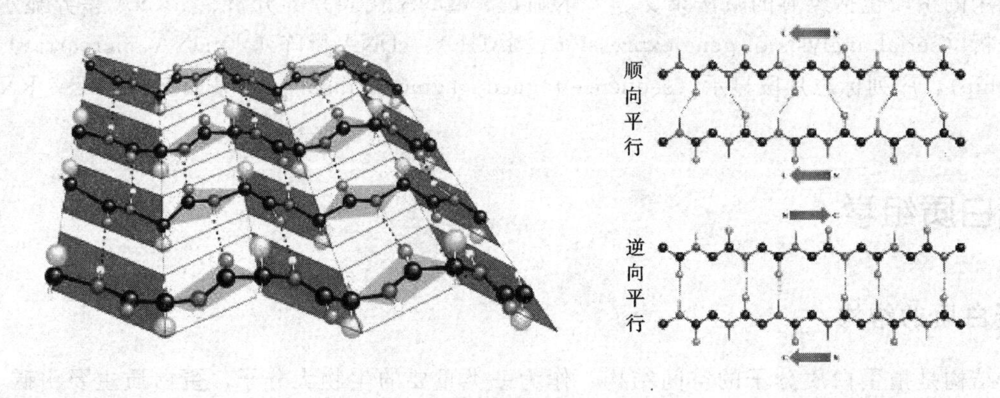


图 6-14 β-折叠结构示意图

**6.3.1.3 蛋白质三级结构**

一条多肽链在二级结构或者超二级结构甚至结构域的基础上，进一步盘绕、折叠，依靠共价键的维系固定所形成的特定空间结构，称为蛋白质的三级结构（tertiary structure）。蛋白质三级结构的形成和稳定主要依靠氢键、疏水键、盐键、范德华力、二硫键等，其中疏水键是维系三级结构的主要力量。

**6.3.1.4 蛋白质四级结构**

具有两条或两条以上独立三级结构的多肽链组成的蛋白质，其多肽链间通过次级键相互组合而形成的空间结构称为蛋白质的四级结构（quarternary structure）。其中，每个具有独立三级结构的多肽链单位称为亚基（subunit）。亚基之间不含共价键，亚基间次级键的结合疏松，在一定的条件下，四级结构的蛋白质可分离为其组成的亚基，而亚基本身构象仍可不变（见图 6-15）。

## 6.3.2 蛋白质组学的诞生

随着各种生物基因组计划的完成和功能基因组时代的到来，蛋白质结构与功能研究越来越重要，而且传统的对单个蛋白质进行研究的方式已无法满足后基因组时代的要求。蛋白质组学（proteomics）最早是由 Marc Wilkins 于 1995 年提出来的，指从整体的角度分析细胞内动态变化的蛋白质的组成、表达水平、修饰状态、蛋白质之间的相互作用，揭示蛋白质功能与细胞生命活动规律的科学。

自 20 世纪 90 年代以来蛋白质组研究进展十分迅速，1996 年，澳大利亚建立了世界上第一个蛋白质组研究中心——Australia Proteome Analysis Facility (APAF)，之后丹麦、加拿大、日本也先后成立了蛋白质组研究中心，2001 年 4 月，在美国成立了国际人类蛋白质组研究组织 (Human Proteome Organization，HUPO)。目前，众多蛋白质组数据库已经建立，如 NRDB 和 dbEST，NRDB 由 SWISS2PROT 和 GENPETP 等几个数据库组成，dbEST 是由美国国家生物技术信息中心（NCBI）和欧洲生物信息学研究所（EBI）共同编辑的核酸数据库。蛋白质组学的研究是一项系统性的科学研究，包括蛋白质结构、蛋白质分布、蛋白质功能、蛋白质的丰度变化、蛋白质修饰、蛋白质与蛋白质的相互作用等。

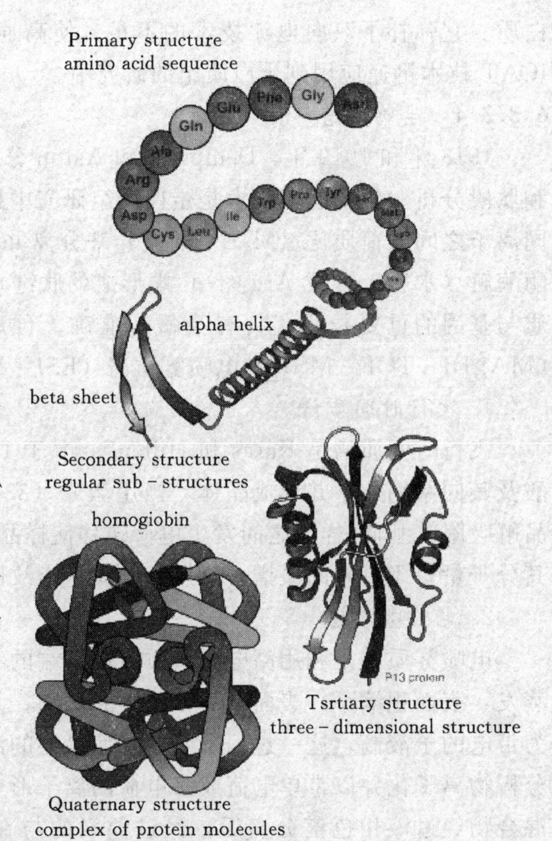


图 6 - 15　蛋白质的各级结构
（引自 Ladyofhats，2008）

## 6.3.3　蛋白质组学的研究方法

### 6.3.3.1　双向凝胶电泳

双向凝胶电泳技术（Two dimensional polyacrylamide gel electrophoresis，2D - PAGE）是由 O' Farrell 于 1975 年首次建立，是目前最经典、最成熟、最常用的蛋白质分离技术。双向凝胶电泳是在相互垂直的两个方向进行两次电泳，第一向基于蛋白质的等电点不同用等电聚焦分离（Isoelectric focusing，IEF），第二向按分子量的不同用 SDS - PAGE 分离（SDS - PAGE），经过两次电泳后把复杂蛋白混合物中的蛋白质在二维平面上分开。双向电泳具有分辨率高、对仪器设备要求较低、分离得到的蛋白质组分纯度高等优点，是蛋白质组学研究中的核心技术，可用于蛋白质转录及转录后修饰、蛋白质组的比较、蛋白质间的相互作用、细胞分化凋亡、蛋白纯度检查和小量蛋白纯化等多方面的研究，但是传统的双向凝胶电泳具有重复性较差，通量较低，低丰度蛋白、极酸极碱蛋白、疏水蛋白、分子量过大或过小的蛋白难以检测，繁琐、不稳定等缺点，因此发展可替代或补充双向凝胶电泳的新方法已成为蛋白质组研究技术的主要目标。目前，二维色谱（2D - LC）、二维毛细管电泳（2D - CE）、液相色谱-毛细管电泳（LC - CE）等新型分离技术都有补充和取代双向凝胶电泳之势。

### 6.3.3.2　高效液相色谱（HPLC）

20 世纪 60 年代末，Kirkland 等开发了世界上第一台高效液相色谱仪，开启了高效液相色谱的时代。HPLC 具有高效、分离效率高、灵敏度高、应用范围广、分析速度快、便于自动化等特点，迅速在蛋白质组研究中得到应用。HPLC 是利用高压输液泵驱使含有样品的流动相通过色谱柱，利用固-液相间的分配机理对样品进行分离的技术，能分离分子大小差异较大的蛋白、低丰度蛋白及疏水性蛋白，是一种非常理想的蛋白质分离技术。目前二维离子交换-反相色谱（2D - IEC - RPLC）是蛋白质组学研究中最常用的多维液相色谱分离系统。

### 6.3.3.3　同位素亲和标签技术

同位素亲和标签（Isotope coded affinity tag，ICAT）是 Gygi 等 1999 年开发的一种能同时对蛋白质组进行鉴定和相对定量的方法，是蛋白质组研究的核心技术之一。它利用一种新的化学试剂——同位素亲和标签试剂（ICAT）预先选择性地标记某一类蛋白质，然后分离纯化、进行质谱鉴定，并根据质谱图上不同 ICAT 试剂标记的一对肽段离子的强度比例，定量分析它的母体蛋白质在原来细胞中的相对丰度。ICAT 能够快速定性和定量鉴定低丰度蛋白质，尤其是膜蛋白等疏水性蛋白，还可以快速寻找重要功能蛋白质。它弥补了双向电泳技术的不足，使高通量、自动化蛋白质组分析更趋简单、准确和快速，因此，ICAT 技术迅速应用到蛋白质组的研究中。

**6.3.3.4 生物质谱**

1918 年和 1919 年，Dempster 和 Aston 分别独立研制出质谱仪，1958 年质谱仪开始被应用于氨基酸和肽段分析。生物质谱技术是蛋白质组研究中最重要的鉴定技术，基本原理是样品分子离子化后，根据不同离子之间的荷质比（M/E）的差异来分离并确定分子量。经过双向电泳分离的目标蛋白质，用胰蛋白酶酶解（水解 Lys 或 Arg 的- C 端形成的肽键）成肽段后可用质谱进行鉴定与分析。生物质谱是连接蛋白质与基因的重要技术，具有灵敏、准确、自动化、高通量等特点。目前常用的质谱有飞行时间质谱（MALDI - TOF - MS）和电喷雾质谱（ESI - MS）。

1. 飞行时间质谱

飞行时间质谱是 Karas 和 Hillenkamp 于 1988 年提出，基本原理是将分析物分散在基质分子（尼古丁酸及其同系物）中并形成晶体，当用激光（337nm 的氮激光）照射晶体时，基质分子吸收激光能量，样品解吸附，基质-样品之间发生电荷转移使样品分子电离。它从固相标本中产生离子，并在飞行管中测定其分子量，飞行时间质谱一般用于肽质量指纹图谱，可以精确测量肽段质量。

2. 电喷雾质谱

电喷雾质谱是利用高电场使质谱进样端的毛细管柱流出的液滴带电，在 $N_2$ 气流的作用下，液滴溶剂蒸发，表面积缩小，表面电荷密度不断增加，直至产生的库仑力与液滴表面张力达到雷利极限，液滴爆裂为带电的子液滴，这一过程不断重复使最终的液滴非常细小呈喷雾状，这时液滴表面的电场非常强大，使分析物离子化并以带单电荷或多电荷的离子形式进入质量分析器。电喷雾质谱从液相中产生离子，肽段的混合物经过液相色谱分离后，经过偶联的与在线连接的离子阱质谱分析，给出肽片段的精确的氨基酸序列。

**6.3.3.5 蛋白质芯片**

蛋白质芯片是在基因芯片上发展起来的一种蛋白质组学研究新手段，它与基因芯片类似，将大量蛋白质分子按预先设置固定于一种载体表面，形成微阵列，根据蛋白质分子间特异性结合的原理，构建微流体生物化学分析系统，实现对生物分子的准确、快速、大信息量的检测。

根据功能不同，蛋白质芯片可以分为分析芯片和功能性蛋白芯片，前者是把一系列顺序排列的蛋白质特异性配体，主要是抗体，点样到特殊性材料表面，监测蛋白质的差异表达、进行蛋白质的表达谱分析。后者是把蛋白质或蛋白质结构域点样到特殊性材料表面，着重解读复杂的细胞调控过程。根据固定介质的不同，可以分为化学型蛋白质芯片和生物型蛋白质芯片；根据片基材料的不同可以分为膜芯片、玻璃芯片和液相芯片等。

**6.3.3.6 噬菌体展示技术**

噬菌体展示技术是 Smith 等于 1985 年创建，其原理是：以经过改建的噬菌体为载体，把外源基因插入噬菌体外壳蛋白基因 PⅢ区或 PⅧ区，使表达的外源肽或蛋白质展示在噬菌体的表面，进而通过亲和富集法筛选表达有特异肽或蛋白质的噬菌体，最终获得具有特异结合性质的多肽或蛋白质。

这一技术有效地实现了基因型和表型的体外转换，可以在基因克隆的基础上，有效地实现蛋白质构象的体外控制，从而可以在体外获得具有良好生物学活性的表达产物。到目前为止，常用的有单链丝状噬菌体展示系统、λ 噬菌体展示系统、$T_4$ 噬菌体展示系统等。

**6.3.3.7 酵母双杂交系统**

酵母双杂交系统由 Fields 等人于 1989 年提出，酵母转录因子 GAL4 包括两个彼此分离但功能上必需的结构域：①位于 N 端 1 - 174 位氨基酸残基区段的 DNA 结合域（DNA binding domain，DNA - BD）；②位于 C 端 768 - 881 位氨基酸残基区段的转录激活域（activation domain，AD）。DNA - BD 能够识别 GAL4 效应基因的上游激活序列（up stream activating sequence，UAS），并与之结合，而 AD 则通过与转录机制中的其他成分之间的作用，启动 UAS 下游的基因进行转录。DNA - BD 和 AD 单独作用均不能激活转录反应，只有当二者在空间上充分接近并呈现完整的 GAL4 转录因子活性时，方可激活 UAS 下游启动。该系统中转录激活的条件是蛋白质作为一个整体起作用。

因此将待研究的两种蛋白质的基因分别克隆到酵母表达质粒的转录激活因子（GAL4）的 DNA 结合结构域基因和 GAL4 激活结构域基因，构建成融合表达载体，就可以从表达产物分析两种蛋白质相互作用。酵母双杂交系统广泛用于蛋白间相互作用研究，在寻找蛋白—蛋白相互作用中起关键作用的结构域、寻找与靶蛋白相互作用的新蛋白方面也发挥着重要作用。

蛋白质组学的研究方法各有优劣，很难形成比较一致的方法，今后的研究除了发展新方法外，更强调各种方法间的整合和互补，以适应不同蛋白质的不同特征。另外，蛋白质组学与其他学科的交叉也日益显著和重要，特别是蛋白质组学与基因组学，蛋白质与生物信息学等领域的交叉，将成为生命科学最令人激动的新前沿。

## 小　　结

染色体的主要成分是 DNA 和蛋白质，不同物种的染色体有各自特定的形态结构，根据染色体的长度、着丝点位置、臂比、随体等特征，借助染色体分带技术对生物的染色体进行分析、比较、排序编号就是染色体核型分析，它是研究物种演化、分类以及染色体结构、形态与功能关系的重要手段。真核细胞除正常染色体（A 染色体）外，有的还存在 B 染色体。一般来说染色体的结构是相当稳定的，但某些条件影响下，也会发生变异，变异分为结构变异和数目变异，前者包括缺失、重复、倒位、易位等，后者有整倍性和非整倍性变异，当染色体的数目或者结构发生改变时，遗传信息随之改变，从而引起生物性状发生改变。

基因组学是研究生物基因组的组成、基因结构、相互关系及表达调控的科学。结构基因组学是以 DNA 测序为基础的，目前用于 DNA 测序的技术主要有双脱氧链末端终止法和化学降解法，随着计算机技术的发展，DNA 自动化测序已成为 DNA 序列分析的主流。鸟枪法测序和作图法是基因组序列测定的主要方法，测序结束后需要借助计算机技术将获得的序列进行组装，并对所有基因的生物学功能进行高通量注释。植物的基因组图谱有遗传连锁图谱和物理图谱，前者是以重组值为基础的，后者是以碱基对为基础。功能基因组学是在基因组或系统水平上全面分析基因的功能，包括基因的识别和鉴定、基因功能发现、基因表达分析及突变检测。功能基因组研究中所采用的策略，如基因芯片、基因表达序列分析等，都是以 mRNA 为基础的，但从 DNA 到 mRNA 再到蛋白质，存在着转录、翻译、翻译后修饰、蛋白质亚细胞定位、蛋白质相互作用等，因此，蛋白质的存在形式和活动规律，仍将依赖于对蛋白质的直接研究。蛋白质组学的研究是一项系统性的科学研究，包括：蛋白质结构、蛋白质分布、蛋白质功能、蛋白质的丰度变化、蛋白质修饰、蛋白质与蛋白质的相互作用、蛋白质与疾病的关联性等方面的内容。目前研究的技术主要有：双向电泳、生物质谱、蛋白质芯片、噬菌体展示技术、酵母双杂交系统等。

## 思　考　题

1. 什么是染色体组、染色体核型和染色体核型分析？
2. 什么是染色体的缺失、重复、倒位、易位？
3. 什么是同源多倍体、异源多倍体？有什么区别？
4. 什么是单倍体、多倍体、缺体、单体、三体、双单体、双三体、四体？
5. DNA 测序的方法有哪些？各自的原理是什么？
6. 怎样进行基因组测序？
7. 什么是连锁遗传图谱和物理图谱？两者有什么区别？
8. 什么是蛋白质的一级结构、二级结构、三级结构和四级结构？
9. 蛋白质组学研究的方法有哪些？

# 第7章 群体遗传与进化

**本章学习要点**

- 基因频率与基因型频率
- 遗传平衡定律
- 影响群体遗传平衡的因素
- 自然群体的遗传多态性
- 物种的形成方式
- 生物的分子进化

前面几章我们研究了相对性状在特定父母本交配下的遗传规律，这些在家系水平上对特定的材料和性状研究得出的基本规律是研究其他复杂遗传现象的基础。然而一个物种的进化是以群体方式进行的。当我们的研究对象从个体转向群体，探讨在种群水平上生物界的遗传和进化现象时，就进入了遗传学的另一个分支——群体遗传学（population genetics）。群体遗传学是研究群体的遗传结构及其变化规律的学科，它以孟德尔遗传学理论为基础，应用数学和统计学方法研究群体中的基因频率和基因型频率以及影响这些频率的遗传因素，从而揭示群体的遗传和变异规律及其演变趋势。它是进化论的基础，也是进行作物群体改良的理论依据。

## 7.1 群体的遗传平衡

### 7.1.1 孟德尔群体

遗传学上的群体不是一些个体的简单集合，而是指各个体间有相互交配关系的集合体。在一个大群体内，如果所有个体间随机交配，任何个体所产生的配子都有机会与群体中任何其他个体所产生的异性配子相结合，并产生下一代群体，基因在从一代传递到下一代的过程中仍然遵循孟德尔的分离规律和自由组合规律。因此，这样的群体称为孟德尔群体（Mendelian population）。最大的孟德尔群体可以是一个物种。孟德尔群体与一般群体的主要区别在于群体内个体间能够随机交配。因此，几乎所有的异花授粉植物群体都属于孟德尔群体，而自花授粉植物构成的群体则只能属于一般的群体或称非孟德尔群体。

### 7.1.2 群体的基因频率和基因型频率

对于一个群体，我们希望了解它所包含的不同性状的个体组成和分布。然而，群体中个体的寿命相对较短，随着原有个体的死亡和新个体的产生，性状并不稳定，决定个体性状的基因型也不能传递。因为在繁殖过程中，每个个体是通过将其基因型分解成配子中的基因，再通过配子间的重新组合，形成下一代新的个体（基因型）。此外，在一个随机交配的大群体中，也很难按照系谱追踪每个个体的基因型。但是，基因型决定于基因与基因的分离与组合，下一代基因型的种类和频率是由上一代的基因种类和频率决定的。通过追踪基因在世代间的分离与组合及其所形成的基因型，可以推断性状表现在群体内个体间和家系水平的遗传与变异规律。因此，群体性状表现在个体间的遗传与变异规律决定于群体的基因频率和基因型频率。

群体中各种基因的频率，以及由不同的交配机制所形成的各种基因型频率在数量上的分布特征称为群体的遗传结构。基因频率（gene frequency）是指某位点的某特定基因在其群体内占该位点基因总数的比率，或称等位基因频率（allele frequency）。基因型频率（genotype frequency）是指群体内某特定基因型个体占个体总数的比率。

对于一个二倍体生物群体，假设该群体包含 $N$ 个个体，该群体某基因位点有一对等位基因 $A$ 与 $a$，则个体的基因型类型有 $AA$、$Aa$、$aa$ 共 3 种，各基因型对应的个体数分别为 $N_D$、$N_H$ 和 $N_R$，如果用 $D$、$H$、$R$ 分别表示基因型 $AA$、$Aa$、$aa$ 的频率，那么它们分别为

$$AA:D=\frac{N_D}{N} \qquad Aa:H=\frac{N_H}{N} \qquad aa:R=\frac{N_R}{N}$$

显然，$N_D+N_H+N_R=N$，$D+H+R=1$。由于每个个体含有一对等位基因，群体的总基因数则为 $2N$。

基因 $A$ 的频率 $$P(A)=\frac{2N_D+N_H}{2N}=D+\frac{1}{2}H$$

基因 $a$ 的频率 $$q(a)=\frac{2N_R+N_H}{2N}=R+\frac{1}{2}H$$

并且，$p+q=1$。基因频率与基因型频率变动在 0～1 之间。

例如，假设紫茉莉花冠颜色的遗传受一对等位基因（$W$ 与 $w$）的控制，属于不完全显性遗传。其基因型 $WW$ 的花冠表现为红色，$Ww$ 的花冠为粉色，$ww$ 的花冠为白色。因此，可以根据表现型判断基因型，并进而计算出基因频率。如果某紫茉莉群体共有 1000 株，其中开红色花的有 300 株，开粉色花的有 500 株，开白色花的有 200 株（见表 7-1）。

**表 7-1　紫茉莉群体中不同花色的分布**

| 表现型 | 基因型 | 株数 | 基因型频率/% |
|---|---|---|---|
| 红花 | $WW$ | ($N_D$) 300 | ($D$) 0.3 |
| 粉色花 | $Ww$ | ($N_H$) 500 | ($H$) 0.5 |
| 白花 | $ww$ | ($N_R$) 200 | ($R$) 0.2 |
| 总计 | | 1000 | 1 |

$W$ 与 $w$ 基因频率则为

$$p(W)=D+\frac{1}{2}H=0.3+\frac{1}{2}\times 0.5=0.55$$

$$q(w)=R+\frac{1}{2}H=0.2+\frac{1}{2}\times 0.5=0.45$$

并且有 $$p+q=0.55+0.45=1$$

### 7.1.3 遗传平衡定律与平衡群体的性质

1. 遗传平衡定律

1908 年，英国的数学家哈迪（Hardy G. H.）和德国医生魏伯格（Weinberg W.）分别提出了基因频率和基因型频率在一定条件下保持不变的法则，即群体的遗传平衡定律（law of genetic equilibrium），也称为哈迪-魏伯格定律（Hardy - Weinberg principle），由此奠定了群体遗传学的基础。

该定律的要点是：在一个随机交配的大群体中，如果没有突变、选择、迁移和遗传漂变等因素的干扰，群体的基因频率和基因型频率将保持不变；在任何一个大群体内，不论基因频率和基因型频率如何，只要经过一代随机交配，这个群体就可以达到平衡状态；群体处于平衡状态时，基因型频率和基因频率的关系是 $D=p^2$，$H=2pq$，$R=q^2$。

遗传平衡定律可证明如下：

设一原始群体，有一对等位基因 $A$ 与 $a$，频率分别为 $p_0$ 和 $q_0$，其相应基因型 $AA$、$Aa$、$aa$ 的频率分别为 $D_0$、$H_0$、$R_0$。使该群体的个体间随机交配产生子代群体。则各种基因型频率见表 7-2。

因此，$F_1$ 代的各基因型及其频率为：$D_1=p_0^2$，$H_1=2p_0q_0$，$R_1=q_0^2$。

表 7-2 一对等位基因 $A$ ($p$) 和 $a$ ($q$) 随机结合

| ♀\♂ | $A(p_0)$ | $a(q_0)$ |
|---|---|---|
| $A(p_0)$ | $AA(p_0^2)$ | $Aa(p_0q_0)$ |
| $a(q_0)$ | $Aa(p_0q_0)$ | $aa(q_0^2)$ |

根据 $F_1$ 代的基因型频率，可知 $F_1$ 代 $A$、$a$ 基因的频率分别为

$$p_1=D_1+\frac{1}{2}H_1=p_0^2+p_0q_0=p_0(p_0+q_0)=p_0$$

$$q_1=R_1+\frac{1}{2}H_1=q_0^2+p_0q_0=q_0(p_0+q_0)=q_0$$

同理可证：

$$p_2=D_2+\frac{1}{2}H_2=p_1^2+p_1q_1=p_1(p_1+q_1)=p_1$$

$$q_2=R_2+\frac{1}{2}H_2=q_1^2+p_1q_1=q_1(p_1+q_1)=q_1$$

$$\vdots$$

即

$$p_0=p_1=p_2=\cdots=p_n$$

$$q_0=q_1=q_2=\cdots=q_n$$

以上表明，从 $F_1$ 群体到 $F_n$ 群体，基因的频率保持不变，且与原始群体的基因频率完全相同。

那么基因型频率的变化又如何呢？经随机交配：

$F_1$基因型频率：$D_1=p_0^2$，$H_1=2p_0q_0$，$R_1=q_0^2$。

再经一代随机交配，群体的基因型为：

$$D_2=p_1^2=p_0^2,H_2=2p_1q_1=2p_0q_0,R_1=q_1^2=q_0^2$$

如此继续随机交配，不难推出，$D_1=D_2=D_3=D_4=\cdots=D_n=p_0^2$，$H_1=H_2=H_3=H_4=\cdots=H_n=2p_0q_0$，$R_1=R_2=R_3=R_4=\cdots=R_n=q_0^2$。

因此，无论原始群体基因型频率为多少，只要经过一代随机交配，群体的基因型频率就在此基础上保持不变。

这里以表 7-1 紫茉莉群体花色遗传为例，其初始基因型 $WW$、$Ww$、$ww$ 的频率分别为：$D_0=0.3$，$H_0=0.5$，$R_0=0.2$。那么等位基因 $W$ 与 $w$ 的频率 $p_0$ 和 $q_0$ 为

$$p_0=D_0+\frac{1}{2}H_0=0.3+\frac{1}{2}\times0.5=0.55$$

$$q_0=R_0+\frac{1}{2}H_0=0.2+\frac{1}{2}\times0.5=0.45$$

经一代随机交配，$F_1$ 代群体的基因型频率与基因频率：

$$D_1=p_0^2=(0.55)^2=0.3025$$

$$H_1=2p_0q_0=2\times0.55\times0.45=0.495$$

$$R_1=q_0^2=(0.45)^2=0.2025$$

$$p_1=D_1+\frac{1}{2}H_1=0.3025+\frac{1}{2}\times0.495=0.55$$

$$q_1=R_1+\frac{1}{2}H_1=0.2025+\frac{1}{2}\times0.495=0.45$$

再随机交配得子二代，以此类推，在 $A$、$a$ 两种配子的频率分别保持 0.55 和 0.45 时，$F_2$ 代的 3 种基因型频率与 $F_1$ 代完全相同：

$$D_2=p_1^2=(0.55)^2=0.3025$$

$$H_2=2p_1q_1=2\times0.55\times0.45=0.495$$

$$R_2=q_1^2=(0.45)^2=0.2025$$

因此可以得出结论，随机交配一代的群体已经达到平衡。

实际上，自然界许多群体都属于大群体，许多性状特别是那些中性性状在个体间的交配一般是接近随机的，所以 Hardy - Weinberg 定律有普遍的适用性。

2. 平衡状态群体的特征

一个原始群体经过一个世代的随机交配，达到遗传平衡，该群体则具有如下特征：

(1) $p_0=q_0=1/2$ 时，$H$ 有最大值，即 $H=2p_0q_0=0.5$；而在其他情况下，$H<0.5$。

(2) 当群体中杂合体频率是两个纯合体频率的乘积的平方根的2倍时，群体处于遗传平衡状态：

$$H=2\sqrt{D\times R} \quad 或 \quad H^2=4DR$$

(3) 在奇次坐标中，平衡群体点的运动轨迹为一条抛物线 $4DR-H^2=0$。各基因频率与3种基因型频率之间的关系如图7-1所示。

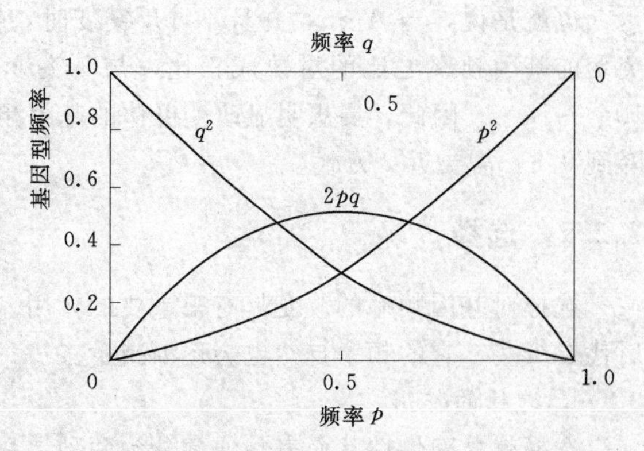


图7-1 哈迪-魏伯格方程中基因频率和基因型频率的关系（引自 L. M. Cook，1976）

## 7.2 影响群体遗传平衡的因素

不论是自然界还是在栽培条件下，影响群体平衡的因素很多，如突变、选择、迁移和遗传漂变等。正是这些因素打破了群体原有的遗传平衡，促使生物发生变异、进化和形成新的类群。

### 7.2.1 基因突变

由于突变可使一个等位基因（$A$）变为另一个等位基因（$a$），因此突变能影响等位基因的频率。

设一对等位基因 $A$ 与 $a$ 的频率为 $p$ 和 $q$，当 $A$ 基因突变为 $a$ 基因时，群体中 $A$ 的频率就会减少，$a$ 的频率则增加；反过来当 $a$ 基因突变为 $A$ 基因时，群体中 $A$ 的频率会增加，$a$ 的频率则减少。当 $A\to a$ 的突变率为 $u$，$a\to A$ 的突变率为 $v$，每代有 $pu$ 的 $A$ 基因突变为 $a$，$qv$ 的 $a$ 基因突变为 $A$，于是每代 $a$ 基因频率的净改变量为

$$\Delta q=pu-qv=(1-q)u-qv \tag{7-1}$$

经过足够多的世代，增加量与减少量相等，即 $\Delta q=0$，群体处于平衡状态，此时

$$(1-q)u=qv \tag{7-2}$$

$$q=\frac{u}{u+v}$$

同理可得到：

$$p=\frac{v}{u+v} \tag{7-3}$$

即当变化达到 $p=v/(u+v)$ 时，在突变继续发生的情况下，基因 $A$ 和 $a$ 的频率 $p$ 与 $q$ 维持平衡，不再改变，群体进入一种动态的平衡状态中。

基因突变对群体遗传组成的作用还可以由经过一定世代基因频率的改变情况来了解。设显性基因频率在某一世代是 $p_0$，群体中只发生 $A\to a$ 的突变，经过 $n$ 个世代群体中显性基因 $A$ 的频率为

$$p_n=p_0(1-u)^n$$

若突变频率 $u$ 很低，$(1-u)^n$ 的值会接近于1，这样，$p_n$ 与 $p_0$ 之间的差值也将很小。如果知道突变前后显性基因频率的变化，那么突变经历的代数：

$$p_n=p_0(1-u)^n$$

$$n\lg(1-u)=\lg\frac{p_n}{p_0}$$

$$n=\frac{\ln p_n-\lg p_0}{\lg(1-u)}$$

还可表示为

$$n=-\frac{1}{u}\ln\frac{p_n}{p_0}$$

也就是说，当 $A\to a$，并且不计反突变时，使显性基因频率降低到某一数值所经历的代数与突变后和突变前基因频率之比的对数成正比，与其突变频率成反比。在自然条件下，突变速率很小，一般都在 $10^{-4}\sim10^{-7}$。因此，要想明显改变群体的基因频率，一定要经过许多世代。例如，$u=1\times10^{-5}$，$p$ 由 0.6 降到 0.5，需要近 2 万代。

### 7.2.2 选择

选择对基因频率的改变具有很重要的作用。在自然界一个具有低生活力基因的个体比正常个体产生的后代要少些，它的频率自然也会逐渐减少。

1. 选择的作用

选择就显隐性性状而言，通常分为两种：一种是淘汰显性个体，使隐性基因增加的选择；另一种是淘汰隐性个体使显性基因增加的选择。前者能迅速改变群体的基因频率，而后者较慢。

例如，在一个包含开红花和开白花植株的群体，红花对白花为显性，如果仅选留白花，那么只需经过一代就能使红花植株从群体中消失，从而把红花基因的频率降低为 0，白花基因的频率增加到 1。

然而，淘汰隐性个体，消除隐性基因的速度很缓慢。因为隐性基因不断从显性个体中分化出来。因此，这种选择方式只能使隐性基因频率逐渐变小，但不会降到 0，显性基因频率会逐渐增加，也不会达到 1。设红花显性基因 $A$ 选择前的频率为 $p_0$，隐性基因 $a$ 的频率为 $q_0$，选择前 $AA$、$Aa$、$aa$ 3 种基因型的频率分别为 $D_0=p_0^2$、$H_0=2p_0q_0$、$R_0=q_0^2$。经过淘汰隐性个体后，群体中只留下 $AA$ 和 $Aa$，在此基础上随机交配，繁殖产生下一代群体。由于 $aa$ 已被淘汰，下一代隐性基因频率 $q_1$ 只从杂合个体的比例中求出：

$$q_1=\frac{\frac{H_0}{2}}{D_0+H_0}=\frac{\frac{1}{2}\times2p_0q_0}{p_0^2+2p_0q_0}$$

将 $p_0=1-q_0$ 代入上式得：

$$q_1=\frac{q_0}{1+q_0}$$

下一代再淘汰白花植株并随机交配繁殖，则同理：

$$q_2=\frac{q_1}{1+q_1}=\frac{\frac{q_0}{1+q_0}}{1+\frac{q_0}{1+q_0}}=\frac{q_0}{1+2q_0}$$

$$q_3=\frac{q_2}{1+q_2}=\frac{\frac{q_0}{1+2q_0}}{1+\frac{q_0}{1+2q_0}}=\frac{q_0}{1+3q_0}$$

经过 $n$ 代淘汰后，隐性基因频率为：

$$q_n=\frac{q_0}{1+nq_0}$$

式中：$q_0$ 为选择前隐性基因 $a$ 的频率，即

$$q_0=\sqrt{\frac{\text{选择前群体中隐性个体数}}{\text{选择前群体的个体总数}}}$$

当 $a$ 基因频率从 $q_0$ 减少至 $q_n$ 时，所需要的世代数，推导过程如下：

$$q_n=\frac{q_0}{1+nq_0}$$

$$1+nq_0=\frac{q_0}{q_n}$$

$$nq_0=\frac{q_0}{q_n}-1$$

$$n=\frac{1}{q_0}\left(\frac{q_0}{q_n}-1\right)$$

$$n=\frac{1}{q_n}-\frac{1}{q_0}$$

上式中 $$q_n=\sqrt{\frac{选择\,n\,代后群体隐性个体数}{选择\,n\,代后群体的个体总数}}$$

举例：一个开白花和开红花的随机交配群体，在选择前群体中白花个体625株，红花个体9375株。经过若干代淘汰白花个体之后，群体内开白花植株只有25株，开红花的9975株，试分析经历的选择代数。

首先计算隐性基因 $a$ 在选择前的频率和选择后的频率：

$$q_0=\sqrt{\frac{625}{9375+625}}=0.25 \qquad q_n=\sqrt{\frac{25}{9975+25}}=0.05$$

然后计算所需代数： $$n=\frac{1}{q_n}-\frac{1}{q_0}=\frac{1}{0.05}-\frac{1}{0.25}=16(代)$$

当 $q_n=1/2q_0$ 时，$n=1/q_0$，这意味着隐性基因频率减至初始频率一半时所需的世代数是初始频率的倒数。

2. 适合度和选择系数

自然界中的选择并不总是像上面介绍的情形，完全淘汰某一类基因型，而是表现为一些个体的生活率、繁殖率低于正常个体，从而降低这些个体所携带基因的频率。为此，需要引入适合度和选择系数的概念。

特定基因型的适合度（fitness，$f$）指具有该基因型的个体在一定环境下的相对繁殖率。将具有最高繁殖率基因型的适合度定为1，以其他基因型与之相比较的相对值作为它们的适合度。一个群体的适合度等于群体内全部个体适合度的平均值。不同基因型适合度的计算方法见表7-3。

**表7-3　适合度的计算**

| 项　目 | 基　因　型 | | | 总计 |
|---|---|---|---|---|
| | $AA$ | $Aa$ | $aa$ | |
| 当代个体数 | 40 | 50 | 10 | 100 |
| 下代个体数 | 80 | 90 | 10 | 180 |
| 繁殖率 | 80/40=2 | 90/50=1.8 | 10/10=1 | |
| 适合度 $f$ | 2/2=1 | 1.8/2=0.9 | 1/2=0.5 | |

表7-3中具有最高繁殖率的基因型是 $AA$，将 $AA$ 的适应值定为1，其他基因型的合度只需以其繁殖率除以 $AA$ 的繁殖率即可求得。表中的数据意味着，如果每个 $AA$ 基因型平均能留下1个后代的话，$aa$ 基因型平均只能留下0.5个后代。隐性致死基因的纯合体在成熟前死亡，不可能留下后代，因此对后代群体没有遗传贡献，其适合度就为0，这是一种特例。

选择系数（selection coefficient，$s$）指某一基因型在群体中不利于生存的程度，表示在选择作用下降低的适合度，故 $s=1-f$。表7-3中，基因型 $AA$ 的 $s=1-1=0$，$Aa$ 的 $s=1-0.9=0.1$，$aa$ 的 $s=1-0.5=0.5$。隐性致死基因纯合体的 $f=0$，其 $s=1$，表示全部淘汰该种基因型个体。而 $s=0$ 的基因型意味着无选择。下面讨论 $0<s<1$ 情况。

设有一对基因 $A$、$a$，且 $A$ 对 $a$ 完全显性，群体中 $AA$、$Aa$、$aa$ 3种基因型为 $p^2+2pq+q^2=1$。又设 $AA$ 与 $Aa$ 的适应值 $f=1$，隐性纯合体 $aa$ 的适应值为 $1-s$。经过一代选择后基因型的频率见表7-4。

**表7-4　基因型频率经过一代选择的变化情况**

| 基因型 | $AA$ | $Aa$ | $aa$ | 总计 |
|---|---|---|---|---|
| 选择前频率 | $p^2$ | $2pq$ | $q^2$ | 1 |
| 适合度 | 1 | 1 | $1-s$ | $3-s$ |
| 选择后频率 | $p^2$ | $2pq$ | $q^2(1-s)$ | $1-sq^2$ |
| 选择后相对基因型频率 | $\frac{p^2}{1-sq^2}$ | $\frac{2pq}{1-sq^2}$ | $\frac{q^2(1-s)}{1-sq^2}$ | 1 |

由表 7-4 可求得经过一代选择后的基因频率 $q_1$ 及其基因频率的改变 $\Delta q$：

$$q_1=\frac{1}{2}\times\frac{2pq}{1-sq^2}+\frac{q^2(1-s)}{1-sq^2}=\frac{q(1-sq)}{1-sq^2}$$

$$\Delta q=q_1-q=\frac{q(1-sq)}{1-sq^2}-q=\frac{-sq^2(1-q)}{1-sq^2}$$

从上式可以看出，选择对改变基因频率的作用不仅与选择系数 $s$ 有关，还随初始基因频率的大小而不同。如果选择系数不变，基因的初始频率越接近 0.5，选择造成的基因频率改变量越大，而当 $q$ 很小时，分母 $1-sq^2$ 可视为 1，这样选择引起的 $q$ 的改变可以近似地表示为：

$$\Delta q=-sq^2(1-q)$$

可见 $q$ 值很小时，$\Delta q$ 很小，因此难以将隐性基因淘汰干净。

### 7.2.3 遗传漂变

遗传平衡定律是以无限大的群体为前提的。但实际的生物群体其个体数是有限的。当在一个小群体内，每代从基因库中抽样形成下一代个体的配子时，会产生较大的抽样误差，由这种抽样误差造成的群体基因频率的随机波动现象称作随机遗传漂移（random genetic drift），也叫遗传漂变（genetic drift）。

遗传漂变一般发生在小群体中。因为在一个大群体里，如果不发生突变，根据哈迪-魏伯格定律，不同等位基因的频率将维持平衡状态。但是在一个小群体中，即使无适应性变异的发生，由于该小群体与其他群体相隔离，不能充分地进行随机交配，因而基因在群体内不能达到完全自由地分离和组合，等位基因的频率就容易发生偏差。这种偏差不是由于突变、选择等因素造成的，是由于在小群体里基因分离和组合时产生的抽样误差引起的。这样，就会将那些中性的或无利的性状在群体中继续保留下来。这类性状的随机生存现象，就是由于遗传漂变造成的结果。因此，遗传漂变也是影响群体平衡的重要因素，而且它改变群体基因频率的作用方向是完全随机的。

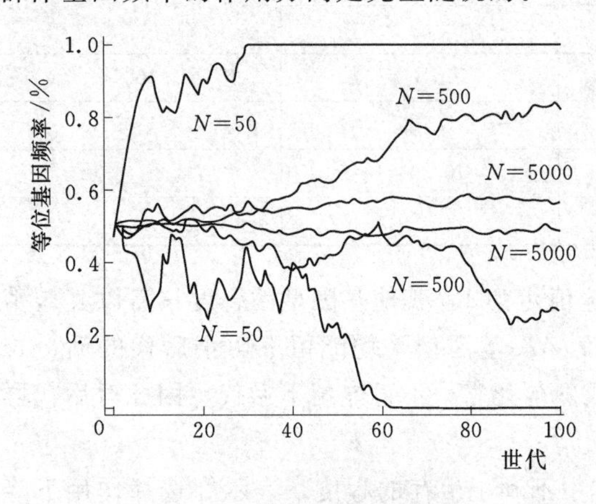


图 7-2 群体大小与漂变

遗传漂变的作用大小因样本群体的个体数不同而异。一般样本越小，基因频率的随机波动越大；样本越大，基因频率改变的幅度越小。因此，遗传漂变在小群体中的作用很强，它可以掩盖甚至违背选择所起的作用。无适应意义的中性突变基因，或选择与之不利但尚未达到携带者致死程度的基因，都有机会因漂变作用而被固定。例如，有个体数分别为 50、500 和 5000 的 3 个群体，其初始的基因频率均为 0.5。从图 7-2 可以看出，对于个体数为 50 的随机交配小群体，其等位基因频率因遗传漂变很快发生改变，并在 30～60代被固定；而对于个体数为 500 的群体，经过 100 代的随机交配，其等位基因频率逐渐偏离 0.5；个体数为 5000 的群体，则一直到 100 代时，等位基因频率仍然接近初始值 0.5，很稳定。

### 7.2.4 迁移

个体在群体间的迁移（migration）同样也是影响群体等位基因频率改变的一个因素。设在一个大的群体内，每代有一部分个体新迁入，其迁入率为 $m$，则 $1-m$ 是原有个体的比率。设迁入个体某一等位基因的频率是 $q_m$，原来个体所具同一等位基因的频率是 $q_0$，二者混杂后群体内等位基因的频率 $q_1$ 将是：

$$q_1=mq_m+(1-m)q_0=m(q_m-q_0)+q_0$$

一代迁入所引起的等位基因频率的变化 $\Delta q$ 则为

$$\Delta q=q_1-q_0=m(q_m-q_0)$$

因此，在有迁入个体的群体里等位基因频率的变化率等于迁入率与迁入个体等位基因频率与本群体等位基因频率的差的乘积。此等式可以用来估算花园临近天然花粉污染所引起的基因频率的变化，或估算一个大群体的种子园花粉迁移到另一孤立群体内引起的基因频率变化。

## 7.3 自然群体中的遗传多态性

在一个物种的群体内或群体间通常可以观察到丰富的遗传变异。这种丰富的遗传变异会表现在从形态特征到DNA核苷酸序列及它们所编码的酶与蛋白质的氨基酸序列。如果一个基因或一个表型特征在群体内有多于一种形式，它就是多态的基因或多态的表型。这种遗传变异的多态性可能作为进化基础而普遍存在。

### 7.3.1 表型多态性

园林植物表型多态性（polymorphism）表现在花色、花径、彩斑、瓣型、抗性等多个方面。例如，三色堇（*Viola tricolor* L.）在欧洲是常见的野生花卉，现已成为春季花坛的主要花卉之一。它的花色非常丰富，有红、白、黄、紫、蓝、黑等多种花色，同时还表现为一花一色、一花双色、一花三色等多态性特征。花斑是三色堇的重要性状之一，在一个群体里，可能存在有花斑的类型和无花斑的类型，而且花斑的大小、颜色也可能存在差异。在花大小上也存在多态性，表现为巨大花系（花径8～10cm）、大花系（花径6～8cm）、中花系（花径4～6cm）和小花系（花径3～4cm）、微型花系（花径1.5～2.5cm）。此外，植物自交不亲和性是植物中已知多态性最高的性状之一。目前已清楚自交不亲和是由自交不亲和复等位基因控制（罂粟中约有66个复等位基因，报春花约有400个复等位基因），带有相同基因型的植株间交配是不亲和的。Young等（2000）研究表明，有限植物群体中自交不亲和等位基因数目与群体有效大小存在密切关系。

### 7.3.2 染色体多态性

核型（karotype）是一个物种的显著特征，许多物种在染色体数目与形态上有很高的多态性。相互易位和倒位等染色体结构变异引起多态，在植物、昆虫甚至哺乳动物中都有存在。例如，三色堇的染色体数目就存在2n=20、26、42、46等多种类型。北美拟暗果蝇（*Drosophila pseudoobscura*）的自然群体中，在第Ⅲ染色体上存在20多种倒位，而且在不同地区的倒位类型不同。在加利福尼亚的太平洋沿岸，标准型倒位频率最高，AR型在美国整个分布地区都能看到。此外，还发现靠近物种的分布中心的地区倒位现象显著，而分布边缘地区的群体多态程度低。在南美洲果蝇（*D. willistoni*）的所有染色体臂上倒位类型非常多，多态程度非常高。

### 7.3.3 蛋白质多态性

如果一个结构基因上有一个非冗余密码子发生改变，那么在多肽的翻译时就有可能发生一个氨基酸的替换。对蛋白质多态性的研究目前主要集中在等位酶或同工酶上。蛋白质凝胶电泳技术是检测蛋白质多态性的常用技术，研究者可以根据凝胶上观察到的条带数目和位置，判断群体中每个个体中该蛋白有无或片段大小，从而推断编码基因的多态性。以凝胶电泳方法对病毒、真菌、高等植物、动物等大量物种的蛋白质多态性分析结果揭示，有1/3的结构基因是多态的，群体中有2个至多个等位基因分离。例如，丁小飞（2011）对白皮松4个天然群体的8种等位酶的遗传多样性检测表明，在4个群体中共检测到10个基因位点，其中6个位点为多态位点，群体总体水平多态位点比率 $P=60\%$。而南漳白皮松群体遗传多样性偏低，遗传变异水平较低，适宜采取原地保护和异地保存相结合的保护策略。

### 7.3.4 DNA序列多态性

生物的多样性与其基因组DNA序列的多态性直接相关，植物基因组的多态性可以分为两种情况：①DNA长度多态性（length-polymorphism），在自然群体中，DNA位点存在核苷酸长度的变异，其主要是由于碱基的插入（insertion）或缺失（deletion）造成的，也包括由于转座子的插入或缺失而造成一段

DNA 序列的增加或减少，以及一些 DNA 片段的重复。②单核苷酸多态性（single nucleotide polymorphism，SNP），染色体 DNA 上某一特定位置的碱基多态性，主要是由于碱基的转换（transition）与颠换（transversion）造成。例如，根据对拟南芥两种生态型：哥伦比亚和兰兹伯格大约 90Mb 的 DNA 序列分析发现，其多态性主要有 SNP 和由插入或缺失形成的 DNA 长度多态性。其中 SNP 有 25274 处，平均每 3.3kb 就有一处；插入—缺失多态性有 14570 处，平均每 6.1kb 就有一处。95%的插入或缺失的 DNA 片段长度不到 50bp，个别长达 38kb。相对而言，外显子比内含子发生多态性的程度要高，大约分别高出 50%（SNP）和 3 倍（插入—缺失多态性）。

根据 DNA 序列多态性发生的位置特点不同，科研工作者先后开发出了多种检测 DNA 多态性的方法，如限制性片段长度多态性（restriction fragment length polymorphism，RFLP）、快速扩增多态性 DNA（rapid amplification polymorphism DNA，RAPD）、简单重复序列多态性（simple sequence repeat，SSR）、单核苷酸多态性（single nucleotide polymorphism，SNP）等。RFLP 主要检测等位基因之间由于碱基的替换、重排、缺失等变化导致的限制内切酶识别和酶切位点发生改变，而造成基因型间限制性片段长度的差异。RAPD 检测基因组非特定位点变异造成相应区域的 DNA 多态性。SSR 主要检测简单序列由于串联数目的不同而产生的多态性。SNP 主要检测同一位点的不同等位基因之间仅有个别核苷酸的差异或只有小的插入、缺失等。

### 7.3.5 遗传多态性的度量

为了量化描述遗传多态性，群体遗传学以多态性基因座百分比（proportion of polymorphism loci，$P$）来表示多态性的大小。多态性基因座百分比是指群体中多态性基因座的数目（$n_p$）占观察基因座数目（$n$）的比例，即

$$P=\frac{n_p}{n}$$

例如，检测某个植物群体的 33 个基因座，发现 18 个基因座存在多态性，那么这个群体的基因组多态性百分比为 18/33=0.55。如果检测另外 3 个不同群体 33 个基因座，发现多态性基因座数目分别为 15、16、17，那么这 3 个群体的多态性百分比分别为 0.45、0.48 和 0.52，则可算出这 4 个群体这些基因座的平均多态性为（0.55+0.45+0.48+0.52)/4=0.5。用多态性来度量群体的遗传变异时，有样本大小和选用什么样的多态性标准等因素的影响。

群体遗传多态性的均匀度的度量常采用杂合度（heterozygosity，$H$）作为参数。杂合度是指每个基因座上都是杂合的个体的平均频率，或称为群体的平均杂合性，即

$$H=\frac{\text{每个基因座位杂合子的频率总和}}{\text{基因位点总数}}$$

例如，从某一植物群体中抽取许多个体进行 SSR 多态性分析，其中 4 个位点的杂合子的频率分别为 0.25、0.42、0.09 和 0.00。对于这 4 个基因座而言，$H=(0.25+0.42+0.09+0.00)/4=0.19$。如果同时考察同一物种的 5 个群体，可先计算每个群体的杂合性，然后求这 5 个群体的平均杂合性。

由于自花授粉植物群体及近交的生物群体中有较多的纯合体，杂合度并不能很好地反映这些群体中的遗传变异量。因此，对于这些群体需计算其预期杂合性（$H_e$）。假定一个基因座上有 4 个等位基因，其频率分别为 $f_1$、$f_2$、$f_3$ 和 $f_4$，其杂合性计算公式为 $H_e=1-(f_1^2+f_2^2+f_3^2+f_4^2)$。

## 7.4 物种的形成

### 7.4.1 物种的概念

对于有性繁殖的生物，物种（species）是指凡能够相互杂交且产生能生育的后代的种群或个体。同一物种的个体间享有一个共同的基因库，该基因库不与其他物种的个体所共有。因此，杜布赞斯基（Dobzhansky）认为："物种是彼此能进行基因交换的群体或类群"。最大的孟德尔群体就是物种。不能相

互杂交，或者能够杂交但不能产生能育后代的种群或个体，则属于不同的物种。例如，水稻和小麦不能相互杂交，所以水稻和小麦是属于不同的物种。又如马和驴能够相互杂交产生骡子，但所得杂种不能生育。所以马和驴也属于不同的物种。

对于非有性繁殖的生物，很难应用相互杂交并产生后代的物种标准，通常采用形态结构上的以及生物地理上的差异作为鉴定物种的标准。在分类学中实际上仍然是以形态上的区别为分类的标准。还要注意生物地理的分布区域，因为每一个物种在空间上有一定的地理分布范围，超过这个范围，它就不能存在；或是产生新的特性和特征而转变为另一个物种。

物种是生物分类的基本单元，也是生物繁殖和进化的基本单元。在物种之间，一般有明显的界限，表现在形态和生理特征上的较大差异。在遗传学上，物种之间的差异很大，一般涉及一系列基因的不同，也往往涉及染色体数目上和结构上的差别。但物种并不是进化分歧过程中的一个静态单位。在不同的个体或群体之间，由于遗传差异逐渐增大，它们就可能产生生殖隔离（reproductive isolation），阻止了它们之间的基因交流，形成不同的物种。

生殖隔离机制是防止不同物种的个体相互杂交的生物学特征。生殖隔离可以分为两大类（见表7-5）：①合子前生殖隔离，能阻止不同群体的成员间交配或产生合子；②合子后生殖隔离，是降低杂种生活力或生殖力的一种生殖隔离。这两种生殖隔离最终达到阻止群体间基因交换的目的。在植物中，属于合子前生殖隔离的情况很多。例如，自然界里属于不同物种的金菊和翠菊分别在不同季节或一个季节的不同时间开花，由于不同物种的花粉和卵细胞的有效时间不在同一时间，因此很难发生配子融合。

表7-5　生殖隔离机制的分类

| | |
|---|---|
| (1) 合子前生殖隔离 | |
| ①生态隔离 | 群体占据同一地区，但生活在不同的栖息地 |
| ②时间隔离 | 群体占据同一地区，但交配期或开花期不同 |
| ③配子隔离 | 雌雄配子相互不亲和，花粉在柱头上无生活力 |
| ④机械隔离 | 生殖结构的不同阻止了交配或受精 |
| (2) 合子后生殖隔离 | |
| ①杂种无生活力 | $F_1$ 杂种不能存活或不能达到性成熟 |
| ②杂种不育 | 杂种不能产生有功能的配子 |
| ③杂种衰败 | $F_1$ 杂种有活力并可育，但 $F_1$ 世代表现活力减弱或不育 |

阻止基因交流的隔离机制除生殖隔离外，还有地理隔离（geographic isolation）。地理隔离是由于某些地理的阻碍而发生的，例如海洋、大片陆地、高山和沙漠等，使许多生物不能自由迁移，相互之间不能自由交配，不同基因间不能彼此交流。这样，在各个隔离群体里发生的遗传变异，就会朝着不同的方向累积和发展，久之即形成不同的变种或亚种，随着地理隔离时期不断延长，不同亚种间的遗传的分化进一步发展，亚种间不能相互杂交，产生生殖隔离，亚种发展成新的物种。

## 7.4.2　物种形成的方式

根据生物发展史的大量事实，物种的形成可以概括为两种方式：一种是渐变式，即在一个长时间内，旧的物种逐渐演变成为新的物种；另一种是爆发式，即在短期内以飞跃形式从一个种变成另一个种，它是高等植物（特别是种子植物）物种形成中比较普遍的形式。

1. 渐变式

渐变式物种的形成是通过突变、选择等因素，先形成亚种，然后进一步逐渐累积变异造成生殖隔离而成为新种。渐变式又可分为继承式和分化式两种方式。

继承式物种形成是指一个物种可以通过逐渐累积变异的方式，经历悠久的地质年代，由一系列的中间类型，过渡到新种。

分化式物种形成是指一个物种的两个或两个以上的群体，由于地理隔离或生态隔离，而逐渐分化成两个或两个以上的新种。它的特点是由少数种变为多数种，而且需要经过亚种的阶段，如地理亚种或生态亚种，然后才变成不同的新种。例如，原分布区的祖先种因地理或其他因素，被分隔为若干相互隔离的群体，使群体间的交流减少甚至完全中断，由于环境异质性的自然选择和有限群体的随机漂移，群体间的遗传差异随时间不断增大，形成了不同的地理亚种。亚种间进一步分化，直至产生生殖隔离，导致不同物种的形成。

分化式物种形成在没有地理隔离的情况下，同一地域内的一个物种内个体也可能分成两个生殖隔离群体。例如，一些被子植物，通过十分特殊的传粉者授粉繁殖，当群体中某些个体出现变异，花的形态发生变化，便能引起传粉者某种程度的偏爱，这种选择又会改变花的形态，使群体发生分化，最终导致分化个体之间的生殖隔离，从而导致新物种的形成。

2. 爆发式

爆发式物种形成是指不需要悠久的演变历史，在较短时间内即可形成新种。一般也不经过亚种阶段，而是通过转座子在同种或异种个体间转移，或远缘杂交和染色体数目加倍，在自然选择的作用下逐渐形成新种。

染色体多倍化是植物爆发式物种形成的常见途径。例如，美国加州巨杉为 $2n=6X=66$ 的六倍体，而其近缘种是染色体数为 $2n=2X=22$ 的二倍体。不同植物多倍化发生频率不同，被子植物中有 47%～70%，蕨类植物中约有 95%，裸子植物中为 5%，针叶植物仅 1.5%。

通过种间远缘杂交，杂种后代再多倍化可以快速形成新的物种，这也是显花植物常见的新种形成方式。根据小麦种、属间大量的远缘杂交试验分析，证明普通小麦是由野生一粒小麦、拟斯卑尔脱山羊草和方穗山羊草，通过天然杂交和染色体数目加倍，在自然选择下逐步形成了异源六倍体。黑芥菜（*B. nigra*，$2n=16$）、甘蓝（*B. oleracea*，$2n=18$）和中国油菜（*B. campestris*，$2n=20$）是芸薹属（*Brassica*）的 3 个基本种。欧洲油菜（*B. napus*，$2n=38$）就是由甘蓝（$2n=18$）和中国油菜（$2n=20$）天然杂交所形成的双二倍体。有人曾用中国油菜和欧洲油菜人工杂交，获得了一个有生产力的复合双二倍体新种（*B. napocampestris*，$2n=58$）。

### 7.4.3 物种形成期间遗传分化的度量

遗传同一性（genetic identity，$I$）或遗传相似性和遗传距离（genetic distance，$D$）是研究自然群体遗传变异，估计群体中基因型频率和等位基因频率最常用的两个参数。其中，遗传同一性是对两个群体结构相同的基因比例的估计。如果两个群体没有共同的等位基因，则 $I=0$；若在两个群体中有相同的等位基因，而且频率相同，则 $I=1$。遗传距离是用来估计两个群体分别进化时每个基因座发生等位替换的次数。所谓一个等位替换是指一个等位基因被另一个不同的等位基因取代，或一套等位基因被一套不同的等位基因取代。

两个群体遗传同一性（$I$）的估算，目前广泛应用 Nei（1975）的方法进行。这里假设有 A、B 两个不同群体，在其 k 基因座上观察到了 $i$ 个不同的等位基因。若用 $a_1$，$a_2$，$a_3$ 分别表示 A 群体中不同等位基因的频率，$b_1$，$b_2$，$b_3$ 表示 B 群体中等位基因频率。那么两个群体间在该基因座上的遗传相似性（$I_k$）为：

$$I_k=\frac{\sum a_i b_i}{\sum a_i^2 \sum b_i^2}$$

举例：假设在两个群体中观察到 2 个不同的等位基因，它们在两个群体中都以各自的频率存在，$a_1=0.2$，$a_2=0.8$，且有 $a_1+a_2=1$；$b_1=0.7$，$b_2=0.3$，且有 $b_1+b_2=1$，则

$$I_k=\frac{(0.2\times 0.7)+(0.8\times 0.3)}{\sqrt{(0.2^2+0.8^2)(0.7^2+0.3^2)}}=0.605$$

说明在这两个群体享有相同的等位基因的比例为 60.5%，A、B 两个群体有较高的遗传相似性，尽管其基因频率不同。

两个群体间的遗传距离（$D$）的计算可用公式：$D=-\text{In}I$。式中 $I$ 指群体间遗传同一性（遗传相似性）。遗传距离是按两个群体之间计算的，如果有 $n$ 个群体，可求得 $n(n-1)/2$ 个 $D$ 值。然后可求它们的平均遗传距离及标准误差。

## 7.5　生物的进化

在核酸和蛋白质分子组成的序列中，蕴藏着大量生物进化的遗传信息。不同物种间所具有的核苷酸或氨基酸愈相似，则表示其亲缘关系愈近；反之，其亲缘关系就愈远。因此，根据生物所具有的核酸和蛋白质结构上的差异程度，可以估测它们生物种类的进化时期和速度；也可以比较亲缘关系极远类型间的进化信息。

### 7.5.1　DNA 的进化

DNA 比蛋白质携带有更丰富的遗传信息量。编码蛋白质的 DNA 可以发生同义或非同义的替换事件。通过 DNA 序列分子系统发育分析，可以研究不编码功能蛋白的基因，能够估算转换和颠换的速率。DNA 的进化可表现在 DNA 含量和 DNA 序列变化两个方面。

1. DNA 含量的变化

现已知，不同物种之间细胞内 DNA 含量具有很大的变异。总的趋势是，高等生物比低等生物的 DNA 含量高，具有更大的基因组。例如，病毒基因组的核苷酸对数（bp）为 0.13 万～2.0 万，细菌平均为 400 万，而大多数动植物为数十亿。但生物体 DNA 含量与其进化不一定都有相关性。例如，许多两栖类的 DNA 含量也远超过哺乳动物。DNA 含量发生进化性的最常见的过程是 DNA 小片段的缺失、插入和重复。在高等植物中还可以看到通过多倍体方式增加 DNA 的含量。

2. DNA 序列的变化

分子进化研究显示，不同的基因和同一基因中的不同序列，其进化的模式和速率是不同的。由共同祖先的一种特定的 DNA 序列经过独立进化和改变，产生了两种生物间 DNA 序列的差异，这种差异可以表现为核苷酸的碱基替换，或不同长度的顺序扩增，或 DNA 序列发生易位等。因此，通过比较由共同祖先分化出的两种不同生物的特定 DNA 序列可以探讨该生物的进化速率。

DNA 序列的差异比较除了采用 DNA 测序分析外，还可采用 DNA 杂交技术。根据将某一物种被解离 DNA 片段进行放射性标记后，与不同物种的解离 DNA 进行杂交，测定形成双链的程度来估计两者 DNA 序列中的同源比例。如果两个物种间的 DNA 有差异，彼此间核苷酸顺序不相称，这样的杂种 DNA 稳定性就低，相应的熔解温度也较低。由此，根据增加温度时 DNA 双链分开的速度，可以估算出种间 DNA 双链中非互补核苷酸的比例。如果将 50% 双链 DNA 解离时的温度称为热稳定值（$T_s$），那么杂种 DNA 分子与对照 DNA 分子 $T_s$ 值之差（$\Delta T_s$），大致与杂种 DNA 中不相匹配的核苷酸量成比例。

进化速率（evolutionary rate）指每年每个核苷酸位点被别的物种核苷酸取代的比例，即将每个核苷酸位点核苷酸取代的值除以进化的年数即为两个物种分开的时间。例如大部分哺乳动物在 6500 万年以前由相同祖先进化而来，人们发现小鼠和人类的生长激素基因的序列相差 20 个核苷酸，那么该基因改变的速率为每年每个位点取代 $4\times10^{-9}$ 个核苷酸。基因的不同区域所承受的进化压力不同，其进化的速度也不同。表 7-6 列出了哺乳动物基因的不同部分相对的进化速率。

**表 7-6　哺乳动物基因的 DNA 序列中不同部分的进化速率**

（引自 Peter J. Russell，1992）

| 序列 | | 进化速率/($\times10^{-9}$) |
|---|---|---|
| 功能基因 | 5′侧翼区 | 2.36 |
| | 前导区 | 1.74 |
| | 同义编码序列 | 4.65 |
| | 非同义编码序列 | 0.88 |
| | 内含子 | 3.70 |
| | 拖尾序列 | 1.88 |
| | 3′侧翼区 | 4.46 |
| 假基因 | | 4.85 |

由表 7-6 可知，没有功能的假基因进化速率最高，这是由于这些假基因不再编码蛋白。由于这些假基因的改变并不影响个体的环境适应性，因此也不会被自然选择所淘汰。在功能基因的编码序列中，涉及同义改变的进化速率很高，而非同义改变的进化速率最低，相差约 5 倍。同义突变并不改变蛋白质的氨基酸序列，对个体一般不造成损害，因此得以保留。相反，编码序列产生的错义突变常因会改变蛋白质中氨基酸的序列，有损个体适应性而被自

然选择所淘汰。3′端侧翼区和内含子的进化率也很高。5′侧翼区的进化速率不高，虽然此区既不转录也不翻译，但它含有基因的启动子，如 RNA 聚合酶的结合位点 TATA 框，对于基因的表达十分重要。保守序列的突变可能会妨碍基因转录，损害生物的适应性，自然选择会淘汰这些突变而使该区的进化率保持较低的水平。前导区和拖尾区的进化速率比 5′侧翼区还要低，虽然这两个区域都不翻译，但将被转录，并为 mRNA 的加工以及 mRNA 附着到核糖体上提供信号，在这两个区的核苷酸取代是很有限的。

### 7.5.2 蛋白质的进化

蛋白质相对于 DNA 而言，更低的氨基酸替换率可能使其更加适用于高度分化的物种系统发育分析。在蛋白质进化方面，研究最多的是血红蛋白和细胞色素 c。如果比较不同生物所具有的蛋白质的不同组成，就可以估测它们之间的亲缘程度和进化速度。现以人类和其他一些物种的细胞色素 c 存在差异的氨基酸数目为例，说明人类与其他物种的进化关系（见表 7－7）。

表 7－7 人类和其他一些物种细胞色素 c 的氨基酸差异数和最小突变距离的比较

（Fitch 和 Margoliash，1967）

| 物种 | 氨基酸差异的数目 | 最小突变距离 | 物种 | 氨基酸差异的数目 | 最小突变距离 |
|---|---|---|---|---|---|
| 人类 | 0 | 0 | 狗 | 10 | 13 |
| 黑猩猩 | 0 | 0 | 马 | 12 | 17 |
| 恒河猴 | 1 | 1 | 企鹅 | 11 | 18 |
| 兔子 | 9 | 12 | 蛾 | 24 | 36 |
| 猪 | 10 | 13 | 酵母菌 | 38 | 56 |

细胞色素 c 的氨基酸分析表明，人类与黑猩猩、猴子等亲缘关系比与其他哺乳类的动物近，与哺乳类动物的亲缘关系又要比与昆虫的近，与昆虫的关系更要近于与酵母菌。一个氨基酸的差异可能需要多于一个核苷酸的改变。当不同物种蛋白质的氨基酸差异进一步以核苷酸的改变来度量时，用最小突变距离表示。采用物种之间的最小突变距离，可以构建进化树（evolution tree）和种系发生树（phylogenic tree）。根据 20 种不同生物细胞色素 c 氨基酸碱基序列的差异计算的平均最小突变距离，构建的物种进化树如图 7－3 所示。

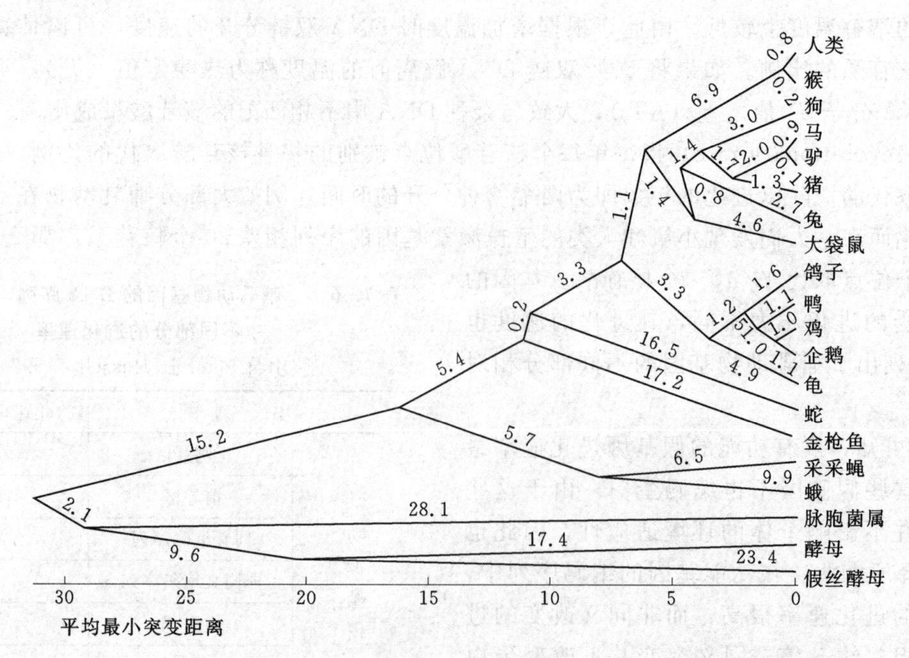


图 7－3 基于细胞色素 c 构建的进化树

（引自 Fitch 和 Margoliash，1967）

不同物种的蛋白质、DNA 和 mRNA 等大分子的差异不仅可以用于构建种系发生树，还可用于估算分子的进化速率。用分子进化速率可推断分子进化钟（molecular evolutionary clock），简称分子钟。现以氨基酸为例，分子进化速率的计算方法如下：

$$k=\frac{-\ln(1-d/n)}{2T}$$

式中：$k$ 是每年每个位点上的氨基酸置换率，ln 是自然对数，$d$ 是氨基酸置换数（最小突变距离），$n$ 是所比较的氨基酸总数，$T$ 是不同物种进化分歧的时间。

### 7.5.3　分子进化的中性学说

1968 年，日本学者木村（Kimura M.）等人在对分子进化大量试验观察和群体遗传学随机理论研究的基础上，提出了分子进化中性学说，又叫中性突变-随机漂移理论（neutral mutation - random drift theory）。

分子进化中性学说认为：①大多数氨基酸和核苷酸进化的突变型替换是由选择上呈中性或近中性的突变随机固定所造成的。中性突变通常包括同义突变、同功能突变（如同工酶）、非同功性突变（如高度重复序列中的核苷酸置换和基因间的 DNA 序列的置换）等。这种中性突变由于没有选择的压力，它们通过随机漂移在群体中被固定下来。②中性等位基因并不是无功能的基因，而是对生物体非常重要的基因。中性等位基因的替换率直接等于它们的突变率，它与群体大小以及其他任何参数均无关。③群体中蛋白质的遗传多态性代表了基因替换过程的一个时期，而且大多数多肽等位基因在选择上呈中性，是由突变和随机漂变之间的平衡来维持的，这种突变不影响核酸、蛋白质的功能，也不影响个体的生存，选择对它们没有作用。

中性进化学说强调，生物中的 DNA 变化可能只有一小部分是与环境适应性有关，大量不在表型上表现出来的分子替换对有机体的生存和生殖并不重要。生物大分子层次上的进化主要不是由于自然选择作用，而是在连续的突变压之下，由“中性突变”在自然群体随机的遗传漂移而被固定的结果。分子进化是由分子本身的突变率确定的。如果突变率保持恒定，则分子进化速率也将保持恒定。中性等位基因在群体中的频率取决于遗传的随机漂变而不是选择的作用。

中性学说是在研究分子进化的基础上提出的，该学说能很好地说明核酸、蛋白质等大分子的非适应性的多态性及其对相关生物性状变异的影响，进而说明进化原因。在进化机制的认识上，中性学说从分子水平和基因的内部结构对传统的选择理论提出了挑战。但中性学说并不否认自然选择在决定适应性进化过程中的作用，也并非强调分子的突变型是严格意义上的选择中性，而是强调突变压和随机漂变在生物分子水平进化中起着主导作用。因此不宜将选择理论与中性理论作对立理解。在考虑自然选择时，必须区别两种水平，一种是表型水平，包括由基因型决定的形态上和生理上的表型性状；另一种是分子水平，DNA 和蛋白质中的核苷酸和氨基酸顺序。

## 小　结

基因频率和基因型频率是研究群体遗传结构的重要参数。在一个平衡群体中，如果没有突变、选择、迁移和遗传漂变等因素的干扰，群体的基因频率和基因型频率将保持不变，并且基因型频率和基因频率的关系是 $D=p^2$，$H=2pq$，$R=q^2$。不论是自然界还是在栽培条件下，影响群体平衡的因素很多，如突变、选择、迁移和遗传漂变等。正是这些因素打破了群体原有的遗传平衡，促使生物发生变异、进化和形成新的类群。在一个物种的群体内或群体间通常可以观察到从形态特征到核苷酸序列及氨基酸序列的丰富遗传变异，从而呈现出多态的基因或多态的表型，这种遗传多态性是生物进化的基础。不同物种间所具有的核苷酸或氨基酸愈相似，则它们的亲缘关系愈近；反之，其亲缘关系就愈远，因此，根据生物所具有的核酸和蛋白质结构上的差异程度，可估测它们的进化时期和速度。同一个物种内的不同个体或群体之间，由于地理隔离，使其遗传差异逐渐增大，产生生殖隔离，阻止了它们之间的基因交流，形成不同的物种。物种的形成可概括为渐变式和爆发式两种方式，其中爆发式是高等植物物种形成中较普遍的形式。

## 思　考　题

1. 什么是基因频率和基因型频率？它们有什么关系？

2. 什么是遗传平衡定律？如何证明？

3. 有哪些因素影响基因频率？

4. 突变和隔离在生物进化中起什么作用？

5. 什么叫物种？有哪几种不同的形成方式？

6. 多倍体在植物进化中起什么作用？

7. 某种植物中，红花和白花分别由等位基因 $A$ 和 $a$ 决定。发现在 1000 株的群体中，有 160 株开白花，在自然授粉的条件下，等位基因的频率和基因型频率各是多少？

8. 在一个含有 100 个体的隔离群体中，$A$ 基因的频率为 0.65。在该群体内，每代迁入 1 个新个体，迁入个体的 $A$ 基因频率是 0.85。试计算一代迁入后 $A$ 基因的频率。

# 下篇　育　　种

# 第8章　园林植物的育种目标

**本章学习要点**

- 园林植物育种对象的选择依据
- 园林植物育种的主要目标性状
- 育种工作的基本途径和程序

园林植物的育种目标（breeding objective）就是指在一定的时间内通过一定的育种手段所要达到的对该种园林植物改良的具体目标，即对所要育成的园林植物新品种的要求。园林植物育种目标规定着园林植物育种的任务与方向，是育种家追求的一种最高理想境界，它决定着整个育种技术路线和育种战略的安排和实施。确定育种目标是园林植物育种工作的前提，育种目标适当与否是决定育种工作成败的首要因素。制定园林植物育种目标，首先需要选择育种对象；然后，根据该育种对象的特点，确定其需要改良的具体目标性状。

## 8.1　园林植物育种对象

### 8.1.1　育种对象选择的意义

园林植物种类繁多，包括园林绿地中应用的多年生乔木、灌木、球根、宿根花卉、一、二年生草本花卉、草坪和地被植物，以及各种盆栽观赏植物和各类鲜切花等。园林植物用途各异，不同人群对它们的观赏要求不尽一致，不同园林植物的育种特点也不同。例如，园林树木生长周期长，大多数是异花授粉植物，亲本的杂合性较高，大多数以无性繁殖为主，可走无性系育种之路；而草本花卉生长周期短，有自花授粉的也有异化授粉的，多以种子繁殖为主，很多杂种优势明显，便于采用杂交育种方法及杂种优势利用。对于任何育种单位和个人，只能根据市场的供销情况，结合当地生产的特点，考虑生产者和育种者自身的优势，选择其中一种或少数几种作为研究对象。

### 8.1.2　育种对象选择的主要依据

#### 8.1.2.1　育种对象相对集中与稳定

育种单位或个人在选择育种对象时应相对集中和相对稳定，这样有利于种质资源、育种的中间材料和育种经验的积累，有利于提高育种效率、提高质量、多出成果和提高育成品种的竞争能力。荷兰的CBA（菊花育种协会）、英国的Cleangro Ltd.、日本的精兴园主要以菊花为育种对象，几代育种者数十年矢志不移地进行菊花育种研究，目前已成为世界上三大菊花育种公司，其生产的菊花种苗垄断了国际菊花种植业，同时也拥有巨大的便于开展育种工作的种质资源库。

#### 8.1.2.2　育种对象的资源与市场优势

我国园林植物育种对象的选择首先应该考虑起源于中国、市场需求迫切且具有较高经济价值的园林植物，如牡丹、菊花、百合等。它们不仅栽培面积和市场所占比重较大，而且在种质资源的蕴藏量、栽培技术的成熟程度、文化内涵的丰富性等方面，远非其他国家所能比拟。把这些植物作为育种对象，只要理顺育种体系，发挥资源优势，增加扶持力度，就能在短期内达到国际领先地位。

有些园林植物种类虽非中国原产，但引入时间较长，国内有一定的种质资源基础，在生产和消费上都占有较大比重，在国际市场上也有一定份额，也可作为育种对象进行改良。如唐菖蒲、热带兰花、凤仙花等，经过改良，可以解决国内市场需要，并在国际市场上占有一席之地。

**8.1.2.3** 育种对象的地域优势

关于不同地区育种对象的选择，应本着发挥地区资源、地域自然条件及人力资源的优势来考虑。育种基地应接近主产区或发展潜力较大的地区，这样可以在露地以简单的栽培方法保存各类种质资源和育种中间材料，便于安排中间试验，有利于使育种工作紧密结合生产，及时获得有关市场信息。

## 8.2 园林植物育种的主要目标性状

### 8.2.1 观赏品质

园林花卉主要是以其优良的观赏品质被人们所喜爱。观赏品质是对花卉的色、香、姿、韵、花期等方面的综合评价。色、香、姿是花卉的外表美、形态美，而韵寓于色、香、姿之中，是花卉的内在美（风度、品德、特性）。韵又受到人们主观因素的影响，因人的经历、气质、文化修养、心情等而异，是一种抽象的意境美。观赏品质的优劣主要表现在花形、花色、叶形、叶色、株型、芳香等多个方面。

**8.2.1.1** 花型

花型是指花朵的形状与大小。在我国传统上重瓣性强、花朵硕大的花卉被认为是观赏价值较高的类型。像我国的牡丹、芍药、菊花、荷花等名贵花卉的上乘品种主要是重瓣大花类型。因此，选育重瓣大花品种常常是花卉育种的重要目标之一。球根类花卉，如郁金香、风信子、水仙、百合、唐菖蒲等也有深受人们喜爱的重瓣优良品种。近些年，人们对花型的要求已趋向小花类型。如菊花类中的早小菊就以其花形小、花多而繁茂，深受人们的喜爱。各种微型花卉目前也成为花卉市场上的新宠。

**8.2.1.2** 花色

狭义的花色是指花瓣的颜色；广义则指花瓣、花萼、雌雄蕊甚至苞片发育成花瓣的颜色。花卉中的优良品种，一般都有丰富的花色。如唐菖蒲就因花色丰富而闻名世界。各种花卉中，较多的花色是红、粉、橙、黄、白、紫等色彩鲜艳而明快的颜色。对中间色或暗色需求较少。

不同种类的花卉因其各自的特点，在花色育种上对其颜色的要求也各不相同。例如，菊花以稀少的绿色为优良品种，而牡丹则因缺少金黄色变得稀奇，郁金香在荷兰曾以黑色最为珍贵。

不同国家和地区的人们在不同时期对花色的要求也不相同，如菊花，中国人多喜爱红、粉、黄等色，而日本人偏爱白色品种；在月季花方面，日本以前以培育红色花品种为主，后随着人们喜爱的转变，又转向培育粉红色品种。对于变色花（花从花蕾开放到凋谢，花色发生变化）的培育，也一直是花卉育种的重要目标之一。如十样锦和“加尔斯顿”，花蕾时为黄色，开放后变成红色，花色随开放程度变化，所以一株植物上的花有黄色、粉红色、红色，美丽令人赞叹；又如水芙蓉上午为奶油色，下午变成红色。

**8.2.1.3** 叶形、叶色

优美的叶形、丰富多变的叶色也是人们喜爱的一种观赏品质。如羽衣甘蓝原是作为蔬菜培育的，但由于叶片深裂，着色美丽，冬季栽植花坛尤其漂亮。日本在对其引种培育后，已选育出了叶色、叶形各具特色的系列品种，深受人们青睐。随着人们生活水平的提高，居住条件的改善，人们对观叶植物的需求越来越高。在叶色上，已不满足于绿色，而向黄色、紫色、红色等方向发展。如最近培育出的金叶女贞、金叶国槐、紫叶黄栌、紫叶桃等。因此对黄色、紫色、红色叶植物的选育工作也是园林植物育种的方向之一。

**8.2.1.4** 株型

株型直接影响园林绿化的整体效果。优美、整齐的株型是提高园林植物观赏价值的基础。所以增加株型变化的选育也是扩大花卉应用的一个方面。株型包括株高、枝条指向和枝叶着生状况等。由于用途不同对花卉株型的要求也不同。如花坛布置常需要矮生型花卉，而切花生产则需要植株高大、茎粗壮的株型。近些年，人们采用各种育种手段培育出适合各种用途的不同株型品种，其中有适宜花坛布置的整齐一致的矮生型早小菊、金鱼草、矮牵牛、鸡冠花、百日草、万寿菊等品种，也有适宜作切花用的植株高、茎粗壮的金鱼草、百日草、菊花、翠菊等品种。

对于植物的株型，可以从分枝、株高、枝姿三方面分析：分枝主要看是单干、丛生还是藤，株高主要看是乔化还是矮化，枝姿主要看是直枝、垂枝、曲枝。如果将上述分枝、株高、枝姿等因素组合起来，就形成十几种株型。如“寿星”桃是乔木、矮化、直枝型的，“龙游”梅是乔木、矮化、曲枝型的，“龙爪”槐是乔木、乔化、垂枝型的。由于不同株型形成不同的观赏效果，因此，在株型育种时应根据不同的绿化用途制定优良株型的选育目标。

**8.2.1.5　芳香**

芳香性也是提高花卉观赏品质的一个方面。我国素有“香为花魂”之说，还提出“浓、清、远、久”四项品香标准。不同花卉有不同的香味。浓淡合适的香味，具有提神、醒脑、杀菌、消除疲劳、促进睡眠等功效，对人体健康很有好处。关于花香的遗传，一般认为是显性，且花香与花色有一定相关性，花色越淡，花香越浓。芳香的花卉不仅使人陶醉，还可提炼香精。在园林植物中，芳香性的花卉有茉莉、兰花、桂花、蔷薇、水仙、代代花、晚香玉、小苍兰、百合类、梅花、腊梅、栀子等。但是，总体来看，没有芳香性的花卉还是居多数。为培育出更多的馥郁芳香的花卉，许多育种工作者在很多花卉上进行了芳香性育种尝试，虽然难度较大（芳香物质多，代谢途径复杂），但仍然培育出了一些有香味的新品种，如日本培育的具有芳香的仙客来品种“甜蜜的心”，美国培育出具有麝香香味的山茶新品种、有芳香味的金鱼草新品种等。随着芳香性物质及其产生机制进一步明确，相信人们将会培育出更多的芳香型花卉新品种。

**8.2.1.6　彩斑**

植物的花、叶、果实、枝干等部位有异色斑点或条纹称为彩斑。彩斑能大大提高植物的观赏价值。因此培育彩斑品种也常常是花卉育种的重要目标之一。现代观赏植物栽培群体中，观赏价值较大的彩斑主要分布在叶片、花瓣、果实和枝干上。据不完全统计，具有花部彩斑的植物有324属，常见的有三色堇、石竹、大花萱草、矮牵牛、美女樱、金鱼草等；具有叶部彩斑的植物有184属，如金边吊兰、银边吊兰、花叶芋、花叶万年青、金边常春藤、五彩铁等；具有果实彩斑的植物有观赏南瓜、代代花等；茎干彩斑的植物有红瑞木、白皮松、棣棠、桉、竹类等。所有彩斑植物都可以不同程度地应用于室内外绿化和美化。因此在育种上有着重要的利用价值。

## 8.2.2　抗逆性

植物在其栽培过程中，会面临各种不利的灾害因素，如低温、高温、干旱、湿涝、风、雹、阴雨等气候灾害；酸性土、盐碱土、不良物理结构（黏性土、石砾土）等土壤不利因素；病毒、真菌、细菌、线虫、螨虫类、杂草、害虫等有害生物；各种有害工业气体等环境污染。一个新品种必须具备对一种或多种不良环境因素的抗性，才能适应某一区域栽培应用。

抗逆性主要是指植物对不良环境条件的适应能力，包括有抗病、抗虫、抗寒、抗热、抗旱、抗涝、耐盐碱、耐贫瘠、抗污染等能力。随着花卉生产的发展，抗性育种已成为花卉育种的一个重要目标。具有较高抗性的品种，可以充分利用土地资源，使原先无法生产栽培的地方得以有效地经济栽培，通过种植面积的扩大，绿化和美化更广阔的地区和空间，同时增加花卉市场供应，提高人们的生活质量。

**8.2.2.1　抗病虫性**

病虫害的危害严重威胁花卉的观赏价值及花卉生产。过去对病虫害的防治只注重应用化学药剂，结果在消灭病虫害的同时，不仅使植物受到伤害，也使一些有益生物遭受到危害，大量使用化学药剂使病菌、害虫产生了抗药性，同时也严重污染了环境。随着人们认识的提高，发现进行抗病虫害品种的选育是建立综合防治体系的重要基础，它既能降低病虫害对植物的危害，又可提高防治效果，降低环境污染，保持生态平衡。近些年，人们进行了许多植物的抗病虫品种的选育工作，取得了较好的成绩，获得了许多抗病虫害的新品种。如可抵抗镰刀菌凋萎病的郁金香、百合、小苍兰、麝香石竹等品种，抗各类黑斑病的四倍体月季杂种品种系91/100-5。随着抗病、虫基因的分离和基因转化技术的发展，将大大提高花卉的病虫害抗性水平。

**8.2.2.2　抗寒性**

抗寒性是花卉植物在对低温寒冷环境的长期适应中，通过本身的遗传变异和自然选择获得的一种抗寒能力。低温寒害是一种常见的自然灾害，许多珍贵的花木植物由南向北引种常因为北方的低温因素限制了其向北扩展，如山茶、梅花、腊梅、玉兰等。另外，低温也是影响切花生产的主要因素之一，为达到周年生产的目的，除了采用一些局部控温措施外，从植物本身入手，培育耐低温品种是防寒抗冻的重要途径。目前，抗寒性育种已成为园林植物育种的一个重要方向。除采用有性杂交、实生及芽变选种等常规育种途径外，抗寒体细胞无性系筛选已成为抗寒育种的新途径，原生质体融合和染色体工程成为获得抗寒植株比较有希望的途径。经过人们的长期努力，现已培育出不少抗寒性新品种，如近些年培育出的地被菊，某些品种可耐－35℃的低温；梅花的抗寒品种“北京小梅”“北京玉蝶”可在北京地区及“三北”南部栽培推广；低温开花的非洲紫罗兰，可比原亲本平均开花温度降低 10～15℃，大大节省了北方温室生产所需能源。

#### 8.2.2.3 耐热性

每种植物都有其适应的特定温度范围，温度过低、过高都会对植物产生伤害。一般情况下，植物受低温的影响要比高温涉及面广，影响深远，后果严重，而高温对植物的影响范围较小。因此在过去，有关植物的耐热性研究进行得较少。近些年来，对植物热害及其防御对策的研究已日益受到重视。热害是指植物体所处环境温度过高所引起的植物生理性伤害，它往往与生理干旱并存，共同伤害植物体。植物能够忍耐高温逆境的适应能力统称为耐热性。不同植物的耐热性各异，热带、亚热带植物耐热性较强，如台湾相思、代代花、茶花等，而温带、寒带植物耐热性较差，如丁香、紫荆等在 35～40℃时便开始遭受热害。温带、寒带花卉从北向南引种由于易遭受热害，限制了其引种扩展范围，对于这类植物，进行耐热性育种也是很有必要的。

#### 8.2.2.4 抗旱、耐盐性

植物所受的干旱有大气干旱、土壤干旱、混合干旱 3 种类型。植物对干旱的广义抗性包括避旱、免旱和耐旱 3 种类型。植物的避旱性是通过早熟和发育的可塑性，在时间上避开干旱的危害，从实质上讲不属于抗旱性。如某些沙地植物以抗性极强的休眠种子渡过干旱季节，在雨季到来时快速萌发、生长完成生活史，它们属于避旱性植物。免旱性和耐旱性则属于真正的抗旱性。免旱性是指在生长环境中水分不足时植物体内仍然保持一部分水分而免受伤害，仍具有正常生长的性能。耐旱性则指植物忍受组织水势低的能力，其内部结构可与水分胁迫达到热力学平衡，而不受伤害或减轻损害。

在一些干旱和半干旱地区，由于蒸发强烈，随着地下水蒸发把盐带到土壤表层，又由于降水量少，使得土壤表层的盐分含量较高，形成盐碱化土壤。另外海滨地区由于海水倒灌也可使土壤表层的盐分升高。干旱和盐害不仅在发生上有联系，两者对植物的损伤都因导致土壤溶液势下降使植物细胞失水，甚至死亡。对于干旱、半干旱地区或土壤中含盐量较高的地区，培育具有抗旱、抗盐性的花卉品种也是园林植物育种的一个重要方向。

#### 8.2.2.5 抗污染性

随着现代工业的发展，环境污染问题越来越严重。环境污染不仅直接威胁人类的生命安全，也使人们赖以生存的植物的生长发育受到威胁。因此，培育抗污染的园林植物品种也显得非常重要，经过近些年业内人士的研究，已发现能够抗臭氧危害的植物有百日草、一品红、天竺、冬青、凤仙花属、金鱼草、中国杜鹃花、金盏菊、云杉、枇杷、泡桐、樟树等。抗二氧化硫（$SO_2$）的园林植物有女贞（*Ligustrum lucidum Ait.*）、桑树（*Morus alba L.*）、木槿（*Hibiscus syriacus Linn.*）、紫藤（*Wisteria sinensis Sweet*）、紫薇（*Lagerstroemia indicu L.*）臭椿（*Ailanthus altissima*）等。

常见的抗污染树种有榆树（可抗 $SO_2$、氟、氯等有毒气体和虫烟之害，且滞尘能力强）、柳树（能吸收大气中 $CO_2$、$SO_2$ 等有毒有害气体）、枇杷（具有吸收 $SO_2$、氯气、氟化氢、臭氧等多种有毒气体和醛、酮类及致癌物的能力，其幼嫩枝叶的分泌物可杀菌）、构树（可抗 $SO_2$、氯气、硫化氢，对酸、氮氧化物的抗性也强）等。

### 8.2.3 延长花期

延长花期包含品种能提早或延迟开花日期（改变光周期或春化需求）和延长单朵花期或延长整株花期两个方面的含义。如菊花因切花生产与露地观赏的需要，国际园艺界提出培育对日照长短不敏感，在自然日照下，四季均能开花的菊花品种的要求。经过科研人员的努力，已培育出许多菊花新品种，可春夏开花，花期长达 6 个月。又如，月季、百合等花卉是插花的主要花材之一，但一朵月季或百合花的开放时间约 3～5d 便凋谢，虽采用一些切花保鲜剂可适当延长插花时花开放的时间，但这种方法不够经济。因此，选育每朵花开放时间延长的月季、百合等花卉品种，有着切实的育种意义。

### 8.2.4　适宜切花、耐运输

切花生产因单位面积产量高、收益大，生产周期短，易于周年供应，贮运方便，市场需求量大、价格低廉易为消费者接受，可进行大规模工厂化生产等原因，鲜切花销售已占据了国际花卉贸易的半壁江山。因此，发展切花栽培，培育适宜切花生产的品种，是花卉生产的重要任务之一。为适宜切花生产，便于切花运输，要求品种应具有花枝挺拔、花期长、花瓣厚、耐瓶插久养等特性。

### 8.2.5　低能耗

近些年来，人们在以观赏性状为育种目标的同时，也开始兼顾培育一些能在低温、低光照下开花的低能耗品种。培育低能耗花卉品种是花卉广泛栽培和商业化生产的必然趋势，它可以降低生产者的经营成本，为生产者带来更大的利益。对于温室花卉，培育低能耗品种已成为其育种的主要目标之一。

### 8.2.6　其他目标

如地被、草坪植物要求耐荫、耐旱、耐灰尘污染、耐践踏，行道树要求耐重剪，易从不定芽、隐芽发出新枝等特性。草坪需绿色持久期长；盆景类、绿篱要求耐修剪；一些园林植物要求少污染，如无球悬铃木、枫香，无果樟树，无花粉百合，无毛杨树等；切花、种球花卉要求产量高；月季要求无刺；牡丹、芍药开花不依赖春化作用，菊花不依赖光周期，等等。

## 8.3　制定园林植物育种目标的主要依据与原则

### 8.3.1　园林植物育种目标的特点

#### 8.3.1.1　育种目标的多样性

园林植物育种的目标性状包括抗性（抗病、抗虫、抗热、抗寒、抗旱、耐盐碱等）、观赏性状（花色、花型、花期、花量、花香、叶色、叶形、枝姿、株型等）以及其他性状（适应栽培条件、无污染、适宜切花等），具有多样性的特点。

在生产和园林应用实践中，不同园林植物的具体育种目标具有较大差异，如行道树种要求生长迅速、树干通直、冠大荫浓、无污染；花灌木要求开花繁茂、花期长、花色丰富；观叶植物要求枝叶繁茂、叶色丰富、叶形美丽、耐荫；切花要求花枝长、耐瓶插、适宜设施栽培花期长、花瓣厚、耐久养和便于包装运输；盆花要株型丰满、开花繁茂；花坛用花要植株低矮、色彩艳丽、整齐一致。

以菊花为例：按用途有盆栽、切花和地栽等各种不同育种目标，仅盆栽的大菊系花型育种就可列出宽瓣型、球型、卷散型、松针型、丝发型、飞舞型等近 20 种不同花型，花期从 6—7 月和 12 月至翌年 1 月不同时期开花以及一年多次开花的四季菊等。花色育种目标除常见的白、黄、橙、红、紫等鲜艳花色外，还要求育成绿、灰、黑、蓝色等罕见色调是目标多样性的典型例子。

#### 8.3.1.2　优质是更为突出的目标性状

就当前总的趋势来说各种作物都比较重视品质性状，但在园林植物育种中品质往往是更为突出的目标性状。在市场上经常可以看到优质的菊花、月季品种，比一般品种的价格要高出几倍到几十倍。

除球根花卉和切花对产量有一定要求外，多数观赏植物在育种目标上基本不包括高产方面的目标性状。案头盆栽花卉如微型月季、侏儒型仙人掌、碗莲等无论从生物产量还是经济产量来说都是极端低产类型，但都能以其优异的品质取得较好的经济效益。

8.3.1.3 重视供应期和利用期的延长

观赏植物产品多以鲜活状态供应市场，生产的季节性与需求的经常性之间存在较为突出的矛盾。为解决这一矛盾最主要的途径是选育极早熟品种和晚熟耐贮运的品种。随着设施园艺的迅速发展，选育适应于保护地设施栽培的观赏植物品种。菊花因切花和露地观赏的需要，国际园艺界要求培育对日照长短不敏感，在自然日照下四季均能开花的菊花品种，四川省原子能应用技术研究所用辐射诱变和营养系杂交育种相结合的办法育成20多个春夏开花、花期长达半年的菊花新品种。

8.3.1.4 提倡兼用型

长期以来，人们对观赏园艺植物的育种目标多着眼于株型、花色等观赏性状，而对其食用、药用以及其他功能注意不够。同样，对食用园林植物也很少注意它们的观赏、环境保护方面的功能。近年来选育赏食兼用型品种，以及开发观赏植物其他功能的育种工作已经逐渐引起各方面的重视。如日本铃木登（1995）致力于花果兼用梅的育种已取得成果。云南西双版纳地区从西非引入的油棕是一种非常美观的庭院及行道树种，经过改良的薄壳种产油量6.6t/hm$^2$，比向日葵高出4倍以上。棕仁油可广泛用于加工人造黄油、硬脂蜡烛。药学方面的研究表明，银杏叶中含有可治疗心脑血管疾病的多种生理活性物质，年需求量在8万t以上。法、德、日等国每年从山东郯城县订购5000t左右。陈学森等（1996）在广泛研究类型间变异的基础上选育出药用成分含量高、产叶量大的药赏兼用的“泰山1号”等品种。当前在大气、土壤等环境污染日益严重的情况下，应特别重视在观赏植物育种中提高环境保护方面的功能。首先是选择对特定污染因素抗性强而且防护功能好的种类，然后从中选育出性能最优的类型（见表8-1）。植物对污染因素的吸收功能和抗性并不完全一致。如美青杨吸收$SO_2$功能高达369.5mg/(m$^2$·h)，但叶面出现大面积烧伤，抗性较差，而忍冬、臭椿、卫矛、旱柳等既有较大的吸毒力，又有较强的抗性。为提高植物的滞尘能力，应在榆、朴、木槿等树种中选育树冠稠密，叶面多毛或粗糙以及分泌有油脂或黏液的类型。

表8-1 园林植物对气体污染因素吸收能力最强的种类

（根据南京林业大学及沈阳园林研究所资料，1978）

| 污染因素 | 吸收能力最强的种类 | 功 能 | 备 注 |
|---|---|---|---|
| $SO_2$ | 忍冬、臭椿、美青杨、卫矛、旱柳 | 290～500mg/(m$^2$·h) | 银杏、油松的5～10倍 |
| $Cl_2$ | 银柳、旱柳、美青杨 | 100～400mg/(m$^2$·h) | 银杏、皂角、连翘的2倍以上 |
| HF | 银桦、乌桕、柑橘、苹果、梨 | | |
| 尘埃 | 榆树、朴树、木槿、广玉兰 | 7～13g/(m$^2$·h) | 绣球、栀子的滞尘量仅为0.63g/m$^2$、1.47g/m$^2$ |

## 8.3.2 制定园林植物育种目标的原则

育种目标规定着育种的任务与方向，确定育种目标是园林植物育种工作的前提，也是育种工作成败的关键，制定育种目标时，应因时、因地而异。制定育种目标时应明确目标性状的遗传特点和种质资源的实际情况，避免育种目标的不科学性。避免以下3种常犯错误的出现：①目标要求太多而又齐头并进，希望一次解决全部问题，结果事与愿违，导致部分或全部失败；②主次不分或主次颠倒，最后可能次要目标达到了，而主要目标未达到；③虽已突出主攻方向，却因忽视次要目标，或未对之明确最低要求，以致主要目标虽已达到，但在其他性状上出现严重缺点。

8.3.2.1 立足当前，展望未来

育种目标的制定既要考虑当前国民经济的需要，又要顾及花卉生产的发展前景。在花卉育种方面，育成一个新品种一般少则3～5年，多则7～8年，甚至更长。育种周期长的特点决定了育种目标的制定要有预见性，至少要看到5～6年以后国民经济的发展、人民生活水平和质量的提高以及市场需求的变化，否则所育成的品种到推广时将落后于形势而很快地被淘汰。我国花卉品种类型迅速丰富起来以后，随着栽培条件的改善，一些地区的抗病虫育种已成为主要问题，尤其高质量的栽培品种在良好的肥水条件下更容易发生病虫害，影响观赏效果，严重时还造成植株死亡，从而影响了园林绿化任务的完成和经济效益。

**8.3.2.2**　突出重点，分清主次

育种目标的制定必须要根据当时当地的自然和栽培条件而定，要考虑到当地现有品种有待提高和改进的主要性状。生产和市场上对品种的要求往往是多方面的，但在制定育种目标时，对诸多性状不能要求面面俱到、十全十美，而是要在综合性状符合一定要求的基础上，分清主次、突出重点地改良一两个限制品质和产量的主要性状，这就是抓主要矛盾的出发点。

任何品种都有一定的地区适应性及其生物学特性，各地的自然条件、耕作制度、栽培技术水平不同，社会的需要千差万别，对品种的要求也不相同。为了制定切合实际的育种目标，首先要调查本地区的气候、地形、土壤等自然条件；病虫害和其他灾害发生的情况；栽培习惯、品种的分布状况；花卉生产、经营条件和社会条件等多方面的因素，经认真分析研究后，对品质、抗性、熟期等提出相应的要求，主要是考虑当前品种存在的突出问题。重点突出、兼顾一般，才能制定出正确的育种目标。在育种目标众多的情况下，应分清主次，在不同时期解决不同的问题，逐步地达到目的。例如，我国的地被菊育种，经历了长达 34 年的育种过程。在 1961—1965 年，育种目标以培育枝繁叶茂、抗性强的新品种、新类型为重点，结果通过早菊与野菊间的远缘杂交，育成了“红岩”“战地黄”等 13 个新品种，1964—1965 年在北京公园中推广。其主要优点：①着花极繁密，一株开花几百朵至几千朵；②抗性强。但其也存在缺点，即植株过高（一般 70～90cm），易倒伏。1985 年进一步明确育种的任务和方向：①植株低矮或具匍匐性；②花团锦簇，着花繁密；③适应范围广，抗逆性强；④花期长，能以国庆节为盛花期。在众多的育种目标中，以抗逆性强作为重点目标。1988 年，育成地被菊品种“铺地雪”“早粉”等。随后以不削弱原有品种的适应性和抗逆性的基础上，进一步提高观赏品质作为育种目标，通过种间及品种间杂交、实生苗选种等育种手段，先后又培育出“淡矮粉”“玫瑰红”等第二批品种，“金不换”“晚粉”等第三批品种，然后按既定目标继续努力，到 1994 年开始推广更为新奇的良种“旗红”“伏地玉龙”等。由此可见，育种目标的确定与及时调整对花卉品种改良的成败起着关键性指导作用。而培育出价值很高的良种在一次选育工作中是难以达到的。

**8.3.2.3**　明确具体，指标落实

制定育种目标除提出育种任务和方向外，还必须明确重视育种目标的具体化和可行性，明确选育品种的具体性状和要达到的具体指标，以便更有针对性地进行育种工作。例如，国外曾在唐菖蒲花色育种中，针对当时花色缺乏蓝色和绿色的情况，明确选育具体花色性状是鲜明的蓝色或绿色的品种，从而避免了盲目选择花色造成的浪费。又如，月季黑斑病是目前世界范围内月季切花生产中最严重的病害，在制定月季抗病育种方案时，明确选育具体目标性状是获得能抗黑斑病的月季品种。经过育种者的努力，已发现四倍体月季杂种品系 91/100 - 5 对各类黑斑病原菌有广谱抗性。

如果育种目标不落实到具体性状及具体指标上，则将架空育种工作，使选择工作无标准，无所适从。另外，指定的育种目标应切实可行，要根据当前的品种基础、科技水平等提出可行性指标，不能提出不切实际的指标。如果不按客观规律提出切实可行的目标，育种工作也将一事无成。

**8.3.2.4**　面向特定的生态地区和栽培条件

育种目标的制定必须要考虑到我国地域广，即使在一个省的范围内，气候、土壤、海拔也有很大差异，而每个特定基因型的品种对环境条件的适应范围总是有限的，因此，在制定育种目标时，要针对具体的生态地区和生产条件，确定相应的育种目标，选育一批不同类型的品种，以满足生产上的多种要求。例如，在园林绿化时，需要多种多样的花色、花型和不同花期的品种，只有注意不同类型品种的合理搭配，才能使园林景点在每个季节都有丰富多彩的花卉品种供游人观赏。

总之，制定育种目标是园林植物育种中的首要工作，必须认真对待。只有经过深入调查研究，对现有品种性状认真分析，才能明确哪些优良性状应继续保持和提高，哪些缺点必须改进和克服，从而制定出切实可行的育种目标，指导育种工作顺利进行。

### 8.3.3　制订园林植物育种目标的主要根据

制订育种目标大体上应考虑客观需要、主观条件、最佳效益和竞争优势几方面因素。

#### 8.3.3.1 客观需要

在现行市场经济体制下，制订育种目标应遵循市场导向和国家宏观调控的原则，客观需要主要通过市场需求反映出来。商品市场反映消费利用者的需求，种苗市场反映生产单位或生产者的需求。两者既有联系，又有区别。如消费者不能接受的品种，其种子苗木不可能被生产者接受。能够得到消费者接受的品种，如果不利于生产栽培管理，也难以被生产者接受。在市场需求方面除了现实需求外，还有市场的潜在需求。由于育种过程一般至少需要 7～8 年乃至 20 多年的时期，因此必须进行专项的市场预测和论证。要预见到未来几年甚至几十年后市场对品种的需求。对于一些争取进入国际市场的种类，还必须研究国际市场的需求特点和前景。应该看到现实需求和潜在需求有时并不完全一致。

#### 8.3.3.2 主观条件

主要是育种单位或育种者本身所具备的条件。育种者掌握的或者可以利用的种质资源是制订育种目标的重要根据。在育种历史上，有不少创新的育种目标是由于发现了优异的种质资源而制订的。育种者必须在有关育种目标方面有较多的资源储备和来源。实验室设备包括先进的测试手段、育种用土地、温室等设施以及相当数额、可靠的经费来源等都是制订切实可靠的育种目标的根据。育种者自身的素质、科技水平、实践经验，对国内外有关信息的掌握程度等是更为重要的主观条件。

#### 8.3.3.3 经济效益和社会效益

制订育种目标时应把经济效益的高低作为重要根据。按照一定的育种目标育成的品种，必须比原有同类品种能为使用者提供更高的经济效益。如与原品种产品价格相近的情况下，产量提高 25%；产量与原品种相近的情况下，由于产品品质优良，或成熟期提前价格比原品种提高 60%；由于抗病性的提高，可以节约防治病害的药剂和人工等生产成本 30% 等。

成功的育种，除了给生产者、消费者以某种方式带来利益外，也还有一些能产生较大的社会效益和生态效益。如改善污染、沙荒等特殊功能等应该得到国家或社会团体更多的资助。

#### 8.3.3.4 竞争优势

制订育种目标时必须考虑优胜劣汰的竞争法则。即育种者应该尽可能制订使自己处于优势竞争地位的目标。

### 8.3.4 制订育种目标应妥善处理的几个关系

#### 8.3.4.1 需要与可能

育种家们应该有丰富的想象力和科学的预见性。根据科学规律进行分析，把客观需要和实现这种需要的可能性结合起来，构成一个现实的育种目标。育种目标的制订还应和育种单位的技术力量和经费、设施等物质条件相适应。

#### 8.3.4.2 当前与长远

制订育种目标既要着眼于现实和近期内发展需要，同时也应尽可能兼顾到长远发展的需要。要看到实现近期目标后，可能接着提出的是什么目标。在一个较长远而复杂的育种目标内，制订出分阶段的育种目标。

当前，制订育种目标时常限于常规杂交育种中可利用亲本资源的遗传潜力。随着基因工程等高科技在园林植物育种中的有效应用，就需要适当考虑一些通过基因工程可解决的高难度的育种目标。

#### 8.3.4.3 目标性状和非目标性状

制订育种目标时应该分析现有品种在生产发展中存在的主要问题，明确亟待改进的目标性状。目标性状集中，则相对选择压较大，育种效率较高。相反，如果目标性状分散势，会分散精力，延缓育种进度。因此必须抓住主要矛盾，目标性状一般不能超过 2～3 个，而且还要根据性状在育种中的重要性和难度，明确主要目标性状和次要目标性状，做到主次有别、协调改进。

#### 8.3.4.4 育种目标和组成性状的具体指标

育种目标应尽可能地简单明确。除了必须突出重点外，一定要把育种目标落实到具体组成性状上。而且应尽可能提出数量化的可以检验的客观指标，这样才能保证育种目标的针对性和明确性。同时也可为育种目标的最后鉴定提供客观的具体标准。对于抗病性则应落实到抗哪一种或哪几种病害。在可能情况下还应落实到生理小种或病毒株系。

## 8.4　实现园林植物育种目标的途径与方法

### 8.4.1　种质资源调查收集

种质资源是园林植物育种工作的物质基础。有什么样的种质资源，才能制订什么样的育种目标；育种技术的使用，育种措施的实施完全依赖于种质资源的数量和质量。要成功地培育一些期望的品种，必须首先想方设法收集种质资源。在收集种质资源时要特别注意收集特有资源、野生资源和关键资源。关键资源是育种目标实现的基本保障；野生资源对环境的适应性强，且含有丰富的抗性基因，在育种实践中发挥了十分可观的作用。

我国地跨热带、亚热带、温带、寒带，自然条件优越，植物种类丰富。通过资源调查与收集即可获得观赏价值较高的植物新种类、新类型。如金花茶、水杉、鸽子树、望天树、树蕨等是在种质资源调查时发现的。

### 8.4.2　引种

引进国内外或其他地区的园林植物种或品种，在本地区试栽，鉴定其适应性、栽培价值，其中有的可直接利用，有的需驯化，通过遗传特性的改变来适应新环境，有的可作为杂交亲本，如悬铃木（美国悬铃木×法国悬铃木）、欧美杨（欧洲黑杨×美洲黑杨）。现代引种技术中不仅包括植物材料的引进，还包括基因资源的引进。

把本地野生植物引入人工条件下进行栽培的过程，也是引种的内容。引种是丰富本地园林植物种类最快和最为经济的方法。

### 8.4.3　选种

在充分研究和把握本地所具有的种质资源特性的基础上，利用植物群体的天然变异，根据园林植物育种目标采取一定的技术措施，将符合园林应用的变异单株从原始群体中选择出来，进而培育成优良品种。选择是基本的育种方法，也是贯穿育种过程始终的技术措施。选择要在有可遗传变异的群体中进行，供选择的群体应该足够大，选择要在相对一致的环境条件下进行。选择的性状是育种的最终目标，选择的过程是逐步达到育种目标的具体步骤。选择的手段依据具体的育种目标而定，可以使用常规的形态学分析，也可借助生理生化仪器，甚至分子生物学手段。选种有实生选种和芽变选种。

实生选种是在自然授粉产生的种子繁殖的后代中选出优良的变异类型。如梅花、茶花等。芽变选种是在植株上发现并选出优良的变异芽条或单系，经过培育成为新品种。如菊花、牡丹、月季等。

### 8.4.4　人工创造变异类型，通过选择形成新品种

可通过有性杂交、诱变技术、离体培养技术、生物技术等人工方法对植物材料的遗传物质进行改良选择和培育获得新品种。

有性杂交技术在实际应用中可分为品种间和类型间杂交、远缘杂交和杂种优势的利用。诱变育种技术包括物理诱变、化学诱变和太空辐射育种。离体培养技术是指利用植物细胞的全能性、植物组织的再生能力以及脱分化和再分化能力进行遗传操作的技术。通过这项技术可对植物单细胞进行遗传改良（单细胞诱变或转基因操作、原生质体融合等），进而利用植物细胞的全能性使改良的细胞发育成全新的个体，再利用植物体的再生能力来繁殖出园林植物的优良品系。也可利用植物体的任何器官和组织进行优良品种的快速繁殖。生物技术主要是利用分子生物学技术进行品种的培育和品种鉴定。包括分子标记辅助的选择育种和转基因育种技术。随着现代生物技术的迅猛发展，现代育种技术正在以日新月异的速度发展着，使植物获得变异的方法也不断多样化。

## 小 结

育种目标是指植物通过遗传改良之后所要达到的目的。园林植物育种目标是指对所育成的园林植物新品种的要求，也就是在一定的自然、栽培和经济条件下，要求培育的品种应该具有哪些优良的特征特性。要培育出符合要求的优良品种，必须制订正确的育种目标，包括育种对象的选择和目标性状的确定等，育种目标是动态的，这是因为生态环境的变化、社会经济的发展以及种植制度的改革都要求育种目标与之相适应，同时育种目标在特定时期内又是相对稳定的，它体现出育种工作在一定时期内的方向与任务。只有育种目标明确，才能选育出跟上时代发展的优良园林植物新品种。

育种目标的多样性及难度随着社会的发展在不断增加，其解决的根本途径在于加强资源的发掘评价和育种技术两方面的研究，并能及时有效地结合其研究成果应用于育种实践。园林植物育种的主要目标表现在观赏品质优良、抗逆性强、延长花期、适宜切花、耐运输、低能耗等方面。制定育种目标通常需考虑的原则是立足当前，展望未来，富有预见性；突出重点，分清主次，抓主要矛盾；明确选育的具体性状及其指标；注意不同类型品种的合理搭配。实现园林植物育种目标的途径是查、引、选、育。

## 思 考 题

1. 园林植物育种的目标有何特点？
2. 分析当前园林植物育种的目标趋向，如何实现我国园林植物育种的突破？
3. 如何制订园林植物育种目标？
4. 如何确定育种对象？
5. 制订园林植物育种目标应考虑哪些主要目标性状？

# 第9章 园林植物的种质资源

**本章学习要点**

- 我国园林植物种质资源的概况
- 种质资源分类
- 种质资源的收集、保存、创新和利用

种质（germplasm）是亲代传给子代的遗传物质，是控制生物本身遗传与变异的内在因子。种质资源（germplasm resources）是经过长期自然演化和人工创造而形成的一种重要的自然资源，是改良植物的基因来源。长期以来，种质资源在植物育种中的物质基础作用与决定性作用表现得特别明显。因此，保护、研究和利用种质资源是植物品种改良的基础。

## 9.1 种质资源的概念与分类

### 9.1.1 种质资源的有关概念

#### 9.1.1.1 种质

种质系指决定生物遗传性状，并将其遗传信息从亲代传给子代的遗传物质的总称。带种质的载体包括植物的个体、群体、或具有遗传全能性的器官、组织、细胞，甚至是染色体或控制生物性状的基因。

#### 9.1.1.2 种质资源

种质资源又称遗传资源（genetic resources）、基因资源（gene resources），是指在引种、选择育种工作中用来作为选择、培育或改造对象的那些植物。在遗传育种领域内，也把一切具有一定种质或基因的生物类型统称为种质资源，即携带种质的载体。可以是群体、个体，也可以是器官、组织、细胞、个别染色体乃至DNA片断。种质资源是改良植物的基因来源，是现代育种的物质基础，是有关生物学理论研究的重要材料。稀有特异种质对育种成效具有决定性的作用。新的育种目标能否实现决定于所拥有的种质资源。

#### 9.1.1.3 园林植物种质资源

指包含一定的遗传物质，表现一定的优良性状，并能将其遗传性状传递给后代的园林植物资源的总和，包括野生种、半野生种和各种栽培类型。用一句话概括，就是具有利用价值的园林植物遗传物质的总体。园林植物（landscape plant）是适用于园林绿化的植物材料，包括木本和草本的观花、观叶或观果植物，以及适用于园林、绿地和风景名胜区的防护植物与经济植物。

#### 9.1.1.4 其他有关概念

1. 绝灭种（extinct species）

指已有过文字记载，或在发表的资料中做过详细描述，但在目前的自然分布范围内，这种植物个体已找不到的种群。

2. 濒危种

一种植物先前在它的整个分布区或某个分布区，是一个重要组成部分，但目前已处于有绝灭危险的境地。

3. 渐危种

某些植物由于人为或自然的原因，可预见它在整个分布区或某个分布区的重要位置会发生变化，很可能成为濒危种类。

4. 稀有种

指特有的单种科、单种属或少种属的代表植物，它们在自己的分布区数量少，有的种类可能群居在一起，有的则零星分布，但未处于灭绝的境地。

5. 基因库（gene pools）

某一物种所包含的形形色色基因的总和。

6. 品种资源

培育新品种的原材料。20 世纪 60 年代以前的种质资源概念。

7. 品种

是经过人类长期驯化、栽培和选择后形成的具有一定经济价值，能够满足人类某种需要的生产资料；是适应一定地区的自然和生产条件下栽培的园林植物群体生态类型。品种不是一个分类学上的概念，也不是分类学的最小单位，它是一个经济学和栽培学方面的概念。在野生植物中不存在品种。不符合生产需要，没有利用价值的植物也不能称为品种。一个优良品种常常具备某些重要园艺或生物学性状的若干基因，是培育品种的基础材料，所以我国又把种质资源称为品种资源。

## 9.1.2 种质资源的概况和意义

### 9.1.2.1 种质资源概况

我国是世界园林植物重要发祥地之一，被称为“世界园林之母”，有着悠久历史。园林植物种质资源丰富多彩。乔灌木共有 7500 种左右，在国际上名列前茅，在世界园林植物中占有较大的比重，在亚洲居首，见表 9-1。草本园林植物也很丰富。很多著名园林植物及其科、属，均以中国为其世界分布中心，如金粟兰、山茶、丁香、菊、木樨、兰等中国拥有的种数占世界总种数的比重大多在60%～70%以上；其中许多种又在中国境内的狭小地带集中分布。中国特产的种类银杏科的银杏，松科的金钱松、银杉，杉科的水杉、水松，木兰科的观光木（*Tsoongiodendron*）、鹅掌楸、玉兰，珙桐科的珙桐，以及梅花、桂花、菊花、翠菊荷花、牡丹、紫斑牡丹、黄牡丹、月季、巨花蔷薇等闻名世界。此外，还有不少特殊优异的栽培类型和品种如黄花凤仙（*Impatiens balsamina cv.*）、黄香梅（*Prunus mume var. flavescens*）、红木（*Loropetalum chinense var. rubrum*）、红花含笑等，更是园林植物栽培与品种改良的珍贵物质资源。许多名贵花卉有上千年的生产历史，为我国独有。如杜鹃花，全世界共 800 种，我国就占 600 种；金茶花极为珍稀，国外常见栽培的仅 5 种，而我国却多达 195 种；再如报春花、龙胆花、牡丹、芍药、桂花、荷花、腊梅、水仙、梅花、山茶、兰花、月季、菊花等名贵花卉种均起源于我国。

表 9-1 40 个属的中国花卉种类与世界总数的比较

| 属 | 名 | 国产种数 | 世界总种数 | 国产占世界总数/% |
|---|---|---|---|---|
| 金粟兰 | *Chloranthus* | 15 | 15 | 100.0 |
| 猕猴桃 | *Actinidia* | 50 | 56 | 89.3 |
| 山茶 | *Camellia* | 195 | 220 | 89.0 |
| 丁香 | *Syringa* | 25 | 30 | 83.3 |
| 绿绒蒿 | *Meconopsis* | 37 | 45 | 82.2 |
| 油杉 | *Keteleeria* | 9 | 11 | 82.0 |
| 溲疏 | *Deutzia* | 40 | 50 | 80.0 |
| 毛竹 | *Phyllostachys* | 40 | 50 | 80.0 |
| 萱草 | *Hemerocallis* | 11 | 14 | 78.6 |
| 报春花 | *Primula* | 390 | 500 | 78.0 |

续表

| 属 | 名 | 国产种数 | 世界总种数 | 国产占世界总数/% |
|---|---|---|---|---|
| 杜鹃花 | *Rhododendron* | 600 | 800 | 75.0 |
| 槭 | *Acer* | 150 | 205 | 73.1 |
| 花楸 | *Sorbus* | 60 | 85 | 70.6 |
| 蜡瓣花 | *Corylopsis* | 21 | 30 | 70.0 |
| 含笑 | *Michelia* | 35 | 50 | 70.0 |
| 椴树 | *Tilia* | 35 | 50 | 70.0 |
| 李 | *Prunus* | 140 | 200 | 70.0 |
| 菊 | *Chrysanthemum* | 35 | 50 | 70.0 |
| 忍冬 | *Lonicera* | 140 | 200 | 70.0 |
| 石楠 | *Photinia* | 40 | 60 | 66.7 |
| 栒子 | *Cotoneaster* | 60 | 95 | 66.7 |
| 苹果 | *Malus* | 23 | 35 | 65.7 |
| 木犀 | *Osmanthus* | 25 | 40 | 62.5 |
| 南蛇藤 | *Celastrus* | 30 | 50 | 60.0 |
| 蚊母树 | *Distylium* | 4 | 8 | 50.0 |
| 绣线菊 | *Spiraea* | 50 | 100 | 50.0 |
| 紫菀 | *Aster* | 100 | 200 | 50.0 |
| 百合 | *Lilium* | 39 | 80 | 48.8 |
| 卫矛 | *Euonymus* | 90 | 200 | 45.0 |
| 乌头 | *Aconitum* | 160 | 370 | 43.2 |
| 蔷薇 | *Rose* | 60 | 150 | 40.0 |
| 飞燕草 | *Consolida* | 113 | 300 | 37.7 |
| 铁线莲 | *Clematis* | 110 | 300 | 36.7 |
| 银莲花 | *Anemone* | 54 | 150 | 36.0 |
| 荚蒾 | *Viburnum* | 100 | 280 | 35.7 |
| 木兰 | *Magnolia* | 30 | 90 | 33.3 |
| 芍药 | *Paeonia* | 12 | 40 | 30.0 |
| 凤仙花 | *Impatiens* | 180 | 600 | 30.0 |
| 冬青 | *Ilex* | 118 | 400 | 29.5 |
| 栎 | *Quercus* | 90 | 350 | 25.7 |

银杏属、金钱松属、水杉属、结香属、青檀属、蜡梅属、珙桐属、山桐子属等为我国独有。这些特有的园林植物，除具有优异的观赏价值外，又都是园林植物育种的珍贵原始材料，有的在世界育种工作中起了很大作用。19世纪大量的种质资源开始外流，以英国为例，罗伯特·福穹（*Robert Fortune*）、威尔逊、瓦特等多人多次来华，100多年间引走了数千种园林植物（见表9-2）。

**表9-2　　英国从中国引种的园林植物属、种**

| 属 | 种数 | 属 | 种数 |
|---|---|---|---|
| 杜鹃属 | 306种 | 龙胆属 | 14种 |
| 栒子属 | 56种 | 铁线莲属 | 13种 |
| 报春属 | 40种 | 百合属 | 12种 |
| 蔷薇属 | 32种 | 绣线菊属 | 11种 |
| 小檗属 | 30种 | 芍药属 | 11种 |
| 忍冬属 | 25种 | 醉鱼草属 | 10种 |

续表

| 李属 | 17种 | 虎耳草属 | 10种 |
|---|---|---|---|
| 荚蒾属 | 16种 | 溲疏属 | 9种 |
| 丁香属 | 9种 | 山梅花属 | 8种 |
| 绣球属 | 8种 | 金丝桃属 | 7种 |

在向国外输出许多种质资源的同时，我国也从国外征集了许多园林植物品种，如樱花、大丽花、唐菖蒲、郁金香、刺槐、悬铃木等，它们在美化、绿化我国街路、庭院上起着重要作用。尽管我国园林植物种质资源如此繁多和珍贵，但由于长期缺乏整理和保护，导致家底不清，品种混杂，品种退化。许多野生奇花异卉沉睡深山。还有的良种失传、濒于灭绝，如“黄香梅”“四季莲”早已无闻，“寒牡丹”幸存无几。其中有许多原产于中国的种类被国外所利用且又返销到中国，从中捞取大量的外汇。

种质资源是全人类的共同财富，尽快地做好种质资源的收集、研究工作，充分利用我国园林植物极其丰富的资源，开发特产种类用于出口创汇有着巨大的潜力和广阔前景。此外做好种质资源的收集、研究工作，对于园林绿化事业的发展，促进国际种质资源交流，都具有极其重要的意义。

**9.1.2.2** 种质资源的重要性

（1）种质资源是开展育种工作的物质基础。

育种目标确定以后，首要的工作就是从种质资源中准确地选取具有目标性状的原始材料，如果在种质资源中缺少控制所需要性状的基因，无论做多少组合的杂交，后代中也不可能出现所需要的性状，现代育种的成就，从根本上来说决定于种质资源，如果育种工作者掌握的种质资源越丰富，对它们研究的越深入，则利用它们选育新品种的成效就越大。没有好的种质资源，就不可能育成好的品种；植物育种发展进程的事实表明，育种工作者的突破性成就，决定于关键性基因资源的发现和利用。如著名的美国选种学家布尔班克（1849—1926）为了创造无刺的仙人掌，从全世界收集了大量的材料，最后他用巨仙人掌和小而少刺的仙人掌杂交，通过多代选育，获得无刺巨大仙人掌。

（2）种质资源是不断发展新观赏植物的主要来源。

种质资源是培育新品种的基础。我国野生的花卉种质资源很丰富，尚待调查、收集、保存、研究和利用。有的野生花卉资源通过引种驯化，就可大大提高其观赏价值，以满足生产和人们生活日益增长的需要。如昆明市园林科研所结合昆明市的园林绿化及植物园的建设，开展了“云南山茶花的引种驯化”“云南杜鹃花的引种驯化”“云南野生花卉的引种栽培”等工作，大大丰富了昆明园林景色。

据统计，全球植物有35万～40万种，其中1/6具有观赏性；这些花卉植物有许多还处于野生状态，尚待人们对其进行调查、收集、保存、研究和利用。

（3）适应生产的不断发展，需要发掘更多的种质资源。

随着花卉生产的发展和人们欣赏花卉水平的提高，对花卉育种提出了越来越高的要求，育种工作者希望得到更多、更好的种质资源。Harlan（1970）认为：“人类的命运将取决于人类理解和发掘植物种质资源的能力”。所以对种质资源应尽可能进行广泛、大量的收集和深入的研究，这样才能充分发挥种质资源的作用。

## 9.1.3 保护种质资源的迫切性

**9.1.3.1** 植物种质资源的多样性面临着严重危机

植物种质资源的多样性包括生态系统多样性、种间多样性和种内遗传多样性3个水平，其中前者是后二者的前提。由于掠夺性采掘等多种原因，不论野生或栽培的园林植物种质资源，都有许多种类面临散失和濒于绝灭的危险。野生种质资源如兰属的某些种、变种和类型，栽培种如凤仙花的某些品种的减少，均为突出例证。更由于人类活动的强烈干扰，近代物种的丧失速度比自然灭绝速度快1000倍，比形成速度快100万倍。目前，世界上有20000多种高等植物正一步步走向灭绝。物种的灭绝不仅意味着一个物种的消失，更重要的是这些物种所携带的种质资源也随之永远消失。毫无疑问，化学物的污染、森林的毁灭、土地过量的开发造成的全球生态环境的日益恶化，是物种加速灭绝的重要因素。

#### 9.1.3.2　种质资源多样性的流失

种质资源多样性的流失与农业特别是育种工作中的缺乏远见有直接关系。杂交技术及其他技术的进步，培育出了大批具有高产等优良性状的新品种，世界各地生产者趋之若鹜，致使成千上万珍贵的种质资源和大量地方品种受到冷落并失去保护而逐年减少，甚至灭绝。其原因是：①在育种中，人们总是按照一定目标，沿着一定方向进行选择，选择的时间越长，强度越大，品种的遗传基础也就越窄；②杂交育种中使用的亲本，越来越集中到对当地条件最能适应、综合性状最好、配合力最佳的少数几个品种上。如美国自 20 世纪初以来大面积推广的大麦品种所涉及的亲本，总共只有 11 个品种，中国自 20 世纪 50 年代起的 30 多年中，全国各地育成的小麦品种的主要亲本也只有十几个。这样就导致众多品种之间的亲缘相近；③新品种的不断育成和推广，使原有老品种特别是地方品种逐渐被淘汰，常未作为种质保存下来，致使许多有益的基因随之丢失。如印度尼西亚 1500 个当地水稻品种在过去 15 年里消失；在我国，大田作物种植的地方品种由过去的数千种减少到现在的几百种；④随着农田基本建设规模的扩大和耕作栽培制度的改革，农田生态环境条件的差异日益缩小，致使许多作物的多样性变异失去了生存条件。水库、工厂、道路等设施对农业生态环境的破坏，还使一些野生种失去了适宜的生存环境而濒临绝灭。由于以上原因而产生的作物遗传基础的狭窄性，使作物种质资源搜集和保存的重要性愈益突出。

#### 9.1.3.3　抢救种质资源刻不容缓

高产新品种如果没有生物多样性的支持，没有新基因的导入，久而久之也会显现它的弱势并走向衰退。地方品种及其近缘野生物种的灭绝，使我们丧失了许多可供使用的优良基因，优良品种的培育也就越走路越狭。然而，在全球人口压力越来越大的今天，寻找高产作物新品种依然是我们的唯一出路。如果我们不想陷入两难的怪圈，在培育新品种的同时，也要重视对地方品种及其野生近缘物种的保护和利用。

## 9.2　栽培植物起源中心与园林植物品种来源

19 世纪以来，许多植物学家开展了广泛的植物调查，并进行了植物地理学、古生物学、生态学、考古学、语言学和历史学等多学科的综合研究，先后总结提出了世界栽培植物的起源中心理论。

### 9.2.1　栽培植物起源中心

#### 9.2.1.1　瓦维洛夫的作物起源中心学说（theory of origin center of crops）

世界上研究栽培植物起源最著名的学者是瓦维洛夫（N. I. Vavilov），他综合前人的学说和方法来研究栽培植物的起源问题。1923—1931 年，他组织了植物考察队，先后 180 次考察了亚洲、欧洲、北美、中南美洲 60 多个国家和地区，对搜集到的 30 余万份栽培植物材料（其中包括果树 12650 份、蔬菜 17955 份、豆类 23636 份）进行综合分析和深入研究，发现了物种变异多样性与分布的不平衡性，1926 年出版了《栽培植物的起源中心》一书，发表了“育种的植物地理基础”的论文，1951 年提出了世界栽培植物起源中心学说，把世界分为 8 个栽培植物起源中心，论述了主要栽培植物，包括蔬菜、果树、农作物和其他近缘植物 600 多个物种的起源地。

瓦维洛夫的栽培植物起源中心学说要点包括：①世界上某些地区集中表现有一些栽培植物的变异。凡是集中分布一个物种大多数变种、类型的地区，就是这个种的起源中心。中心的各个变种中常含有大量显性等位基因；而隐性等位基因则分布在中心的边缘和隔离地区。②有些栽培植物起源于几个地区，即有几个起源中心。起源中心还可分为原生中心和次生中心。原生中心是指某栽培植物种或变种的原产地，次生中心则是指从其他地区引进后经过变异和杂交又形成了许多类型的地区。这两者可以根据显性基因的多少来区别。在原生中心的周缘可以发展出次生中心，即由隐性等位基因所控制的多样性（biodiversity）新区。次生中心内还会发展出栽培植物的特别类型。③栽培植物起源中心集中蕴藏着栽培植物的种和品种。最重要的栽培植物开始发展的地带位于北纬 20°～45°，它们常和大山脉的总走向一致。栽培植物的起源均在其野生种自然分布区域内；由于沙漠、海洋和高山的阻隔，也由此产生了独立的植物区系和人群的独立发展。两者相互影响又产生了独立的农业文化。④绝大部分栽培植物发源于世界的东方，特别是中国和印度，这两个国家几乎提供了一半的栽培植物。其次为西亚和地中海地区。⑤栽培植物有品种多样性的地理分布规律。例如，从喜马拉雅山往西到地中海一线，可以发现作物种子和果实有逐渐变大的倾向；而生长在阿拉伯也门山区的全部植物都有早熟类型。瓦维洛夫关于栽培植物起源中心的发现，为现代人们进行栽培植物分类、引种驯化、遗传育种等方面的工作，打下了良好的基础。

瓦维洛夫提出了8个世界栽培植物起源中心，其中包括8个大区和3个亚区。

1. 中国中心

中国中心包括中国的中部和西部山区及低地，是许多温带、亚热带作物的起源地，也是世界农业最古老的发源地和栽培植物起源的中心。起源的蔬菜主要有大豆、竹笋、山药、草石蚕、东亚大型萝卜、牛蒡、荸荠、莲藕、茭白、蒲菜、慈姑、菱、芋、百合、白菜类、芥蓝、芥菜类、黄花菜、苋菜、韭、葱、薤、莴笋、茼蒿、食用菊花、紫苏等；起源的果树主要有砂梨、秋子梨、沙果、桃、山桃、杏、梅、中国李、红李（杏李）、毛樱桃、中国樱桃、少花樱桃、山楂、贴梗海棠、木瓜、木半夏、枣、拐枣、银杏、核桃、山核桃、中国普通榛、多刺榛、阿富汗榛、东亚板栗、板栗、香榧、果松、香橙、宜昌橙、甜橘、朱橘、乳橘、槾橘、金柑、圆金柑、枳、柿、君迁子、枇杷、黄皮、杨梅、荔枝、龙眼和桃金娘等。本中心还是豇豆、甜瓜、南瓜等蔬菜作物，以及甜橙、宽皮橘（可能）等果树作物的次生起源中心。

2. 印度-缅甸中心

(1) 印度-缅甸中心。

包括印度（不包括其旁遮普以及西北边区）、缅甸和老挝等地，是世界栽培植物第二大起源中心，主要集中在印度。起源的蔬菜主要有茄子、黄瓜、苦瓜、葫芦、有棱丝瓜、蛇瓜、芋、田薯、印度莴苣、红落葵、苋菜、豆薯、胡卢巴、长角萝卜、莳萝、木豆和双花扁豆等；起源的果树主要有芒果、甜橙、碰柑、宽皮桔、柠檬、枸橼、酸橙、酸柠檬、野海枣、印度山竹子、蒲桃、小菠萝蜜、印度枳、三捻、杨桃、余甘子、九里香、印度桑、六雌蕊山榄、酸豆和假虎刺等。本中心还是芥菜、印度芸薹、黑芥等蔬菜的次生起源中心。

(2) 印度-马来西亚中心。

包括印度支那、马来半岛、爪哇、加里曼丹、苏门答腊及菲律宾等地，是印度中心的补充。起源的蔬菜主要有姜、冬瓜、黄秋葵、田薯、五叶薯、印度藜豆、巨竹笋等；起源的果树主要有小果苦橙、加拉蒙地桔、柚、毛里塔尼亚苦橙、易变韶子、乌榄、白榄、槟榔、五月茶、香蕉、面包果、小菠萝蜜、榴莲、(楝科) 兰撒果、芒果、蓝倍果、(大风子科) 罗庚梅、水莲雾、南海蒲桃、番樱桃和韶子等。

3. 中亚细亚中心

包括印度西北旁遮普和西北边界、克什米尔、阿富汗、塔吉克和乌兹别克，以及天山西部等地，也是一个重要的蔬菜起源地。起源的蔬菜有豌豆、蚕豆、绿豆、芥菜、芫荽、胡萝卜、亚洲芜菁、四季萝卜、洋葱、大蒜、菠菜、罗勒、马齿苋和芝麻菜等；起源的果树有阿月浑子（*Pistacia vera* L.）、杏、洋梨、扁桃、沙枣、枣、欧洲葡萄、核桃、阿富汗榛和苹果等。该中心还是独行菜、甜瓜和葫芦等蔬菜的次生起源中心。

4. 近东中心

包括小亚细亚内陆、外高加索、伊朗和土库曼斯坦山地。起源的蔬菜有甜瓜、胡萝卜、芫荽、阿纳托利亚甘蓝、莴苣、韭葱、马齿苋、蛇甜瓜和阿纳托利亚黄瓜等；起源的果树有无花果、石榴、苹果、洋梨、温桲、甜樱桃、扁桃、桂樱、波斯山楂、核桃、欧洲榛、大榛、旁吐斯榛、阿富汗榛、西格鲁吉亚榛、欧洲板栗、欧洲葡萄、小蘖、欧洲稠李、阿月浑子、沙枣、君迁子等。该中心还是豌豆、芸薹、芥菜、芜菁、甜菜、洋葱、香芹菜、独行菜、胡卢巴等蔬菜，枣、杏、酸樱桃等果树的次生起源中心。

5. 地中海中心

包括欧洲和非洲北部的地中海沿岸地带，它与中国中心同为世界重要的蔬菜起源地。起源的蔬菜有芸薹、甘蓝、芜菁、黑芥、白芥、芝麻菜、甜菜、香芹菜、朝鲜蓟、冬油菜、马齿苋、韭葱、细香葱、莴苣、石刁柏、芹菜、菊苣、防风、婆罗门参、菊牛蒡、莳萝、食用大黄、酸模、茴香、洋茴香和（大粒）豌豆等；起源的果树有油橄榄。该中心还是（大型）洋葱、（大型）大蒜、独行菜等蔬菜的次生起源中心。

6. 埃塞俄比亚中心

包括埃塞俄比亚和索马里等。起源的蔬菜有豇豆、豌豆、扁豆、西瓜、葫芦、芫荽、甜瓜、胡葱、独行菜和黄秋葵等。此中心无原生果树。

7. 中美中心

包括墨西哥南部和安的列斯群岛等。起源的蔬菜有菜豆、多花菜豆、莱豆、刀豆、黑子南瓜、灰子南瓜、南瓜、佛手瓜、甘薯、大豆薯、竹芋、辣椒、树辣椒、番木瓜和樱桃番茄等；起源的果树有仙人掌属果树、牛心果、番荔枝、刺番荔枝、黑头番荔枝、灰番荔枝、伊拉麻、圆滑番荔枝、人心果、人面果、果酱果、绿色果酱果、柳叶蛋果、番木瓜、油梨、番石榴、槟榔青、墨西哥山楂、大托叶山楂、印度乌木、星果和野黑樱等。此中心还可能是秘鲁番荔枝等果树的次生起源中心。

8. 南美中心

包括秘鲁、厄瓜多尔和玻利维亚等。起源的蔬菜有马铃薯、秘鲁番茄、树番茄、普通多心室番茄、笋瓜、浆果状辣椒、多毛辣椒、箭头芋、蕉芋等；起源的果树有甜西番莲、山番木瓜、番石榴、秘鲁番石榴等。该中心还是菜豆、莱豆的次生起源中心。

（1）智利中心。这一中心为普通马铃薯和智利草莓的起源中心。

（2）巴西-巴拉圭中心。这一中心为木薯、落花生、巴西蒲桃、乌瓦拉番樱桃、巴西番樱桃、毛番樱桃、树葡萄、菠萝、巴西坚果、腰果和凤榴等果树的起源中心。

瓦维洛夫（Н. И. Вавилов）在总结 8 大起源中心的特点时，强调指出 8 个基本发源地之间被沙漠和山脊隔开，促进了植物区系的独立发展。

**9.2.1.2　栽培植物起源中心的发展**

瓦维洛夫的学说发表后受到各国学术界的普遍重视，直到目前他的主要论点仍被作为研究植物进化、指导育种和种质资源工作的重要原则。但在一些观点上也有争议，主要在多样性中心和起源中心的关系、初生中心和次生中心的特点及关系、大基因中心和小基因中心的关系上提出了一些补充和修正。

1. 哈兰的观点

哈兰（J. R. Harlan，1971）认为：有些作物的起源中心和变异中心并不一致，作物的起源和变异要综合空间和时间来论证。他认为世界上某些地区发生的驯化和瓦维洛夫起源中心模式相符，如最早发展农业的中东、中国华北和中美地区是 3 个作物起源中心。而另一些地区，如非洲、东南亚、南美、东印度群岛和起源中心模式不同，哈兰称之为非中心体系（non-center system）。非洲非中心体系从非洲西部的塞内加尔沿苏丹到埃塞俄比亚东 7000km 的亚撒哈拉地带都是驯化发生的地方。东南亚作物驯化似乎发生在从印度通过印度尼西亚群岛到新几内亚或所罗门群岛和新喀里多尼亚岛，大约 1000km 的广阔地带。在南美各种作物驯化的可能区域是从阿根廷向北通过安第斯山到哥伦比亚，向东到大陆东端，绵延几千公里。

哈兰还提出每一个早期起源的亚热带或温带中心似乎与可能起源较晚的热带非中心存在相对应的关系。特别是谷物从较北的中心引到较南的非中心，促进了这些地区的植物驯化和早期热带文化的形成。如中国中心与其相联系的南亚及太平洋地区的非中心；近东中心和与其相联系的非洲非中心；中美洲中心和与其相联系的南美非中心。后来 Hawkes（1983）又进一步发展为 4 个初级起源中心及与其相联系的 10 个多样性地区（regions diversity）及一些小基因中心。

哈兰根据作物驯化中心扩散的特点，将栽培植物分为 5 类：

（1）土生型。植物在一个地区驯化后从未扩散到其他地区，如在非洲驯化的弯臂粟、马唐、非洲稻、龙爪稷、埃塞俄比亚芭蕉等鲜为人知的植物。

（2）半土生型。被驯化的植物只在邻近地区扩散，如云南山楂、西藏的光核桃等。

（3）单一中心。在原产地被驯化后迅速传播到广大地区，没有次生中心，如橡胶、咖啡、可可等。

（4）有次生中心。植物从一个明确的初生起源中心逐渐向外扩散，在一个或几个地点形成次生起源中心，如桃、葡萄等。

（5）无中心。有些作物看不出有明确的起源中心，如香蕉。

除了综合性起源中心外，某些作物在较狭小的生态地段还会有特殊的隐性基因类型，同样具有推动作物进化的作用，哈兰称之为小基因中心。他在土耳其发现 3 处小麦的小基因中心。

2. 茹科夫斯基的栽培植物大基因中心

茹科夫斯基（Л. M. Zhukovsky）1970 年提出不同作物物种的地理基因小中心达 100 余处之多，他认为这种小中心的变异种类对作物育种有重要的利用价值。他还将瓦维洛夫确定的8个栽培植物起源中心所包括的地区范围加以扩大，并增加了4个起源中心，使之能包括所有已发现的栽培植物种类。他称这12个起源中心为大基因中心。大基因中心或多样化变异区域都包括作物的原生起源地和次生起源地。1979年荷兰育种学家泽文（A. C. Zeven）在与茹考夫斯基合编的《栽培植物及其近缘植物中心辞典》中，按12个多样性中心列入167科2297种栽培植物及其近缘植物。书中认为在此12个起源中心中，以东亚（中国-缅甸）、近东和中美三区是农业的摇篮，对栽培植物的起源贡献最大。然而，12个"中心"覆盖的范围过于广泛，几乎包括地球上除两极以外的全部陆地。

3. 达林顿的栽培植物起源中心

达林顿（C. D. Darlington）利用细胞学方法从染色体分析栽培植物的起源，并根据许多人的意见，将世界栽培植物的起源中心划为9个大区和4个亚区，即①西南亚洲；②地中海，附欧洲亚区；③埃塞俄比亚，附中非亚区；④中亚；⑤印度-缅甸；⑥东南亚；⑦中国；⑧墨西哥，附北美（在瓦维洛夫基础上增加的一个中心）及中美亚区；⑨秘鲁，附智利及巴西-巴拉圭亚区。他的划分除了增加欧洲亚区以外，基本上与瓦维洛夫的划分相近。

4. 勃基尔的栽培植物起源观

勃基尔（I. H. Burkill）在《人的习惯与栽培植物的起源》（1951）中系统地考证了植物随人类氏族的活动、习惯和迁徙而驯化的过程，论证了东半球多种栽培植物的起源，认为瓦维洛夫方法学上主要缺点是"全部证据都取自植物而不问栽培植物的人。"他提出影响驯化和栽培植物起源的一些重要观点，如"驯化由自然产地与新产地之间的差别而引起。"对驯化来说"隔离的价值是绝对重要的。"

**9.2.1.3** 我国园林植物种质资源概况

1. 我国园林植物种质资源的特点

（1）种类繁多、变异丰富。我国是栽培植物起源中心栽培历史最早、范围最大、种类最多。原产乔灌木约8000种。我国原产的植物资源不仅数量多，而且变异广泛、类型丰富。如圆柏（偃柏、鹿角柏、金叶柏、龙柏、球柏、塔柏等），杜鹃[常绿、落叶；平卧杜鹃、大树杜鹃；高山（7—8月）、中山（4—6月）、低山（2—3月）等]。

（2）分布集中。在相对较小的范围内，集中分布众多的种类。如：兰属世界有50余种，我国云南省就有33种；百合属世界共80余种，我国产42种，云南23种；台湾（"天然植物园"）分布着维管植物3577种，其中1/4为该地区特有。

（3）特点突出、遗传性好。在若干科、属、种上绝无仅有。如银杏、金钱松、水杉、珙桐、杜仲、金花茶等。早花种类与品种多，四季开花种与品种多，花有芳香的种与品种多，特点突出的种与品种多，抗逆性强的种与品种多。除具有较高的观赏价值外，多具有特殊的抗逆性。如中国板栗×美国板栗，解决了板栗疫病的危机。

2. 我国园林植物种质资源的现状

（1）面临的危机。布局不合理；濒危物种尚待抢救；家底不清，品种混杂；良种失传，品种退化；花卉资源大国没有成为花卉产业大国。

（2）应有的工作。种质资源的考察；种质资源圃的建立；种质资源的收集和保存；种质资源信息库的建立；种质资源的研究；种质资源的创新与新品种培育。

## 9.3 种质资源工作的主要内容

### 9.3.1 种质资源的分类

园林植物的种质资源种类繁多，来源广泛，为了便于研究和利用，对它们加以分类是必需的。在进行分类时，除按亲缘关系及生态型等进行分类外，还可根据其来源进行分类。

**9.3.1.1** 按来源进行分类

根据来源可将园林植物种质资源分为本地种质资源、外地种质资源、野生种质资源和人工创造的种质资源。

1. 本地种质资源

本地种质资源是指在当地的自然和栽培条件下，经长期的栽培与选育而得到的植物品种和类型。我国栽花历史悠久，在花农和栽花爱好者的精心培育下，形成的地方品种特别多，而且我国又是世界上农作物起源中心之一，所以我国的地方品种不仅类型极其丰富，而且还有许多独特的优良性状，如开花极早的梅花，四季开花的月月红，具有芳香的米兰、兰花、桂花，抗寒的“耐冻”山茶，抗旱的毛华菊，抗榆荷兰病的榆树（*Ulmus pumila*），抗涝的柘树（*Cudranea tricuspidata*），耐盐碱的楝树（*Melia azedarach*），耐热的栀子花等。据不完全统计，我国山茶花品种200多个，云南山茶花品种100多个，梅花品种300多个，牡丹品种近500个，芍药品种200多，中国月季品种800多，春兰100多，凤仙200多，菊花近3000，落叶杜鹃约500，桃花、丁香、腊梅、桂花、紫薇也有相当多的品种，这些都是祖国的宝贵花卉遗产。

本地种质资源的特点是取材方便，对当地的自然和栽培条件具有高度的适应性和抗逆性。因此，它是选育新品种时最主要、最基本的原始材料。一般育种工作者往往都是对本地良种直接利用或通过改良加以利用或作为育种的原始材料使用。但本地种质资源由于长期生长在相似的环境下，遗传性较保守，对不同环境的适应范围较窄。

2. 外地种质资源

外地种质资源是指从国内其他地区或国外引进的植物品种和类型。它们反映了各自原产地的生态和栽培特点，具有多种多样的生物学和经济学上的遗传性状。其中有些是本地区品种所欠缺的，所以在育种工作中是改良本地品种的重要材料。如近年从国外引进的草地早熟禾、菲尔金、高羊茅、紫羊茅、多年生黑麦草、匍茎翦股颖等草种和草花，有些一、二年生的草花与南方花卉通过改变栽培条件，也可直接应用于生产。因此，正确选择和利用外地种质资源，可大大丰富本地园林植物品种和类型的不足，从而扩大育种材料的范围和数量。

3. 野生种质资源

野生种质资源是指未经人们栽培的自然界野生的园林植物。它们是在某一地区的自然条件下经过长期自然选择的结果，因此具有高度的适应性和丰富的抗性基因，如耐瘠薄、抗寒、抗旱、抗盐碱、抗病虫害等。但其观赏品种和经济性状大都较差。常常是砧木或培育抗性新品种的优良亲本。但有些野生花卉植物也具有较高的观赏价值，对这些种类只需经过引种驯化就可以直接用于花卉生产。如北京林业大学利用早小菊等菊花栽培品种与野菊（*Dendranthema indicum*）、毛华菊（*D. vesticum*）、紫花野菊（*D. xawadskii*）等野生种杂交，育成了适应性广、抗逆性强、花多而密、花期集中、管理粗放、观赏期长、观赏性好的地被菊新品种群。利用报春刺玫（*Rose primula*）等野牛种与“秋水芙蓉”等月季栽培品种远缘杂交，育成了刺玫月季新品种群。

4. 人工创造的种质资源

人工创造的种质资源是指人工应用杂交、诱变等方法所创造的各种新类型、各种突变体或中间材料。它们具有比自然资源中更新、更丰富的遗传性状，是进一步育种的珍贵遗传资源。这类材料会因育种工作的不断发展日益增加，从而大大丰富了种质资源的遗传多样性。

#### 9.3.1.2　按亲缘关系分类

按彼此间的可交配性与转移基因的难易程度将种质资源分为三级基因库。

1. 初级基因库

库内的各资源间能杂交，正常结实，无生殖隔离，杂交不实或杂种不育。

2. 次级基因库

此类资源间的基因转移是可能的，但存在一定的生殖隔离，杂交不实或杂种不育，必须借助特殊手段才能实现基因转移。

3. 三级基因库

亲缘关系更远的类型。彼此间杂交不实，杂种不育现象更明显，基因转移困难。

### 9.3.2　种质资源的考察

种质资源收集前应对本地区种质资源进行考察，它是一项需要花费大量人力物力的工作。考察的目的是亲自到园林植物生长的现场对其自然环境及植物生长情况进行调查，以获得相关植物的种类及其生态环境方面的重要信息。考察的重点要放在野生花卉及近源种丰富的地区。

**9.3.2.1** 种质资源考察前的准备

1. 组织准备

根据考察任务的大小成立考察小组，一般 2～4 人，其中包括有精通植物生态和分类的人员，以便顺利开展野外工作。准备有关的调查记录表格、野外考察仪器和用具。

2. 收集资料

了解气候、地形、土壤、植被、交通、人文地理、植物的生活史、萌芽、开花、成熟等物候资料以及分布带、有关种的分化演变、生长地区、种的鉴定等。调查访问当地群众和有关人员，以便制定考察计划。计划包括目的任务、考察线路及时间、主要考察地点和实施方案。

**9.3.2.2** 考察方法与步骤

1. 选择考察地点与路线

大多采用沿路，每隔一定的距离以及根据植被的差异进行调查。也可采用航空摄影，把植物分层，再按不同的层次选择调查地点进行调查。

2. 实地调查记录

调查者姓名、日期、地点、海拔、坡向、坡度、土质、土层厚度、湿度、根的伸展、地下水位、道路交通、生态环境和栽培条件、人为条件、伴生树种、种名、数量、亚种名、主要性状、群落的种类组成等，同时应拍摄植物的照片、生态照片。在现场鉴定植物有困难时，可压制植物的标本。

金花茶种质资源考察时，每一种金花茶群落做 3 个 $100m^2$ 以上的样方调查，测定群落的温度和光照，调查群落的种类和组成，金花茶株数及在群落的分布情况；每种金花茶做 5 株标准木调查，内容包括生长情况和病虫害等。

金花茶是我国一级保护植物，是珍贵的种质资源。通过考察，摸清了金花茶的种类、分布点，基本掌握其地理分布规律和群落学特点。金花茶自然分布在我国广西南部和越南北部，生长在不受火烧干扰的杂木林和藤刺灌丛内。目前已知 22 种，其中越南 4 种，特有的 2 种；我国 20 种，特有的 18 种。

3. 资料的整理与总结（编写调查说明书）

内容包括调查地区的范围、自然条件和经济概况，种质资源的种类、分布、群落学特性、栽培历史、栽培技术，今后保护、发展、利用和研究方向等，并附分布图和相关照片。

**9.3.2.3** 考察的主要内容

1. 考察的对象

考察对象主要是品种资源的复查，野生花卉种质资源的调查，种类、品种、代表植株的调查。

2. 调查的主要内容

一般是来源、栽培历史、分布特点、生产反应等。生物学特性包括生长开花习性、物候期、抗性等；形态特征包括植株、茎、叶、花、果实、种子等；观赏与经济性状主要是产量、品质、用途等。

### 9.3.3 种质资源的收集

**9.3.3.1** 种质资源收集的原则

为了更有效地利用种质资源，充分保持育种材料的变异，应掌握以下原则：

（1）根据收集的目的和要求、单位的具体条件和任务，确定收集的对象，包括类别和数量。收集时必须在普查的基础上，有计划、有步骤、分期分批的进行，收集材料应根据需要，有针对性地进行。

（2）收集范围由近及远，根据需要先后进行。首先应考虑珍稀濒危种的收集，其次收集有关的种、变种、类型及遗传变异的个体，并把本地品种中最优良的加以保存。最后从外地引种，逐步收集到一切有价值的、能直接用于生产以及做进一步育种用的资源。

（3）种苗的收集应遵照种苗调拨制度的规定，注意检疫。

（4）收集工作应细致周到、清楚无误，做好登记核对，尽量避免材料的重复和遗漏。

#### 9.3.3.2　种质资源收集的方法

1. 直接收集

在调查考察的基础上直接收集有关物种资源。收集的材料可以是种子、枝条、植株、球根、花粉等。收集数量：收集材料的群体大小非常重要，应能充分保持育种材料的广泛变异性为原则。如每个地方（或每一群体）以收集 50～100 个植株为宜，每个植株可采集 50 粒种子。如果考虑保存的需要时，每份样品采集的种子不应少于 2500～5000 粒，但这些数目应随调查收集的目的及具体情况进行调整。对无性繁殖植物的采集，栽培种在一个采集区只要收集 50～200 份材料。对野生种，Hawkes 建议，从 $1km^2$ 的群体里，至少随机采集 10～20 份，而 Marshall 和 Brown 主张采集 50～100 份。如果生态环境差异不大，取样点不必过密。对于具特化茎和根（鳞茎、球茎、块茎等）的植物的采集时间，最好在植株刚枯死，地面还可见到残留物时进行挖掘。对珍稀濒危植物的采集，如果数量很少，又无种子，应采用高空压条待繁殖后再行采集。收集植物营养体时应防止干枯，收集种子时要在稍微干燥后再运输，并注意检疫，防止病虫害的传入和蔓延。收集的方式要力争专业队伍与当地的单位或群众结合。

收集材料的整理、分类、编号登记包括收集日期、地点，收集者姓名、单位，植物材料名称、产地自然环境或栽培条件、分布特点、繁殖方法、形态、生物学特性、经济性状等。如发现资料不全，或有错误，要及时补充、订正。

2. 交换、购买（征集）

各国植物园、花木公司、花圃等都印有植物名录，可通过信函交换或购买。主要有针对性地收集我国缺少的园林植物品种资源，对于国外引种的材料，要注意严格检疫，并隔离试种。

关于征集数量，Marshall 等建议每点从 50～100 株上采集 50 粒种子。C. O. Qualset（1975）提出，为了得到有意义而稀有的重组，每点的个体数应增加到 500 株。张德慈（1984）提出在目标地区内多设点要比在少数点上多取种子好。Marshall（1975）提出取样低限的原则，既已 95％的几率逮住目标群体中具有大于 0.05 基因频率的随机位点上所有等位基因。设在一个大群体中抗病基因 $r$ 的频率稍高于 0.05。要使 $r$ 漏取的几率小于 0.05，计算取样数量 $n$ 的公式为：$(1-0.1)n<0.05$，$n\geqslant \ln 0.05/\ln 0.9$，$n\geqslant 28.43$。式中 0.1 为每一个体（或种子）携带有 $r$ 基因的几率为 $2\times 0.5=0.1$。计算表明，每一地点取样 30 就可以满足要求。Yonezawa 等认为异花授粉植物即使只有 2～3 株也能得到多样性后代，对于自交率高的种类应注意从较多的植株上采集种子。

对于无性繁殖植物种质资源的征集要注意它们的繁殖习性和特点。栽培品种的征集较为简单，只需考察品种内发生了哪些芽变，然后从原品种和芽变类型的典型植株上分别采集少量的繁殖材料就可达到兼顾典型性、多样性和全面性的要求。因为任何典型繁殖材料都能包括类型携带的全部基因。对于野生群体，因为群体中常有很多个彼此不同的基因型，要得到足够的多样性，就必须增加取样点；而营养繁殖体体积大，保存和运输相对较难，加上地下根茎类植物营养繁殖体埋藏于地下，只有挖出来才能了解其变异情况。J. G. Hawkes（1980，1982）建议每平方公里至少随机采集 10～20 份，而 Marshall 和 Btown 主张不少于 50～100 份。一般来说，如果生态环境变化不大，取样点不宜过密，以免造成不必要的重复。考察征集的时间应安排在可采集繁殖材料的季节和产品成熟的季节。

#### 9.3.3.3　种质资源收集后的整理

收集到的种质资源应及时整理。首先将样本对照现场记录，进行初步整理、归类，同种异名者合并，同名异种者予以订正，给予科学的登记、编号和分类。

美国对于国外引进的植物材料，由植物引种办公室负责登记，统一编为 P.I. 号（plant introduction）。前苏联则由全苏作物栽培研究所负责登记编号，编为 K 字号。中国农科院国家种质库的编号方法如下：①将作物划分成若干大类。Ⅰ代表农作物，Ⅱ代表蔬菜，Ⅲ代表绿肥、牧草，Ⅳ代表园林、花卉；②各大类作物又分成若干类。1 代表禾谷类作物，2 代表豆类作物，3 代表纤维作物，4 代表油料作物，5 代表烟草作物，6 代表糖类作物；③具体作物编号。1A 代表水稻，1B 代表小麦，1C 代表黑麦，2A 代表大豆等；④品种编号。1A00001 代表水稻某个品种，1B0006 代表小麦某个品种。

登记编号后，还要进行简单分类，确定每份材料所属的植物分类学地位和生态类型，以便对材料的亲缘关系、适应性、生育特性有所了解，为保存和进一步研究提供依据。

### 9.3.4 种质资源的保存

运用现代科学方法，通过各种途径，维持样本的一定数量与保持各样本的生活力及原有的遗传变异性，保证种质的延续和安全。

#### 9.3.4.1 保存的类型及记录格式

在目前条件下，园林植物种质资源材料的保存应优先考虑以下资源：①对育种具有特殊价值的种、变种和栽培品种；②生产上重要的品种、品系以及一些突变形成单系的特殊芽变类型；③可能有潜在利用价值而未经研究了解的野生种。

园林植物种质资源材料的保存，可根据需要按品种名称、原产地或不同的特性制出卡片，方便查阅。各类植物登记卡片的格式见表9-3、表9-4。

表9-3 观赏树木登记卡片（中国科学院北京植物园）

| 编号 | 定植区 | 编号 | 定植区 |
|---|---|---|---|
| 中名 | 科名 | 来源 | 定植期 |
| 学名 | 数量 | 育苗期 | 结实期 |

表9-4 多年生花卉登记卡片（中国科学院北京植物园）

（一）第一年的记载表

| 中名<br>学名 | 科 | | 号码<br>株数 | |
|---|---|---|---|---|
| 播种 | 日期： | 方法： | 发芽 | 始： 终： |
| 定植 | | | 行距 | |
| 花期 | 花期： | 始： 终： | 株距 | |
| 株高 | | | 花色 | |
| 采种 | 日期： | 采收量： | 株幅 | |
| 管理情况 | | | 枯萎期 | |

（二）第一年后的记载表

| 返青期 | 年 月 日 | 年 月 日 | 年 月 日 |
|---|---|---|---|
| 开花期 | 起 止 | 起 止 | 起 止 |
| 花色 | | | |
| 花大小 | | | |
| 株高 | | | |
| 采种期 | | | |
| 初霜反应 | | | |
| 枯萎期 | | | |
| 备注 | | | |

#### 9.3.4.2 保存的方式

利用天然或人工创造的适宜环境保存种质资源，主要作用是防止资源流失、变异、混杂和退化，便于研究和利用。

1. 就地保存

也叫自然保存。就是种质资源在原来所处的生态环境中，不经迁移，采取措施，通过保护其生态环境来达到保存种质资源的目的。稀有种、濒危种、尤其是木本植物的保存，多用此法。如世界各国建立的各类自然保护区，主要目的就是使自然资源在天然的种质基地上得到永久性或较长期的保护和保存。如1979年我国在广西龙州成立弄岗自然保护区，即以就地保护珍稀蚬木、金花茶及白头叶猴为主。就地保存的优点是保存原有的生态环境与生物多样性，保存费用较低，缺点是易受自然灾害。

2. 异地种植保存

异地种植保存就是选择与资源植物生态环境相近的地段建立异地保存基地来有效地保存种质资源，可分级分类建立，集中与分散相结合。如国家级、省级花卉研究所和花卉研究中心，地方的园林科研所或植物园等。国家级、省级以综合种质资源保存为主；地方以专类种质资源保存为主。保存圃选址和设计的地点应在各方面具有代表性，土壤差异要小，对一些遗传适应性较窄的乔灌木要尽可能地选择或创造与原产地相似的环境条件；无环境污染和严重病虫害危害；有良好的栽培条件和设施；交通便利，有利于科研教学活动和交流。栽种的株数应根据对育种资源的要求而定，既要有利于保存和研究，又不至于过多占用土地，保存株数原则上乔木每种（品种）至少 5 株，灌木和藤本 10～12 株，草本 20～25 株，重点品种保存数量可以适当增加。

种质资源材料定植后，管理措施要尽可能满足不同品种的要求，以确保资源材料能够良好的生长，能反映和表现出它们的性状与特性，以便作出正确的比较和研究。如我国广西南宁，1986 年建立了金花茶基因库两座，武汉中国梅花研究中心 1993 年建成了中国梅花品种资源圃等。如我国和世界各地许多植物园、树木园、花圃、观赏植物种质资源圃、果树种质资源圃、药用植物资源圃、原始材料圃等都是异地种植保存植物种类的重要场所。

异地种植保存的优点：基因型集中，比较安全，管理研究方便，缺点是费用较高，基因易发生混杂，特别是异花授粉植物，应采取隔离措施。

3. 种子保存

栽培植物多数为种子繁殖，故以种子为繁殖材料的保存是最简便、最经济、应用最普遍的资源保存方法。种子保存的优点是种子容易采集、数量大而体积小，便于贮存、包装、运输和分发。

(1) 种子的类型。①正常型（orthodox type）种子：通过适当降低种子含水量，降低贮存温度可以显著延长其贮存时期的一类种子，绝大多数植物种子属于这一类；②顽拗型（recalcitrant type）种子：在干燥、低温的条件下反而会迅速丧失（因种类而异）生活力的一类种子。如核桃、栗、榛、椰子、番樱桃、山竹子、油棕、南洋杉、七叶树、杨、柳、枫、栎、樟、茶、佛手、菱筹。一般不便于种子保存，其保存方法尚未真正解决。

(2) 保存方法。目前正常型种子保存主要采用种质库保存。通过控制贮藏条件来保存资源种子的生活力。种质库一般建立在地下水位低、地势干燥、常年温度较低、交通便利、水电供应可靠，无有害气体侵袭，不受洪涝、地震等自然灾害影响，并远离易燃、易爆品场所和强电磁场的安全地带。贮藏条件是低温、干燥、密封，分 3 种贮藏库：短期库、中期库和长期库。①短期库。短期库又称"工作收集"(working collection)，用于临时贮存应用材料，并分发种子供研究、鉴定和利用。要求库温 10～15℃或稍高，湿度 50%～60%，种子存入纸袋或布袋，一般可存放 5 年左右；②中期库。中期库又称"活跃库"。其任务是繁殖更新，对种质进行描述鉴定、记录存档，向育种家提供种子。要求库温为 0～5℃，空气相对湿度 32%～50%，种子含水量 8% 左右，种子存入防潮布袋、聚乙烯瓶或铁罐，可安全贮存 10～20 年；③长期库。又称"基础收集"(base collection)。是中期库的后盾，防备中期库种质丢失，一般不分发种子。为确保遗传完整性，只有在必要时才进行繁殖更新。要求库温－10℃、－18℃或－20℃，湿度 50%以下，种子含水量 5%～8%，存入密封的种子盒内，每 5～10 年检测种子发芽力，能安全贮存种子 50～100 年。

入库的种子要求质量纯净，生理成熟，无病害，种子含水量随植物种类而异，当种子含水量在 4%～14%时，含水量每减少 1%，种子寿命可增加 2 倍；温度在 0～50℃范围时，贮藏温度每降低 5℃，种子寿命增加 2 倍。

4. 离体保存

离体保存是在适宜的条件下，用离体的分生组织、花粉、休眠枝条等保存种质资源。该法适用于顽拗型植物、水生植物和无性繁殖植物，具有保存数量多、便于繁殖和管理、节约土地和劳力，避免不良条件影响等优点。离体试管保存的方法有缓慢生长离体保存和超低温保存。

(1) 缓慢生长离体保存。缓慢生长离体保存是将分生组织在分化培养基上形成试管苗，再转入生长培养基中，待幼苗长至10cm左右时置于低温（5～10℃）下保存，经半年或1年后，取试管苗茎尖，继代保存。如将草莓从分生组织培养的小植株保存在4℃无光的冰箱中，3个月检查一次，发现干燥时加入1～2滴新鲜培养液，保存6年后，用这些小植株培养的草莓发育正常。

花粉保存在适宜条件下也可以达到保存种质的目的。如苹果花粉在－20℃的条件下，贮藏时间最长可达9年。银杏的花粉在无菌条件下能贮藏2年。影响花粉生活力的因素与种子类似，主要是水分和温度。花粉的贮藏年限远较种子短。休眠枝条在低温－2～2℃、在相对湿度96%～98%（可包塑料薄膜保持适宜范围）条件下保湿保存可短期贮藏。

用上述方法保存的试管苗进行继代培养，可立即恢复生长。但由于有时需继代培养而花费劳力，同时在细胞继续分裂过程中难以排除遗传变异的可能，因此，该法适于短期和中期保存。

（2）超低温种质保存（Cryopreservation）。超低温是指在－80℃（干冰低温）乃至－196℃（液氮低温）中保存种质的技术。其特点是在超低温条件下，细胞的整个代谢和生长活动基本或者完全停止，保证不会引起遗传性状的变异，也不会丧失形态发生的潜能，达到长期保存的目的。超低温保存的原理是通过采用适当的冰冻保护剂、降温速度和化冻方式，使生物细胞在降温和解冻过程中避免细胞内结冰，从而不受损伤或受到较小的损伤。超低温冰冻保存技术，对各类花卉种质的保存，尤其是珍贵植物和濒危植物的种质保存具有十分重要的意义。

超低温保存的一般程序：①培养材料的选择与预生长。保存细胞应选择培养5～9d的幼龄细胞或选择处于减数分裂旺盛时期的细胞，如果选择芽，最好取冬芽，此时抗冰冻的能力较强，有较高的存活率。Towill研究表明，将培养物在光照条件下预生长2d左右可明显提高在液氮中保存茎尖的存活率。②预处理（冰冻保护）。冰冻前将要冰冻的材料放入冰冻保护剂（cryoprotective agent，CPA）中预处理培养物。常用的冰冻保护剂有渗透型冰冻保护剂和非渗透型冰冻保护剂。渗透型冰冻保护剂：DMSO（二甲基亚砜）、甘油、聚乙二醇（PEG）、山梨醇、乙酰胺、丙二醇（PG）等，多属低分子中性物质，在溶液中易结合水分子，发生水合作用，使溶液的黏性增加，从而弱化了水的结晶过程，达到保护的目的；DMSO可增加细胞膜的透性，在温度降低时，加速组织内的水流到组织外结冰，防止细胞内结冰造成对细胞内的伤害。由于DMSO带有毒性，所以预处理必须在0℃低温下进行，处理时间约1h。非渗透型冰冻保护剂：聚乙烯吡咯烷酮（polyvingyl pyrollidone，PVP）、蔗糖（sucrose）、葡聚糖（右旋糖酐，dextrane）、白蛋白（albumin）、羟乙基淀粉（hydroxyethyl starch，HES）等，能溶于水，但不能进入细胞，使溶液呈过冷状态，可在特定温度下降低溶质（电解质）浓度，从而起到保护作用。许多试验指出，采用复合冰冻保护剂处理比单一处理效果要好。例如长春花用5%DMSO＋山梨醇1g比5%～10% DMSO单一处理效果要好，前者保存率达61.6%，后者仅5%～8%。试验证明在溶液中加入0.3%的氯化钙，钙离子能对整个细胞膜体系起到稳定作用。③冰冻（降温操作）。关键在于降温速度。有Ⅰ）快速冰冻法，将经冷冻保护处理后的材料直接投入液氮中；Ⅱ）慢速冰冻法，以每分钟下降0.1～10℃的速度降温；Ⅲ）两步冰冻法，先用慢速法降到一定温度，使细胞达到适当的保护性脱水，再投入液氮中迅速冰冻。目前大多数是采用每分钟降低0.5～4℃的速度降到－40℃，然后投入液氮中。④保存。短期和中期保存（－80～－100℃）；长期保存（－196℃）。⑤化冻与恢复生长。通常有下列2种化冻方式：快速化冻，在35～40℃温水中进行，多数采用此法；慢速化冻，在0℃或2～3℃或室温下进行化冻，保存冬芽者多采用该法。⑥生活力与变异检测。超低温保存化冻后生活力和存活率的测定有以下3种方法：Ⅰ）再培养，根据培养物颜色的变化进行判断，一般呈褐色存活力低；Ⅱ）荧光染色法，先配0.1%的二醋酸酯荧光素染料和1滴化冻后的细胞悬浮液相混合，然后分别放在普通光学显微镜及紫外光显微镜下观察计数；Ⅲ）TTC法，即2，3，5-三苯基四氮唑氯化物还原法。此法显示细胞内脱氢酶的活性，有活力的细胞通过氧化还原反应能使氯化三苯基四氮唑生成不溶于水而溶于酒精的三苯甲腙，使无色溶液变为红色，用分光光度计进行定量测定即可判断材料的存活性。

5. 基因文库技术（gene library technology）

从资源植物提取大分子量DNA，经限制性内切酶酶切后，连接于载体（质粒、黏性质粒、病毒），转移到寄主细胞（如大肠杆菌、农杆菌）中，通过细胞增殖，构成各个DNA片段的克隆系。在超低温下保存，即可保存该种质的DNA。

## 9.3.5　种质资源的研究、评价、利用与创新

### 9.3.5.1　种质资源的研究与评价

1. 任务与要求

(1) 任务。为园林植物的遗传改良和各地区不同的育种目标提供有用的资源信息以及符合育种需要的种质资源。

(2) 要求。确切反映特定种质资源的遗传特性；适应多层次、多学科研究的需要。符合 IPGRI 标准；达到数量化、编码化、简便化和规范化。

(3) 基本方针。广泛收集、妥善保存、深入研究、综合评价、充分利用、积极创新。

2. 内容与方法

(1) 分类学性状的研究。对种质材料主要器官的形状、大小、数量、色泽及附属物等主要外部形态特征进行比较分析，确定其分类地位及材料间的亲缘关系。为了减少同物异名，异物同名给工作带来的麻烦，在搜集种质资源时不能仅仅满足于获得实物，必须同时注意包括品种名，别名在内的有关资料。引入国外的种质资源时，为了在国内交流的方便，必须在中文品种名之后附原文品种名，以便他人考察有关资料。通过对分类学性状的研究，可为以后的有性杂交、倍性育种等工作奠定基础。

(2) 生物学特性的研究。在自然环境或人工控制环境中，测试环境条件、物候期和植物生长发育习性，通过分析三者之间的关系，了解种质材料的生长发育规律、生育周期及其对温、光、水、气、土、矿物质营养等的要求。物候期的观察内容有萌芽期、展叶期、落叶期、初花期、盛花期、末花期、种子成熟期等。为了使种质资源物候期有所比较，田间试验的环境条件应相对一致，同时个性状都要有明确一致的考察记载标准。

自然环境鉴定分区域性鉴定和不同生长季节鉴定，主要鉴定种质资源材料对不同地区和生长季节的适应性。

人工控制环境鉴定主要有温室鉴定、人工气候室鉴定、低温春化和低温要求鉴定、光照鉴定等。记载项目主要是环境因素、种质材料的物候期以及相应生长发育分阶段的形态特征、病虫害发生情况，并进行相应的产量统计和品质分析鉴定。

通过对生物学特性的研究，可了解种质材料的生长发育规律，生育周期及其对温、光、水、矿物质营养的要求等。为今后引种栽培、杂交技术等育种工作打好基础。

(3) 抗逆性与适应性的研究。在有控制的诱发条件下进行田间考察和鉴定，筛选出抗寒、抗旱、抗病虫、耐热性、耐湿性、耐盐碱等种质资源材料，并考察其对不同环境条件和栽培方法的适应能力。

(4) 观赏特性的研究。对种质资源的观赏特性（观花、观叶、观果、观姿等）进行记载和比较，特别注意在观赏方面可能会有突破性贡献的那些材料，并对其主要观赏性状的遗传方式和规律进行深入研究。

(5) 经济性状的研究。对不仅具有观赏效果，而且具有一定经济价值的植物资源，如药用植物、香料植物、可供提取色素的植物等，应进行有效成分的分析与评价，挖掘其利用价值。

(6) 分子生物学研究。通过基因工程技术和基因组学对种质资源重要性状的分子机理进行研究并应用于育种实践，建立分子标记辅助育种与常规育种相结合的技术体系，从而提高定向育种的效率和水平。

以上研究应及时总结，建立完整的档案资料，以促进种质的交换、鉴定和利用。

### 9.3.5.2　种质资源的利用与创新

经过鉴定，具有优良性状的种质材料，可直接从中选出优良个体培育成新品种。也可作为亲本，通过杂交、人工诱变及其他育种手段创造出新的种质资源，为育种提供丰富的材料。并从其后代中选出优良变异个体培育成新品种。目前在园林植物育种方面，通过远缘杂交，已将野生的近缘植物的优良基因导入到栽培植物品种中，提高了栽培植物的经济价值和观赏价值。

种质资源的利用方式包括引种栽培；驯化栽培；作为育种材料进行种质转育（杂交、回交、系统育种等）；种质资源的创新（诱变育种、基因工程等）等。根据材料与性状的不同特点，合理采用相应的方法，才能最有效的利用不同的种质资源。

## 小 结

种质资源又称遗传资源、基因资源，是指在引种、选择育种工作中用来作为选择、培育或改造对象的那些植物。园林植物种质资源是指包含一定的遗传物质，表现一定的优良性状，并能将其遗传性状传递给后代的园林植物资源的总和，包括野生种、半野生种和各种栽培类型。种质资源是开展育种工作的物质基础，是不断发展新观赏植物的主要来源，为适应生产的不断发展，需要发掘更多的种质资源。瓦维洛夫提出作物起源中心理论，并将世界作物确定为 8 个原生起源中心。茹考夫斯基对其进行补充，将世界作物起源中心划分为 12 个大基因中心。种质资源分为本地种质资源、外地种质资源、野生种质资源和人工创造种质资源。种质资源的研究内容包括收集、保存、鉴定、创新和利用。种质资源的保存方法有就地保存法、异地种质保存法、组织培养保存法、种子低温保存法和超低温种质保存法。种质资源的研究和利用包括分类学性状的研究、生物学特性的研究、经济性状的研究、观赏特性的研究、抗逆特点的研究、适合能力的研究以及分子生物学研究。

## 思 考 题

1. 论述种质资源的重要性和保护的迫切性。
2. 种质资源的类型有哪些？根据来源与性质，园林植物种质资源可以分为哪几类？各具什么特点？
3. 瓦维洛夫的起源中心学说的主要论点是什么？在园林植物育种中有何作用？起源于中国的园林植物有哪些？
4. 试述种质资源研究的主要工作内容和鉴定方法。
5. 试述园林植物种质资源的保存方法以及各自的特点。
6. 建立园林植物种质资源数据库有何意义？如何建立种质资源数据库？

# 第10章 引种与驯化

**本章学习要点**

- 引种驯化的概念
- 引种驯化需考虑的因素
- 引种驯化的方法
- 外来物种入侵

人类在自身的进化过程中，为了适应生存环境的变化，按照某种特定的目的，实施植物遗传资源的迁移，并使其适应新的环境；同时，人类还不断研究被迁入植物的遗传变异规律，以便从迁入的植物资源中高效获取所需。这一过程涉及了植物引种驯化（introduction and domestication）的内容。在现代植物栽培过程中，人类为高效利用丰富多彩的现存遗传资源，一直将引种驯化作为植物育种的重要途径。

## 10.1 引种驯化的概念与意义

### 10.1.1 引种驯化的概念

园林植物的种和品种在自然界都有一定的分布范围。引种驯化就是把园林植物的种或品种从原来的自然分布区域或栽培区域人为地迁移到其他地区种植的过程，也就是从外地引进本地尚未栽培的新的植物种类、类型和品种。在这种人为迁移的过程中，植物对新的生态环境的反应大致有两种类型：一种是由于植物本身的适应性广，以致植物并不需要改变它的遗传性就能适应新的环境条件，或者是原分布区与引入地的自然条件基本相似或差异较小，或引入地的生态条件更适合植物的生长，植物生长正常甚至更好，这就是所谓的“简单引种”（introduction），属于“归化”（naturalization）的范畴；另一种类型是植物本身的适应性很窄，或引入地的生态条件与原产地的差异太大，植物生长不正常直至死亡，但经过精细的栽培管理，或结合杂交、诱变、选择等改良植物的措施，逐步改变遗传性以适应新的环境，使引进的植物正常生长，这就是“驯化引种”（domestication）。驯化和归化本质上的区别在于人类对园林植物本性的能动改造，使其变不适应为适应。其实植物引种驯化包括两个阶段，向新地区定向迁移植物称为引种；引种的植物对新环境条件的适应过程，叫作驯化。驯化是引入植物适应新环境的生物学过程。通常以引种植物在新地区能正常开花结实并能正常繁殖出子代作为驯化成功的基本标准。

引种驯化既包括简单引种，也包括驯化引种；既包括栽培植物的引种与驯化，也包括野生植物的驯化。引种驯化有时也统（简）称为引种。

引进的植物材料可以是植株、种子或营养繁殖体等。引种是有目的的人类活动，而自然界中依靠自然风力、水流、鸟兽等途径传播扩散的植物分布，则不属于引种。

简单地说，引种就是为了符合人类的需要，把植物从一个地区迁移到另一个新地区进行栽培的过程。严格地讲，引种是将植物从原有分布区向新地区定向迁移，是人类有意识的活动。所谓新地区，是指自然分布的植物以往不曾生活的地理带和气候带。从广义的角度而言，生态条件相似的甲、乙两地间植物的相互迁移往往也称为引种。

### 10.1.2 引种驯化的意义

引种驯化是一种快速、经济、有效地丰富本地园林植物种类的育种方法。与其他的育种方法相比，它所需时间短，投入的人力、物力少，见效快，因此，在制定育种计划时，首先要考虑引种的可能性，只有在没有类似品种可供引种时，才着手采用其他育种方法创造新品种。此外，通过引种驯化可保存植物种质资源，避免基因资源的流失。

从栽培植物的历史发展来看，现今世界上广泛种植的各种园林植物，大多都是引种驯化的成果。古今中外，世界各国都比较注重引种驯化工作。我国素有“园林之母”的尊称，资源十分丰富，但也不断从国外引进新品种。据记载，我国3000年前就开始从国外进行引种驯化工作。早在汉代张骞出使西域时，就引进了胡桃、油橄榄、石榴等经济植物。世界著名的行道树、庭园树——悬铃木，相传在公元403年就已引进到陕西户县。我国从国外引种驯化的园林植物已不胜枚举，木本植物有来自日本的黑松、赤松、日本冷杉、鸡爪槭等；来自印度的柚木、雪松等；来自北美的湿地松、火炬松、香柏、广玉兰、刺槐、北美鹅掌楸等；来自地中海的月桂等。草本花卉有来自美洲的霍香蓟、蒲包花、月光花、波斯菊、蛇目菊、花菱草、银边翠、千日红、天人菊、含羞草、紫茉莉、茑萝、一串红、美女樱、大丽菊、半枝莲、晚香玉、仙人掌科的多肉多浆植物等；来自非洲的天竺葵、马蹄莲、唐菖蒲、小苍兰等；来自欧洲的金鱼草、雏菊、彩叶甘蓝、矢车菊、桂竹香、飞燕草、三色堇、香豌豆、郁金香等；来自亚洲的鸡冠花、雁来红、曼陀罗、除虫菊等；来自大洋洲的有麦秆菊等。

我国国内由南向北或由北向南的引种驯化，也取得了很大成就。如北京引种梅花、雪松、银杏、杉木已基本成功，上海市植物园从北方引进黄檗获得成功。另外，对野生植物进行引种驯化，变野生植物为栽培植物，已进行了7000～8000年。现今世界上已有的优良栽培品种大都是人类通过野生植物的不断驯化而逐渐得到的。野生植物的栽培驯化可为园林绿化事业不断地提供新的栽培植物种类，它们既可起到绿化、美化的效果，又可为国家提供经济财富，如水杉、马尾松、油松、桧柏等可为国家提供大量木材；橘子、山楂、中华猕猴桃、草莓等可为人们提供含有大量维生素C的果品；杜仲、人参、五味子等又是重要的中草药。此外，还有许多植物不仅能起到美化环境的作用，还能防风固沙、防止水土流失，减少大气中有害气体含量等。因此，我们要注意保护野生植物资源，积极开展引种驯化工作，使它们在我国的园林绿化事业中起到应有的作用。

通过引种常可使种或品种在新的地区性状表现更优，获得比原产地更好发展。如美国辐射松引种到新西兰，40年生树高达42.7m，其生长比在原产地要好很多；防城野生金花茶引种到南宁新竹苗圃金花茶基因库内，花色更艳，花瓣增多，具有更好的观赏效果。这可能是引种地区的自然条件更适于其优良特性的发挥。

引入各种种质资源，用于杂交创造新品种。如我国荷花育种专家从美国等地引进美洲黄莲（*Nelumbo lutea*），通过与我国原产的荷花品种杂交，在荷花花色育种方面取得突破性进展，培育了大量开黄色、橙色花的荷花品种，丰富了我国的荷花种质资源。北京林业大学用中国原产的野生蔷薇属植物与引进的现代月季或中国古代月季远缘杂交，培育出抗性强的“刺玫月季”新品种群。

## 10.2 引种驯化应考虑的因素

植物引种驯化必须遵循一定的规律，经过栽培试验以后，方可应用于生产，切不可盲目乱引，以免失败后造成不良后果。要使植物引种驯化获得成功，必须认真总结前人引种的经验教训，深入研究植物本身的遗传特性及其适应能力和生态环境对植物的制约，用科学理论指导引种实践。

### 10.2.1 引种的遗传学原理

#### 10.2.1.1 简单引种的遗传学原理

简单引种是园林植物在其基因型适应范围内的迁移，这种适应范围受基因型严格控制。同一基因型适应不同环境条件表现出的表型差异称为反应规范（reaction norm）。同一种植物不同的品种，由于反应规范的差异，在引种中有不同的表现。同一基因型在不同的环境条件下会形成不同的表现型，有时对外界条件具有不同的适应能力，如同一品种在比较干旱的条件下培育的苗木，比在高温多湿条件下培育的苗木抗旱性强。即简单引种是在植物的遗传性适应范围内的迁移，不需要改变其遗传基础就可适应新环境，经过简单的引种试验就可以推广应用。

#### 10.2.1.2 驯化引种的遗传学原理

植物引种到新地区后，表现出一些不适应的症状，需要在人为措施和环境条件的综合作用下，经过一个自身生物学特性改变的过程（即驯化）才能适应新的生态环境条件。大量的引种实践证明：植物具有调整其自身遗传物质表达以逐渐适应新环境的能力。植物的这种能力是有其遗传背景的。遗传学上可从以下几方面解释：①植物群体中不同有性繁殖后代的个体间存在遗传组成上的差异。在园林植物引种驯化中，利用种子比较易于获得成功。因为种子是植物的有性繁殖后代。种子在形成过程中经历减数分裂、染色体重组、交换、配子形成、交配形成合子等过程，有时还伴随着基因突变。所以种子间遗传组成上存在很大的差异，不同的遗传基础也就导致了植物的适应性差异。在植物种子引入新地区后，可以利用这种差异选择适应性较强的单株，培育成当地的新型植物种类；②植物基因表达调控的原理。植物在生长发育过程中，是受一系列基因表达调控的。基因在植物体内的表达除受植物体本身代谢及分子调节外，还受生境因子及理化因素等外界环境因子的调节。生境因子及理化因素可诱导植物某些基因的表达，调控这些基因的启动元件，利用营养及逆境胁迫条件改变植物的生长代谢可实现对基因表达的调节。这是植物能够驯化成功的基因表达理论基础。幼龄阶段的实生苗个体，遗传可塑性大，易于接受外界各种条件的影响而调节基因的表达，从而使植物能较好地适应外界环境条件的变化，所以实生苗的幼苗比较容易驯化成功；③突变现象的存在，也使得不同个体的遗传组成存在差异。植物基因突变是自然界的普遍现象。环境的改变会促使突变率的提高。在有些情况下，突变会给植物适应环境变化提供新的遗传基础。所以即使遗传基础相对一致的植物群体引入到新地区后，仍然有机会获得适应新环境的突变单株。研究证明：植物离体繁殖，如组织培养，可使突变率得到较大的提高。组培繁殖时给驯化材料以相应的胁迫处理，驯化成功的几率也可能会增加。

植物种类或品种对在进化过程中经常发生的环境条件，通常都具有较高的适应性，这种现象叫饰变(modification)。如落叶树种在节律性日照长度和温度的变化下引起的秋季落叶，这是植物本身表现的自体调节，利于增强其冬季严酷条件的适应性。植物对其进化过程中很少发生的环境条件，适应能力较弱，这种反应叫形变（morphoses)。如秋季多雨引起的枝条徒长、农药引起的药害等。引种过程中，要善于区分饰变和形变，适应性饰变反映植物种类或品种在扩大适应范围上的潜力，形变则反映适应范围的狭窄。

### 10.2.2 引种的生态学原理

研究自然环境与栽培条件（温度、光照、水分、土壤、生物等）对园林植物生长发育的影响以及植物对生态环境变化的不同反应和适应性。

#### 10.2.2.1 气候相似论

德国著名林学家 Mayr 在《欧洲外来园林树木》(1906) 和《在自然历史基础上的林木培育》(1909) 两本专著中，论述了树木引种中必须遵循“气候相似”的思想和科学依据。他指出：“木本植物引种成功的最大可能性在于树种原产地和新栽培区气候条件有相似的地方”。气候相似论（theory of climatic analogues）对纠正当时欧洲盛行的盲目引种错误倾向具有指导意义，至今仍具参考价值。

受综合生态因素的影响，各地区形成了典型的植物群落。如我国东部的森林从南往北大致可分为五大林带，即热带季雨林带、亚热带常绿落叶阔叶混交林带、暖温带落叶阔叶林带、温带针阔叶混交林带、寒温带针叶林带。在同一林带内引种，成功的可能性较大；在不同林带间引种，成功的难度就大。要实现不同林带间的引种，应选择特殊的小气候环境。北京位于暖温带落叶阔叶林带，若要从相邻的亚热带常绿落叶阔叶混交林带引种常绿阔叶树种，困难较大。迄今仅女贞（*Ligustrum lucidum*）、广玉兰（*Magnolia grandiflora*）、黄杨等少数常绿乔木能在小气候环境下栽培和生长。

为了减少引种的盲目性，引种时要注意引种区与原产区生态环境的相似性，特别是气候因素的相似性，即在相似的气候带或两地气候条件相似的情况下，将园林植物直接迁入与原产地环境相似的地区，主要以近缘引种、种子引种、分不同年龄阶段引种、南树分阶段北引逐步过渡等引种方法为主。一般从生态环境相似的地区引种容易获得成功。例如我国南方地区广泛引栽的火炬松，原自然分布区为美国北自特拉华州和马里兰州、南至佛罗里达州、西至得克萨斯南部，遍布大西洋和墨西哥湾的沿海平原和丘陵地区，其原分布区气候湿润，年降水量1016～1520mm；夏季炎热，冬季温和，7月平均温度23.9～37.8℃，1月平均温度2.2～17.2℃，分布区北部和西部偶尔出现−23.3℃低温；无霜期6～10个月。这一气候条件与我国亚热带地区气候相似，因此，火炬松引种到我国南方表现较好。如果从生态条件差异大的地区引种，则不易成功。如把我国东北地区的红松引种到我国的南方地区则难以正常生长。然而，也不能简单地认为，凡与原产地的生态条件有差别，就不能引种。如刺槐，原分布区降水量充沛，达1016～1524mm。但由于它适应性广，引种到我国西北干旱半干旱地区仍表现良好。所以引种驯化时，不单要考虑生态条件的相似性，还应考虑引种植物的适应性。

地理位置是影响不同地区气候条件的主要因素，尤以不同纬度的影响最为明显。受纬度影响的环境因子主要有温度、日照、雨量等，纬度相近地区间相互引种较易成功。中国各地与欧洲同纬度地区相比，冬季气温显著偏低，1月份的月均温中国东北要偏低14～18℃，华北偏低10～14℃，长江以南偏低8℃左右，华南沿海偏低5℃左右，因此，引种时要注意分析具体气候特点。

**10.2.2.2** 主导生态因子

园林植物的环境包括园林植物生存空间的一切条件，其中对园林植物生长发育有明显影响和直接被其同化的因素，称为生态因子。主导生态因子是指对植物生长发育起主要作用的限制因子，包括气候、土壤和生物因素等。这些因子处在相互影响、相互制约的复合体中，共同对园林植物产生作用。这样的复合体称为生态环境。各种植物的种和品种对同一生态环境有不同的反应。

引种的生态学研究，既要注意各种生态因子对植物的综合作用，也要看到在一定的时间、地点条件下，或是植物生长发育的某一阶段，在综合生态因子中总是有某一生态因子起主导的决定性作用。如温度、光照、水分、土壤、生物因子等。

1. 温度

温度是影响园林植物引种成败的限制性因子之一，控制着植物的生长发育。主要包括年平均温度，最低、最高温度及其持续时间，季节交替特点，无霜期，有效积温等。温度不仅随纬度而变化，而且随着海拔的变化而变化，海拔每升高100m，平均温度下降0.5～0.6℃。

植物生长发育都需要一定的温度。在植物引种工作中，首先应考虑原产地与引种地的年平均温度。年平均温度是植物分布带划分的主要依据。由于年平均温度的差异，区分为不同的气候带，形成地带性植被。在全年平均气温大于16℃的热带，形成热带雨林及热带草原植物区；全年最低平均气温在0～16℃的温带，主要是夏绿树种分布区；在全年平均气温小于0℃，但夏季温度可达10～22℃的亚寒带，主要为针叶树种分布区；而在7月平均气温小于10℃的寒带，则基本没有树种生长，而只有苔藓和地衣了。若原产地与引种地的年平均温度相差太大，引种则难以成功。

有些植物的引种，尽管引种地与原产地的年平均气温相似，但全年的极端温度却成为限制因子。临界温度（critical temperature）是园林植物能忍受的最低和最高温度，超越临界温度会对植物造成严重的伤害甚至死亡。福州引种塔柏，早期生长良好，不久则因高温影响，生长衰退，病虫害发生严重。

冬季临界最低温度常是南方园林植物北引成败的关键因子。如1977年的严寒，使广西南宁市胸径超过30cm的非洲桃花心木全部冻死，凤凰木也大部分冻死，木麻黄在绝对低温−30℃的地区遭冻害。海南岛珍贵树种母生，在北移大陆试验中，经−2℃低温袭击，苗木严重受害。这说明园林树木引种驯化中，对几年甚至几十年的低温也应注意。

有些植物只有满足它们的低温要求，第二年才能正常生长。植物要求冬季低温通过休眠的程度依种类、品种而异。如油松要求15℃以下低温90～120d，毛白杨75d，赤松60d，北京小叶杨35d，河南小叶杨15d等。低温时间不够，可能影响引种成功。

高温，绝对高温对植物的危害没有低温显著，但高温能影响叶片和根系等功能器官的变化，进而影响到植物的光合作用、呼吸作用、蒸腾作用、水分和矿质元素的吸收等生理活动，从而使植物因养分供应不上、体内水分大量丧失造成生长势、抗逆性减弱而死亡。例如，杭州植物园引种夏腊梅，由于夏腊梅性喜阴凉湿润的气候条件，起初定植在植物分布区生长不良，且夏季易受日灼。但移植在树丛下，则生长旺盛，还可繁殖后代。另外，在两广地区，雪松、油橄榄生长不良，也与夏季高温有关，高温还易引起皮烧。

低温、高温的持续时间对引种影响也很大。如蓝桉（*Eucalyptus globulus*）具有一定的耐寒能力，能耐受−7.3℃的短暂低温，但不能忍受持续的较低温度。云南省陆良县引种后，有3年短暂的−7.3℃低温，仅叶和嫩梢表现轻微冻害；而在1976年冬1977年春，因低温持续时间较长，达5d之久，尽管最低温只有 −5.4℃，也使蓝桉遭受严重冻害。

季节交替的特点也是引种时的限制因子之一。我国中纬度地区初春常有倒春寒现象，气温反复变化的幅度较大，所以本地植物冬季休眠时间长，不会因气温的暂时转暖而萌动；而高纬度地区的植物没有对这种气候特点的适应性，引种到中纬度地区后，会由于早春气温不稳定的转暖引起冬眠中断而开始萌动，一旦寒流再袭，就会遭受冻害。如高纬度地区的朝鲜杨引种到北京生长不良，主要就是受北京地区初春温度反复变化的影响。

有效积温（effective accumulated temperature）也是园林植物引种适应性的重要因子。对于喜温园林植物，一般10℃以上的有效积温相差在200～300℃以上的地区间引种，对生长、发育和产量影响不大明显。超过此数，则引种的困难较大。同时，有效积温也会影响观花植物花朵开放的时期。二年生花卉、春季开花的木本花卉常需要一定的低温积累才能开花，所以这类植物南移时，冷积温是引种的限制因子。需冷量是表示落叶树木进行正常的春化作用所需的冷温时数。桃需要7℃以下的低温时数300～1000h，满足此条件才能正常开花结果。但不同品种之间差异较大，北桃南引时应注意选择需冷量较小的品种。

2. 光照

光是一切绿色植物光合作用的能源，直接地影响着植物的生长发育。光照对植物引种的影响主要包括日照强度、昼夜交替的光周期和光质。

植物的生长发育需要一定比例的昼夜交替，即所谓的光周期现象。不同植物对光周期的要求是不同的，只有在适合的光周期下，植物才能正常开花结实。在长日照条件下进行营养生长，到短日照条件下进行花芽分化并开花结实的叫短日照植物，如长寿花、一品红、秋菊等；在短日照条件下进行营养生长，到长日照条件下才开花结实的叫长日照植物，如金盏菊、唐菖蒲等。

植物从低纬度向高纬度引种时，如南树北移，由于生长季日照由短变长，秋季植物继续生长，生长期延长，影响枝条封顶或促进副梢萌生，从而减少植物体内养分的积累，妨碍组织的木质化和入冬前保护物质的转化，降低了抗寒性。例如江西的香椿种子在山东泰安播种，因不能适时停止生长，地上部常被冻死。而植物从高纬度向低纬度引种时，如北树南移，因日照变短，促使枝条提前封顶，生长期缩短，植物生长缓慢，抗逆性差，成活率低。如北方的银白杨、山杨引种到江苏南京地区封顶早，生长缓慢，病虫感染严重。

光照强度和光质随纬度的变化而不同。光照强度随纬度的增加而减弱，随海拔升高而增强。高纬度地区生长季昼长夜短，分布在此区的植物多数喜光，属长日照植物；相反，低纬度地区的植物多为短日照植物，稍耐阴。光质的变化是低纬度短波蓝紫光多，随着纬度的增高，长波红光增多；随海拔升高，短波光逐渐增加。

由于植物对光照强度要求不同，产生了阳性植物、阴性植物和中性植物。阳性植物有松属、桉属、杨属、柳属、悬铃木、银杏、黄连木、臭椿、乌桕、核桃等；阴性植物有兰花、杜鹃、山茶、海桐、常春藤、罗汉松等；中性植物有七叶树、侧柏、桧柏、槐树等。各种植物对光的需要量因发育时期、气候条件、海拔等的变化而不同。一般来说，幼苗、幼树较成年树耐阴，阳性植物开花期与幼果期，当光照减弱时，会引起开花与果实发育不良。我国引种油橄榄不成功就与光照强度有一定关系。

光质可以通过植物的生理作用，间接地影响植株的高度、开花、花色、叶色等。红光促进种子萌发，促进茎干延长；蓝紫光能抑制植物生长，并影响植物的向光性。高山植物一般花色鲜艳，就与受到紫外线照射较多有关。引种高山植物时应多加注意。山地引种需要注意的问题是随着海拔的增高，光照强度增大，短波光增多，温度下降；北坡的光照较南坡弱，温度较南坡低。

3. 降水和湿度

水分是维持植物生存的必要条件，植物的一切生命活动都需要水。有时降水和湿度比温度和光照更为重要。许多南树北移失败的原因不是冬季温度太低被冻死，而是不能抵抗北方冬季尤其是春季的干旱，生理脱水而死。我国的降水分布规律是年降水量由东南向西北逐渐减少，自沿海地区向内陆地区逐渐减少；山地降水量多于平原；夏季降水多，春、秋、冬季降水少。降水对植物生长发育的影响因子包括年降水量、降水的季节分布和空气湿度。

降水量的多少是限制木本植物分布的重要因素之一。年降雨量在450～550mm的地区为寒温带落叶针叶林区；年降雨量在500～1000mm的地区为温带落叶阔叶林区；年降雨量在1000～2000mm的地区为亚热带常绿阔叶林区；年降雨量在1200～2200mm的地区为热带雨林区；年降雨量在150～500mm的地区为温带草原区，该区树种很少，多为禾本科、豆科、莎草科等草本植物。分布在我国西北干旱地区的植物常具有较强的耐旱能力，不耐水湿；原产东南沿海的植物喜潮湿，不耐干旱。柽柳（*Tamarix chinensis*）、桧柏（*Sabina chinensis*）等园林树木需水量少，抗旱力较强；女贞、月桂（*Laurus nobilis*）、广玉兰等需水量较多，耐旱力较弱。在引种时应考虑被引植物对水分的需求及其耐旱涝的特性。在降水量差别较大的地区间引种，应考虑选择相宜的小气候条件满足植物对水分的需求。

降水量的季节分布也是影响引种驯化成功与否的重要因素。北京地区，降雨主要集中在夏季，冬季干旱，许多植物引种至北京后，不是在冬季最冷时冻死，而是在初春干风袭击下由于生理干旱而死。如北京引种的许多耐寒性较差的珙桐、无花果、棕树等，影响其正常生长的并非冬季的低温，而是早春的干旱。雨量的不同季节分配型称为雨型。雨型与引种成败也有一定关系。广东湛江地区属于夏雨型，引种原产热带、亚热带的夏雨型加勒比松、湿地松，生长良好；而引种冬雨型的辐射松、海岸松等，则生长不良。

空气湿度和土壤含水量也会影响引种。红瑞木从东北地区引种到北京，由于北京冬季降雪较东北少，冬末春初气温回升时，空气湿度和土壤含水量少，造成红瑞木生理脱水而引种失败，但如果把红瑞木引种到北京某些地下水位较高的地区或空气湿度大的河、湖边，则红瑞木生长良好，并开花结果。

4. 土壤

土壤是植物生长发育的基础，它与植物根系密切结合，供给植物生长发育所需的水分、养分、氧气等，使植物能进行正常的生理活动。某些植物对土壤性质要求严格，土壤则成为影响其引种成败的关键。

引种驯化时，由于土壤的变化，常发生矿物质元素供应失调而影响引种驯化效果，土壤中缺乏某种元素就会影响植物的正常生长。例如我国南方引种油橄榄因缺铜而叶端变黑。澳大利亚引种辐射松，由于土壤中缺乏锌和磷，生长不良，施加这类元素后生长即有所改善。

土壤性质的差异有含盐量的差异、物理性质的差异、土壤肥力的差异、酸碱度的差异等，但影响引种成败的主要因素在于土壤酸碱度的差异。不同植物种类对土壤酸碱度的适应性差异较大。马尾松、山茶、杜鹃、栀子（*Gardenia jasminoides*）、棕榈等适于酸性土壤，柽柳、紫穗槐（*Amorpha fruticosa*）、石竹、香堇（*Viola odorata*）、桂香柳等适于微碱性土壤，大多数园林植物则适于中性土壤。引种时，如不注意各种植物对土壤酸碱度的要求，常致引种失败。例如栀子花从华中引种到华北后，由于土壤碱性大，栽培1～2年后叶片渐黄，终至枯死。庐山植物园建园初期，对土壤酸碱性未加注意，引种了大批喜中性和弱碱性土壤的树种，如白皮松、日本黑松，经过10多年的试验，这些树种逐步死亡淘汰。对土壤酸碱度要求严格的植物引种时，应采取措施改善土壤环境，如上海引种杜鹃、山茶时需要换土和浇施酸性肥料。通过杂交可改善园林植物对土壤pH值的适应性。如意大利引种美洲白松，因其不能适应意大利的石灰性土壤，生长不良甚至死亡。意大利育种工作者用适生于石灰性土壤的华山松与美洲白松杂交，得到了速生性如美洲白松而又能适应石灰性土壤的杂交新种五针松。

引种中还需考虑土壤结构的变化，土壤结构主要与土壤通气、排水性能有关，引种时需注意引种地与原产地土壤结构的相似性。如松树、桃、菊花等不适宜在排水不良的土壤中生长，雪松、毛白杨等要求土层深厚、排水良好，柳树、池杉则适宜于水湿地区生长。

5. 地形

地形对植物生长是一个间接的、但又具有综合影响的因子。地形影响气温、光照强度、空气流动性、土层深厚和土温，也影响水分的再分配。在地形复杂地段引种，应充分注意地形条件，将植物引种到适宜其生长的有利地带。如北京平原地区冬季风大，植物易遭冻害，喜暖湿植物生长不好，但在北京西山沟谷中，因温暖湿润，椴树、青杨甚至竹子也能生长。因此，选择适当的引种地点是非常重要的。

6. 生物因子（biological factor）

生物之间的寄生、共生以及其与花粉携带者之间的关系也会影响引种的成败。如檀香木与洋金凤共生，海南岛起初只引种檀香木，结果生长不良；后引种灌木洋金凤与檀香木共同栽培，结果檀香木生长良好。松属、楠属、桦属等树种根部与土壤中真菌共生，引种后往往由于环境条件的改变，失去与微生物共生的关系，从而影响树木在引种地的正常成活与生长发育。广东从国外引进的松树，当年夏秋季发生大面积死亡或黄化现象，仅加勒比松就达1334$hm^2$，湿地松黄化和成活率低的达2667$hm^2$，调查表明，死亡的幼树都没有菌根，而生长青绿的都有菌根。

另外，有些树种在引种的同时还要引进授粉树或特殊的传粉昆虫。

### 10.2.3　研究植物的生态历史

植物适应性的大小，不仅与目前分布区的生态条件有关，而且与其系统发育历史上经历的生态条件有关。植物的现代自然分布区只是在一定的地质时期，特别是最近一次冰川时期形成的。植物生态历史越复杂，则其适应潜力和范围可能越大。据古生物学的研究，我国特有的水杉，在地质年代中，它不光在我国大部分地区有分布，而且广泛分布于欧洲西部、美国、日本等地。只是后来气候变化，使大多数地区的水杉灭绝了。20世纪40年代在我国发现水杉后，欧洲、美洲、欧洲许多国家都进行了引种栽培，且都生长良好。这可能与这一树种曾经经历过的历史生态条件有关。与此相反，华北地区广泛分布的油松（*Pinus tabuliformis*），引种到欧洲各国屡遭失败。这可能与该树种过去分布范围窄，历史生态条件简单有关。可见，历史上分布广泛的植物，引种潜力较大。

在植物的进化过程中，进化程度较高的植物较之原始的植物，由于其系统发育中所经历的生态条件较为复杂，其适应性的潜在能力也可能更大些，引种也可能更容易成功。乔木类型的较灌木类型为原始；木本较草本为原始；针叶树较阔叶树为原始，所以前者均较后者的适应范围狭窄，引种也不如后者易成功。例如，北京植物园，曾引进进化程度低的松属70个种和变种，若干年后，保留下22个种；进化程度高的丁香属，引进77个种和变种，保留下49个种。

### 10.2.4　考虑引种植物的生态类型

同一种园林植物如果长期生活在截然不同的生态环境中，常常形成不同的生态类型。生态型（ecotype）就是植物对一定生态环境具有相应的遗传适应性的品种类群，是植物在特定环境的长期影响下，形成对某些生态因子的特定需求或适应能力，又称生态遗传型（ecogenotype）。即同一种（变种）范围内在生物特征、形态特征与解剖结构上，与当地主要生态条件相适应的植物类型。这种生态型或生态习性，是植物在长期的自然选择和人工选择作用下形成的特殊变异类型。同一种植物由于生态型的差异而具有各不相同的抗寒性、抗旱性、抗涝性、抗病虫性等。假如我们向冬春干旱而寒冷的北京地区引种某一种植物，而该种植物在不同的分布区内有着偏旱生态型和偏湿生态型，那么显然，引种该植物的偏旱生态型较易成功。

在植物引种时，如将同一种植物的多种生态型同时引入一个地点进行栽培和选择，从中选出适宜的生态型。那么这种植物在引种地区引种成功的可能性就会增大。如河南驻马店地区曾将原产地分别是福建和广西的毛竹同时进行引种栽培，结果发现广西毛竹引种效果比福建毛竹好。一般来说，地理位置上距离较近，其生态条件的总体差异也就较小。所以，在引种时，用“近区采种”的方法，即从离引入地区最近的分布边缘区采种，易使引种驯化获得成功。例如，杭州植物园引种云锦杜鹃，该品种一般分布在海拔800m以上的山地，而在浙江天台山方广寺海拔450m的山地也有生长，显然，引种低海拔的云锦杜鹃进入杭州植物园就比引种高海拔生态型成功的几率要大。

## 10.3　引种目标的确定

针对本地区的自然条件和现有园林植物现状，明确需要引种的植物类型，从而确定引种的目标植物种类。园林植物引种时，其适应性是前提，其次是观赏性状。一般来讲，应首先考虑当前园林绿化中亟待增加的园林植物种类和品种，能较快速地改变当地城市景观，丰富绿地群落的多样性。自然生态条件较好的城市，为了增加绿地的色彩，提高景观质量，应着重引种开花或彩叶的乔灌木品种；在环境条件恶劣的城市，引种时应首先考虑植物的抗逆性；如病虫害最严重的地区，应着重引进抗病虫品种；干旱瘠薄的地区应着重引进耐瘠薄和耐旱的品种。这样才能使引种工作更好地为园林建设服务，减少盲目性，增强预见性，有效地提高城市景观的质量和生态效益。

由于园林植物与人居环境密切相关，植物对人类健康的影响也应该考虑，比如植物的挥发物、分泌物等是否对人类健康不利，植物体内是否含有对人体有害的物质，植物的果实、花粉、刺等是否容易伤害人类等。如果植物具有这些不利于人类健康的因素，都不应列入引种的范围。

## 10.4 引种驯化的方法

引种驯化应该坚持“既积极又慎重”的原则。在认真分析和选择引种植物的基础上，进行引种试验，采取少量引种、边引种边试验和中间繁殖到大面积推广的步骤，尽可能避免因引种带来的不必要损失。

在相似的气候带或两地气候条件相似的情况下，将园林植物直接迁入与原产地相似的地区，主要以近缘引种、种子引种、分不同年龄阶段引种、南北分阶段逐步过渡等方法为主；驯化方法包括直接引入种子进行栽培驯化、嫁接法、逐步锻炼法、延长在苗圃培育年限，也可采用引入地已引种过渡的植株做母株繁育新株体。

### 10.4.1 引种驯化工作程序

进行引种驯化工作，首先应确定引种目标，开展调查研究，制定引种计划。提出引种对象与引种地区。然后通过各种途径进行引种驯化，收集材料，育苗繁殖，并对引种植物的生物学特性进行观察研究，了解其适应性及有关的栽培技术措施等，最后给以总结评价，从而进行新品种推广。

#### 10.4.1.1 确定引种驯化目标

引种目标的确定要考虑很多因素，但最主要的是市场需求及其经济效益。目前，全国各地的园林产品已经基本形成了在全国范围内大流通的大市场。随着中国加入世界贸易组织（WTO），园林产品会在世界范围形成更大的市场。在此情况下，除非外来商品与自产商品相比，在产量、品质、价格或上市期等方面具有一定的优势，才能进行生产性栽培。这样既能适应种植业结构的调整，又能解决农村剩余劳动力的就业。对于园林植物尤其是观赏树木来说，主要考虑的应该是当地园林景观的需要。

根据当地的园林发展情况，了解人们的生活需求，结合当地自然、经济条件和现有品种存在的问题，有目的、有计划地从国内外引进新品种。如在冬季的北京，除了针叶树和黄杨、冬青卫矛、麦冬等常绿植物外，很少看到绿色。因此，常绿阔叶树种的引种驯化始终是北京园林绿化的重要课题。目前在广玉兰、女贞、棕榈、山茶等常绿树种上已经取得一定的进展。

如北京市植物园新优植物种苗中心，为适应园林事业飞速发展的需求，针对北京市现有园林植物品种存在的问题，确定了以下几方面的引种驯化目标：①引进耐寒性花灌木；②注重彩叶植物引种驯化；③引进常绿地被植物；④引进开花大乔木；⑤注重可在夏天开花的植物的引进。

#### 10.4.1.2 引种材料的收集和筛选

植物种类繁多，性状各异。引种驯化前，首先根据育种目标了解种的分布范围和种内变异类型。根据引种驯化原理进行分析，筛选出适合引进的植物种类。通过交换、购买、赠送或考察收集的方式获取引种材料。引种中，应把引种植物自然分布与栽培分布范围内的各种生态类型同时引入新的环境条件下作种源试验，以便比较它们的新环境中的反应，从中选出最适宜的类型，作为进一步引种驯化试验的原始材料。

#### 10.4.1.3 种苗检疫

引种是传播病虫害和杂草的一个重要途径，国内外在这方面都有许多严重的教训。例如云杉卷叶蛾由于引种云杉而传入美国，危害极大。20 世纪 80 年代初日本赠送我国的樱花苗，就带进了樱花根癌病。目前该病在我国许多樱花栽培区泛滥，既严重影响了苗木生产，又破坏了城市园林景观。

与引种材料检疫相关的另一个问题是，引种植物对当地生态系统的影响，即所谓“物种入侵”。引进植物遇到比原产地更加优越的生态条件，或者被解除了病、虫、杂草、天敌的制约，就会无节制地快速生长、大量蔓延，危害当地原有的生态平衡。如我国东南沿海引种的大米草，已经成为恶性杂草。

因此，引种中，必须严格执行检疫制度，对新引进的植物材料进行严格的检疫，避免各种病、虫、杂草等检疫对象传入。此外，还要通过特设的检疫圃隔离种植，以便进一步发现新的病虫害和杂草，及时采取措施。

**10.4.1.4**　登记编号

对引进的园林植物，一旦收到材料，就应详细登记编号入档，以便于日后查对，避免混乱。登记的主要内容包括：品种名称（学名、俗名等）、来源（原产地、引种地、品种来历）、材料种类（插条、球茎、种子、苗木等）和数量、嫁接苗必须注明砧木名称，寄送单位和人员，收到日期及收到后采取的处理措施等。对于收到的每种材料，只要地方不同，或收到的时间不同，都要分别编号登记，并将每一份材料的有关资料如植物学性状、经济性状、原产地生态特点等记载说明，分别装入相同编号的档案袋中备查。在确定了引种材料，并做好相关的准备工作后，就可以开始着手实施引种工作。

**10.4.1.5**　引种驯化试验

这是引种驯化的中心环节，主要内容包括引种材料的品种（或种源）试验、生物学特性与生态习性的观测、优良品种的选择、配套栽培技术的试验与总结、引进材料的繁殖试验等，最后实现“引种—栽培—繁殖—栽培”的生产过程。引种试验的方法与一般的栽培试验相似，唯有三点需要高度重视：一是引种试验的规模一定要从小到大、从少到多，先从小规模试验中得到经验，再扩大试验规模。不能一下子铺得规模很大，如果试验结果不理想，会造成不必要的浪费。二是试验的进度要先易后难、由表及里、循序渐进。如遇驯化引种，应先保护越冬（夏），再逐渐减少保护，最后露地生长。或者先就近引种，再逐步推移，即逐步迁移驯化法。或者先改变播种时期、栽培方式、修剪方式等，再进行遗传改良。三是要耐心细致、持之以恒。植物在新的生长环境中，需要精心照顾，稍有疏忽就会前功尽弃。同时，植物在长期进化过程中形成的适应性的改变，也决非一二年的事。观赏树木的引种，一代就需要10年左右；如果一代不行，而进行多代连续驯化，则需要几十年。

新引进的品种在推广之前，必须先进行引种驯化试验，以确定其优劣和适应性。试验时应当以当地具有代表性的优良品种作对照。引种驯化试验中观测的主要项目包括：①植物学性状；②物候期；③抗性特点，包括抗病虫害、抗寒、抗旱、抗涝等；④适应的环境条件等。

1. 种源试验

种源试验是指对同一种植物分布区中不同地理种源提供的种子或苗木进行的栽培对比试验。通过种源试验可了解植物不同生态类型在引进地区的适应情况，以便从中选出适应性强的生态型进行进一步的引种驯化试验。种源试验中，要注意选择引进地区有代表性的多种地段栽培种源，以便了解各种生态型适宜的环境条件，对引进的植物材料在相对不同环境条件下进行全面鉴定。

对初步鉴定符合要求的生态型，则应选留足够的种苗，以供进一步进行品种比较试验。对于个别优异的植株，可进行选择，以供进一步育种试验采用。

2. 品种比较试验

将通过观察鉴定表现优良的生态型参加试验区较大、有重复的品种比较试验，进一步作更精确客观的比较鉴定。比较试验的土壤条件必须均匀一致，耕作水平适当偏高，管理措施力求一致，试验采用完全随机排列，设置重复，以当地有代表性的优良品种作对照，试验时间根据植物类型而定，草本植物时间短些，乔灌木宿根花卉可长一些，一般2～5年，以确定引种材料的优劣及其适应性。

3. 区域化试验

区域化试验是在完成或基本完成品种比较试验的条件下开始的。目的是为了查明引进植物的推广范围、推广价值、潜在用途。因此，需要把在少数地区进行品种试验的初步成果，拿到更大的范围和更多的试验点上栽培。

试验内容包括试验地点、试验面积、引种数量、试验设计及完成试验计划的措施等。每个试验点要有专人负责，建立健全管理制度，建立技术档案，详细记录各项技术措施的执行情况和效果。

4. 栽培推广

引种驯化试验往往是由少数科研和教学单位进行的，没有经过实践的考验。因此，引种驯化试验成功的植物，还必须经过生产栽培推广后才能使引种试验的成果产生经济效益、社会效益和环境效益。

对一些遗传适宜性范围宽的树种以及生态条件相似地区的引种，无需经过引种观察，可直接应用。另外，品种试验与区域试验也可同步进行。采用现代化技术加速良种繁殖，节约繁殖材料，缩短繁殖周期，增加繁殖系数，使引种材料迅速在生产中推广。

## 10.4.2 引种驯化栽培技术措施

引种驯化时，必须注意栽培技术的配合，良种与良法结合，以避免因栽培技术没跟上而错误否定新引进品种的价值。常用的栽培技术措施主要包括播种期、栽培密度、肥水管理、光照处理、防寒遮光、种子处理等。

### 10.4.2.1 播种期

由于南北方日照长短不同，当植物从南向北引种时，可适当延期播种。这样可减少植物的生长量，增强植物组织的充实度，枝条成熟较早，提高抗寒能力。反之，由北向南引种时，可提早播种，以增加植株在长日照下的生长期和增加生长量，提高抗热能力。

### 10.4.2.2 栽培密度

在栽植密度上，可采用簇播和适当密植，使植株形成相互保护的群体，以提高由南向北引种植物的抗寒性。当从北向南引种时，则要适当增大株行距，以利于通风透光，促进植物生长。

### 10.4.2.3 肥水管理

从南向北引种，在生长季后期，应适当控制浇水，以控制植株生长，促进枝条木质化，从而提高植物的抗寒性。同时在苗木生长后期，减少氮肥施用，适当增加磷、钾肥，促进组织木质化，提高抗寒性。还可适当摘心，控制枝条的延长，防止徒长，促进新梢木质化，增强植物抗旱、抗寒能力。当从北向南引种时，为延迟植株的封顶时间，应多施氮肥或追肥，使枝条避免短日照的伤害。增加灌溉次数不仅增加了土壤湿度，同时也可提高空气湿度和降低地温，减少炎热的危害，提高越夏能力。

### 10.4.2.4 光照处理

对于从南向北引种的植物，在苗期遮去早、晚光，进行8～10h的短日照处理，可使植物新梢及时结束伸长生长，提前形成顶芽，缩短生长期，增强越冬抗寒能力。而对从北向南引种的植物，可采用长日照处理以延长植物生长期，从而提高生长量，延迟休眠，增强越夏抗热和抗病害的能力。

### 10.4.2.5 土壤pH值

南方植物多喜酸性土，而北方植物则以偏碱性和中性土为主。在南树北移时，可首选山林隙地微酸性土壤试着栽种。一些对pH值反应敏感的花木，如茉莉、木卮花、桂花等，可适当浇灌含有硫酸亚铁螯合物等微酸性的水，或多施有机肥，从而改良北方碱性土壤，满足植物的需要。对于北方含盐量大的土壤，要注意在雨后覆盖土壤，防止因水分蒸发而产生的反盐现象。从北向南引种时，对于适于生长在碱性中性土壤上的植物移栽到南方酸性土壤上，可适当施些生石灰以改变南方土壤的pH值，保护植物正常生长。

### 10.4.2.6 防寒、遮阴

对于从南向北引种的植物，在苗木生长的第一、二年的冬季要适当地进行防寒保护。如设置风障，在树干基部培土、覆草等，创造小气候，起到降低风速、提高温度、促进苗木早期发根和生长的作用，从而使幼苗、幼树安全越冬。而对于由北向南引种的植物，为使其安全越夏，可在夏季给予适当的遮阴。

### 10.4.2.7 种子的特殊处理

在种子萌动时，进行低温、高温或变温处理，在一定程度上可改变植物的遗传性，增强对外界条件的适应性。在种子萌动以后给以干燥处理，有利于增强植物的抗旱能力。

### 10.4.2.8 引种某些共生微生物

根据松类、豆类等植物有与某些微生物共生的特性，引进这类植物时，要注意同时引进与其根部共生的土壤微生物，以保证引种驯化的成功。

### 10.4.3　引种驯化要与选择杂交相结合

引种驯化要结合选择进行。引种的品种栽培在不同于原产地的自然条件下，必然会发生变异。这种变异的大小取决于原产地和引种地自然条件的差异程度以及品种自身遗传性的保守程度。新品种引入后，要防止品种退化，采用混合选择法去杂保纯，或者引进该品种的种子进行选择和繁育，以便推广。在引进的品种群体中还可挑选优良单株，建立适应性强的优良单株无性系，以便于进一步培育新品种。

另外，当引种地区的生态条件不适于外来植物生长时，常通过有性杂交和无性杂交，使下一代获得双亲的遗传性，扩大变异范围，增强对新地区的适应性。例如我国西北地区的银白杨，引种到南京、杭州、武汉等地生长不良。1959 年南京林学院以银白杨为母本，分别用南京毛白杨、民权毛白杨树种等的花粉授粉，取得了杂种，该杂种在南方地区生长良好。

### 10.4.4　引种驯化成功的标准

引种驯化成功的主要标准是：引种植物在引种地与原产地比较，不需要特殊保护措施，能露地安全越冬或越夏，且生长良好，开花结果；没有降低原有的经济价值和观赏价值；能够用原来的繁殖方法（有性或无性繁殖方法）进行正常的繁殖；没有明显或致命的病虫危害。

## 10.5　外来物种入侵与生物安全

外来物种入侵是指生物由原生存地经自然或人为途径侵入到另一新环境，对入侵地的生物多样性造成影响，给农林牧渔业生产带来经济损失及对人类健康造成危害或引起生态灾难的过程。

由于很多单位和个人对外来入侵物种（*alien invasive species*）导致的生态破坏缺乏足够认识，存在急功近利的倾向，在外来物种引进上存在一定的盲目性；加上我国尚未出台有关专项法律法规，使得外来物种引种的管理缺少法律依据，对外来入侵物种缺乏统一协调机制；对外来入侵物种危害的预防、消除、控制和生态恢复缺乏基础性研究等。盲目引种和检疫不严等造成的外来生物入侵问题相当严峻。

### 10.5.1　外来物种入侵的危害

#### 10.5.1.1　破坏景观的自然性和完整性

明朝末期引入的美洲产的仙人掌属（*Opuntia*）4 个种分别在华南沿海地区和西南干热河谷地段形成优势群落，那里原有的天然植被景观已很难见到。凤眼莲（*Eichhornia crassipes*），又称水葫芦，原产南美，1901 年作为花卉引入我国，20 世纪 50—60 年代曾作为猪饲料推广，此后大量滋生。在昆明滇池内，1994 年该种的覆盖面积约达 10$km^2$，不但破坏当地的水生植被，堵塞水上交通，给当地渔业和旅游业造成极大损失，而且严重损害当地水生生态系统，目前我国每年因凤眼莲危害带来的经济损失近 100 亿元。

#### 10.5.1.2　摧毁生态系统

紫茎泽兰（*Eupatorium adenophorum*）原产中美洲，是多年生菊科植物，20 世纪 50—60 年代被引入我国，引入后仅在云南省发生的面积就高达 24.7$km^2$，还以每年 10$km^2$ 的速度向北蔓延，侵入农业植被、占领草场和采伐迹地，不但损害农牧业生产，而且使植被恢复困难。小花假泽兰（*Mikania micrantha*），又名薇甘菊，原产热带美洲，20 世纪 70 年代在香港蔓延，80 年代初传入广东南部。在深圳内伶仃岛，该种植物像瘟疫般地滋生，攀上树冠，使大量树木因失去阳光而枯萎，从而危及岛上 600 只猕猴的生存。

#### 10.5.1.3　危害物种多样性

入侵种中的一些恶性杂草，如反枝苋（*Amaranthus retroflexus*）、豚草属（*Ambrosia*）、小白酒草（*Coryza canadensis*）、紫茎泽兰、小花假泽兰等可分泌有化感作用的化合物抑制其他植物发芽和生长，排挤本土植物并阻碍植被的自然恢复。

#### 10.5.1.4　影响遗传多样性

随着生境片段化，残存的次生植被常被入侵种分割、包围和渗透，使本土生物种群进一步破碎化，还可造成一些物种的近亲繁殖和遗传漂变。有些入侵种可与同属近缘种，甚至不同属的种杂交，如加拿大一枝黄花（*Solidago canadensis*）可与假蓍紫菀（*Aster ptarmicoides*）杂交。入侵种与本地种的基因交流可能导致后者的遗传侵蚀。在植被恢复中将外来种与近缘本地种混植，如在华北和东北国产落叶松类（*Larix* spp.）的产区种植日本落叶松（*L. kaemipferi*），以及在海南国产海桑类（*Sonneratia* spp.）的产区栽培从孟加拉国引进的无瓣海桑（*S. apetala*）等，都存在相关问题，因为这些属已有一些种间杂交的报道。

目前，中国对外来种危害的认识还仅仅局限于病虫害和杂草等造成的严重经济损失，没有意识到或者不重视外来种对当地自然生态系统的改变和破坏。对暂时没有造成严重经济损失，却正在排挤、取代当地物种，改变当地生态系统的物种没有给予足够的重视。因而在许多自然植被的恢复过程中大规模地有意或无意引入外来物种，结果必将造成中国当地丰富而特有的生物多样性的丧失，而且很难恢复。目前中国大规模引入外来种的项目有：①大规模的退耕还林工程中大面积种植外来物种，包括外来的桉树、松树、落叶松和在不适宜的海拔和地区种植经济树种。这些树种的生态功能十分有限。②大规模的水土流失控制和退耕还草过程中主要依靠从国外（美国）进口草种，有关中国本地草种的培育、研究和利用却十分少。目前，我国在收集本地草种并培育适于栽培种植的草种方面还缺少深入研究。③自然保护区的植被恢复使用外来物种，主要原因是种植者对当地特有的物种没有信心，很多人认为外来的植物比当地的好。如有的自然保护区正在用孟加拉国的无瓣海桑来恢复红树林。许多自然保护区和风景区使用外来物种作周边绿化，这些物种常常是这些地区入侵种的重要来源。④城市周围植被恢复和绿化大量使用外来种，常造成当地生态系统和景观的彻底改变。其中包括大量绿化树种、观赏花卉以及草坪草。以草坪业为例，随着全国城市大面积兴建各种不同功能用途的草坪（如高尔夫球场、足球场、公园绿地等），进而推动了我国草坪业的迅猛发展，使草坪草种子的需求量急剧增加。目前，我国在草坪草育种方面的工作主要集中在对国外优良草坪品种的引种上，除马尼拉草（*Zoysia matrella*）种子外，其他草的种子几乎全部依赖进口。到 1990 年为止，我国先后引进了 114 个不同的冷季型草种，主要从美国引种。

事实上，我国幅员辽阔，种质资源丰富，有很大的开发潜力。调查表明，目前在我国境内造成危害的外来入侵物种共有 283 种，其中陆生植物 170 种，其余为微生物、无脊椎动物、两栖爬行类、哺乳类、鱼类等。有 54.2%的入侵物种来源于美洲，22%来源于欧洲。这些外来入侵物种每年对我国有关行业造成的直接经济损失为 198.59 亿元，其中，农林牧渔业损失 160.05 亿元，人类健康损失 29.21 亿元。外来入侵物种对我国生态系统、物种和遗传资源造成的间接经济损失每年达 1000 亿元，其中对生态系统造成的经济损失每年达 999.266 亿元。

### 10.5.2 生物安全

国际间植物材料交流越来越频繁，城市园林植物引种成为最有可能造成生物入侵的高危行业之一。引种带来的入侵生物不仅包括植物，植物可能携带的危险性昆虫和微生物更具隐蔽性和危害性，对原有园林植物会造成严重危害，应采取相应措施防止此类危害的发生。运用网络技术，建立有害入侵物种的数据库和信息系统；建立健全行业法规，加强防治外来入侵生物的园林建设能力；强化生态安全意识，实行引进物种影响评价与风险评估制度、建立预警体系；加大科研投入，根据原产地园林建设经验，研发防治技术；加强宣传力度，全民参与联防工作。

## 小 结

植物引种是人类把外地的植物种类、品种引入到新的地区，扩大其分布范围的实践活动。驯化是对植物适应新的地理环境能力的利用和改造。引种驯化成功与否决定于植物本身的遗传特性及适应性和生态环境对植物的制约。引种既可是引种材料在其遗传适应性范围内迁移，也可是向其原有遗传适应性以外的区域迁移。遗传适应性广的品种引种易成功。引种的原理有气候相似论、主导生态因子、生态历史分析。引种要坚持既积极又慎重、先试后引、按需引种、严格检疫的原则。影响引种效果的因素有温度、光照、纬度、海拔、植物的发育特性等。必要时可采用调节播种期、栽培密度、肥水管理、光照处理、防寒遮光等农业技术措施，提高引种效率。

## 思　考　题

1. 比较简单引种和驯化引种的异同点（概念、原理、材料等）。
2. 结合引种的理论基础谈谈如何保证引种的成功？
3. 简述引种驯化的一般程序与方法。
4. 试述南树北移、北树南移时分别应采取哪些措施。
5. 气候相似论的基本要点和理论依据是什么？
6. 影响园林植物引种的因素有哪些？
7. 引种驯化成功的标准有哪些？
8. 举例说明土壤 pH 值对引种驯化成败的正反经验教训。

# 第11章　选择与选择育种

**本章学习要点**

- 选择的原理与作用
- 混合选择和单株选择的原理与方法
- 选择育种的原理与方法
- 芽变的细胞和遗传学基础
- 芽变选种的原理与方法

选择就是选优去劣，是园林植物育种的一种基本手段，是各种育种途径中必不可少的重要手段。选择育种（selection breeding），简称选种，是对现有园林植物种类、品种繁殖的群体所产生的自然遗传变异，通过选择、分离、提纯以及比较鉴定等手段，获得符合育种目标的新品种的育种方法。选择育种的历史可追溯到人类文明的起始阶段，在原始的农业生产活动中，人类就有意或无意地开始了选种工作。在未来的园林植物育种中，选择育种仍然是不可忽视的重要育种途径。

## 11.1　选择的原理与作用

### 11.1.1　选择是生物进化的基本动力

选择是植物进化和育种的基本途径之一。达尔文进化学说的中心内容是变异、遗传和选择，这三者是相互联系缺一不可的。变异是进化的主要动力，是选择的基础，为选择提供了材料，没有变异，就不会出现对人类有利的性状，选择就失去了作用。已经发生的变异，一定要通过繁殖把有利的性状遗传下去。遗传是进化的基础，又是选择的保证，没有遗传，选择就失去了意义。只有通过选择、繁殖，将有利的变异性状遗传下去，选择才有意义；选择决定进化的方向，促进变异向有利的方向发展。

生物的变异多种多样，有自然变异和人工变异、有利变异和有害变异，已经出现的变异，有的能遗传，有的不能遗传。育种过程实际上是发现或创造可遗传的变异，并对这些变异加以选择和利用。

### 11.1.2　自然选择与人工选择

自然选择是生物生存所在的自然环境条件对生物的选择作用。选择的结果是适者生存繁殖，不适者死亡灭绝，使生物适应环境条件的性状得以保存和发展。但这些性状不一定符合人类的需求。自然选择积累对生物体本身有益的变异，在条件仍存在时可以使后代继续向这种变异方向发展，促进物种进化。

人工选择是人为选择符合人类需要的变异，并使其向人类有利的方向发展。人工选择可分为无意识选择和有意识选择。无意识选择是指人类无预定目标地保存植物优良个体，淘汰没有价值的个体。在这个过程中，完全没有考虑到改变品种的遗传性。无意识选择行为的作用一般十分缓慢，但由于岁月漫长也产生了明显的效果，取得了巨大成就。自从人类开始定居从事农业生产后，人类便有意识无意识地注意到植物的遗传和变异现象，逐渐由无意识的选择过渡到有意识的选择。所谓有意识的选择是指有计划、有明确目标，应用完善的鉴定方法有系统地进行工作。这种选择作用大，见效快，随着人类文明的发展，园林植物的有意识选择也越来越多。

自然选择的作用在于定向地改变群体的基因频率，促进生物不断地进化，产生对自然条件高度适应的新的类型、变种乃至新物种。人工选择的作用则是选择合乎人类需要的某些变异性状，并促进其继续发展成为更加符合现代农业生产要求的新型品种。

### 11.1.3　选择的创造性作用

选择使群体内的某些基因型（genotype）比另一些基因型能够更多的提供配子和繁殖后代，从而改变下一代群体中的基因频率和基因型频率，给某些有价值的基因型的出现创造条件。简单地说，选择的实质就是造成有差异的生殖率和成活率，从而能定向地改变群体的遗传组成。

选择虽然不能创造变异，但它并不是消极的筛选，选择可对变异产生创造性的影响。任何植物在受到外界环境刺激后，都可能发生微小的变异，如果引起变异的条件继续存在，对这些微小的变异作多代定向选择，使微小的变异得以保留和积累，最终就可能产生大的变异，获得原始种群内不曾有过的变异类型。美国著名育种学家布尔班克（Luther Burbank）曾记述 W. Wilks 和他自己对虞美人进行的多代定向选择试验，Wilks 在一块开满猩红色花的虞美人地里发现一朵有很窄白边的花，他保留了这朵花的种子，第二年从 200 多株后代中找到了 4～5 株花瓣有白色的植株。经过若干年这样的选择，最终获得开白色花的类型。用同样的选择方法，把花的黑心变成黄色和白色，新育成的品种 Shidey 成为极受欢迎的花卉。以后布尔班克从 Shirtey 无数植株中发现 1 株在白花中似乎有一种若隐若现的蓝色烟雾，留种繁殖，经过多代选择后终于获得了开蓝花的珍稀类型。又如人们在翠菊、凤仙花、芍药的一朵花上发现有一两个多余的花瓣，对该个体加以选择，经过若干代就可以培育出重瓣花。选择好的、淘汰劣的，排除了不良基因对优株的干扰，加速了有利变异的巩固和纯化，最终创造新的类型。

### 11.1.4　选择贯穿育种工作的始终

选择不仅是独立培育优良品种的手段，也是引种、杂交育种、倍性育种、辐射育种等育种方法中不可缺少的环节之一。选择贯穿于育种工作的每一步骤，例如原始材料选择、杂交亲本的选择、杂种后代以及其他非常规手段所获得的变异类型的处理，都离不开选择。没有选择，不去劣留优，就不可能培育出符合要求的优良品种。正如布尔班克所说："在植物改良中任何理想的实现，第一个因素是选择，最后一个因素还是选择。选择是理想本身的一部分，是实现理想的每一步骤的一部分，也是每株理想植物产生过程的一部分。"选择不仅是选择育种的中心环节，而且是所有育种途径和良种繁育中不可缺少的手段，贯穿于育种工作的始终和育种对象的整个生活周期。

## 11.2　选择的基本方法

园林植物在长期栽培过程中，使用两种不同的繁殖方式即有性生殖和无性生殖。有性生殖又称实生繁殖，产生的后代为实生群体；无性生殖也称营养繁殖，产生的后代为无性系。对实生群体产生的自然变异进行选择，从而改变群体的遗传组成或将优异单株经无性繁殖建立营养系品种的方法，称为实生选种（seeding selection breeding）。从普遍的种群中或天然杂交、人工杂交的原始群体中挑选优良单株、用无性方式繁殖，然后加以选择的方法称为无性系选种（clonal selection breeding）。

### 11.2.1　混合选择法（bulk selection）

#### 11.2.1.1　混合选择法的概念

混合选择法是指从一个原始混杂群体或品种中，按照某些观赏特性和经济性状选出彼此相似的优良个体，然后把它们的种子或种植材料（如鳞茎、根茎、块根、块茎、插条等）混合留种，下一代混播，种在同一块圃地，与对照品种（当地同类优良品种）及原始群体进行比较鉴定的方法，又称表型选择法。根据被选材料的遗传稳定性可进行一次混合选择和多次混合选择。

对原始群体的选择只进行一次混合选择，当选择的群体表现优于原始群体或对照品种时就不再选择，用于繁殖推广的，称为一次混合选择法（见图 11－1）。对原始群体进行若干次选择之后，再用于繁殖推广的，称为多次混合选择法（见图 11－2）。如对天然授粉草花百日草、鸡冠花等，就要实行多次混合选择法。如1958年中国广西‘岑溪软枝’油茶（*Camellia oleifera*）枝软而垂，花多而繁，结果多，产油比一般油茶高出数倍，是个油用兼观赏的优良类型，可用混合选择留种法。

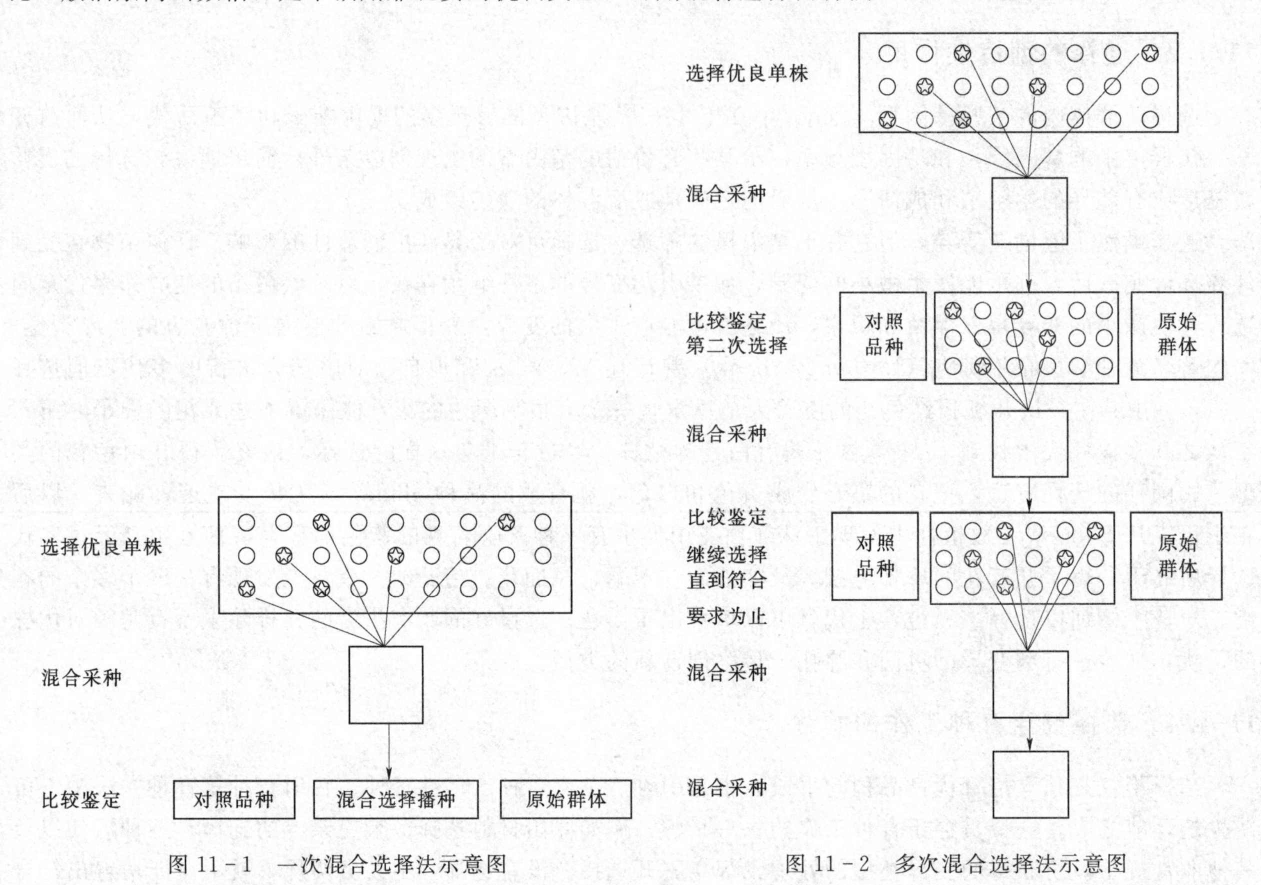


图11-1　一次混合选择法示意图　　　图11-2　多次混合选择法示意图

**11.2.1.2　混合选择法的优缺点**

混合选择具有以下优点：①简单易行，不需很多土地与设备就能迅速从混杂的原始群体中分离出优良的类型；②能获得较多的种子及繁殖材料，便于及早推广；③能保持遗传多样性，维持和提高品种的特性。在品种性状遗传力高，种群混杂，遗传品质差别大的情况下采用混合选择法能获得较好的育种效果。

但是混合选择是按表现型选择，混合采种繁殖，因而不能查清子代和亲本之间的系谱关系，也就不能根据子代的表现进行家系的选择。因此，在环境差异大，性状遗传力低的情况下，选择效果将受到很大影响。另外，对于群体上已基本趋于一致，在环境条件相对不变的情况下，再进行混合选择，效果就会越来越不显著。此时，要想进一步提高选择效果，就需要采用单株选择。

## 11.2.2　单株选择法（individual selection）

**11.2.2.1　单株选择法的概念**

单株选择法就是按照选择标准，把从原始群体中选出的优良单株，分别编号留种，下一代按单株分别播种，每一单株形成一个株系，根据各株系的表现鉴定上年当选个体的优劣，并以株系为单位进行选留和淘汰的方法。又称系谱选择法或基因型选择法。根据选择次数的多少，分为一次单株选择法和多次单株选择法。

一次单株选择法又称株选法，经一次选择后，单株后代性状不发生分离，在株系内不再进行单株选择。根据各株系的表现淘汰不良株系，从当选株系内选择优良植株混合留种，供下一代试验所用（见图11-3）。如中国水仙的重瓣品种“玉玲珑”“真水仙”以及从日本鹿子百合中选出的“赤鹿之子”“峰之雪”等品种都是一次单株选择的结果。我国牡丹、紫薇、梅花、山茶等很多品种都是株选的成果。

多次单株选择法则是经一次单株选择后，单株后代性状优良但不整齐，在入选株系内继续单株选择，直到所需性状趋于稳定为止（见图11-4）。

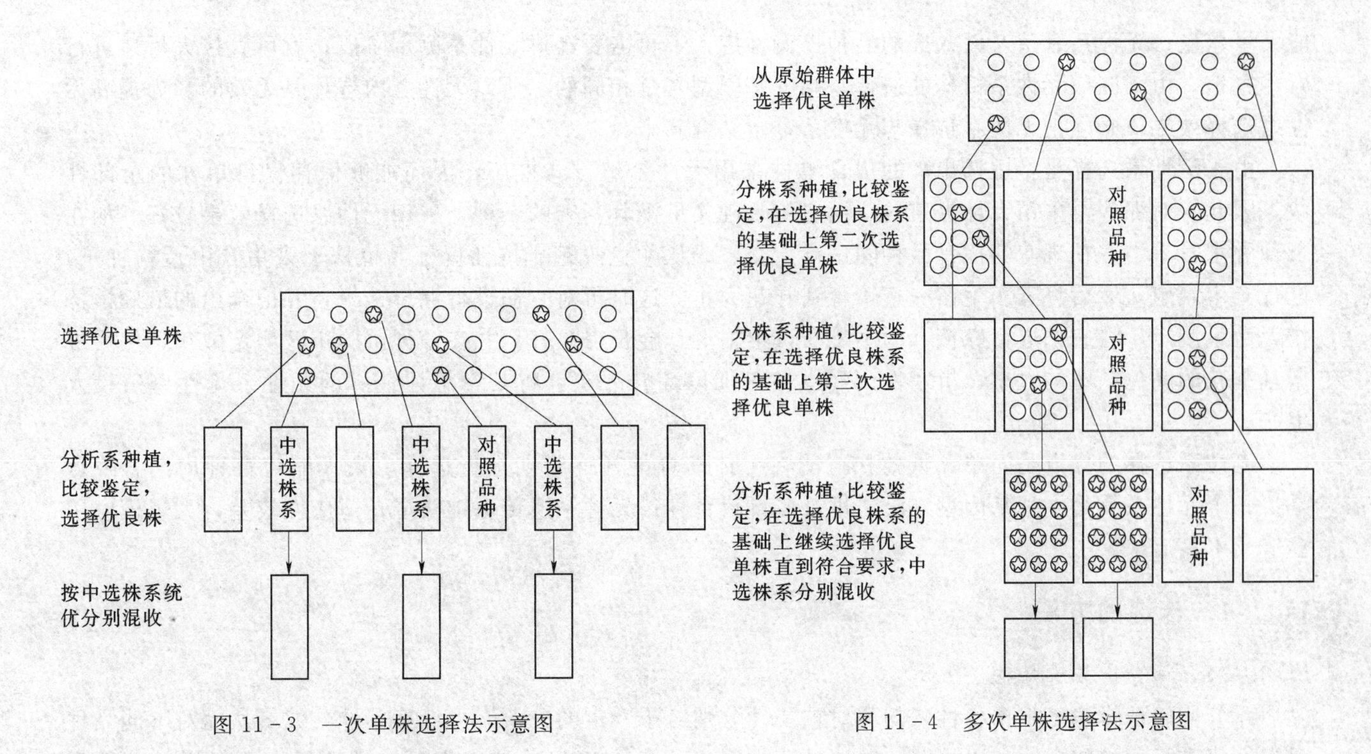


图11－3　一次单株选择法示意图　　　　图11－4　多次单株选择法示意图

**11.2.2.2**　单株选择法的优缺点

进行单株选择时由于所选优株后代分别繁殖和编号，分别进行鉴定比较，一个优株的后代就形成一个株系，因而可以根据后代的外观表现来确定当选单株基因型的优劣，有效淘汰劣变基因，选出遗传上真正显著优良的类型。多次单株选择可定向累加变异，有可能选出超过原始群体的新品种。但是单株选择法比较费工、费时，株系增多后所占土地增大，工作程序也较复杂。

**11.2.2.3**　植物授粉习性与选择方法

自花授粉植物是指同一花朵的花粉进行传粉（这种方式又称自交）或同一植株的不同花朵的花粉进行传粉而繁殖后代的植物。由于自然选择的结果，自花授粉植物可以长期自交而后代生活力并不表现降低。因此，自花授粉植物选择次数和年限均可减少，通常采用一次单株选择和混合选择法。

异花授粉植物是通过不同植物花朵的花粉进行传粉而繁殖后代的植物。由于这类植物之间经常杂交，其个体的遗传组成是杂合的，从群体中选择的优良个体，后代总是出现性状分离，表现型优良的植株，后代常会分离出劣株。尤其任其自由授粉时，更会增加遗传基础的复杂性，出现新的性状分离。因而，为获得较稳定的纯合后代，必须适当控制授粉（如进行自交或近亲繁殖）和进行多次混合或单株选择。对于异花授粉的花卉，为了防止株系间相互自然杂交以保存当选株系的优良性状，在选择过程中必须对各株系的留种植株进行隔离种植。在每次选择时，当选植株的种子都要分成两个部分，其中一部分相互比较，一部分隔离繁殖留种。相互比较的材料都不作留种用，留种应取中选株系隔离繁殖的种子。

常异花授粉的植物以自花授粉占优势，但又能异花授粉，如翠菊。这类植物为雌雄同花，多数花瓣色彩鲜艳，并能分泌蜜汁引诱昆虫传粉，花开放时间较长。因而，常异花授粉植物遗传组成比自花授粉植物复杂，自然群体常处于杂合状态，只是杂合程度不如异花授粉植物显著。此外，由于自花授粉占优势，常异花授粉植物在连续自交后其后代不会出现异花授粉植物那样显著的退化现象。因此，对常异花授粉植物通常采用控制自交和单株选择的方法，但对长期自交也会出现一定程度（但主要性状的分离不显著）退化的某些常异花授粉植物，还应采取混合选择，或单株选择与混合选择相间使用。

### 11.2.3　无性系选择

无性系是指一株植物用无性繁殖所得的所有植物的总称。无性系选择是指从普通种群中，或从天然杂交和人工杂交的原始群体中挑选优良的单株，用无性繁殖加以选择的方法。无性系选择不同于无性系繁殖，也不是指无性系内的选择。无性系选择不仅是根据其表现型优劣加以选择，而且要经过无性系测定才能大量繁殖；无性系繁殖对已入选的品种扩大推广，不再需要经过无性系测定阶段，就可直接大量地进行营养繁殖。由于同一无性系植株的遗传基础（基因型）是相同的，所以无性系内选择是无效的。为提高无性系选择效果，必须把无性系选择与无性系鉴定结合起来。

由于无性系选择是将挑选出来的优良单株采用无性繁殖方式推广，因而能够保存优良单株的全部性状。因此，对那些可采用无性繁殖的、而遗传基础又是极其复杂的杂种，采用无性系选择效果较好。如在杂种香水月季中，在现有的优良品种间进行杂交，或从颜色鲜艳、抗性良好等植株上采集自由授粉种子，进行实生繁殖，然后将其实生苗一直培育到开花为止，这时再对它们进行混合选择，并把选出的最好植株作无性系测定，将它们进行嫁接（因不是在自生根上，会长得更好）并在育种试验小区测定数年，然后根据月季花的颜色、花的大小、抗寒性、病虫性等加以综合评定，将其中总评最好的无性系无性繁殖投入生产。

无性系选择的优点是简单、见效快，能在个体发育的任何时期进行选择，大大缩短育种周期。缺点是：一个无性系就是一种基因型，没法进行多世代育种；无性系遗传基础狭窄，适应性较差，大规模应用会造成不良后果。

## 11.2.4 株选的方法

### 11.2.4.1 评分比较选择法

评分比较选择法是根据各性状的相对重要性分别给予一定的分值，再计算累计分数，从而对不同品种观赏价值进行评价的方法。以岩菊和露地早菊为例（见表 11-1），从表中可知株选的主要目标是菊株和花朵，因此给予较高的分值。在菊株中以抗性，花朵中主要以花色和着花密度作为重要指标，并兼顾其他性状。根据特殊的优缺点进行加减分，一般加减分的分数不超过 10%～15%。把各性状测定的分数相加即得该植株的总分，然后汇总求其平均值，根据平均值的高低，择优选拔。此法以主要性状为主，兼顾其他性状，较为科学，参加评选的人多，可消除个人偏见，评选结果一般较为可靠，但是计算较麻烦。也有的为了简化，采用 5 级或 3 级记分。此法适合于草花、宿根、球根花卉、地被植物及观赏树木的评选。

表 11-1　岩菊和露地早菊百分制记分评选表

| 品系、编号及来源 | 菊株（40） | | | | 花朵（40） | | | 花期（20） | | 综合加分、减分及其他 |
|---|---|---|---|---|---|---|---|---|---|---|
| | 抗性（20） | 株姿（10） | 长势（10） | 茎叶（10） | 繁密度（15） | 花色（15） | 花容（10） | 早晚（10） | 长短（10） | |

评选时间：　　　　评选人：　　　　工作单位：

### 11.2.4.2 相关选择法

（1）相关选择法的概念。

相关选择法是根据园林植物种子实生苗与开花后某些性状的相关性进行早期选择的一种方法。木本植物从播种到开花所需时间很长，很多植物基因都是杂合的，后代分离广泛，常常出现多种类型，一般杂种群体中选优率很低。若早期阶段能根据某些特征特性，预测花朵、果实等性状，预先淘汰无希望的不良类型，选择有希望的类型，那么就能减少杂种实生苗栽植的数量，节省人力、物力和土地。由于选留的实生苗的数量减少，能够深入研究，从而加速育种过程，提高育种效率。

早期选择的理论基础在于性状表现的连锁遗传规律，以及个体发育过程中，早期和后期某些性状间的相关性。根据一些相关性状进行早期选择，虽然不能完全达到预期目的，但能比较可靠地淘汰那些低劣的无希望的类型，缩小试材范围，进一步提高选材的质量。

（2）相关性选择的遗传学基础。

1）基因的连锁关系。

亲本同一对染色体上非等位基因间有连锁关系，由连锁基因控制的性状，有比较大的可能同时表现于同一杂种个体，因此，可由某一性状预测另一性状出现的可能性。如菊花种子颜色呈茄色的，其花颜色大多浅色；如种子呈黑色的，其花大多呈紫、黄色。

2）基因的系统效应。

基因控制某一器官某一性状，同时也控制另一器官的同名性状。如花瓣中含有类胡萝卜素，其根和叶中也含有这种色素；又如月季幼枝深色往往花也是深色，幼枝绿或浅色则花大多也是浅色的。

3）基因的多效性。

一个位点的基因，有时能影响到几种性状而表现出相关性。例如桃叶片上无腺体的品种，其叶片有明显的易湿性，能影响到叶表面的微环境，易诱发白粉病，即叶片上腺体的有无与白粉病抗性有关。又如山茶叶茸毛多，酚含量高，pH 值高，一般抗病性较强；叶角质与叶肉厚、叶硬的一般抗炭疽病；叶片小、色浓、质厚而脆的一般抗寒；叶片大、色淡、叶薄质软的一般抗寒力弱。

从发育生理角度看，早期选择可根据器官组织的形态特征和组织结构特点，来预测未来某些性状的表现。例如菊花种子大而饱满的大多是单瓣花，如种子细长的大多是管状花；如种子小而细，大多是中细管状花；如种子呈橄榄形，大多是莲座型和舞莲座型花；如种子瘦、扁的大多是劣质花；如菊花苗期叶厚、不皱、有茸毛、不簇生、叶缘缺刻不明显、茎直立、叶柄长的大多是佳品；如叶薄、叶色浓绿、茸毛少、叶光滑、生长过快或缓慢的、茎细弱的大多是劣质花。又如月季子叶厚、叶色绿、枝细、叶子小、蕾尖高、花萼向下翻卷、刺少的大多是佳品。

为了取得更好的早期选择效果，需要从形态特征、组织结构和生理生化特性等方面来进行研究，如果早期鉴定所依据的性状特性越多，相关性越显著，则早期选择的可靠性越大，其效果也越明显。形态特征早期鉴定，通常依据叶片和芽的大小、形状等；组织结构的早期鉴定，主要根据叶片的气孔、表皮组织、栅栏组织以及导管和筛管等的数量和结构；生理生化特性的早期鉴定，主要根据干物质含量、细胞液浓度、呼吸率、渗透压以及糖、酸等的含量。

#### 11.2.4.3　分子标记辅助选择育种

提高选择效率最理想的方法是直接对基因型进行选择，利用易于鉴定的遗传标记来辅助选择可大大提高选择效率，降低育种的盲目性。近些年迅速发展的 DNA 分子标记技术给育种提供了崭新的途径，这就是分子标记辅助选择（marker aid selection，MAS），即通过分析与目的基因紧密连锁的分子标记来进行选择育种，从而提高育种效率。如 Vaillancoyrt 等利用冈尼桉（*Eucalyptus gunnii*）与蓝按杂交的 $F_1$、$F_2$ 和回交产生的群体构建遗传连锁图，利用单因子方差分析法检测标记与数量性状的关联，发现了与生长率、异常叶形、分枝和耐冻性等性状显著相关的 RAPD 标记，使得早期选择成为可能。

## 11.3　影响选择效果的因素

选择是在群体中选出最优良的个体或变异个体。为提高选择效果，在选择时应考虑以下几个问题。

### 11.3.1　有关概念

选择的本质是造成有差别的生殖率，使某些基因型的个体在群体中逐渐占优势，从而改变下一代群体内的基因频率和基因型频率，改变的程度因质量性状和数量性状、选择方法、选择压力的大小等因素而不同。

质量性状通常由一对或少数几对基因控制，后代中不同类型容易区分选择，表现型很少受环境因素影响，对其选择效果较好。特别是选择目标性状为隐性类型时，无论原始群体混杂程度如何，只要经过一代选择就可使下一代群体隐性基因频率和基因型频率达到 100%。如果目标性状为显性类型时，入选个体可能是同质结合，也可能是异质结合，通过一次单株选择的后代鉴定，就可选出显性同质结合类型。有些质量性状除了主基因外还受一些修饰基因的影响，或者从表现型上不易鉴别，可适当提高选择压力或采用多次单株选择法，使隐性基因频率下降。

数量性状受多基因控制，性状变异连续，不能分成明显的类型，易受环境因素影响，选择效果受性状的遗传力大小影响较大。

对某一数量性状进行选择时，入选群体的平均值与原始群体的平均值产生一定的离差，即选择差（selection difference），以 $S_d$ 表示。选择差的大小在一定程度上反映了选择的效果，但由于受环境因素的影响，子代的平均值通常在原始群体平均值和入选群体平均值之间。入选亲本的子代平均表现值距原始群体（被选择群体）的平均表现型值间的离差，叫作选择效应（selection reaction），常简称为效应，以 $R$ 表示。所谓的遗传增益（genetic gain）即为选择效应除以原始群体平均表现型值所得的百分率，常以符号 $\Delta G$ 表示。如某圃地现有一大片翠菊，平均花冠大小为 3cm，从中挑选 20 株花冠大的植株采种繁殖，这 20 株花冠平均直径为 4.2cm，次年这 20 株繁殖出来的后代花冠大小平均为 4cm，则该项选择中，选择差 $S=4.2-3=1.2$（cm）；选择效应 $R=4-3=1$（cm）；遗传增益 $\Delta G=1/3\times 100\%=33.3\%$。

对于每一种植物的每一个数量性状，其亲本都具有将该性状传递给其子代的能力，称为遗传力（heritability），用 $h^2$ 表示。每一个性状都是受遗传因素和环境因素共同作用的结果。当该性状完全受环境因素作用时，则该性状的遗传力 $h^2$ 为 0；当该性状完全不受环境因素作用时，则其遗传力 $h^2=1$。一般来讲，性状的遗传力大小在 0～1 之间。子代平均值对入选群体平均值的差异倾向程度，决定于该性状遗传力的大小。$h^2$ 越接近于 1，则子代平均值越接近入选群体的平均值，选择效果越好；反之，$h^2$ 越接近于 0，则子代平均值趋向于原始群体的平均值，选择效果越差。育种实践中根据选择差和得到的实际改良效果估算的遗传力，称为现实遗传力（realized heritability），以 $h_r^2$ 表示，它是选择效应与选择差之比，即 $h_r^2=R/S_d$。

## 11.3.2 影响选择效果的因素

### 11.3.2.1 性状变异的幅度

一般地说，性状在群体内变异幅度越大，则选择的潜力越大，选择的效果就越好。反之，当性状在群体内变异幅度小时，也就是供试群体的各个个体的遗传基础都近似相同，则在该群体中选择时，选择无效或选择效果差。如在同一无性系内进行单株选择，由于同一无性系内各植株遗传基础相同，所以选择是无效的。

### 11.3.2.2 性状的遗传力

遗传增益的大小与遗传力的大小是成正比的，性状的遗传力越大，则选择后所取得的遗传增益越大。

### 11.3.2.3 入选率、选择差和选择强度

被选择个体数目占选择群体总数的比例，叫入选率，以符号 $P$ 表示。入选率越少，即从一个群体中选出的株数越少，那么选出的植株性状的平均值离选择群体的平均值越大，即选择差越大。可见选择差和入选率有一定关系。但选择差还要受选择性状本身变异幅度的影响。

选择差除以该性状的标准差所得的比值称为选择强度（selection intensity），以 $i$ 表示。即选择强度是以标准差为单位的选择差。选择强度和入选率的关系见表 11-2。由此可见，遗传增益与遗传力大小、选择强度（选择差或入选率）、性状的变异幅度有着密切的关系。

表 11-2 入选率（$P$）和选择强度（$i$）的关系

（巩振辉，2008）

| $P$/% | 0.01 | 0.05 | 0.10 | 0.50 | 1.00 | 2.00 | 3.00 | 4.00 | 5.00 | 6.00 | 7.00 |
|---|---|---|---|---|---|---|---|---|---|---|---|
| $i$ | 4.00 | 3.60 | 3.40 | 2.90 | 2.67 | 2.42 | 2.27 | 2.15 | 2.06 | 1.98 | 1.92 |
| $P$/% | 8.00 | 9.00 | 10.00 | 20.00 | 30.00 | 40.00 | 50.00 | 60.00 | 70.00 | 80.00 | 90.00 |
| $i$ | 1.86 | 1.80 | 1.75 | 1.40 | 1.16 | 0.97 | 0.80 | 0.64 | 0.50 | 0.35 | 0.19 |

### 11.3.2.4 环境条件

选择育种是育种者在已经发生表型变异的群体中，对有利用价值的个体进行选择的育种方法。因此，正确估价变异的幅度和变异的遗传稳定性是选择育种成功的关键。对园林植物性状变异的分析应该是将群体中不同的植株种植在相对一致的环境条件下，这时表现出的个体间差异才能是真正的可遗传差异。只有对可遗传的差异进行筛选，才能获得稳定变异的单株，进而获得真正的新品种。因此，对选择育种的环境条件的分析必须在开始选择之始进行。

### 11.3.3 选择的条件

#### 11.3.3.1 产生变异的群体

选择之所以能改变群体的遗传组成，其原因在于生物本身的遗传变异特性。变异是选择的基础，为选择提供了材料。不同单株间或大或小的性状差异，使得人类可以充分发掘其中的有利类型。

#### 11.3.3.2 供选择育种的群体要足够大

大量的群体具有广泛选择新类型的可能性，可实行优中选优。但群体越大，工作量就越大，所以选种前要做出充分估计。

#### 11.3.3.3 生长条件要相对均匀一致

植物的性状表现是遗传物质和环境条件共同作用的结果。在花圃生产的品种群体中进行选择，必须考虑在土壤肥力、耕作方法、施肥水平和其他环境条件相对一致的条件下进行，这是选择必须严格掌握的原则。因为只有肥力均匀，营养条件一致，生长正常，遗传性表现趋势大体一致时，优劣植株才较易分辨。如果在不一致的栽培条件下选择，某些遗传性并不优良的个体，由于生长在良好的条件下，易被误选；一些具有优良遗传性的个体由于在一般条件下，优良性状未能发挥而落选，这样就影响选择的效果。

#### 11.3.3.4 根据综合性状有重点地选择

选择时既要考虑观赏价值或经济价值，又要考虑有关生物学性状，但也不是等量齐观，必须有重点地选择。若只根据单方面、个别特别突出的性状进行选择，有时难以选出满意的品种。例如只注意选择美丽的花朵，而忽视了植物本身的适应性、抗性等，也难以在生产实践中推广。

## 11.4 选择育种

### 11.4.1 选择育种的概念

选择育种（breeding by selection）是对现有品种群体中出现的自然变异进行鉴定、选择并通过试验培育植物新品种的育种途径，又称系统育种。对典型的自花授粉作物，又可称为纯系育种。

选择育种是人类应用最早的培育植物新品种的方法。中国早在1500多年以前就从实生莲藕中选出重瓣的荷花品种，在清代又选出了植株矮小的碗莲品种。菊花、山茶、中国兰、牡丹、梅花、现代月季等花卉中的许多名品也是长期选种的结果。

欧洲对植物进行有意识的选择约始于16世纪。如从郁金香中选出大花型品“夏季美”，从凤仙花中选出品种“大眉翠”。英国育种学家坎德曾从改进栽培技术着手进行定向选择，育成了皱边的唐菖蒲品种。欧美的许多菊花品种、现代月季品种和玫瑰品种等也是通过选择育成的。目前，选择育种仍然是育种学家培育新品种的主要方法之一，特别是对于那些遗传多样性丰富的资源，通过选种获得新品种是一种快速高效的方法。

利用植物品种的自然变异进行选择育种，是园林植物育种最基本的简易、快速而有效的途径。这是最早采用的，而现在和将来仍不失其应用价值的育种途径。

### 11.4.2 选择育种的基本原理

根据哈迪-魏伯格遗传平衡（Hardy - Weinberg equilibrium）原则，在一个随机交配而又无限大的群体内，假定没有突变，没有任何形式的选择作用，也没有其他基因的渗入，那么，这个群体各个世代之间的基因频率和基因型频率将保持不变。但是在自然条件下，这样的理想群体几乎是不存在的。首先，突变的发生在自然界是普遍存在的，如无性繁殖植物的芽变就是基因突变的例证，其他各种观赏植物的嵌合体，也都是来自基因突变。不同的植物种类，突变发生的频率是不一样的，有些植物可能较保守，有些植物则可能易变。一般来说在杂种或杂合状态下的植物突变率较高，而自花授粉的植物则较低，环境胁迫也会引起基因突变。若通过辐射、化学诱变剂等处理，突变频率则会提高成百上千倍。其次，很多异花授粉的观赏植物，尤其是花卉，常存在外来基因渗入的现象，造成基因的重组和分离。上述变异是进行选择育种的基础。

T. Dobzhansky（1953）指出“选择的本质就是一个群体中不同基因型携带者对后代基因库做出的贡献”。选择的遗传机制就是通过选择改变群体内的基因频率和基因型频率。自然界通过自然选择使生物沿着与环境相适应，有利于自身种族繁衍的方向进化。人工选择分为无意识选择和有意识选择。无意识选择仅是淘汰没有价值的植物个体、保存优良的个体，虽然这一选择过程没有具体的目标，但经过多代的选择起到了改良品种的作用。有意识选择则有明确的目标、完善的鉴定方法以及系统的计划，如培育重瓣花品种，起初在一群体内保留那些具有多余花瓣的个体，经过若干代的选择与培育从而获得重瓣花品种。事实上，这样的选择就是不断巩固和强化有利变异，最终创造新类型的过程，其实质就是造成有差别的繁殖，使具有某些基因型的个体在群体内逐渐占优势，造成群体内基因频率和基因型频率的定向改变，从而能定向地改变群体的遗传组成。

#### 11.4.2.1 品种自然变异现象

任何一个植物品种，不论是农家品种还是育成品种，最初在大田推广种植时，品种群体中各个体的主要生物学性状和经济学性状，如植株形态、株高、叶片大小长短、抗病性等都表现整齐一致，并在一定时期内保持下去，这是品种的遗传性，是品种的“纯”。但是品种推广利用多年后，由于种种原因，品种群体内个体间的性状会表现出差异，发生多样性变化，形成一个混杂群体，这是品种的变异性，是品种的“杂”。因此，品种遗传基础的稳定性是相对的，变异则是绝对的，这就为选育新品种提供了选择的可能性。一个复杂品种群体存在多种多样的类型，有好的个体，也有不好的个体。对符合育种目标的变异，通过选择、试验就可培育成新品种。

#### 11.4.2.2 品种自然变异产生的原因

1. 基因重组

无论是自花授粉植物、常异花授粉植物，还是异花授粉植物，在长期种植过程中会发生不同程度的异交，都有一定的异交率。一个品种接受了其他品种或类型的花粉，必然引起基因重组，产生新的变异类型。

2. 基因突变或染色体畸变

品种在推广和繁殖过程中，由于环境条件的改变，引起基因突变或染色体畸变，使得品种群内出现新类型。引种时由于不同地区生态条件差异大，较易引起自然突变。

3. 品种本身剩余变异的存在

有些新品种在推广开始时，有的性状尤其是数量性状的遗传基础未达到真正纯化的程度，个体间存在若干微小差异。在长期种植过程中，微小差异逐渐积累，发展为明显的变异，进而引起性状改变。另外，在个体之间，对某种病害或逆境的抗性等存在遗传基础差异，但由于无表达条件而未能显露，在引种过程中，异地环境提供了这些变异的表达条件，此时个体间会出现明显变异。

事实上，选择与突变对群体中基因频率的影响，是一个复杂的过程，因为突变与选择在一个群体中常常同时并存，如有害等位基因，通过选择可被淘汰，但由于突变，这种有害等位基因还可留在群体内，当淘汰的有害等位基因数目与突变产生的数目相等时，则这两个过程的效应会相互抵消。所以在发生隐性突变的情况下，即使选择不利于隐性个体存活，却不可能把隐性基因从群体中彻底消除。但经过人工选择及合理的栽培措施，会加速有利变异的逐代积累，从而选出理想的新品种。如一个抗病性很强但观赏性较差的花卉品种，在自然选择下，很难甚至要花很长时间才能达到人类要求，但在人工选择下，通过多次连续选择，加上合理的农业栽培措施，就可在较短时间内选出既抗病又有观赏价值的新品种。

### 11.4.3 选择育种的程序和方法

#### 11.4.3.1 选择育种的程序

选择育种从搜集原始材料到育成新品种，需要进行一系列的工作，这些工作的先后顺序称为选择育种程序。一般选择育种要经过确定育种目标、建立原始材料圃、株系比较圃和品系鉴定圃等步骤（见图11-5）。植物种类不同，采用的选择方法不同，选种程序有一定差异，有些步骤可以省略或合并，但总的流程基本相同。

1. 育种目标的确定

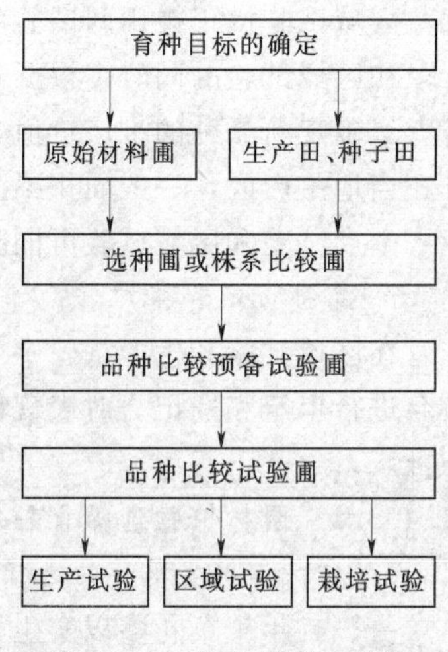

图 11-5　选种程序示意图

在育种时首先要确定育种目标，如花色、花径、重瓣、皱瓣、花期、抗性（抗逆性、抗病虫性）、花香、切花、干花等都是新品种培育的首选目标。以牡丹为例，我国中原牡丹品种群的花期约 15～20d，与人们的赏花要求相去甚远，花期短，赏花人少，严重影响牡丹产地的旅游收入。所以，培育特早型、特晚型及秋冬季自然开花的“抗寒”牡丹品种，就是牡丹育种的目标之一。

随着生活水平和欣赏水平的提高，人们对观赏植物要求不断推陈出新，如世界月季以蓝色、山茶以金黄色为主攻目标，我国菊花以绿色、兰花以素色、牡丹以金黄色为主攻目标。不同时期对花色要求也不同，如一二年生草花，过去以杂色为主，现以纯色为主。又如月季以前以红色为主，现以粉红色为主等。对观叶植物要求色彩丰富、耐阴，各色条纹、斑纹也是追求的目标。

2. 原始材料圃

原始材料圃是种植从国内外收集来的原始材料并鉴定它们性状的田地。原始材料圃一般不设重复，每个材料种植一个小区，每隔 5～10 个小区设一个对照区。就育种程序而言，原始材料圃只需设置 1～2 年，但对长期从事育种的单位，要年年保存原始材料圃。

根据育种目标选择原始材料圃中的优良变异单株，分别编号保存，然后由专业人员对选出的植株进行现场调查记载，并在现场对记录材料进行整理分析，准备翌年升入株系选择圃继续进行选择，对不明显或不稳定的变异，继续观察。花卉栽培密度大，可专门设置原始材料圃，也可在当地生产田或种子田中进行。对于观赏树木，由于个体大，在小面积的材料圃中出现优良个体的机会非常有限，一般在当地生产田进行。

3. 株系选择圃

株系选择圃种植从原始材料圃或从种子田、生产田中选出的优良单株或优良集团后代，进行系统的鉴定、比较和选择，从中选出优良的株系供品种比较预备试验或品种比较试验。株系选择圃主要对前面选出的植株株再次进行评选，根据田间观察，比较各单株后代的一致性及各种性状的表现，选择性状表现优良、整齐一致的株系，混合收获，将一些不符合育种目标要求的株系淘汰，大约选留 1/5 左右。如果株系内个体表现不整齐，应再从中继续选择优良单株，下一代仍在株系选择圃中种植，进一步观察比较和选择，经过多次选择，直至整齐后，选出优良株系，再进入品种比较预备试验圃。

株系选择圃内每个株系或混选后代种一个小区，设对照，重复 2 次。株系比较进行的时间长短决定于当选植株后代群体的一致性，当群体稳定一致时，即可进行品比预备试验。

4. 品种比较预备试验圃

品种比较预备试验圃种植株系选择圃中选出的优良株系或混系，进一步鉴定入选株系或混系的优劣和一致性，继续淘汰观赏性状较差的株系或混系。中选的株系除淘汰少数不良的单株外，主要进行系统的扩大繁殖，供进一步的品种比较试验和生产试验用种。试验按品系种成小区，重复 2～4 次，环境接近大田生产，一般设置 1 年。

5. 品种比较试验圃

品种比较试验是一系列育种工作的最后一个重要环节。品种比较试验圃种植从品种比较预备试验圃或株系圃中选出的优良株系或优良株系的混合群体，任务是进行全面比较鉴定，了解它们的生长发育习性，做出最后评价，选出有希望的若干品系，参加区域试验和生产试验。品种比较试验一般采用随机区组设计，3 次以上重复，试验时间 2～3 年。

6. 区域试验和生产试验

从品种比较试验中选出的新品系需参加省或国家农业主管部门主持的区域试验和生产试验。区域试验的任务是鉴定各育种单位经过品种比较试验选拔出来的优良品种在不同地区的应用价值和对本地区栽培条件的适应性，作为决定能否推广和适宜推广地区的依据。设置几个（一般至少 5 个以上）代表性的试验点，区域试验按正规田间试验要求，各区试点的田间设计、观测项目、技术标准力求一致。

在区域试验的同时，根据需要，可在该植物的主产区进行多点较大面积的生产试验，以鉴定它的丰产潜力，确定新品种的推广价值，同时研究摸索其栽培技术，以便良种配良，获得更好效果。生产试验宜安排在当地主产区，一般面积不少于667m²，一般不设重复，以当地生产上的主栽品种为对照。

生产试验和区域试验可同时进行，安排2～3年。

7. 品种审定和推广

在区域试验和生产试验中表现优异，产量、品质、抗性等符合推广条件的新品系，可报请品种审定委员会进行审定和登记。对表现优异的品系，从品种比较试验阶段开始，就应加速繁殖种子，便于及时大面积推广。

#### 11.4.3.2 园林植物选择育种的方法

1. 一、二年生草花的选择育种

一、二年生草花多以实生繁殖，故应进行实生选种。如鸡冠花、金鱼草、矮牵牛、一串红、半支莲和三色堇等都进行实生选种。一串红作为花坛花境的主体材料之一，花色、株高是重要评价指标，所以培育冠面较大、着花密度大、花色为黄色、紫色、株高在20～30cm的矮型品种是选种的主要目标；另外，一串红最适生长温度为20～25℃，既不耐寒也不耐高温，极易受红蜘蛛、地老虎、蚜虫危害，出现花叶病和疫病，因此选育耐高温和耐低温品种以及抗病虫害品种也是重要的育种目标。

一串红属常异交植物，自然变异较多，后代分离较严重。在原始材料圃中分别对矮小而观赏价值高的植株以及耐高温或耐低温的植株进行选择，做出标记后进入株系选择圃做进一步筛选；混合收获表现优良而整齐一致的株系种子，之后进入品种比较预备试验圃，观察其性状的稳定性和品质表现，将表现优良的进行品种比较试验，之后再进行区域试验，验证新品种在不同地区的应用价值和适应性，并且进行生产试验。

2. 无性繁殖植物的选择育种

多年生园林植物可以采用实生繁殖，进行实生选种。但更多的是利用嫁接、扦插、分株繁殖进行无性系选种。如菊花、香石竹、中国兰等都能进行实生选种和无性系选种。

菊花的实生选种过程与一串红的选种基本一致。菊花以小花径单瓣为原始类型，大花径重瓣类型为现在园林中观赏性好的品种，所以花型是菊花育种目标之一；另外菊花株型有高矮之别，同时有直立性、展散性和匍匐性之分，尤其现在常用的切花菊花要求花枝长，因此株型也是育种的主要目标。

菊花无性系选种一般采用边选优、边无性系测验、边选择利用和不断补充新选种材料的滚动式推进策略，这样既能做到把初选无性系尽早转化成生产力，又能不断用生产潜力更高的新选无性系补充和替代原有无性系。具体步骤如下：①在基础群体中选择优良个体作为无性系源株，取脚芽无性系后建立选种采穗圃；②由采穗圃分生株上取穗条在苗圃建成1年生无性系，并作预选；③用苗圃中表现良好的无性系营造无性系初选试验圃，采用4～5株单行小区，4次重复的随机区组设计；④用1年生初选圃中表现优异的无性系在2个地点重新营造无性系复选比较试验圃，采用5～6株单行小区，4次重复的完全随机区组设计；⑤把2～3年生复选圃中表现优良的少数无性系在有代表性的立地条件下营造有生产验证作用的决选试验圃，采用36株或54株的块状小区，与对照成对比法排列，多次重复。

在初选、复选、决选试验中都以当地推广的一代无性系未去劣种子园或优良种源的种子育成的实生苗为对照。各阶段试验表现优良的无性系都可以适时用于园林应用，下阶段试验中被淘汰者不再繁殖利用。

## 11.5 芽变选种

### 11.5.1 芽变选种的概念和意义

芽变（bud sport）是体细胞突变的一种形式，它发生在植物体芽的分生组织细胞中，变异了的芽萌生长成枝条或由此长成的个体在性状上表现出与原类型不同的现象称为芽变。有时由变异的细胞长成的组织与原始部分表现出性状上的差异，虽然并不形成芽，通常也称之为芽变。例如在植物的花瓣或叶片上出现不同彩色的条纹或斑块而形成镶嵌的变异等。芽变包括由突变的芽发育成的枝条和繁育成的单株变异。

由于芽变是体细胞发生突变，即营养繁殖体发生变异，所以芽变选种（selection of bud sport）属于无性系选择（又称营养系选择）的范畴，指从发生优良芽变的植株上选取变异部分的芽或枝条，用无性繁殖的方法使变异性状得到延续和固定，并通过鉴定和比较，选出优系，育出新品种的方法。

芽变是植物产生新变异的来源之一，它增加了植物的种质，丰富了植物类型。既可为杂交育种提供新的种质资源，又可直接从中选出优良的新品种。由于许多优良的芽变可直接通过无性繁殖保持，所以被广泛应用于园林植物育种。许多园林植物都有发生芽变的特性，例如月季、菊花、牡丹、大丽菊、矮牵牛、杜鹃等。我国早在宋代就有用芽变选种的方法改进品种的记载，如欧阳修在《洛阳牡丹记》（1031）中记载了牡丹的多种芽变："潜溪绯，千叶绯花，出于潜溪寺。本是紫花，忽于丛中特出绯者，不过一二朵，明年移在他枝。洛人谓之转枝花，故其接头尤难得"。另外，许多月季、大丽花、郁金香等的优良品种都是通过芽变选种产生的。例如，月季品种"良辰"来自品种"刺美"的芽变，"贵妃醉酒"原是花色水红的月季品种，由其产生的芽变品种"红妃醉酒"的花色变得更为浓艳，更受人们喜爱。总之，芽变选种不仅在历史上起到品种改良作用，而且在近代、在国内外都受到了育种者的重视。

## 11.5.2　芽变的特点

### 11.5.2.1　芽变的多样性

芽变的表现形式多种多样，范围很广，即有叶、花、果、枝条等形态特征的变异，也有生长、开花习性、物候期、育种等生物学特性及生理生化、抗性等方面的变异。

1. 植物形态变异

（1）蔓性变异：在直立的月季花中产生蔓性芽变，从桧柏中产生匍地柏的芽变。

（2）扭枝变异：在园林植物中为数不少，且具有较高的观赏价值，如龙游梅、龙爪槐、龙爪柳、龙爪桑等。

（3）垂枝型变异：在直立型的枝条中产生垂枝型的突变。如垂榆、垂柳、线柏、垂枝梅等。

（4）刺变异：如在蔷薇属的植物中，经常发现枝条上刺的变异，有的刺多，有的刺少，有的则无刺。

（5）叶色变异：在园林植物中，有的植株芽变后叶绿素突变为其他色素，从而产生新品种，如红叶李、红叶槭、红枫等；有的发生叶色嵌合体的芽变类型，即部分叶绿素发生突变，如金边黄杨、银边黄杨、金边吊花、金心海桐等。

（6）花果颜色变异：在菊花、大丽花、凤仙花、月季中经常出现半朵花红色、半朵花白色的突变，或一朵花中部分颜色发生改变，将这种植株进行嫁接或组织培养，即可分离出不同花色的植株。果实色泽的变异主要发生在果实的色相和色调上，像红色果实的变异。

（7）果实形态变异：主要包括果实的大小、形状等的变异。

（8）叶片形态变异：多表现在叶片的大小、厚薄和形状上的变异。

2. 生物学特性的变异

（1）开花期：在许多园林植物中经常发现开花期提前或错后的变异，且这种变异与光照、温度等环境因素无关。

（2）育性：有的芽变使雌蕊瓣化，育性降低，或雌、雄蕊退化，失去可育性等。

（3）抗逆性：有的芽变的抗寒、抗旱、抗病虫性强，或出现低温开花的节能突变型品种及冬天不变色的常绿型品种等。

通常，植物的遗传组成越复杂，无性繁殖世代越多，其产生芽变的频率就越高，芽变的表现也就越多。

### 11.5.2.2　芽变的重演性

芽变的重演性是指同一品种相同类型的芽变，可以在不同时期、不同地点、不同单株上重复发生。其实质为基因突变的重演性。例如叶绿素突变在金心海桐、银边黄杨等植物都有发生，这些芽变，从它们发生的时间看，历史上有过，现在也有，将来还会有。从它们发生的地点看，国内、国外都出现过。因此，不能把调查中发现的芽变一律当成新的类型，应该经过分析、考证、鉴定后才能确定。

#### 11.5.2.3 芽变的稳定性

芽变分为稳定的芽变和不稳定的芽变。稳定的芽变是指性状发生变异以后，在生长过程中，可以长期地保持这种变异了的性状，不论采用什么方法繁殖也能够稳定地遗传。而不稳定的芽变是指当芽变发生以后，只有在无性繁殖时能够保持，在有性繁殖时，有时不能遗传这种变异性状，仍表现出原有的类型，或芽变材料在继续生长发育过程中，变异的性状消失，恢复成原有类型。例如蔷薇曾经出现过无刺的芽变类型，但从无刺枝上采种繁殖，后代又全部是有刺类型，显然这是一种不稳定的芽变。芽变的稳定性与基因的回复突变和嵌合结构有关。

#### 11.5.2.4 芽变的局限性和多效性

芽变和有性后代的变异不同，芽变一般是少数性状发生变异，而有性后代则是多数性状的变异。有性后代是遗传物质重组的结果，而芽变仅仅是原类型遗传物质的突变即少数基因的突变，所以这些突变能引起的变异性状也是少数的、有限的。但是，也有少数芽变由于基因的一因多效或是染色体的丢失，可能几个邻近的基因同时发生了突变，从而使芽变性状有时是几个或十几个，甚至达几十个。如果是一因多效的缘故，则这些芽变的性状之间就具有一定的相关性。如紧凑型芽变，枝条节间短，枝条也就变得短粗，树冠也表现出矮化。如果染色体丢失和几个临近基因同时发生突变，则同时发生芽变的几个性状之间就不是完全的相关关系。

#### 11.5.2.5 芽变的平行性

亲缘关系相近的物种之间经常发生性状相似的突变。例如蔷薇科的杏、梅、桃、李、野蔷薇等都出现重瓣花、早熟性和雄性不育的变异（见表 11-3）。发生平行变异的原因可能是不同物种具有相同的染色体，或不同的染色体上带有相同的基因。

表 11-3 蔷薇科部分植物形状的平行变异

| 变异性状 | 杏 | 梅 | 桃 | 李 | 苹果 | 樱桃 | 梨 | 蔷薇 |
|---|---|---|---|---|---|---|---|---|
| 重瓣花 | + | + | + | + | + | + | + | + |
| 红色花 | + | + | + | − | + | + | − | + |
| 雄性不育 | + | + | + | + | + | + | + | + |
| 黏核 | + | + | + | + | − | + | − | − |
| 垂枝性 | + | + | + | + | + | + | + | + |
| 短枝型 | − | + | + | + | + | + | + | + |
| 早熟性 | + | + | + | + | + | + | + | + |

注 “+”表示有此性状变异，“−”表示没有此性状变异。

### 11.5.3 芽变的细胞学和遗传学基础

#### 11.5.3.1 芽变的细胞学基础

1. 嵌合体和芽变的发生

被子植物的梢端分生组织都有几个相互区分的细胞层，叫做组织发生层或组织原层，用 $L_{I}$、$L_{II}$、$L_{III}$ 表示，见图 11-6。这 3 个组织发生层按不同的方式进行细胞分裂，并分化衍生成特定的组织。$L_{I}$ 的细胞在分裂时与生长锥呈直角，称为垂周分裂，形成一层细胞，衍生为表皮。$L_{II}$ 的细胞在分裂时与生长锥呈垂直或平行，既有垂周分裂，又有平周分裂，形成多层细胞，衍生成为皮层的外层和孢原组织。$L_{III}$ 的细胞分裂与 $L_{II}$ 相似，也形成多层细胞，衍生为皮层的内层、中柱及输导组织。在正常情况下这三层细胞具有相同的遗传物质基础，称为同质实体。芽变通常最初发生于某一组织原层的个别细胞，以后随着细胞分裂而扩大其变异部分，使层间或层内不同部分之间具有不同遗传组成的细胞，形成嵌合的组织结构，即嵌合体（chiemra）。芽变通常都是以嵌合体的状态出现的。如果层间不同部分含有不同的遗传物质，叫做周缘嵌合体（periclinal chimera）；如果层内不同部分含有不同的遗传物质，叫做扇形嵌合体（sectorial chimera）。

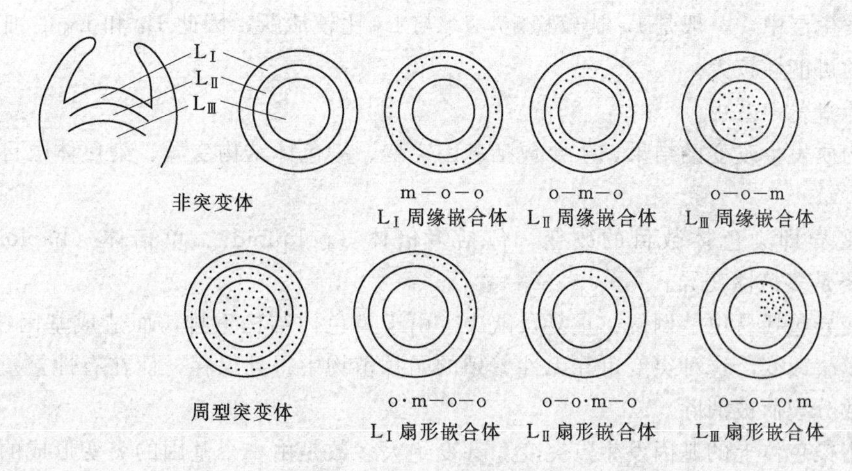


图11-6 嵌合体的主要类型

根据突变细胞所处的层次，周缘嵌合体和扇形嵌合体均包括多种类型结构。为便于表达，现以original（原始的）一词的第一个字母o代表未变的细胞组织，以mutational（突变的）一词第一字母m代表突变的细胞组织，按$L_I-L_{II}-L_{III}$的层次排列，则周缘嵌合体的结构有m—o—o、o—m—o、o—o—m、m—m—o、o—m—m、m—o—m等类型；扇形嵌合体的结构类别有o·m—o—o（o·m表示未变与突变细胞存在于同层内，写在前面的符号表示数量上占优势，下同）、o—o·m—o、o—o—o·m、o·m—o·m—o、o—o·m—o·m、o·m—o—o·m等（图11-6）。此外，对于染色体倍数性的芽变，则常用4—2—2，2—2—4，4—4—2，2—4—4等表示其不同的倍性嵌合类别。

由于这些嵌合现象的不同，其芽变性状的表现也就不同。由$L_I$层表层细胞产生的突变，可以引起与表层组织有关的变异，如茸毛和针刺的有无，以及表层细胞中色彩的变化。由$L_{II}$皮层发生层细胞产生的突变，可以引起皮层外层及孢原组织的变异。如皮层外层变异可引起果实皮层细胞中的色素变异，叶片、花瓣色彩突变等。孢原组织的突变可以产生胚和花粉的变异，并可以通过有性繁殖将变异遗传给后代。而$L_{III}$中柱发生层细胞产生突变，则可以引起皮层的内层、中柱和输导组织的变异，因此，由中柱所长出的不定芽和由深层组织长出的不定根都可以表现出变异的特征。

2. 嵌合体的转化和芽变性状的稳定性

除同型突变体（solid mutant）外，上述任何一种嵌合体都不是很稳定的，往往会在以后的生长发育或营养繁殖过程中发生转化。芽变嵌合体有时因为扇形嵌合体的芽位变换和周缘嵌合体的层间取代等而产生结构的变换，从而表现不稳定性。

扇形嵌合体的芽位变换是指着生于嵌合体上不同部位的芽，在长成侧枝时，表现出不同的特征（见图11-7）。位于扇形嵌合体突变部位的芽长成的枝条形成比较稳定的同质芽变体或周缘嵌合体枝；位于正常部位的芽，形成的仍为正常类型；而位于扇形嵌合体突变部位与正常部位交接处的芽，形成的枝条则为扇形嵌合体枝，但扇形的宽窄与原扇不一定相同。

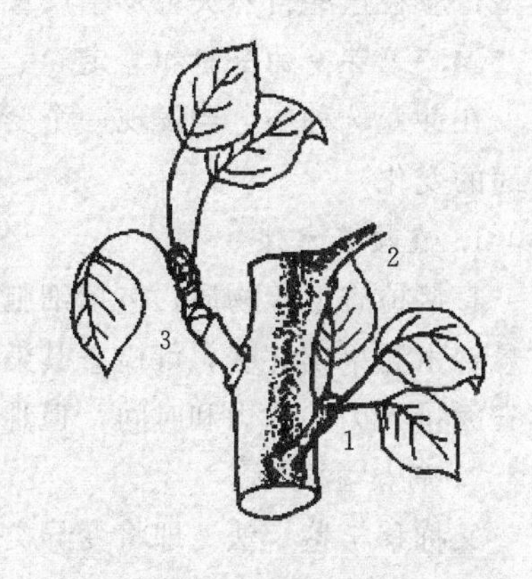


图11-7 嵌合体的自然转化示意图
1—由扇形嵌合体长出的周缘嵌合体枝；
2—由扇形嵌合体长出的扇形嵌合体枝；
3—由扇形嵌合体长出的非嵌合体枝

层间取代是指周缘嵌合体不同变异的细胞层之间发生取代的现象。例如一个内周层突变为4倍体的内周嵌合体（以2—2—4表示），有可能失去变异的特征，又回复到2—2—2型的原来状况；一个4—4—2型的外中周嵌合体，也可能变成4—4—4型的同质突变体。这种改变并不是发生了第二次突变，而常常是突变部分与未突变部分的生长竞争，一方排挤另一方，从而导致某一层代替了另一层，由此改变了突变体的嵌合结构形式。有时外界刺激也能造成这种情况发生。例如表现为中周或内周嵌合体的树木，正常枝芽受到冻害或其他伤害而死亡，而由深层萌发出来的不定芽有可能表现为同质突变体，从而产生与原树木不同结构的变异。

在 3 个组织发生层中，一般是 $L_I$ 比较稳定，$L_{II}$ 与 $L_{III}$ 比较活跃，因此 $L_{II}$ 和 $L_{III}$ 的细胞发生突变引起的相应组织变化的可能性较大。

#### 11.5.3.2 芽变的遗传学基础

芽变是遗传物质发生改变的结果，主要包括基因突变、染色体结构变异、染色体数目变异、细胞质突变等。

染色体数目变异即染色体数目的改变，包括多倍体（poliploid）、单倍体（haploid）及非整倍体（aneuploid），主要是多倍性变异。

染色体结构变异包括易位、倒位、重复及缺失。由于染色体结构重排，而造成基因线性顺序的变化，从而使相关性状发生改变。这种突变可在无性繁殖的园林植物中得到保存，而在有性繁殖的一、二年生草花中，常由于减数分裂而被消除。

基因突变是指染色体上的基因发生点突变。芽变绝大多数是由一个基因的突变形成的，因为几个基因同时发生突变的概率极小。为了区分基因突变和微小的染色体缺失，一定要掌握确定基因突变的 3 个主要标志：①没有细胞学的异常；②杂合子正常分离；③突变能够恢复。

细胞质突变是指细胞质中的细胞器如线粒体、叶绿体等具有遗传功能物质的突变，细胞质突变可能会造成雄性不育、性分化、叶绿素缺失、植株高度变化等。

由于不同的组织发生层衍生不同的组织，因而各层遗传效应是不同的。$L_I$ 比较单纯，它主要涉及与表皮相关的性状，如茸毛和针刺的有无；$L_{II}$ 产生孢原组织，因而是决定育种有性过程的关键；$L_{III}$ 是中柱的组织发生层，从中柱可长出不定芽和根，所以通过诱导不定芽和根插繁殖也可获得稳定的突变体。

### 11.5.4 芽变选种的方法

#### 11.5.4.1 芽变选种的目标

芽变选种主要是从原有优良品种中进一步发现、选择更优良的变异类型，要求在保持原品种优良性状的基础上，针对存在的主要缺点，通过选择得到改善，或获得观赏价值更好的品种。

#### 11.5.4.2 芽变选种时期

芽变选种工作原则上应该在植物整个生长发育过程中的各个时期进行，通过细致观察发现芽变。但是，为了提高芽变选种的效率，除经常性的细致观察外，还必须根据选种目标抓好最易发现芽变的有利时机，集中进行选择。例如选择花期不同的芽变，要特别注意初花时期和终花阶段；选择抗病、抗旱、抗寒类型，应在这些自然灾害发生严重时期进行。

#### 11.5.4.3 芽变的分析和鉴定

在芽变选种中，当发现一个变异后，首先要区别它是芽变还是受外界环境影响产生的饰变（仅是表型方面的变化）。

1. 直接鉴定法

直接检查遗传物质，包括细胞中染色体数量、倍性、组型、结构的变异和 DNA 的化学测定。例如鉴定悬铃木无果实芽变，可检查其染色体的数目，如果是奇数的多倍体，则其营养系多半不结果。此法虽可节省大量人力、物力和时间，但难度较大，需要一定的设备和技术，具有一定的局限性。

2. 间接鉴定法

又称移植鉴定法。即将变异类型与对照通过无性繁殖（如嫁接、扦插）在相同的环境条件下进行比较鉴定，排除环境因素的干扰，使突变的本质显示出来。如悬铃木，把不结果的芽变枝条高接在普通悬铃木的枝条上，观测其是否结果。此法简单易行，但需要的时间较长，有时还需占用较大面积的土地、人力、物力。

3. 综合分析鉴定

根据芽变的特点、芽变发生的细胞学及遗传学特性进行综合分析，剔除大部分显而易见的饰变，对少量不能确定的类型进行移植鉴定，提高选种效率。

### 11.5.5　芽变选种的程序

#### 11.5.5.1　初选

在栽培圃地中初步选出优良变异类型（又称初选优系），并对其进行编号，作出明显标志，填写记载表格，并单株采收果实和种子，同时选择生态环境相同的原类型作为对照，进行比较分析，筛除环境因素造成的表型变异。①根据变异的性质：如果属于质量性状，一般是芽变；②根据变异的范围：如果是枝变且是扇形嵌合体，一定是芽变；③根据变异的方向：与环境变化不一致的变异，很可能是芽变。

#### 11.5.5.2　复选

复选包括高接鉴定圃和选种圃。高接鉴定圃的主要作用是为了深入鉴定变异性状和变异的稳定性，并为扩大繁殖准备材料。一般为消除砧木的影响，常是把对照变异高接在同一砧木上，而选种圃的主要作用是全面精确地对芽变进行综合鉴定，以便为繁殖推广提供可靠依据。

选种圃地要求均匀整齐，每圃 10～20 个品系，每个品系不少于 10 株。可用单行小区，每行 5 株，重复 2 次。以品种原型为对照，并在圃地两端设立保护行。此外这种圃内应逐株建立档案，进行观察记载，连续进行不应少于 3 年。从开花的第一年起，连续 3 年组织鉴定、评价，对花、叶和其他重要性状进行全面观察鉴定。同时与对照植株进行比较，将鉴定结果记载入档。根据不少于 3 年的鉴定结果，由选种单位提出复选报告，将其中最优秀的一批定为入选品系，提交上级部门组织决选。

复选需要对芽变进行精确鉴定，可以根据以下几方面进行：①对变异不明显或不稳定的要继续观察，如果芽变范围太小，不足以进行分析鉴定，可通过修剪、嫁接等措施，使变异部分迅速增大，而后再进行分析鉴定。②对于变异性状十分优良，但不能证明是否为芽变的，可先将其无性繁殖，植入高接鉴定圃再根据表现决定下一步骤。③对于有充分证据肯定为芽变的，且性状优良，但是还有些性状不是十分了解，可以不经高接鉴定圃进入选种圃。④对于有充分证据证明是十分优良的芽变，且没有相关劣变，可不经高接鉴定圃与选种圃，直接参加复选。⑤对于嵌合体形式的芽变，可采取修剪、嫁接、组织培养等方法，使变异性达到纯化和稳定。

#### 11.5.5.3　决选

在选种单位提出复选报告之后，由主管部门组织有关人员，对入选品系进行评定决选。参加决选的品系，应由选择单位提供完整资料和实物：该品系的选择历史、评价和发展前途的综合报告；该品系的选种圃内连续 3 年鉴定结果和有关鉴定意见；该品系在不同地理环境内的生产试验结果和有关鉴定意见；该品系及对照的实物。对于上述资料和实物，经审查鉴定合格后，可由选种单位予以命名，作为新品种向生产单位推广。同时，提供该品种的详细说明书。

## 小　结

选择是选优去劣，是各种育种途径不可缺少的重要手段。选择的实质就是造成有差别的生殖率，从而定向地改变群体的遗传组成。选择具有创造性作用。选择的基本方法有单株选择和混合选择，这两种方法各有优缺点，在实际工作中又衍生出不同的选择方法，应根据植物授粉方式的不同选用相应的选择方法。鉴定是有效选择的依据，是保证育种质量的基础。在选择过程中应注意影响选择效果的因素。

选择育种是利用现有品种或栽培类型自然产生的变异，选育新品种的途径。其最大的特点是选择群体为自然变异的群体。选择育种因采用的选择方法不同而形成不同的育种方法。选种程序有一定差异，有些步骤可以省略或合并，但总的流程基本相同。芽变是体细胞突变的一种，在自然界广泛存在，根据一定的程序可以将芽变选育成新品种。

## 思　考　题

1. 什么是选择？其实质是什么？
2. 试述选择育种的基本原理。

3. 简述选择育种的程序和方法。
4. 试分析影响选择效果的因素有哪些？如何提高选择效果？
5. 芽变与芽变选种的概念。
6. 试述芽变的细胞和遗传学基础。
7. 芽变的特点有哪些？
8. 观赏植物的授粉特性与选种方法之间有什么关系？
9. 试述选择在植物进化和育种中的重要作用。

# 第12章　有性杂交育种

**本章学习要点**

- 有性杂交的相关概念
- 理解有性杂交的原理
- 有性杂交育种的步骤和相关方法
- 回交育种的目的及方法

基因型不同的类型间结合产生杂种，称之为杂交（hybridization）。杂交可使两种或两种以上生物的遗传物质相融合，形成一个遗传物质混杂的杂种群体，它是生物遗传变异的重要来源，为人工选择提供丰富的变异材料。杂交的遗传基础是基因重组，经典遗传学的杂交试验奠定了杂交在育种中的重要地位。通过杂交途径获得杂种群体，进而采用一定的选择方法获得新品种的过程称为杂交育种（cross breeding）。由于杂交可以实现基因重组，能分离出更多的变异类型，可为优良品种的选育提供更多的机会，因此被植物育种家广泛采用，而且通过这种途径已选育了大量品种，对提高人类的生活水平起到了重要作用。

## 12.1　有性杂交育种的概念及重要性

### 12.1.1　有性杂交育种的概念

随着现代育种技术和生物技术的发展，植物杂交的方式多种多样，按照是否有有性配子参与，可分为有性杂交和无性杂交。无性杂交的过程没有性细胞参与，只有体细胞遗传物质的融合，广义的无性杂交涵盖了细胞工程、生物工程、基因工程以及嫁接杂交的方式。

遗传性不同的生物类型和个体间雌、雄配子的有性结合称为有性杂交。通过人工杂交的手段，把分散在不同亲本上的优良性状组合到杂种中，对其后代进行多代培育选择，比较鉴定，以获得遗传性相对稳定、有栽培利用价值的新品种的育种途径称之有性杂交育种（sexual cross breeding）。

有性杂交育种是培育园林植物新品种和进行种质资源创新的重要手段。通过有性杂交育种可育成纯系品种、自交系、多系品种和自由授粉品种等。

### 12.1.2　有性杂交育种的意义

有性杂交育种是人类改造自然的创造性育种。有性杂交的目的在于将亲本的性状基因重组，通过基因重组可以获得综合双亲的优良性状、改善基因位点间的互作关系、打破不利基因的连锁关系的遗传效果，把亲本双方控制不同性状的有利基因综合到杂种群的个体上，从而产生新的性状，获得某些符合育种目标要求的新品种。因此，它比单纯的选择育种更富于创造性和预见性。例如，当前世界上广泛栽培的现代杂种香水月季（Hybrid Tea Vose），就是综合了欧洲蔷薇和中国月季多个亲本的优良特性，从而育成四季开花、植株高大、花色花型多变又具芳香馥郁的优良品种。

有性杂交也是种质资源创新的有效手段。通过有性杂交，获得的杂种群体是许多性状的重新组合，除了直接从中选育出新品种，大量的杂种个体可以成为以后育种的亲本材料，也是育种中不可或缺的种质资源，为进一步育种奠定了坚实的基础。一直以来，各国的植物育种学家都十分重视育种基础材料的创新，许多高抗（多抗）和适应性强的优良品种大多是通过有性杂交育成，特别是利用多亲本杂交育种，综合多个亲本的优良特性。

有性杂交育种过程也是进行遗传学研究的过程。在遗传学研究中，有性杂交不但可以鉴定物种间的亲缘关系，而且它还是目标性状遗传分析的基础。不管是性状的显隐性分析、性状的分离规律与独立分配规律、多对相对性状杂种的遗传分析或是基因的互作分析，材料之间的相互杂交始终是目标性状遗传分析的第一步。只有在获得杂种一代（$F_1$）的基础上，通过自交、测交等方式才能对目标性状进行详尽的遗传分析。

有性杂交育种可适用于不同授粉方式和繁殖方式的园林植物。自花授粉植物品种自然变异小，基因型相对纯合，两纯系亲本杂交后通过分离选择可以育成新的品种；常异花授粉植物也可采用类似的方法选育新的品种；异花授粉植物品种为杂合群体，一般自交表现不亲和或生长势衰退，两个亲本杂交后在控制授粉条件下，通过混合选择或轮回选择可以育成新的品种，也可将若干优良品种（自交系）混合，任其自由授粉，育成具有一定杂种优势的综合品种；无性繁殖植物品种为杂合的无性系，杂交后即可在杂种 $F_1$ 的无性繁殖后代中选育出新的优良品种，供生产上应用。自花授粉植物的自然变异性较（常）异花授粉植物小，通过选择育种途径育成优良品种的机会也小，因此，有性杂交育种更适用于自花授粉植物的品种选育。

此外，杂交育种也不是独立的育种体系，若与其他育种方法相结合，如引种、倍性育种、诱变育种等，常会取得更好的效果。例如，韩国引种火炬松时，把火炬松与当地树种刚松进行杂交，得到的杂种表现非常好。又如菊花的育种，大多优良的异源多倍体品种，也是通过杂交得到四倍体、六倍体和八倍体，育种过程既是有性杂交育种，也是倍性育种。

## 12.2 杂交亲本的选择与选配

有性杂交中杂交亲本传递给杂种的基因是杂种性状形成的物质基础。育种者收集保存的大量的种质资源为育种工作提供了丰富的育种物质基础，具有了选育出新品种的可能性，但众多资源中选择哪些资源作为杂交育种的亲本，所选择的亲本资源如何利用是育种具体工作的关键。亲本选择是指根据育种目标，选用具有优良性状并能稳定遗传给杂种后代的资源作为杂交亲本，即选哪些资源做亲本的问题；亲本选配是指从挑选出来的亲本资源中，根据育种目标和性状配合力、传递力合理地配组杂交组合及确定配组方式，即如何使用所选择的资源亲本问题。亲本选择选配是杂交育种成败的关键，如果选择选配得当通过杂交可以获得符合育种目标的大量变异类型，达到事半功倍的效果，如果选择选配不当，即使做了大量的杂交工作，也不一定能获得符合选育目标的变异类型，造成土地、时间和人力浪费。

育种目标确定之后，就需要根据育种目标收集原始材料。为了恰当选择选配优良亲本，育种者必须对育种原始材料进行深入的观察，研究资源材料的性状表现和性状的遗传规律，为亲本选择选配做好准备。

### 12.2.1 选择亲本的原则

#### 12.2.1.1 从大量种质资源中精选亲本

首先应该尽可能多地搜集资源，然后从中精选具有育种目标性状的材料作亲本。

#### 12.2.1.2 尽可能选用优良性状多的种质材料作亲本

亲本在主要目标性状上应表现十分突出，遗传力强。此外，选择的亲本应具有综合性状好、优点多、缺点少的特点。即优良性状越多，需要改良完善的性状越少。

#### 12.2.1.3 明确目标性状，突出重点

目标性状要具体，更重要的是要明确目标性状的构成性状。因为许多经济性状如产量、品质等都可以分解成许多构成性状。构成性状比由它们构成的综合性状的遗传更简单，更具可操作性，选择效果更好。在抗病育种中要明确抵抗的具体病害的种类和主次（主抗和兼抗），生理小种（或株系），期望达到的抗病水平（病情指数）。育种目标涉及的性状很多，要求所有性状均优良的材料是不现实的。在这种情况下只能根据育种目标，突出主要性状。

#### 12.2.1.4　优先选择当地的推广品种

因为当地推广品种一般对环境的适应性强，以它为亲本之一，就可使选出的杂交后代在抗逆性、适应性等方面表现优良，避免当地自然灾害对新品种产生巨大影响。同时育出的新品种也容易被当地生产者接受。

#### 12.2.1.5　应选择遗传力强，一般配合力好的材料

一般讲，野生种比栽培种、老的栽培品种比新的栽培品种、当地品种比外来品种、纯种比杂种、成年植株比幼年实生苗、自根植株比嫁接在其他砧木上的植株遗传力要强。另外，母本对杂种后代的影响比父本大，因此要选择优良性状多的作母本。一般配合力是指某一亲本品种与其他若干品种杂交后，杂种后代在某个性状上表现的平均值与群体平均值的离差。用一般配合力好的品种作亲本，容易选出好的品种。一个品种具有优良性状和具有好的配合力虽有联系，但不是一回事，在某些情况下，亲本虽有优良性状，但由于配合力不强，杂种后代表现也不好。配合力的好坏要杂交以后才能测知。

### 12.2.2　亲本选配的原则

#### 12.2.2.1　父母本性状互补

性状互补是指父本或母本的缺点能被另一方的优点弥补。例如，上海植物园为了培育出在国庆节开花的早菊品种，选用了花型大、色彩丰富，但花期晚的普通秋菊和花型小、花色单调，但花期早的“五九菊”杂交，结果杂种后代综合了双方的优点，成功地育成了大批国庆节开花的早菊新品种。配组亲本双方可以有共同的优点，而且越多越好，但不允许有共同的缺点，特别是难以改进的缺点。亲本性状虽然可以互补，但后代并非完全表现优亲的性状。数量性状，杂种往往难以超过大值亲本（优亲），甚至连中亲值都达不到。

#### 12.2.2.2　选用不同生态类型的亲本配组

用地理上起源较远，生态型差别较大和亲缘关系较远的材料作为亲本进行杂交，所得的杂交组合可以丰富杂种的遗传组成，获得更多的变异类型和超越双亲的有利性状，增强杂种优势。由于双亲处于不同生态环境条件下，具有不同的优点，有利于选出适应性广泛和抗逆性强的优良新品种。例如，观赏价值高，适应性强，被世界各地广泛栽培的杂种香水月季就是由地理上起源较远的欧洲蔷薇和中国月季通过复交而得到的优良月季品种。又如杂种马褂木就是由产于中国的马褂木与北美鹅掌楸杂交后得到的，该杂种优势显著，生长势比亲本旺盛，落叶迟，抗性强。

#### 12.2.2.3　以优良性状多的亲本为母本

为了使胞质基因控制的有用性状也得到充分利用，一般应以具有较多优良性状的亲本作母本，只具少数特殊优良性状的材料作父本。在实际育种工作中，用栽培品种与野生类型杂交时，一般用栽培品种作母本。外地品种与本地品种杂交时，一般用本地品种作母本。

#### 12.2.2.4　用一般配合力高的亲本配组

前人所得出的成功经验可以反映所用亲本材料具有较高的一般配合力。

#### 12.2.2.5　注意父母本的开花期和雌雄蕊的育性

如果两个亲本的花期不遇，则用开花晚的材料做母本，开花早的材料做父本。因为花粉可在适当的条件下贮藏一段时间，等到晚开花亲本开花后授粉。

用雌性器官发育正常和结实性好的材料作母本。用雄性器官发育正常，花粉量多的材料作父本，有利于获得杂种种子。

## 12.3　有性杂交方式与技术

### 12.3.1　有性杂交方式

在一个杂交育种方案中，参与杂交的亲本数目以及各亲本杂交的先后次序，称为杂交方式。杂交方式是由育种目标和亲本特点确定的。

12.3.1.1 单交（single cross）

单交又称成对杂交，是指一个母本与一个父本的成对交配，以 A×B 表示。单交时，两个亲本可以互为父母本，即 A×B 或 B×A，如果认定前者为正交，则后者就是反交。当两个亲本优缺点能够互补，总体性状基本上符合育种目标要求时，应尽量采用单交方式。单交因其只进行一次杂交，所以方法简单易行，杂交及后代选择的规模相对较小。

在有性杂交中，通常把成对交配的亲本称为一个杂交组合。在成对杂交组合中，接受杂交花粉的植株叫母本，用符号“♀”表示，提供杂交花粉的植株叫父本，以符号“♂”表示，杂交用“×”表示。父本、母本统称亲本（parent），在杂交中一般母本写在前面，父本写在后面，如 A×B 表示 A 做母本，B 为父本。父、母本杂交后得到的种子长成的植株叫杂种第一代或杂种一代，以“$F_1$”表示，杂种一代自交得到的种子长成的植株叫杂种第二代，以“$F_2$”表示，依此类推。

12.3.1.2 复交（composite cross）

复交是指在整个杂交计划中两个以上亲本间的杂交。一般是先将一些亲本配成单交组合，再将单交组合相互杂交或与其他品种杂交，以使多个亲本优缺点能够互补。复交的方式因采用亲本数目和杂交方式的不同又可分为以下几种：

（1）三交，即（A×B）×C。在这类杂种中，A、B 两个亲本的核遗传组成在其杂交组合的 $F_1$ 中各占 1/4，而 C 亲本占 1/2。因此，在杂交过程中，一般把综合性状优良的个体安排在最后杂交，以增强杂种后代优良基因的遗传比例。

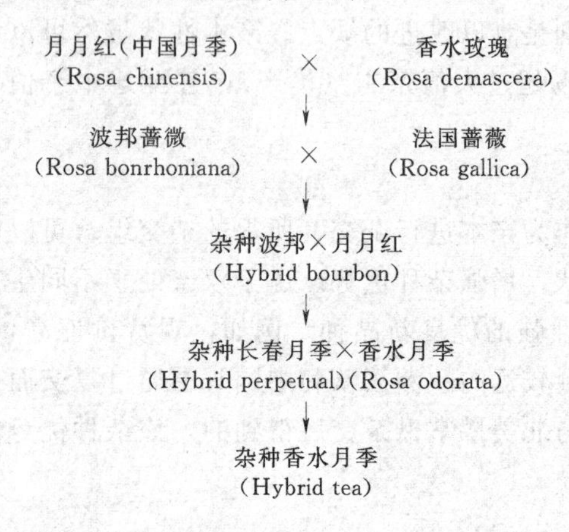

图 12-1 杂种香水月季的杂交育种程序

（2）双交，即（A×B）×（C×D）。例如（毛白杨×新疆杨）×（银白杨×灰杨）杂交。在双交杂种中，A、B、C、D 的核遗传组成各占 1/4。

（3）四交，即［（A×B）×C］×D。在四交的杂种后代中，A、B 亲本的核遗组成各占 1/8，C 亲本的核遗传组成占 1/4，D 亲本为 1/2。

（4）其他。此外，还有亲本数目更多的五交、六交等复交。复交时，由于各亲本的遗传组成的杂交后代中所占比重不同，所以复交时应安排好亲本在杂交中的先后次序。一般是将综合性状好的或具有主要目标性状的亲本放在最后一次杂交，以加大优良性状的比重。例如，目前在园林中广泛栽培的杂种香水月季，就是通过复交培育成的。其杂交育种程序见图 12-1。

12.3.1.3 多父本混合授粉

用多个亲本的花粉混合，对一个母本进行授粉，以 A×(B+C+D+…)表示。其目的是在一次杂交中就取得遗传基础更为丰富的原始材料，或克服远缘杂交不可配性而取得杂种。例如群众杨（*Populus*×‘*popularis*’）是华北、西北干旱盐碱地区重点推广的优良品种，是中国林科院以小叶杨为母本，钻天杨和旱柳的混合花粉（1∶8）进行杂交，通过选择而获得的混合无性系，其混合材料命名为群众杨。

## 12.3.2 熟悉花器构造和开花习性

了解亲本的花器构造和开花授粉习性，对于确定花粉采集时期和授粉时期以及杂交技术是十分必要的。

花器构造类型分两性花和单性花。雄蕊和雌蕊都具备的花称为两性花，如百合、郁金香、桃、杏等。只有雌蕊或只有雄蕊的花称单性花。在单性花中，有雌、雄同株的，如柏类、松类。有雌雄异株的，如杨、柳、银杏等。在两性花中应了解雄蕊和花柱是否等长，还应了解雄蕊数目，花药中的花粉量，以及雌蕊中的胚珠数等。

开花习性因不同种和品种而异，环境条件也影响开花早晚和花期长短。一个花序内花朵开放顺序也不同。如菊花是边缘的舌状雌花先成熟，中央的筒状两性花后成熟。两性花的同一花内的雌、雄蕊成熟时期也有不同，有同时成熟的，也有雌、雄蕊异熟的，有的花朵未开花前就可授粉，即所谓的闭花受精。有的花是风媒花，有的是虫媒花等。花开的时间在一天中也不同，如大多数观赏植物的花在早晨开放，而昙花则在夜间开放。因此，杂交前了解花器构造和开花习性，就易于掌握杂交技术和时机。

### 12.3.3　有性杂交技术

按照一定的规程，采用一定的技术实施杂交获得杂种，为后期选择新品种提供足够的杂种群体。

#### 12.3.3.1　母株和花朵的选择

根据育种目标的要求，选择生长健壮、开花结实正常的优良单株作为母株。在母株数量较多时，一般不要在路旁或人流来往较多的地方选择，以确保杂交工作的安全。去雄的花朵以选择植株中上部和向阳的花为好。每株保留3～5朵花较好，种子和果实小的可适当地多留一些，多余的摘去，以保证杂种种子的营养供给。

#### 12.3.3.2　去雄和隔离

去雄（emasculation）是除去隔离范围内的花粉来源，包括雄株、雄花和雄蕊。对于两性花，除严格自交不亲和和雄性不育材料外，在花药开裂前必须去雄，包括去除雄蕊或杀死隔离范围内的花粉，去雄时间因植物种类而异。除闭花受精植物外，一般都在开花前24～48h去雄。两性花的母本为防止自交，杂交前需将花蕾中未成熟的花药除去。花苞达最大而花瓣尚未裂开时进行最好。去雄时可用手或镊子，操作时左手握住去雄花的花梗，右手执着镊子小心的拨开花瓣使雄蕊露出，而后夹去带有花药的花丝，同时注意尽量不要碰伤雌蕊。如果有的花被较长，可剪去一部分。如发现花蕾内有虫或个别花药已裂，说明柱头有可能已接受花粉，则应去除不用。去雄时如果工具被花粉污染，须用70%酒精消毒。去雄方法因植物种类不同而不同，菊科植物一般用吸管吸足水后用水流冲去中央的筒状花花粉。

为避免去雄后的花朵天然杂交，在去雄后应立即套袋隔离（isolation），隔离的目的是防止隔离范围外花粉的混入。父本和母本都需要隔离。隔离的方法分为空间隔离、器械隔离和时间隔离。器械隔离包括网室隔离、硫酸纸袋隔离等。空间隔离一般用于种子生产。在育种试验地里，对于较大的花朵也可用塑料夹将花冠夹住或用细铁丝将花冠束住，也可用废纸做成比即将开花的花蕾稍大的纸筒，套住第二天将要开花的花蕾。袋内要留有适当空隙，使花朵生长良好。对于同一朵花的花药开裂时间较长的花卉，如山茶，它的父本花朵也应在开花前套上袋子隔离。花枝太纤细的材料，如凤仙等最好用网纱隔离。时间隔离一般只在制种田制种时用，在育种操作中很少采用，因为时间隔离与花期相遇是一对矛盾。套袋后挂上纸牌或塑料牌，用铅笔注明日期。

#### 12.3.3.3　花粉的收集和贮藏

1. 花粉收集

为了保证父本花粉的纯度，在授粉前对将要开放的发育好的花蕾或花序必须应先套袋隔离，以免掺杂其他花粉，待花粉成熟散粉时，可直接采摘父本花朵，对母体进行授粉。也可以把花朵或花序剪下，在室内阴干后，收取花粉。柳树等种子小、成熟期短的植物可预先剪取花枝，进行水培，待散粉时可轻轻敲击花序，使花粉落于光滑洁净的纸上，去杂收集。

2. 花粉贮藏

对于双亲花期不能相遇或亲本相距很远的植物种类，如果父本花先于母本花开放，可将父本花粉收集后，妥善贮藏或运输，待母本花开放时再进行授粉，从而打破杂交育种中双亲时间上和空间上的隔离，扩大杂交育种范围。

花粉贮藏原理在于尽量创造一个能使花粉代谢强度降低而延长花粉寿命的环境条件。花粉寿命长短与植物种类及所处的环境条件有关。一般在自然条件下，自花授粉植物寿命比常异花、异花授粉植物短。例如，杉木的花粉可活17年，而菊花的花粉取下几个小时以后就可能失去生命力。控制温度、湿度、光照等条件对延长花粉的寿命有着重要影响。一般低温、干燥、黑暗有利于较长时间保持花粉的活力。

花粉贮藏方法是将花粉采集后先阴干，以不黏为度，再除去杂质，分别装在小瓶里，数量约为小瓶容量的1/5左右，瓶口用纱布或棉球封扎，瓶外贴上标签，注明品种、花粉的采集日期，然后将小瓶置于干燥器内，干燥器内底层可盛无水氯化钙、硅胶或比重1.45的硫酸、醋酸钾饱和溶液或生石灰。将干燥器放于阴凉、黑暗的地方，最好是放置在2～3℃的冰箱中。如果没有这些设备，可把装有花粉的小瓶放在盛有生石灰的箱子里，湿度保持25%以上，放在阴凉、干燥、黑暗的地方，也可达到短期贮藏的目的。

3. 花粉生活力测定

经长期贮藏或从外地寄来的花粉，为保证杂交成功，在杂交前必须对花粉生活力进行测定。测定花粉生活力的方法有以下几种：①直接授粉法。此法是将待测花粉直接授在同样植物的雌蕊柱头上，并做好隔离工作。隔一段时间后切下柱头，在显微镜下检查花粉萌发的情况，或看最后结籽情况。②形态鉴定法。将花粉放在显微镜下观察，失去生活力的花粉通常表现为畸形、皱缩等。③染色法。花粉发芽过程中有些酶能引起氧化还原反应，进而使生物染料产生颜色变化。花粉在过氧化氢、α-萘酚的作用下，有活力的花粉呈蓝色、红色或紫红色，没活力的花粉不变色。另外，还可采用氯化2，3，5-三苯基四氮唑（TTC），有活力的花粉能使TTC由无色溶液变成红色。④花粉发芽试验。用1%～2%的琼脂和5%～20%的蔗糖配制成培养基，将花粉撒播在培养基上，在25℃左右培养，隔一定时间在显微镜下检查花粉萌发情况。如果在培养基上加入10mg/L的硼酸对花粉花芽有良好的促进作用。

**12.3.3.4** 授粉

通常在去雄后1～2d雌蕊成熟期授粉，此时可看到柱头分泌黏液或发亮时，即可授粉。为确保授粉成功，最后两三天内重复授粉2～3次，授粉工具可为毛笔、棉签、橡皮头等。对于风媒花，由于花粉多而且干燥，可用喷粉器授粉。使用喷粉器时，可不解除套袋，而在套袋上方钻一小孔喷入。授粉工具授完一种花粉后，必须用酒精消毒，才能授另一种花粉。授粉后立即封好套袋，并在挂牌上标明杂交组合、授粉日期、授粉次数等。待数日后柱头萎蔫或子房明显膨大即可将套袋除去，以免套袋妨碍果实生长。

**12.3.3.5** 杂交后的管理

杂交后要细心管理，创造良好的、有利于杂种种子发育的条件。有的花灌木要随时摘心、去蘖，以增加杂交种子的饱满度。同时注意观察记录，及时防治病虫和人为伤害。为防止套袋不严、纸袋脱落或破损而发生非目的杂交，保证杂交结果正确可靠，杂交后的最初几天内应注意检查，以便及时采取必要的补救措施。雌蕊受精的有效期过后，应及时摘袋。同时加强母本杂交种株的栽培管理，如提供良好的肥水条件，及时摘除没有杂交的花和果等。杂交种株在必要时可设支架防止倒伏。

由于不同植物、不同品种种子成熟期有一定差异，须注意适时采种。对于种子细小而又易飞落的植物，或幼果易为鸟兽危害的植物，在种子成熟前应用纱布袋套袋隔离。杂种成熟后，采收时连同挂牌放入牛皮纸袋中，注明收获时期，分别脱粒、贮藏。

**12.3.3.6** 花期调整

杂交育种时，有时选择的两个杂交亲本开花时间不一致，特别是父本花期晚而花粉又难于贮藏的情况下，在母本花期难于进行杂交，在这种情况下，就需对开花期进行调整或收集父本花粉贮藏。亲本花期的调节，通常采取以下措施。

1. 调节播种期

一年生花卉通过这种方法调节开花期一般是有效的。通常将母本按正常时期播种，父本分期播种，保证使其中的一个时期开花与母本相遇。

2. 植株调整

对于开花过早的亲本，可摘除已开花的花枝和花朵，达到调节开花期的目的。

3. 温度、光照处理

很多园林植物的开花与温度和光照有关。一般来说，低温促进二年生园林植物，短日照促进短日性植物如波斯菊、大花牵牛、一串红等花芽的形成。形成花芽后的植株置于高温下可促进抽薹开花，低温下延迟开花。长日照促进长日性植物（如翠菊、蒲包花）提前开花，瓜叶菊花芽分化要求短日照，而开花要求长日照。

4. 采用适当的栽培管理措施

通过控制氮、磷、钾施用量与比例及土壤湿度等均可在一定程度上改变花期。一般来说，氮肥可延迟开花。断根也是控制开花的办法，一般有提早花期的作用。

5. 植物生长调节剂处理

植物生长调节剂（如赤霉素、萘乙酸等）可改变植物营养生长和生殖生长的平衡关系，起到调节花期的效果。10mg/L 的 $GA_3$ 对二年生植物有促进开花的作用。ABA 可促进牵牛、草莓等植物开花，但使万寿菊延迟开花。

6. 切枝贮藏、切枝水培

对于父本可以通过这一措施延迟或提早开花。对母本一般不采取这种方法，因为一般来说，切枝水培难以结出饱满的果实和种子。但杨树、柳树、榆树等的切枝在水培条件下杂交也可收到种子。

在杂交前还要选择健壮的花枝和花蕾，以保证杂交种子充实饱满。十字花科和伞形科植物应选主枝和一级侧枝上的花朵杂交。百合科植物以选上、中部花杂交为宜。葫芦科植物以第 2～3 朵雌花杂交才能结出充实饱满的果实和种子。豆科植物以下部花序上的花杂交为好。菊科植物以花盘外围的花适合。

#### 12.3.3.7　室内切枝杂交

对于种子小而成熟期短的植物，如杨树、柳树、榆树、菊花等，可剪下花枝，在室内水培。这样可避免杂交操作的困难，便于隔离和管理，且可免受风、霜影响。

1. 花枝的采集和修剪

从已选定的母本植物上剪取无病虫害、生长粗壮的枝条，长短视培养空间而定，父本枝条可稍短些。采回的枝条水培前要先进行修剪，除去无花芽的徒长枝。母本花枝保留花朵不宜过多。菊花每组合 3～4 朵花蕾，杨树每枝留 1～2 个叶芽和 3～5 个花芽，多余的除去，以免消耗枝条养分，影响种子发育。

2. 水培和管理

把修好的枝条，插在盛清水的瓦罐或广口瓶中，每隔 1～2d 换水或修剪枝条基部。也可在清水中加入营养液、蔗糖等营养物质。培养花枝期间要注意保持适当温度、湿度，保持室内空气流通，防止病虫害发生。

3. 去雄、隔离和授粉

如果是两性花，开花前要进行去雄工作，方法同前所述。如果是单性花，为防止花粉污染，可在雌花上套袋。假如室内条件允许，可把不同的组合或不同的父本，分别放在不同室内。由于同一花序中不同部位的小花开放时间存在一定差异，如杨树基部和前端花期相差可达 2～3d，所以授粉工作应分多次进行。

4. 种子采收

为避免种子飞散，在果实即将成熟时，及时套袋收集种子。全部成熟后连同袋子一起取下，注明杂交组合，授粉时期和采种期，并按组合分别保存。

## 12.4　有性杂交后代的选育

通过杂交获得杂种，为选育新品种提供了素材，是杂交育种漫长历程的真正开始。杂种要经过培育、鉴定、选择，最后才能实现杂交育种的目的。

### 12.4.1　杂种培育

人工杂交取得的杂交种子数量较少，且容易出现种子不成熟、出苗率低等问题。因此，为了能在杂种后代中选出符合育种目标的优良品种，必须提高杂交种子数量。一般杂种的材料多，选择优良品种的可能性就大，所以在人力物力等条件允许时，尽可能地在一个杂交组合内争取杂交更多的花朵，并在授粉时提供大量有生活力的花粉，采取多次授粉等措施，以获得较多的杂种材料。

对于已获得的杂种种子，在种子的加工、贮藏、播种、育苗等方法上也应特别仔细。为提高选择的正确性，培育杂种苗时，应注意培育条件的一致性。例如播种日期、方式、密度、移栽日期、株行距、土肥条件、光照等都要尽量保持一致。为防止混淆，要随时做好挂牌、观测、登记等项工作。

### 12.4.2　杂种后代的选择

杂交是基因重组的过程。由不同亲本杂交产生的各种杂交个体，往往具有不同的遗传基础，只有通过选择才能把具有优良遗传基础的个体挑选出来。选择应贯穿于杂种培育的全过程。

#### 12.4.2.1 系谱法（pedigree method）

系谱法是杂交育种中最常用的选择方法。选择从杂种的第一次分离世代开始，其后各代以入选单株为单位分系种植，经过连续多代单株选择直至株系的性状稳定一致，才将入选株系混收为新品系。

1. 杂种一代（$F_1$）

分别按杂交组合播种，每一组合种植约几十株，两旁种植父母本，以便鉴别假杂种和目标性状的遗传表现。理论上，自花授粉植物品种间和异花授粉植物自交系间杂交的 $F_1$ 群体植株间表现基本一致。因此，$F_1$ 代一般不作严格选择，只根据组合表现淘汰很不理想的组合，在这组合内一般不进行株选，只淘汰假杂种和个别性状显著不良的植株。由于属于隐性基因控制的优良性状和各种有利基因的重组类型在 $F_1$ 尚未表现，故对杂交组合选择不能过严。杂交组合内植株间不隔离，但应与父母本和其他组合相隔离。按组合混收种子。多系杂交的 $F_1$ 和异花授粉植物品种间杂交的 $F_1$ 的处理同自花授粉植物单交种的 $F_1$，不仅播种的株数要多，而且从 $F_1$ 开始就需在优良组合内进行单株选择。

2. 杂种第二代（$F_2$）

将从 $F_1$ 混合收获的种子按组合分区播种。$F_2$ 是性状强烈分离的世代。该世代种植的株数要多，群体规模要大，以保证 $F_2$ 能分离出符合育种目标的个体。如果育种目标要求的性状较多或连锁，或目标性状是由多基因控制，或为多亲杂交的后代，则 $F_2$ 种植株数要求更多。在实际育种工作中，应预先根据选育目标和 $F_2$ 及以后世代可能种植的总株数拟定配制的组合数和选留的组合数。$F_2$ 可不设重复。自花授粉植物品种间或异花授粉植物自交系间杂交的 $F_2$ 代又是性状开始分离的世代。因此，这一世代的主要工作是进行组合间的比较选择，并从优良组合中选择优良单株，同时淘汰综合性状表现较差的组合。要尽可能多入选一些优良的单株，选留的单株数应根据下代可能种植的株系数和总株数来确定。原则上，入选的株系数多些，每一株系入选的株数可少些。通常，优良组合的入选株数约为本组合群体总数的 5%～10%。

$F_2$ 株选工作是后续世代选择的基础。如果选择得当，则后续世代的选择可继续使性状得到改进提高，否则影响后续世代的选择效率。因此，$F_2$ 选择要审慎，选择标准也不要过严，以免丢失优良基因型。$F_2$ 单株选择的重点是针对遗传力高的质量性状进行选择，不宜针对遗传力低的数量性状进行选择。因为数量性状易受环境的影响，必须根据设有重复的群体表现才能准确地选择。异花授粉和常异花授粉植物品种间杂种的 $F_2$ 或多亲杂交的 $F_2$，按自花授粉植物品种间杂交 $F_3$ 的选择标准和方法进行。同时当选植株必须自交留种。

3. 杂种第三代（$F_3$）

$F_2$ 入选优良单株的后代分别播种一个小区，即每一单株后代成为一个系统，按顺序排例。每一小区种植几十株，每隔 5～10 个小区设一对照。$F_3$ 的选择仍然以质量性状选择为主，并开始对数量性状进行选择。故从 $F_3$ 起要重视比较株系间的优劣，按主要经济性状选择优良株系，在当选的株系中选择优良单株。如果在淘汰的株系内确有个别突出的优良单株，也可选留。入选的优良单株应自交留种。$F_3$ 入选的株系数应多一些，以防优良株系漏选，而每一入选株系选留的单株可以少一些（每一株系入选 6～10 株）。如果在 $F_3$ 中发现性状比较整齐一致的优良株系（这种情况较少），对于自花授粉植物则在去劣后混合采种，下一代升级鉴定；对于异花授粉植物则在去劣后进行人工控制的系统内株间接粉（以防本系统外的花粉传粉），混合采种，下一代升级鉴定。

4. 杂种第四代（$F_4$）

$F_3$ 入选的优良单株的后代分别播种一个小区，每小区种植 60 株左右，设两三次重复。来自 $F_3$ 同一系统（即同属于 $F_2$ 一个单株的后代）的 $F_4$ 系统为一个系统群（sid group），同一系统群内各系统为姐妹系（sid line）。不同系统群的差异一般较同一系统群内姐妹系之间的差异大，而姐妹系的综合性状一般表现相近。因此，在 $F_4$ 应首先比较系统群的优劣，在当选的优良系统群内选择优良系统，再从当选系统中选择优良单珠。$F_4$ 是对质量性状和数量性状选择并重的世代。因此，必须设置重复，而且 $F_4$ 小区内种植的株数多于 $F_3$，以便准确地鉴定比较有关目标性状。$F_4$ 可能开始出现性状较为稳定的系统。对性状稳定的优良系统，可系统内混合留种（系统间隔离），下一代升级鉴定。如果优良的系统群中各姐妹系表现一致，可按系统群混合留种，下一代升级鉴定。

5. 杂种第五代（$F_5$）及其以后世代

入选的单株分别播种，各自成为一个系统。其种植方式和选择方法与 $F_4$ 相似，但需适当扩大小区面积，设置重复，以获得可靠的性状鉴定结果。多数系统的性状已稳定，主要进行系统的比较和选择。随着杂种世代的增加，优良系统也越来越集中于少数优良系统群，因此，以后一般以系统群为单位比较选择。首先，选出优良系统群，再从优良系统群中选出优系混合留种，升级鉴定。同一系统群中表现一致的姐妹系，可以混合留种，升级鉴定。$F_5$ 尚不稳定的材料需继续单株选择，直到选出性状整齐一致的系统为止。当得到主要性状整齐一致的优良系统后，单株选择工作即可结束，按系统或系统群混合留种成为优良品系。优良品系经品比试验、区域试验、生产试验等品种试验程序后即可成为新品种在生产上推广应用。

常异花授粉植物和异花授粉植物杂种后代进行系谱选择时，需要分株套袋。以防止因杂交而达不到系谱选择的效果。对于异花授粉植物，为了加速系统纯化并防止生活力衰退，除采用二、三代单株自交后进行同一系统内株间交配或相似的姐妹系交配外，还可采用母系选择法。

**12.4.2.2** 混合法（bulk population method）

混合法又称混合单株选择法，它是前期进行混合选择，最后进行一次单株选择。适用于株行距小的自花授粉植物的杂交后代的处理。

从 $F_1$ 开始分组后混合种植，一直到 $F_4$ 或 $F_5$。对于繁殖系数低的植物，最初几代可以把上一代植株上所收种子全部种植，以加速扩大群体，在 $F_4$ 或 $F_5$ 以前有时完全不加选择，但通常是在这些世代中针对质量性状和遗传力高的性状进行混合选择，到 $F_4$ 或 $F_5$ 进行一次单株选择，入选的株数约几百株，应尽可能包括各种类型。$F_5$ 或 $F_6$ 按株系种植，每一株系的株数较少，为 10～20 株，随机区组设计，设置 2～3 次重复。同时严格入选少数优良株系（约占株系数的 5%），升级鉴定。

这种方法的理论依据是自花授粉植物的杂交后代经几代繁殖后，群体内大多数个体的基因型已趋于纯合。在各分离世代保持较大的群体，可为杂种重组基因型的出现提供机会。此法的优点在于：由于子代分离世代的群体大，到 $F_4$ 或 $F_5$ 进行一次单株选择，不会丢失优良的基因型，又可以只经过一次单株选择，得到性状稳定的系统，方法简便易行，用于自花授粉植物的选择效果有时不低于系谱法；分离世代群体大，处于自然选择下，易获得对生物有利性状；对分离世代长、变异幅度大的多系杂种的选择效果较好。此外，这种方法还往往会得到育种目标以外的优良重组类型。

该法的缺点是对于那些人工选择目标和自然选择目标不一致的性状，就有可能在混合种植过程中丢失；未加选择地度过分离世代，后代中存在许多不良基因类型；杂种后代种植的群体必须相当大，否则会使优良基因丢失；高代群体大，增加了选择工作量，因为许多不良类型都被保留到了高代；对入选系统的亲缘关系无法考证，因此，系统取舍较系谱法难。

**12.4.2.3** 单子传代法（single seed descent，SSD）

单子传代法为混合法的一种衍生选择法，适用于自花授粉植物。该方法是从 $F_2$ 代开始每代都保持同样规模的群体，一般种植 200～400 株。从 $F_2$ 开始每代从各单株取一粒种子播种下一代（往往每株取 3 粒，组成 3 份播种材料，2 份播种，1 份保留），每代不进行选择，一直繁殖到遗传性状不再分离的世代为止（$F_4$～$F_5$ 代），再将每个单株种子分别采收，播种成 200～400 个株系，以后进行株系间比较鉴定，一次选出符合育种目标的株系，升级鉴定。

单子传代和混合法相比的优点是：控制 $F_3$～$F_5$（$F_3$～$F_5$ 进行单子传代时）各代群体大小不超过 $F_2$，由于群体较小，适于进行株行距大的植物和在保护地内加代；保证每一个 $F_2$ 个体有均等繁殖后代的机会，$F_2$ 有多少单株，$F_3$ 仍有那么多单株，群体规模易于控制。单子传代法和系谱法相比的优点是：减少 $F_3$、$F_4$ 分系种植和选择的工作量，当 $F_2$～$F_3$ 的群体较大、而且 $F_5$ 保留的单株又多时，$F_6$ 可以同时有大量性状差异大的纯育株系供比较选择。单子传代法与系谱法相比的缺点是：当目标性状由多基因控制，而 $F_2$ 的群体又小时，育种目标所期望的基因型可能不出现而系谱法对 $F_2$ 进行了优良单株的选择，为后代分离出理想基因型个体提供了较多的机会；对 $F_5$ 或 $F_6$ 株系的历史和亲缘关系无法考证，缺乏多代表现和亲族佐证，因而对株系取舍的判断较为困难。因此，针对上述不足，单子传代法的程序可做适当改进。例如，可在 $F_2$ 种植较大的群体，针对遗传力高的性状进行一次选择，入选单株混播成 $F_3$，从 $F_3$ 开始进行单子传代。

杂种后代的选择方法除上述3种外，还有多种方法。在选择育种中介绍的选择方法几乎都可以应用，应在育种实践中根据园林植物的特点和$F_2$的分离情况等灵活掌握。例如，当$F_2$群体分离很大时，宜采用系谱法；$F_2$群体分离小时，用单子传代法也可取得较好的育种效果。对于异花授粉植物不宜采用系谱法和连续的多代自交，可以采用母系选择法或单株选择和混合选择交替进行的方法。同时，为了加快育种进程，可结合杂种后代的选择鉴定，利用与目标性状有关的分子标记，进行分子标记辅助育种，在表现型尚未充分体现的早期世代进行选择鉴定。

一般一、二年生的草花，杂交后往往在第一代就发生分离，所以在第一代就可以进行单株选择。如果选出符合要求的优良单株能够进行无性繁殖的，就建立无性系，不能进行无性繁殖的，可选择出几株优良单株，在它们之间进行授粉杂交，再从中选出优良单株。早花性和抗性一般分离比较早，所以可进行早期选择，并根据育种目标淘汰不必要的组合。对于多年生植物，尤其是木本植物，由于生长期长，杂种的优良性状要经过相当长时间才能表现出来，因此不要过早淘汰，一般需经过3～5年观察比较，再作出抉择。对选出的优良杂种，为尽快形成新品种、新品系，可采取适当的繁殖方法，如组织培养法，迅速增加繁殖系数。在有条件的地方，可利用温室创造杂种生长发育所需要的条件，提高育种效率。

## 12.5 回交育种

### 12.5.1 回交育种的概念及意义

由单交得到的杂种$F_1$，再与其亲本之一的杂交，叫做回交（back cross）。以（A×B）×A或（A×B）×B表示。在采用回交时，应当在$F_1$代即进行回交。多次用作回交的亲本称为轮回亲本（recurrent parent），因为它是目标性状的接受者，所以又称为受体亲本（receptor）。仅在第一次杂交时用到的亲本叫做非轮回亲本（non - recurrent parent），它是目标性状的提供者，又叫供体亲本（donor）。表达式如下：

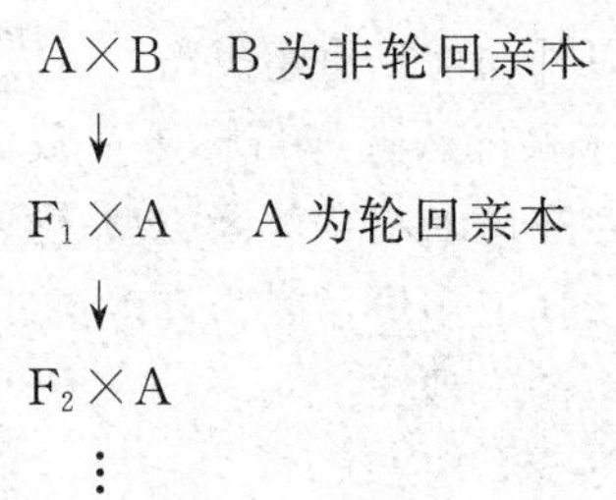


此外，也用$BC_1$或$BC_2$分别表示回交一次或两次，以$BC_1F_1$、$BC_1F_2$分别表示回交一次的一代和回交一次自交的二代。

把供体的目标性状通过回交导入受体的育种方法称为回交育种。1922年美国的Harlan & Pope首先指出回交育种法在作物育种上的利用价值。他们在改良大麦芒的特性时，回交育种收到了较为理想的效果。自此，回交育种是实现基因转移的重要途径，成为植物育种家"修缮"品种的利器，可有效改进品种的个别性状。当甲品种有许多优良性状，而存在个别缺点时，可选择具有甲品种所需性状的乙品种与甲杂交，$F_1$及以后各代均用甲进行一系列回交和选择，使甲品种的原有性状得以恢复，同时也从乙品种获得了需要改进的性状。例如中山杉302（T.'*Zhongshansha* 302'）是江苏省中国科学院植物研究所于20世纪80年代从落羽杉×墨西哥落羽杉杂交后代中选育出来的优良品种，具有生长快和耐盐碱等特性。但由于该无性系插枝生根率低，育苗成本高，种苗供应困难，影响该树种的大面积推广。江苏省中国科学院植物研究所于20世纪90年代开始着眼于中山杉无性系的优化复壮和新品系的培育更新工作，开展了以中山杉302为母本，墨杉为父本的回交选育，从中选出4个具有潜在推广价值的优良无性系。因此，回交育种速度快，在改良植物品种个别缺点时有独特的功效。在观赏植物育种中，开展回交育种更多的目的是改善某一品种的抗性，如中国科学院昆明植物研究所以"华王"秋海棠（B.'*China King*'）作为轮回亲本，长翅秋海棠（B. *longialata*）作为抗白粉病的供体亲本，进行连续三次回交，在获得的回交三代（$BC_3$）

群体中，选择抗病植株连续自交两次，选育区分抗病性不分离的植株；另选部分 $F_1$ 抗病株连续自交二代，在 $F_3$ 中选择出纯合、稳定的银绿斑、抗病植株，培育出目的新品种（见图 12-2）。

P　银绿斑撼病(♀)×无斑抗病(♂)
rr　RR
Rr×rr
抗病株　银绿斑感病
$BC_1$　rr　Rr×　rr
感病株淘汰　抗病株　银绿斑感病
$BC_2$　rr　Rr　×rr
感病株淘汰　抗病株　银绿斑感病
BC3　Rr　rr
抗病株　感病株淘汰
自交
1RR　2Rr　1rr
抗病株　抗病株　感病株淘汰
自交　自交
抗病性不分离　抗病性分离淘汰

图 12-2　秋海棠抗病性回交改良步骤

注：R 代表显性抗白粉病基因、r 表示隐性感白粉病基因，其他基因未图示。

## 12.5.2　回交的遗传效应

在回交育种后代群体中，杂合基因型逐渐减少，纯合基因型相应增加，纯合基因型变化的频率与自交群体是一样的，都是 $(1-1/2^r)^n$（$n$ 为杂种的杂合基因对数，$r$ 为回交的次数）。但是，回交与自交后代群体中纯合基因型的性质是不一样的。在回交后代的群体中，纯合基因型只有一种，即轮回亲本的基因型，而在自交的后代群体中，纯合基因型则有 $2^n$ 种。也就是说，就轮回亲本这一种纯合基因型来说，回交比自交达到轮回亲本纯合基因型的速度要快。

轮回亲本和非轮回亲本杂交后，杂种每与轮回亲本回交一次，轮回亲本的基因在原有的基础上增加 1/2，而非轮回亲本的基因频率则相应地减少 1/2。轮回亲本基因恢复的频率可用 $1-(1/2)^{n+1}$ 公式加以计算（见表 12-1 和表 12-2）。

表 12-1　回交过程中亲本基因频率的变化

| 世　代 | 亲本基因频率/% | | 世　代 | 亲本基因频率/% | |
|---|---|---|---|---|---|
| | 轮回亲本 | 非轮回亲本 | | 轮回亲本 | 非轮回亲本 |
| $F_1$ | 50 | 50 | $BC_4F_1$ | 96.875 | 3.125 |
| $BC_1F_1$ | 75 | 25 | $BC_5F_1$ | 98.4375 | 1.5625 |
| $BC_2F_1$ | 87.5 | 12.5 | ⋮ | ⋮ | ⋮ |
| $BC_3F_1$ | 93.75 | 6.25 | $BC_nF_1$ | $1-(1/2)^{n+1}$ | $(1/2)^{n+1}$ |

由此可见，回交过程中，轮回亲本的基因频率逐渐增加，非轮回亲本基因频率逐渐减少，而要点在于选择具有目标性状的个体回交，以便实现回交育种的目的。

表 12-2　在回交后代中从轮回亲本中导入基因的纯合体的比率　%

| 回交世代 | 等位基因对数 | | | | | | | | | | |
|---|---|---|---|---|---|---|---|---|---|---|---|
| | 1 | 2 | 3 | 4 | 5 | 6 | 7 | 8 | 10 | 12 | 21 |
| 1 | 50 | 25 | 12.5 | 6.3 | 3.1 | 1.6 | 0.8 | 0.4 | 0.1 | 0 | 0 |
| 2 | 75 | 56.3 | 42.2 | 31.6 | 23.7 | 17.8 | 13.4 | 10.0 | 5.6 | 3.2 | 0.2 |
| 3 | 87.5 | 76.6 | 67.0 | 58.6 | 51.3 | 44.8 | 39.3 | 34.4 | 26.3 | 20.1 | 6.1 |
| 4 | 93.8 | 87.9 | 82.4 | 77.2 | 72.4 | 67.9 | 63.6 | 59.6 | 52.4 | 46.1 | 25.8 |
| 5 | 96.9 | 93.9 | 90.9 | 88.1 | 85.3 | 82.7 | 80.1 | 77.6 | 72.8 | 68.4 | 51.4 |
| 6 | 98.4 | 96.9 | 95.4 | 93.9 | 92.4 | 91.0 | 89.6 | 88.2 | 85.5 | 82.8 | 71.9 |
| 7 | 99.2 | 98.5 | 97.7 | 96.9 | 96.2 | 95.4 | 94.7 | 93.9 | 92.5 | 91.0 | 89.6 |
| 8 | 99.6 | 99.2 | 98.8 | 98.4 | 98.1 | 97.7 | 97.3 | 96.9 | 96.2 | 95.4 | 92.1 |
| 9 | 99.8 | 99.6 | 99.4 | 99.2 | 99.0 | 98.7 | 98.5 | 98.3 | 97.9 | 97.5 | 95.7 |

## 12.5.3　回交亲本的选择

轮回亲本是回交育种中欲改良的对象，它应是在当地适应性强、综合性状好的、只存在个别缺点、经数年改良后仍有发展前途的推广品种。缺点较多的品种不能用作轮回亲本。如果轮回亲本选的不准，经过几次回交后，选育的新品种落后于生产需要，就将前功尽弃。此外，新育成的品种如有个别缺点需要改良的也可作为轮回亲本。

非轮回亲本（供体）的选择也是很重要的。它必须具有改进轮回亲本缺点所必需的基因，并且其他性状也不能太差，因为其整体性状的好坏也影响着轮回亲本的性状的恢复程度和所必须进行的回交的次数，此外，目标性状最好不与不利性状基因有连锁，否则为了打破连锁，实现重组，要增加回交的次数。

目标性状最好是由简单遗传的显性基因控制，并有较高的遗传力，以便识别和选择。如果通过回交转育的是质量性状，应选择一个其他性状与轮回亲本尽可能相似的非轮回亲本，这样可以减少为恢复轮回亲本理想性状所需要的回交的次数。

## 12.5.4 回交后代的选择

在回交后代中必须选择具备目标性状的个体再做回交才有意义，这关系到目标性状能否被导入轮回亲本，亦即回交计划的成败问题。

为了更快地恢复轮回亲本的优良性状，应该注意从回交后代，尤其是在早代中选择具有目标性状而经济性状又与轮回亲本尽可能相似的个体进行回交。具体的做法，因转移的目标性状的显性和隐性、是质量性状还是数量性状有所不同。

### 12.5.4.1 质量性状基因的回交转育

1. 显性基因的回交转育

如果要转移的性状是由显性单基因控制的，且转移的性状容易在回交杂种植株中识别，则回交是比较容易的。其回交的程序如图 12－3 所示。

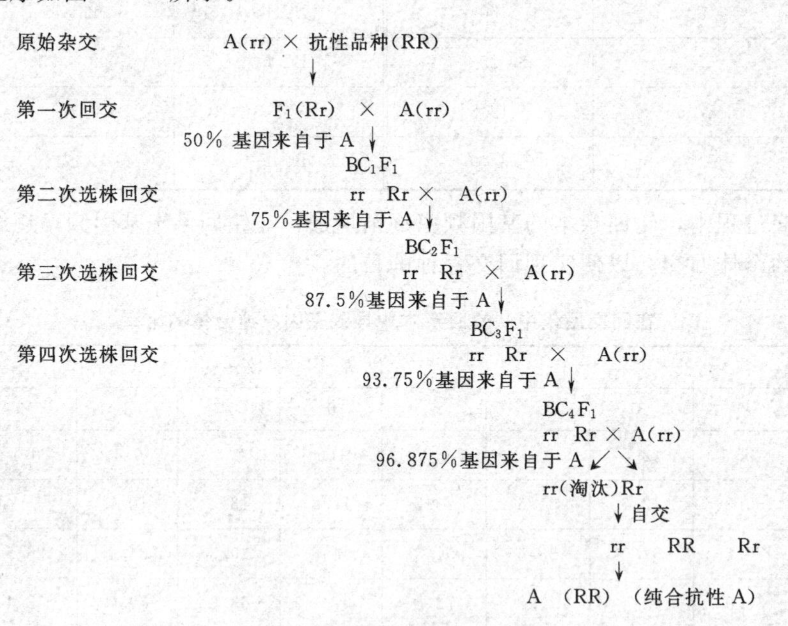


图 12－3 显性基因的回交转育

通过连续多次的回交，再将回交的后代进行两次自交，以鉴定 RR 基因型，促进其纯合，这时，其植株的基因型已恢复到轮回亲本 A 的基因型但获得了抗性基因 RR。

2. 隐性基因的回交转育

如果要导入的抗性基因是隐性基因 rr，每次回交后代分离为两种基因型 RR 与 Rr，而 Rr 不可能在表现型上鉴定出来，必须使杂种自交一代，以便在和轮回亲本回交前发现抗性（rr）个体；用抗性（rr）个体继续与轮回亲本回交，最后自交两次，可得到纯合的 rr 后代（见图 12－4）。

### 12.5.4.2 数量性状基因的回交转育

对于数量性状基因的回交导入，受到控制该性状基因数目及环境的作用两个因素的影响，回交后代群

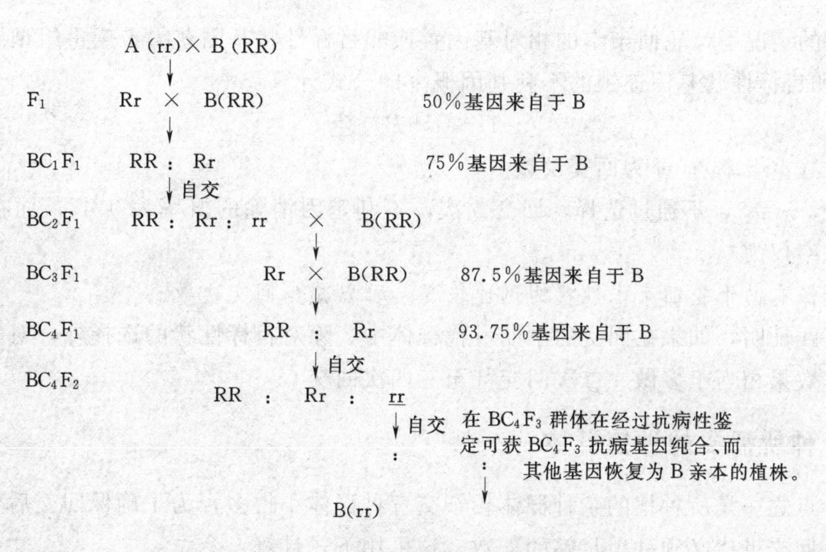


图12-4　隐性基因的回交转育

体中出现目标性状基因型的比例很少。为了导入目标性状，种植及回交的株数将急剧增加，群体要很大。由于环境对目标性状有较大的影响，对目标性状的鉴定比较困难。因此，对于数量性状基因的导入，很少使用回交法。

对于多个由主基因控制的数量性状的导入虽然十分困难，但也是可行的。可采用以下两种方法：

(1) 逐步回交法即在同一育种方案中转移几个目标性状的基因。具体做法是选择几个分别具有不同目标性状的供体亲本，先以一个供体亲本与轮回亲本进行杂交，通过回交进行性状的转移，获得一个性状得到改良的材料后，再以该材料作为轮回亲本，进行第二个性状的转移，如此下去，使该轮回亲本的几个性状逐步得到改良。

(2) 聚合回交法即在几个不同的回交方案中，分别转移不同的基因，最后将它们组合到一个个体中。当转移多个性状时，在同一时期内鉴定具有多个性状的个体有很大的困难。而如果每一性状分别独立进行回交，每次只对一个性状进行鉴定则比较有把握。在单独回交分别获得一定品系后，再进行各单独回交后代品系间的相互杂交，就可在后代中选择到将不同亲本性状组合在一起的新品系。

假设：$P_1$是综合性状较好的品种，但不抗病且早花，而$P_2$品种是抗病品种，$P_3$品种是早花品种。如果要将$P_1$品种改良成抗病而且早花的品种，可进行以下回交（见图12-5）。

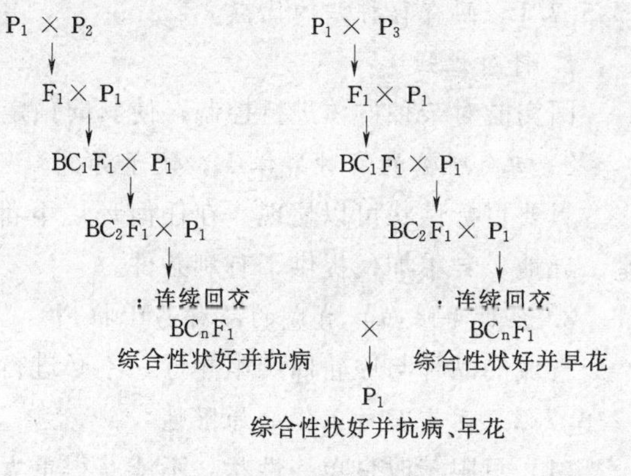


图12-5　聚合回交法

## 12.5.5　回交的次数

回交育种中，必须进行回交的次数与许多因素有关。

### 12.5.5.1　轮回亲本性状的恢复

回交育种的目的是使育成的品种除了具有来自于非轮回亲本的目标性状外，其他性状必须和轮回亲本相一致。要达到这一目的，通常需进行4次以上的回交和选择。如果在具有来自于非轮回亲本的目标性状的基础上，并非要求所有的性状都和轮回亲本相一致，那么只需进行一次或少数几次回交；否则要进行较多次数的回交。但是，当用野生近缘植物作为非轮回亲本与栽培种进行回交育种时，则必须进行较多次数的回交。

### 12.5.5.2　非轮回亲本的目标性状与不利性状连锁的程度

如果目标性状与一不利性状相连锁，要获得理想性状的重组，必须通过更多次数的回交。当连锁紧密时，效果尤其明显。当然，出现这种情况时，必须增加回交的次数。

在不施加选择的情况下，轮回亲本的相对基因置换非目标性状基因获得希望重组型的几率可用 Allard (1960) 提出消除和目标性状基因连锁的不利基因概率的公式计算：

$$1-(1-P)^{m+1}$$

式中：$P$ 为交换值（重组率）；$m$ 为回交次数。

如果 $P=0.01$，$m=5$，不通过选择，回交 5 次，不利基因消除的概率为 0.47，而在自交世代，不利连锁基因消除的概率仅为 0.1。

**12.5.5.3** 严格选择有助于轮回亲本性状的迅速恢复，可以减少回交次数

大量的育种实践证明，如果在回交的早期世代群体中，除对目标性状的选择外，对轮回亲本的性状进行严格的选择，其效果相当于多做一二次回交甚至三四次回交。

## 12.5.6 回交育种所需要的种植群体

回交育种的特点之一是所种植的杂种群体较杂交育种群体小得多，为了确保回交后代的植株带有需要转移的基因，每一回交世代必须种植足够的株数。这可用下式计算：

$$m \geqslant \frac{\log(1-\alpha)}{\log(1-p)}$$

在所需要转移的基因对数不多的情况下，每一回交世代所需种植的株数可用下列简单的方法计算：用所期望的个体的比例 $(1/2)^n$ 的倒数乘以 4，例如当所需转移的基因的对数为 3 时，其所期望的个体的比例为 1/8，用其倒数即 8×4=32，这就是该世代所需种植的株数，这与按以上公式所计算得到的数字相差不大，介于 22.4 与 34.5 之间。

## 12.5.7 回交育种的特点

**12.5.7.1** 回交育种法的优点

1. 针对性强

回交能对杂种群体进行控制，使其向预定的方向发展，增加育种工作预见性。

2. 回交所需的育种群体小，便于加代

只要目标性状可以显现，在任何环境下都可以对目标性状进行选择。又由于种植规模小，为利用温室、异地、异季加代提供了有利条件。

3. 育种年限短，育成的品种易于推广

育成的品种与原轮回亲本相近，不必进行繁琐复杂的育种试验。

**12.5.7.2** 回交育种工作的局限性

（1）只限于改良单一性状，不能获得重大突破。回交育种只改进原品种的个别缺点，其他性状没有大的改变，综合性状难超过轮回亲本。

（2）回交育种中供体亲本的性状只限于受主基因控制的质量性状或遗传力高的数量性状，若数量性状遗传力不高，增加了杂种选择的难度。

（3）回交法虽然有助于打破基因的不利连锁，但目标基因可能存在多效性，或目标基因与不利基因连锁紧密，在杂种后代中难以选择出理想的个体，增加了回交代数，增加了育种的难度。

## 12.5.8 回交育种的其他用途

**12.5.8.1** 近等基因系的培育

培育近等基因系是回交育种中常用的方法。近等基因系（near - isolines）是指除个别基因不同外，其他基因相同（或相似）的一系列品系的统称。

在遗传育种中，为了研究不同性状基因对生物的影响，可将不同基因通过回交的方法分别转育给同一轮回亲本，培育成分别具有个别不同性状基因的近等基因系，以便在相同遗传背景下，正确鉴定不同基因的作用，也为构建遗传图谱提供合适的试验材料。

在抗病育种中，将抗不同生理小种的基因分别转育给同一轮回亲本培育成抗不同生理小种的近等基因系，再根据病害发生的具体情况，灵活地加以应用。

**12.5.8.2** 细胞质雄性不育系的培育

利用回交法，可以使细胞质雄性不育基因与核不育基因相结合培育成新的雄性不育系。新的雄性不育系既有不育性状，又保留了原始材料的优良经济性状，为杂种优势育种的种子生产提供了便利。

**12.5.8.3** 回交在远缘杂交中应用

回交方法可以应用于异源种质的渐渗，以及作为控制超亲分离的有效手段。在远缘杂交中，回交可提高杂种的育性，控制杂种后代的分离，提高理想类型出现的几率。如李辛雷（2007）进行不同倍性菊属植物种间杂种，杂种存在难稔性，但通过回交能克服部分种间杂种难稔性，如菊花脑（*D. nankingense* Hand - Mazz.）与黄英（*D. norifolium* W. *cv*‘Huangying’）杂种 3 个株系的回交结实率分别为 1.23、1.07 和 6.25，均高于 1.0。

## 小　结

有性杂交育种是通过人工杂交的手段，把分散在不同亲本上的优良性状组合到杂种中，对其后代进行多代培育选择，比较鉴定，以获得遗传性相对稳定、有栽培利用价值的定型新品种。它是培育园林植物新品种和种质资源创新的重要手段。在有性杂交育种工作中，首先要根据育种目标，选择选配亲本，并确定相应的杂交方式。两亲杂交的方式简便，杂种的变异易于控制，是有性杂交育种常用的方式。对于杂种后代的选择方法主要有系谱法、混合法和单子传代法等。回交育种的目的在于改良轮回亲本的一两个性状，是常规有性杂交育种的一种辅助手段，有其便利性，也有其局限性。

## 思　考　题

1. 杂交亲本选择选配的原则。
2. 园林植物杂交育种时，可采用哪些杂交方式？各在什么情况下适用？
3. 有性杂交育种技术中获得杂种的技术环节有哪些？
4. 杂交后代选择中，系谱法、混合法和单子传代法分别适用于哪类植物，这 3 种方法各有什么优缺点？
5. 回交育种中对轮回亲本、供体亲本有什么要求？供体亲本输出性状为隐性性状时，回交后代如何选择？
6. 回交育种有什么意义，回交后代遗传组成有何变化？

# 第13章 远 缘 杂 交

**本章学习要点**

- 园林植物远缘杂交的基本概念及其意义
- 远缘杂交存在的障碍及其克服途径
- 控制远缘杂种分离的方法

远缘杂交主要通过植物育种手段将两个或多个物种经过长期进化积累的优良性状结合起来，形成常规杂交育种中近缘杂交所不能获得的、性状优良的新类型和新品种。近年来的经典遗传学、人工杂交试验、分子生物学、分子遗传学和基因组学的大量研究结果表明，天然分化种群之间的完整基因组有性杂交和有性渐渗杂交（intergressive hybridization）是高等植物基因组进化和新物种形成的原动力之一。

## 13.1 远缘杂交的概念及作用

### 13.1.1 远缘杂交的概念

自然界中不同种和属间的植物在长期进化过程中，由于自然选择形成的隔离机制，特别是生殖隔离，各种植物不仅在形态、生物学特征以及生理上存在显著的差异，而且在遗传物质组成和细胞结构上也存在着很大的差别。因此，在自然界种间和属间杂交不如种内的变种或品种那样容易进行，这种机制保证了物种在遗传上的相对稳定性。其中植物的种是最基本的隔离种群，自然界存在外部隔离机制和内部隔离机制两种隔离机制。外部隔离机制包括地理隔离、季节隔离及生态隔离。内部隔离机制包括受精障碍、杂种苗易夭亡、杂种不能开花及杂种难持续繁衍等。然而，由于植物种和种之间甚至属和属之间在一定程度上还存在着亲缘关系，因此，在自然界中也存在着一些自然杂交和人工杂交获得的种或者属间杂种。如不同属的杉木和柳杉杂交可得远缘杂种，杏与梅杂交可得远缘杂种杏梅等。

在常规杂交育种中，通常把一些亲缘关系较近，分类上属于同一种的不同变种或品种间的杂交，叫做近缘杂交，这些同种植物的不同类型和品种之间，在形态、生理上彼此虽有所不同，但遗传物质一致且基本特点是相似的，一般容易杂交。近缘杂交主要用于品种改良。而选用亲缘关系较远的不同种或不同属间甚至不同科间的植物为亲本进行杂交，称为远缘杂交。由远缘杂交产生的杂种，称为远缘杂种。

### 13.1.2 远缘杂交的作用

远缘杂交最重要的意义在于可打破种属间自然存在的生殖隔离，把两个物种经过长期进化积累起来的有益性状重新组合，在园林植物育种具有以下作用。

#### 13.1.2.1 提高园林植物的观赏价值

远缘杂交育种是创造更为丰富多彩变异类型，提高园林植物的品质和观赏价值的有效途径。以花卉的色彩为例，由若干个种杂交起源的花卉如唐菖蒲、香石竹、大丽花等色彩艳丽多彩，而相对来说单一起源的花卉如翠菊、旱金莲等花色就比较单调。1897年，Louis Henry 用黄牡丹作为主要亲本育出了世界上第一个远缘杂交的黄色牡丹品种——金阁（*Souvenir de Maxime Comu*）和黄红色具芳香的品种 *Mme. louis Henry*，这些品种被后人统称谓 *Lemoine* 系。这些品种具有黄牡丹的纯正黄色而且具有中国牡丹的高度重瓣、花头下垂等特点，这些远缘杂种先后传入欧美等国，普遍受到了消费者的青睐。20世纪初，Saunders从英国将滇牡丹（*R. delavayi* 和 *P. delavayi var. lutea*）引种到了美国，然后用开黄色花和紫色花的滇牡丹分别与单瓣或半重瓣的日本牡丹杂交，获得一系列花色丰富的杂种后代，且花头直立。Saunders先后共命名了大约75个牡丹（种间）杂交新品种，其中以含开黄色花滇牡丹基因的"金色年华"和"正午"，及含开紫色花滇牡丹基因的"中国龙"和"黑海盗"最著名。

**13.1.2.2 增强园林植物的抗病抗逆性**

园林植物很多资源都生长在山脉和丛林中，野生资源丰富多彩，通过远缘杂交引入不同植物种、属的抗性基因，增强植物的抗病性、抗逆性，对于改良栽培种的抗性品质作用很大。美国Texas A & M大学Basye月季遗传育种研究项目组经过多年的研究，以玫瑰（*Rosa rugosa*）、光叶蔷薇（*R. wichuriana*）、弗吉尼亚蔷薇（*R. virginiana*）、卡罗利那蔷薇（*R. carolina*）等为主要亲本进行远缘杂交，培育出了抗黑斑病的Basye月季杂种。美国Bryson等利用抗寒种质疏花蔷薇（*R. laxa Betz*）与现代月季杂交，$F_1$经过3代回交，育成了能耐－38℃低温的聚花月季新品种无忧女（corefree beauty）。在我国，马燕等利用秋水芙蓉、月月粉等我国古老月季品种和野生蔷薇种与现代月季进行远缘杂交，选育出多个观赏性和抗逆性均表现优良的品种如雪山娇霞、一片冰心、春芙蓉等。黄善武等用抗寒种质弯刺蔷薇与现代月季杂交育出了耐低温、抗病性强、生长健壮的优良品种天山之光、天山之星、天香等。这些远缘杂种可作为非常优良的花坛材料和观赏花卉，被广泛地应用于园林绿化建设中。

**13.1.2.3 获得倍性不同的园林植物杂种**

据统计，在植物界里约1/2的物种属于多倍体，园林植物中花卉多倍体占到2/3以上。我国西南部山区，黄河和长江的发源地带是世界上植物区系最丰富、最复杂的地方，很多不同种类的植物在那里通过远缘杂交，形成了各种类型的多倍体，并逐渐被发现和利用。18世纪80年代，我国古老的月季花（*R. chinensis*；2n＝2x＝14）传入欧洲，月季花和法国蔷薇（*R. gallia*；2n＝4x＝28）远缘杂交后，19世纪初产生了波特兰蔷薇（*R. portland*）；1820年发现了月季花与大马士革蔷薇（2n＝4x＝28）的自然杂交种波旁蔷薇（*R. bourbon*）；1837年，法国Lafay育成了上述两种蔷薇的杂交种杂交长春月季（*R. hhbrid perpetual*），该类月季具有生长势强、植株高大、花香、花色多样等特点，明显超越了当时的古老月季和蔷薇。随后，美国Noisette兄弟用香水月季（*R. odorata Sweet*）与麝香蔷薇（*R. moschata Herrm*）杂交育成诺伊赛特蔷薇（*Noisette Rose*），并在此基础上育成茶香月季（*tea rose*）。1867年，法国Guillot Fils用杂交长春月季和茶香月季培育出了月季新品种法兰西。这些月季品系被称为杂交茶香月季（*Hybrid tea roses*），具有优良的特性并得到了迅速传播和广泛栽植，成为当代月季的主栽品种。丹麦育种家用艳丽的杂交茶香月季与矮小、多花、花色较少的小姐妹类月季（*Polyantha rose*）远缘杂交，于1924年育成聚花月季（*Floribundas*），该杂交品系现已成为城市绿化的主要月季品系。我国月季花的突变种小月季花传入欧洲后，与小姐妹类月季杂交，育成了微型月季。杂交香水月季与光叶蔷薇（*R. wichuraiana*；2n＝2x＝14）杂交后育成藤本月季（*R. clidmbers*），其特点是枝长、蔓性生长，是街道和庭院绿化的优良品种。英国Roberts等提出月季的主要育种目标是抗病性，筛选出抗黑斑病的蔷薇野生种，发展了一套从不育的杂交种中有效诱导双二倍体的程序，得到的双二倍体又在以后的月季杂交育种中做亲本。从现代月季每一个优良品系的选育过程中可以发现，远缘杂交始终起着关键性的作用。

**13.1.2.4 探究植物的进化和起源**

近年来研究发现，植物发生远缘杂交以及此后的多倍体化过程可以产生大量的、不能用经典遗传规律解释的可遗传变异。进一步研究表明，其中的大部分变异是表观遗传变异（epigenetic variation），即没有涉及DNA序列变化的基因表达的可遗传改变以及由此导致的表型变异。表观遗传变异主要通过对DNA或组蛋白的共价修饰来实现。显然，表观遗传变异能够产生可遗传的表型变异，因此可以推测与物种进化和新物种形成有关。生物界各种植物的远缘杂种加起来大约有7万余种，而且很多现有的远缘杂种大都起源于自然界自身物种的天然远缘杂交。如木兰属中朱砂玉兰起源于白玉兰和紫玉兰的种间杂交，冬青属中枸刺冬青起源于枸骨叶冬青和猫儿刺的种间杂交，苹果属中的珠眉海棠起源于山荆子和三叶海棠的种间杂交。实践证明，从现在的远缘杂交后代中常再现物种进化过程中曾经出现过的一系列中间类型，可为研究物种的进化提供实验依据。

## 13.2 远缘杂交的障碍及其克服

远缘杂交可以转移来自不同近缘种、不同近缘属的有利性状和基因，在丰富资源和改良品质方面发挥巨大作用，但其可操作性及育种效果多年来颇有争议，主要表现为由于杂交亲本之间遗传关系相对比较远，在杂交过程中会出现杂交不亲和、杂种不育、杂交不稳以及杂交后代广泛分离、获得稳定材料耗时较长等现象。

### 13.2.1 远缘杂交的不亲和性及其克服途径

#### 13.2.1.1 远缘杂交的不亲和性

自然界的各种生物类型，尤其是各物种，都是在长期历史发展中形成的独立存在的单位。为保持各物种的独立性，生物之间一般存在着种间的生殖隔离，这是远缘杂交不亲和性的关键所在。生物种的生殖隔离是由繁殖隔离机制（reproductive isolating mechanism，RIM）来保持的。根据隔离发生的主要时期不同把繁殖隔离机制分为合子前繁殖隔离机制（prezygotic RIM）和合子后繁殖隔离机制（postzyotic RIM）两大类，又根据隔离产生的原因分成9种类型（见表13-1）。有研究表明物种间隔离并不是仅仅通过一种机制完成，是由多种机制共同起作用导致的。因此，植物远缘杂交育种难以取得成功也是由多方面原因引起的，远缘杂交的不亲和性也是自然界必然存在的现象。远缘杂交的不亲和性主要分为受精前的不亲和性和受精后的不亲和性。

**表13-1　生物种繁殖隔离机制的分类**

| 序号 | 繁殖隔离机制的类型 | 繁殖隔离机制的解释 |
| --- | --- | --- |
| 1 | 生态或生境隔离 | 相关种群生活在相同综合地域的不同生境中 |
| 2 | 季节或时间隔离 | 交配或花期发生在不同季节 |
| 3 | 性隔离 | 种间性吸引力弱或缺乏 |
| 4 | 机械隔离 | 生殖器官的物理性不影响阻止交配或传粉 |
| 5 | 不同传粉者隔离 | 开花植物相关种特化吸引不同的传粉者 |
| 6 | 配子隔离 | 雌雄配子不能结合 |
| 7 | 杂交不存活 | 杂合体存活力降低或不能存活 |
| 8 | 杂种不育 | 杂种 $F_1$ 的雌雄个体一方或双方不能产生功能性配子 |
| 9 | 杂种受损 | $F_2$ 代或回交杂种后代存活力或繁殖力降低 |

1. 受精前不亲和

两个可育的物种进行授粉后其受精过程不能进行，即存在不亲和现象。植物远缘杂交的过程中，如果受精前不亲和导致杂交难以成功受精，不能获得杂种，原因主要是生理遗传因素导致受精前不亲和，另外也受时空隔离和机械隔离阻碍雌雄配子结合的影响，具体表现为：

（1）父本的花粉在母本柱头上不能萌发或只萌发极少部分。赵宏波等研究菊属与春黄菊族部分属间杂交亲和性中表明，以栽培菊花“奥运火炬”作为母本分别与滨菊和木茼蒿（*Argyranthemum frutescens*）杂交后，母本柱头上无花粉附着和萌发。孙春青等在研究甘菊、菊花脑作为父本分别与栽培菊花“金陵黄玉”和“雨花星辰”杂交失败的原因中发现，母本柱头上花粉萌发数量少且萌发异常。

（2）花粉在母本柱头上虽能萌发，但花粉管生长慢、变粗或末端膨大、前端分叉甚至破裂，有时候花粉管在柱头表面扭曲、盘绕而不能正常进入柱头内部向子房生长；有时候在柱头内沉积大量的胼胝质，阻止花粉管向前伸长。孙宪芝等研究发现以“红帽子”作为母本与“报春”刺玫杂交后，花粉在母本柱头上完全不萌发。以“山东粉”作为母本与玫瑰杂交后，柱头上花粉附着少、萌发率低，花粉管生长异常无法进入到花柱内。李辛雷等在研究菊属植物远缘杂交亲和性中发现，以菊花脑、异色菊和甘菊作为父本分别与栽培菊花“黄英”杂交后，柱头上花粉附着少、花粉萌发率低和花粉管生长异常。

（3）花粉管虽能进入子房，到达胚囊，但它释放的精细胞不能和卵细胞融合形成杂种合子（zygote），从而出现受精失败（fertilization failure）、延迟受精（postponed fertilization），或只有卵核或极核发生单受精（single fertilization）等异常现象。

2. 受精后的不亲和

杂交后能完成受精过程，但胚胎在发育过程中遇到障碍，主要原因是这种杂交打破了物种长期进化过程中形成的稳定的遗传系统，导致杂种夭亡和杂种后代的难以延续。

不同种间的远缘杂交不亲和性表现不同，远缘杂交的不亲和性的机制是多样而复杂的，任何一个阶段都有极大的可能导致远缘杂交育种工作失败，这是远缘杂交育种工作中首先遇到的障碍。

**13.2.1.2** 远缘杂交不亲和性的克服途径

为了克服远缘杂交的不亲和性，在育种实践中，应尽可能地缓和配子间的差异，削弱配子间受精的选择性，并创造有利于配子受精的外界条件。

1. 选择与选配合适亲本

确定远缘杂交育种目标时，要注意不同类别植物远缘杂交亲和性差异很大，同类群的植物种间杂交亲和性差异极为悬殊，通常有性繁殖的一、二年生草本植物在生殖隔离几种方面比无性繁殖及多年生木本植物完善发达，它们种间杂交亲和性差，天然发生的远缘杂交种也相对较少。例如苹果属植物在自然界中有不少天然种间杂种。而园林植物中凤仙花属属内约有600种，产于我国的约200种，广泛用于栽培的普通凤仙花品种数以百计，国内迄今未发现有任何种间杂种。另外，选择远缘杂交的亲本时，除遵循一般杂交育种的原则外，还必须考虑到远缘杂交育种的不亲和性，挑选合适的杂交亲本。

（1）尽量选择亲缘关系较近的资源作亲本，可提高远缘杂交成功率。例如葡萄属内有真葡萄亚属和圆叶葡萄亚属，前者包括世界普遍栽培的欧亚葡萄和野生于我国东北的山葡萄等50余种，彼此种间杂交亲和性良好，不存在生殖隔离，但与后一亚属内的圆叶葡萄和乌葡萄等存在严格的生殖隔离，亲和性不好。尹佳蕾在菊属、短舌菊属、匹菊属和亚菊属间做了大量的杂交试验、杂交组合亲和性试验，证明亚菊属与菊属、紊蒿属（*E. lanchanthemum*）与菊属之间亲和性较好，而匹菊属与菊属、短舌菊属与菊属之间亲和性较差。赵宏波等根据这一现象，利用亚菊属植物矶菊与栽培菊花进行杂交，成功地将矶菊的优异性状导入栽培菊花，获得了一批既可观花又可观叶的新种质。罗玉兰研究证明杂交亲本的亲缘关系越近，它们杂交亲和率越高，坐果率也高。

（2）注意选择对远缘杂交亲和性影响很大的母本。经选定作母本的某一物种内的不同类型对于接受不同物种的雄配子和它的卵核极核的融合能力有很大的遗传差异。林毅雁等研究发现，单瓣或重瓣性低、柱头较短而直、花托以上子房部位饱满圆润的月季品种较适合作为母本进行杂交。

（3）注意父本的选择。选择氧化酶活性强、花粉的渗透压稍大于母本柱头的渗透压的种作父本有利于杂交的成功。

（4）远缘杂交中同一对亲本正、反交的亲和性往往表现不同。育种实践证明，采用染色体数较多或染色体倍数性高的种作母本进行杂交，亲和性高。如二倍体的华东山茶与六倍体的云南山茶杂交，云南山茶作母本时结实率为8.7%；其反交的结实率只有2.7%。因此，远缘杂交时必须对选择的亲本进行合理的搭配组合，这样有助于提高远缘杂交的成功率。

（5）杂交亲和性与亲本染色体倍性（数目）常有较密切的关系。研究者曾在仙客来属的种间开展过大量杂交，结果发现获得远缘杂种的亲本都具有相同的染色体组。如薛佳桢研究认为塞浦路斯仙客来×黎巴嫩仙客来双亲染色体组都是2n=30；克里特仙客来×波叶仙客来双亲染色体组均为2n=20；非洲仙客来×地中海仙客来双亲染色体组均为2n=34，亲和性好。

2. 特殊的授粉方式

（1）混合授粉。用几个品种的混合花粉授在另一亲本柱头上，为母本提供选择受精的机会和改善授粉条件，有可能获得远缘杂种。混合花粉既可以是若干种远缘花粉的混合物，也可混入经杀死的母本花粉以及混入未经杀死的母本花粉（当混入未经杀死的母本花粉时，应注意对杂交后代进行鉴定，以确定是否为远缘杂种）。研究证明，亲和性好的花粉壁所分泌的蛋白质类的物质，能刺激柱头，使柱头处于一种活跃的、可以接受花粉的状态。而不亲和的花粉所分泌的蛋白质则不能使柱头处于活跃状态。从这种意义上讲，柱头可以根据花粉壁的蛋白质来识别自己亲和的花粉。根据这一原理，在远缘杂交中，可以利用亲和的花粉（但必须把它杀死，以免直接受精）分泌的蛋白质来刺激母本柱头，使柱头变为可以接受异源花粉的状态，从而达到异源精卵结合，获得杂种的目的。如黑杨和白杨本不容易杂交，然而以白杨作母本和黑杨杂交时，先用白杨自己的经人工杀死的花粉（花粉已不能发芽而蛋白质还没有解体）授在白杨的柱头上。这样一来，白杨自己的花粉壁分泌的蛋白质，就可刺激柱头，使它变为活跃的、易于接受异源花粉的状态。在这以后立即授黑杨花粉，或者把黑杨花粉和白杨的死花粉同时混合授在白杨柱头上，即可使杂交结实率提高到15%～30%。赵玉辉等以荔枝（*Litchi chinensis*）品种“紫娘喜”为父本，龙眼（*Dimocarpus longgana*）品种“石硖”、“早熟龙眼”、“古山二号”作母本，以及以“紫娘喜”为母本，“石硖”龙眼为父本，进行了远缘杂交研究，通过混合授粉和多组合杂交的方式，改善了属间杂交组合的不亲和性。

（2）重复授粉。在同一母本花的蕾期、初花期、盛花期和末花期等不同时期，可以进行多次重复授粉。由于雌蕊发育成熟度不同，其生理状况有所差异，受精选择性也就有所不同，多次重复授粉，有可能遇到最有利于受精过程正常进行的条件，从而提高受精结实率。但是，究竟以哪一时期授粉效果最好，文献中报道各异。有的认为以蕾期柱头未完全成熟时进行授粉容易成功，有的则认为在花朵开始凋谢前，柱头处于衰老阶段时授粉结实率最高。这可能是由于不同物种的生理差异或不同环境条件等影响造成的，具体应根据植物种类特点，研究确定适宜的授粉时期。马燕等研究发现在月季杂交育种中，重复授粉能明显提高杂交亲和率，但由于雄蕊发育不成熟，过早的蕾期授粉会造成杂交失败。陈学森等、李玉晖等通过对核果类远缘杂交的研究表明，母本的不同花期授粉，坐果率差异很大，盛花期授粉坐果率显著地高于初花期授粉。张莹莹等研究表明重复授粉可提高树莓种间杂交结实率。

（3）提前或延迟授粉。母本柱头对花粉的识别或选择能力，一般在未成熟和过成熟时最低。因此，提早在开花前或延迟到开花后数天授粉，可提高远缘杂交结实率。Castro 等研究表明延迟授粉是克服远志科（*Polygalaceae*）植物杂交障碍获得果实的重要因子。

（4）蒙导法授粉。双亲有一个是原种或某一亲本具有标记性状时可采用蒙导法授粉，即母本不去雄，直接授以父母本混合花粉，此法不仅免去了去雄的麻烦而且授粉率高。黄善武等在月季的抗寒育种中发现常规方法不能获得种子，而使用蒙导法的各个杂交组合都获得了种子。

（5）花粉辐射。利用各种射线辐射处理异源种的花粉，可以明显提高授粉受精率及杂交种坐果率。北京林业大学在山茶远缘杂交中，用山茶中的五宝和星桃两个品种花粉，外加部分经高剂量射线杀死的防城金花茶花粉给防城金花茶品种授粉，结实率显著提高。陈学森等运用适宜场强的静电场、He－Ne 激光处理及$^{60}Co\gamma$射线与 He－Ne 激光联合处理桃、杏、樱桃等果树的花粉，远缘杂交坐果率明显高于对照。

（6）外源激素处理。一般用$GA_3$、NAA、IAA、硼酸、乙醚、己烷等化学药剂，涂抹或喷洒处理母本雌蕊，能促进花粉的萌发和花粉管的生长，有利于远缘杂交的成功。激素类物质可能并不直接促进花粉管生长，而是靠集聚花柱中能促进花粉管生长的物质起作用。孙宪芝用 NAA、$GA_3$ 和硼酸涂抹母本柱头后，发现三种激素都能提高杂交结实率，其中 NAA 和 $GA_3$ 的作用最为明显。此外，$GA_3$ 除能提高杂交的结实率外，还能加速果实发育，对克服月季种间杂交不亲和性具有明显作用。陈瑞丹和张启翔在利用50～100mg/L $GA_3$ 处理梅花柱头之后，发现其远缘杂交亲和性得到较大提高，杂交结实率提高3～10倍。有些柱头上因具有一种类脂肪的物质，使异源花粉的分泌物不能溶解它，从而表现为不亲和。可以用一些理化的方法处理，以消除脂肪物质。如用乙醚或己烷处理白杨的柱头，清除脂类物质，然后再授以黑杨花粉，杂交结实率可分别达到95%和97%。

3. 有性媒介法

利用亲缘关系与两亲本都较近的第三个种作桥梁，先与某一个亲本杂交产生杂种，再用这个杂种与另一亲本种杂交。这个“桥梁种”起了有性媒介作用。米丘林为了获得抗寒性强的桃品种，曾用矮生扁桃与普通桃进行杂交未获成功。但用矮生扁桃和山毛桃先进行杂交，获得了“桥梁种”扁桃，再利用“桥梁种”与普通桃进行杂交，获得了成功。

4. 柱头移植和花柱短截法

将父本花粉先授在同种植物柱头上，在花粉管尚未完全伸长之前切下柱头，移植到异种的母本花柱上，或先进行异种柱头嫁接，待1～2d愈合后，再进行授粉。花柱短截法是将母本花柱切除或剪短，把父本花粉直接授在切面上，或将花粉的悬浮液注入子房，不需要通过花柱直接使胚珠受精。如百合种间杂交时常因花粉管在花柱内停止生长而不能受精，因此采用子房上部 1cm 处切断花柱，然后授粉而获得成功。Van Tuyl 等改进和完善了花柱切割、柱头嫁接等技术，有效地克服了远缘杂交不亲和现象，并在观赏葱、萱草、郁金香等花卉育种中试验成功。但采用这些方法时，要求操作细致，通常在具有较大柱头的植物中使用。

5. 试管受精（test - tube fertilization）

在花蕾成熟、开放前将其采下、消毒，将花柱接种到培养基上进行培养，当柱头有分泌物时，用消过毒的花粉对其进行授粉，最后进行离体培养，可以克服远缘花粉的不能萌发、花粉管不能伸长，或伸长过慢等遗传和生理上的障碍。现代百合中很多远缘杂种就是通过离体授粉技术培育而成的。该技术在金鱼草、紫花矮牵牛、郁金香、石蒜、朱顶红等远缘杂交育种中均有成功报道。

6. 应用温室或保护地杂交

改善授粉受精条件，有助于提高远缘杂交率。杂交时的气候条件对授粉受精影响很大。如金花茶与山茶远缘杂交时，农历二月如果温暖少雨，此时杂交，结实率显著提高。如果低温多雨，则杂交结实率下降，甚至不结实。对于园林植物杂交授粉，特别是在深冬和早春季节，适宜在温室或保护地进行，以便改善受精条件。

## 13.2.2　远缘杂交的不育性及其克服途径

### 13.2.2.1　远缘杂交的不育性

在高等植物中，杂种不育一般有染色体不育、基因不育和细胞质不育。而远缘杂种不育主要是由于染色体不育和单倍体基因组不育引起的。对于杂种植株雌雄配子不育，主要是由于杂种基因间的不和谐或染色体的不同源性，在减数分裂时，常出现染色体不联会（即不配对），以及随之而产生的不规则分配，因而不能产生有生活力的配子，或配子虽有生活力，但不能进行正常的受精，甚至受精后合子因发育不良而中途死亡。更有一些远缘杂种其生殖器官发育不全，完全不能形成雌、雄配子。因此，有一些染色体数目虽然相等的种属间的杂种，由于减数分裂不正常或者基因调控的不和谐，仍然可能是高度不育的。例如美人茶由于其花粉完全败育，怎样杂交也不能结实。

远缘杂种的不育性包括杂种的成活性和结实性两个方面。所谓成活性，即杂种种子不发芽或虽然发芽生长，但幼苗生长衰弱或早期夭亡。所谓结实性，即杂种植株虽能成活，但结实性差，甚至完全不能结实。主要表现为：①受精后的合子不分裂或幼胚不发育、发育不正常和发育中途停止；②杂种幼胚、胚乳和子房组织之间缺乏协调性，特别是胚乳发育不正常，在发育过程中提早降解，影响胚的正常发育，致使杂种胚部分或全部坏死；③虽能得到包含杂种胚的种子，但种子不能萌发或发芽率很低，或虽然发芽，但是 $F_1$ 植株发育中途死亡即出现幼苗夭折的现象；④杂种植株不能开花、结实或发育失调，出现营养生长优势，结实稀少或虽有结实，但构造异常，$F_1$ 及其之后的后代系统难以维持等。

孙春青等以甘菊和野路菊为父本，栽培菊花“金陵黄玉”和“奥运天使”为母本的种间远缘杂交中，利用细胞及结构生物学相关技术对受精后胚胎发育进行了动态研究。结果发现，胚胎在发育过程大量败育是受精后障碍的主要类型，也是导致杂交失败的主要原因，并揭示了受精后障碍发生的主要阶段为球型胚至心型胚之间。孙宪芝以“红帽子”为母本与玫瑰远缘杂交后，对受精后胚胎发育进行了研究，发现花粉能够正常萌发并进入到子房，顺利地完成受精，但幼胚在受精后不能发育，或在种子形成过程中停止发育。有些能形成幼胚，但幼胚不完整或畸形。这些都是由于远缘杂交时两亲本的遗传差异太大，引起受精过程不正常和幼胚细胞分裂的高度不规则，因而使胚胎发育中途停顿死亡；或由于杂交苗在生理上的不协调，从而影响了杂种的成苗。

### 13.2.2.2　远缘杂交不育性的克服途径

1. 母本的选择

选择染色体数较多或染色体倍性高、第一次开花的幼龄杂种实生苗、自交亲和或自然坐果率高的种作母本容易克服远缘杂交的不育性。韩进等用月季和蔷薇进行的杂交试验发现母本结实率高的，则杂交后代结实率也相对较高。百合属中不同种的染色体之间由于同源性的差异，种间杂种染色体的配对频率很低，表现为高度的花粉不育。另一方面，染色体同源性的多少与亲缘关系的远近有关，所以当同源性程度低时，亲缘关系越远则杂交越难成功。

2. 染色体加倍

染色体加倍可以克服染色体组不平衡引起的杂种不育。

（1）同源多倍体的应用。诱导同源多倍体作遗传桥梁时多倍体仅起基因转移的载体作用和基因渐渗的媒介作用，可以把野生种中简单遗传的抗病基因转移到栽培种中，而不作为育种的最终产物。多数野生蔷薇为二倍体，这些蔷薇中含有许多优良的抗性基因，现代月季多为四倍体，因此，将野生蔷薇植株加倍成同源四倍体或诱导二倍体蔷薇的配子加倍，然后与现代月季杂交，常常能克服杂交不育。德国 Von 等报道，将野生二倍体蔷薇加倍后，利用获得的四倍体蔷薇作为杂交亲本与四倍体现代月季杂交，将一个野生二倍体蔷薇中的抗黑斑病基因引入现代月季中。

（2）异源多倍体的应用。在自然界中双二倍体化是园林植物克服染色体不育和单倍体组不育的主要途径。双二倍体即异源多倍体，其来源一是异源杂种二倍体分生组织细胞的有丝分裂紊乱造成了染色体数目的加倍；二是杂种在减数分裂过程中产生的未减数配子受精融合后形成。Kermani 等在月季远缘杂交育种中，从不育的杂交种中诱导双二倍体，得到的双二倍体又在以后的杂交育种中用作亲本。

3. 回交法

亲本染色体数目不同和减数分裂不规则时，杂种产生的雌配子并不都是无效的，其中有一部分可接受正常花粉而结实。因此，当染色体数目较多，用染色体加倍法不易成功时，可考虑用回交法来克服杂种不育。不同回交亲本对提高杂种结实率有很大差异，回交时不必局限于原来的亲本，可用不同品种多次回交。为增加后代优良性状，通常多用栽培种作回交亲本。

4. 现代生物技术的应用

（1）杂种胚离体培养。将远缘杂交所得到的种子，或在幼胚败育之前取出，接种到培养基上，在无菌条件下培养，有助于促进幼胚萌发成苗。1993 年王四清等进行了菊属的菊花、春黄菊属的 *Anthemis frutescens*、*Chrysanthemum paludosium* 和匹菊属的 *Pyrethrum niveum* 的杂交试验，利用胚培养措施获得了杂种 $F_1$ 代。Tanaka 等采用不同培养基培养菊花的胚，获得了效果较好的培养基组合，同时利用胚挽救措施获得了一批生长良好的杂种苗。Watannabe 在二倍体野生菊（*Ch. boreale* 和 *Ch. makinoi*）和栽培菊花杂交后，采用胚挽救技术获得了不同倍性的杂种。李辛雷等利用胚胎拯救方法成功实现了菊属菊花脑、甘菊和栽培菊花的杂交，并获得了一批种间杂种。Gudin 等通过月季幼胚培养成功得到一个变种间和一个种间（*Rosa rugosa* × *Rosa foetida*）杂交的后代，并指出其幼胚必须长到成熟胚的大小才能萌发。在国内，很多研究者也对园林植物的胚培养技术进行了大量的探索。

（2）体细胞融合。体细胞融合（somatic hybridization）可克服远缘种属因生殖隔离而造成的不亲和性，从而绕过有性杂交过程使亲本基因进行广泛重组，创造自然界没有的新类型。Furuta 等利用体细胞融合技术获得了栽培菊花与苦艾的属间杂种，获得的杂种能正常开花，并成功地将苦艾的抗锈病性状转移到了栽培菊花中。Pratap kumar pati 等在月季的香花育种中，以 *Rosa bourboniana* 和 *Rosa damascene* 为材料进行了原生质体融合，得到的愈伤组织具有杂合性。

5. 改善营养条件

远缘杂种由于生理机能不协调，当提供优良的生长条件时，杂种苗生理状态和生育能力可能逐渐恢复正常。因此，获得杂交种苗之后必须加强栽培管理，从幼苗开始和各个生育阶段，都应精心培育，特别在开花结实期间，注意根外追肥，喷施磷、钾、硼肥等。

6. 延长培育世代，加强选择

远缘杂种的结实性往往随着生育年龄的提高、有性世代的增加而逐步提高，所以选择可育后代必须延长培育选择的世代，提高可育率。

### 13.2.3 远缘杂交的不稔性及其克服途径

#### 13.2.3.1 远缘杂交的不稔性

杂交不稔性（hybrid infertility）是指远缘杂种植株由于生理上的不协调而不能形成生殖器官，或由于减数分裂过程中，染色体不能正常联会、不能产生正常配子而不能结籽的现象。杂种不稳性产生的主要原因是由于杂种基因间的不和谐或染色体的不同源性，在减数分裂时，常出现染色体的不联会，以及随之而产生的不规则分配。远缘杂种不稳性的主要表现有：①杂种营养体虽生长繁茂，但不能正常开花；②杂种苗能正常开花但其构造、功能不正常、不能产生有生活力的雌、雄配子；③杂种的配子虽有活力，但不能完成正常的受精过程，甚至受精后合子因发育不良而中途死亡，不能结籽。

#### 13.2.3.2　远缘杂交不稳性的克服途径

1. 染色体加倍法

远缘杂种减数分裂过程中，染色体不能正常联会而引起杂种不稳性。多数远缘杂种的不稳性是由这种原因造成的，因此，染色体加倍法是克服不稳性的常用而有效的途径。对于亲缘关系较远的二倍体杂种，在种子发芽初期或苗期，用 0.1%～0.3%秋水仙碱液处理若干时间，使体细胞染色体数加倍，获得异源四倍体（即双二倍体）。双二倍体在减数分裂过程中，每个染色体都有相应的同源染色体可以正常进行配对联会，产生具有二重染色体组的有生活力的配子，从而大大提高结实率。如温室花卉中的“邱园”报春就是多花报春（2n=18AA）和轮花报春（2n=18BB）的种间杂种，经染色体加倍后恢复了稔性。

2. 回交法

远缘杂种由于花粉败育不能繁殖后代时，应用回交法可显著提高稔性。在亲本染色体数不同和减数分裂不规则的情况下，杂交种产生的雌配子的染色体数一般是不平衡的，但仍然有部分可能接受正常的雄配子而结实，并且通过连续回交，其结实率逐渐得到提高。首个麝香百合系粉红品种“Elegant Lady”即为栽培种与野生种种间杂交（*L. longiforum* ‘*Gelria*’ ×*L. rubeluln*）获得不育的 $F_1$ 代，然后通过染色体加倍恢复育性，再与亲本回交育成，该品种表现出很高的观赏性与抗逆性。

3. 蒙导法

将远缘杂种嫁接在亲本或第三种类型的砧木上，也可克服杂种由于生理上不协调引起的不稳性。例如米丘林用斑叶稠李（*P. maackii*）和甜樱桃（*P. cerasus*）杂交获得的属间杂种，只开花不结果，后来将杂种嫁接在甜樱桃上，第二年就结果了。

4. 延长培育世代，加强选择

远缘杂种的结实性，往往随着生育年龄而提高，也随着有性世代的增加而逐步提高。同时远缘杂种的不稳性在个体间存在着差异。所以，采取逐代选择可提高远缘杂种的稔性。例如欧洲红树莓（*Rubus idaeus*）与黑树莓（*R. fnLticosus*）的种间杂种，大多数只开花不结实，只有少数能结少量的果实，但经过 4 个世代的连续选择，终于获得优质丰产的新品种“奇异”。米丘林曾用高加索百合（*Lilum szovitsianum*）和山牵牛百合（*L. thunbergianum*）杂交获得了种间杂交种—紫罗兰香百合。该杂种在第一、第二年只开花不结实。在第三、第四年得到了一些空秕种子，而在第七年则能产生部分发芽的种子。延长培育世代之所以能提高远缘杂种的结实性，这与减数分裂过程染色体的重新分配有关。远缘杂种的不稳性在个体间存在差异，发育时期也有差异，所以采取逐代选择可提高可稔性。

5. 改善营养条件

远缘杂种的不稳性除受亲本的遗传特性影响外，还受杂种个体发育及受精过程中营养条件的影响。因此，必须加强田间栽培管理，在前期多施氮肥，扩大营养面积，花期则多施磷、钾、硼肥，合理整枝、修剪和摘心等，很大程度上有助于提高杂种的可稔性。

## 13.3　远缘杂种的分离和杂种后代的选育

远缘杂种的分离比品种间杂交具有更大的多样性和复杂性，但随着繁殖代数的增加，亲本类型逐渐增多，表现出趋亲分离。

### 13.3.1　远缘杂种后代性状分离特点

远缘杂种后代性状分离强烈，复杂，时间长，稳定慢。后代出现分离主要是从第二代或第二代以后开始，分离类型丰富，分离世代常常延续到七、八代甚至十多代。杂种后代遗传性复杂，随着后代的不断繁殖，逐渐出现趋向两亲本类型分化的现象。

### 13.3.2 远缘杂种后代性状分离的类型

#### 13.3.2.1 综合性状类型

杂种具有杂交亲本的综合性状，但综合性状类型的杂种一般很不稳定，随着不断的繁殖，将继续发生分离，有的可能向双亲性状分化，有的可能形成新种类型。

#### 13.3.2.2 亲本性状类型

杂种的性状倾向于亲本，甚至与原始亲本完全一致。这可能是由于远缘花粉在受精过程中产生的刺激作用，形成无融合生殖类型；或者某一亲本的遗传物质与另一亲本的代谢过程不相适应，以致完全被排斥。

#### 13.3.2.3 新物种类型

杂种出现了"突变"性质的变异，成为另一个新种植物。宋润刚等研究发现山葡萄（*Vitis amurensis*）种间杂交后代 $F_1 \sim F_4$ 的霜霉病抗性表现为连续分布，倾向于抗病亲本，后代群体抗病性主要由亲本抗病性决定，杂交组合中抗病亲本越多，分离出的抗病单株越多。

### 13.3.3 远缘杂种的选择

#### 13.3.3.1 远缘杂种后代的鉴定

对远缘杂交后代进行早期鉴定是远缘杂交育种的一个重要环节。近几十年来生理生化、遗传及分子生物学等方面的发展及其在园林植物育种上的应用为杂种幼苗鉴定提供了科学可靠的方法，在很大程度上提高了育种的目的性，缩短了育种周期。

1. 形态鉴定

对杂交后代和亲本进行形态特征方面的比较，是鉴定远缘杂种真实性最简单易行的方法。远缘杂交时，由于杂种体内含有双亲的遗传物质，其性状大都介于双亲之间或倾向于亲本之一；同时，由于双亲的遗传基础存在差异，杂种后代通常会表现出一定的变异。因此，真正的杂种往往会在表现出亲本某些性状的同时，表现出自身的特异性状。通过各种性状的外观形态观察比较，就可以对杂种的真实性做出初步鉴定。形态鉴定的优点在于简单易行、成本低廉，但是所有形态指标易受环境、调查者等的影响。因此，形态鉴定法只能作为初步判断，必须与其他方法相结合，才更科学可靠。在菊花远缘杂交育种中，由于父母本遗传基础存在较大差异，杂种后代一般表现出广泛的分离，但其性状如花色、香味、叶形、花形等通常介于双亲之间或倾向于亲本之一。此外，在低倍体与高倍体杂交中，由于高倍体在杂种遗传物质中占有较大比例，杂种形态多与高倍体相近。例如 Watanabe 通过对二倍体野生菊与多倍体栽培菊花杂种的观察，认为杂种外部形态更相似于多倍体。孙宪芝对北林月季杂交体系的早期杂种进行了形态学鉴定，对杂种叶数，叶片大小、形状，托叶形状，刺的形状、大小、数量、颜色等形态特征进行描述，筛选出了真实杂种。

2. 细胞学鉴定

通过对染色体形态及其倍性水平进行研究是园林植物远缘杂种鉴定最可靠的方法之一。众多研究表明，大多数 $F_1$ 植株体细胞染色体数为亲本染色体数的平均值。染色体倍性鉴定的方法主要有：

（1）直接鉴定法。即染色体计数法，这是确定倍性的最基本和最精确的方法。其中进行染色体标本制备应用较多的是手工压片法和去壁低渗火焰灼烧法，材料通常为根尖、茎尖等含旺盛分裂细胞的部位。Kondo 等利用这种方法对中国西部高山的亚菊属、菊属、紊蒿属、菊蒿属的野生菊进行了倍性分析。李辛雷和 Sun 等应用这种方法鉴定了菊属种间杂种，认为细胞学鉴定简单明了，可靠性高。

（2）间接鉴定法。主要包括流式细胞仪分析法、气孔大小及保卫细胞叶绿体数目鉴定法、植株形态指标鉴定法等。其中流式细胞仪分析法可以精确测定细胞核 DNA 的含量，通过比较就可对倍性进行可靠鉴定，最突出的优点是可以快速测量，能在短时间内完成大量样品的分析，且可同时鉴定出倍性嵌合体。

3. 同工酶鉴定

同工酶是指功能相似而结构不同的一类酶，同工酶标记是一种共显性标记，多态性反应在蛋白质水平上，因此对亲本及子代的同工酶（过氧化物酶、酯酶等）酶谱进行分析和比较，可以直接反映出所鉴定材料的杂种特性。罗向东等运用同工酶技术准确地鉴定了栽培黄瓜“长春密刺”与野黄瓜（*C. hystrix*）杂种的真实性。利用同工酶鉴定杂交获得的幼苗是否具有双亲的互补位点以及酶的活性，可作为鉴定杂交后代是否为真杂交种的辅助手段。

4. 分子鉴定

随着分子生物学和基因工程等现代生物技术手段的发展，对杂种及其与父母本之间亲缘关系的分析上升到分子水平，在园林植株的早期鉴定和筛选上发挥了重要作用。目前应用于杂交后代鉴定和筛选主要有RAPD（random amplified polymorphic DNA，随机扩增多态性DNA）、SSR（simple sequence repeat，简单序列重复）、AFLP（amplified fragment length polymorphism，扩增片段长度多态性）、SRAP（sequence related amplified polymorphism，序列相关扩增多态性）、CISH（chromosome situ hybridization，染色体原位杂交技术）、FISH（fluorescent in situ hybridization，荧光原位杂交）、GISH（genomic in situ hybridization，基因组原位杂交）等技术。刘青林对梅花近缘种的RPAD研究表明，梅和杏的近缘最近，与李其次，与山桃、毛樱桃稍远，大体上反映它们之间杂交亲和性程度。Zhou等应用GISH技术不仅区分了东方百合和亚洲百合杂交后代中来自不同亲本的基因组，并检测到花粉母细胞中不同基因组染色体在减数分裂时的交换。Tang等以荧光素标记的芙蓉菊总DNA为探针，在大岛野路菊和芙蓉菊的$F_1$中期染色体制片中，成功地确定了其染色体的组成。

#### 13.3.3.2　远缘杂种后代选择的原则

1. 扩大杂种早代的群体数量

由于远缘杂种后代性状分离广泛，优良新性状组合所占比例较小，$F_2$代及以后世代普遍出现不同程度的不孕性，只有扩大杂种早代的群体数量，才能增加选择的机会，才有可能使不同种的优良特性的基因组合到新类型中。

2. 增加杂种后代繁殖的世代选择

远缘杂种后代性状分离强烈、复杂、时间长、稳定慢。因此，确定选择时期很关键，不适合过早选择，需要逐代分次选择，加大入选率，提高选择机会。另外在对后代选择时，还可以利用回交法，对以后的世代进行选择。

3. 加强杂种后代的栽植管理

在对后代选择过程中必须对远缘杂种加强栽植管理，给予杂种后代幼苗生长充分的营养和优越的生育条件，促进杂种优良性状的充分发育，再结合后代鉴定方法，严格进行后代的选择，最终获得符合育种目标的优良品种。

## 13.4　远缘杂交育种的其他策略

### 13.4.1　品系间杂交技术

从同一组合选育出的具有不同目的性状的品系进行杂交。这种方法的好处在于释放被束缚的变异，取得较优良的组合，提高种间杂种后代的结实率，克服经济性状间的不利连锁。

### 13.4.2　外源染色体的导入

通过远缘杂交合成的种间杂种，因含全套的异源染色体组，除目的性状外，杂种往往带有异源物种的一些不良性状，难以在生产上直接利用或进行转育研究。导入或置换某个异源染色体或染色体片段，可基本避免上述问题，更好地利用异源物种的有利性状。外源染色体导入可分为非整倍体的附加系和整倍体的置换系两种。

### 13.4.3 异附加系

在某物种染色体上的基础上，增加一个、一对或二对其他物种的染色体，从而形成一个具有另一物种特性的新类型个体。在整套染色体中附加一条外源染色体的个体称为单体附加系；附加一对外源染色体的个体称为二体附加系；附加两条不同外源染色体的个体称为双单体附加系，附加系本身就是种间杂种，且染色体数目不稳定，育性减退，同时由于异源染色体可能伴随有不良的遗传性状，在缺乏严格选择情况下，几代后，它往往会恢复到二倍体状况。所以，附加系一般不能直接用于生产，但可用于创造异替换系和异位系，是选育新品种的宝贵材料。

### 13.4.4 异置换系

指某物种的一对或几对染色体被另一物种的几对染色体所取代而成的新类型个体。异置换系是由附加系与单体杂交再自交得到。置换系的染色体数目未变，染色体的置换通常在部分同源染色体间进行。由于栽培品种与亲缘物种的同源染色体间有一定的补偿能力，因此置换系在细胞学和遗传学上都比相应的附加系稳定，有时可在生产上直接利用。用置换系来转移有用基因比用附加系更优越。

### 13.4.5 染色体片段的转移技术

通过培育附加系和置换系的途径转移整条外源染色体，在导入有利基因的同时不可避免地带入许多不利基因。整条染色体的带入还经常导致细胞学上不稳定和遗传学上不平衡，从而对整体农艺性状水平有较大影响。转移外源基因较理想的方法是导入携有有用基因的染色体片段。在远缘杂交中经常发生自发易位，但频率不高。但是通过辐射诱变、组织培养，可增加亲本间染色体的遗传交换，提高异位系产生频率。这种异位系其遗传性较稳定，可直接用于生产。

### 13.4.6 体细胞杂交技术的应用

去掉细胞壁的植物细胞称之为原生质体。诱导两个不同亲本的原生质体互相融合形成异核体，异核体再生出细胞壁进而在有丝分裂的过程中发生核融合，这一过程称之为体细胞杂交。体细胞杂交技术可最大限度地克服有性杂交的种间隔离，将亲缘关系更远的亲本进行杂交，产生远缘杂种。胞质杂种的获得将大大缩短远缘杂交转育的年限，而且可以避免种间生物学隔离等许多障碍。但体细胞杂交需要组织培养技术、原生质体融合技术及体细胞杂种的鉴定与选择技术作基础。

### 13.4.7 外源 DNA 的直接导入技术

1974 年周光宇根据当时远缘杂交的现象，提出了 DNA 片段杂交假说。在这一假说的前提下，与江苏省农业科学院合作研究了将外源 DNA 直接导入花粉管通道的技术。利用这一技术，已将异种、异属、异科植物的总 DNA 导入到陆地棉中，并获得很多效益。

总之，采用远缘杂交技术，将异种、异属、异科园林植物的有益性状转移进入到现有栽培品种中，是园林植物遗传改良的重要途径之一。

## 小 结

将植物分类学上的不同种、属或亲缘关系更远的植物类型间所进行的杂交，称为远缘杂交。远缘杂交可打破属、种间界限，充分利用野生资源所蕴藏的特征特性，扩大基因重组和染色体间相互关系变化的范围，创造出更加丰富的变异类型，进一步丰富种质资源。

远缘杂交具有杂交不亲和性、杂种不育性和不稳性，以及杂种后代遗传变异复杂等特点。克服远缘杂交不亲和性的方法有合适选择与选配亲本、有性媒介法以及采用混合授粉、重复授粉、提前或延迟授粉、花粉辐射等特殊授粉方式。远缘杂种不育性的克服方法有母本的选择、染色体加倍、回交法、杂种胚离体培养、体细胞融合以及改善培养条件、延长培养世代加强选择。远缘杂种不稳性的克服方法有染色体加倍、回交法、蒙导法以及延长培养世代加强选择、改善培养条件。

对远缘杂种后代选择时要注意扩大杂种早代的群体数量，增加杂种后代繁殖的世代选择，加强杂种后代的栽植管理。

## 思 考 题

1. 简述远缘杂交的基本概念及其育种的意义。
2. 试述园林植物远缘杂交不亲和的原因及其克服方法。
3. 试述园林植物远缘杂交不育性的原因及其克服方法。
4. 试述园林植物远缘杂交不稳性的原因及其克服方法。
5. 试述远缘杂种后代选择鉴定的方法手段。

# 第14章　杂种优势的利用

**本章学习要点**

- 杂种优势及其利用价值
- 自交系的选育及配合力测定
- 选育一代杂种的一般程序
- 杂种种子的生产
- 雄性不育系的选育与利用

杂种优势是遗传育种研究的一个重要方面和近代育种工作的一个重要手段。杂种优势的利用首先是从玉米开始的，现在花卉方面也取得显著成就，如矮牵牛、百合、万寿菊、四季海棠、一串红、三色堇、香石竹等，已培育出不少优良的杂种。

利用杂种优势育种与前面讲的有性杂交育种有一些相同点。如都要进行亲本的选择、选配和杂交。但利用优势育种与有性杂交育种有着本质的不同。首先是育种程序不同。优势育种是“先纯后杂”，有性杂交育种是“先杂后纯”。其次是利用的遗传效应不同。有性杂交育种主要利用植物的加性效应和部分上位性效应，而优势育种主要利用植物的显性效应和上位性效应。因此每年都需要制种。再次是经济效益不同。有性杂交育种所得的品种可以直接留种繁殖，因此种子生产成本低，易于推广；而优势育种的杂种一代必须每年进行配制，因此种子生产成本高，但 $F_1$ 代杂交种具有杂种优势，一致性高，经济效益高。最后是保护种质资源方式和结果不同。有性杂交育种中，一旦新品种育成推广，育种者便无法控制原种，新品种将会长期保存（繁殖）在民间。这种保护有利于生物多样性。优势育种中，育种者或种子生产者可以控制杂交亲本，控制种子生产的规模和数量。这有利于保护育种者和种子生产者的权益。

## 14.1　杂种优势的概念和特点

### 14.1.1　杂种优势的概念

杂种优势（heterosis）是指两个遗传组成不同的亲本杂交产生的 $F_1$ 植株在生活力、生长势、适应性、抗逆性和丰产性等方面优于其双亲的现象。杂种优势广泛地表现在各个方面。在表型上，主要表现在产量、器官体积、生长速度、成熟时期、抗逆性等方面，同时还表现在化学成分（如蛋白质、脂肪、激素、维生素、RNA 等）、生理生化过程、代谢活动水平、代谢产物的运转及利用及酶体系的活性等内部特性等方面。

在育种中，通常把杂种优势分为 3 种类型：第一种是体质型，即杂种营养器官的发育较强，也就是根、茎、叶等营养器官生长势超过双亲。第二种是生殖型，就是杂种繁殖器官发育较强，如结实率高、种子、果实产量高等。第三种是适应型，杂种具有较强的适应能力，在抗逆性、抗病虫害等能力方面超过双亲。

异花授粉植物连续多代自交后，会出现生理机能的衰退，表现为植株生长势、抗病性和抗逆性减弱、生活力下降、经济性状退化、产量降低，这种现象称作自交衰退。异花授粉植物自交后，一般都会发生不同程度的衰退。衰退的程度因植物种类而不同，亦因不同品种及同一品种不同株系而有别。在自交衰退的速度上，通常早代较快，中晚代较慢。通过选择，有可能在中晚代选育出衰退极为缓慢、甚至稳定的自交系。自交衰退和杂种优势实际上是同一遗传效应的两种相反方向的表现。

### 14.1.2　杂种优势的特点

参见第4章第4.3.3.1节相关内容。

## 14.2　杂种优势的机理

参见第4章第4.3.3节相关内容。

## 14.3　杂种优势的度量

为了便于研究和利用杂种优势，需要对杂种优势的大小进行测定，常用的方法有以下几种。

### 14.3.1　超中优势（mid-parent heterosis）

以杂种一代与双亲的平均值作比较。

$$超中优势（\%）=\frac{F_1-双亲平均值}{双亲平均值}\times 100$$

当平均优势等于零时，即 $F_1$ 等于双亲平均值，则杂种优势等于零；当平均优势大于零时，即 $F_1$ 大于双亲平均值，则杂种优势为正向优势；当平均优势小于零时，即 $F_1$ 小于双亲平均值，则杂种优势为负向优势，这种负向优势又称为杂种劣势。

### 14.3.2　超亲优势（over-parent heterosis）

杂种一代同两亲本中较好的一个亲本作比较。

$$超亲优势（\%）=\frac{F_1-较好亲本值}{较好亲本值}\times 100$$

### 14.3.3　超标优势（over-standard heterosis）

杂种一代同对照品种或较好的推广品种（对照品种）比较。

$$对照优势（\%）=\frac{F_1-对照品种}{对照品种}\times 100$$

要使杂种优势应用于栽培生产，不仅杂种一代要比其亲本优势，更重要的是必须优于当地推广的优良品种，才能为生产上所采用，因此，对照优势法更具有实践意义。这种度量方法同一般品种比较试验对品种性状的评价一样，对杂种优势的度量，它不能提供任何与亲本有关的遗传信息。（所用的标准种不同，对照优势也就不同）

### 14.3.4　杂种优势指数（index of heterosis）

用 $F_1$ 某一数量性状的平均值与双亲同一性状的平均值的比率，来度量 $F_1$ 超过双亲平均值的程度。

$$杂种优势指数（\%）=\frac{F_1}{双亲平均值}\times 100$$

## 14.4　杂种优势的利用程序

杂种优势育种的一般程序，除了制定育种目标，收集种质资源，杂交种升级试验和品种审定与杂交育种完全相同外，其主要步骤还包括优良自交系的选育、自交系配合力的测定和配组方式的确定，这三项工作可概括为“先纯后杂”。

### 14.4.1　自交系的选育

自交系（inbred-line）一般是指异花或常异花授粉植物，经连续多代自交，使异质基因分离、纯合，获得性状一致，遗传性相对稳定，能够自我繁殖的群体，广义的自交系包括自花授粉植物的纯系。优良自交系应具备以下条件：配合力高，生活力强、生产力高，抗病性强，显性或部分显性，具有较多的可以遗传的优良性状。自交系间杂种一代的杂种优势明显、稳定，杂种的株间整齐一致。因此对于自花授粉植物可利用品种间杂种一代，而异花授粉直接选育杂种一代工作则应从选育自交系开始。选育优良自交系方法有系谱法和轮回选择法。

**14.4.1.1** 系谱选择法（pedigree selection）

1. 选择基础材料

由于从不是很优良的品种内获得的自交系大多是不合适的，因此为了增加成功的机会并节约人力、物力和时间，应该选用优良的品种或杂交种作为分离自交系的基础材料。一般选择地方定型品种、主栽定型品种或优良的杂交种。选择基础材料最好能在品种比较试验和已初步进行品种间配合力测定的基础上进行，这样可把工作重点集中在几个有希望的品种内。一般选择作为育成自交系基础材料的品种或杂交种数量不要超过20个。

2. 选择优良的单株进行自交

在选定的基础材料内再选择优良单株进行自交。一般每个品种或杂交种选数株或数十株进行自交。对于品种，$S_0$株间差异大，应多选一些植株自交（10～40株），每类型自交2株。$S_1$每一自交株的后代可种植相对较少的株数（50～100株）；对于杂交种，$S_0$属于不分离世代，可相对少选一些单株自交（5～20株），但每一自交株的后代则应种植较多的株数（100～2000株）。对于纯系种，$S_0$株间差异小，应少选单株自交（5～10株），$S_1$每一自交后代种植的株数可少些（20～100株）。对于高度自交不亲和种，$S_0$选择变异类型相似或相同的单株做成对杂交，$S_1$每个成对交后代播种株数要多些（200～2000株）。

总之，对于株间整齐一致的品种可相对少选一些单株自交，对于株间一致性较差的品种应该针对各种有价值的类型每类都选育一些有代表性的植株。

3. 逐代系间淘汰选择和选择优良植株自交

根据育种目标逐渐淘汰不良的自交系，但随着自交系数目的减少则应增加每一个自交系的种植株数。自交一般进行4～6代，直到获得纯度高、性状稳定、生活力不再明显衰退的自交系为止，以后可按自交系为单位，分别在各分离区播种繁殖，任其系内自由授粉，但需防止系间授粉或外来花粉影响。

**14.4.1.2** 轮回选择法（recurrent selection）

该法是通过反复选择、杂交将分散在杂合群体中各个个体、各条染色体上的优良基因集中，尽可能增加后代选择和基因重组机会，以提高品种或自交系群体内有利基因频率的方法。

1. 一般配合力轮回选择法（recurrent selection of general combining ability）

该法是以提高一般配合力为主要目的的轮回选择法。其主要工作步骤如下：首先从原始群体中选择优良单株，分别自交和测交。特别注意的是测验种（Tester）必须是基因型杂合型的群体。然后比较测交$F_1$，入选相应$S_1$。入选$S_1$株系去杂去劣后，混合授粉进行多系杂交形成改良群体。一般经过1～3轮回选择后，进入系谱法程序选育自交系。

2. 特殊配合力轮回选择法（Recurrent selection of specific combining ability）

该法是以提高特殊配合力为主要目的的轮回选择法。其选择程序基本与一般配合力轮回选择法相同，不同之处就是测验种必须是基因型纯合的自交系或纯系。该法在选育出自交系同时，选配出优良杂交组合。

**14.4.1.3** 复聚合选择法（compounded polyselection ）

该法是把分散于几个品种或自交系的优良性状，聚集到一个或几个自交系上的方法，相当于添加杂交或合成杂交法。如打算把4个品种的优良性状集聚到两个自交系上，根据添加杂交$F_1$的核遗传组成比来安排杂交顺序，可以采用：（A×B）×C→系谱法选育自交系→甲自交系。（A×B）×D→系谱法选育自交系→乙自交系。这样4个品种的优良性状就聚集到两个自交系上了。

### 14.4.2　配合力测定与配组

#### 14.4.2.1　配合力的概念与类别

自交系的性状是由纯合基因的加性效应决定，是可遗传的，而 $F_1$ 的性状除了基因的加性效应外，最主要的是由显性效应和非等位基因的上位效应所决定的，是非遗传的组分。因此自交系优良的亲本一般杂种一代表现也比较好，但自交系表现较差的亲本有时也可得到表现较好的杂种一代。由此可见自交系本身表现与其杂种一代的表现并非一致。因此对初步选择出来的自交系，还需测定其配合力（combining ability）大小，以便从中选择出最优良的亲本组合。配合力就是衡量亲本系在其所配 $F_1$ 中生产力高低的指标，分为一般配合力（general combing ability，gca）和特殊配合力（specific combining ability，sca）。

1. 一般配合力

gca 是指一个亲本系或品种在一系列杂交组合中的平均生产力（如产量或其他性状）。即是该亲本与其他亲本配成的 $F_1$ 的平均值与该试验的全部 $F_1$ 的总平均相比的离差。gca 是个相对值，可以取正、负和零。一个亲本 gca 高，说明该亲本与其他亲本杂交 $F_1$ 的平均水平有较高的期望值，并不是说两个 gca 高的亲本配组，其 $F_1$ 一定高。由于 gca 所反映的是纯合基因加性效应，故对于主要取决于 gca 的性状，可以通过组合育种途径育成定型品种。

2. 特殊配合力

sca 是指在一个交配群体中某个交配组合子代平均值与子代总平均值及双亲一般配合力的离差。以下介绍两种测定配合力的配组方法。

#### 14.4.2.2　配合力的测定

指设计一系列杂交试验，用统计分析方法从 $F_1$ 的性能好坏评定亲本系的优劣，配合力测定受以下主要因素的影响。测验种（者）不同其结果不同；配合力测定时期不同其结果不同；测定方法不同其结果不同，精确性不同。

1. 顶交法

该方法是将选出的品种同一系列品种杂交，比较各组合 $F_1$ 优势程度。一般顶交法中，选当地优良的品种做顶交亲本与供试亲本杂交以便测定供试亲本一般配合力大小，选配合力大，外观性状好的品种作为亲本材料。例如，现有供试菊花品种 1、2、3、4、5 号，选当地优良品种 A、B、C 作为顶交亲本与这 5 个品种分别杂交，以测定这 5 个品种在花径方面一般配合力大小（见表 14－1）。

表 14－1　菊花各杂交组合花径平均值　单位：cm

| $P_j$ \ $P_i$ | 1号 | 2号 | 3号 | 4号 | 5号 | $\overline{X}_{.j}$ |
|---|---|---|---|---|---|---|
| A | 8 | 10 | 6 | 11 | 13 | 9.6 |
| B | 10 | 11 | 7 | 10 | 12 | 10 |
| C | 9 | 12 | 8 | 9 | 14 | 10.4 |
| $\overline{X}_{i.}$ | 9 | 11 | 7 | 10 | 13 | $\overline{X}_{..}=10$ |

品种 1 号一般配合力＝9－10＝－1

品种 2 号一般配合力＝11－10＝1

品种 3 号一般配合力＝7－10＝－3

品种 4 号一般配合力＝10－10＝0

品种 5 号一般配合力＝13－10＝3

C 亲本一般配合力＝10.4－10＝0.4

5 号×C 杂交组合特殊配合力＝14－10－0.4－3＝0.6

由此可见 2 号、5 号品种一般配合力较高，若这两个品种外表性状也较好，则可选作亲本材料。该方法的优点是所配组合数少，便于比较，统计方法简单。测验者为自交系或纯系时所测结果近于 sca，测验者为杂合品种或杂交种时，其结果近于 gca。适用于雄性不育系或自交不亲和系作测验种，筛选配合力高的自交系来配制一代杂种。该方法缺点是试验结果不能分别测算 gca 和 sca，只能测算混合的配合力；所测结果随测验种不同而不同，代表性差，一般只用于亲本的早代粗略测定。

2. 轮配法

又称双列杂交（diallel cross）。该方法既能测定一般配合力大小，又能测定特殊配合力大小。该法是将各自交系彼此全部加以配合，比较各杂交组合 $F_1$ 代的优劣状况，来分析某一自交系的一般配合力和任一杂交组合的特殊配合力。例如有 1、2、3、4、5 号供试自交系，则它们的杂交组合如表 14-2 所示。

表 14-2　5 个供试自交系的杂交组合（包括反交）

| 品　种 | 1号 | 2号 | 3号 | 4号 | 5号 |
| --- | --- | --- | --- | --- | --- |
| 1号 |  | × | × | × | × |
| 2号 | × |  | × | × | × |
| 3号 | × | × |  | × | × |
| 4号 | × | × | × |  | × |
| 5号 | × | × | × | × |  |

注　×表示产生的杂交组合。

若正、反交效果相同，则这 5 个自交系杂交组合为 1×2，1×3，1×4，1×5，2×3，2×4，2×5，3×4，3×5，4×5。称为半轮配组法或半双列杂交法（见表 14-3）。

表 14-3　5 个供试自交系的杂交组合（不包括反交）

| 品　种 | 1号 | 2号 | 3号 | 4号 | 5号 |
| --- | --- | --- | --- | --- | --- |
| 1号 |  | × | × | × | × |
| 2号 |  |  | × | × | × |
| 3号 |  |  |  | × | × |
| 4号 |  |  |  |  | × |
| 5号 |  |  |  |  |  |

注　×表示产生的杂交组合。

每个自交系与其他自交系一一相配，不包括自交和反交组合。交配组合数可按公式 $n=P(P-1)/2$ 计算。其中 $n$ 为组合数，$P$ 为亲本自交系数。若有 5 个自交系，就需要配制 10 个组合。按下式计算 $gca$ 和 $sca$。

$$gca_i=\frac{1}{P-2}X_i-\frac{1}{P(P-2)}\sum\overline{X}$$

$$sci_{ij}=\overline{X}_{ij}-\frac{1}{P-2}\ (X_i+X_j)\ +\frac{1}{(P-1)\ (P-2)}\sum\overline{X}$$

式中：$X_i$ 指以 $i$ 自交系为亲本的所有组合某性状数值之和；$X_j$ 指以 $j$ 自交系为亲本的所有组合某性状数值之和；$\sum\overline{X}$指该试验全部组合某性状数值总和；$P$ 为亲本数；$\overline{X}_{ij}$ 指以 $i$ 为母本、以 $j$ 为父本所配制 $F_1$ 的某性状数值的平均值。

### 14.4.3　自交系间配组方式的确定

经配合力测定选出的优良杂交组合及其亲本自交系后，还需进一步确定各自交系的最优组合方式，以期获得好的杂种。根据配制杂种一代所用亲本数，配组方式可分为单交种、双交种和三交种。

#### 14.4.3.1　单交种

即用两个自交系配成的杂种一代。这是杂种优势利用最重要的配组方式。其优点是基因杂合程度最高，杂种优势强，株间性状一致性高，制种程序简单。更适合外观商品性要求严格的园林植物；其缺点是自交系种子产量低，成本高，有时对环境条件的适应力较弱，若缺乏制种手段，其应用受到限制。在生产单交种时，每年需 3 个隔离区，即两个自交系繁殖区，一个单交区。

单交种配组原则：选用一般配合力高的自交系，按轮配法或不规则配组法选配优良组合。双亲经济性状差异大时，一般以优良性状多者或本地的自交系为母本。选择繁殖力强的自交系作母本，以花粉量大、花期长的自交系作父本。选择具有苗期隐性性状的自交系作母本，以便苗期淘汰假杂种。

#### 14.4.3.2　双交种

即用四个自交系先配成两个单交种，再由两个单交种配成用于生产的杂种一代。双交种的优点是可使亲本自交系的用种量显著节省，杂种种子的产量显著提高，从而降低制种成本。同时双交种的遗传组合不像单交种那样纯，适应性强。缺点是制作程序比较复杂，杂种的一致性不如单交种。

#### 14.4.3.3　三交种

即用两个自交系杂交作母本，与第三个自交系杂交产生杂种一代的方式。三交种具有生活力强、产量高的优点，只是性状整齐性略低于单交种。此外，由于母本是单交种，种子的产量大，质量比较好。但三交种要求父本自交系的花粉量要大。制种时因为有自交系参与，种子成本较高，但比单交种成本低。在生产三交种时，每年需保持 5 个隔离区，即 3 个自交繁殖区、一个单交区和一个三交区，最少需要 3 个隔离区。

## 14.5　杂种种子的生产

杂交种子生产的任务，一是按照已经确定的具体组合，年年生产杂种一代种子，为生产提供大量的高纯度的杂种一代种子；二是年年繁殖杂种一代的亲本自交系，为杂种一代制种田提供大量的高纯度的亲本自交系种子。一般而言，在亲本繁殖和杂种一代种子生产时，会遇到种子产量低，成本高，价格贵，纯度差的问题，这些都会严重地影响优良杂交种的利用价值，甚至成为生产中大面积推广使用杂种一代的限制因子。因此，杂交种子生产的关键技术是保证杂种一代种子的纯度，降低种子生产成本，最大限度地发挥杂种优势在植物生产上的作用。

由于每年需要生产杂种一代种子供生产上应用，所以在杂种种子的生产中，应本着获得杂交率高的杂种种子和降低成本的原则，根据各种不同植物开花授粉习性，采用适当的制种技术。

### 14.5.1　简易制种法

利用植物天然异花授粉习性，将两个或两个以上自交系置于一个隔离区内，任其自由授粉获得杂交种的途径。适用于花器小，人工去雄困难，又无其他有效的制种手段，且杂种优势强的异花授粉植物。该法简单，制种成本低，杂交率一般在 50%～90%，是一种原始且行之有效的制种途径。当正反交效果一样时，父、母本按 1∶1 采用混播法、间行配置法、间株配置法种植，混收杂交种。当正反交效果不一样时，父、母本按 1∶2～1∶3 间行配置法，分别从两个自交系上收获正、反交杂交种。父、母本分别在隔离区繁殖留种，用于下一年制种。

### 14.5.2　利用苗期标志性状的制种法

该法利用双亲和 $F_1$ 杂种苗期所表现的某些植物学性状的差异，在苗期可以比较准确地鉴别出杂种苗或亲本苗，这种容易目测的性状称为“标志性状”。标志性状应具备两个条件：首先在苗期就表现明显，而且容易目测识别。其次这个性状必须具有稳定的遗传性。

利用苗期标志性状的制种法，就是选用苗期有隐性性状的品系作母本（如月季的扁刺）与具有相对的显性性状的品系作父本（如新疆蔷薇的弯钩刺）进行杂交，在杂种幼苗中淘汰具有隐性性状的假杂种苗，该法优点是亲本繁殖和杂交制作简单易行，制种成本低，能在较短的时间内生产大量的杂种一代。缺点是间苗、定苗工作复杂，需掌握苗期标志性状，熟练间苗、定苗技术。自花授粉植物由于不能借助风力和昆虫传粉，即使有苗期标记性状仍需进行人工去雄和授粉，因为任其自由授粉的杂交率一般都很低。因此，该法多用于异花授粉植物和自由授粉植物。具体制种方法是：在制种区内，父母本按 1∶2～1∶3 的行比种植，任其自由授粉。在母本上所收获的种子为杂种一代种子。父本株只提供花粉。花期结束后可以拔掉父本，或留果实作商品采收。另设母本繁殖区和父本繁殖区。

### 14.5.3 利用雌性系的制种法

雌性系（female flower line）是指具有雌性基因，只生雌花不生雄花且能稳定遗传的品系。雌性系的选育一般通过以下几种方式：首先是从国内外引进雌性系直接利用或转育；其次是从以雌性系为母本的 $F_1$ 代杂种自交分离后代中选育雌性系；再次是用雌雄株与完全花株或雌全株杂交，可以从后代内分离出纯雌株，再经回交、诱雄、自交得到。该法因免去去雄工作从而可降低制种成本。在制种区内，父母本按 1∶2～1∶3 的行比种植，任其自由授粉。在母本上所收获的种子为杂种一代种子。

### 14.5.4 人工去雄制种法

指人工去掉母本雄蕊、雄花、雄株，然后利用父本自然授粉（异授粉花植物）或人工辅助授粉（自花授粉植物），从母本上收获杂交种的制种途径。适用于花器大，去雄容易，种子繁殖系数大，单位面积种植株数少的园林植物。只要杂种优势所产生的增产效益远大于制种所增加的人工去雄费用时，都可采用此法。

### 14.5.5 化学去雄制种法

指利用化学去雄剂或称化学杂交剂（chemical hybridization agents，CHA），在植株生长发育的一定时期喷洒于母本，直接杀伤或抑制雄性器官，造成生理雄性不育，配制 $F_1$ 代杂交种的制种方法。理想化学去雄剂的要求是去雄效果好，而不影响雌花或雌蕊的育性；对用药剂量和施用时期的要求低；与基因型和环境的互作效应小；对植物药害轻、无残毒、价格低廉等。目前用于园林植物化学杂交育种实践的 CHA 有：乙烯利、二氯异丁酸钠（FW450）、马来酰肼（MH）、甲基砷酸锌（杀雄一号）、达拉朋（三氯丙酸）、二氯乙酸、核酸钠、萘乙酸、矮壮素等。该方法优点是亲本选择范围广，易选配强优势组合。缺点是杀雄不彻底、负效应大、成本高。目前的关键是筛选高效、便宜、无残毒的 CHA。

### 14.5.6 利用雄性不育系制种法

详见本章第 14.6 节。

### 14.5.7 利用自交不亲和系制种法

详见本章第 14.7 节。

## 14.6 雄性不育系及其利用

雄性不育（male sterility，简称 MS）是指两性花或雌雄同株的植物，雌性器官正常，雄性器官畸形退化，不能产生功能正常的雄配子的现象。有些雄性不育现象是可以遗传的，采用一定的方法可育成稳定遗传的雄性不育系。雄性不育系（male-sterile line，简称 A 系）是指通过人工选育，在雌器官发育正常的两性花或雌雄同株植物中获得遗传性稳定的雄性不育系统。利用雄性不育系配制杂交种是简化制种的有效手段，可以降低杂交种子生产成本，提高杂种质量，扩大杂种优势的利用范围，是杂种优势利用最优化的制种途径。

在两性花植物中，利用雄性不育系作母本，在隔离区内与相应父本按一定比例间隔种植。在不育系上采收杂种种子。目前，花卉中存在雄性不育的植物有百日草、矮牵牛、金鱼草等。

雄性不育材料的来源主要有以下几种途径：①自然突变。植物 MS 自然突变率约万分之几到千分之几，一般在古老农家品种或异花授粉植物的自然突变率高于新品种或自花授粉植物。目前应用于生产的雄性不育源大多数都来自然突变；②人工诱变。理化诱变剂诱发细胞质或细胞核基因突变，从而产生 MS。但多数变异不能稳定遗传，目前做到定向诱变还很困难；③远缘杂交。将某物种细胞核置换到另一种不同的细胞质中，通过核质互作产生雄性不育。这是创造和转育新的雄性不育源的主要途径之一。在已发现的雄性不育材料中，其中约 10%的 GMS 材料，约 70%以上的 CMS 材料是通过种间或属间杂交而获得的；

④远距离品种间、不同生态型品种间杂交及自交。地理或生态隔离，基因型差异大，杂交易产生不育株；雄性不育多为隐性性状，通过自交可使隐性基因纯合，出现不育株；⑤生物工程创造 MS。如原生质体融合，染色体异位、倒位，基因工程构建雄性不育基因等；⑥引进不育源转育雄性不育系。引进雄性不育杂交种，进行自交分离，可得到雄性不育系。

雄性不育遗传性稳定，不易受环境等因素影响。雌蕊、蜜腺、花冠等正常。容易找到保持系。配合力高，抗病性强，经济性状优良。雄性不育彻底，不育株率为 100%，不育度为 95%以上。不育株率（rate of sterile plant）的计算公式如下：

$$不育株率=雄性不育株数/群体总株数\times 100\%$$

不育度（degree of sterility）即雄性不育的程度，通常指雄性不育花占总花数的百分数。单株不育度是指雄性不育花占单株总花数的百分数。群体不育度是指雄性不育花占群体总花数的百分数，调查时一般把单花或单株按雄性不育程度进行分级，采用加权法统计单株和群体不育度。

雄性不育按基因型可分为三类：细胞核雄性不育（genic male sterility，GMS），简称核不育，雄性不育受细胞核基因控制。可分为显性核不育、隐性核不育及基因互作核不育。GMS 十分普遍，其中隐性核不育占 88%，显性核不育仅占 10%。细胞质雄性不育（cytoplasmic male sterility，CMS ），简称质不育，雄性不育的性状完全受细胞质控制，遵循母性遗传规律，任何品种都是保持系，找不到恢复系。核质互作雄性不育（gene-cytoplasmic male sterility，CMS），雄性不育的性状受细胞核基因和细胞质基因共同控制。该型不育系可实现“三系配套”。

## 14.6.1　细胞核雄性不育的遗传机制及应用

### 14.6.1.1　细胞核雄性不育的遗传机制

（1）隐性单基因雄性不育系遗传模式。

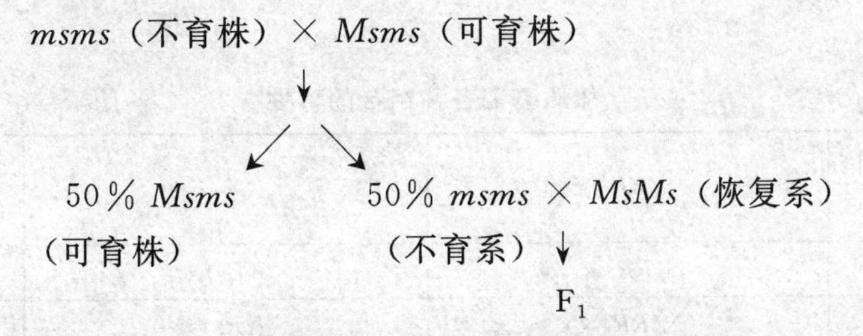


在育种工作中，*msms*（不育株）作母本，*Msms*（可育株）作为保持系，*msms*（不育株）和 *Msms*（可育株）杂交，后代 50%为可育株（*Msms*），50%为不育株（*msms*），通常隐性核不育找不到完全保持系。在配制杂交种时，拔除可育株（*Msms*），剩余 50%为不育株（*msms*）作母本，与 *MsMs*（恢复系）杂交。

（2）显性单基因控制的雄性不育系。

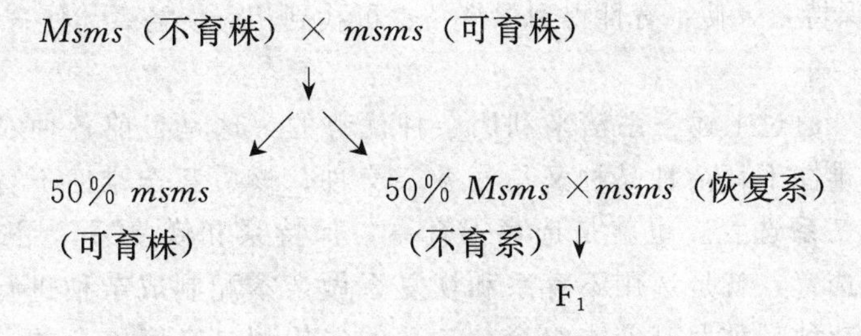


在育种工作中，*Msms*（不育株）作母本，*msms*（可育株）作为保持系和恢复系，*msms*（可育株）和 *Msms*（不育株）杂交，后代 50%为不育株（*Msms*），50%为可育株（*msms*），通常隐性核不育找不到完全保持系，而显性核不育找不到完全恢复系。

（3）细胞核雄性不育的选育。

首先以原始不育株为母本，同品种或其他品系可育株作父本进行成对测交，下一代鉴定各测交组合育性。如果测交 $F_1$ 全部可育，测交后代自交。如测交 $F_1$ 出现育性分离，选择不育株率高的组合中不育株为母本，进行成对回交，相应父本自交。或选择不育株率高的组合中不育株为母本，可育株为父本进行成对兄妹交。对回交及兄妹交进行育性鉴定，如果连续回交和兄妹交，其不育株率稳定在50%左右，即获得细胞核控制的雄性不育"两用系"，进一步鉴定甲、乙型两用系及核基因互作雄性不育系。

**14.6.1.2 利用雄性不育两用系生产 $F_1$ 代杂交种**

(1) 设置制种隔离区生产 $F_1$ 杂种。雄性不育两用系（AB系）与父本系（恢复系）按3～5∶1行比种植，调整花期相遇，AB系株距为正常密度的1/2。从初花期开始，拔除AB系中50%的可育株，然后任其自由授粉或人工辅助授粉，在不育株上收获 $F_1$ 杂种用于生产。在父本系（恢复系）上收获父本用于下一代制种或另设父本繁殖区，繁殖父本系。

(2) 设置隔离区繁殖雄性不育两用系。下面以单隐性基因控制的雄性不育为例，GMS三区三系制种法见图14-1。

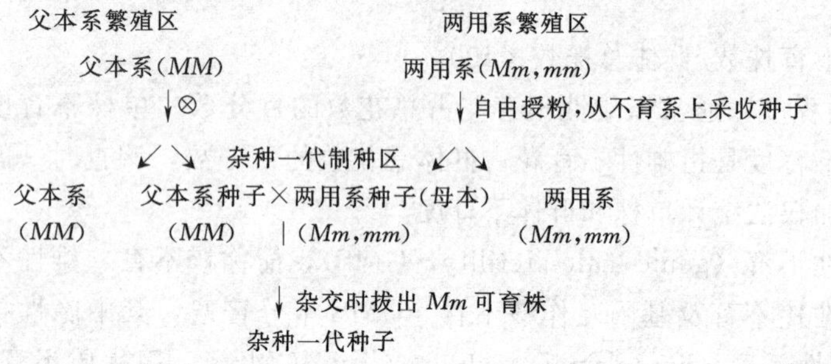

父本系繁殖区　　　　　　两用系繁殖区

父本系（*MM*）　　　　　两用系（*Mm*，*mm*）

↓⊗　　　　　　　　　　↓自由授粉，从不育系上采收种子

↙↘　杂种一代制种区　↙↘

父本系（*MM*）　父本系种子×两用系种子（母本）　两用系（*Mm*，*mm*）

（*MM*）　|（*Mm*，*mm*）

↓杂交时拔出 *Mm* 可育株

杂种一代种子

图14-1 GMS三区三系制种法

## 14.6.2 核质互作雄性不育（CMS）的遗传机制及应用

CMS一方面受细胞质不育基因（线粒体DNA、叶绿体DNA及质粒和附加体DNA）控制，呈现母性遗传。另一方面还受细胞核基因的控制。胞质不育基因为 *S*，胞质可育基因为 *N*。核可育基因 *R*，可以克服细胞质雄性不育的效应，能够恢复不育株育性。*R* 基因为显性，通常为一对或几对，其等位基因即雄性不育基因（*r*）为隐性，*r* 不能恢复不育株育性。当细胞质基因和细胞核基因同时不育时，植物呈现雄性不育。

表14-4　核质基因各种组合的育性

| 质基因 \ 核基因 | *RR* | *Rr* | *rr* |
|---|---|---|---|
| *S* | *S*(*RR*)* | *S*(*Rr*)* | *S*(*rr*)※ |
| *N* | *N*(*RR*)* | *N*(*Rr*)* | *N*(*rr*)☆ |

注　※代表雄性不育系，☆代表保持系，*代表雄性可育。

从表14-4可以看出，*S*(*rr*)×*N*(*rr*)→*S*(*rr*)中，$F_1$ 表现不育。其中：*N*(*rr*)个体具有保持母本不育性在世代中稳定的能力，称为保持系（B）。*S*(*rr*)个体由于能够被 *N*(*rr*)个体所保持，其后代全部为稳定不育的个体，称为不育系（A）。*S*(*rr*)×*N*(*RR*)或 *S*(*RR*)→*S*(*Rr*)中，$F_1$ 全部正常可育。*N*(*RR*)或 *S*(*RR*)个体具有恢复育性的能力，称为恢复系（*R*）。质核型不育性由于细胞质基因与核基因间的互作，故可以找到保持系，使不育性得到保持、也可找到相应恢复系，使育性得到恢复，实现三系配套，生产杂种一代。

核质互作雄性不育是通过上述三系法来利用杂种优势的，这是目前各种农作物利用杂种优势的主要途径。因此核质互作雄性不育杂种品种又称三系杂交种。核质互作雄性不育杂种品种的选育包括两个阶段：第一个阶段是三系选育，也就是选育不育系、保持系和恢复系，用来作配制杂交种的亲本；第二个阶段是杂交种的选育，就是选用不育系和恢复系做亲本配制成杂种进行观察比较，根据试验结果及生产需要确定最佳杂种品种及其亲本组合。三系的遗传型是高度纯合的，它的选育属于纯系育种范畴，采用纯系育种的各种方法；而杂种品种的遗传型是高度杂合的，它的选配主要是依据杂种优势形成的规律进行的。

**14.6.2.1 不育系和保持系的选育**

1. 胞质雄性不育材料的获得

获得核质互作雄性不育材料是选育不育系的前提，其途径主要是远缘杂交，或通过自然不育株的转育利用。在自然界寻找的不育株或通过人工诱变产生的不育株大多数都是核不育的。不育系的选育方法主要有：

(1) 远缘杂交核置换。不同物种或类型，由于亲缘关系较远，遗传差异较大，质核之间有一定的分化，杂交后代常常会产生不育株，将此不育株作为母本与原父本或类似品种回交，后代若能保持不育，则表示此乃质核互作产生的不育，继续回交多代，就可以育成不育系和保持系。

通过种间或类型间杂交获得不育系。即以一个具有雄性不育细胞质（$S$）和可育核基因（$RfRf$）的物种作母本与另一个具有雄性可育细胞质（$N$）和雄性不育核基因（$rfrf$）的物种作父本杂交，将杂交种后代与父本 $S(rfrf)$ 连续回交，即可得到不育系，如高粱中的3197A不育系，水稻中的野败型不育系等。在用这种方法培育不育系时，原来作父本的并用来进行连续回交的品种就是所获得的不育系的同型保持系。

(2) 用带有雄性不育细胞质的不同品种之间杂交选育雄性不育系。在同一个物种中，有的品种的遗传结构是 $S(RfRf)$，有的品种的遗传结构是 $N(rfrf)$，当这两种遗传结构的品种进行杂交时，在其 $F_2$ 代群体中也能分离出雄性不育株。如玉米中的Y型不育系。

$$♀S(RfRf) \times ♂N(rfrf)$$
$$\downarrow$$
$$F_1S(Rfrf)$$
$$\downarrow$$
$$S(RfRf)\qquad S(Rfrf)\qquad S(rfrf)$$

不育系

2. 不育系和保持系的选育方法

在育种工作中，不育系的选育通常是通过双亲间的核置换杂交（回交）完成的。就是在现有不育系或不育材料的基础上，为了获得更多的不育系，可用回交转育的方法选育同核异质或同质异核的新不育系。用父本回交，每回交一代就代换母本一半染色体，通过多代的回交，就可以用父本的染色体代换掉母本的全部染色体。核置换后，作为提供核背景的轮回父本，也就变成了与不育系相应的保持系。在这一过程中，正确的选择可以缩短回交世代，而不正确的选择将会延长这一过程。连续回交选育不育系的过程，要严格选择性状像父本的不育单株做母本进行成对回交，在低世代回交的株系宜多，每株系的群体可小，随着回交世代的提高，株系逐步减少，但每株系的群体要增大，根据群体整齐度和不育性的表现具体确定群体的大小直至不育系育成。具体过程见图14-2。

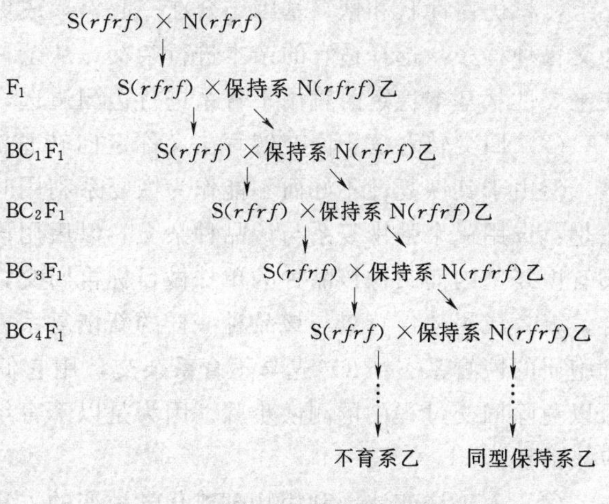

图14-2　不育系和保持系的选育程序

杂种一代的各种特性都是由不育系和恢复系的核基因决定的，挑选具有保持能力的各种优良品种转育成新不育系将可丰富不育系的类型，提高选配优良杂交组合的几率，这是一种目标明确，简便易行而又有实用价值的新不育系选育方法。

3. 不育系和保持系的具体要求

雄性不育系必须在大群体下通过鉴定，并达到5点基本要求：①不育性彻底，不育度和不育率达100%，自交不结实；②不育性能够稳定遗传，不因环境变化和多代回交而改变；③群体的农艺性状整齐一致，与它的保持系相似；④雌性器官发育正常，能接受可育花粉而正常结实；⑤细胞质不具严重弊病。在生产上具有应用价值的优良不育系，除了上述5点基本要求外，还要具有：①配合力好，具有高产潜力，优良性状多，不良性状少；②恢复面广，可恢复性好；③具有良好的花器构造和开花习性，异交率高；④品质好；⑤抗性好。保持系是不育系的同核异质体，在相当大的程度上可以说有什么样的保持系就会有什么样的不育系。上述对优良不育系的各种要求，实际上也是对保持系的要求，在选育工作中首先要按照要求来选育保持系，然后再通过保持系传递给不育系。

**14.6.2.2** 恢复系的选育

1. 恢复基因的发掘

细胞质雄性不育系雄花育性的恢复是由恢复基因控制的，一般而言，恢复基因是与不育基因等位的显性可育基因。恢复基因的来源有三个方面：①从提供不育细胞质的母本品种中提取。细胞质里存在着不育基因的品种，其核中一定存在着恢复基因，因为只有这样才能保证该品种自身的正常繁殖，当用这一品种做母本利用其不育细胞质育成不育系后，也可以通过杂交等方法从其细胞核中将可育基因提取出来育成恢复系；②从提供不育细胞质的近缘种中测交筛选。恢复基因的存在与不育细胞质的分布频率有关，在不育细胞质分布频率较高的类似品种中进行测交筛选，就有可能发现较多的恢复基因；③恢复基因是通过亲本传递重组的，凡是用恢复品种作亲本衍生出的各种后代，都有可能成为恢复基因的新供体。雄性不育的恢复是以杂种一代的花粉育性和结实率为衡量依据的，有恢复谱和恢复力的差异。恢复谱体现在广谱性和专一性方面，即有的恢复系能恢复多种不同类型的不育系（万能恢复系），但有的恢复系只能恢复一种不育系。根据杂种结实的程度可以判断出恢复系的恢复力有强弱之分。凡杂种结实率很高而且各种条件下都很稳定，则证明恢复力很强，如果杂种结实率很低或不稳定，则表明恢复力弱。

2. 恢复系的选育方法

（1）测交筛选法。测交筛选就是利用现有的常规品种与不育系进行测交，从中筛选出恢复力强、农艺性状、杂种优势都达到目标要求的品种成为恢复系，这是一种最简单而且有效的方法。具体方法是：选用一批优良的自交系或品种作父本，与不育系测交，分别采收和种植各测交组合及其父本的种子，如果 $F_1$ 为完全可育的，则该组合的父本就是恢复系。如果组合 $F_1$ 不仅是雄性可育即恢复的，而且具有强大的杂种优势，综合农艺性状也优良，通过比较试验证明其具有生产利用价值，则就可以对该组合进行扩大繁殖和杂交制种，以用于生产。在 $F_1$ 开花时，对不能开花散粉或完全不育的组合，用其父本作轮回亲本继续回交 5 代以上，即可将父本转育成雄性不育系，同时原父本就是该不育系的同型保持系。

（2）杂交选育法。杂交选育的方法是目前恢复系选育的主要方法，它可以按照育种者的要求通过基因重组，将优良性状和恢复基因结合在一起，形成更优秀的新恢复系。杂交选育的基本要点是：按照一般的杂交育种程序，选择适宜的亲本进行杂交，从杂种一代起就根据育种目标和恢复性进行多代的单株选择，在主要性状基本稳定时就用不育系进行边测边选，选育出恢复力强、配合力高和性状优良的新恢复系。

（3）回交转育法。回交转育法又称定向转育法。对一些农艺性状优良并能配出高产优质杂交种的品种，但由于其恢复性不好而不能作为恢复系利用时，可以通过回交转育法将其育成理想的恢复系。具体方法是：选用一个强恢复系与该品种杂交，以后用该品种连续回交，但在回交过程中要边测边选，即选那些具有恢复基因而又像该品种的单株做目标再回交，当入选单株完全与该品种同型后，可自交二代，让其纯合，就育成了遗传背景与该品种一样的新恢复系。回交转育法如选用不育细胞质来进行，就是应用具不育细胞质的恢复系 $S(RR)$ 先与不育系杂交，用它们的杂种 $S(Rr)$ 再与待转育的优秀品种杂交并回交，就可以免除回交过程中的测恢步骤。因为是以不育细胞质为基础的，凡不具有恢复基因的单株将是不育的，应该淘汰。

（4）人工诱变法。利用物理或化学诱变的方法也可以选育出新恢复系。

3. 优良恢复系的选育标准

恢复系必须具备 3 个条件：首先恢复系是一个群体性状整齐一致结实正常的纯系；其次恢复系能使不育系的不育性完全恢复正常；第三恢复系的恢复性不因世代的增加或环境的改变而变化。作为具有生产应用价值的优良恢复系除了上述基本要求外，还必须具备以下优良特性：①恢复力强，所配的杂种开花散粉正常、结实率达到常规推广品种，也不因更换同质不育系而影响恢复力；②配合力好，具有高产潜力，优良性状多，缺点容易被克服，能配出理想的强优势组合；③遗传基础丰富，能与不育系保持有较大的遗传距离；④株高稍高于不育系，花时长，花粉量大，有利异交结实；⑤品质好，能配出商品价值高的杂种；⑥抗性好，能对主要病虫害和不良环境有较好的抗性。

**14.6.2.3** 三系杂交种的生产利用

质核互作型雄性不育的特点是能够获得“三系”，并通过“三系法”利用杂种优势。三系法配制杂交种品种包括繁殖和制种两个过程，分别在不同的隔离区进行，如图 14－3 所示。

| 不育系繁殖田 | | 杂交制种田 | |
|---|---|---|---|
| 隔离区Ⅰ(繁殖不育系和保持系) | | 隔离区Ⅱ(杂交制种和繁殖恢复系) | |
| 不育系 × | 保持系 | 不育系 × | 恢复系 |
| S($rfrf$) ↓ | N($rfrf$) | S($rfrf$) ↓ | S或N($RfRf$) |
| 不育系 ↓⊗ | | 杂交种 | ↓⊗ |
| S($rfrf$) | 保持系 N($rfrf$) | S($Rfrf$) | 恢复系 S或N($RfRf$) |

图 14－3　三系法配制杂交种的程序

繁殖田由不育系和保持系组成，主要目的是繁殖不育系种子，供下一年繁殖和杂交制种用。制种田由不育系和恢复系组成，主要目的是获得商品杂种种子供大田生产应用。

## 14.7　利用自交不亲和系制种法

某些两性花植物，虽然具有正常花器官，雌雄性器官正常，在不同基因型的株间授粉能正常结籽，但是花期自交不能结籽或结籽率极低的特性即所谓的自交不亲和性（self-incompatibility）。具有自交不亲和性的植株，经多代自交选择后，其自交不亲和性能稳定遗传，同一株系的后代株间相互授粉亦不亲和的系统即自交不亲和系。把它当做亲本，用于杂种种子生产，可以降低制种成本，提高种子纯度。

### 14.7.1　优良自交不亲和系应具备的条件

一个优良的自交不亲和系，首先应具有高度的花期系内株间交配自交不亲和性，且遗传性稳定，不受环境条件、株龄、花龄等因素影响；其次应具有较高的自我繁殖能力，即采用克服自交不亲和性的方法，能够恢复其亲和性，如蕾期授粉有较高的亲和指数；第三应具有较多的优良经济性状，自交多代生活力衰退不显著，胚珠和花粉有正常的生活力，抗病性强，并且具有较高的配合力。

### 14.7.2　单株自交不亲和性的选育

对于自交不亲和系的选育，一般采用单株连续自交选择法。从异花授粉植物中选育自交不亲和系，就是从杂合群体中选育出具有较强自交不亲和性的纯合株系。所以异花授粉植物选育单株自交不亲和系的方法如下。

首先，是对植物自交不亲和性的选择，从配合力高的群体中选择优良单株，在同一株上进行两种人工自交，即花期自交，以测定 SI；蕾期自交，以便在具有 SI 时获得自交种子，供继续选择之用。

其次，是继代自交选择，选择花期亲和指数低而蕾期亲和指数高的植株继续自交分离、选择，一般 4～5 代直到自交不亲和性和经济性状遗传性趋于稳定为止。

第三，获得自交不亲和材料后，还要测定系内异交亲和指数。

### 14.7.3　系统不亲和性的选育

1. 全组混合授粉法

把 10 株等量花粉混合后，分别授于这 10 株的柱头上，测定亲和指数。亲和指数＝人工授粉结籽数/单株人工授粉总花数。该法优点简便、评价较准。其缺点是，如果出现亲和指数高的情况，难以淘汰和选择。

2. 轮配法

任选 10 株进行正反交轮配，即 P(P－1)＝10×9＝90 个组合。测定各组合亲和指数，该法优点准确可靠，可用于基因型分析。缺点为工作量大。

3. 隔离区自然授粉法

将待测株系分别种植在不同的隔离区、花期任其自然授粉、统计亲和指数。该法简便省工，接近于实际，缺点是不能进行遗传基因型分析。

### 14.7.4 利用自交不亲和系进行优势育种

制种主要分亲本繁殖和杂种一代种子生产两部分。自交不亲和系植株在开花前2～4d的花蕾期，柱头上抑制花粉管生长的物质还未形成，因此在花蕾期对不亲和系植物进行自交，可获得自交种子。利用这一特性，对于自交不亲和系的亲本，主要采用花蕾期授粉法繁殖。杂种一代种子生产主要采用单交种，将两个特殊配合力高的自交不亲和系按1∶1隔行定植，开花时任其自由授粉，即可获得杂种率高的正反交杂交种子。为了提高杂种种子产量，也可将结实多的亲本与结实少的亲本按2∶1相间种植。

## 小 结

本章主要讲授了杂种优势的概念、表现特点、产生机理及度量方法。杂种优势的利用首先要选择高配合力的自交系。选择自交系的方法有系谱选择法和轮回选择法。配合力的测定有顶交法和双列杂交法。根据配制杂种一代所用亲本数，配组方式可分为单交种、双交种和三交种。生产杂交种子的方法有简易制种法，利用苗期标志性状的制种法，利用雌性系的制种法，人工去雄制种法，化学去雄制种法，利用雄性不育系制种法，利用自交不亲和系制种法。雄性不育按基因型可分细胞核雄性不育、细胞质雄性不育和核质互作雄性不育，该型不育系可实现“三系配套”。

## 思 考 题

1. 比较常规杂交育种与优势杂交育种的异同，园林植物杂种优势有什么特点？
2. 杂种优势育种为什么必须首先选育优良的自交系？优良的自交系有什么要求？选育优良自交系有哪些方法，有何异同？
3. 为什么在优势育种中必须进行亲本配合力的测定？
4. 杂种优势育种中杂交种子生产的方法有哪些？
5. 叙述雄性不育的几种遗传类型及其利用。
6. 叙述核质互作雄性不育系的选育方法。
7. 图示CMS三系配套生产杂交种子的方法。

# 第15章 无性繁殖植物育种

**本章学习要点**

- 无性繁殖植物育种特点
- 无性繁殖植物的选择育种
- 无性繁殖亲本选配及杂交技术的特点

无性繁殖植物育种是指人为地从现有植物群体（普通栽培群体、天然杂交群体或人工杂交群体）中选择性状优良单株，用无性繁殖方式（扦插、嫁接、组织培养）繁殖后代，可以保持被选个体优良性状的方法。即使植物体高度杂合，通过营养繁殖的方式后代一般不发生性状分离。一株植物通过无性繁殖方式获得的所有个体称为无性系，也称营养系。因此，对于遗传基础极其复杂的杂种，是可以营养繁殖的，采用无性系杂交育种效果较好。例如，蔷薇科的很多赏花树种如月季、蔷薇、桃等，可以用现有的优良品种杂交，然后把其实生苗一直培育到开花为止，对其混合选择，选出目标植株，然后将其作为接穗嫁接在既定砧木上进入区试。植物无性繁殖过程中，前后代各个体之间很相似（变异少），但有时也会发生变异，如病毒侵染导致植株退化。因此，为了保证无性繁殖植物品种的纯正性，在留种时要严格选择。常用的选择方法有营养系单株（穴）选择法和营养系混合选择法两种。这两种方法的选择程序与有性繁殖植物的单株选择法和混合选择法不完全相同，接下来将具体来介绍无性繁殖植物育种。

## 15.1 无性繁殖的特点

### 15.1.1 有利于植物快速、大量繁殖

无性繁殖因其独特的繁殖方式，可节约繁殖材料，只取原材料上的一小块组织或器官就能在短期内生产出大量市场所需的优质苗木，每年可以繁殖出几万甚至数百万的小植株。许多名贵花木都是利用组织培养进行繁殖，如昆明庆成花卉有限公司用组织培养繁育蝴蝶兰，北京北晨花木公司用组织培养繁殖火鹤。

### 15.1.2 有利于保持品种的优良性状

无性繁殖植物后代的遗传物质来自一个亲本，并且没有经过有性阶段，不会发生染色体基因片段的分离、非姊妹染色单体的交叉互换、重组，因此，植物的性状一般不会发生分离与变异，有利于保持亲本的性状。

### 15.1.3 能防止植物受到虫害干扰

植物组织微繁生产脱毒苗，对于控制生产上的病毒病等有重大意义。如浙江省玉环县与中国农科院柑橘研究所合作，经过几年努力，玉环柚病毒检测、脱除及种质资源保护等相继取得技术攻关，成功培育出了玉环柚脱毒苗并已应用于生产，如今5万株玉环柚生长良好。

## 15.2 无性繁殖植物的选择育种

参考第11章芽变选种有关内容。

## 15.3 无性繁殖植物的杂交育种

常规杂交育种和优势杂交育种均适用于有性繁殖植物，而无性繁殖植物杂交育种则适用于绝大多数园林树木、球根和宿根类花卉等。无性繁殖杂交育种通过有性杂交综合亲本的优良性状，用无性繁殖保持品种的同型杂合，同时利用亲本的加性和非加性遗传效应。无性繁殖植物品种在育种中有和一般品种不同的遗传特点。

### 15.3.1 无性繁殖品种的性状遗传特点

无性繁殖植物绝大多数是多年生异花授粉植物，长期异花授粉造成它们在遗传上高度杂合；童期较长的习性使它们很难成为遗传的纯合体。此外，无性繁殖植物可以稳定地保持基因型中各种优势效应，是有性繁殖无法做到的。无性繁殖品种和有性繁殖品种相比，具有以下不同的遗传变异特点。

**15.3.1.1** 遗传杂结合程度大，实生后代变异幅度大且复杂

如两个红色菊花品种的杂种一代，出现了紫红、红、粉红、橙、黄和雪青等各种色调的杂种（陈万志，1991）。这在有性繁殖的品种间杂交中也是很难见到的，主要在于无性繁殖品种具有更为复杂的遗传背景，复杂的多样性分离给选择提供了巨大的潜力。

**15.3.1.2** 有性杂交后代经济性状平均水平显著下降

无性繁殖品种遗传值中非加性效应占较大比重，在有性过程中非加性效应解体，造成经济性状普遍退化。育种实践表明，有性后代平均值一般都小于亲本的亲中值，如陈云志等（1991）报道独本菊品种间杂交10个组合杂种花冠平均直径均小于亲中值，平均下降29.9%。因此，在可能情况下，无性繁殖植物杂交育种应增加杂种数量。

**15.3.1.3** 歧化选择性状在实生后代中表现趋中变异

多数经济性状在人工选择中常取单向选择的方式。人们总是在分离的实生群体中单向地选择高产的、优质的、大花的（花卉）或大果的株系，这样的株系在有性繁殖时非加性效应解体，后代变异趋势是产量下降、品质变次、花样或果实变小，果核变大等。但是还有一些性状人工选择时，采取双向或多向的歧化选择，如园林植物的花期、果实成熟期早晚，人们既选择花期或果实成熟期最早的，也选择最晚的株系。这类性状的非加性效应常有正、负两个方向。在非加性效应解体，这类性状有趋向某一中数变异的倾向。布尔班克（1921）在阐述李杂种性状的趋中变异现象时写道："特别高的父母所生的子女有矮于父母的倾向，反之矮的父母所生子女有高于父母的倾向，这是一般规律"。实际上，趋中变异主要表现在杂合群体和无性繁殖的实生后代中。

**15.3.1.4** 质量性状异常分离

无性繁殖品种的杂种后代分离比率不符合孟德尔遗传定律即3∶1或9∶3∶3∶1的分离规律。如桃黄肉、粘核、不溶质为由隐性单基因控制。理论上隐性类型无论自交或互交都不应该出现显性后代，事实上并不是这样。如江苏省园艺研究所（1985）、郑州果树研究所（1988）均报道了在黄肉×黄肉的杂交组合中有一定百分比的白肉株系出现，不溶质×不溶质组合的杂种中出现溶质株系比率竟达39.6%。庄思及（1980）报告粘核×粘核的杂交组合中离核株系出现。这种异常分离现象的原因是群体内个体间存在不同的多修饰基因复合体和复杂的基因互作关系，不仅可以改变相同基因型的显性度（expressivity）和外显率（penetrance），有时甚至可以改变等位基因的显隐关系。

**15.3.1.5** 蕴藏较多的体细胞突变

长期无性繁殖和体细胞突变的积累使一些品种成为突变嵌合体，这是发生芽变的源泉。据统计苹果品种元帅产生的芽变品种有120多个，《月季词典》记述的月季品种中有787个来自芽变。

**15.3.1.6** 常携高频率的隐性致死基因

在仙人掌类植物中，不能合成叶绿素的基因型，在苗期及时嫁接挽救，可选育出球体呈白、黄、红等观赏价值很高的彩色类型，实际上是一些致死基因的纯合体。苹果品种金冠就带有淡绿色致死基因；桃的无性繁殖品种如上海水蜜、无锡白花、晚黄金等都是由PsPs控制的花粉不育类型，更多的品种是花粉致

死基因的携带者。用无锡白花作母本分别和白凤、韧香美、大久保等 11 个品种杂交，结果全部 11 个杂交组合都出现了从 30%～67%的花粉不育株系。随机选取的 11 个父本品种都是不育基因（ps）的携带者，由此可见，无性繁殖植物品种致死基因携带比率之高，远远高于一般有性繁殖种类的品种。

#### 15.3.1.7　拥有较多的倍性系列

如苹果、梨有 2x、3x 和 4x 品种，菊花、山茶有 2x、3x、4x、5x、6x、7x 乃至 8x 以上的变异类型，而有性繁殖的品种除了少数双二倍体外，同源多倍体很难得到保存和繁衍。多倍体类型有性繁殖能力的衰退并不影响它们在无性繁殖情况下发挥其由于器官巨大性和多样复杂的基因互作而增加的经济效益。在无性繁殖的观赏植物中，还存在某些非常倍性的种类，如朱槿、风信子、矮牵牛、半枝莲等。如 Sharma 等（1962）检查了 105 个朱槿品种的染色体数，发现从 2n＝36 到 2n＝225 共有 27 类，其中整倍体品种 4x、6x、7x、8x、10x、16x、20x、25x 共 8 类 47 个品种；非整倍体从 2n＝46 到 2n＝168，19 类共 58 个品种。研究者发现染色体数和花径间存在相关，认为非整倍体是产生新品种的途径。

### 15.3.2　亲本选配及杂交技术的特点

无性繁殖植物杂交育种在亲本选择和选配原则方面通常和常规杂交育种一致。如用不同生态地理群间的配组可提高杂种的优选率，无性繁殖植物杂交育种在亲本选择选配方面必须密切注意无性繁殖品种雌、雄性细胞的育性、配子间的亲和性、受精卵发育特点，以及前面系统介绍遗传变异方面的特性。

#### 15.3.2.1　亲本选配

1. 雌、雄性细胞的育性（可孕性）

无性繁殖品种由于长期无性繁殖的影响，有性繁殖功能常发生不同程度的退化。如梅花中多数朱砂型品种以及花心有台阁的雌蕊退化品种，通常不能作为母本；梅花雄性不育品种如晚跳枝、银红台阁等花药萎缩，不能产生正常花粉，蛇尾兰、五星掌的花粉 100%不育，都不能作为父本。向其柏和刘玉莲（2007）在《中国桂花品种图志》中指出桂花现在已知的品种中，有些品种雌蕊退化，不能正常受精，如长梗白、上海丹桂、鄂橙；而金球桂、硬叶丹桂、白洁等大部分品种桂花的雌蕊完全败育，育种时能做母本的为数较少，如四季桂品种群的月桂、小蓉黄，银桂品种群的籽银桂、庐州黄、宽叶籽银桂，金桂品种群的潢川金桂、大叶黄，丹桂品种群的籽丹桂、娇容。无性繁殖的花卉植物特别是重瓣类品种普遍发生性器官的退化，如芍药的蔷薇型品种雄蕊全部瓣化，心皮亦多退化；平蔷薇型雄蕊完全消失，甚至心皮也完全退化。另外，有些无性繁殖品种性器官的育性和生态环境关系较密切，如甘薯大多数品种在北纬 23°以北不能自然开花，以 8～10h 的短日照处理或者嫁接在日光花、牵牛花或在当地能开花的甘薯品种砧木上可有效地诱导其开花。

2. 交配亲和性

无性繁殖植物中有很多自交不亲和类型，如梨、柚、柑橘、甜樱桃、羽衣甘蓝、菊花等都存在一些自交不亲和品种。一些品种间杂交也表现不亲和现象，有时是品种间互不亲和，有时表现正交、反交亲和性不同。甜樱桃品种间交配不亲和性可分为 10 多个类群，凡属同一类群的品种间杂交均不能正常受精，如品种深紫、大紫 1 号、大紫 2 号等属于同一类群，无论正交、反交，都很难获得杂交种子。甘薯的情况类似，农林 1 号、农林 2 号、九州 3 号、七幅、关东 12 号、懒汉芋、华北 117 号属于同一类群，彼此间杂交很难获得杂交种子。

3. 胚的育性

核果类如桃、杏、甜樱桃等的早熟品种往往在果实充分成熟时胚的发育滞后，即果实形态成熟和生理成熟不一致，即种子和果实成熟不同步，不具备发芽能力。因此，在早熟育种时，可以通过以下途径：①将早熟的种用作父本，而以种胚育性稍好的中熟或早中熟品种作为母本；②如果用早熟品种作为母本，可采用离体培养技术进行胚挽救，以获得杂种苗。柑橘类珠心胚较多，为了获得较多真正的有性杂种，最有效的办法是以单胚性的种类品种作为母本（如柚、克里迈丁柚、韦而金橘、八朔柑、榠橘、红皮广柑等）或选平均胚数较少的品种做母本。郑敏鎡等（1986）报告，黄岩本地早种子平均胚数 1.62，单胚种子率 59%，三胚以下种子率占 97%。胚数少的品种出现单胚种子的频率较高，而且有性胚的发育相对比较健全，可以提高杂种的出现频率。

4. 嵌合体问题

在多年生木本植物无性繁殖品种中嵌合体现象比较普遍。由于性细胞仅发源于梢端组织发生层的第二层，所以嵌合体品种的表现型和配子的基因型常常不完全一致，甚至完全不一致。如黑莓的无刺型芽变是一个 M－O－O 型嵌合体，虽然在扦插、嫁接繁殖时都能稳定地表现无刺性状，然而用它作为杂交亲本时，却不能把无刺性状遗传下去。另外，在观赏植物中常见到一些奇特的嵌合体无性繁殖品种，如菊花品种二乔、仙人掌类的绯牡丹是自然发生的突变嵌合体，还有一类来自嫁接部位的嫁接嵌合体，如近年来在国内外风靡一时的仙人掌类植物龙凤牡丹，是来自绯牡丹和量天尺的属间嫁接嵌合体，它完善地综合了砧穗双方的优美性状，珍奇美丽，专家们建议有意识地培育嵌合体营养系品种的方法是嫁接成活后切除大部分接穗，促进愈合处产生不定芽，从不定芽中筛选符合要求的嵌合体营养系。

5. 基因型和传递力问题

对于质量性状的显性性状而言，应注意同质结合和异质结合的差异。对于数量性状应注意其遗传传递力的大小。有性繁殖定型品种在遗传上同质结合程度很大，通常不存在传递力强弱问题，但是对杂结合程度很大的营养系品种来说，在亲本选择选配中必须重视。如葡萄品种白香蕉和玫瑰香对白粉病的抗性程度相近，但白香蕉抗病性的传递力明显强于玫瑰香。而关于母体传递力优势问题，应根据不同性状是否确实存在母本优势区别对待，对确实存在母本优势的性状，应将该性状表现优异的品种作为母本，或者有意识地安排正反交对比试验，以便进一步研究不同性状在正反交情况下和胞质遗传的关系。

6. 控制非目标性状的分离

无性繁殖品种的杂种后代较易发生复杂变异。非目标性状发生异常复杂的变异，势必影响目标性状的选育改进，因此，在亲本选配上，父母本应在非目标性状上相同或相近，避免出现太多不符合要求的中间类型。例如选育植株高大、茎粗壮，适应切花生产的菊花品种，亲本选配方面应使父、母本在花型、花色等性状上相同或相近，如父母本均用管瓣型浅色品种，切忌用诸如平瓣或匙瓣型素色和管瓣型浅色品种互交，造成杂种后代变异混乱，严重影响育种效率。

7. 选拔优选率最高亲本和组合

无性繁殖品种在遗传上是高度杂结合的类型，就像人类群体一样，在数以万计、兆计的群体中也难以出现遗传上雷同的个体。因此，理想的亲本和成功的组合可以在育种中反复使用，在亲本选择选配时，有必要从前人育种实践中比较选择那些最符合育种目标，最有希望的亲本和组合。如前苏联总结了欧亚葡萄生态地理群间杂交，特别是西欧群和其他群杂交优选率显著较高后，欧洲各国相继效仿。陈俊愉（1955）在总结地被菊 30 年的经验教训时提出，以美矮粉等株矮、花密、早花的品种作母本，以毛华菊、小红菊等抗性的野菊类型作父本，起到关键作用。R. wMkins（1970）建议营养系杂交育种采取两步走的办法，第一步涉及较多组合，较小规模的后代测验，第二步是对最好的组合进行大规模杂交。这相当于给杂交育种安排一个预备试验，如果安排得当，也还是可行的。

8. 扩大亲本的遗传基础

现有营养系育种中普遍存在遗传基础狭窄问题，用世界范围内广泛用于生产的几个主栽品种反复互交造成栽培品种遗传基础狭窄，不仅使当前育种中优选率逐渐下降，而且从总体长远的观点来看，势必降低该种植物对病虫害和逆境因素的适应能力。

9. 杂交技术和效率

亲本间花期不遇，以花期较早的作为父本较为有利。利用不同地区品种配组时，以北方品种作为母本比较方便。在品种间着果能力和每果平均健全种子数差异较大时，以坐果率高，健全种子数较多的品种作为母本较为有利。

**15.3.2.2** 杂交技术特点

无性繁殖植物种类很多，开花及授粉习性多样复杂，必须对杂交亲本的花器结构及开花习性进行观察研究，在掌握特点的基础上，采取相应措施，才能得到比较理想的结果。

1. 诱导开花

部分以营养器官为产品的无性繁殖植物不能正常开花，对此，除选择比较容易开花的基因型作为亲本外，可采取诱导开花的措施：①把亲本品种嫁接到在当地能正常开花的牵牛花、月光花、茑萝等旋花科植物上，河北省农业科学院报道嫁接诱导使每株开花数从0.2朵提高到11.3朵；②短日照处理（8～10h）是诱导开花的有效措施；③栽培措施如土壤干旱和多施磷、钾肥能促进开花；环状剥皮可使每株开花数提高到7.1朵；④嫁接和短日照处理相结合可使单株开花数提高到百余朵；⑤植物生长调节剂可以调节园林植物的花期。赵莉曾使用6-BA、$GA_3$、IBA三种植物生长调节剂对香水百合（*Lilium casa blanca*）进行处理，结果表明以150mg/L $GA_3$＋40mg/L IBA＋60mg/L 6-BA和40min的浸球处理组合最佳，可使香水百合的花期提前，而且改善了花的品质，蕾长增加，花径增大；植物生长调节剂与香水百合开花性状的相关分析表明，外源6-BA对开花性状起主要作用。

2. 杂交花的培育和选择

杂交时必须密切注意有些用营养器官繁殖植物的生殖器官退化。以观花植物为例，人工选择促使花瓣从单瓣向复瓣、重瓣的方向发展，复瓣类型有性生殖功能虽有一定程度下降，但通常可用于有性杂交，而重瓣类型的性器官多严重退化，乃至雌、雄蕊全部退化，如牡丹品种青龙卧墨池，菊花品种大红托挂、十丈珠帘，杜鹃品种套筒重瓣，凤仙花品种平顶等。研究表明，花卉的这种重瓣性或不育性受到基因型和环境两方面因素控制，通过培育和选择可一定程度加以调控。如重瓣型铁线莲和菊花品种在贫瘠的土壤条件或少氮、多磷、多钾肥管理下，在初花及晚花期出现可受精结籽的复瓣或单瓣花。凤仙花的重瓣品种平顶早期和中期在顶端不断开出雌雄蕊退化不育的重瓣花，但到后期，当植株生长势较弱时，却能在植株中、下部开出可用作杂交的复瓣花。

3. 花期的调节

观花植物花期差异悬殊，对花粉不耐贮存的植物就会影响到杂交工作的正常进行。一二年生草本植物可用分期播种调节花期，而对多年生木本及宿根性植物则较为复杂。在菊花育种中，为延长花期周年供应市场，形成花期差异很大的不同品种群。花期调控可分促花和延迟花期两种，通过促延使父母本花期接近，利于杂交。为促进提前开花常采取短日照处理，如秋菊，每日实行10h的短日照遮光处理（>10d），日温差在10℃以上花芽才能正常分化，花期可提前2～3月。长日处理可推延花期，如秋菊的晚花品种正常在9月中下旬开始花芽分化，长日处理可使花期延后到12月到翌年2月。长日处理如结合摘心，多施氮肥或提高夜温等措施则更能起到延后花期的效果。夏菊属中日性类型对日长敏感性较差，成花的转变主要决定于营养生长的速度，一般花期在5月。为了使花期延后到7月，可将植株移置在冷凉环境下生长，并结合摘心、打顶、花前追氮肥等延花措施。

4. 去雄授粉和管理

必须根据不同种类的开花、授粉、结籽习性特点，采取相应的措施。以习性较复杂的菊花为例，主要应考虑以下特点：①全花实际上是包含几百朵小花的头状花序，舌状花只有雌蕊没有雄蕊，管状花兼有雌雄蕊，从边缘向中心逐层成熟开放，全花开放约15～20d；②两性花的雄蕊先散粉，以15：00最盛，散粉后2～3d雌蕊成熟，上午九时起开始展羽，授粉期2～3d，但自交不亲和；③优质大菊品种在自然情况下，很少结籽的主要原因是花瓣多、太消耗营养，阻碍传粉，遮挡阳光，滞水腐霉；④菊花种子寿命较短，5个月后基本丧失发芽力。采取相应的措施为：①及时剪除花冠，剪留1cm左右，以不伤及柱头为度，促进雌蕊正常发育；②简化去雄，在花心部分雄蕊开始散粉时，剪去完全花的花冠，用小型喷水器冲去残留的花粉；③雌蕊展羽，柱头呈r形时为授粉适期，以小海绵球蘸花粉隔日多次授粉，套袋隔离；④及时摘除套袋，使花头结籽部分充分照射阳光，促进种子发育良好；⑤严寒来临前，带枝剪下花头，扎成小束先水养半个月，再挂在通风干燥处，使种子完成后熟；⑥及时播种杂交种子，一般采种后1个月内播种，事前需作好计划安排。

### 15.3.3　营养系杂种培育的特点

无性繁殖杂交育种必须采用生产中不用的有性繁殖法培育杂种，必须根据育种对象种子休眠及发芽的生物学特性，特别是对于那些种子难以正常发芽的种类特点采取特殊措施，以保证其正常发芽出苗，再就是为了提高育种效率应采取各种措施，缩短幼年期促使杂种早花、早果。

#### 15.3.3.1　提高杂交种子的发芽和成苗率

不同种类园艺植物在种子成熟、采收、处理、发芽、出苗等一系列过程中，生物学特性方面有很大差别，因此，播种育苗时，必须根据它们的特性采取不同的方法。快、齐、全、匀、壮是评价播种育苗方法的依据。有些种类的成熟种子没有休眠期或休眠期很短，如柑橘、枇杷、山茶、菊花、香雪兰、唐菖蒲等可以在果实成熟采收后2～4个月内播种，短命种子如杨、柳在自然状态下只能维持10～15d，应随采随播。多数寒冷地区植物的种子具有自然休眠的特性，如苹果、梨、桃、杏、树莓、越橘、月季、蔷薇、牡丹、桂花、丁香等，一般需要在2～5℃条件下经过60～90d砂藏或用其他方法打破休眠后才能正常发芽。有实验表明，对某些园林植物种子如桂花种子用赤霉素处理可以达到部分代替低温的效果。对于种胚外部存在机械障碍或有某些抑制物质难以发芽的种子，除去后就能正常发芽。如油橄榄、栒子、蔷薇等，可以用酸或酒精处理改变种皮的透性；对于种子坚硬、不易吸水的种子如荷花、美人蕉等，播前用锉刀，挫破种皮，再用温汤浸种后可正常发芽；新鲜的番木瓜种子除去假种皮后发芽率达40%～50%，如再在15℃下处理50d，发芽率达95%。兰花的杂交种子等须采取体胚培养的措施，才能获得正常发育的杂种苗。兰花的种子很小，是几十个细胞组成的未分化的小胚，每一果实中常有数千至数百万粒，发芽极其困难，在自然情况下，它们的发芽必须借助于真菌的作用。过去人们往往把这些种子撒播到亲本根际，以期获得极少的兰苗。现在人们多取尚未开裂的青果，将其中未熟的种子通过无菌操作，播种在人工配制的培养基上，能使大量幼胚发芽成长。在菊花育种中应特别注意生长迟弱的杂种苗，晏才（1983）把早壮苗和迟弱苗分畦种植，结果迟弱苗的优选率为38%，显著超过早壮苗的优选率16%，保护迟弱苗的措施是：①稀播避免迟弱苗受挤而夭折；②尽早移出壮苗，改善迟弱苗的生长环境；③在移植、施肥时照顾迟弱苗，提高其成活率。

在保护地培育的幼苗，到没有晚霜为害时，可连同营养钵一起移植于露地，尽可能减少根系的损伤。苗圃一般做成宽1m左右的畦，行内开挖20～25cm的沟，施以腐熟的有机肥与土混合后适当压实，根据种类和定植前培育的时间不同，确定适当的株行距。移栽前通常要进行一次较集中的早期选择，然后根据选留的杂种数作好田间规划，按组合逐株移栽，栽后核查绘制栽植图。对杂种苗除了及时给予适量的营养和水分外，应特别注意病虫防治和及时除草、松土。在北方杂种幼苗可能发生冻害的地区，应注意生长季后期控制氮肥和水分，防止徒长，适当保护安全越冬。

无性繁殖植物杂交育种中应争取在杂种定植到育种圃前完成大部分开花、结果前的淘汰任务。此后应及时将选留的杂种定植到育种圃中。定植前要挖成较大的定植穴，施入足量基肥，带土移栽，尽量减少根系损伤。定植株行距要根据杂种正常开花结果3～5年最低限度的营养面积来规划。为便于行间管理，可适当加大行距和缩短株距。定植后的管理应着重采取能促进杂种提早开花结果的有效农业技术措施。

**15.3.3.2** 缩短幼年期，提早开花结果

缩短杂种的幼年期可采取如下措施：①选择营养期较短的类型作为亲本；②选择利用有利于缩短幼年期的生态环境；③人工环境下提早结果；④嫁接；⑤环割或环剥；⑥生长调节剂的应用；⑦其他农业技术措施：如适当放宽株行距，减少移栽次数，加强肥培管理，轻剪长放，促进枝梢早期生长等。

总之，童期促进幼树旺盛生长，转变期（即具有花芽分化潜能的时期）适当控制营养生长，有利于提早开花结实。

## 15.3.4 无性繁殖植物杂种的选择

营养系的杂种通常都有三个共同的特点：一是由于亲本在遗传上杂合程度大，无论哪一代杂种后代都会产生多样复杂的分离，这就决定了杂交育种一般都采取强度较大的一次单株选择法；二是幼年期长，从播种到开花结果一般需要3～10年以上，决定了选择必须分阶段进行早期选择；三是最后的优株以营养系进行后代鉴定。

1. 种子阶段的选择

不同植物种子的形态差别很大，一般选择充实饱满、生活力高的种子。有些种类种子特征与将来成株性状有一定的相关。大丽花瘦小畸形种子长成的植株多开重瓣花，紫罗兰扁平的种子长成的植株多开重瓣花，在最初两天发芽的种子长成后多开重瓣花。晏才毅（1979）报道，大量播种紫龙探海、莺歌燕舞等5个菊花品种的自然授粉种子，由壮实种子长成的后代优选率为0～12.5%，平均7.18%，而瘦瘪种子长成的后代优选率为18.8%～28.6%，平均23.26%。北京林业大学（1962）在总结菊花育种经验时提出种子

褐色者多开白色、浅桃色等浅色花，黑色种子长成多开黄色、紫色等深色花；种子大形而饱满者长成多开单瓣花，种子长形的花瓣多为长形管瓣花，种子橄榄形多开出莲座或午莲型花等。

2. 苗期阶段的选择

选择的内容通常包含苗期营养器官生长发育习性、对各种胁迫因素的抗耐性以及和花、果等经济性状相关的苗期性状等，统称为早期选择。通过早期选择淘汰不良的或希望较小的类型，减少育种圃中供选的杂种数量，可使育种者把注意力集中到希望更大的类型，提高育种效率。早期选择的效果决定于苗期性状与成株性状的相关程度和育种者的经验和鉴别能力。利用相关选择，育种家们曾经总结了许多经验，包括综合栽培条件的选择和单一性状的相关选择。A. G Brown（1975）认为这类选择必须符合下列两个要求：①相关程度必须相当高；②在童龄植株上这种性状必须极易识别。很多性状之间的相关性，需要通过我们深入细致的观察去揭示和利用。

3. 成年阶段的选择

成年阶段的选择鉴定方法应注意简便、明确。应该注意杂种刚进入开花、结果阶段，最初 1～2 年花、果经济性状不太稳定，通常需要连续观察 2～3 年，才能作出比较客观的评价。根据对开花、结果后 2～3 年连续记载的资料比较分析，对杂种作出综合评价，大体上可以分为以下几类：①优选类型：综合性状优良，符合育种目标要求、可提前繁殖，优先进入复选及多点试栽；②候选类型：基本上符合育种目标要求，个别性状不够理想，尚须进一步观察以决定取舍；③留用资源类型：虽然综合性状不完全符合育种目标要求，但具有某些特殊可利用性状，可作为进一步育种的资源；④综合性状不良，没有特殊利用价值，应予淘汰的类型。

4. 营养系阶段的选择

育种圃中选出的优株通过无性繁殖成若干优系，以熟期相近的优良品种作对照，按品种比较试验的要求作复选试验，同时安排区域试验或多点试栽。待营养系结果后，将连续 3 年比较试验结果连同入选母株的多年鉴定调查资料报有关部门审定。

## 小　结

无性繁殖植物育种是利用植物营养器官再生能力（细胞全能性）来繁殖后代，植物体高度杂合，通过营养繁殖的方式其后代一般不发生性状分离。无性繁殖植物遗传杂结合程度大，实生后代变异幅度大；有性后代经济性状平均水平显著下降；歧化选择性状在实生后代中表现趋中变异；质量性状异常分离；蕴藏较多的体细胞突变；常携高频率的隐性致死基因；拥有较多的倍性系列等遗传变异特点。亲本选配方面要注意雌、雄性细胞的育性（可孕性）；交配亲和性；胚的育性；嵌合体问题；基因型和传递力问题；控制非目标性状的分离；选拔优选率最高亲本和组合；扩大亲本的遗传基础；杂交技术和效率。由于营养系杂种的 3 个共同特点决定了无性繁殖植物杂种的选择需要从种子阶段、苗期阶段、成年阶段、营养系阶段 4 个阶段来选择。

## 思　考　题

1. 无性繁殖植物杂交育种与有性繁殖植物的杂交育种有何不同？
2. 营养系品种杂种性状的遗传有何特点？
3. 怎样缩短童期提早结果？
4. 营养系品种杂交育种如何选配亲本？
5. 营养系杂种如何培育？有哪些注意事项？

# 第16章 诱 变 育 种

**本章学习要点**

- 诱变育种的特点与类别
- 诱变育种的作用机理
- 辐射诱变育种和化学诱变育种
- 空间诱变育种及离子注入诱变育种
- 诱变育种后代选育技术

诱变育种（imutation breeding），又称引变育种或突变育种，是人为的利用理化因素，诱发生物体产生遗传物质的突变，经分离、选择、直接或间接地培育新品种的育种途径。诱变育种包括辐射育种（radiation breeding）和化学诱变育种（chemical induced mutation breeding）。

1927年Muller发现X射线能诱发果蝇产生大量多种类型的突变，20世纪40年代初德国Fresjeben和Lein利用诱变剂在植物上获得有益突变体以来。20世纪60年代末由于《突变育种手册》的发表及对诱变规律的进一步了解，完成了从初期基础研究向实际应用的转折。20世纪70年代，诱变育种的重心逐渐转至抗病育种、品质育种和突变体的杂交利用上，20世纪80年代后分子遗传学和分子生物学的广泛应用为诱变育种注入了新的活力，特别是20世纪90年代分子标记方法的运用，使实现品种的定向诱变有了可能。1995年Maluszynski等报道，全世界有50多个国家在154种植物上开展了诱变育种工作，已直接或间接地培育出了新品种1737个，其中包括花卉等无性繁殖植物465个，包括菊花、大丽花、六出花、秋海棠、月季、杜鹃、百合及香石竹等，仅育成菊花新品种就有170多个。

我国的诱变育种始于1956年，经过50多年的发展，取得了显著成就，诱变育种的品种数量和诱变育种的种植面积均居世界首位。在观赏植物中，我国培育出了菊花、月季、小苍兰、瓜叶菊、朱顶红、美人蕉、紫罗兰、金鱼草、矮牵牛、杜鹃花、唐菖蒲及荷花等的新品种或优良变异品种100多个，其中以月季，菊花、瓜叶菊成绩突出。

## 16.1 诱变育种的意义及类别

### 16.1.1 诱变育种的意义

**16.1.1.1** 提高突变频率，扩大突变谱

自然界中，植物会发生天然突变，但突变率非常低，而人工诱变可以大幅度地提高突变频率，突变率一般为千分之几，有的甚至达到1/30。

植物接受诱变后可获得广泛的变异，人工诱变可使植物有机体在形态、组织结构、生理生化等方面发生变化，在植物抗性能力、花色、花期、花型等多方面都可能出现新的变异，为选择提供了丰富的材料。Latap（1980）利用人工诱变获得了当时自然界罕见的攀援型月季。诱变育种可诱发生物体出现某些“新”、“奇”、“特”的变异，有些是自然界中已经存在的，有些则是稀有的，个别是原本不存在的全新变异类型。这些变异往往是自然突变或有性杂交不能获得的变异。使育种学家可以不依靠原有的基因库进行品种培育，如四川核能研究所用γ射线处理菊花，选出每年开花两次的菊花品种。

**16.1.1.2** 能改良品种单一不良性状

现有一些优良品种，往往还存在个别不良性状，如果采用杂交方法，将因基因分离和重组使品种原有

优良性状组合解体，或因基因连锁在获得目标性状的同时带来不良性状。而正确选择诱变材料和剂量进行诱变处理，产生某种“点突变”，可以只改变品种的某一缺点，而不致损害或改变品种的其他优良性状。例如悬铃木冠大荫浓，耐修剪，适应性强，是我国长江流域一带城市绿化中优良的行道树，但悬铃木幼叶背面密生多细胞星状毛，脱落时严重污染空气和影响行人的身体健康，为此北京林业大学与上海植物园合作，通过几年辐射诱变，初步选出少毛和无毛的悬铃木。荷兰的德摩尔对早花的郁金香进行辐射处理，获得了具有早花性的各种花色突变体。

#### 16.1.1.3 缩短育种年限

诱变一般是少数基因变异，并且突变性状多为隐性，经自交后即获得纯化突变体，种子繁殖的观赏植物经3～4代选择就可获得较稳定的变异类型，比常规的杂交育种快3年以上。而园林植物等多年生营养系品种，经诱变育种处理营养器官，获得的优良突变体经无性繁殖，可较快地将优良性状固定下来而成为新品种，大大缩短育种年限，因此对某些园林植物，诱变育种显得特别有利。

#### 16.1.1.4 克服远缘杂交不亲和性，改变自交亲和性

用适宜的剂量辐射花粉，可克服某些远缘杂交不亲性和异花授粉植物的自交不亲和性、促进受精结实；反之辐射也可以使某些正常可育的植物变成不育而获得雄性不育系、孤雌生殖等育种材料。例如用γ射线4000R（伦琴）处理大果泡桐的花粉，然后再与日本泡桐杂交，结果座果率比对照增加了10%左右。又如欧洲甜樱桃经辐射处理可由自交不实变为自交可实。

#### 16.1.1.5 诱变育种是园林植物育种的有效方法

园林植物育种目标要求新颖、奇特，只要有突变而非致死就可直接或间接利用于育种。园林植物的观赏性状是多方面的，有观花的、观叶的及观果的，而且对观赏性状在不同时期有不同的要求，不论在叶形、花型、花色、株型等方面的突变都能构成观赏效果。因此花卉诱变育种更容易收到效果。

园林植物需要改良的往往是单一性状，如花色、花径、皮刺、抗性等，同时园林植物大多可无性繁殖，而与结实力无关。有些园林植物常是利用无性繁殖的，不能采用常规方法获得杂交种子，而利用辐射诱变方法处理植株的无性器官，可在营养生长阶段直接发现、选择突变，这就为该类植物选育新品种提供了可能性。

#### 16.1.1.6 突变方向和性质不易控制

诱导变异有许多优点，但是亦存在不少缺点，人们对诱变机制知道得较少，诱变后代多数是劣变，有利突变较少，变异方向和性质很难进行有效的预测和控制。因此如何提高突变频率，定向改良品种特性，创造优良品种，还需要进行深入研究。

### 16.1.2 诱变育种的类别

#### 16.1.2.1 物理诱变

物理诱变主要指利用辐射射线诱发基因突变和染色体变异。

射线按其性质可分为电磁辐射和粒子辐射两大类。电磁辐射是以电场和磁场交变振荡的方式穿过物质和空间而传递能量，本质上讲，它们是一些电磁波。例如无线电波、微波、热波、光波、紫外线、X射线、γ射线等。粒子辐射是一些组成物质的基本粒子，或者是由这些基本粒子构成的原子核高速运动，它们通过损失自己的动能把能量传递给其他物质。主要有α粒子、β粒子、中子、质子、电子、离子束、介子等。电磁辐射仅有能量而无静止质量，粒子辐射既有能量，又有静止质量。

射线根据作用方式的不同分成电离辐射和非电离辐射两类。凡是能直接或间接地使物质分子电离的辐射称作电离辐射，它包括电子、质子、α粒子、重离子、X射线和γ射线、中子等，放射生物学涉及的都是这类辐射。非电离辐射一般不能引起物质分子的电离，而只能引起分子的振动、转动或电子能级状态的改变，紫外线、激光、可见光以及比可见光能量低的所有电磁辐射都属于非电离辐射。

#### 16.1.2.2 化学诱变

化学诱变是应用有关化学物质诱发基因和染色体变异。除多倍体育种介绍的秋水仙素外，有诱发基因突变和染色体断裂效应、使生物体产生遗传性变异的化学药剂种类有烷化剂类、核酸碱基类似物以及其他诱变剂。

## 16.2 辐射诱变育种

### 16.2.1 射线的种类及其特性

#### 16.2.1.1 γ射线

辐射源是$^{60}Co$和$^{137}Cs$及核反应堆。γ射线也是一种不带电荷的中性射线，属电离辐射，它的波长为0.001～0.0001nm，γ射线穿透力很强，可深入植物组织几厘米（见表16-1）。应用于植物育种的γ射线照射装置有γ照射室和γ圃场，前者用于急性照射，后者用于较长时期的慢性照射。照射室和照射圃场四周均应按放射源的强度要求设置防护墙，以免人畜受伤。在我国$^{60}Co$照射室更为普遍。γ照射可用来处理各种植物材料，是目前应用最广的射线。

#### 16.2.1.2 X射线

X射线又称阴极射线，是一种核外电磁辐射，它是不带电荷的中性射线。是原子中的电子从能级较高的激发状态跃迁到能级较低状态时发出的射线。X射线射发出的光子波长为0.005～1nm，能量为50～300keV。射程与穿透力不及γ射线，仅能投入植物组织几微米（见表16-1）。X射线按波长可分为软X射线（波长0.1～1nm）和硬X射线（波长0.01～0.001nm），前者穿透力较弱，后者穿透力较强。一般育种希望用硬X射线，因其穿透力强。产生X射线的装置为X光机，作为育种利用的多为工业用X光机。因为它发射强度大，较适合长时间照射。X射线是辐射育种中应用最早的射线，在20世纪60年代前广泛应用。

#### 16.2.1.3 β射线

β射线由电子和正电子组成的射线束，可以从加速器中产生，也可以由放射性同位素$^{32}P$、$^{35}S$、$^{14}C$蜕变产生。β射线属粒子射线，β粒子静止质量少，速度又较快，与α粒子相比，β粒子的穿透较大，而电离密度较小。β射线在组织中一般能穿透几毫米，使用时通常将同位素药剂配成溶液进行植物材料处理，直接深入到细胞核中发生作用，即进行内照射。由于这些同位素渗入到细胞核中，作用部位比较集中，可获得具有某些特点的突变谱（见表16-1）。

#### 16.2.1.4 α射线

由天然或人工的放射性同位素衰变产生，是带正电的粒子束，由两个质子和两个中子组成，也就是氦的原子核。穿透力弱，电离密度大。因为粒子具有很大质量和很高电荷，易在物质中停滞，使α射线穿透力很弱。射线在空气中的射程只有几厘米，在组织中甚至只能渗入几百微米，一张薄纸就能将α射线挡住。另外，α射线电离能力强，能引起极密集电离（见表16-1）。所以α射线作为外照射源并不重要，但如引入生物体内，作为内照射源时，对有机体内产生严重的损伤，诱发染色体断裂。

#### 16.2.1.5 中子

辐射源为核反应堆、加速器或中子发生器。中子是一种不带电荷的粒子流，属粒子辐射，在自然界中并不单独存在，只有在原子核受到外来粒子的攻击而产生核反应时，才能从原子核里释放出来。根据其能量大小分为：超快中子，能量21MeV（百万电子伏）以上；快中子，能量1～20MeV；中能中子，能量0.1～1MeV；慢中子，能量0.1keV（千电子伏）～0.1MeV；热中子，能量小于1eV（电子伏）。应用最多的是热中子和快中子（见表16-1）。中子的诱变力比较强，能深入植物组织数厘米，植物育种上常用的是同位素中子装置，由两种同位素组成。如镭－铍中子源就是以$^{226}Ra$和$^{210}Po$组成，由$^{226}Ra$产生的α粒子轰击铍靶而放出中子。研究表明，在同样剂量下中子的诱变效果比X射线、β射线和γ射线均强，在20世纪70年代以后在植物诱变育种中，中子的应用日益增多。

#### 16.2.1.6 激光

激光是由激光器产生的光，目前使用较多的激光器有二氧化碳激光器、钇铝石榴石激光器、钕玻璃激光器、红宝石激光器、氦氖激光器、氩离子激光器和氮分子激光器，上述各种激光器产生的光波长从10.6μm的远红外线到0.377μm的紫外线不等。激光具有方向性好，单色性好（波长完全一致）等特点。除光效应外，还伴有热效应、压力效应、电磁场效应，是一种新的诱变因素。在辐射诱变中主要利用波长为2000～10000Å的激光。因为这段波长中的某一频率和生物体分子振动频率相等时，就会产生很强的共振，使该物质分子对这种激光产生吸收高峰，能量的积累，引起分子内化学键断裂。当这一分子与其他分子相互作用时，就会产生新的化学键，从而使化学性质发生改变，引起生物体性状的变异。利用激光进行诱变育种研究，处理材料可以是植物的干种子或剥去种皮的裸胚、幼苗、根尖，也可以是未成熟的花器官、花粉、离体花药等。激光能准确地照射到事先选择好的细胞的某一特定部位或某一细胞器，使其产生选择性损伤，且不损伤邻近部位的细胞器或组织，从而达到某一特定的研究目的。激光诱变育种效果好，使用方便，因此在20世纪80年代后开始受到重视，尤其是在用激光微束进行定位辐射方面取得了一定的成绩。

#### 16.2.1.7 紫外线

紫外线是一种波长为200～390nm的非电离射线，能量较低，不能使物质发生电离。育种上利用的紫外线由15W左右的低压石英水银灯产生（见表16-1）。紫外线对组织穿透力弱，只适用于照射花粉、孢子、微生物和培养单细胞或悬浮细胞等。紫外线诱变育种的波长多为250～290nm，此区段相当于核酸的吸收光谱区，诱变效果最好。

表16-1 各种辐射源的特性

| 辐射 | 源 | 性质 | 能量 | 危险性 | 必需的屏蔽 | 投入植物组织深度 |
|---|---|---|---|---|---|---|
| 紫外线 | 低压水银灯 | 低能电磁辐射 | 低 | 危险性较小 | 玻璃即可 | 很浅 |
| X射线 | X光机 | 电磁辐射 | 5万～30万eV | 危险，有穿透力 | 几厘米厚的铅板，高能的机器除外 | 几毫米到几厘米 |
| γ射线 | 放射性同位素及核反应堆 | 与X射线相似的电磁辐射 | 几百万eV | 危险，有穿透力 | 很厚的防护，厚铅或混凝土 | 几厘米 |
| 中子（快、慢、热） | 反应堆或加速器 | 不带电的粒子 | 从不到1eV到几百eV | 很危险 | 用轻质材料做的厚防护层 | 几厘米 |
| β粒子、快速电子或阴极射线 | 放射性同位素或加速器 | 正负电子 | 几百万eV | 有时有危险 | 厚纸板 | 几毫米 |
| α粒子 | 放射性同位素 | 氦核、电离密度很大 | 2百万～9百万eV | 内照射时很危险 | 一张薄纸即可 | 小于1毫米 |
| 质子或氚核 | 核反应堆或加速器 | 氢核 | 几十亿eV | 很危险 | 几厘米厚的水或石蜡 | 几厘米 |

### 16.2.2 辐射剂量和剂量单位

对于不同的辐射种类，需要用不同的剂量单位来度量。对辐射度量的方式大致有3类：①辐射源本身的度量，如放射性单位强度；②对辐射在空气中的效应的度量，如辐射剂量；③对被照射物质吸收能量的度量，即吸收剂量。剂量率则是单位时间所辐射或吸收的剂量。

#### 16.2.2.1 辐射剂量和辐射剂量率

辐射剂量是对辐射能的度量，符号为X，只适用于X射线和γ射线。是X射线和γ射线在单位质量空气中相互作用而释放出来的所有次级电子，当它们能完全被阻止在空气中时，在空气中产生同一种符号的离子的总电荷量$dQ$，即照射剂量是指X和γ射线在空气中任意一点处产生电离本领大小的一个物理量，定义为$dQ$除以物质的质量（$dm$）而得的商：

$$X=dQ/dm$$

由于照射剂量的基准测量中存在着某些困难，它只能用于能量为10keV到3MeV范围的辐射剂量的X射线和γ射线。辐射剂量的法定剂量单位是C/kg（库伦/千克），并用的非法定计量单位是R（伦琴）。二者的换算关系是：

$$1R=2.58\times10^{-4}C/kg$$

辐射剂量率是指单位时间内的辐射量。符号为 $X_r$，若在时间间隔 $dt$ 内辐射剂量为 $dX$，则：

$$X_r=dX/dt$$

其单位是 C/（kg·s）［库伦/（千克·秒）］、R/h（伦琴/小时）、R/min（伦琴/分）、R/s（伦琴/秒）等。

**16.2.2.2** 吸收剂量和吸收剂量率

吸收剂量是指受照射物体某一点上单位质量中所吸收的能量值。符号为 D，它适用于 γ 射线、β 射线、中子等任何电离辐射。辐射的生物效应与吸收剂量的关系，要比与辐射剂量的关系更密切。辐射对物质的作用过程，实质上是能量转移和传递过程，例如，射线作用于种子，其能量就被种子所吸收。吸收剂量定义为电离辐射授予某一体积元中物质的平均能量 $d\varepsilon$ 除以该体积元中物质的质量（$dm$）而得的商。它可用下式表示：

$$D=d\varepsilon/dm(erg/g)$$

吸收剂量的法定计量单位是 Gy（Gray，戈瑞），其定义为 1kg 任何物体吸收电离辐射 1J（Joule，焦耳）的能量称为 1Gy，1Gy＝1J/kg。与法定计算单位暂时并用的是原专用单位 rad（拉德），rad 与 Gy 的换算关系的 1rad＝0.01Gy，即 1Gy＝100rad。

吸收剂量率 $P$ 是指单位时间（$t$）内的吸收剂量 $D$，$P=D/t$。其单位有 Gy/h、Gy/min、Gy/s、rad/h、rad/min、rad/s。

**16.2.2.3** 粒子的注量（积分流量）和注量率

采用中子照射植物材料时，有的用吸收剂量 Gy、rad 表示，有的则以在某一中子“注量”之下照射多少时间表示。所谓注量是单位截面积内所通过的中子数，通常以 $n/cm^2$（中子数/平方厘米）表示。

注量率是指单位时间内进入单位截面积的中子数。

**16.2.2.4** 放射性强度单位

放射性强度是以放射性物质在单位时间内发生的核衰变数目来表示，即放射性物质在单位时间内发生的核衰变数目越多，其放射强度就越大。辐射育种时将放射性同位素引入植物体内进行内照射，通常就以引入体内的放射性同位素的强度来表示剂量的大小。

放射性强度的法定计量单位是 Bq（贝可），其定义是放射性核衰变每秒衰变一次为 1Bq。原使用非法定计量单位是 Ci（居里），其定义是任何放射性同位素每秒钟有 $3.7\times10^{10}$ Bq 核衰变。由于这个单位太大，通常用 mCi（毫居里）和 μCi（微居里）来表示。Bq 和 Ci 的换算关系是：$1Bq=2.7\times10^{11}Ci$。

## 16.2.3 辐射诱变的作用机理

**16.2.3.1** 辐射生物学作用的时相阶段

1. 物理阶段

各种射线穿透生物体时，将发生一系列的物理作用，其最大效应是使生物体内各种分子发生电离和激发，这种效应可能发生在染色体上及核质与细胞质的原子或分子中。

放射性物质放射出来的带电粒子（如 β 射线）与生物大分子或原子发生非弹性碰撞，使原子中的束缚电子产生加速运动，并获得足够能量而变成自由电子。这样就产生了自由电子和正离子的离子对，称为直接电离。如果束缚电子所获得的能量，还不足以使它变成自由电子，只激发到更高的能级，则称为激发作用。此外，入射粒子在物质中由于直接碰撞，打出能量较高的电子，然后该电子再按上述过程产生离子对，称为次级电离。不带电的入射粒子如 γ 射线通过植物体时可产生次级电离。

入射粒子在植物体中通过时，单位路径产生的离子对的数值为电离密度。它取决于粒子的速度和电荷。电荷越多，则粒子与电子的相互作用越强，电离密度也越大，粒子的速度越低，它位于电子附近的时间越长，相互作用越有效。如 γ 射线，其粒子穿透植物体时，在一个生物大分子中，可能只形成很少几个离子对，其电离密度小，分子受损害较小。反之，热中子在射程的单位长度内产生很多离子对，大分子受到很多次电离，其电离密度大，分子受损害较多。

X射线和γ射线都是一种光子，对于物质的主要作用有光电吸收、康普顿散射和电子对的形成。当一个低能量光子和原子相碰撞时，可能将其所有的能量传给一个电子，使它脱离原子而运动，光子本身则整个吸收。由这种作用而释放出来的电子称为光电子，这种效应称为光电吸收。光电子和普通电子一样，在物质运动时，与相遇的原子产生电离。当中等能量光子和原子中的一个电子发生弹性碰撞时，光子交出自己一部分能量传给电子，原子内的电子得到能量后就离开了原子，称为康普顿散射。由于能量大大增强的康普顿电子，在穿过物质时能引起电离。同时，光子继续朝着其原来的方向成某种角度散射开去，称散射光子。散射光子根据本身存在的能量值，再次与其他原子中的电子发生弹性碰撞，同样产生新的康普顿散射或光电吸收。

由于中子不带电，所以能自由地穿入原子核引起核反应。当它作用于生物体时不产生直接电离作用，而是通过冲击原子核产生核反应，放出各种射线引起电离。中子与核发生弹性碰撞时，可将部分能量转移给原子核而使该原子电离，变成快速的带电离子（反冲质子）。这样带电离子有着与上述带电粒子相同性质和作用。中子本身则由于多次碰撞而逐渐慢化成为热中子。快中子、慢中子或热中子引起核反应可以产生放射性物质、γ射线或其他粒子。如慢中子不击出质子来，却被其通过的物质原子核所捕获，产生一个可放射出γ射线的新原子核。中子穿过物质所产生的各种射线同样发生光电吸收、康普顿散射和电子对的生成等。中子照射植物的效应，基本上是依赖质子和γ量子离作用。

2. 物理—化学阶段

离子对的形成标志着辐射的直接物理作用的结束和化学作用的开始。由于活的植物组织60％～95％是水，因此水就成为电离辐射最丰富的靶分子。水中一个离子对的形成叫做水解作用，可用下列反应式表示：

$$H_2O \longrightarrow H_2O^+ + e$$

从水脱离出来的自由电子又可与一个正常的水分子反应形成$H_2O^-$离子：

$$H_2O + e^- \longrightarrow H_2O^-$$

上述两种水离子$H_2O^+$与$H_2O^-$和水分子进一步起反应形成离子和自由基，其反应式如下：

$$H_2O^+ \longrightarrow H^+ + OH^- \qquad H_2O^- \longrightarrow H + OH^-$$

$H^+$和$OH^-$离子是不稳定的，并重新化合成水。但$H^-$和$OH^-$等自由基非常活跃，很容易和其他分子起化学反应。这些总称为辐射的间接作用。

在水中，特别在有氧情况下，产生许多化学性质很活泼的自由基，如过氧化氢、羟基等。研究认为，危害最大的自由基是氢原子、羟基及水化电子。由于这些自由基都是强还原剂和强氧化剂，可能改变植物体内正常的氧化还原过程，使碳水化合物、蛋白质和酶等物质代谢发生变化，破坏生物体原有的稳定性，引起一系列的生物学效应。

3. 生物学阶段

辐射在生物学方面的效应比物理和化学的效应所需要的时间要长得多，通常要几个世代的时间才逐渐显示出来。辐射在一定程度造成生物的分子、细胞、生理和个体的变化。

**16.2.3.2** 辐射对细胞、染色体及DNA的作用

1. 直接效应和间接效应

辐射对生物体的效应包括直接效应和间接效应。直接效应是指射线直接击中生物大分子，使其产生电离或激发所引起的原发反应。间接效应是射线作用于水，引起水的解离，并进一步反应产生自由基、过氧化氢、过氧基，再作用于生物大分子，从而导致突变的发生。无论是直接效应，还是间接效应，最后都是通过对细胞、染色体DNA的作用而实现诱变功能的。

2. 辐射对细胞的作用

首先表现为细胞分裂活动受抑制或在分裂早期死亡，有机体生长缓慢。辐射引起细胞膜的破损，是细胞失去活力的一个重要原因。辐射会使细胞质结构、成分发生物理、化学性质的变化。

辐射对细胞结构的破坏效应，首先是引起半透膜的破坏。细胞中的半透膜对细胞的功能极为重要，

水分和盐类的相互关系靠它来维持，同时它又是各种细胞器（细胞核、线粒体、叶绿体、溶菌酶等）的外膜。内质网膜是网状的折叠在细胞内的膜，为核糖体蛋白体提供养分，并与它们共同合成蛋白质。辐射引起膜的破损，可能是自由基对面积较大的膜表面作用的结果。这无疑是细胞逐渐失去活力的一个因素。

从辐射后的细胞还可以观察到细胞核显著地膨大，染色体出现成团现象，核仁和染色质的空泡化，核膜的增厚以及进一步地细胞固缩，核质分解为具有（或无）空泡的染色质块。在分裂着的细胞中，会看到染色质黏合、断裂和其他结构变异（如产生巨核细胞、多核细胞）。此外，细胞质结构成分也会发生各种物理、化学性质的变化，如黏度的改变，空泡的形成，电解质及水分的渗透性升高。

在细胞群体中，辐射损伤具有随机性质。有些细胞受到严重的损伤而引起死亡，有些仅受到轻微的损伤，还有些根本没有发生电离。甚至在一个细胞内，未受损伤的分子群，有时有“接管”代谢过程，并使其逐渐恢复到正常的功能。结果，使复杂有机体表现出在受亚致死剂量的电离辐射作用后还有恢复的能力。甚至在很多情况下，受中等剂量照射后，合成水平比受照射前更高。

3. 辐射对染色体的作用

辐射的遗传效应主要是引起染色体畸变和基因突变。辐射后的染色体很容易发生断裂，用显微技术对断点进行定位研究的结果表明，74%的断裂点发生在浅染色区。断裂后的染色体95%以上可以愈合如初，可有的无法愈合，因此辐射后在显微镜下可看到的染色体畸变有缺失、倒位、易位、重复等；辐射也可引起染色体数目的改变而出现非整倍体。例如金鱼草、月见草等花卉获得单倍体变异。细胞学研究证明：电离密度与染色体结构改变有关，能量小而电离密度大的辐射在引起染色体结构变异方面比较有效。各种电离辐射引起的染色体变化在有丝分裂中自我复制，并在以后的细胞分裂中保持下来。

4. 辐射对DNA的作用

DNA是重要的遗传物质。电离辐射的遗传效应，从分子水平来说是引起基因突变，即DNA分子在辐射作用下发生了变化，包括氢键的断裂、糖与磷酸基之间的断裂、在一个键上相邻的胸腺嘧啶碱基之间形成新键而构成二聚物以及各种交联现象。上述DNA结构上的变化、紊乱，使遗传信息贮存和补偿系统发生转录错误，最后导致生物体的突变。不同辐射由于能量的差异诱变作用是不同的，具有不同电子学特征的四种碱基对辐射的反应也不一样。紫外线照射引起DNA分子中间一条链上相邻的嘧啶形成环丁烷嘧啶二聚体，使DNA双链不能形成氢键。

**16.2.3.3** 辐射生物学作用的特点

（1）生物分子的损伤是导致最终生物效应的关键。其中重要的是生物大分子，尤其是核酸的损伤。DNA双链的断裂是决定性的损伤类型。

（2）代谢是分子损伤发展到最终生物学效应的必由之路。生物体的代谢是有严格的时空顺序的，辐射只要使其中一个环节受损，整个代谢过程就会出现问题。

（3）最终生物学效应是辐射损伤与修复的统一。修复在整个辐射生物学效应中起着重要作用，突变的产生实际上是对DNA损伤错误修复的结果。

**16.2.3.4** 辐射敏感性

辐射敏感性（radiosensitivity）指植物对相同剂量辐射的反应早晚与程度不同。在实践中可用致死剂量、半致死剂量、半矮化剂量和临界剂量等衡量植物材料辐射敏感性。致死剂量（$LD_{100}$）是使被照射材料全部丧失活力的最低辐射剂量。半致死剂量（$LD_{50}$）是使被照射材料成活率为对照50%的辐射剂量。半致矮剂量（$D_{50}$）是使被照射材料生长量为对照50%的辐射剂量。临界剂量（$LD_{60}$）是使被照射材料成活率或生长量为对照40%的辐射剂量。

植物材料的辐射敏感性因基因型、器官、组织和发育阶段的不同而不同。

（1）植物不同种类或不同品种对辐射的敏感性不同。

如敏感性强的大花延龄草的致死剂量是6Gy，而敏感性差的岩生景天的致死剂量高达750Gy。γ射线处理菊花品种‘黄石兮’用40Gy的剂量成活率为30%，而‘春水缘波’经50Gy处理后成活率仍为100%。一般高等植物比低等植物敏感，栽培品种比野生种敏感，常规品种比杂交品种敏感。耐辐射能力表现为十字花科＞禾本科＞豆科。

(2) 植物的辐射敏感性与分生组织细胞中间期染色体体积关，植物的中期染色体越大就越敏感。

由于间期染色体与细胞内DNA含量成正相关，所以染色体的DNA含量决定植物的敏感性，DNA含量越多就超敏感。DNA是辐射诱变的靶分子，靶分子越多，越容易被“击中”。

(3) 在同种不同倍数之间，辐射敏感性的一般表现为多倍体比二倍体更弱。

如二倍体美人蕉根茎的适宜辐射剂量是20Gy，而三倍体则需要30Gy以上。

(4) 植物组织器官、发育阶段和生理状态不同，对辐射的敏感性存在很大的差异。

细胞辐射敏感性的定律说明，细胞对辐射的敏感性与它们的分裂能力成正比，而与它们的分化程度成反比。一般来说，根部比枝干敏感，枝条比种子敏感，性细胞比体细胞敏感，生长中的绿枝比休眠枝敏感，幼龄植株比老龄植株敏感，同是雄配子，辐射敏感性强弱顺序是：减数分裂期＞单核期＞二核期＞三核期。研究报道，菊花不同器官的辐射敏感性依次为：叶＞茎＞愈伤组织＞丛生芽＞生根小苗＞插条＞种子，各器官的敏感性差异最大可达20倍左右。

## 16.2.4 辐射诱变的方法

### 16.2.4.1 辐射诱变材料的选择

辐射材料的正确选择是辐射育种成功的基础。对此应考虑以下原则：①必须根据育种目标选择辐射材料，为了实现不同的育种目标，应选用不同特点的亲本材料进行诱变处理，如在花色育种中，选粉色花辐照突变谱宽，突变率高；②辐射材料必须综合性状优良而只具有一二个需要改进的缺点，而不应该是缺点很多但具有少数突出优点的材料。因为辐射育种的主要特点之一就是它适宜于改善某一品种的个别不利特性，即产生单个突变基因的突变；③为了增加辐射育种成功的机会，选用的处理材料应避免单一化，因为不同的品种或类型，其内在的遗传基础存在着差异，它们对辐射的敏感性也不同，因而诱变产生的突变频率、突变类型、优良变异率和优良程度也有很大差别；④适当选用单倍体、多倍体作诱变材料：用单倍体作诱变材料，发生突变后易于识别和选择。突变一经选出，将染色体加倍后即可使突变固化和纯化，故可缩短育种年限。此外也可适当选用多倍体物种作为诱变材料，因多倍体比二倍体适应性强。

### 16.2.4.2 适宜剂量（率）的确定

在辐射育种中选用适宜剂量和剂量率是提高诱变效率的重要因素。在一定范围内增加剂量可提高突变频率和拓宽突变谱，但当超过一定范围之后再增加剂量，就会降低成活率和增加不利突变。照射剂量相同而照射率不同时，其诱变效果也不一样。选用适宜剂量可根据“活、变、优”三原则灵活掌握。“活”是指后代有一定的成活率；“变”是指在成活个体中有较大的变异效应；“优”是指产生的变异中有较多的有利突变。

一般认为照射种子或枝条，最好的剂量应选择在临界剂量附近，或半致死剂量。照射种子时也可以采用活力指数（vigor index dose，VID）。将$VID_{50}$值，活力指数下降为50%的剂量值作为测定指标较适宜，其优点是可以不需要到生长结束，而是在生长期内可随时进行比较测定。若辐照的材料为整株苗木，亦有提出辐射剂量可选择半致矮剂量。

高剂量不仅造成诱变材料大量死亡，导致选择几率降低，而且造成染色体的较大损伤，产生较大比例的有害突变。实践中大多以临界剂量作为选择适宜剂量的标准，但也有人主张采用比临界剂量低的剂量，因为剂量过高不仅导致照射第一代植株的大量死亡，后代中的死亡率也高。此外，在高剂量下尽管变异率可能增加，但出现有利变异的频率并不一定随之增加。对园林树木的休眠枝用较高剂量照射，嫁接成活后常会出现一部分盲枝，数年内无生长量而无法进行选择；剂量越大，盲枝率越高。采用LD25～40，即存活率60%～75%的中等剂量照射果树接穗，成活的接穗中盲枝比数低，能获得较多的有利突变。

在确定诱变剂量时，目前大多认为最好采用多种剂量处理比较可靠，若处理的剂量单一，过低则无诱变作用；过高则致死或出现大量不利畸变。实践应在参考有关文献的基础上进行预备试验。常见园林植物使用剂量见表16-2。

表 16-2　　常见园林植物辐射育种使用剂量参考表

| 种类 | 处理材料 | 剂量范围（R） | 种类 | 处理材料 | 剂量范围（R） |
|---|---|---|---|---|---|
| 波斯菊属 | 发根的插条 | 2000 | 石竹属 | 发根的插条 | 4000～6000 |
| 大丽花属 | 新收获的块茎 | 2000～3000 | 唐菖蒲属 | 休眠的球茎 | 5000～20000 |
| 风信子属 | 休眠的鳞茎 | 2000～5000 | 鸢尾属 | 新收获的球茎 | 1000 |
| 郁金香属 | 休眠的鳞茎 | 2000～5000 | 美人蕉属 | 根状茎 | 1000～3000 |
| 杜鹃属 | 发根的幼嫩枝条 | 1000～3000 | 蔷薇属 | 夏芽 | 2000～4000 |
| 仙客来 | 球茎 | 10000 | | 幼嫩休眠植株 | 4000～12000 |
| 绣线菊 | 干种子 | 30000 | 小蘖 | 干种子 | >60000 |
| 大叶椴 | 干种子 | 30000 | 欧洲榆 | 干种子 | 30000 |
| 茶条槭 | 干种子 | 15000 | 桃色忍冬 | 干种子 | >15000 |
| 树锦鸡儿 | 干种子 | 15000 | 绿梣 | 干种子 | <15000 |
| 黄忍冬 | 干种子 | 10000 | 沙棘 | 干种子 | 10000 |
| 瘤桦 | 干种子 | 10000 | 山楂 | 干种子 | 10000 |
| 银槭 | 干种子 | 10000 | 毛桦 | 干种子 | <10000 |
| 辽东桦 | 干种子 | 5000 | 欧洲桤木 | 干种子 | 1500～5000 |
| 灰赤杨 | 干种子 | 1000～5000 | 欧洲赤松 | 干种子 | 1500～5000 |
| 西伯利亚冷杉 | 干种子 | 1500 | 欧洲云杉 | 干种子 | 500～1000 |
| 香椿 | 干种子 | 12000 | 啤酒花 | 干种子 | 500～1000 |
| 龙蛇兰 | 干种子 | 6000～8000 | 石榴 | 干种子 | 10000 |
| 樱桃 | 休眠接穗 | 3000～5000 | | | |

**16.2.4.3　辐照方法**

1. 外照射

外照射是指放射元素不进入植物体内，而是利用其射线照射植物体各个器官。适于外照射的辐射射线有X射线、γ射线、中子、激光和紫外线等。外照射操作方便，利于集中处理大量材料，是目前辐射诱变的主要方法，外照射处理过的植物材料不含辐射源，对环境无放射性污染。外照射处理植物的部位和方法：

（1）植物材料处理的部位。

1）种子。这是有性生殖植物辐射育种普遍使用的照射材料。射线处理种子具有处理量大、便于贮运、操作简单等优点。种子可采用干种子、湿种子和萌动种子。用射线处理种子可以引起生长点细胞的突变；但由于种胚具有多细胞的结构，辐射后会形成嵌合体。对于无性繁殖的园林植物，辐射处理种子实际上是将诱变育种与实生育种、杂交育种相结合，由于其基因型的高度杂合性，后代变异率高，$M_1$ 代选出的优良变异，即可通过无性繁殖将变异性状传递下去。但对于木本园林植物来说，处理种子的最大缺点是播种后有较长的幼年期，到达开花结果的时间长；和处理营养器官相比，大大延长了育种年限。经辐射处理的种子需在半月内播种，否则会影响辐射效应并加重生理损伤。

2）营养器官。一般采用枝条、块茎、鳞茎、块根、球茎和嫁接苗等器官照射，是无性繁殖园林植物辐射育种常用的方法。该方法可大大提高突变频率。多年生的果树常用枝条进行射线处理，比照射花粉和种子具有结果早、鉴定快等特点。选用的枝条应组织充实、生长健壮、芽眼饱满，照射后嫁接易于成活。作扦插用的枝条，照射时应用铅板防护基部（生根部位），减少其对射线的吸收，以利扦插后生根成活。此外，解剖学研究表明，受照射的芽原基所包含的细胞数越少，照射后可得到的嵌合突变体越少。实验表明，初生枝第4至第8个叶片叶腋内的芽，在下一营养繁殖世代中，出现较宽的突变扇形体的频率较高。据报道，照射苹果刚刚开始萌动的芽比深休眠的芽效果好，前者突变频率高。照射时材料与辐射源必需保持一定的距离，插条或接穗的不同部位才能较均匀地接受剂量。试验表明，误差为1%时，20cm长的枝条与源的垂直距离应达到60cm；而当枝条长40cm时，则需保持120cm距离。

3）植株。植株照射可以在植株的一定发育阶段或整个生长期，在辐射场对植株进行长期或间隔式照射。钴植物园是进行大规模田间植株照射的辐射育种设施，其优点是能同时处理大量材料。由于这种照射场的辐射强度极高，所以必须有严格的安全防护设备和措施。钴源不用时借遥控自动装置将其降入地下室中。受照射的植物可按所需剂量大小，计算出离钴源的适宜距离，然后以钴源为中心，按照以确定的距离，呈辐射状的同心圆种在其四周进行照射，靠近射线源的植物每天受到的剂量可高达 10000R 以上，随距离的增加，剂量也相应降低。在钴植物园中处理的一年生植物，照射达一定剂量后，可栽植到无处理区，必要时也可留在钴植物园内，直至结实，次年将其种子播种在无处理区。如对生根试管苗可同时进行较大群体的辐射处理。大的生长植株一般在 $^{60}Co\gamma$ 圃场进行田间长期慢性照射。在进行局部照射时，不需要照射的部位如试管苗的根部，需用铅板防护。

4）花粉和子房。辐射花粉和子房的最大优点是很少产生嵌合体，经辐射的花粉或子房一旦产生突变，与卵细胞或精细胞结合所产生的植株即是异质结合子。花粉照射的适宜时期是在双核期以前，这样可以保证两个精核有同样的突变基因。照射处理花粉的方法有两种：一种是先将花粉收集于容器中进行照射，或采集带花序的枝条于始花时照射，收集处理过的花粉用于授粉，本法适用于花粉生活力强、寿命长的园林植物；另一种是直接照射植株上的花粉，可将开花期的植株移至照射室或照射圃进行照射，也可用手提式辐射装置进行田间照射。照射花粉的剂量一般较低，有人用 γ 射线对樱桃进行试验，确定发芽种子、休眠枝条、花粉的适宜剂量分别为 4～6kR（千伦琴）、3～4kR、0.8～2.3kR。另有研究电离辐射对柑橘不同试验诱变效应，发现照射花粉、种子、枝条后诱发的突变率分别为 29%～43%、23%～27%、6%～8%。

辐射处理子房不仅有可能诱发卵细胞突变，而且可能影响受精作用，诱发孤雌生殖。对自花授粉植物进行子房照射时，应先行人工去雄，辐射后用正常花粉授粉。自交不亲合或雄性不育材料照射子房时可不必去雄，更简便。由于卵细胞对辐射较为敏感，对后代变异影响很大，处理时宜采用较低剂量。

5）离体培养材料。由于离体培养技术的发展，采用愈伤组织、单细胞、原生质体以及单倍体等离体培养材料进行辐射处理，已日益普遍，可以避免和减少嵌合体的形成。如人们已经利用辐射培养叶片获得秋海棠、天竺葵等植物的纯和突变体。辐射单倍体诱发的突变，无论是显性或隐性突变，都能在细胞水平或个体水平表现出来，经加倍可获得二倍体纯系。离体培养材料照射具有一次性诱变量大、突变体的鉴定和筛选方便，能快速繁育筛选出来的优良变异材料等优点。

（2）外照射的类型。

1）急性照射。急性照射是指在短时间（几分钟或几小时）内将所要求的总照射剂量照射完毕，通常在照射室进行，如 $^{60}Co\gamma$ 照射室，适用于各种植物材料的照射。

2）慢性照射。慢性照射是指在较长时间（甚至整个生长期）内将所要求的总诱变剂量照射完毕，通常在照射圃场内进行，如 $^{60}Co\gamma$ 圃场，适用于对植株照射。在总剂量相同的情况下，急性与慢性照射之间除照射的时间长短不同外，还存在着照射剂量率高低的差异。根据辐射源的半衰期，可计算出某钴源在某一天的剂量率，并随离钴源的距离增大而减小。一般根据 $t=D/P$ 求出照射时间。如需同时照射完毕，则应将照射材料放在不同的半径处。采用上述不同照射方法，其生物学效应和突变频率都存在一定程度的差异，且可能由于修复作用、贮藏效应及其交互作用，射线种类、照射量、观察性状不同等原因，研究结果并不一致。

3）重复照射。指在植物几个世代（包括有性或营养世代）中连续照射。重复照射对积累和扩大突变效应具有一定的作用。一般认为重复照射对无性繁殖植物，不仅能诱导出新的突变体，而且还可能在嵌合体内实现不同的组织重排，产生更有意义的突变体。也有研究表明，重复照射有增高不利突变率的倾向，营养系在重复照射的情况下，应尽量采用低照射量，才不会降低有益突变的频率。

2. 内照射

内照射是指把某种放射性同位素引入被处理的植物体内进行内部照射。内照射具有剂量低、持续时间长、多数植物可在生育阶段进行处理等优点。同时，引入植物体内的放射性元素，除本身的放射效应外，还具有由衰变产生的新元素的“蜕变效应”。例如，用 $^{32}P$ 做内照射时，由于 P 是 DNA 的重要组成部分，可通过代谢参加到 DNA 的分子结构之中；当 $^{32}P$ 做 β 衰变时（磷衰变成硫），在 DNA 主键上会产生核置换，使DNA上的磷酸核糖酯键发生破坏。同时反冲核硫和β粒子也会在DNA上引起各种结构破坏，进而引起突变。常用作内照射的放射性同位素中放射β射线的有$^{32}P$、$^{35}S$、$^{45}Ca$，放射γ射线的有$^{65}Zn$、$^{60}Co$、$^{59}Fe$等。内照射的处理方法有下述3种：①浸泡法。将放射性同位素配置成溶液，浸泡种子或枝条，使放射性元素渗入材料内部。处理种子时浸种前先进行种子吸水量试验，以确定放射性溶液用量，使种子吸胀时能将溶液吸干。如用$KH_2^{32}PO_4$配置成10μCi/mL的溶液放于玻璃容器内，将长20cm、顶端有2～3片叶的枝条基部插入溶液内处理7～10h，然后取出上部的芽进行芽接。②注射或涂抹法。将放射性同位素溶液注入枝、干、芽、花序内，或涂抹于枝、芽、叶片表面及枝、干刻伤处，由植物吸收而进入体内。③饲喂法（施肥法）。将放射性同位素施入土壤中（或试管苗的培养基中），通过根系吸收而进入体内。或用叶片吸收$^{14}CO_2$，借助光合作用形成产物。

内照射的药液应配加适当的湿润展布剂，如吐温。

内照射方法简单，不需要复杂的仪器设施，但照射不均匀、照射剂量不易掌握、诱变效果不稳定，同时内照射需要一定的防护条件。经处理的材料和用过的废弃溶液，都带有放射性，应妥善处理，否则易造成污染。

## 16.3 化学诱变育种

### 16.3.1 化学诱变育种的概念及其特点

化学诱变育种是应用特殊的化学物质诱发基因突变和染色体变异，从而获得突变体，进而选择出符合育种目标的新品种的育种方法。化学诱变可诱发基因突变和染色体断裂效应，使生物产生遗传性变异的化学药剂种类有烷化剂类、碱基类似物及其他诱变剂。

辐射诱变和化学诱变虽然均可诱发染色体断裂和基因点突变，但有很大差异（见表16-3）。辐射诱变中用于外照射的X射线、中子等均具有较强的穿透力，可深入材料内部组织而击中靶分子，不受材料的组织类型或解剖结构的限制。而化学诱变通常是通过诱变剂溶液渗入、吸收，进入植物组织内部后才能产生作用；由于其穿透性差，对于有鳞片和茸毛包裹严密的芽，诱变效果往往不理想。

表16-3 辐射诱变和化学诱变的特点比较一览表

| 项目 | 辐射诱变 | 化学诱变 |
| --- | --- | --- |
| 作用方式 | 射线击中靶分子，不受材料限制 | 溶液渗入材料，有组织特异性 |
| 遗传机理 | 高能射线引起染色体结构变异 | 生化反应引起较多基因点突变 |
| 诱变效果 | 变异不定向，变异频率低 | 一定的专一性，变异频率高，有益突变多 |
| 投资费用 | 需要专门设施，投资较大 | 成本低廉，使用方便 |

辐射诱变是靠射线的高能量造成生物体变异，处理后出现较多的是染色体结构变异。化学诱变是靠诱变剂与遗传物质发生一系列生化反应造成的，能诱发更多的基因点突变。辐射诱变造成的染色体断裂是随机的。而化学诱变研究发现，不同药剂对不同植物、组织或细胞甚至染色体节段或基因的诱变作用有一定的专一性。在同一条件下，某种化学诱变剂可优先获得一定位点的基因突变。以种子为诱变材料，化学诱变的变异频率高于辐射诱变3～5倍，且能产生较多的有益突变。

辐射诱变一般均需一定的设施或专门装置，需较多的投资。化学诱变则具有使用方便、成本低廉的特点。

### 16.3.2 化学诱变剂的种类及其作用机理

人们发现有诱变效果的化学诱变剂有400多种，效果稳定且应用广泛的约有20种，包括烷化剂、碱基类似物和叠氮化物等几类（详见第48页2.6.5.2）。

各类化学诱变剂的主要效应可归纳如表16-4。

表 16－4　　几类化学诱变剂的主要效应

| 诱变剂 | 对 DNA 的效应 | 遗传效应 |
|---|---|---|
| 烷化剂 | 烷化碱基主要是 G | A－T→G－C（转换） |
| | 烷化磷酸集团 | A－T→T－A（颠换） |
| | 脱烷化嘌呤 | G－C→G－C（颠换） |
| | 糖-磷酸骨架的断裂 | |
| 碱基类似物 | 渗入 DNA，取代原来的碱基 | A－T→G－C（转换） |
| 亚硝酸 | 交联 A、G、C 的脱氨基作用 | 缺失：A－T→G－C（转换） |
| 羟胺 | 同胞嘧啶反应 | G－C→A－T（转换） |
| 吖啶类 | 碱基之间的插入 | 移码突变（＋、－） |

## 16.3.3　化学诱变的方法

### 16.3.3.1　操作步骤和处理方法

1. 药剂配制

通常先将药剂配制成一定浓度的溶液。有些药剂在水中不溶解，如硫酸二乙酯溶于 70％的酒精，可先用少量酒精溶解后，再加水配成所需浓度。有些药剂如烷化剂类在水中很不稳定，能与水起水合作用，产生不具诱变作用的有毒化合物，应现配现用。最好将它们加入到一定酸碱度的磷酸缓冲液中使用，几种诱变剂所需 0.01mol/L 磷酸缓冲液的 pH 值分别为 EMS 和 DES 为 7，HEH 为 8，NYH 为 9。亚硝酸也不稳定，通常采取在要使用前将亚硝酸钠加入到 pH 值为 4.5 的醋酸缓冲液中生成亚硝酸。氮芥在使用时，先配制成一定浓度的氮芥盐水溶液或碳酸氢钠水溶液，然后将两者混合置于密闭瓶中，两者发生反应即放出芥子气。

2. 材料预处理

在化学诱变剂处理前，干种子需用水预先浸泡，使细胞代谢活跃，提高种子对诱变剂的敏感性；浸泡还可提高细胞膜的透性，加快对诱变剂的吸收速度。

试验表明，当细胞处于 DNA 合成阶段（S）时，对诱变剂最敏感，一般诱变剂处理应在 S 阶段之前进行。所以种子浸泡时间的长短决定于材料到达 S 阶段所需的时间，可通过用同一诱变剂处理经不同时间浸泡种子来确定。浸泡时温度不宜过高，通常用低温把种子浸入流动的无离子水或蒸馏水中。对一些需经层积处理以打破休眠的种子，药剂处理前可用正常层积处理代替用水浸泡。

3. 药剂处理

根据诱变材料的特点和药剂的性质，处理方法有以下 5 种：①浸渍法。将种子、枝条、块茎等浸入一定浓度的诱变剂溶液中，或将枝条基部插入溶液，通过吸收使药剂进入体内；也可将开花前花枝剪下插入诱变剂溶液中，开花时收集花粉。对于完整植株也可用劈茎法，将其中一半茎插入诱变剂中，通过植株对水分的吸收把药剂引入体内。对于小苗或盆栽苗也可用诱变剂直接浸根；②涂抹或滴液法。将药剂溶液涂抹或缓慢滴在植株、枝条或块茎等处理材料的生长点或芽眼上；③注入法。用注射器将药液注入材料内，或先将材料人工刻伤，再用浸有诱变剂溶液的棉团包裹切口，使药液通过切口进入材料内部；④熏蒸法。在密闭的容器内使诱变剂产生蒸汽，对花粉、幼苗等材料进行熏蒸处理；⑤施入法。在培养基中加入低浓度诱变剂溶液，通过根部吸收进入植物体。

4. 药剂处理后的漂洗

经药剂处理后的材料必须用清水进行反复冲洗，使药剂残留量尽可能地降低以终止药剂处理作用，避免增加生理损伤。最常用的方法是用流水冲洗，一般约需冲洗 10～30min 甚至更长时间。有试验报道在处理后使用化学清洗剂，能显著降低种子重新干燥所引起的损伤。常用的清洗剂有硫代硫酸钠等。经漂洗后的材料应立即播种或嫁接；有些不能立即播种而需暂时贮藏的种子，应经干燥后贮藏在 0℃左右低温条件下。

**16.3.3.2** 影响化学诱变效应的因素

影响化学诱变效应的因素较多，除不同诱变剂本身的理化特性和被处理材料的遗传类型及生理状态外，还有以下3点。

1. 药剂浓度和处理时间

化学诱变剂诱变效应除受药剂本身的溶解度和毒性的限制外，还受处理时间、温度、pH值以及处理后冲洗条件的影响。实验表明，一般突变频率与剂量的曲线关系呈指数特征，$M_2$的突变频率与$M_1$植株上所表现的损伤成比例。通常是高浓度处理时生理损伤相对较大，而在低温下以低浓度长时间处理，则$M_1$植株存活率高，产生的突变频率也高。适宜的处理时间，应是使被处理材料完全被诱变剂浸透，并有足够药量进入生长点细胞。对于种皮渗透性差的某些园林植物种子，则应适当延长处理时间。处理时间的长短，还应根据各种诱变剂的水解半衰期而定。对易分解的诱变剂，只能用一定浓度在短时间内处理。而在诱变剂中添加缓冲液和在低温下进行处理，均可延缓诱变剂的水解时间，使处理时间得以延长。在诱变剂分解1/4时更换一次新的溶液，可保持相对稳定的浓度。几种烷化剂不同温度的半衰期见表16-5。

表16-5 几种烷化剂水解的"半衰期"

| 诱变剂 | 温度 | | |
|---|---|---|---|
| | 20℃ | 30℃ | 37℃ |
| 硫芥子气（min） | | | 约3 |
| 甲基硫酸甲烷（h） | 68 | 20 | 9.1 |
| 乙基硫酸甲烷（h） | 93 | 26 | 10.4 |
| 甲基硫酸丙烷（h） | 111 | 37 | — |
| 甲基硫酸异丙烷（min） | 108 | 35 | 13.6 |
| 甲基磺酸丁烷（h） | 105 | 33 | — |
| 硫酸二乙酯（h） | 3.34 | 1 | — |
| 3-氯-1，2-环氧丙烷（h） | — | — | 36.3 |
| N-亚硝基-N-甲基尿烷（h） | — | 35 | — |
| N-亚硝基-N乙-基尿烷（h） | — | 84 | — |
| N-亚硝基-N-丙基尿烷（h） | — | 103 | — |

2. 温度

温度对诱变剂的水解速度有很大的影响，在低温下化学物质能保持其一定的稳定性，从而能与被处理材料发生作用。但温度增高可促进诱变剂在材料体内的反应速度和作用能力。因此适宜的处理方式应是：先在低温（0～10℃）下把种子浸泡在诱变剂中足够的时间，使诱变剂进入胚细胞中，然后把处理的种子转移到新鲜诱变剂溶液内，在40℃下处理以提高诱变剂在种子内的反应速度。

3. 溶液pH值及缓冲液的作用

有些诱变剂在一定pH值下才能溶解或者才有诱变作用。而另一些诱变剂，如烷基磺酸酯和烷基硫酸酯等诱变剂水解后产生强酸，会显著提高对植物的生理损伤，降低$M_1$植株存活率。也有一些诱变剂在不同的pH值中分解产物不同，从而产生不同的诱变效果。例如亚硝基甲基脲在低pH值下分解产生亚硝酸，而在碱性条件下则产生重氯甲烷。所以，处理前和处理中都应校正溶液的pH值。使用一定pH值的磷酸缓冲液浓度一般不超过0.1mol/L，可显著提高诱变剂在溶液中稳定性。

**16.3.3.3** 安全问题

绝大多效化学诱变剂都有极强的毒性，或易燃易爆。如烷化剂中大部分属于致癌物质，氮芥类易造成皮肤溃烂，乙烯亚胺有强烈的腐蚀作用而且易燃，亚硝基甲基脲易爆炸等。因此，操作时必须注意安全，避免药剂接触皮肤、误入口内或熏蒸的气体进入呼吸道。同时要妥善处理残液，避免造成污染。

## 16.4　空间诱变及离子注入

### 16.4.1　空间诱变育种的概述

空间诱变育种，简称空间育种，又称太空育种、航天育种，是利用卫星飞船等返回式航天器将植物的种子、组织、器官或个体（如试管苗）搭载到宇宙空间，在太空诱变因子的作用下，使植物材料发生有益的遗传变异，经地面繁殖、栽培、测试、筛选新种质，培育新品种的育种技术。

国外的空间诱变育种研究始于 1960 年，美国等国家利用各种飞行器进行试验，研究空间条件下各种类型植物材料的变化，重点是空间诱变机理的探索。我国是世界上能发射返回式卫星和飞船的 3 个国家（中国、美国、俄罗斯）之一，1987 年开始利用返回式卫星研究太空环境对生物材料的作用，迄今已获得一批丰产、优质、多抗的植物新品种和罕见的具有利用价值的突变体。

### 16.4.2　空间诱变育种的特点

（1）变异幅度大，变异频率高，有益突变多。空间诱变的因素复合作用，可以产生地面得不到的变异类型，同时提高变异率。传统辐射诱变的有益变异率仅为 0.1%～0.5%，而空间诱变的有益变异率高达 1%～5%。

（2）太空辐射剂量小，时间长，生理损伤轻，致死变异少，诱变效率高。

（3）变异性状稳定较快，大多到 $SP_4$ 代（甚至 $SP_3$）即可稳定，而常规辐射诱变则需要 6～8 代。

（4）与转基因技术相比，空间诱变产生的变异是 DNA 内部发生重组、突变产生的，属于内源基因的改良，没有外源基因的导入，不存在生物安全性的问题，容易被公众认可。

### 16.4.3　空间诱变的原理

空间诱变成绩显著，但是至今多侧重于实践应用，而诱变机理研究不足。目前广泛认为搭载的植物材料受到空间辐射、微重力、超真空、交变磁场、飞行器的机械运动等多种太空诱变因子的综合影响，而空间辐射和微重力是主要的诱变因素。

#### 16.4.3.1　空间辐射

高能粒子是空间的主要辐射源，包括银河宇宙射线、太阳粒子射线、地球辐射带等。宇宙空间辐射的高能重粒子具有强烈的诱变效应，可以导致细胞死亡和突变；中科院遗传所研究认为，太空环境使潜伏的转座子激活，活化的转座子通过移位、插入和丢失，可以导致基因的变异和染色体的畸变，致使生物发生变异。

#### 16.4.3.2　微重力

空间搭载的种子即使未被高能粒子击中，幼苗也有染色体畸变现象；而且空间飞行时间越长，畸变率越高。这说明微重力与染色体畸变的相关性。微重力对植物的向重性、$Ca^{2+}$ 分布、激素分布和细胞结构等均有明显影响。微重力条件下，染色体畸变，细胞分裂紊乱，核小体数目发生变化。微重力也可能增强植物材料对空间诱变的敏感性，或干扰 DNA 损伤修复系统的正常运转，来提高变异率。

### 16.4.4　空间诱变育种方法

#### 16.4.4.1　材料的选择

由于搭载重量的制约，一般应该选择种子、营养繁殖体、愈伤组织或试管苗等单位重量含个体数多的材料。空间诱变育种对植物种类没有特殊的要求，一般选择种子千粒重小、发芽率高、繁殖系数大的物种较好。

#### 16.4.4.2　材料的预处理

一是调整种子含水量、愈伤组织或不定芽的生长周期，使植物材料处于最佳的诱变状态。二是为植物材料提供生命保障，如种子的温湿度控制、试管苗的置床与固定等，减少植物材料的意外损伤。

#### 16.4.4.3 空间搭载

空间搭载的方式主要有高空气球、返回式卫星和飞船。高空气球的高度一般为 30～40km，卫星的高度为 200～470km，飞船的高度为 200～300km。

#### 16.4.4.4 材料返回后的处理

进行空间诱变的材料在回收后应立即播种或转接。短期贮藏会增加辐射损伤，而对提高变异率无益。

#### 16.4.4.5 空间诱变后代的选育

诱变处理的当代称为 $SP_0$ 代，播种或无性繁殖后为 $SP_1$ 代，与传统的辐射诱变相似。$SP_0$ 代的生理损伤较多，部分隐性突变也表现不出来，一般不在 $SP_0$ 代选择。选择的重点是 $SP_1$ 或 $SP_2$ 代复选，$SP_3$ 代即可决选。对于园林植物来说既要围绕既定的育种目标，也要密切关注新出现的性状。

### 16.4.5 园林植物空间育种的研究进展

我国已完成了 300 多项空间搭载试验，搭载过的园林观赏植物有鸡冠花、菊花、兰、银杏、麦秆菊、百合类、牡丹、矮牵牛、油松、梅花、现代月季、一串红、万寿菊、三色堇等，并获得不少在地面难得的变异类型，如荷花的重瓣类型、花色相间的矮牵牛品种，毛百合的增大鳞茎和种子、菊花的早花类型和超矮化类型等，凤仙花的高观赏性变异。近年来，国内外陆续开展了兰花航天育种的研究工作，2005 年第二届盆栽花卉交易会首次展出了“神舟三号”搭载的石斛兰和俄罗斯空间站栽培的兰花，这些植株均生长较快，开花和成熟较早。2003 年 10 月 5 日我国首次载人飞船“神舟五号”搭载了梅花、菊花、林木树苗等 33 种。而搭载中国第 20 颗返回式卫星遨游太空的树种有白皮松、华山松、侧柏、刺槐、沙棘、柠条等。期望可以培育出抗旱、抗寒、性能稳定的优良突变种，以提高造林成活率。可见，空间诱变育种已成为园林植物品种创新的有效途径。

### 16.4.6 离子注入诱变育种

#### 16.4.6.1 概述

离子注入是中国科学院等离子体物理研究所余增亮于 20 世纪 80 年代最早应用于作物诱变育种的。主要利用 $N^+$、$C^+$、$Ag^+$、$Ar^+$ 等低能离子注入生物体内。离子束射到固体材料后受到抵抗而速度慢慢减低下来，进而产生电离和激发的分子。这些分子是辐射处理的原初产物，很不稳定，能迅速与其他相邻分子碰撞，产生异常活跃的次级产物。生物分子通过直接吸收和间接吸收两种方式吸收辐射能，形成原初的损伤分子及扩散自由基。自由基可以广泛攻击生物体内的大分子，产生生物自由基，再通过继发反应，使生物分子产生损伤性变化。引起染色体结构的畸变、DNA 链的断裂以及碱基缺失，从而产生各种在自然条件下比较罕见的变异。

#### 16.4.6.2 离子注入诱变育种的成就

离子注入诱变育种取得了引人瞩目的成果。离子诱变可以导致花色变异，例如，鸡冠花经诱变花瓣一半红色，一半黄色；凤仙花由 4 种变为 7 种，花色丰富多彩；黄色月季经离子注入诱变后变为粉色。离子诱变可以提高植株抗性，例如，离子注入提高了凤仙花、棕榈苗和新疆奥斯曼草等抗旱和耐低温性能。同时离子注入在银杏、荷花、黑心菊、一串红等园林植物中也取得了阶段性成果。

与其他诱变育种方法一样，空间环境和离子注入所诱发的变异是不定向的，诱变后代的稳定性较差，诱变植物的选择也有一定的盲目性。

## 16.5 诱变后代的选育

### 16.5.1 处理材料的选择

目前诱变处理还难以实现“定向突变”，为实现诱变育种的效果，关键是要正确选择诱变处理的材料，育种目标不同，选用具有不同特点的亲本类型材料。诱变选用的材料应避免单一化，因为不同的品种或类型内在的遗传基础不同，对诱变的敏感性不同，诱变效果不同，所以应尽可能多选几个亲本材料。诱变育种需要处理大量的亲本材料，以保证获得足够数量的成活变异植株，以便为进一步筛选有益变异提供适当的选择群体。

处理的亲本材料综合性状应优良，应只具有一两个需要改进的缺点，而不应是缺点很多、但具有少数突出优点的材料。为此，通常可选用当地生产上推广的良种或育种中的高世代品系作诱变材料。也可选用具有强优势的、综合性状优良的杂交一代。适当选用单倍体、原生质体等作诱变材料，发生突变后易于识别和选择。突变一经选出，将染色体加倍后即可使突变纯化，可显著缩短育种年限。但是单倍体生活力较弱，诱变中死亡率较高，加倍较困难，繁殖系数较小，所以采用的剂量不宜过高，并应对诱变材料提供适宜的营养和环境条件。此外，也可用单细胞或原生质体作诱变材料，与细胞培养相结合，以避免正常细胞与突变细胞的竞争，从而提高突变育种的效果。

## 16.5.2 分离世代群体数量的估计

分离世代群体数量确定总的原则是保证获得足够数量的成活变异植株，以便为进一步筛选有益变异提供适当的选择群体。群体过小，后代的选择几率太低，不易选到所需的突变体；群体过大，耗费人力、物力，增加工作量。究竟多大的群体才合适，要根据具体作物种类及所需获得的突变类型、突变频率、突变体数目等因素决定。因此，在进行诱变育种前，需要对各世代群体进行一些估计。

对于单基因突变，假定其突变率为 $u$，至少要发生一个突变的几率水平为 $p_1$，则被鉴定的处理细胞数目 $n$，可以下列公式算出：

$$n=lg(1-p_1)/lg(1-u)$$

突变可在被诱变细胞后代中发现，而二倍体植物存在的隐形突变体在 $M_2$ 才能表现出来。如果处理材料具有50%的致死效应，则2n值代表提供株系所需要的 $M_1$ 植株数。

每个 $M_2$ 株系的植株数（$m$），是由分离比例（$a$）及至少能产生一个纯和突变体的几率（$p_2$）来决定的。用下面的公式：

$$m=lg(1-p_2)/lg(1-a)$$

上述两个公式合并起来可计算出群体的应有大小。但从实用观点看，应用计算的仅仅是一个粗略预测。对于鉴别有实用价值的数量性状变异所需群体数目的计算是比较困难的，因为既不能确定所包括基因数目，也不能确定在 $M_2$ 中加以鉴别的最低效果的数量。根据一般的突变率和突变体在后代出现的几率，有人计算在自花授粉作物中，为获得一个多基因控制的数量性状突变体在 $M_2$ 所需要1000～5000株；获得一个带有几个隐性基因控制的复杂性状的突变体，其 $M_2$ 需要50万株左右，获得一个单隐性基因控制的性状突变体，$M_2$ 需10万～50万株；获得一个单显性基因控制的性状突变体，$M_2$ 多达150万株。

## 16.5.3 突变体鉴定和选择

### 16.5.3.1 形态鉴定

这是最常用的方法，将所获得的突变体与原品种一起种植于田间，在主要生育时期目测或借助于简单工具进行观察、记载和考种。很多突变性状如熟期、株高、穗数、粒数、粒质量大小等可通过此法从形态上直接或间接识别。由于气候、土壤、肥料、种植密度等都会引起性状的变异，从而造成不同年份间和不同材料间性状的差异，给突变体鉴定带来一定困难。迄今为止，形态鉴定还缺乏统一的标准，各单位都是按照各自的实际情况来鉴定突变体。

### 16.5.3.2 生物特性鉴定

在实验室条件下进行生理特性和品质突变体鉴定，如蛋白质、氨基酸、糖等的含量。这种鉴定工作量大，可借助相应的自动化仪器来完成。

### 16.5.3.3 遗传学鉴定

为了鉴定早熟、矮秆、抗病性等突变体的遗传特性及其在育种上的利用价值，可将突变体与原品种和其他亲本杂交、回交，确定控制突变性状的显隐性及基因数目、该性状的遗传规律和遗传力，一般来说，遗传学鉴定要在上述形态等鉴定的基础上进行。

16.5.3.4 生物化学鉴定

同工酶是存在有机体中的酶的多种分子形式，它们具有相同的催化活性，由基因决定，是基因调控表达的结果。不同品种间同工酶的差异，反映了它们之间遗传基础的差异，因而通过利用各种凝胶电泳鉴定同工酶谱的异同，来鉴别突变种质资源是十分有效的。但在实际工作中要注意，用于鉴定突变体的同工酶必须稳定性好，不受外界条件的影响，以保证结果准确可靠。

16.5.3.5 抗性突变体的离体筛选鉴定

可利用诱变方法和生物离体培养技术筛选鉴定抗病、抗逆突变体。其要点是先对培养材料进行诱变处理，然后培养在加有一定浓度的病原物、病毒菌产生的致病毒素或其他胁迫因子的培养基中。正常情况下，大多数细胞由于生长受到抑制而逐渐消失，只有少数发生突变的细胞才能在这种不利的环境中正常生长分化，通过连续培养后长成植株。这种方法处理群体大，有利于多种诱变剂的应用，能使突变体基因在细胞水平上表达，便于进行单细胞选择和突变体的早期筛选鉴定，可以显著地提高诱变育种效率。

### 16.5.4 有性繁殖园林植物诱变后代的选育

在诱变育种中由于有利变异出现的频率很低，而且突变多为隐性，所以要准确无误地发现突变，选出有利变异是较为不易的。必须按照一定的育种程序进行工作，才能达到上述目的。

16.5.4.1 $M_1$ 的种植和采种

诱变处理的种子长成的植株为 $M_1$ 代。经诱变处理的种子应及时播种，播种时分别将品种（系）和处理剂量播成小区，并播种未经处理的相同材料作对照。由于诱发突变大多数为隐性性状，纯合品种 $M_1$ 代一般不表现突变性状；除有时出现少数显性突变可根据育种目标进行选择外，$M_1$ 代通常不进行选择淘汰，而应全部留种。此外，因诱变损伤，$M_1$ 代常出现一些形态畸变或生育迟缓，这些损伤效应一般随剂量增加而程度加重，但并不遗传，也不予选择。杂合种子 $M_1$ 代会表现变异，应选择利用。经辐射处理的种子应在 15～30d 内播种，不宜拖延太久。

$M_1$ 代植株应实行隔离使自花授粉，以免有利突变基因型因杂交而混杂。$M_1$ 代以单株、单果采种，或按处理为单位混合采种，可根据植物的特点和 $M_2$ 代的种植方法而定。例如在自花授粉作物的诱变育种中，$M_1$ 代常用的采种方法有：①以分穗、分枝或植株为单位采种，种子很多时，可在植株的初生分技上采取足够的种子；②一粒或少粒混收法，即 $M_1$ 代每一植株上取一粒或几粒种子，混合种植成 $M_2$ 代群体。因为由突变组织发育而来的果实中，其后代突变率要高于总的突变率。可节省土地和费用，但要求 $M_1$ 代有较大的群体，而且突变性状易于识别；③混收法，即按群体混合收获种子，全部或取其部分种植成 $M_2$ 代。采收的种子应分别编号。

16.5.4.2 $M_2$ 代的种植和选择

将收获的 $M_1$ 代种子，按 $M_1$ 代采种方式种植成相应的 $M_2$ 代小区及对照品种。$M_2$ 代是各种突变性状显现的世代，是最重要的选择世代，工作量也是诱变育种中最大的一代，为了获得有利突变，通常 $M_2$ 代要有几万个植株，每一个 $M_1$ 个体的后代 $M_2$ 代种植 20～50 株。$M_2$ 代的每个植株都要仔细观察鉴定，对于发生变异的植株，则从中选出有经济价值的突变株留种。异花授粉植物一般采用混合选择法，按处理小区采种。

16.5.4.3 $M_3$ 代的种植和选择

将 $M_2$ 代当选的单株在 $M_3$ 代分别播种成株系，并隔一定行数设对照。由 $M_2$ 代入选单株播成的 $M_3$ 代株系，进一步分离和鉴定突变，如株系性状优良而表现一致，可按株系采种，下一代进入品种比较和多点试验，进行特性及产量鉴定，决定取舍。如 $M_3$ 代株系中继续出现优良变异，应继续进行单株选择和采种留种，直至获得稳定株系。因为在 $M_2$ 代中入选的植株不会很多，所以 $M_3$ 代的工作量较小。为获得多基因数量性状变异，有的需要延迟至 $M_4$～$M_5$ 代选择更有实用价值。$M_3$ 代株系中的优良单株分株播种为 $M_4$ 代，进一步选择优良的株系，如果该株系内各植株的性状表现相当一致，便可将该株系的优良单株混合播种为一个小区，成为 $M_5$，至此突变已告稳定，便可和对照品种进行品种比较试验，最后选出优良品种。

异花授粉植物 $M_3$ 代是突变性状分离显现的世代，也是选择突变体的重要世代。$M_3$ 代以后世代，优良突变系的筛选、评比试验、区域试验及繁育推广等程序，与杂交育种等相同。

### 16.5.5　无性繁殖园林植物诱变后代的选育

无性繁殖植物在诱变育种中存在着如下问题：第一，嵌合体的干扰；第二，与种子繁殖的植物相比，处理群体小；第三，田间评选优良基因型需要较长时间。因此，将优良突变体在早期从嵌合体状态中分离出来，是无性繁殖园林植物提高诱变育种效率的关键措施之一。一般园林植物休眠芽的基部叶原基中，叶腋分生组织的细胞数目少，经诱变处理可产生突变谱较宽的扇形突变体；突变的细胞能否有机会通过萌芽而参与枝条形成，是突变体分离的关键。必须采取分离技术（分离繁殖、不定芽技术、组织培养技术）使突变体有机会显现或扩大。

## 小　结

诱变育种是人为的利用物理或化学的因素，诱发植物产生可遗传的变异，经分离、选择、直接或间接地培育新品种的育种途径。它是继杂交育种之后发展起来的一种育种方法，具有杂交育种及其他育种方法难以取代的特点。根据诱变因素可分为物理诱变和化学诱变两类。物理诱变是指利用辐射射线诱发基因突变和染色体变异。化学诱变是应用化学诱变剂诱发基因和染色体变异。为提高诱变效果，应用不同理化诱变因素复合处理。诱变育种的主要程序包括诱变处理因子的选择、诱变材料的鉴定以及诱变后代种植和选择方法。

诱变育种在园林植物育种中显现的优势，逐渐被育种工作者所重视。同时新的育种手段还应与 DNA 分子标记辅助育种相结合，使定向诱变成为可能。

## 思　考　题

1. 试述诱变育种的优点和种类。
2. 试述诱变育种的作用机理。
3. 辐射诱变的遗传效应是什么？
4. 影响辐射诱变的因素有哪些？
5. 化学诱变与辐射诱变有何异同？

# 第17章 倍 性 育 种

**本章学习要点**

- 倍性育种的意义
- 多倍体和单倍体的特点
- 获得多倍体和单倍体的途径

倍性育种是以人工诱发植物染色体数目发生变异后所产生的遗传效应为根据的育种技术。植物的倍性育种是植物育种的重要研究内容。目前最常用的是整倍体，其中有两种形式：一是利用染色体数加倍的多倍体育种；一是利用染色体数减半的单倍体育种。

## 17.1 多倍体育种

所谓多倍体育种是指利用多倍体植物进行选育，获得新品种的方法。染色体是遗传物质的载体，染色体数目的变化常导致形态、解剖、生理、生化等诸多遗传特性的变异。各个种的染色体数是相对稳定的，而且体细胞染色体数为性细胞的二倍。在同属植物中，以染色体数目最少的二倍体的配子染色体数作为全属植物的染色体基数，包括这一基数的染色体称为一个染色体组（genome）（用 x 表示）。只有一个染色体组的植物称为单倍体（haploid）；有两个染色体组的植物称为二倍体（diploid）；有三个或三个以上染色体组的植物统称为多倍体（polyploid）。近缘生物的染色体数目彼此成倍数关系，是高等植物中普遍存在的现象。20 世纪初 Lutz（1907）就发现拉马克月见草中出现的突变 gigas 是四倍体。随后 Winkler 从龙葵的切顶愈伤组织再生的枝条中获得比原株染色体加倍的四倍体类型。后来人们根据这类多倍体的几组染色体全部来自同一物种，就把它们称为同源多倍体（autopolyploid）。Digby（1912）发现报春花属的一个不孕的种间杂种中自发地产生稳定的可孕类型，这个新种邱园报春的染色体数是加倍的。随后 Kaarpechenk（1927）用萝卜和甘蓝杂交合成了多倍体萝蓝（*raphanobrassia*）。Muntzing（1930）用鼬瓣花属的两个二倍体的林奈种合成了另一个四倍体的林奈种。人们把这类由来自不同种、属的染色体组构成的多倍体称为异源多倍体（allopolyoid）。在一属植物内常存在不同倍性的物种，从而排成一个由少至多的“多倍体系列”（见表 17-1）。例如菊属（*Chrysanthenum*）植物，染色体基数 $x=9$，菊花脑（*D. nakingense*）、香叶菊（*D. aromaticum*）为二倍体（2x=18），甘野菊（*D. lavandulifolium*）、野菊（*D. indicum*）为四倍体（2n=4x=36），毛华菊（*D. vestitum*）、紫花野菊（*D. zawadskii*）为六倍体（2n=6x=54），*D. orantum*（Hemsl.）*Kitam* 为八倍体（2n=8x=72），矶菊（光菊）（D. pacificum）为十倍体（2n=10x=90）。

### 17.1.1 多倍体的起源

在自然界中，多倍体植物的分布是很普遍的，从低等植物到高等植物都有多倍体类型（见表 17-1）。据统计，在植物界里约有 1/2 的物种属于多倍体（见表 17-2），而禾本科中多倍体几乎占 3/4，花卉中的多倍体约有 2/3 以上。植物的自然演化地位越高，多倍体物种的比例越大。一般在一属植物中，二倍体植物是原始种，多倍体植物是衍生种。因此，多倍体是高等植物进化的一个重要途径。自然界中多倍体起源有体细胞染色体加倍与细胞学上未经减数分裂的配子再发生有性功能这两种方式。体细胞染色体加倍又包括由合子染色体加倍产生多倍体植株和顶端分生组织部分细胞染色体加倍产生多倍体嵌合体。以上这两种体细胞染色体加倍的方式在自然界中几乎是罕见的。在自然界中，多倍体的产生主要是通过细胞学上未经减数分裂的配子形成及其再发生有性功能来实现的。例如未经减数分裂的二倍体（2x）雌配子与单倍体（x）雄配子结合，就可产生三倍体（3x）植株；若三倍体植株又产生未经减数分裂的三倍体雄配子，它与单倍体的雌配子结合，就可产生四倍体植株；如果是未经减数分裂的三倍体雌配子与三倍体雄配体结合，则会产生六倍体植株等，从而形成多倍体系列。

**表17-1　　常见园林植物多倍体系列表**

| 属　名 | 基数 x | 2x | 3x | 4x | 5x | 6x | 7x | 8x | 其他 |
|---|---|---|---|---|---|---|---|---|---|
| 蔷薇属（*Rosa*） | 7 | 14 | 21 | 28 | 35 | 42 | — | 56 | |
| 菊属（*Chrysanthenum*） | 9 | 18 | 27 | 36 | 45 | 54 | 63 | 72 | 60 |
| 大丽花属（*Dahlia*） | 8 | 16 | — | 32 | | | | 64 | |
| 金鱼草属（*Antirrhinum*） | 8 | 16 | | 32 | | | | | |
| 万寿菊属（*Tagetes*） | 12 | 24 | — | 48 | | | | | |
| 石竹属（*Dianthus*） | 15 | 30 | — | 60 | 75 | | | | |
| 唐菖蒲属（*Gladioeus*） | 15 | 30 | 45 | 60 | 75 | 90 | | | |
| 郁金香属（*Tulipa*） | 12 | 24 | 36 | 48 | 60 | | | | |
| 百合属（*Lilium*） | 12 | 24 | 36 | 48 | | | | | |
| 萱草属（*Hemerocallis*） | 11 | 22 | 33 | 44 | | | | | |
| 杜鹃花属（*Rhododenron*） | 13 | 26 | | 52 | | | | | |
| 天门冬属（*Asparagus*） | 10 | 20 | | 40 | | 60 | | | |
| 龙舌兰属（*Agave*） | 30 | 60 | 90 | 120 | 150 | 180 | | | |
| 芍药属（*Paeonia*） | 5 | 10 | 15 | | | | | | |
| 莲属（*Nelumbo*） | 8 | 16 | | 32 | | | | | |
| 罂粟属（*Papaver*） | 6,7,11 | 12,14,22 | — | 28,44 | | | | 56 | 70 |
| 报春花属（*Primula*） | 8,9,10,11,12,13 | 16,18,20,22,24,26 | 36 | 36,40,44,48 | | 54 | | | 72,126 |
| 月见草属（*Oenothera*） | 7 | 14 | 21 | 28 | | | | | |
| 锦葵科（*Malvaceae*） | 5,6,7,11,13 | 10,14,22,26 | 18 | 20,24,28,44,52 | 30 | 30,36,42,66 | 42 | 56 | 50,70,78,84,112,130 |
| 鸢尾属（*Iris*） | 7,8,9,10,11 | 16,18,20,22 | 24,30 | 28,32,36,40,44 | 35,40 | 42,48,54 | 72 | 54 | 34,37,38,46,84,86,108 |
| 凤仙花属（*Impatiens*） | 7 | 14 | | 28 | | | | | |
| 水仙（*Narcissus*） | 12 | 24 | 36 | 48 | | | | | |
| 桃属（*Prunus*） | 8 | 16 | 24 | 32 | — | 48 | — | | 176 |
| 梅（*Prunus*） | 8 | 16 | 24 | 32 | — | 48 | — | 64 | |
| 木兰属（*Magnolia*） | 19 | 38 | — | 76 | 95 | 114 | | | |
| 七叶树属（*Aesculus*） | 20 | 40 | 60 | 80 | | | | | |
| 杨属（*Populus*） | 19 | 38 | 57 | 76 | | | | | |
| 柳属（*Salix*） | 19 | 26 | 57 | 76 | — | 114 | — | 152 | |
| 槭树属（*Acer*） | 13 | 26 | 39 | 42 | — | 78 | — | 108 | |
| 珙桐属（*Davidia*） | 11 | 22 | | | 55 | | | | |
| 泡桐属（*Paulownia*） | 10 | | | 40 | | | | | |
| 榆属（*Ulmus*） | 14 | 28 | — | 56 | | | | | |
| 白蜡属（*Fraxinus*） | 23 | 46 | — | 92 | — | 138 | | | |
| 椴树属（*Tilia*） | 41 | 82 | — | 164 | | | | | |

续表

| 属名 | 基数 x | 2x | 3x | 4x | 5x | 6x | 7x | 8x | 其他 |
|---|---|---|---|---|---|---|---|---|---|
| 柳杉（*Cryptomeria*） | 11 | 22 | | 44 | | | | | |
| 金钱松（*Pseudolarix*） | 11 | | | 44 | | | | | |
| 圆柏（*Sabina*） | 11 | 22 | | 44 | | | | | |
| 铅笔柏（*S. virginiana*） | 11 | 22 | 33 | | | | | | |
| 山茶属（*Camellia*） | 15 | 30 | 45 | 60 | 75 | 90 | 105 | 120 | |
| 茶梅（*C. sasanqea*） | 15 | | | | | 90 | | | |
| 溲疏属 | 13 | 26 | — | 52 | | | | | |
| 绣球属（*Hydrangea*） | 18 | 36 | — | 72 | | | | | |
| 棣棠属（*Kerria*） | 17 | 34 | — | 68 | | | | | |

表 17-2　　显花植物中多倍体物种所占比重

| 植物类别 | 属数 | 二倍体物种数（百分数） | 多倍体物种数（百分数） | 物种总数 |
|---|---|---|---|---|
| 裸子植物 | 44 | 120（87.0%） | 18（13.0%） | 138 |
| 双子叶植物 | 1954 | 5942（87.0%） | 4227（42.8%） | 10169 |
| 单子叶植物 | 725 | 1535（87.0%） | 3351（68.6%） | 4886 |
| 总数 | 2723 | 7597 | 7596 | 15193 |

在自然界中，由于温度巨变等因素，使生殖细胞的染色体数目未能减半，从而创造出多倍体植物类型。例如冰川入侵使一些古老的二倍体物种难以适应恶劣环境而消失，多倍体新种由于适应能力强，所以在冰川退走之后，则以顽强的生命力占领了荒凉的冰山地区。如北美东部的冰川地区，阿尔卑斯山脉冰川地区，多倍体植物占多数，有些植物种甚至只有多倍体，而没有一个二倍体种，那些古老的二倍体物种只能在冰川没入侵到的地带中才可找到。多倍体物种由于对环境具有较强的适应性，多分布于气候严峻或生态条件变化剧烈之处，如北极、雪地、沙漠、高山地带等。

虽然自然界中存在许多多倍体植物，但这些类型不见得都符合人们的需要。随着科学技术的发展，人们对自然界多倍体植物的生理有了一定认识，逐步开始人工创造多倍体植物种，使其更符合人们物质文化生活的需要。

最初，人们模拟自然环境的剧烈变化来创造多倍体物种。例如使温度发生剧变，对植物组织进行反复切伤、摘心，或用 X 射线、$\gamma$ 射线照射植物材料等等，采用这些物理方法来人工诱导多倍体。实践发现采用物理方法获得多倍体的频率是很低的。自 1937 年美国人 Blakeslee 和 Avery 用秋水仙碱处理植物种子，获得了 45%以上的同源多倍体，开创了人工诱导多倍体育种的新时代。

## 17.1.2　多倍体的种类

### 17.1.2.1　同源多倍体

多倍体因其染色体组的来源不同可分为同源多倍体和异源多倍体两大类。如果多倍体植物细胞中所包含的染色体组来源相同，则称为同源多倍体。例如以符号 A 代表一个染色体组，AAA 则表示同源三倍体，AAAA 表示同源四倍体。如美国已育成的金鱼草、麝香百合等四倍体类型就属于同源四倍体。同源多倍体增加的染色体组来自同一物种，一般是由二倍体的染色体直接加倍产生的。

同源多倍体在植物界比较常见。由于大多数植物是雌雄同株的，两性配子可能有同时发生异常减数分裂的机会，使配子中染色体数目不减半，然后通过自交形成多倍体。多倍体在动物中比较少见。这是因为动物大多数是雌雄异体，染色体稍微不平衡，就易引起不育，甚至使个体不能生存，所以多倍体动物个体通常只能依靠无性生殖来传代。

同源多倍体中最常见的是同源四倍体和同源三倍体。同源四倍体是正常二倍体通过染色体加倍形成的。例如，马铃薯就是一个天然的同源四倍体。人为地用化学药剂秋水仙素等处理发芽的水稻种子，可以获得人工同源四倍体水稻。同源四倍体与二倍体相比，大多表现出细胞体积的增大，有时出现某些器官的巨型化。这种巨型化一般都表现在花瓣、果实和种子等有限生长的器官上。但是多倍体化却很少导致整个植株的巨型化，有时甚至相反。这是因为植株的体积不仅取决于细胞的体积，还取决于生长期间所产生的细胞的数目。通常情况下，同源多倍体的生长速率比二倍体亲本低，因而大大限制了生长过程中细胞数目的增加。

在自然条件下，同源三倍体的出现，大多是由于减数分裂不正常，由未经减数分裂的配子与正常的配子结合而形成的。香蕉是天然的三倍体植物。它一般只有果实，种子退化，以营养体进行无性繁殖。采用人工的方法，在同种植物中将同源四倍体与正常二倍体杂交，可以获得同源三倍体植物。三倍体植物由于染色体的配对发生紊乱，不能正常地进行减数分裂。在分裂前期，每种染色体有三条，组成三价体（三条染色体连在一起），或者组成二价体（两条染色体连在一起）和单价体（一条染色体单独存在）。在分裂后期，二价体分离正常，但是三价体一般是两条染色体进入一极，一条进入另一极。单价体有两种可能，或是随机进入某一极，或是停留在赤道板上，随后在细胞质中消失。无论是哪一种方式，最终得到全部染色体都是成对的配子的概率只有 $(1/2)^n$（n代表一个染色体组中所有染色体的数目），而得到全部染色体都是一个的配子的概率也只有 $(1/2)^n$，这些配子是有功能、能受精的，但是这样的配子很少。绝大多数配子都是染色体数目不平衡的配子，不能正常地受精结实。因此，三倍体是高度不育的。三倍体的西瓜、香蕉和葡萄与二倍体的品种相比，不仅果实大、品质好，而且无籽便于食用。在农业生产中，可以通过人工诱导培育出三倍体的优良品种。

#### 17.1.2.2　异源多倍体

如果多倍体植物细胞中包含的染色体组的来源不同，则称为异源多倍体。例如以A代表一个染色体组，B代表另一个染色体组，AABB表示异源四倍体。如果染色体的加倍是以远缘杂种为对象，由于细胞中的染色体包含了父本、母本两类来源不同的染色体组，则就形成了异源多倍体。如四倍体邱园报春（*Primula kewensis*，2n＝4x＝36）就是多花报春（*P. floribunda*，2n＝2x＝18）与轮花报春（*P. verticillata*，2n＝2x＝18）的杂交种，经染色体加倍后形成的。一般把异源四倍体称为“双二倍体”。多倍体植物中大多数是异源多倍体。常见的异源多倍体有小麦、燕麦、棉花、烟草、苹果、梨、樱桃、菊花、水仙、郁金香等。异源多倍体可通过人工方法进行培育。例如，萝卜和甘蓝是十字花科不同属的植物，它们的染色体都是18条（2n＝18），但是二者的染色体间没有对应关系。将它们杂交，得到杂种 $F_1$。$F_1$ 在产生配子时，由于萝卜和甘蓝的染色体之间不能配对，不能产生可育的配子，因而 $F_1$ 是高度不育的。但是如果用秋水仙素处理，人工诱导 $F_1$ 的染色体加倍，就可得到异源四倍体。在异源四倍体中，由于两个种的染色体各具有两套，因而又叫做双二倍体。这种双二倍体既不是萝卜，也不是甘蓝，是一个新种叫萝卜甘蓝。很可惜，萝卜甘蓝的根像甘蓝，叶像萝卜，没有经济价值。但是，这却提供了种间或属间杂交在短期内（只需两代）创造新种的方法。

#### 17.1.2.3　异数多倍体

异数多倍体，又称为非整数多倍体，是指细胞中染色体数目有零头的多倍体。例如，栽培菊花（*Chrysanthemum morifolium*）大多为六倍体（2n＝6x＝54），但其染色体常因品种有很大的变化。染色体数目少的品种有47条染色体（即5x＋2），数目多的品种有71条染色体（即8x－1），其中不少都是异数多倍体。

### 17.1.3　多倍体的特点

#### 17.1.3.1　巨大性

多倍体一般在植物体形和细胞上都表现明显的巨大性。随着染色体的加倍，使相应的细胞和细胞核变大，组织器官也随之变大。多倍体植株不一定很高大，但一般是茎粗茁壮，枝叶少，叶色深、叶片宽而厚，花器较大、花瓣较多、花色浓艳，种子较大而粒数少。糖类和蛋白质等营养物质的含量都有所增加。除个别属，如香雪球（*alyssum*）、决丽（*cassia*），大多数属表现为花形大小与染色体数呈正相关，即染色体倍性越高，花形越大，因此，可按花径大小从自然界中选择多倍体类型。此外，多倍体的果实和种子又大又肥，如四倍体巨峰葡萄每粒平均质量为15～20g，而一般品种都在10g以下。多倍体形态上的巨大性还表现在气孔与花粉粒的增大，并且这种增大可用作鉴定多倍体的初步指标。

#### 17.1.3.2 生理特性发生变化

许多多倍体植物具有生长缓慢、发育延迟、呼吸和蒸腾作用减弱、水分增加、输导作用较差等生理特性方面的变化。但有的多倍体常表现出新陈代谢旺盛，酶的活性强，碳水化合物、蛋白质、维生素、植物碱、单宁物质的合成也常有所增强。

#### 17.1.3.3 适应性强

多倍体植物对外界环境条件的适应性较强，由于形体及生理特性等发生了变化，一般能适应不良的环境条件，具有抗病、耐紫外光、耐寒、耐旱等特性。例如，非洲西北部沙漠中有一种画眉草属植物，该属有3个种，一年生二倍体种分布在多水的湖区边缘；多年生四倍体种分布在较干燥地区；多年生八倍体种则表现了极强的耐旱能力，分布在极端干旱的沙丘地带。

#### 17.1.3.4 育性降低

一般情况下，同源多倍体大多结实率降低，表现了相当程度的不育性。三倍体植物经常表现高度的不育性，例如，无籽西瓜、无籽葡萄、中国矮香蕉、蓬蒿菊、梅花、樱花、卷丹等三倍体种（品种）。这主要是因为同源多倍体在减数分裂中染色体不能正常配对或分离，从而使形成的生殖细胞大量死亡所致。但也有少数例外，如风信子三倍体品种（3x=24）就是高度可孕的，其子代具有16～31（或32）个染色体，即成为二倍体、三倍体、四倍体以及一系列的异数多倍体。已知在风信子的每一套染色体组（x=8）中，8条染色体只包括5种形态类型，同类的染色体可以互相配对，这就可以保证减数分裂中产生正常的雌、雄配子，从而使之高度可育。此外，异数多倍体通常也是有一定程度的不育性，如在菊花的若干品种中就有这种情况。至于异源多倍体，由于减数分裂时能够正常进行，则具有高度可孕性。例如邱园报春属于异源四倍体，具有可孕性。

### 17.1.4 人工诱导多倍体的方法

人工诱导多倍体的方法有物理和化学两类，物理方法主要是仿效自然，如采用温度骤变、机械创伤（如摘心、反复断顶等）、电离辐射与非电离辐射等促使染色体数目加倍。但温度骤变与机械创伤使染色体加倍的频率很低，而辐射处理又易引起基因突变，因此，人工诱导多倍体一般不采用物理方法。目前世界各国利用人工诱导多倍体的方法已经培育出不少新品种。人工诱导多倍体主要采用化学方法，即用一些化学药剂，如秋水仙素、富民隆、笑气、咖啡碱、萘嵌戊烷、水合三氯乙醛等，但以秋水仙素的效果最佳。

#### 17.1.4.1 材料选择

多倍体的遗传特性是建立在二倍体的基础上的，只有综合性状优良、遗传基础较好的植物作为诱导材料，才能取得理想效果。一般原来已是多倍体的植物，要想再诱导染色体加倍就较困难，而染色体倍数较低的植物，是多倍体诱导的最好材料。从目前来看，在多倍体育种上最有希望的是下列一些植物：染色体倍数较低的植物；染色体数目较少的植物；异花授粉植物；通常能利用根、茎或叶进行无性繁殖的观赏植物；从远缘杂交所得的不孕杂种；从不同品种间杂交所得的杂种或杂种后代。

#### 17.1.4.2 秋水仙素的性质、配制与贮藏

秋水仙素是从百合科植物秋水仙（*Colchicum autumnale*）的根、茎、种子等器官中提炼出来的一种植物碱。秋水仙素是淡黄色粉末，纯品是针状无色结晶，性极毒，熔点为155℃，易溶于水、酒精、氯仿和甲醛中，不易溶解于乙醚、苯。

秋水仙素能抑制细胞分裂时纺锤丝的形成，使已正常分离的染色体不能拉向两极，同时秋水仙素又抑制细胞板的形成，使细胞有丝分裂停顿在分裂中期。由于它并不影响染色体的复制，因而造成加倍后的染色体仍处于一个细胞中，导致形成多倍体。秋水仙素处理过后，用清水洗净残液，细胞分裂仍可恢复正常。

人工诱导多倍体常用秋水仙素的水溶液。配制方法为，将一定量的秋水仙素直接溶于冷水中，或先将其溶于少量酒精中，再加冷水至所需量，定容，摇匀。配制好的溶液应放入棕色玻璃瓶内保存，且置于暗处，避免阳光直射，此外瓶盖应拧紧，以减少与空气的接触，避免造成药效损失。

#### 17.1.4.3　处理的适宜时期

秋水仙素溶液只是影响正在分裂的细胞，对于处于其他状态的细胞不起作用。因此，对植物材料处理的适宜时期是种子（干种子或萌动种子）、幼苗、幼根与茎的生长点、球茎与球根的萌动芽等。如果处理材料的发育阶段较晚，被诱导的植株易出现嵌合体。

#### 17.1.4.4　秋水仙素的浓度与处理时间

秋水仙素溶液的浓度及处理时间的长短是诱导多倍体成功的关键因素。一般秋水仙素处理的有效浓度为0.0006%～1.6%，比较适宜的浓度为0.2%～0.4%。处理时间长短与所用浓度有密切关系，一般浓度越大，处理时间越短，相反可适当延长。试验表明，浓度大、处理时间短的效果比浓度小、处理时间长的要好。但处理时间一般不应小于24h或以处理细胞分裂的1～2个周期为原则。

一般发芽的种子或幼苗，生长快的、细胞分裂周期短的植物，处理时间可适当缩短。如果处理时间过长，那么染色体增加可能不是一倍而是多倍。例如东北林业大学张敦方等用白花类型金鱼草种子进行多倍体诱变，采用0.3%～0.5%秋水仙素处理24h诱变效果较好。另有试验表明，处理矮牵牛种子的适宜浓度为0.01%～0.1%，以0.05%处理24h效果最佳。在不同器官方面，处理种子的浓度可稍高些，持续时间可稍长（24～48h）；植物幼根对秋水仙素较敏感，极易受损害，因此，对根处理时应采用秋水仙素溶液与清水交替法较好。

### 17.1.5　秋水仙素处理的方法

#### 17.1.5.1　浸渍法

此法适于处理种子、枝条及盆栽小苗。对种子进行处理时，选干种子或萌动种子，将它们放于培养器内，再倒入一定浓度的秋水仙素溶液，溶液量为淹没种子的2/3为宜。处理时间多为24h，浓度0.2%～1.6%。浸渍时间不能太长，一般不超过6d，以免影响根的生长。最好是在发根以前处理完毕。处理完后应及时用清水洗净残液，再将种子播种或沙培。对于百合类植物，常采二倍体鳞片浸于0.05%～0.1%秋水仙素溶液，处理1～3h后洗净扦插。唐菖蒲实生小球也可用浸渍法促使染色体加倍。部分花卉秋水仙素诱导多倍体的方法见表17-3。

表17-3　部分花卉秋水仙素诱导多倍体的方法

| 种类 | 浓度/% | 处理时间/h | 处理部位 | 备　注 |
|---|---|---|---|---|
| 波斯菊 | 0.05 | 1～24 | 子叶或幼苗 | |
| 波斯菊 | 1 | | 植株生长点 | 渗入羊毛脂涂布，获40%的四倍体枝条 |
| 金盏花 | 0.02～0.16 | 1～14 | 4片叶子幼苗 | |
| 矮牵牛 | 0.05 | 24 | 种子 | 浸渍法 |
| 金鱼草 | 0.3～0.5 | 24 | 种子 | 浸渍法，诱变率可达10%～14% |
| 矮牵牛 | 1 | | 幼苗生长点 | 变成四倍体 |
| 百合 | 0.6～1.0 | 2 | 植株生长点 | 诱变率较高 |
| 石刁柏 | 1.6 | 1/6 | 发芽5d幼苗 | 在真空中处理 |
| 卷丹 | 0.05 | 24 | 浸渍鳞片 | |
| 卷丹 | 0.2 | 2～3 | 浸渍鳞片 | |
| 石竹属 | 2 | | 滴入由对生叶在节部形成的杯状内幼苗 | |
| 凤竹属 | 0.5 | 24 | 2片子叶幼苗 | |
| 三叶草属 | 0.15～0.3 | 8～24 | 幼苗（4～15d） | 人工光照下每隔3h滴1次，后清水冲洗 |
| 柳穿鱼 | 0.1～0.2 | 6 | 4～6片叶幼苗 | 渗入羊毛脂涂布 |
| 猩猩木属 | 1 | | 刚萌发的侧芽 | 药液中加10%甘油，每隔2d滴1次 |
| 桃 | 1 | 120 | 10齿主枝生长点 | |
| 葡萄 | 0.05～0.5 | 144～240 | 顶芽 | |
| 凤梨 | 0.2～0.4 | | 幼苗生长点 | |

盆栽幼苗，处理时将盆倒置，使幼苗顶端生长点浸入秋水仙素溶液内，以生长点全部浸没为度。对于组织培养试管苗也可采用浸渍法处理，只是处理时须用纱布或湿滤纸覆盖根部，处理时间因材料可从几个小时到几天。对插条，一般处理1～2d。

**17.1.5.2 滴定法**

用滴管将秋水仙素水溶液滴在子叶、幼苗的生长点上（即顶芽或侧芽部位）。一般6～8h滴1次，若气候干燥，蒸发快，中间可加滴蒸馏水1次，如此反复处理一至数日，使溶液透过表皮渗入组织内起作用。若水滴难以停留在芽处，则可用棉球包裹幼芽，再滴溶液处理。此法与浸种法相比，可避免植株根系受到伤害，也较节省药液。

**17.1.5.3 毛细管法**

将植株的顶芽、腋芽用脱脂棉或纱布包裹后，将脱脂棉与纱布的另一端浸在盛有秋水仙素溶液的小瓶中，小瓶置于植株近旁，利用毛细管吸水作用逐渐把芽浸透，此法一般多用于大植株上芽的处理。

**17.1.5.4 羊毛脂法**

用羊毛脂与一定浓度的秋水仙素混合成膏状，所用秋水仙素浓度可比水溶液处理略高些，将软膏涂于植株的生长点上（如顶芽、侧芽等）。另外，也可用琼脂代替羊毛脂，使用时稍加温后涂于生长点处。

**17.1.5.5 套罩法**

保留新梢的顶芽，除去顶芽下面的几片叶，套上一个防水的胶囊，内盛有含1%秋水仙碱的0.65%的琼脂，经24h即可去掉胶囊。此法的优点是不需加甘油，可避免甘油引起药害。

**17.1.5.6 注射法**

采用微量注射器将一定浓度的秋水仙素溶液注入植株顶芽或侧芽中。

**17.1.5.7 复合处理法**

日本人山川邦夫（1973）将好望角苣苔属（*streptocarpus*，属苦苣苔科植物）中的一些种用秋水仙素处理11d，又用0.04～0.05Gy（4～5rad）的X射线照射，可提高染色体加倍植株的出现率达60%，而单独用秋水仙素处理时为30%。采用复合处理法还获得了2株八倍体。

**17.1.5.8 注意事项**

秋水仙素属剧毒物质，配制和使用时，一定要注意安全，避免秋水仙素粉末在空中飞扬，以免误入呼吸道内；也不可触及皮肤。可先配成较高浓度溶液，保存于棕色瓶中，盖紧盖子，放于黑暗处，用时再稀释。处理完后，须用清水冲洗干净，以免残留药液继续使染色体加倍，从而对植株造成伤害。注意处理时的室温，当温度较高时，处理浓度应低一些，处理时间要短些；相反，当室温较低时，处理浓度应高些，处理时间应长点。处理的植物材料应选二倍体类型，且生长发育处于幼苗期，材料数量上应尽量多。经处理的植株应加强培育、管理。由于处理材料易形成嵌合体，所以为使加倍的组织正常生长发育，对形成嵌合体的还可采用摘顶、分离繁殖、细胞培养等方法。幼苗生长点的处理越早越好，获得全株四倍性细胞的数目就越多，处理时间越晚，则大多是混杂的嵌合体。幼苗生长点和地上部侧芽，处理后可能出现三种主要多倍体的类型：①表皮多倍性，只有最外层加倍了（虽然由于表皮细胞染色体的加倍，气孔增大，但$L_{II}$和$L_{III}$层没有加倍）；②内部多倍性，表皮不受影响，但$L_{II}$和$L_{III}$两层细胞加倍了或具有加倍部分；③全部多倍性，全部组织，即$L_{I}$、$L_{II}$和$L_{III}$层细胞染色体都加倍。

### 17.1.6 多倍体的鉴定与后代选育

**17.1.6.1 植物多倍体的鉴定**

植物组织经秋水仙碱等处理后，只有部分植株的染色体出现加倍现象，且有的植株还会出现加倍的与没加倍的组织嵌合在一起形成嵌合体。因此必须对植株进行鉴定。辨别多倍体有直接鉴定和间接鉴定法。直接鉴定就是检查花粉母细胞、根尖细胞或者幼叶细胞内染色体的数目，直接加以判别。间接鉴定乃是根据多倍体的形态特征或者生理特性进行间接判断。一般先根据一些外表特征进行初步间接鉴定，之后再进行直接鉴定。

1. 直接鉴定法

取植株的根尖或花粉母细胞，通过压片，在高倍显微镜下检查细胞内的染色体数目，看其是否加倍。

该法是最可靠的鉴定方法。当植物材料较多时，采用直接鉴定法就比较浪费时间。最好是先根据植株的形态与生理特征进行间接鉴定，淘汰二倍体植株，再对剩余植株进行直接鉴定。

2. 间接鉴定法

秋水仙碱处理后所得个体常常是嵌合体。例如一个枝是四倍体，另一个枝是二倍体；叶表为二倍体，而叶背为四倍体。因二倍体的细胞分裂快，叶片向下弯曲，反之向上弯曲。如果二倍体与四倍体细胞相间排列，则叶面皱缩。嫩枝中二倍体与四倍体组织相间，则枝条扭曲，所以叶子弯曲、枝条扭曲等变态，是秋水仙碱处理成功的标志；当整个枝或苗完全变成四倍体或二倍体时，不正常的现象就可以完全消失。不正常的现象消失后，就可在低倍显微镜中检查气孔、花粉的大小，保卫细胞的大小以及单位面积上气孔的数目、结实率的多少以及形态上的巨大性等来鉴定多倍体。

(1) 气孔鉴定。多倍体气孔大，单位面积气孔数减小。进行气孔鉴定时，可将叶背面撕下一层表皮层，放在载玻片上滴 1 滴清水或甘油，在显微镜下观察；或先将叶片浸入 70%的酒精中，去掉叶绿素后再进行观察。如刺槐的四倍体和八倍体单位面积上的气孔数，分别为二倍体的 10/17 和 10/34。

(2) 花粉鉴定。采集少量花粉放在载玻片上，加 1 滴清水，或将花粉先用 45%的醋酸浸渍，加 1 小滴碘液，在显微镜下观察花粉粒大小。多倍体花粉粒比二倍体的大，一般可增大三分之一。三倍体的花粒不规则，可与四倍体进行区分。

(3) 茎叶鉴定。多倍体植株一般茎秆粗壮，叶片宽厚，并可用蓝色光进行叶色鉴定，当叶肉细胞为多倍体时，其绿色比二倍体的浓。由于叶肉细胞与性细胞同源，便可得知性细胞是否是多倍体。如刺槐的四倍体和八倍体叶子的大小也是鉴定多倍体的简易方法。多倍体一般比二倍体的叶片大而厚。刺槐的四倍体与八倍体细胞的平均体积分别比二倍体大 1.6 倍和 2 倍，保卫细胞的长度分别比二倍体长 1.5 倍和 2.1 倍。

(4) 花、果实鉴定。多倍体的花、果实一般均比二倍体的要大，而且常花瓣肥厚，花色较鲜艳。

(5) 可育性鉴定。多倍体的结实率较低，一般种子大且数量少，对于同源多倍体，几乎难以见到种子。

#### 17.1.6.2　多倍体后代选育

人工诱变多倍体只是育种工作的开始，因为任何一个新诱变成功的多倍体都是未经筛选的育种原始材料，必须对其选育、加工，才能培育出符合育种目标的多倍体新品种。对于同源多倍体，由于其结实率低，后代也存在分离现象，因此，一旦选出优良多倍体植株，能无性繁殖的则采用无性繁殖方法加以利用和推广。繁殖时主要利用主枝，因为侧枝有可能是嵌合体。对于只能用种子繁殖的一、二年生草本花卉，根据其多倍体后代分离特点可采用适当的选择方法，不断去劣留优，使其成为纯系后再加以利用推广。多倍体进行有性繁殖时，要求其母本必须是真正的多倍体，父本花粉也须进行鉴定。此外还要注意诱导成功的四倍体与普通二倍体的隔离。如果利用的是三倍体品种，则需每年制种，即把二倍体品种与四倍体品种隔行种植，使其天然杂交后来产生三倍体。为避免自花授粉，制种时还需先培育出雄性不育系。

对于多倍体品种，栽培时应适当稀植，使其性状得到充分发育，并要注意加强管理。

## 17.2　单倍体育种

### 17.2.1　单倍体的概念

每一个植物都有一定数目的染色体，如水仙 12 条、曼陀罗 24 条，而且这些染色体在体细胞内都是成双（2n）存在的，在生殖细胞都是成单（n）存在的，即水仙体细胞染色体为 2n=12，生殖细胞染色体数为 n=6。受精后，一个花粉（n）和一个卵子（n）结合长成的植株，体细胞染色体数变成 2n。这就是说，在植物体细胞的染色体数目中，包含着两套染色体，一套（一半）来自父本的花粉细胞，另一套（另一半）来自母本的卵细胞。如果雄性细胞（花粉）或雌性细胞（卵细胞）未经受精，而是单性发育成为植物体，因其细胞只包含有一套染色体，这类植物称为单倍体。值得指出的是这里所说的单倍体或二倍体是广义的提法，从植物学、细胞遗传学的观点来看，各种植物的染色体，都是成组出现的，一组中染色体的数目称为基数用X表示，组的数目称为倍数，基数和组数（倍数）的乘积，就构成了这一植物染色体的总数。植物细胞中有几组染色体称为几倍体。

单倍体育种就是指用诱发单性生殖（如花粉培养）的方法，使杂交后代的异质配子长成单倍体植株，经染色体加倍成为纯系，然后进行选育的一种育种方法。

## 17.2.2 单倍体的特点及其产生的途径

### 17.2.2.1 单倍体的特点

凡体细胞内只有一个染色体组的植物称为单倍体植物，它可以在自然界中自然产生，只是发生的频率很低。单倍体植物因为细胞内有一套完整的染色体，所以其形态基本上与二倍体相似，只是发育程度较差，植株的生活力较弱，个头较矮，叶片较薄，花器较小，并且只能开花不能结实。因此单倍体植株具有高度不孕性。单倍体植物本身不能作为一个新品种，没有单独利用的价值，可作为育种工作中的一个中间环节。如采用人工方法将单倍体植物的染色体加倍，使其成为纯合二倍体，就能恢复正常的结实能力。单倍体中每一同源染色体只有一个成员，所以由任何杂种形成单倍体经染色体加倍就成为纯种。而这种纯合二倍体植物是快速培育优良品种的极好材料，从而加速了育种进程。

1964年Guha和Maheshwari用毛叶曼陀罗（*Datura innoxia*）的花粉进行人工离体培养并获得了单倍体植株。利用花药培养单倍体的工作迅速开展起来，在许多种类的花卉植物上取得了成功，例如矮牵牛、万寿菊、鸡冠花、金盏花、金鱼草、石竹、山茶、杜鹃、牡丹、月季等。由于人工诱导出的单倍体植物，从严格意义上讲多数种类细胞中并不是只有一套染色体组，如栽培菊花，本为六倍体，由其花粉培养出的植株实际上有三套染色体组，是一个三倍体，但习惯上仍称其为单倍体。可见，人工诱导的单倍性的真实含义为半倍性，即其染色体数为原来植物的一半。只要能诱发植物单性生殖，即可获得单倍性。

### 17.2.2.2 单倍体植物产生的途径

1. 孤雌生殖

即由植物胚囊中的卵细胞与极核细胞不经受精单性发育而获得植株。

人工促进孤雌生殖获得单倍体主要有两种：①用异属的花粉进行人工授粉；②用弱化、失去生活力的花粉进行人工授粉。这两种方法的共同原理都是掌握只能授粉不能受精。用于热处理或射线处理的花粉，或异属植物的花粉时，花粉也能在柱头上发芽，分泌某些生理活性物质，刺激卵细胞的分化，但因为花粉的生活力已被削弱或因遗传差异过大，而不能完成受精，达不到精卵细胞核结合的程度。所以卵细胞单独地分化成为单倍体种子。但是依靠促进孤雌生殖来诱导单倍体的频率较低，而且预先还得挑选对孤雌生殖敏感的个体，所以现在很少用于育种实践。

2. 无配子生殖

即胚囊中的反足细胞与助细胞不经受精单性发育成植株。

3. 孤雄生殖

即花药花粉离体人工培养，使其单性发育成植株。以最近几年诱导单倍体的成效来看，这一途径的效果是最大的，在被子植物中多用花药与花粉来进行诱导。

4. 利用软X射线筛选自然单倍体

在被子植物中多胚性常常与单倍体有关，利用软X射线透视种子，选出自然界里不易生存的多胚种子，进行人工培养，有时亦能获得单倍体。

由于诱导孤雌生殖、无配子生殖不易进行，且诱导的单倍体频率极低，因此，在育种和生活实践中，目前主要采用花粉或花药离体培养的方法来获得单倍体植物。

## 17.2.3 单倍体在育种上的意义

单倍性植物不能结籽，生长势弱，没有单独的利用价值，但其经染色体加倍后成为纯合双二倍体，因此可缩短育种年限，加快育种进程，在杂交育种、诱变育种、远缘杂交及杂种优势的利用等多方面具有重要意义。

**17.2.3.1** 克服杂种分离、缩短育种年限

在杂交育种中，由于杂种后代不断分离，要得到一个稳定的品系，一般需 4～6 代。再加上品种评比试验等工作，对于一年生植物，要培养出一个稳定的新品种，就需要 6～7 年甚至 8～9 年的时间。而对多年生植物，常规方法培养出新品种就需要更长时间。如果采用单倍体育种法，采用杂种一代（$F_1$ 代）或杂种二代（$F_2$ 代）的花粉进行培养，再经染色体加倍就可获得纯合的二倍体，而这种二倍体具有稳定的遗传性，不会发生性状分离。就能避免异质配子结合而得到纯合的二倍体，很快获得稳定的新品种。因此，从杂交到获得稳定品系，只需经历两个世代，一般 3～4 年的时间，大大缩短育种年限。

**17.2.3.2** 与诱变育种相结合提高选育效率

由于人工诱变育种培育一个新品种，一般也需 4 年以上的时间。而且选择时，由于种种因素干扰，如性状显隐性，很难做到正确选择，加之为增加选择几率而群体过大，易造成误选或漏选。如果用花粉作材料进行辐射或化学药物处理，再把这种花药人工离体培养成单倍体植株，由于花粉是单倍体，又是单个细胞，所以一经处理发生诱变后，就可不受显性、隐性遗传的干扰，很容易作出选择，从而使选择效率大大提高。

**17.2.3.3** 克服远缘杂交不育性与分离的困难

远缘杂交，由于亲本的亲缘关系较远，后代不易结实，而且杂种后代的性状分离复杂，时间长，稳定慢。通过花粉培养，则可以克服远缘杂种的不育性和杂种后代呈现的复杂分离现象。因为尽管远缘杂种存在不育性，但并不是绝对不育，仍有少数或极少数花粉具有生活力。这样就可通过对这些可育性花粉的人工培养，使其分化成单倍体植株，再经染色体加倍，形成性状遗传稳定、纯合的双二倍体新品系。

**17.2.3.4** 快速获得异花授粉植株的自交系

在异花授粉的花卉植物杂种优势利用中，为了获得自交系，按常规的方法需投入很多人力、物力，进行连续多年的套袋去雄和人工杂交等繁琐工作。如果采用花粉培养单倍体植株，然后再使染色体加倍，变成二倍体植株，从中选出新类型，只需 1 年时间，就可获得性状遗传稳定的纯合系。

此外，单倍体育种由于育种周期短还可节省田间试验的土地与劳力。对许多遗传复杂，只能靠无性繁殖方法进行繁殖推广的种类，如杂种香水月季，如果采用花粉培养单倍体，经染色体加倍成纯合双二倍体，就可使其采用种子繁殖来保持其品种特性，防止因无性繁殖世代过多而造成的品种退化。

### 17.2.4 利用花粉（花药）培养获得单倍体植株的方法

本节内容详见第 262 页 18.1.1。

## 小　结

多倍体有同源多倍体、异源多倍体和异数多倍体。多倍体一般具有巨大性、适应性强、育性降低，生理特性也发生变化。人工诱导多倍体的方法有物理方法和化学方法，人工诱导多倍体一般采用化学法，以秋水仙素的效果最佳。植物多倍体的鉴定一般用直接鉴定法和间接鉴定法。单倍体植物在育种上可以克服杂种分离、缩短育种年限；与诱变育种相结合提高选育效率；克服远缘杂交不育性与分离的困难；快速获得异花授粉植株的自交系。获得单倍体植株的主要途径有利用软 X 射线筛选自然单倍体；通过人工促进孤雌生殖获得单倍体；离体培养单倍体细胞或者组织诱导单倍体。

## 思　考　题

1. 园林植物多倍体形成的途径有哪些？多倍体与二倍体相比有什么特点？
2. 秋水仙素诱导多倍体的原理是什么？
3. 单倍体育种有什么意义？哪些方法可以获得单倍体，各有什么优缺点？
4. 哪些园林植物适宜开展多倍体育种？请叙述多倍体育种在园林植物生产中的意义和进展。
5. 简述多倍体的特征和鉴定方法。

# 第18章　生物技术育种

**本章学习要点**

- 花药培养和花粉培养的原理和方法
- 离体条件下花粉的发育途径
- 原生质体培养的原理和方法
- 体细胞杂交的原理和方法
- 人工种子的制作
- 体细胞无性系变异的诱导和筛选
- 基因工程的原理和方法
- 分子标记辅助育种的原理和方法

生物技术（biotechnology）是指按照人们的意愿采取一定的技术手段，直接或间接地利用生物有机体或其组成部分（器官、组织、细胞等），发展新的生产工艺，创造新品种或生物制品的一种科学技术体系。生物技术在园林植物新品种选育中的应用主要包括细胞工程育种、体细胞无性系变异育种、体细胞杂交育种及基因工程育种等。

## 18.1　园林植物细胞工程育种

植物细胞工程（plant cell engineering）是应用细胞生物学和分子生物学的原理和方法，在细胞整体水平或细胞器水平上，按照人们的意愿来改变细胞内的遗传物质或获得细胞产品的一门综合科学技术。植物细胞工程以植物细胞全能性（cell totipotency）为理论基础，细胞全能性最早是由德国植物学家 Haberlandt 1902 年，发表了著名的论文《植物细胞离体培养实验》提出植物体的任何一个细胞都有长成完整个体的潜在能力，这就是后来被称作细胞全能性的学说。所谓细胞全能性是指植物的每个细胞都包含着该物种的全部遗传信息，从而具备发育成完整植株的遗传能力。之后，植物细胞的全能性陆续在实验中得以证实。1904 年，Hanning 用萝卜和辣根的胚进行培养获得了小植株；1934 年，White 对番茄根尖切段进行培养，建立了第一个番茄无性繁殖系；1958 年，Stewart 和 Shautz 从胡萝卜根的悬浮细胞诱导分化成完整小植株；1964 年，Guha 等从曼陀罗花药培养出单倍体植株；1971 年，Takebe 等首次从烟草原生质体获得再生植株；次年，Carlson 等获得第一个烟草种间体细胞杂种植株。上述研究有力地证明了植物细胞全能学说，也为后来细胞工程和遗传工程的发展奠定了基础，同时为植物育种开辟了新天地。

### 18.1.1　花药和花粉培养

#### 18.1.1.1　花药和花粉培养的概念

花药和花粉培养是指在培养基上接种植物的花药和花粉，使小孢子改变发育途径，不形成配子，而是像体细胞一样进行分裂、分化，最终发育成完整植株的培养方法。该发育途径被称为“花粉孢子体发育途径”或“雄核发育”。虽然花药培养和花粉培养都能经过雄核发育途径形成单倍体植株，但是它们仍然存在一定的差异。花药培养属于器官培养，而花粉培养属于细胞培养。花粉培养没有药壁组织干扰，可计数小孢子产胚率、可观察雄核发育的全过程、单倍体产量高，但技术更复杂。由于花粉是单倍体细胞，诱发后经愈伤组织或胚状体发育成的小植株都是单倍体植株，因此在单倍体育种中起着重要作用。

在离体培养条件下，植物花粉的发育途径与正常途径有所差别，花粉第二次分裂不再像正常花粉发育那样由生殖核再分裂一次形成两个精子核，而是像胚细胞一样持续分裂增殖，离体条件下花粉的分裂增殖方式有以下几种类型。

1. 营养细胞发育途径

花粉经第一次有丝分裂形成不均等的营养核和生殖核，其中生殖核较小，一般不分裂或分裂几次就退化，营养核则经多次分裂而形成多细胞团，逐渐形成胚状体或愈伤组织，最后再生成单倍体植株。

2. 生殖细胞发育途径

营养核分裂1～2次后退化，而生殖核经多次分裂发育成多细胞团。

3. 营养细胞和生殖细胞并进发育途径

包含两种情况，①营养核与生殖核各自分裂形成单倍体愈伤组织或胚状体；②营养核与生殖核融合后再分裂。

4. 花粉均等分裂途径

花粉进行均等分裂形成两个均等的子核，以后形成两个子细胞，进而发育成多细胞团，并形成胚状体或愈伤组织。

**18.1.1.2**　花粉和花药培养的方法

1. 材料的选择

选择合适发育时期的花粉是提高花粉植株成功率的重要因素。被子植物的花粉发育可分为四分体期、单核期（小孢子期）、二核期和三核期（雄配子期）4个时期，单核期和二核期又可分为前、中、晚期。对大多数植物来说，花粉培养选择处于单核期的花粉比较容易成功，尤其是单核中、晚期，单核晚期花粉中形成的大液泡将核挤向一侧，因此又叫单核靠边期。

为了正确确定花粉的发育阶段，可采用染色体压片镜检法来检测，但是在实际工作中，为了方便选取外植体，常常根据花药的外部形态来辨别花粉（小孢子）发育时期。例如，金花茶花药呈白色时，小孢子发育处在四分体以前；花药呈淡黄色时小孢子处于单核期；黄色时为单核期至双核期；橙黄色时为双核期，因此金花茶的花药/花粉培养应选取花药颜色为淡黄色的花蕾。

2. 培养基

在花药/花粉培养过程中，可根据植物的特性选择适当的培养基，基本培养基有MS、N6、B5、white等，其中MS培养基应用最广泛，广泛用于双子叶植物的花药培养。一般培养基都包含以下几大类物质：①无机盐类，包括大量元素和微量元素；②有机化合物，包括蔗糖、维生素类、氨基酸、核酸或其他水解物，如水解乳蛋白（LH），水解酪蛋白（CH）等；③植物激素，包括细胞分裂素、生长素。植物激素在植物花粉培养中起关键作用，植物激素的种类和浓度，不同的植物、不同的培养目的有差别，需要根据具体情况进行选择。生长素主要被用于诱导愈伤组织形成、诱导根的分化和促进细胞分裂、伸长生长。细胞分裂素有诱导芽分化、促进侧芽萌发生长、促进细胞分裂与扩大、抑制根的分化的作用，因此，细胞分裂素多用于诱导不定芽的分化以及茎、苗的增殖。生长素与细胞分裂素的比例决定着发育的方向，为了促进芽器官的分化，应除去或降低生长素的浓度或者调整培养基中生长素与细胞分裂素的比例。

3. 预处理

预处理能大幅度提高花药/花粉培养的效果。预处理的方法很多，如低温、高温、辐射、饥饿等。

4. 接种

花药和花粉培养是在无菌条件下进行的，对培养过程中所用的培养基、外植体、器皿、用具等都要进行灭菌消毒。

接种材料的消毒：将采集到的花蕾用自来水冲洗4～5次，除去上面的灰尘、杂物等；再用70%～75%酒精浸润30～60s、0.1% $HgCl_2$ 消毒处理5～6min（也可用饱和漂白粉消毒10min左右）、无菌水冲洗4～6遍。消毒时间的长短可根据不同材料适当调整。一般花蕾大、苞片多且厚的材料，消毒时间可长一些；花蕾小、苞片少且薄的处理时间可短一些。

消毒后的材料可用于接种，接种前先用紫外灯对超静工作台灭菌20min后方可接种。接种后进行培养时，一般温度控制在（25±1）℃左右，光照9～11h，但不同的植物要求有所差别，应根据具体植物的需求适当调整，如金花茶花药培养时，在培养开始阶段，温度控制在20℃左右，10d后再提高到（25±1)℃左右，有利于小孢子的启动和分化。

花药/花粉离体培养一般经过两个阶段才能发育成小植株，首先是脱分化阶段，即由花药产生愈伤组织或胚状体，然后是再分化，即由愈伤组织或胚状体再分化成小植株。花药/花粉首先在诱导培养基上培养，待长出愈伤组织，再转移到分化培养基。一般在愈伤组织长到1～3mm大小时，转移到分化培养基诱导不定芽或不定根。一般说来，愈伤组织如果先形成芽，随后根自然会发生，如果先有根，以后不一定会出芽。

5. 花药/花粉培养的方法

(1) 液体浅层培养。类似于原生质体培养，将一定密度的花粉粒悬浮液移到培养皿或三角瓶中使之形成一个浅层（1mm）并进行培养的一种方法。液体浅层培养时，液层不宜太厚，否则不利于细胞通气，在培养期间需经常摇动，一般每天3～4次。

(2) 平板培养。借鉴微生物培养的方法，将分离的花粉与融化的琼脂培养液均匀混合后平铺一薄层在培养皿底上进行培养的一种培养方法。

(3) 看护培养。将滤纸片放置在花药上面，花药接种于培养基上，花粉放置在滤纸片上进行培养的一种方法。

(4) 微室悬滴培养。将花粉制成每滴含有50～80粒的悬浮培养基，然后进行悬滴培养，培养方法类似于原生质体培养。

6. 试管苗移栽

待试管苗长成，需要将其由试管或三角瓶中移植到消过毒的营养土中。由于试管苗所处的环境与外界环境差异较大，因此在移栽前需要让试管苗逐渐适应外界环境，这个过程叫炼苗。移植前2～3d，打开瓶盖，先开小口，再开大口，最后完全打开，使其逐渐适应外界环境。移植后的小苗先放在温、湿度较适宜的地方培养，等幼苗长大后再移植到室外。移栽试管苗时，为了提高成活率，可以先采用合适的激素浸根，再进行移栽。

7. 染色体加倍

由花粉培养再生的小植株叫做花粉植株，如果是采用花药培养，则需要先进行鉴定，因为花药培养还可能长出二倍体植株。花粉植株是单倍体，在育种工作中有重要的应用价值。首先将其染色体加倍后可以形成纯合的二倍体，大大加快育种进程，缩短育种年限。其次，单倍体本身不能产生正常配子，为高度不育，染色体加倍后形成的纯合二倍体，育性恢复正常，可以用于克服远缘杂交的不育性。在染色体加倍时，最常使用的药剂是秋水仙素。染色体加倍可以在愈伤组织或胚状体阶段进行，在培养基中加入一定浓度的秋水仙素，使愈伤组织或胚状体的染色体加倍，这种方法可能会影响愈伤组织或胚状体的诱导率及植株的分化率。染色体加倍也可以在愈伤组织或下胚轴再进行繁殖时，让其自然加倍。染色体加倍也可以在花粉植株定植后进行，方法是用一定浓度的秋水仙素处理植株的生长点（见图18-1）。

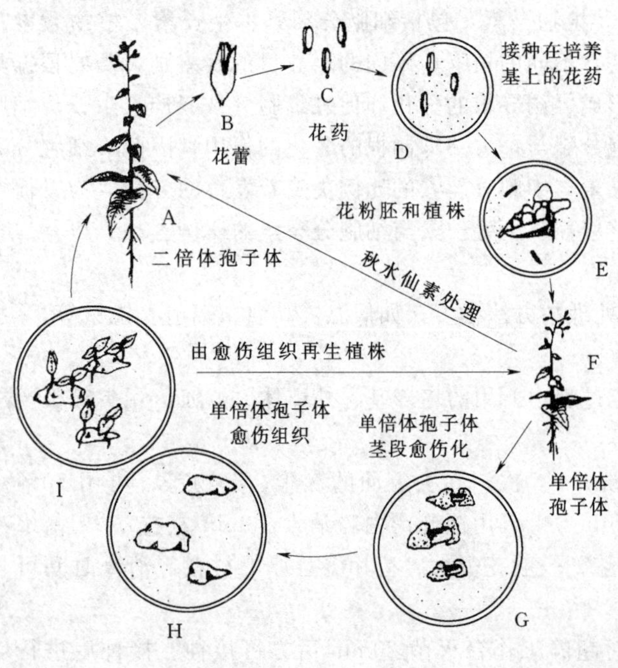


图18-1 花粉植株染色体加倍（引自E.C.Cocking，1984）

### 18.1.1.3 花粉植株的鉴定

经花药和花粉培养再生的植株是否为单倍体，需要进一步进行鉴定，常用的方法有：①植株形态学鉴定法。单倍体植株瘦弱、短小、叶片窄小、花小柱头长、花粉粒小、不结实；②细胞形态学鉴定法。单倍体植株的细胞及细胞核、叶片和气孔、叶绿体、叶片保卫细胞都小于二倍体的细胞，单位面积上的气孔数及保卫细胞中叶绿体的数目也较少。③扫描细胞光度仪鉴定法（流式细胞仪）。测定叶片单个细胞中DNA的含量确定细胞的倍性。④染色体直接计数法。采用染色体压片法，在显微镜下检查根尖、茎尖分生组织的染色体数目。⑤分子标记鉴定法。采用生化标记（如同工酶标记）和分子标记（如RFLP、RAPD、AFLP等）进行检测。

**18.1.1.4**　影响花药/花粉培养的因素

1. 植物材料

供体植株的遗传背景对培养成败至关重要，一般来说幼年植株比老龄植株的诱导率高；生长健壮、处于生殖生长高峰期的花药诱导率高；徒长或营养不足的植株花药培养的诱导率低。

2. 花粉发育时期

对大多数植物来说，在单核期（包括单核早期、中期、晚期）的花粉比较容易培养成功。

3. 培养基

基本培养基的选择因植物种类和品种而异。MS和H培养基比较适合双子叶植物花药和花粉培养；B5适合豆科与十字花科植物花药和花粉培养；Nitsch培养基适合芸薹属和曼陀罗属植物花药/花粉培养。培养基中的某些成分对花粉培养也起关键作用，如高浓度的铵离子显著抑制花粉愈伤组织形成，铁盐有利于花粉胚状体发育。生长素类，尤其是2，4－D能促进愈伤组织的形成，但2，4－D却抑制愈伤组织分化成胚状体。蔗糖的浓度对愈伤组织诱导率有一定的影响，在许多植物花药/花粉培养中，诱导形成愈伤组织时宜采用较高浓度的蔗糖，而由愈伤组织分化成苗时宜选用较低浓度的蔗糖。添加天然有机物如水解乳蛋白、水解酪蛋白、椰子汁、酵母提取液等，有提高愈伤组织和胚状体形成的效果。此外，活性炭也能促进胚状体发育，提高花粉植株产量。

4. 培养条件

大多数植物在25℃左右的条件下能诱导愈伤组织，但有些植物，例如芸薹属植物需要在高温35℃下处理几天，然后再进入25℃培养，效果较好。花药培养一般是黑暗培养，形成愈伤或胚状体之后再转入光下培养。

**18.1.1.5**　花药和花粉培养与育种

采用常规杂交育种获得的$F_1$代或$F_2$代，再自交会发生广泛的分离现象，优良的单株要经过多年自交选择才能形成纯合的个体。但是如果将其$F_1$代或$F_2$代优良植株的花粉进行培养，获得花粉植株后，再将其染色体加倍能迅速形成纯合的二倍体，大大缩短了育种年限，加快了育种进程。在染色体加倍后的第二代就可以进行株选，在第三代可以进行株系鉴定（见图18－2）。

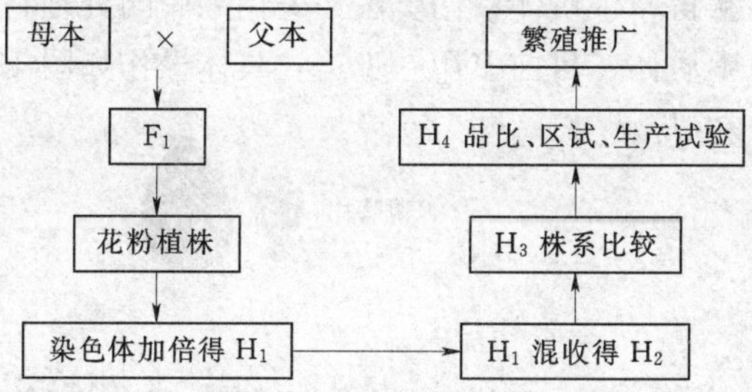

图18－2　花粉/花药培养育种

## 18.1.2　原生质体培养和体细胞杂交

常规杂交育种由于物种间存在难以逾越的天然屏障而举步维艰，科学家们受细胞全能性理论及组织培养成功的启示，逐渐将眼光转向体细胞杂交（细胞融合），试图通过这种崭新的手段冲破自然界的禁锢。

**18.1.2.1**　原生质体培养

植物原生质体是指去掉细胞壁后的裸露细胞团。植物原生质体含有全套的遗传信息，具有全能性，在适宜的条件下，可经过离体培养得到再生植株。至今已从烟草、胡萝卜、矮牵牛、茄子、番茄等多种植物的原生质体再生成完整的植株。原生质体由于去掉了细胞壁，更易于摄取外来DNA，因此还是遗传转化的良好受体系统，在园林植物基因工程育种中也发挥重要作用。去掉细胞壁的原生质体在一定的条件下更易于进行体细胞杂交，为解决远缘杂交提供了一条新途径。

1. 材料选择

目前，已从多种植物材料中成功分离出植物的原生质体，如叶片、花瓣、子叶、下胚轴、幼根、茎叶、愈伤组织、悬浮培养细胞等。叶肉细胞是常用的材料，因为叶片很易获得而且能充分供应，且当有明显的叶绿体存在时便于在细胞融合中识别。愈伤细胞和细胞悬浮培养物也是常用的分离原生质体的材料。叶片、花瓣等未经组织培养的材料分离的原生质体在遗传上相对一致，而悬浮培养细胞、愈伤组织等经过组织培养获得的材料分离的原生质体则可能存在较大的变异，遗传不一致，因为在培养过程中可能发生了体细胞无性系变异。

2. 原生质体的分离

分离原生质体的方法有机械法和酶解法两种。采用机械法分离原生质体是早期常采用的方法，具体操作是：先对材料进行质壁分离处理，然后切割释放原生质体。用这一方法仅能从液泡很大的材料获得原生质体，而不能应用于分生细胞。这种方法效率低，操作繁琐费劲，而且对分生组织和液泡化程度不高的细胞不适用。它的优点是可以避免酶制剂对原生质体的影响。

酶解法是目前广泛采用的分离原生质体的方法。植物细胞壁结构复杂，由纤维素、半纤维素、果胶质等组成，细胞之间通过果胶质相连接，需要一定的酶才能降解它。酶解法就是采用相应的酶制剂将上述物质分解，以达到分离原生质体的目的。常用的酶有纤维素酶、半纤维素酶、果胶酶、崩溃酶、蜗牛酶等。

酶解法分离原生质体时必须保持一个合适的渗透压，以免原生质体在分离、纯化时破裂、受损。$Ca^{2+}$是细胞壁的主要成分，对原生质体的产量和稳定性有很大影响，$Mg^{2+}$、$PO_4^{3-}$对于保持原生质体活力具有重要作用，所以分离原生质体的培养基中除酶外，一般需要含这些离子。少数植物原生质体分离时需要加入一定量的激素，一些植物原生质体分离时加入 PVP 能增加原生质体的产量，但是 PVP 对矮牵牛原生质体的分离有害。pH 值对原生质体分离有重要影响，酶解液 pH 值保持在 4.8～7.2，一般 pH 值大于 6.0 有利于原生质体的生存。

目前分离原生质体常用的配制酶液及洗涤原生质体的溶液为 CPW 溶液，CPW 盐的成分为：$KH_2PO_4$ 27.2mg/L，$KNO_3$ 101.0mg/L，$CaCl_2 \cdot 2H_2O$ 1480.0mg/L，MgSO4 · $7H_2O_2$ 46.0mg/L，$CuSO_4 \cdot 5H_2O$ 0.025mg/L，pH 值 5.8。根据渗透剂的浓度和成分可分为下列几种培养基：CPW13M - CPW 盐＋13％甘露醇；CPW9M - CPW 盐＋9％甘露醇；CPW21S - CPW 盐＋21％蔗糖；CPWOM - CPW 盐溶液。

一般情况下，分离原生质体时，温度高则酶处理时间短，反之亦然。但高温、短时间分离的原生质体易发褐和破裂，不适宜培养。酶解法分离原生质体的常用温度为 23～32℃，有的材料温度要求低温，如 5～10℃，有的材料需要高、低温结合。

酶解法分离原生质体可分为一步法和两步法。一步法是将果胶酶和纤维素酶等混合处理材料，直接分离获得原生质体；两步法是先用果胶酶处理材料，降解细胞间层使细胞分离，再用纤维素酶水解胞壁释放原生质体，目前多用一步法，具体操作如图 18 - 3 所示。

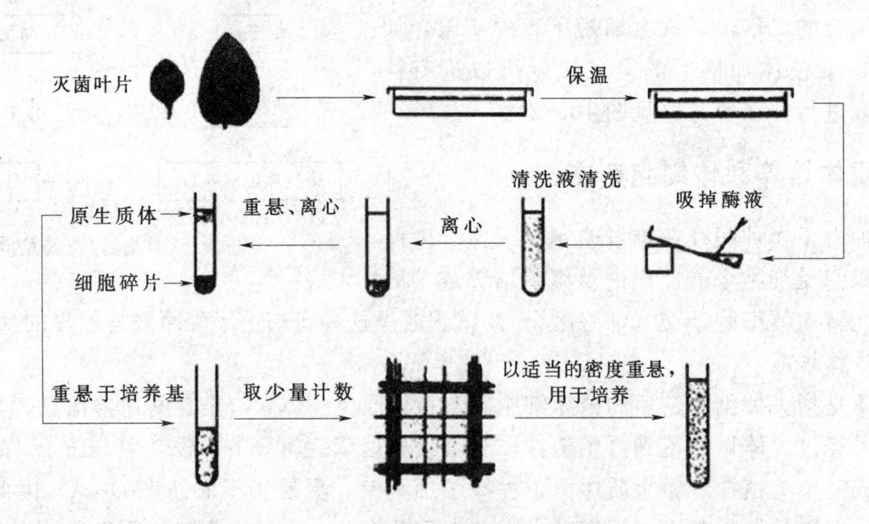


图 18 - 3 一步法分离植物叶肉细胞原生质体技术流程（引自 E. C. Cocking，1984）

3. 原生质体的纯化

经酶解处理后得到的原生质体，含有大量的细胞团和细胞碎片，需要采取一定的措施进一步纯化。

（1）离心沉淀法。经酶液处理的原生质体混合液用 200～400 目的网筛过滤后，经 500～1000r/min 离心 5min 吸去上清液，沉淀用洗涤液重新悬浮再离心，重复 2～3 次。

（2）漂浮法。应用高渗溶液使原生质体漂浮于液面进行分离的方法，首先依照离心沉淀收集原生质体，沉淀用洗涤液（3%蔗糖、0.4mol/L甘露醇、1480mg/L $CaCl_2 \cdot 2H_2O$）重悬，离心（400～800r/min，3～10min）2～3次，收集漂浮在溶液表面的原生质体，最后用培养液洗涤一次。该方法能够获得比较纯净的原生质体，但由于高渗溶液对原生质体有破坏作用，所以仅能获得少量完好的原生质体。

（3）界面法。具体操作是：首先依沉淀法收集原生质体，再用培养液离心沉淀一次，将沉淀置于2～3mL培养液中悬浮。取10mL离心管加入18%的蔗糖溶液8mL，再取2mL原生质体悬浮液铺于其上，以700r/min离心2min，此时大量原生质体集中于培养液与蔗糖溶液之间，轻轻吸取原生质体，再用培养液离心洗涤一次，即可获得纯净的原生质体。

4. 原生质体的活力鉴定

（1）形态学鉴别。对于新分离出来的原生质体可以根据形态来识别其活力，一般形态上完整、富含细胞质、颜色新鲜的原生质体有活力。若将分离的原生质体放入低渗洗液或培养基中，分离时缩小的原生质体又恢复原态，一般正常膨大的原生质体都是有活力的原生质体。

（2）染色法鉴别。用0.1%酚番红或伊凡蓝进行染色，有活力而质膜完整的原生质体对染料有排斥作用不被染色，死亡的原生质体被染上色；也可使用双醋酸盐荧光素（FAD）染色，FAD染料可自由透过原生质体质膜进入内部，进入后由于受到原生质体内酯酶的分解，而产生有荧光的极性物质荧光素，在荧光显微镜下能发荧光的为有活力的原生质体，反之，是没有活力的染色体。

5. 原生质体的培养

将分离的原生质体调整到一定的密度（一般是$10^3$～$10^5$/mL），置于适当的条件下培养，可以再生完整植株（见图18-4）。原生质体的培养方法多种多样，常用的有液体浅层培养、固体薄层培养和双层培养法。

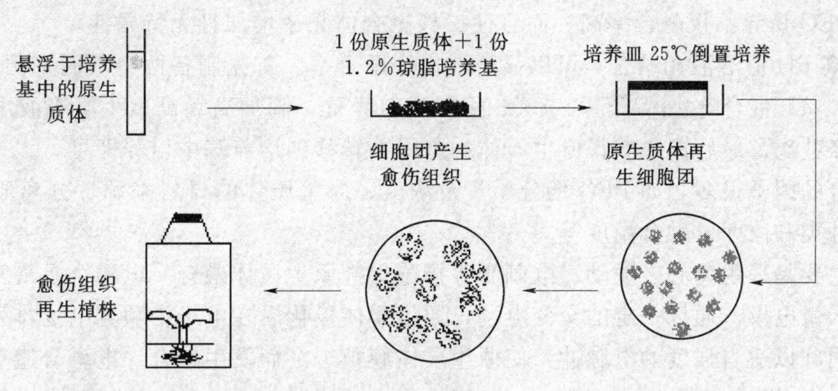


图18-4　原生质体培养技术流程（E. C. Cocking，1984）

（1）液体浅层培养。将原生质体悬浮液培养在培养皿或三角瓶中，形成一个浅层进行培养的方法。液体浅层培养时要求液层不能太厚，否则不利于细胞吸收氧气，在培养期间还需要经常轻轻晃动以利于通气，一般每天摇动2～3次。液体浅层培养条件下，培养基与空气接触面大，通气好，原生质体的代谢物容易扩散，防止了有害物质积累造成的毒害。

（2）固体薄层培养。又称平板培养，指将一定体积的原生质体按照一定细胞密度与等体积的含有1.4%琼脂糖的培养基（40～45℃）均匀混合后平铺于培养皿底部，琼脂冷却固定后，原生质体被埋在培养基内，再将培养皿倒置进行培养的方法。固体薄层培养情况下，原生质体分布较均匀，有利于进行定点观察原生质体形成细胞壁和细胞团的全过程。

（3）双层培养法。将固体培养和液体浅层培养结合起来的一种培养方法，又分为液体—固体双层培养和固体—固体双层培养。在培养皿底部先铺上一层固体培养基，在固体培养基表面再作浅层液体培养的方法称为液体—固体双层培养法，这种方法既利于原生质体的生长，又利于营养成分的逐步释放和有害成分的扩散。固体—固体双层培养法是将等体积的琼脂与一定浓度的原生质体悬浮液混合后平铺于固体琼脂培养基表面进行培养的一种方法。

6. 原生质体的发育和植株再生

原生质体植株再生是指原生质体在适当培养条件下，再生完整植株的过程。细胞壁的再生是细胞分裂的先决条件。具有活力的原生质体在条件适宜时，很快再生出新的细胞壁，细胞壁开始再生的时间因植物种类、取材的器官或组织不同有所差异。正常情况下，原生质体培养数小时后开始再生细胞壁，两天至数天细胞壁完成再生。原生质体形成新细胞壁后，进入细胞分裂阶段，经过持续分裂形成细胞团或愈伤组织。由细胞团或愈伤组织再生成完整植株可以通过两条途径来完成，一是愈伤组织经诱导形成不定芽或不定根，最后形成完整植株，这条途径叫做愈伤组织发生途径；另一途径是由细胞团诱导形成胚状体，再由胚状体发育成完整植株，这条途径称为胚状体发生途径。

**18.1.2.2** 体细胞杂交

体细胞杂交，也称原生质体融合，是指两种植物细胞的原生质体，在一定的条件下发生融合形成杂种细胞，并进一步发育再生杂种植株的过程。原生质体融合可以克服植物种属以上的有性杂交不亲和性，为植物远缘杂交育种提供了一条新途径。

1. 原生质体融合的方法

分离的原生质体不带电荷，它们相互排斥，一般要在诱发条件下才能发生融合。原生质体的融合方式有自发融合和诱导融合。自发融合是种内融合，融合率不高，融合的个体一般不能进一步发育。诱导融合是指加入诱导剂使两种植物的原生质体融合，可以是种内的，也可以是种间，甚至属间或科间以上的。人工诱导融合的方法有化学融合法和物理融合法两种。

化学融合法是采用化学试剂诱导两种植物的原生质体发生融合形成杂种细胞的方法，常用的方法有高钙高 pH 值法、聚乙二醇（PEG）法等。高钙高 pH 值法是比较早采用的融合方法，它是以较高浓度的 $Ca^{2+}$ 作为融合剂，诱导原生质体融合。高 $Ca^{2+}$ 高 pH 值诱发融合的机制尚不很清楚，一般认为是改变了膜电位及膜的物理结构。PEG 法由 Davey 等首先建立，PEG 法的融合无种属特异性，几乎可诱导任何原生质体的融合。PEG 诱导不仅融合率高，而且使二核融合体频率增加且无特异性。

PEG 与高钙高 pH 值溶液相结合，可以显著地提高融合率。首先制备两个不同来源的植物原生质体，按比例（1∶1～1∶4）混合，加入 23%～30%PEG 混匀静置，滴加高钙高 pH 值溶液洗涤，接着滴加原生质体培养液洗涤数次，最后离心获得原生质体细胞团再转移到培养基中培养即可。

影响化学融合的因子很多，如 PEG 的分子量及浓度、原生质体的材料来源、分离原生质体时使用的酶制剂、离子的种类和浓度、融合温度等。

物理融合法主要是采用离心、振动、电刺激等措施促进原生质体融合。电融合是最常用的一种物理诱导方法，通过插入微电极，通以一定的交变电场，原生质体极化后在电场中顺着电场排列成紧密接触的珍珠串状，此时瞬间施以适当强度的电脉冲，使原生质体膜被击穿而发生融合。电融合避免了化学物质的潜在毒害，但是在融合时电刺激会造成液泡中一些毒性物质的渗漏，影响原生质体活力。电融合的融合率与原生质体来源、体积、念珠链的长度、脉冲持续时间及电压等因素有关。

2. 原生质体融合的方式

原生质体融合有对称融合和非对称融合两种融合方式，两种原生质体融合后可能会产生三种类型的杂种细胞：①综合了双亲全部遗传物质形成的，为对称杂种；②丢失了双亲之一的部分遗传物质形成的，为非对称杂种；③只具有双亲一方核遗传物质形成的，为胞质杂种。第一种为对称融合，即双亲的核质组装在一起的融合。后两种为非对称融合，在进行非对称融合前，需要对供体和受体进行处理，造成染色体的断裂和片段化，从而使供体染色体进入受体后部分或全部丢失，达到转移部分遗传物质或只转移胞质基因的目的。处理的方法有很多，如辐射（X、$\gamma$ 和紫外线）、限制性内切酶处理、纺锤体毒素处理等。

3. 杂种细胞的鉴定

原生质体融合后，必须有一个可行的办法分离出融合的杂种。目前，选择杂种细胞的方法主要有互补选择法、机械分离杂种细胞法和双荧光标记选择法。

（1）互补选择法。根据两亲本的遗传和生理特性，在特定培养条件下，只有发生互补作用的杂种细胞才能生长的选择方法。又分为形态互补选择法、营养缺陷型互补选择法、抗性突变体互补选择法、白化互补选择法、代谢互补抑制选择等。

1）白化互补选择法。利用叶绿素缺失突变体进行筛选的方法。Cocking（1972）利用白化矮牵牛在限定培养基上细胞分裂、分化成植株，正常矮牵牛在此限定培养基上细胞不能分裂，融合后形成的杂种细胞，在限定培养基上可以通过细胞分裂和分化进行选择。将缺绿突变体的原生质体和正常体的原生质体，用诱导剂诱发融合，并在限定培养基上培养融合体，能发育形成绿色细胞团（愈伤组织）和幼苗的就是细胞杂种。采用白化互补法已成功得到了羊角芹属（Aegopodium）、曼陀罗属（Datura）、矮牵牛的细胞杂种。

2）营养代谢互补选择法。利用两种营养缺陷型的原生质体进行融合，在同时缺陷两种物质或同时含有两种有害物质的培养基上筛选杂种细胞，能生长的细胞团可以初步认为杂种细胞。如有人用烟草抗氯酸盐突变型和不能利用硝酸盐（缺乏硝酸还原酶）的突变型，将两个不同突变型的原生质体融合起来，并把其培养在仅以硝酸盐作氮源的培养基上，选出了大量杂种体细胞。此法简单而准确，但不易找到合适的缺陷型亲本。

3）抗性互补选择法。利用原生质体对药物的不同抗性来进行选择。Carlson 等（1972）发现，双亲原生质体的生长需要外源生长激素，而由双亲原生质体融合后形成的杂种细胞，能在无外源生长激素的培养基上生长，根据这一特性可以很方便把杂种细胞分离开来。爬山虎的原生质体在 MS 培养基上一般不会超过 50 个细胞就停止生长，而矮牵牛的原生质体却能在 MS 培养基上正常分裂分化。但两者对放线菌素的反应又不同，矮牵牛细胞在 10μg/L 放线菌素 D 即敏感，爬山虎对其抗性较强。于是在含有 10μg/L 放线菌素 D 的 MS 培养基中，双方亲本都被抑制生长，而只有杂种细胞能够进行正常的分裂分化。

（2）机械法。利用融合细胞所具有的可见标记，在倒置显微镜下，用微管将融合细胞吸取出来，从而达到分离的选择方法。常用的可见标记是叶肉细胞的绿色，方法是一方选用叶肉细胞原生质体，另一方选用悬浮培养或固体培养细胞分离的原生质体进行融合。

（3）双荧光标记选择法。Patnik 和 Coking 等 1982 年在进行原生质体融合时，发现亲本一方是悬浮细胞来源的原生质，因其没有叶绿体，异硫氰酸荧光素（FITC）标记时会发出“苹果绿”荧光；另一亲本是含有叶绿体的叶肉细胞，会发红光。两者形成的异核体（杂种细胞）在荧光显微镜下会同时发出苹果绿荧光和红光荧光，因此可方便地把杂种细胞分拣出来。

4. 杂种植株的鉴定

通过筛选初步获得的杂种细胞，再生植株后还需经过进一步验证。

（1）形态学鉴定。根据形态判定是最简单的方法，杂种植株的叶形通常介于双亲之间，叶面积居中，花器官（花冠长度、颜色、形态等）带有双亲性状。

（2）细胞学观察。染色体计数是鉴定体细胞杂种的基本方法，但杂种染色体数目不一定正好是双亲染色体数目之和，常出现混倍体。染色体数目的变化可能来自多细胞融合、培养过程中的细胞学变异、核与质基因融合后的不亲和等。此外，还可以使用核型分析，以亲本为对照，对杂种细胞的染色体数目、大小与形态的变化等进行观察比较。此法优于形态学鉴定，对亲缘关系远的杂种细胞准确性较好。

（3）生化鉴定。常用同工酶进行鉴定，如果杂种植株表现出双亲的同工酶带型，或者有新的谱带出现，则说明该植株是双亲融合产生的。应用于分析的同工酶很多，如过氧化物酶、乳酸脱氢酶、脂酶等。由于植物在不同的发育阶段，在不同的组织中，同工酶谱带本身可以有较大的差异，因此采用同工酶鉴定时，应注意取样的部位和时间要严格一致。

（4）分子标记鉴定。分子标记鉴定可以较准确地反映再生植株是否为真正的杂种植株，常用的分子标记有 RAPD、RFLP、AFLP 等。

5. 体细胞杂交育种

利用细胞融合可以克服远缘杂交的不亲和性，创造种间、属间杂种，为园林植物育种提供新材料。利用对称或不对称融合创造胞质杂种，把不育细胞质转移到另一亲本中，可以创建新的核质不育系，与有性杂交转育相比，所需的时间短。体细胞杂交也可实现抗病性的转移，Grosser 等将有性杂交不亲和的非洲樱桃桔与印度酸橘融合，成功地将非洲樱桃桔的抗枯萎病、抗线虫性转移到印度酸橘中。

### 18.1.3　人工种子

人工种子的概念首先是由 Murashige（1978）提出的，是指通过组织培养技术，将植物的体细胞诱导成在形态上和生理上均与合子胚相似的体细胞胚，然后将它包埋于有一定营养成分和保护功能的介质中，组成便于播种的类似种子的单位。1985 年，日本学者 Kamada 将人工种子的概念延伸，认为使用适当的方法包埋组织培养所获得的具有发育成完整植株的分生组织（芽、愈伤组织、胚状体和生长点等），可取代天然种子。中国科学家陈正华等（1998）将人工种子的概念进一步扩展为：任何一种繁殖体，无论是涂膜胶囊中包埋的，裸露的或经过干燥的，只要能够发育成完整植株的均可称之为人工种子。

**18.1.3.1** 人工种子的特点

人工种子（artificial seeds）又称人造种子或超级种子，是指将植物组织培养产生的胚状体、芽体及小鳞茎等包裹在含有养分的胶囊内，具有种子的功能并可直接播种于大田的颗粒。与试管苗和有性繁殖种子相比，人工种子具有独特的优点：①人工种子可以工厂化大批量生产，与田间制种相比，可以节省制种用地，且不受季节限制，同时还避免了种子携带病原菌的危险；②由于生产周期短，且可以批量生产，因此能保证种子的充足供应；③人工种子发生和增殖快、生长期短，并且是采用无性繁殖生产的，避免了有性杂交造成的遗传变异，对于那些制种困难的植物具有重要意义，如三倍体、非整倍体、基因工程植物等；④人工种子制作过程中可以根据需要调节胚乳成分，如添加农药、肥料、固氮细菌等各种附加成分，以利作物生长，与试管苗相比，还可以避免移栽困难，实现机械化操作，同时还便于储藏和运输。因此，人工种子的研制越来越受到大家的重视。

**18.1.3.2** 人工种子的制作

人工种子通常由培养物、人工胚乳和人工种皮三部分组成（见图 18－5）。人工种皮常采用海藻酸钠、聚氯乙烯、明胶、树胶等。制作人工种子，主要应包含下列主要步骤（以胚状体为例）：

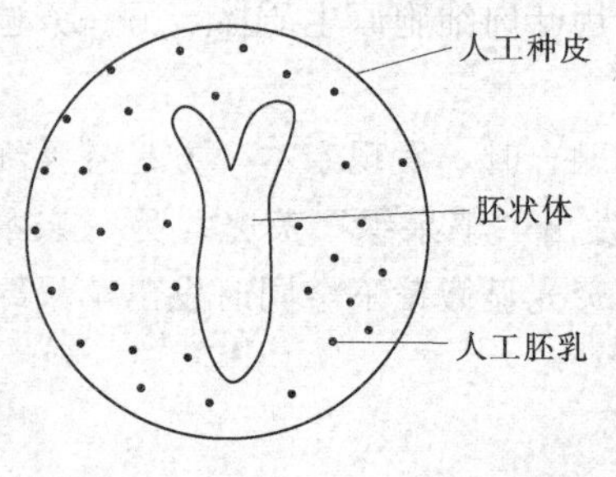

图 18－5 人工种子的结构示意图

1. 高质量的胚状体的诱导

获得大批同步生长、高质量的胚状体是进行人工种子生产的前提和基础。高度同步化是要求所有培养的细胞或发育中的细胞团块同时进入一个时期，只有同步化了细胞才可能成批地培养出成熟胚胎，成批地进行人工种子制作。从目前的研究结果来看，并不是所有的植物种子都建立了胚状体再生系统，而且在生产人工种子时，要求胚状体具有较高的成株率，甚至超过天然种子。

胚状体可从悬浮培养的单细胞获得，也可通过愈伤组织、花粉或胚囊获得。一般在试管中诱导产生愈伤组织，进行悬浮培养，再置于发酵罐中大量培养细胞，最后将细胞移入无生长素的发酵罐中诱导产生胚状体。在此过程中胚状体的同步化显得至关重要，为了获得高度同步化发育的体细胞胚胎，常常采用一些化学或物理方法处理培养物，如饥饿法：把培养基中的一些重要成分反复去除和加入；阻断法：在培养初期添加 DNA 合成抑制剂（如 5－氨基脲嘧啶，阻断 G1 期）。物理方法有：低温处理、过滤筛选、渗透压分离、密度梯度离心等。

2. 人工种子的包埋

人工种子的包埋关系到人工种子萌发、贮藏和生产应用等重要环节。Redenbaugh 于 1984 年首次使用海藻酸钠作为胚状体和不定芽的包埋剂，人工种皮分内种皮和外种皮，对人工种皮要求其具有保护胚的功能，并且无毒性、通气好、抗污染、抗压性好、不粘连、适于贮藏和运输。目前常用的内种皮有聚氧乙烯、海藻酸钠、明胶、琼脂等。外种皮常用材料有 Elvax 4260（乙烯、乙烯基乙酸和丙烯酸共聚物）、Tullanox 和 Cab－0－sil（二氧化硅化合物）以及硅酮种衣等。

人工胚乳的主要成分是无机盐混合物、碳水化合物（糖和淀粉）、蛋白质。由于糖分存在容易导致微生物感染而腐烂，所以人工胚乳中也要加入防腐剂、抗菌素、农药等。

人工种子的包埋方法主要有液胶包埋法、干燥包裹法和水凝胶法。聚氧乙烯干燥法包埋是最早的人工种子包埋技术，将胚状体或小植株置于 23℃、相对湿度 70％的黑暗条件下逐渐干燥，然后用聚氧乙烯包裹胚状体。液胶包埋法是将胚状体或小植株不经干燥包埋，直接与流体胶混合后播入土中，这种方法导致胚成活率低，常因干燥而死亡。水凝胶法是最常用的一种方法，用海藻酸钠等水溶性凝胶与钙离子进行离子交换后凝固，用于包埋单个胚状体（见图 18－6）。

3. 人工种子的贮存

贮藏是人工种子的主要难题之一，用海藻酸钠制备的人工种子，含水量大，常温下易萌发，也易失水干缩，贮藏难度很大。目前报道的贮存方法有低温法、干燥法、抑制法、液状石蜡法等。干燥法和低温法相结合是目前报道最多的方法，也是目前人工种子贮藏研究的主要热点之一，一般是在 4～7℃、相对湿度小于 67%的环境中贮藏人工种子。

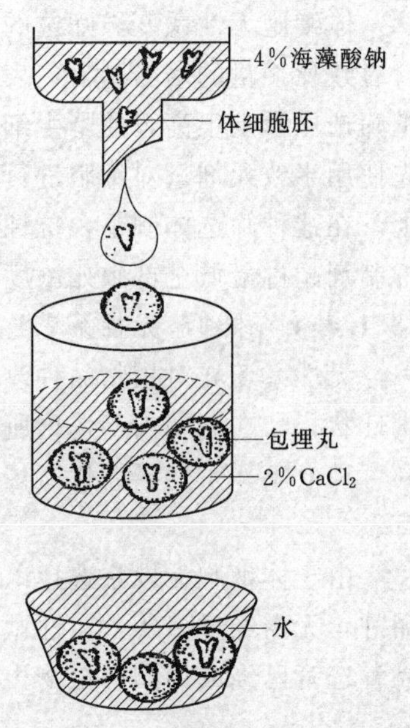

图 18-6 人工种子包埋示意图

**18.1.3.3** 人工种子发展和应用前景

在国外，已研制成胡萝卜、苜蓿、芹菜、花椰菜、莴苣、天竺葵等植物的人工种子。在将来人工种子可能最先用于无性繁殖植物，因为无性繁殖植物采用微芽、块茎、鳞茎等作繁殖体，体积大，携带、储运均不方便，如果利用人工种子，可以克服这些困难。人工种子还可用于天然种子繁殖后代群体变异大的植物，例如，桉树虽然能够用天然种子繁殖，但种子繁殖的植株变异大，树体不整齐。目前以微芽为繁殖体的人工种子技术已经建立，桉树人工种子在土壤中的成苗率已达 80%以上，且树体十分整齐。

目前许多园林植物还没有建立高质量的体细胞胚或不定芽发生体系，人工种子的包埋剂、人工种皮、制作工艺都有待改进，因此人工种子要大量应用于生产还有很长的路要走。

## 18.1.4 体细胞无性系变异

**18.1.4.1** 体细胞无性系变异的概念

植物的体细胞在离体培养条件下所产生的细胞系或植株，统称为体细胞无性系。随着植物细胞和组织培养技术的迅速发展，不断发现在培养细胞和再生植株中存在着各种不同的变异，其中有些是可以遗传的，这种可遗传的变异被称为体细胞无性系变异。体细胞无性系变异最早叫“体细胞克隆变异”，是由 Larkin 等最先使用的。为了区分来源于体细胞和单倍体细胞的变异，Evans 将来自配子体组织的变异称为“配子体克隆变异”，以与体细胞克隆变异区分。对于遗传变异的分析而言，Orton 为了统一术语，引进了 R、$R_1$、$R_2$ 等，分别表示再生当代、自交第一代、第二代等，至今这一概念还在广泛应用。

**18.1.4.2** 体细胞无性系变异的遗传基础

1. 染色体数目变异

染色体数目的变化是体细胞无性系变异中最常见的现象，常常产生多倍性、非整倍体及染色体重排等变异，变异的大小与培养状态、年龄、原始材料的倍性及培养时间有关。一般认为起始材料的分化程度越高、继代时间越长、激素浓度越高，变异频率越高。

2. 染色体结构变异

体细胞再生植株的染色体常发生缺体、倒位、易位、断裂等结构的变化，很多体细胞再生株减数分裂时形成多价体、染色体桥、小片段、环等，充分说明了染色体结构变异的存在。

3. 基因突变

基因突变被认为是体细胞无性系变异的重要来源之一，包括碱基突变、基因重排、基因扩增、碱基修饰、转座子激活等。这类突变可分为多种类型，一种类型是自发突变，另一种是诱发突变，即培养基中加入化学诱变剂或进行诱变处理发生的突变，这两种突变常常很难截然分开。

**18.1.4.3** 体细胞无性系突变体的筛选

植物体细胞无性系除了能自然发生变异外，还可以根据需要，选择合适的诱变剂进行诱发突变，再有目的地筛选育种所需要的材料。愈伤组织、悬浮培养细胞、原生质体、花粉/花药培养物均可以用于体细胞无性系变异诱导。愈伤组织取材方便但生长速度慢，由于大量聚集导致诱变剂、筛选剂作用不均匀，出现假阳性的机会较多。原生质体是比较理想的材料，但原生质体再生植株比较困难。用悬浮培养细胞进行筛选时，细胞接触选择剂较均匀，但操作繁琐。采用花粉/花药培养物筛选有一定优势，突变体很易表现出来，也很易纯合。

体细胞无性系变异筛选的常用方法有两种：一步筛选法和多步筛选法。一步筛选法是将培养物接种在含有致死剂量的培养基上，表现出生长的培养物再转移到含有抑制剂的新鲜培养基上。这种方法是一次就把筛选压设定很高，使野生细胞完全不可能生长，能生长的细胞即为耐（抗）性细胞系。多步筛选法是首先使用半致死剂量对细胞进行筛选，每次继代将上代能生长的细胞系继代到筛选剂浓度提高的新鲜培养基上。在这种筛选体制下，抗性细胞应该比野生型细胞长得快。通过逐步增加筛选剂水平，最终会筛选出在抑制剂超过最低全部致死浓度时也能旺盛生长的细胞系。

**18.1.4.4** 体细胞无性系变异育种

无性系变异对植物品种改良具有重要价值：①可以在保持品种原有优良种性不变的情况下改进个别观赏性状；②在短期内筛选出所需的性状，避免基因重组带来的麻烦；③结合物理或化学诱变，可以大大提高育种效率；④变异后代遗传稳定快，育种年限短；⑤存在细胞质突变，有可能选择到新的细胞质雄性不育系。

由于体细胞无性系选择以现有优良品种（系）作为起始材料，所以一旦育成新品种，就可能超过现有品种，无需经过多年适应性试验，就可以运用于生产，大大加快育种效率，采用体细胞无性系变异进行新品种选育已经成为园林植物生物技术育种的一个重要方面。

## 18.2 园林植物基因工程育种

基因工程育种是运用分子生物学技术，将目的基因或DNA片段通过载体或直接导入受体细胞，使遗传物质重新组合，经细胞复制增殖，新的基因在受体细胞中表达，最后从转化细胞中筛选有价值的新类型，从而创造新品种的一种定向育种新技术，也称分子育种。

基因工程育种作为一项先进的育种手段，它可以根据人类的目的和计划定向地改造生物，甚至创造新的生物类型。由于直接对遗传物质操作，育种速度大大加快，避免杂交育种后代分离和多代自交、重复选择等，在短时间内可育成新品种；基因工程还能改变植物的单一性状，保持其他性状不变。植物基因工程为园林植物育种提供了巨大潜力，它可打破物种之间遗传物质的交流界限，为定向育种提供技术保障。

近年来园林植物基因工程育种在花色、花型、株型、生长发育、香味、采后寿命方面取得了重要进展，已经在月季、菊花、香石竹、非洲菊、石斛、虾背兰、草原龙胆、郁金香、麝香百合、唐菖蒲、安祖花、伽蓝菜、仙客来、金鱼草、矮牵牛、智利喇叭花、杜鹃花、向日葵、灯笼百合、连翘、水仙、天竺葵等植物上获得突破。

### 18.2.1 目的基因

**18.2.1.1** 改变花色

花色是观赏植物的一个重要性状，花色的优劣直接关系到观赏植物的观赏价值和商业价值。自然界花卉颜色种类繁多，但是一些重要花卉的色系却有限，如月季、香石竹、郁金香、菊花等缺乏蓝色和紫色，天竺葵、仙客来、非洲紫罗兰、翠菊等缺乏黄色，球根鸢尾、紫罗兰等缺乏猩红色或砖红色，因此花色改良一直是育种工作者追逐的重要目标。

控制植物花色的基因包括花色素基因、花色素量基因、花色素分布基因、辅助色素基因、转座子基因、控制花瓣内部酸度的基因等，Forkmann（1990）将这些花色基因分为以下几类：①控制类黄酮生物合成的基因；②与类黄酮修饰有关的基因；③开关全部或部分合成途径的调节基因；④影响类黄酮浓度的基因；⑤与花朵结构有关的基因；⑥影响花色的基因；⑦控制花瓣毛、乳突、色素细胞的形状和分布、角质层类型等形态特征的基因等。目前花色基因工程中常用的基因有：查尔酮合成酶基因（*CHS*）、查尔酮-黄烷酮（chalcone-flavanone）异构酶（*CHI*）基因、黄烷酮羟基化酶（flavanone 3-hydroxylase，F3H）基因、二羟黄酮醇还原酶（dihydroflavonol 4-reductase，DFR）基因以及3′，5′-羟氧化酶基因等。试验证明把*CHS*的反义*RNA*转入红色的矮牵牛中，获得了花色改变的转基因植株：①花的颜色变淡；②完全变成白色。3′，5′-羟氧化酶基因编码合成蓝色色素的关键酶，把3′，5′-羟氧化酶基因导入蔷薇中，成功创造出了开蓝色花的蔷薇新品种。

#### 18.2.1.2　改良花型和株型

花型和株型是提高园林植物观赏价值的基础。通过分子生物学手段已鉴定出控制花发育的同源异型基因，通过改变同源异型基因的表达方式，可有目的地改变花型，如花的大小和形状，也可以通过抑制植物中的*AC*类基因的活性获得重瓣花。目前克隆的与花器官发育相关的基因有*API*-3、*AC*、*CAL*、*TFL*1、*LEY*、*CEN*、*FLO*、*SQUA*、*UFO*、*Rol C*、*DEF*、*FBP*等。研究表明将矮牵牛同源异型基因*FBP*2导入烟草，结果烟草花型改变，雄蕊上产生花瓣。

株型常常与植物激素的种类、含量及分布密切相关，株型基因工程主要是通过导入与激素调节有关的基因来修饰激素变化，从而达到改变株型的目的。*rol*（A、B、C）基因是植物株型分子育种常用的目的基因，该基因的作用是使生长素和细胞分裂素过量表达。研究表明转*rol*基因的金鱼草植株矮化、花枝增加、花朵数量增加。转*rolC*基因的玫瑰植株矮化、叶片皱缩。细胞色素基因*phyA*的功能是细胞色素的过量表达，转该基因的植株节间缩短、植株矮化、顶端优势减少、侧枝增加、叶片衰老延迟。

#### 18.2.1.3　调节花期

花的发育可分为花序的发育、花芽的发育、花器官的发育和花型的发育4个阶段，通过控制花发育进程可以调节开花期。目前，已知的影响开花和光周期的基因有：*CO*、*FHA*、*HY*4、*FD*、*FE*、*LFY*、*CCAL*、*EMF*、*TEF*等。将拟南芥*LFY*基因与CaMV-35S启动子构建成表达载体转化菊花，获得了花期提早的转基因植株，分别比正常植株提早65d和67d；以及花期延迟的转基因植株，分别推迟78d和90d开花。将*AP*1基因转化矮牵牛，转基因植株表出持续不断开花的特性。

#### 18.2.1.4　提高抗病虫、抗病毒能力

病虫害一直是困扰植物生产的主要因素，每年植物害虫造成的损失量急剧增加。使用化学杀虫剂来防治害虫，虽然也取得了一定的成效，但也造成了农药残留、环境污染、害虫抗药性及生产成本提高等一系列问题。为避免生态环境进一步恶化，通过抗虫基因工程获得转基因抗虫植株，受到越来越多的关注。目前，已经从微生物及植物本身分离出了一些有效的抗虫基因，如苏云金杆菌（*Bt*）毒蛋白基因和蛋白酶抑制基因等，并由此获得了大量的转基因抗虫植物。如北京林业大学已成功将抗虫基因导入毛白杨体内，获得转基因抗虫植株。

培育抗病毒品种是提高园林植物观赏效果，减少花卉产业损失的一种有效方法。目前已知的抗病毒基因有病毒外壳蛋白基因（*CP*）、病毒复制酶基因。经过部分植物进行试验，导入*CP*基因和病毒复制酶基因后可大大提高植物的抗病性。

#### 18.2.1.5　提高抗逆性

园林植物生长会遇到寒冷、高温、干旱、水涝、盐渍，土壤、水质和空气的污染以及除草剂的影响，培育抗逆品种是园林植物育种重要的研究方向。随着生物技术的快速发展和日趋完善，抗逆基因工程成为研究的热点。这方面也取得了不错的进展，如Devries等将抗冻基因成功导入郁金香，使植物的抗冻能力得到提高。

#### 18.2.1.6　延长切花寿命，提高耐贮性

乙烯在花卉衰老中扮演重要角色，控制切花的乙烯合成，对于延长保鲜期，提高切花品质至关重要。在乙烯生物合成过程中，关键的酶是*ACC*合成酶（*ACS*）和*ACC*氧化酶（*ACO*）。研究证明通过导入反义*ACC*合成酶基因及反义*ACC*氧化酶基因可阻止乙烯合成，延长花期和鲜切花寿命。将*ACC*合成酶基因反向导入香石竹，转基因的香石竹比正常香石竹的瓶插寿命延长2倍。1995年，可长久保存的香石竹在澳大利亚获准上市，成为当时唯一上市的转基因切花。目前，现代月季、百合类、天竺葵类、草原龙胆等都已成功建立了与耐贮性有关的转化体系。

### 18.2.2　目的基因的分离

#### 18.2.2.1　化学合成

根据已知蛋白质的氨基酸序列，推测出相应的mRNA序列，然后按照碱基互补配对原则，推测出它的核苷酸序列，再通过化学方法，以单核苷酸为原料合成目的基因。人工合成基因能够根据需要合成突变基因，所合成基因比较完整；但是人工合成基因操作困难，费用较高，目前这种方法主要用于PCR引物

的合成。

**18.2.2.2** 序列克隆

当已知目的基因的序列时，通常采用PCR的方法来克隆基因。基本原理和方法是：利用已知目的基因的序列，设计并合成一对寡核苷酸引物，以DNA（cDNA）为模板，通过PCR反应扩增特定的DNA片段。扩增的片段经过纯化后，连接到合适的载体上，用酶切和序列分析测定重组子，并与已知基因的序列进行比较鉴定。

同源克隆也是常用的一种克隆方法，在已知某一物种亲近物种的基因序列的前提下，可先构建cDNA文库或基因组文库，然后以该基因的保守序列为探针来筛选目的基因，或者根据亲近物种的DNA序列设计引物，采用PCR方法扩增目的基因。

**18.2.2.3** 功能克隆

根据基因的产物——蛋白质克隆基因。方法是：首先分离纯化相关的蛋白质，制备相应抗体或测定其氨基酸序列，推测可能的mRNA序列，根据mRNA序列设计相应的核苷酸探针或寡核苷酸引物，再利用抗体或核苷酸探针筛选DNA文库或cDNA文库获得目的基因，也可利用寡核苷酸引物，采用PCR扩增目的基因。

**18.2.2.4** 图位克隆

首先构建基因的分子遗传连锁图谱，然后从连锁标记出发，通过染色体步移获得目的基因。对于基因组较小、重复序列较少的植物操作相对容易，对于基因组较大、含高度重复序列的植物，则染色体步移很难进行。

**18.2.2.5** 表型差异克隆

利用表型差异或组织器官特异表达产生的差异来克隆基因。这类方法包括减法杂交（subtractive hybridization）、DNA标签法（DNA tagging）、转座子标签（transposon tagging）、T-DNA标签（T-DNA tagging）、反转录转座子标签（Retrotransposon tagging）、mRNA差别显示法（differential display reverse transcription-PCR，DDRT-PCR）、基因表达连续分析（serial analysis of gene expression，SAGE）、代表性差式分析法（representational difference analysis，RDA）、抑制消减杂交法（supression subtructive hybridization，SSH）、基因表达指纹（gene expression fingerprinting，GEF）、标签接头竞争PCR（adaptor tagged competitive PCR，ATAC-PCR）、基因组差异显示（genomic differential display，GDD）、cDNA3′端限制性酶切片段显示（display of cDNA 3 end restriction fragments，cDNA3′端RFD）、缺陷互补和反义mRNA技术、cDNA微阵列和基因芯片（gene chip）等。

## 18.2.3 表达载体构建

**18.2.3.1** 基因工程的工具酶

1. 限制性内切酶（restriction endonuclease）

限制性内切酶是一类能够识别双链DNA分子中的某种特定核苷酸序列，并由此切割DNA双链结构的核酸水解酶。限制性内切酶有Ⅰ类、Ⅱ类和Ⅲ类酶，其中Ⅱ类酶能识别并切割特异的核苷酸序列，是重组DNA的基础，在基因工程中得到广泛应用。

绝大多数的Ⅱ类限制酶能识别长度为4～6个核苷酸的回文序列（如EcoRⅠ识别的6个核苷酸序列：5′-GAATTC-3′），有少数酶识别更长的序列或简并序列。Ⅱ类酶切割位点：有的在对称轴处，结果产生的DNA片段为平末端，如SmaⅠ；有的切割位点在对称轴一侧，产生的DNA片段为黏性末端，如EcoRⅠ（见图18-7）。被限制酶切开的DNA两条单链的切口，带有几个伸出的核苷酸，他们之间正好互补配对，这样的切口叫黏性末端。相应地，如果切口处没有伸出的核苷酸，这样切口叫平末端。

2. DNA连接酶

DNA连接酶是基因工程中又一重要酶类，它能催化双链DNA片段紧靠在一起的3′-OH和5′-P末端之间形成磷酸二酯键，使两末端连接（见图18-8）。DNA连接酶主要是将由限制性核酸内切酶切出的末端连接，目前常用的是T4DNA连接酶。

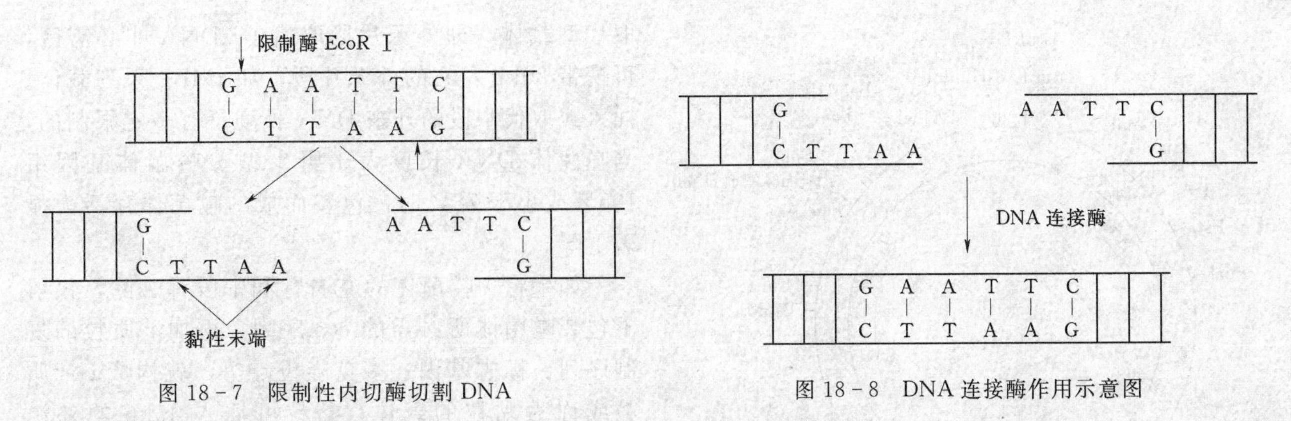


图 18-7　限制性内切酶切割 DNA

图 18-8　DNA 连接酶作用示意图

3. DNA 聚合酶

DNA 聚合酶（DNA polymerase）是以 DNA 为复制模板，在引物、dNTP 存在的条件下，催化 DNA 链合成的一种酶。真核细胞有 5 种 DNA 聚合酶，分别为 DNA 聚合酶 $\alpha$、$\beta$、$\gamma$、$\delta$、$\varepsilon$。原核细胞有 3 种 DNA 聚合酶。DNA 聚合酶作用时必须要有模板存在，而且需要引物引导合成，合成新链的方向是 $5'\rightarrow3'$。在 PCR 技术中广泛应用的是耐热 DNA 聚合酶。

4. 末端转移酶

末端转移酶是一种不依赖于模板的 DNA 聚合酶。在二价阳离子存在下，末端转移酶催化 dNTP 加于 DNA 分子的 $3'$末端，该酶在 cDNA 或载体 $3'$末端加同聚尾后可以方便用于克隆；也可用于 DNA 片段的 $3'$末端标记。

5. 反转录酶

反转录酶是 1970 年美国科学家特明（H. M. Temin）和巴尔的摩（D. Baltimore）发现的，又称为 RNA 指导的 DNA 聚合酶，是以 RNA 为模板合成 DNA 的酶。在这个过程中，遗传信息流动的方向是从 RNA 到 DNA，正好与转录过程相反，故称反转录。

**18.2.3.2**　基因工程的载体系统

载体是把外源基因导入受体细胞使之得以复制和表达的运载体（DNA 分子）。作为载体必须要能够在宿主细胞中复制并稳定地保存；要具多个限制酶切点，以便与外源基因连接；而且需要标记基因，便于进行筛选；作为基因工程的载体其分子量不能太大，否则不利于遗传操作，转入受体细胞内，能尽可能的扩增较多拷贝。最后，还不应含有对受体细胞有害的基因，不会任意转入除受体细胞以外的其他生物细胞，尤其是人的细胞。

1. 质粒载体

质粒（plasmid）是细菌或细胞染色质以外的，能自主复制的，双链共价闭合环状 DNA 分子。1973 年，科学家将质粒作为基因的载体使用，为基因工程的诞生奠定了基础。现在常用人工构建的质粒作为载体，如 pBR322、pSC101 等。

质粒 pBR322 含有抗四环素基因（*Tcr*）和抗氨苄青霉素基因（*Apr*），并含有 27 种限制性内切酶的单一识别位点。如果将 DNA 片段插入 EcoRI 切点，不会影响两个抗生素基因的表达。但是如果将 DNA 片段插入到 HindIII、BamHI 或 SalI 切点，就会使抗四环素基因失活。这时，含有 DNA 插入片段的 pBR322 将使宿主细菌抗氨苄青霉素，但对四环素敏感。没有 DNA 插入片段的 pBR322 会使宿主细菌既抗氨苄青霉素又抗四环素，而没有 pBR322 质粒的细菌将对氨苄青霉素和四环素都敏感。鉴于上述特性，可以方便地在含有氨苄青霉素和四环素的培养基上识别含有外源 DNA 的细菌（见图 18-9）。质粒运载体的最大插入片段约为 10kb。

2. 噬菌体载体

噬菌体（phage）是感染细菌的一类病毒，有的噬菌体基因组较大，如 λ 噬菌体和 T 噬菌体等；有的则较小，如 M13、f1、fd 噬菌体等。利用 λ 噬菌体作载体，主要是将外来目的 DNA 替代或插入中段序列，包装成噬菌体，感染大肠杆菌，并随噬菌体繁殖。基因工程常用的噬菌体载体有两类：一类是插入型载体，即在 DNA 非必需区插入外源片段，如 λgt 系列载体，一般容许插入 5-7kb 外来 DNA；另一类是

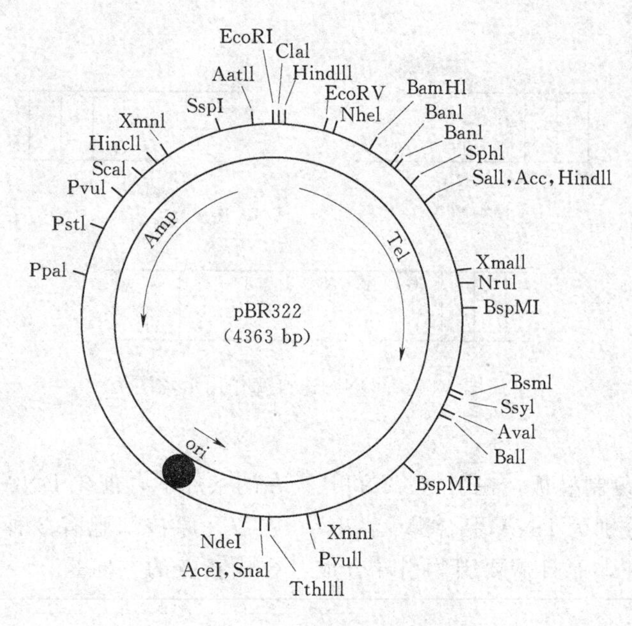

图 18-9　质粒 pBR322 结构图

取代型载体，即外源片段取代了λDNA 非必需区，可携带 20kb 左右的外源片段，如 IMBL 系列载体。插入或取代中段的外来 DNA 长度是有一定限制的，当噬菌体 DNA 长度大于野生型λ噬菌体基因组 105%或小于 78%时，包装而成的噬菌体存活力显著下降。

如果将λ噬菌体的左右臂和中段都去除，仅留下包装噬菌体所必需的 cos 序列，再加上质粒的复制序列、标志基因、多克隆位点等，就构成 cos 质粒或称为黏粒的载体。黏粒可插入 45kb 的外源 DNA，这比噬菌体载体克隆的片段长度大大增加。

3. Ti 质粒

Ti 质粒是根癌农杆菌中独立于染色体之外，并在农杆菌细胞中稳定遗传的环状 DNA。根癌农杆菌感染植物时，Ti 质粒的一段 DNA（T-DNA）可以转移进植物细胞，并稳定地保留在植物细胞染色体中，变为植物细胞新增加的一群基因，能通过有性世代遗传给子代。

原始的 Ti 质粒根据其功能的不同，可分为 4 个区（见图 18-10）。①T-DNA 区。长度 12～24kb，在农杆菌侵染细胞时，可以从 Ti 质粒上切割下来转移到植物基因组中，该区域含有与肿瘤形成有关的基因，但与 T-DNA 的转移和整合无关。在 T-DNA 两端左右各有 25bp 的重复序列，分别叫左边界（LB）和右边界（RB）。LB 和 RB 是 T-DNA 转移所必需的，T-DNA 的右边界在 T-DNA 的整合中对于靶 DNA 位点的识别具有重要作用。②毒性区（*vir* 区）。位于 T-DNA 以外的一个 30～40kb 的区域，该区段编码的基因对 T-DNA 的转移和整合非常重要，这些基因也称为 Ti 质粒编码毒性基因（*vir*）。③接合转移区（*con*）。该区段存在与细菌间接合转移有关基因（*tra*），调控 Ti 质粒在农杆菌间转移。④复制起始区（*ori*）。该区段调控 Ti 质粒的自我复制。

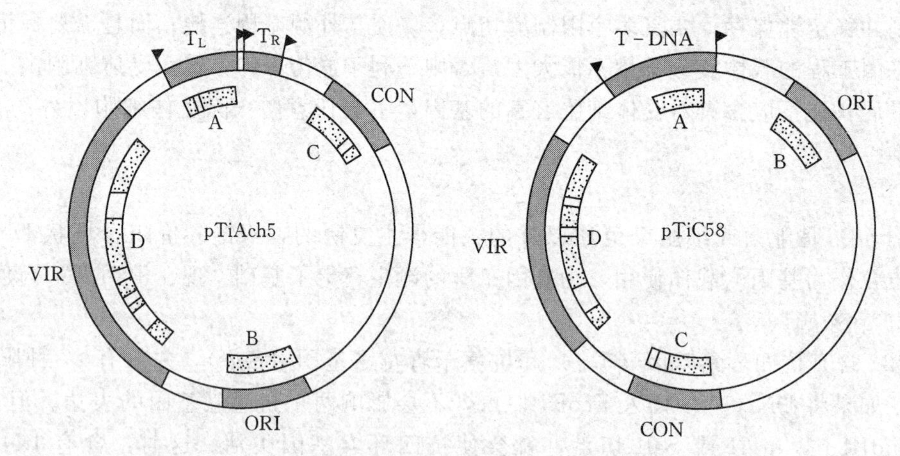

图 18-10　章鱼碱型 pTiAch5 和胭脂碱型 pTiC58Ti 质粒的基因图（引自 John 等，1998）

野生型 Ti 质粒虽然是植物基因工程的一种天然载体，但它却存在以下缺陷：①存在的一些对于 T-DNA 转移无关的基因使 DNA 分子太大，不便于遗传操作；②存在着许多限制内切酶的多个酶切位点，很难找到单一的酶切位点，难以进行 DNA 重组；③*onc* 基因产物导致肿瘤，阻碍细胞分化和植物再生；④没有大肠杆菌复制起点，不能在大肠杆菌中复制。

基于以上原因，为了使 Ti 质粒适于基因工程的需要，必须对其进行改造。研究发现，去除 T-DNA 区中的致瘤基因造成 T-DNA 大段缺失，形成卸甲的 Ti 质粒，并在T-DNA上插入外源基因并不影响 T-DNA的转移和整合功能。虽然 Ti 质粒上的 *vir* 区是对 T-DNA 转移所必需的，但这一区域并不一定要求与 T-DNA 连在一起，可以分别位于不同的质粒上。

植物细胞转化的共整合系统：也叫一元载体系统。在共整合载体中，Ti 质粒上编码致瘤基因的序列被 pBR322 的一段 DNA 取代，保留 T－DNA 的 RB 和 LB 序列。外源基因首先被克隆到 pBR322 中，然后把载有外源基因的 pBR32 通过电击法（冻融法或三亲交配）导入农杆菌。由于改造的 Ti 质粒与导入的中间载体具有部分同源的 pBR322 序列而发生同源重组，外源基因被整合到 Ti 质粒的 T－DNA 区段，形成一个共整合载体。这样目的基因就成了 T－DNA 的一部分，可以被农杆菌转移到植物中。

植物细胞转化的双元系统，也叫穿梭质粒。双元载体系统就是由 2 个分别含有 T－DNA 和 *vir* 区的相容性突变 Ti 质粒构成，即微型 Ti 质粒和辅助 Ti 质粒。微型 Ti 质粒含有 T－DNA 边界，缺失 *vir* 基因的 Ti 质粒，同时还具有广谱质粒复制位点，选择标记基因和多克隆位点，这种载体既含有大肠杆菌的复制位点，也有农杆菌的复制位点，既能在大肠杆菌中复制保持，也能在农杆菌中复制保持。载体构建的所有操作步骤都可以在大肠杆菌中进行，完成后，通过一定的方法将其（微型 Ti 质粒）转入农杆菌中，该农杆菌含有辅助质粒，该质粒包括 *vir* 区，但 T－DNA 序列缺失或部分缺失。由辅助质粒提供合成 *vir* 基因产物—毒性蛋白，使双元克隆载体中的 T－DNA 能够整合到植物染色体中，从而完成目的基因的转移。目前 T－DNA 转化植物细胞的标准方法是双元系统，广泛使用的双元载体有 pGreen 系列、pMoN 系列和 pCAMBIA 系列等。

在双元载体的基础上，通过在微型 Ti 质粒上再引入 1 个含 *virB*，*virC* 和 *virG* 区段，连同原有辅助 Ti 质粒，这个系统中共有 2 个 *vir* 区段，具有更强的激活 T－DNA 转移的能力，这种改进的双元载体称之为超级双元载体，这种载体系统现已用于单子叶植物的转化。

**18.2.3.3**　选择标记基因

植物遗传转化的效率一般来说都是相当低的，在数量庞大的受体细胞群体中，通常只有为数不多的一小部分获得了外源的 DNA，而其中目的基因已被整合到核基因组并实现表达的转化细胞就更少。因此，为了有效地选择出真正的转化子，就有必要使用特异性的选择标记基因（selectable marker genes）。

选择标记基因主要有两大类：一类为抗生素类标记基因，此类基因可以使抗生素失活，从而解除抗生素对转化细胞在转录和翻译过程中的抑制作用，例如新霉素磷酸转移酶（neomycin phospho transferase，NPTII）基因、链霉素磷酸转移酶（streptomycin phospho transferase，SPT）基因和潮霉素磷酸转移酶（hygromycin phospho transferase，HPT）基因等。另一类为抗除草剂类标记基因，其产物能抵抗除草剂的杀灭作用，使转化子从野生背景中富集出来，例如草丁膦乙酰转移酶（phosphinothricin acetyl transferase，PAT）基因、2，4－D 单氧化酶（2，4－Dmonooxygenase，tfdA）基因和 5－烯醇丙酮酰莽草酸－3－磷酸合成酶（5－enolpyruvyl shikimate－3－phosphate synthase，EPSPS）基因等。

当选择标记基因被导入受体细胞之后，转化的细胞具备抵抗相关抗生素或除草剂的能力，在含有抗生素或除草剂的选择培养基上，非转化细胞被杀死或生长受到抑制，而转化细胞则能够存活下来。卡那霉素抗性基因是广泛使用的一类标记基因，但卡那霉素对一些植物有严重的副作用，有的植物对其还有较高的天然抗性，因此作为标记基因时导致选择效率低下。除草剂抗性标记基因已成功地应用于多种植物的转基因研究，但是转入抗除草剂类标记基因的植物释放后，可能会导致环境中除草剂施用量达到选择浓度，进而发生基因漂流、生态平衡破坏、自然生物种群发生改变等一系列生物安全性问题。

**18.2.3.4**　报告基因

报告基因（reporter gene）是用来判断外源基因是否已经成功地导入受体细胞（器官或组织）并检测其表达活性的一类特殊用途的基因。目前植物基因工程常用的报告基因有：

1. β－葡萄糖醛酸糖苷酶基因

大肠杆菌 β－葡萄糖醛酸糖苷酶（β－glucurondase，GUS），具有良好的稳定性，灵敏度高，易于检测。作用的底物是无色的 X－葡萄糖苷酸，当把表达 β－葡萄糖醛酸糖苷酶的转基因植物细胞，同 5－溴－4－氯－3－吲哚－β－D－葡萄糖苷酸一起温育时，GUS 酶就会把反应体系中的 X－葡萄糖苷酸水解产生出深蓝色的 5－溴－4－氯靛蓝。因此通过组织化学检测法可以很方便地判别转化细胞和未转化细胞。

2. 荧光素酶基因

使用 GUS 作报告基因有一个明显的缺点，即组织化学检测法会使细胞致死。荧光素酶基因则可避免细胞致死，而且还可根据荧光来测定表达目的基因的细胞的分布状况。

3. 氯霉素乙酰转移酶基因

氯霉素乙酰转移酶（CAT）的编码基因 *cat*，是位于大肠杆菌转位子 Tn9 上的一种抗药性基因。可以根据氯霉素乙酰转移酶的活性来判断转化细胞和非转化细胞，氯霉素乙酰转移酶的活性可以采用薄层层析和酶联免疫吸附测定。

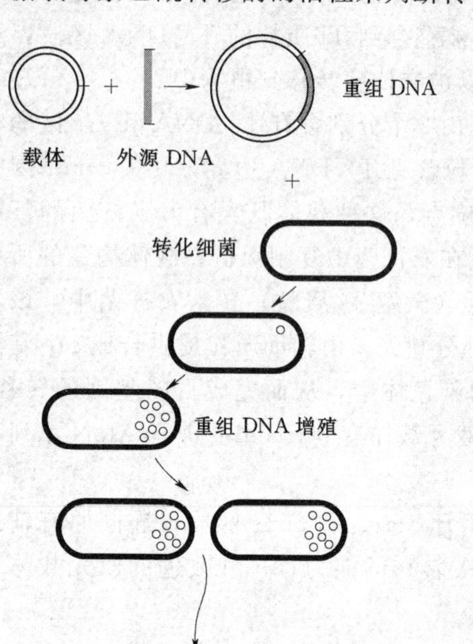


图 18－11 DNA 重组技术

#### 18.2.3.5 DNA 重组技术

DNA 重组技术是将外源目的基因（DNA 片段）与载体分子连接，形成重组 DNA 分子，再将重组子导入寄主细胞内的技术体系（见图 18－11）。DNA 重组技术是植物基因工程的核心技术。

1. 限制性内切酶切割

采用限制性内切酶，将目的基因与载体进行特异切割。为了方便以后的连接最好选择能产生互补的黏性末端的限制性内切酶切割，因为具有相同黏性末端的 DNA 分子容易通过碱基配对形成一个相对稳定的结构，比较容易连接。

2. 目的基因与载体的连接

采用 DNA 连接酶将酶切后的目的基因和载体连接起来，形成一个重组的 DNA 分子，进行 DNA 重组的方法有很多，主要有黏性末端连接法、平端连接法、黏—平端连接法等。

3. 重组 DNA 分子转入宿主细胞

体外重组生成的重组子必须导入合适的宿主细胞中才能进行复制、扩增和表达。将重组的 DNA 分子引入细菌，使其在细菌体内扩增及表达的过程称为转化作用（transformation），最常用受体细胞是大肠杆菌。将 DNA 重组体导入真核细胞的过程称为转染（transfection）。

4. 重组子的筛选与鉴定

重组 DNA 转化或感染受体菌后，需要从宿主细胞中筛选出含有阳性重组 DNA 的细胞。重组子的筛选可以根据载体上的标记基因进行，如抗生素标记、β－半乳糖苷酶系统等。初步筛选出的重组 DNA 还必须进一步进行精确鉴定，常用的方法有酶切、核酸分子杂交、PCR 扩增等。

### 18.2.4 外源 DNA 导入植物细胞的方法

外源目的基因可以直接用于植物转化或者构建表达载体后再用于转化，目前应用较广泛的转基因技术有以下几种：

#### 18.2.4.1 农杆菌介导法

通过 DNA 重组技术将目的基因与 Ti 质粒连接构建重组子，再将重组子导入农杆菌，农杆菌侵染植物受体细胞（叶盘、原生质体或愈伤组织等），并再生植株，从而将外源基因导入植物体内进行表达的一种转基因方法。目前常用的有叶盘转化法、整株感染法和原生质体共培养法。

#### 18.2.4.2 基因枪转化法

通过基因枪将带有基因的金属颗粒（金粒或钨粒），以一定的速度射进植物细胞，并进入基因组，从而实现转化的一种转基因技术。基因枪转化法操作简单，效率高，适应性强，不受细胞、组织或器官的类型限制，得到了广泛的应用。基因枪根据其加速装置可分为火药引爆驱动式、高压放电驱动式、压缩气体驱动式等。

#### 18.2.4.3 PEG 诱导法

通过化学物质 PEG 处理植物原生质体，改变细胞膜的通透性从而将外源 DNA 分子导入细胞内的一种转基因方法。PEG 转化的基本步骤包括外源目的基因的制备、原生质体制备、目的基因和原生质体的转化培养、转化体的鉴定及植物再生等。

#### 18.2.4.4　脂质体介导法

用化学物质（脂质体）将DNA包裹成球体，通过植物原生质体的吞噬作用，把DNA导入细胞的转基因技术。

#### 18.2.4.5　电击法

利用高压脉冲作用，在原生质体上形成可逆的瞬间通道，从而促进原生质体摄取外源DNA的一种转基因技术。电击法的一般操作程序：将高浓度的质粒DNA加入到植物细胞的原生质体悬浮液中，通以200～600V/cm的电场，若干秒后将原生质体进行培养并再生植株。

#### 18.2.4.6　超声波介导法

利用超声波的生物学效应，击穿细胞膜造成通道，从而使外源DNA进入细胞。此转化途径避免了脉冲高压对细胞的损伤作用，有利于原生质体的存活。

#### 18.2.4.7　显微注射

利用显微注射仪将外源基因直接注入植物的细胞核或细胞质中，从而实现基因转移。受体细胞最初仅用原生质体，现在悬浮细胞、花粉粒、卵细胞、子房等都能作为受体。

#### 18.2.4.8　激光微束法

激光聚焦成微米级的微束照射细胞，利用其热损伤效应使细胞壁上产生可恢复的小孔，使加入到细胞培养基里的外源基因进入植物细胞，从而实现基因的转移。

#### 18.2.4.9　种质系统介导法

以植物自身的种质细胞为媒介，如花粉、卵细胞、子房和幼胚等，将外源DNA导入植物细胞，实现遗传转化的技术，也称为生物媒体转化系统或整株活体转化。

1. 花粉管通道法

授粉后，向子房注射含目的基因的DNA溶液，利用植物在受精过程中形成的花粉管通道，将外源DNA导入受精卵细胞，并进一步整合到受体细胞的基因组中，随着受精卵的发育而成为转基因植株的技术。

2. 浸泡转化法

将种子、胚、胚珠、子房、幼穗甚至幼苗等直接浸泡在外源DNA溶液中，利用渗透作用将外源基因导入受体细胞并得到整合与表达的一种转化方法。

3. 胚囊、子房注射法

使用显微注射仪将外源DNA溶液注入子房或胚囊中，通过子房或胚囊中产生的高压力和卵细胞的吸收，使外源DNA进入受精的卵细胞中，从而获得转基因植株的一种方法。

### 18.2.5　转基因的受体系统

#### 18.2.5.1　愈伤组织再生系统

愈伤组织再生系统是指植物外植体经脱分化形成愈伤组织，再由愈伤组织再分化形成再生植株的受体系统，它是植物转基因常用的受体系统之一。愈伤组织是由脱分化的分生细胞组成，比较容易接受外源基因，转化率较高。由于目前多种植物都可以经组织培养诱导产生愈伤组织，而且由于愈伤组织可继代扩繁，转基因的愈伤组织也可以快速繁殖而获得大量的转化植株，因此该系统是广泛应用的转基因系统。但是，愈伤组织是由多细胞形成，因此形成的不定芽中嵌合体比例较高，而且愈伤组织所形成的再生植株本身无性系变异较大，转化的目的基因遗传稳定性也较差，因此该系统并不是最理想的转基因受体系统。

#### 18.2.5.2　直接分化再生系统

直接分化再生系统是指外植体不经过愈伤组织阶段而直接分化形成不定芽的受体系统。直接分化芽是由未分化的细胞形成，体细胞无性系变异小，因此，导入的外源目的基因可稳定遗传，尤其是由茎尖分生组织细胞建立的直接分化系统，其遗传稳定性更好。利用该系统进行转基因，操作简单、周期短，特别适合无性繁殖的花卉植物。但是由于不定芽的再生常起源于多细胞，因此转基因植株也出现较多的嵌合体。再者，由外植体诱导直接分化芽，难度大、不定芽量少，因此，转基因效率较低。

#### 18.2.5.3 原生质体再生系统

原生质体是“裸露”的植物细胞，具有全能性，在适当的条件下可再生植株。原生质体无细胞壁，外源DNA容易导入细胞；原生质体培养的细胞，常分裂形成基因型一致的细胞群，因此由转化原生质体再生的转基因植株嵌合体少；原生质体适用于多种转化系统，如电击法、PEG法、脂质体介导法和显微注射法等，理论上是较为理想的转基因受体系统。但是由于原生质体培养所形成的细胞无性系变异大，遗传稳定性差，原生质体培养难度大、周期长、植株再生频率低；另外还有相当多的植物原生质体培养尚未成功，因此该系统应用于植物转基因存在一定的局限性。

#### 18.2.5.4 胚状体再生系统

胚状体再生系统是指体细胞或单倍体细胞在离体培养条件下诱导成为体细胞胚胎，再在一定条件下发育成完整植株的系统。该系统的胚性细胞接受外源DNA能力很强，是理想的转基因受体细胞。胚性细胞繁殖量大、同步性好、转化率很高，胚状体个体间遗传背景一致、无性系变异小、成苗快，还可以制成人工种子，因此是较理想的转基因受体系统。

#### 18.2.5.5 生殖细胞再生系统

生殖细胞不仅具有全能性，而且接受外源遗传物质的能力强，导入外源基因成功率高，容易获得转基因植株；生殖细胞是单倍体细胞，转化的基因无显隐性影响，能使外源目的基因充分表达，有利于性状选择，通过加倍后即可成为纯合的二倍体新品种，因此，利用生殖细胞作为转基因受体，与单倍体育种技术结合，可简化和缩短育种过程。但是利用生殖细胞进行遗传操作只能在开花期内进行，因此，受到季节及生长条件限制。

### 18.2.6 转基因植物的鉴定

遗传转化之后，外源基因是否进入植物细胞，是否整合到染色体上，整合的方式如何，整合的外源基因是否表达，这一系列问题的解答都依赖于转基因植物的鉴定。

#### 18.2.6.1 转基因植物的标准

1991年，Potrykus对转基因植物提出了一个明确的检测标准，现已得到绝大多数学者的认同，包括：①鉴定要设立严格的对照，包括阳性、阴性对照；②提供转化当代植株的外源基因整合和表达的分子生物学证据，包括PCR、Southern印迹杂交，Northern印迹杂交，Western印迹杂交等，以及表型数据，如酶活性分析；③提供外源基因控制的表型性状证据，如抗虫、抗病等；④提供稳定遗传证据。有性繁殖植物需有目的基因控制的表型性状传递给后代的证据，无性繁殖作物有繁殖一代稳定遗传的证据。

#### 18.2.6.2 转基因植物的鉴定方法

1. 遗传鉴定

鉴定在DNA水平上进行，主要是指以外源基因为探针，进行DNA Southern分子杂交，只有经过分子杂交鉴定过的植物才可以称为转基因植物。这种方法不仅可鉴定外源基因的整合，还可初步鉴定插入的拷贝数。

2. 表达鉴定

鉴定在转录和翻译水平上进行。转录水平上的检测主要方法是Northern杂交，它是以DNA或RNA为探针，检测RNA，包括斑点杂交和印迹杂交。也可用RT-PCR方法检测：以植物RNA为模板进行反转录，获得cDNA，然后以cDNA为模板经PCR扩增目的基因，如果能获得特异的cDNA扩增带，则表明外源基因实现了转录。此法简单、快速，但对外源基因转录的最后认定，还需要Northern杂交的实验结果。

外源基因表达蛋白的检测方法有三种：①生化反应检测法：主要通过酶反应来检测；②免疫学检测法：通过目的蛋白（抗原）与其抗体的特异性结合进行检测，具体方法有Western杂交、酶联免疫吸附法（ELISA）及免疫沉淀法；③生物学活性的检测。

3. 表型分析鉴定

根据外源基因控制的表型性状，如抗虫、抗病、花色、花型等，对转基因植株的表型进行观察、记载和鉴定，确定是否表现出目标性状。

### 18.2.7　转基因植物的安全性

目前对转基因植物的安全性评价主要集中在两个方面，一个是对环境的安全，另一个是食品安全性。

环境安全性包括：①转基因植物成为杂草的可能性；②转基因植物对近缘物种和野生种带来的潜在影响，转基因植物是否会向非转基因植物、野生近缘种、非近缘种基因漂流；③转基因植物是否会破坏自然生态环境，打破原有生物种群的动态平衡，如 Bt 基因的目标是棉铃虫和红铃虫等植物性害虫，但它是否对会对别的生物造成影响。

食品安全性方面：①转入的外源基因或基因产物是否对人畜有害，如转 Bt 杀虫基因的植物，除了评价它的抗虫效果外，还要评价它作为饲料或食品对人畜的安全性；②转基因植物是否含有控制过敏源形成的基因等，如美国有人将巴西坚果中的 2S 清蛋白基因转入大豆，虽然使大豆的含硫氨基酸增加，但有 2%成年人和 8%儿童对其过敏。

鉴于转基因植物存在的潜在威胁，相应的法规也陆续出台以规范转基因植物的研究和生产，如美国的《重组 DNA 分子研究准则》、联合国的《生物技术管理条例》、欧共体的《关于控制使用基因修饰微生物的指令》和《关于基因修饰生物向环境释放的指令》、我国的《基因工程安全管理办法》、《农业生物工程安全管理实施办法》等。

## 18.3　分子标记辅助育种

育种工作中，经常需要对植株进行选择，传统的育种主要根据表现型选择，致使选择效率低、选择时间长，而且环境条件、基因互作等都会影响选择的效率。因此，如何提高选择效率成了育种工作的关键。

分子标记辅助育种（molecular marker assisted selection，MAS），是利用与目标性状紧密连锁的 DNA 分子标记对目标性状进行间接选择的一种现代育种技术。该技术不仅可在早代进行准确、稳定的选择，而且可以克服隐性基因识别难的问题，因此大大加速了育种进程，提高了育种效率。

### 18.3.1　常用的 DNA 分子标记

常用的 DNA 分子标记可分为三大类：第一类是以分子杂交为基础的 DNA 标记技术，如 RFLP；第二类是以聚合酶链式反应（polymerase chain reaction，PCR）为基础的各种 DNA 指纹技术，如 RAPD、简单重复序列中间区域标记（inter - simple sequence repeats polymorphisms，ISSR）、AFLP、SSR 和序列标签位点（sequence - tagged sites，STS）等。第三类是以测序为基础的新型分子标记，如单核苷酸多态性（single nucleotide polymorphism，SNP）、表达序列标签（expressed sequences tags，EST）。目前广泛应用于辅助育种的标记有 RFLP、RAPD、SSR、AFLP、STS 等。

### 18.3.2　质量性状的分子标记辅助选择

质量性状的表现型与基因型之间有比较明确的关系，采用表现型对质量性状进行选择一般来说是有效的。但在育种过程中也常常会遇到一些特殊情况，如表现型的测量难度大、费用高；表现型需要在个体发育后期才能测量，为了加快育种进程或减少后期工作量，希望在个体发育早期就进行选择；需要对目标基因之外的遗传背景进行选择。在这些情况下采用表现型选择法就很难达到目标，常常需要借助分子标记辅助选择。

质量性状的分子标记辅助选择常常用于以下几方面：①前景选择（foreground selection），即对目标基因的选择，这是标记辅助选择的主要方面；②背景选择（background selection），即对基因组中除了目标基因之外的其他部分（即遗传背景）的选择；③基因聚合（gene pyramiding），即将分散在不同品种中的有用基因聚合到同一个基因组中；④基因转移（gene transfer）或基因渗入（gene transgression），指将供体亲本（一般为地方品种、特异种质或育种中间材料等）中的有用基因（目标基因）转移或渗入到受体亲本（一般为优良品种或杂交品种亲本）的遗传背景中，从而达到改良受体亲本个别性状的目的。

### 18.3.3 数量性状的分子标记辅助选择

大多数植物育种目标属于数量性状，传统育种方法基本都是依据表现型进行选择的，育种效率低下，因此数量性状应成为标记辅助选择的主要对象。理论上，质量性状的分子标记辅助选择方法也适用于数量性状，但是数量性状分子标记辅助选择的难度要比质量性状大得多，如目前 QTL 定位研究还少，不能满足育种的需要；分子标记无法对数量性状进行全面的辅助选择，也很难对众多目标基因进行选择；上位性效应影响选择效果，不同数量性状间还可能存在遗传相关等。因此，数量性状的分子标记辅助选择还主要局限在理论上，在园林植物中很少应用。

虽然分子标记辅助育种在应用中还存在很多困难，但是分子标记辅助育种在园林植物育种中的作用是毋庸置疑的，相信在不久的将来，随着分子生物学技术的进一步发展以及各种园林植物遗传图谱的构建，分子标记辅助育种会发挥它应有的作用。

## 小 结

花药培养是器官培养，花粉培养属细胞培养，但二者培养目的是一样的，都是要诱导花粉细胞发育成单倍体细胞，最后发育成单倍体植株。花粉/花药培养常常与诱变育种相结合用于园林植物生物技术育种。除去细胞壁的细胞团叫原生质体，采用机械法和酶解法可从叶片等材料分离原生质体，分离的原生质体，可采用液体浅层培养、固体培养、固—液双层培养、看护培养等方法培养并再生植株。

基因工程育种技术包括 DNA 重组技术（植物表达载体的构建)，外源基因导入植物细胞以及转基因植物的鉴定，其中需要目的基因、载体、工具酶等的参与。

分子标记辅助育种是利用与目标性状紧密连锁的 DNA 分子标记对目标性状进行间接选择的一种现代育种技术，不仅可在早代进行准确、稳定的选择，而且可克服隐性基因识别难的问题，大大加速育种进程，提高育种效率，是今后育种研究的方向。

## 思 考 题

1. 名词解释：

| | | | | |
|---|---|---|---|---|
| 原生质体培养 | 原生质体融合 | 体细胞杂交 | 人工种子 | 细胞工程 |
| DNA 重组技术 | 分子标记辅助育种 | 平末端 | 黏性末端 | 载体 |

2. 影响花药培养的因素有哪些？花药培养在园林植物育种上有何应用价值？
3. 如何分离原生质体？原生质体培养有哪些方法？
4. 原生质体融合的方式有哪些？怎样鉴定杂种细胞？
5. 如何将外源 DNA 导入植物细胞？
6. 园林植物基因工程常用的目的基因有哪些？如何克隆目的基因？
7. 基因工程育种的常用受体系统有哪些？常用的选择标记基因和报告基因有哪些？
8. 常用的分子标记技术有哪些？

# 第19章 品种登录、审定与保护

**本章学习要点**

- 园林植物品种登录的概念与意义
- 品种登录程序
- 品种审定和品种保护的目的与意义

品种登录、审定与保护是园林植物育种工作的延续，也是新品种投入生产或面向市场的重要环节。植物新品种保护是指对植物育种人权利的保护，这种权利是由政府授予植物育种者利用其品种排他的独占权利。未经育种者的许可，任何人、任何组织都无权利用育种者培育的、已授予品种权的品种从事商业活动。一个园林植物新品种投入生产后，很容易被他人迅速地加以繁殖和利用，这样，会极大地挫伤育种者的积极性。为了保护育种者的权利，应当加强对植物新品种保护的研究。通过审定（认定）的园林植物品种，只有经过良种繁育，提高质量、扩大数量，才能推广应用于园林绿化和花卉生产。对已经获得品种权的品种，必须征得品种权人的同意并授权后方可用于商业目的的扩大繁殖。

## 19.1 国际园林植物品种登录

品种国际登录是加强国内国际合作与交流的重要前提，主要意义在于让不同的植物新品种有其统一、合法的名称，建立国际统一的品种档案材料，使各国的园艺植物品种名称趋于规范化、标准化，促进各国间科研教学单位、专业协会（学会）以及种子种苗公司和生产者之间的交流。其学术意义较大，专业影响较为深远，对于育种者的权益保护只能起到一定的辅助作用。品种国际登录具有无可争辩的学术权威性。其中品种登录是对育种成果的发表，品种审定是对新品种各种形状的鉴定，品种保护主要是保护育种者的权益。三者分别从学术、行政和法律等方面，对新品种及其育种者进行制约和保护。

### 19.1.1 植物新品种登录

育种者在培育新品种之后，往往在扩大推广繁殖之前进行品种登录，以保护品种权。品种登录是由国际品种登录权威根据现行的《国际栽培植物命名法规》（ICNCP，8th，2009）对植物品种的名称进行审核、认定、登记，并确认育种者的过程。

#### 19.1.1.1 园林植物新品种登录机构

品种登录机构主要有国际园艺学会（International Society for Horticultural Science，ISHS）（官方网站：http：//www.ishs.org/）、品种登录权威（International Registration Authority，IRA）等建立的统一的栽培植物品种登录系统。中国十大传统名花已经有8种由外国登录，分别是牡丹、菊花、兰花、月季、杜鹃花、山茶花、水仙花、荷花等（见表19－1）。

表19－1 国际栽培植物品种登录权威（IRA）一览表（部分）

| 拉丁名 | 类群 | 登录机构 | 登录机构中文名称 | 网站 |
|---|---|---|---|---|
| Tulipa | 郁金香 | Royal General Bulb growers' Association（KAVB） | 荷兰皇家球根种植者总会 | www.kavb.nl |
| Gladiolus | 唐菖蒲属 | North American Gladiolus Council | （美国）北美唐菖蒲协会 | www.gladworld.org/ |

续表

| 拉丁名 | 类群 | 登录机构 | 登录机构中文名称 | 网站 |
|---|---|---|---|---|
| Lilium、Rhododendron | 百合、杜鹃花 | The Royal Horticultural Society's Garden Wisley | 英国皇家园艺学会威利斯植物园 | www. rhs. org. uk/gardens/wisley |
| Paeonia | 牡丹 | American Peony Society (APS). | 美国牡丹芍药协会 | http: // www. americanpeonysociety. org/ |
| Chrysanthemum | 菊花 | | 英国国家菊花协会 | |
| Orchidaceae、Narcissus | 兰花、水仙花 | Royal Horticultural Society | 英国皇家园艺学会 | www. rhs. org. uk |
| Rosa | 月季 | American Rose Society | 美国月季协会 | www. ars. org/ |
| Camellia | 山茶花 | Australia | 澳大利亚国际山茶协会 | |
| Nelumbo、Nymphea | 荷花 | The British International lotus Association | 英国国际荷花协会 | |
| Prunus mume | 梅 | Chinese Mei Flower and Wintersweet Association | 中国梅花蜡梅协会 | www. flowery. net. cn |
| Osmanthus fragrans | 木樨属 | International Cultivar Resistration Authority－Osmanthus | 木樨属植物品种国际登录中心 | http://icrco. njfu. edu. cn/index. HTM |

**19. 1. 1. 2** 品种登录的程序

（1）育种者向品种登录权威提出申请，提交品种登录申请表。

一般申请表主要包括拟用名（学名、中文名、品种名、商品名等）、育种亲本、育种过程、形状描述等有关材料，并提供图片或标准（命名标准）。使用拉丁字母语言对植物的描述，应包括各部的颜色描述。皇家园艺学会（RHS）色卡是目前广泛使用的标准色卡，强烈推荐使用该色卡。如登录木樨属新品种（见表19－2和表19－3），需要交纳登录费，按照国际惯例，每一品种收登录费10美元或人民币100元。登录证书是免费的，索取必复。提供所要登录木樨属品种的彩色照片3～5张，标准标本2份，连同此申请表作为正式文件保存，以备将来参考。

**表19－2　木樨属（Osmanthus）品种国际登录申请表（中文）**

| 是否索取登录证书（是/否） | | | | | |
|---|---|---|---|---|---|
| 学名 | | 中名 | | 俗名 | |
| 品种名（首选） | | 商业名 | | | |

请填写A或B，然后填写C

（A）如是杂交育种或实生育种

（a）母本：
（b）父本：
（c）培育人或单位：
（d）培育时间：
（e）地址：
（f）首次开花时间：

（B）如是芽变

（a）母株：
（b）首次繁殖人：　　时间：
（c）地址：

（C）所有申请者

定名人：　　时间：
地　址：
引种人：　　时间：

续表

| 地　址： |
| --- |
| 请说明所用木樨属植物品种名称的由来 |
| 描述：花色色谱请依照 *the R. H. S. Colour Chart*（1966，1986，1995，2001，请指明哪一版） |
| 株形： |
| 树冠： |
| 树高： |
| 树皮： |
| （a）颜色：<br>（b）开裂情况：<br>（c）皮孔形状：<br>（d）皮孔分布： |
| 枝条 |
| （a）枝姿：<br>（b）色泽：　　　　幼枝　　　　老枝<br>（c）一年生枝长度　　　cm，节数　　　；平均节长：　　　cm |
| 叶片 |
| （a）形状：<br>（b）叶色：<br>（c）叶面：<br>（d）光泽度：<br>（e）叶缘：<br>（f）叶片大小：长　　　cm，宽　　　cm<br>（g）叶尖：<br>（h）叶基：<br>（i）叶柄长度　　　cm；　　　叶柄颜色：<br>（j）侧脉对数　　　网脉： |
| 花芽 |
| （a）每节叶腋内叠生花芽的数目：<br>（b）花芽的开放特点： |
| 花序 |
| （a）花序类型：<br>（b）每花芽的花朵数目：<br>（c）整体花感： |
| 花梗 |
| （a）长度：<br>（b）姿态：<br>（c）颜色：<br>（d）花序总梗的性状（四季桂）： |
| 花色： |
| 花径（mm）： |
| 重瓣性： |
| 瓣型： |
| 花冠 |
| （a）裂片形状：<br>（b）长度：　　　mm　　宽度：　　　mm |
| 雄蕊： |

续表

| | |
|---|---|
| 雌蕊： | |
| （a）发育情况：<br>（b）子房形状： | |
| 花期： | |
| （a）开花季节：<br>（b）秋季花期： | |
| 花香： | |
| 果实： | |
| （a）形状：<br>（b）大小：<br>（c）颜色：<br>（d）皮孔：<br>（e）成熟期： | |
| 特异性评价： | |
| 其他： | |
| 如何区别于其他近似的木樨属品种？ | |
| 彩色照片是否提交（是/否） | |
| 该品种是否已发表在期刊上，是否进行了描述？如果是，请提供首次发表的详细描述。 | |
| 申请地点 | |
| 请说明该品种是否受植物专利/植物育种人权利保护。 | |
| 请说明该品种是否具有商品名或商标 | |
| 注：以上登记表格中凡与大小、长度、宽度、直径等有关的数量性状请一律用平均值。 | |
| 收到日期 | |
| 该木樨属植物品种登录申请已被接受或推迟受理的理由说明 | |
| 登录权威签字和登录中心盖章 | |
| 日期 | |

**表 19-3　　木樨属登录申请表（英文）**

**APPLICATION TO REGISTER A CULTIVAR NAME FOR *OSMANTHUS* Lour.**

This form, duly completed , should be sent to "Prof. Xiang Qibai, The International Registration Center for Osmanthus, Nanjing Forestry University, Nanjing, 210037, P. R. China " . Names already listed in the latest edition of *The International Osmanthus Register Annual Report* or in subsequent supplements should not be re-used and are not acceptable for registration. Names proposed should be in accordance with the latest edition of the *International Code of Nomenclature for Cultivated Plants* (2004) . Details of these publications may be obtained form the above address or we will tell you how to get these materials . Registration should take place before the name is published or disseminated in any other way . Registration fee ( US $10 or RMB ￥100 ) is needed to be paid for the free registration of a new cultivar name. A certificate of registration is available free of charge and will be supplied on request .

Please supply 3-5 good colour photograph and 2 standard specimens for the registration of the cultivar. This, together with the form, will constitute a definitive record or "standard portfolio " for future reference .

CERTIFICATE REQUIRED ?　　　　Yes / No

Species name ______________　Latin name ______________

Vernacular name ______________

Proposed name ( 1st choice ) ______________

Is it a cultivar or cultivar-group name? ______________

Please complete either part A or part B ( as appropriate ) and then part C

A) If seedling

(a) Parent (♀) ______________

(b) Parent (♂) ______________

(c) Hybridized by ______________　Year ______________

续表

Address ______
B) If sport
(a) Name of parent ______
(b) First propagated by ______ Year ______
Address ______
C) All applications
Named by ______ Year ______
Address ______
Introducer ______ Year ______
Address ______
Please indicate the derivation of the proposed name ______
DESCRIPTON: Where possible colour references should be given from the R. H. S. Colour Chart (1966, 1986, 1995, 2001 please indicate which was used), or others may be used.
Crown ______ Height ______ M
Bark
(a) color ______ (b) smooth or not ______
(c) size of stomatas ______ (d) distribution of stomatas ______
Branch
(a) size ______ (b) color: young branch ______ old branch ______
(c) length of branch in a year ______ cm;
number of nodes ______;
length of internode ______ cm
Leaves
(a) shape ______ (b) color (above/bebeath) ______
(c) leaf margin ______ (d) size of leaf: length ______ cm; width ______ cm
(e) leaf apex ______ (f) leaf base ______
(g) length of petiole ______ cm; color of petiole ______;
(h) number of veins ______; reticulate veins ______
Flower buds
(a) number of flower buds per node ______ pairs
(b) characters of buds ______
Inflorescence
(a) type of inflorescence ______
(b) number of flowers of per flower bud ______
(c) density of flowers of whole tree ______
Pedicel
(a) length ______ (b) pendulous ______ Yes/Not
(c) color ______
(d) peduncle of inflorescence (cultivars of Siji Group) ______
Color of flowers ______
Diameter of flower ______
Doubleness ______
Corolla
(a) doubleness ______ Yes/Not (b) shape of petals ______
(c) length ______ (d) width ______
Stamen ______
Pistil
(a) development condition ______
(b) shape of ovary ______
Blooming season ______
Fragrance of flower ______
Fruit
(a) shape ______ (b) size ______ (c) color ______ (d) stomata ______
(e) maturing season ______
Anything special? ______
Others ______
How does it differ from similar cultivars? ______
Colour photograph ______ Yes/No
Has the name appeared in a dated publication, with a description? If so, please give details of the first such publication
______

续表

| |
|---|
| Please indicate whether the plant is protected by Plant Patent/Plant Breeder' s Rights, and where ____________ |
| Please indicate any trademark or additional trade designation { "commercial synonym"} to be used in marketing the plant ____________ |
| This part of the form for use of the International Registar |
| Date received ____________ |
| Registration of this Osmanthus has been accepted as ____________ |
| has been postponed for reason stated ____________ |
| Signature of International Registrar ____________ |
| Date ____________ |

* Note: All the characters concerning size, length, width, diameter in the label above please take average measures.
(表 19-2、表 19-3 引自 http://icrco.njfu.edu.cn/index_4.htm)

目前，我国也有育种者可以依照《中华人民共和国植物新品种保护条例》和《中华人民共和国植物新品种保护条例实施细则（林业部分）》规定的程序，直接向国家林业局新品种保护办公室提出品种权申请，也可委托国家林业局指定的代理机构代理申请。

（2）登录权威审查。

在育种者依据相关机构要求提出申请，上交相关该品种的登录申请表等各项资料后，由 ICRA 根据申报材料和已登录品种，主要包括拟登录品种的名称、育种过程、性状特征等进行书面审查。一般只有特殊情况下，才进行实物审查。

（3）颁发登录证书并发表登录结果。

对于符合登录条件的品种，给申请者颁发登录证书。收录在登录年报中，同时在正式出版物上（如 *HortScience*）发表。

**19.1.1.3** 品种登录的作用

品种登录的作用主要体现在以下几个方面：①保证品种名称的准确性、一致性和稳定性；②学术界公认。确定正式发表育种者的成果，即确定了育种者（单位或个人）对该品种的命名优先权、知识产权。有利于品种的商业化和合法流通；③有利于人们熟悉现有品种，亦是培育新品种重要途径。如美国月季协会出版的 *Modern Roses* 12（2007），对超过 25000 个现代月季品种的来源和亲本都有较为详细的记载，是该协会对月季品种登录的巨大贡献。

## 19.2 园林植物品种审定

### 19.2.1 品种审定的概念

品种审定是指对新选育或新引进的品种由权威性的专门机构对其进行审查，并作出能否推广、应用和在什么范围内推广的决定，是对园林植物新品种进行观赏特性、形态特征、生物学特性、抗逆性等进行评价，还要经过品种比较试验，选出表现优良的品种，并通过区域试验，测定其在不同地区的土壤、气候和栽培条件下的适应性和稳定性。

在进行生产试验基础上进行更大范围的推广。实行品种审定制度后，原则上只有经审定合格的品种，由农业行政部门公布后，才可正式繁殖推广。

### 19.2.2 品种审定机构

品种审定机构通常由农业行政部门、种子部门、科研单位、农业院校等有关单位的代表组成。全国品种审定委员会负责全国性的农作物品种区域试验和生产试验，审定适合于跨省（自治区、直辖市）推广的国家级新品种；省（自治区、直辖市）品审会负责本省（自治区、直辖市）的农作物品种区域试验和生产试验，审定本省（自治区、直辖市）育成或引进的新品种。农业部、省（自治区、直辖市）：农作物品种审定委员会（简称品审会），下设花卉专业委员会；地（市）级：设品种审定小组。林业部：林木品种审定委员会。

目前，品种审定机构的主要工作任务：①领导和组织品种的区域试验、生产试验；②对报审品种进行全面审查，并作出能否推广和在什么范围内推广的决定；③贯彻《中华人民共和国种子管理条例》，对良种繁育和推广工作提出意见。

1997 年 3 月 20 日，国务院以第 213 号令发布了《中华人民共和国植物新品种保护条例》（以下简称《条例》），自 1997 年 10 月 1 日起施行。根据《条例》的规定，国家林业局是植物新品种权审批机关之一，国家林业局设有林木品种审定委员会。按职责分工，国家林业局负责林木、竹、木质藤本、木本观赏植物（包含木本花卉）、果树（干果部分）、及木本油料、饮料、调料、木本药材等植物新品种权申请的受理和审查，并对符合《条例》规定的植物新品种授予植物新品种权。第九届全国人民代表大会常务委员会第四次会议通过决定（1998 年 8 月 29 日），我国加入《国际植物新品种保护公约（1978 年文本）》（以下简称《公约》）。随后，国家林业局派员参加的我国政府代表团在日内瓦向国际植物新品种保护联盟（The International Union for the Protection of New Varieties of Plants，UPOV）秘书处递交了我国的加入书，经过 UPOV 大会审查通过，我国于 1999 年 4 月 23 日正式加入《公约》，成为 UPOV 第 39 个成员国。同日，国家林业局植物新品种保护办公室开始受理来自国内外的植物品种权申请。截至 2009 年 12 月，共授予品种权 294 件。

但由于林木和园林树木还不太容易严格区分开，如松、杨等。因此园林树木新品种可以向国家或各省（自治区、直辖市）林木品种鉴定委员会提出申请。可见，园林植物（园林树木和花卉）的新品种是不需要审定的。但如果需要审定证书等能够表明育种成果的文件，可以向省（自治区、直辖市）的审定机构进行申请。

### 19. 2. 3　品种审定的程序

#### 19. 2. 3. 1　报审条件

（1）经连续 2～3 年的区域试验和 1～2 年的生产试验，并达到审定标准，性状稳定一致。

（2）经两个或两个以上省级品审会审定通过的品种。

（3）有全国品审会授权单位进行的性状鉴定和多点品比试验结果，并具有一定应用价值的某些特用农作物品种。

#### 19. 2. 3. 2　申报材料

（1）育成或引进品种的单位或个人名称、品种权人。

（2）植物类别、类型、品种名称、品种特征特性。

（3）品种选育过程。

（4）适用范围及栽培技术要点。

#### 19. 2. 3. 3　申报程序

（1）育（引）种单位或个人提出申请并签章。

（2）育种者单位审核并签章。

（3）主持区域试验、生产试验单位推荐并签章。

（4）育种者所在地区的品审会（小组）审查同意并签章。

植物新品种培育完成后，必须由完成植物新品种的单位或个人或其受让人向主管部门申请，经主管部门审查和批准后，才能取得植物新品种权。

1）申请。中国单位和个人申请品种权的，可以直接或者委托代理机构向审批机关提出申请。如果所涉品种涉及国家安全或者重大利益需要保密的，应按国家有关规定办理。外国人，外国企业或者外国其他组织在中国申请品种权的，应当按其所属国和中华人民共和国签订的协议或者共同参加的国际条约办理，或者按互惠原则依条件办理。申请时，申请人应当向审批机关提交符合规定格式要求请求书，说明书和该品种的照片。

2）受理。植物新品种权的审批机关是国务院农业、林业行政部门，它们按照职责分工共同负责植物新品种权申请的受理和审查。审批机关收到品种权申请文件之日为申请日，申请文件是以寄出的邮戳为申请日，外国人根据本国与中国签订的协议或者共同参加的国际条约或者根据相互承认优先权的原则，可以要求优先权。对于符合规定的品种权申请，审批机关应当予以受理，明确申请日，给予申请号，并通知缴纳申请费。对于不符合规定的品种权申请，审批机关不予以受理，并通知申请人。

3）审批程序。审批机关的审批程序如下：①初审。申请人缴纳申请费后，审批机关在申请日起 6 个月内对品种权申请的内容进行初步审查；②实质审查。申请人按规定缴纳审查费以后，审批机关对品种权申请的特异性，一致性和稳定性进行实质审查；③复审。申请人对于审批机关驳回品种权申请的决定不服的，可以在收到通知之日起 3 个月内，向植物新品种复审委员会请求复审，对复审决定不服的在接到通知之日 15 日内向人民法院提起诉讼。

**19.2.3.4** 品种审定、定名和登记

审委会各专业委员会（小组）召开会议，对报审的品种进行认真的讨论审查，用无记名投票的方法决定是否通过审定，凡票数超过法定委员总数的半数以上的品种为通过审定，整理好评语，提交品审会正副主任办公会议审核批准后，发给审定合格证书。

经全国农作物品审会通过审定的品种，由农业部统一编号登记并公布，由省级审定通过的品种，由省（自治区、直辖市）农业厅统一编号登记、公布，并报全国农作物品审会备案。我国园林植物一般由国家林业局植物新品种保护办公室网站及公告对外进行公示。同时，通过审定的品种，只能在其选育和申请的适宜范围内推广及应用。

新品种的名称由选育单位或个人提出建议，由品审会审议定名，引进品种一般采用原名或确切的译名。

## 19.3 植物新品种保护

### 19.3.1 植物新品种保护的概念

国际植物新品种保护联盟（UPOV），是一个政府间组织，总部设在瑞士日内瓦（网站 http://www.upov.int/portal/index.html.en），建立了新品种的国际公约的植物新品种权保护。国际植物新品种保护公约 1961 年在巴黎签署，1968 年生效，1972 年、1978 年、1991 年三次修订。新品种保护公约的使命是提供一个有效的制度，促进植物新品种保护，旨在鼓励开发植物新的品种，造福社会。

植物品种保护又被称为“植物育种者权利”，是授予新品种育成者或单位在规定的时间和地域范围内利用其品种享有排他的独占权利，他人不经权利人许可不得行使其权利，属于知识产权的一种形式。

### 19.3.2 植物新品种保护的意义

为植物新品种的完成人或单位的权益提供了法律保障；保护植物新品种育成人或单位的权益，调动和保护了植物新品种育成人或单位的创新性和创造性，对鼓励育种人或单位的育种积极性具有重要意义；有利于促进植物新品种的宣传、推广和扩大知名度；是品种选育和良种繁育的重要环节；有利于开辟和补偿育种经费的来源等。

### 19.3.3 品种保护的措施

通过立法手段从法律上维护育种者的利益。只有获得品种保护权的育种者，才有权繁殖、销售或转让该品种。

中国于 1997 年颁布了《中华人民共和国植物新品种保护条例》，共 8 章 46 条。内容包括：授予新品种权的条件；品种权的内容和归属；品种权的申请、受理、审查和批准；保护期限和处罚等。条例定于 1997 年 10 月 1 日起施行。

**19.3.3.1** 申请授予品种权的条件

申请授权的新品种应属于国家植物品种名录中列举的植物属或种；申请授权的品种应具备新颖性、特异性、整齐性和稳定性，并有适当的名称。

**19.3.3.2**　品种权的申请、受理与审查批准

（1）国务院农业、林业行政部门负责。

（2）申请者向审批机关提交符合规定格式的申请书、说明书和该品种的照片。

（3）审批机关对符合要求的申请予以受理，并自收到申请之日起一个月内通知申请人缴纳申请费。

（4）审批机关自受理申请之日起 6 个月内，根据新品种授权条件完成初审，对初审合格者予以公告，并通知申请者在 3 个月内缴纳审查费。

（5）申请人缴纳审查费后，审批机关授权测试机构对品种的特异性、整齐性和稳定性进行实质审查。

（6）对实质审查合格的新品种，由审批机关作出授予品种权的决定，颁发品种权证书并予以登记公告。

（7）审查不合格而申请者不服时，可在 3 个月内请求复审。

**19.3.3.3**　授权品种的权益和归属

当品种符合新颖性、特异性、一致性、稳定性等条件时将授予育种者权利。完成育种的单位和个人，对其授权品种享有排他的独占权。任何单位或个人未经品种权所有人许可，不得为商业目的生产或销售该授权品种的繁殖材料。

执行单位任务、利用单位物质条件完成的职务育种，新品种申请权属于单位；非职务育种的申请权属于个人；委托或合作育种，品种权按合同规定，无合同时品种权属于受委托完成或共同完成育种的单位或个人。

**19.3.3.4**　品种权的保护

品种权的保护期限自授权之日起，藤本植物、林木、果树和观赏树木为 20 年，其他植物为 15 年。品种权所有人应从授权当年开始缴纳年费。

审批机关对品种权依法予以保护。授权品种在保护期内，凡未经品种权人许可，被以商业目的生产或销售其繁殖材料的，品种权人或利害关系人可以请求省级以上政府农业、林业行政部门依据各自的职权进行处理，也可以向人民法院直接提起诉讼。

在保护期内如品种权人书面声明放弃品种权、未按规定缴纳年费、未按要求提供检测材料，或该品种已不符合授权时特征和特性，审批机关可作出宣布品种权终止的决定，并予以登记公告。

## 小　结

品种登录是由国际品种登录权威根据现行的《国际栽培植物命名法规》对植物品种的名称进行审核、认定、登记，并确认育种者的过程。品种登录、审定与保护是园林植物育种工作的延续，也是新品种投入生产或面向市场的重要环节。品种登录一般程序主要是育种者向品种登录权威提交品种登录申请表，登录权威对拟登录品种的名称、育种过程、性状特征等进行书面审查，颁发登录证书并发表登录结果。

国际登录权威除了记载品种名，而且也收集有关这些栽培品种的信息资料品种的详细描述、品种命名人或育种者的详细资料，以提供隐含在品种名背后准确的含义，以使品种名具有区别于其他品种名的可对比的个性特征。

## 思　考　题

1. 名词解释：

品种登录　　　　国际品种登录权威　　　　品种审定

2. 论述品种登录的重要性和审定程序的内容。

3. 试述品种审定的程序。

# 第20章 良 种 繁 育

**本章学习要点**

- 园林植物品种退化及防止措施
- 良种繁育的程序和方法
- 举例说明优良品种的生产技术和操作

良种繁育（seed and plant production of elite cultivars）是育种的延续和扩大，是优良品种能够继续存在和不断提高质量的保证，也是育种与生产之间的桥梁和良种推广的基础。良种繁育是对通过审定的花卉苗木品种，按照一定的繁育规程扩大繁殖良种群体，使生产的种苗保持一定的纯度和原有种性，以便种苗用于大田生产的一整套生产技术。也就是要有计划地、迅捷地、大量地繁殖优良品种种苗。这里的“繁”是指繁殖，是在保证种性的前提下，快速得到大量种苗的过程，是基于质上的量的变化。“育”在狭义上指采用先进的栽培技术和科学的管理措施，使优良品种的种性不发生变化，至少不能发生混杂退化，与“育种”中的“育”有一定区别。园林植物良种繁育的主要任务是在保证质量的情况下迅速扩大良种规模；保持并不断提高良种种性，恢复已退化的优良品种；保持并不断提高良种的生活力。

## 20.1 园林植物品种退化现象及其防治措施

### 20.1.1 品种退化的概念

所谓品种退化（degeneration of cultivars）是指园林植物的品种经几代繁育后，其优良性状表现出逐步减弱，有时会有某些预料不到的不良性状的情况出现。品种退化是园林植物原有的优良种性削弱的过程与表现。在一定程度上说，品种退化是不可避免的，其本质是由于品种遗传单一，发生不良遗传改变或外界条件不能满足其需要，导致品种原本性状难以表现。

品种退化，从狭义上来说，包括由于栽培条件、栽培方法不当，病虫害严重感染，繁殖材料质量不高，以及机械混杂等诸多因素影响，而造成的优良品种在生产上、应用上、观赏上的价值降低的现象。表现为形态畸变、生长衰退、高低不齐、叶色杂乱、花色紊乱、花径变小、重瓣性降低、花期不一、抗逆性差等。

### 20.1.2 品种退化的原因

#### 20.1.2.1 机械混杂

机械混杂是指在播种、育苗、移栽、定植、采种、脱粒、晾晒、储藏、包装、调拨等栽培和加工过程中，把一个品种的种子、种球或苗木机械地混入了另一个品种之中，从而降低了品种的纯度。在不合理的轮作和田间管理不善的情况下，前作植物或杂草种子的繁衍，以及施用混杂了其他品种或杂草种子的未经腐熟的肥料，也会造成机械混杂。

机械混杂的主要危害在于机械混杂以后，紧接着发生的生物学混杂，这将给栽培及应用带来更大的损失，造成品种更严重的退化。

#### 20.1.2.2 生物学混杂

生物学混杂大多发生在用种子繁殖的一、二年生草花。由于播种、育苗、移栽、定植、采种、晒种、储藏、包装、调运等过程中，混入了其他基因型植物；或隔离设置不当，发生天然杂交，造成基因的重组和分离。一般来说，亲缘关系近的，生物学混杂较易发生。在种子或枝叶形态相似和蔓性很强的品种间也最易发生。如香豌豆，由于植株间常缠绕在一起，而较难分清。生物学混杂在异交植物与常异交植物的品种间或种间最易发生。自花授粉的植物中也间有发生，如蜀葵、鸡冠花、凤仙花、三色堇、万寿菊、翠菊、金鱼草等。例如前文曾经提到过的羽状鸡冠的退化，主要就是生物学混杂所致。如北京林业大学从外地引入的矮金鱼草品种，原种植株极矮，几乎平铺地面，是布置花坛、花境、花台的良好材料。但由于与其他高株的金鱼草隔离不够，发生了生物学混杂，表现了高低不齐，株形混乱、严重退化现象，原来宜做花坛材料的优良品质也完全丧失。再如矮万寿菊与普通（高株的）万寿菊之间的生物学混杂也造成极不良的退化现象，结果使前者株矮、色鲜、花朵大小一致的优良品质完全消失，百日菊不同品种间（小球型与一般品种）的生物学混杂也造成严重的退化。

在常异交的植物（如翠菊）中，也易发生生物混杂。退化植株表现出重瓣性降低（露心），花瓣小等特征。

**20.1.2.3**　良种自身遗传性发生劣变和突变

作为良种的品种或自交系，其主要经济性状是基本一致的，这种一致性是相对的，不是绝对的，即使是理想化的纯系，个体间也是有区别的，那些通过杂交产生的杂种、远缘杂种、营养系品种间的差异就不言而喻了。在繁育过程中，一些杂合的、残存的异质基因会发生分离，由微效多基因控制的数量性状也会发生分离，这些分离的基因再经重组，使不良性状得到积累和加强，突出体现在有等位基因控制的性状上。由于这些内在因素的作用，加之环境条件、栽培技术等外界因素的影响，在培育过程中，繁殖材料本身不断发生变化，差异增多。异花授粉的株间是靠同品种植株间相互传粉，因此，其内部的差异不断积累，杂化现象非常快。这种由量变的积累过渡到质变的发生，会使良种失去原有的优良性状。

自然条件下，基因发生突变的频率极低，但不可小觑基因突变的广泛存在，而且多数突变对植物不利，也不乏其中的突变可以通过选择来培育品种，也不排斥个别基因会通过植物自身的调控得以消除，但仍有存留下来的可能，存留下来的基因可能会通过自己特有方式得以传递，使后代的变异类型和变异数量增加。如鸡冠花的红色花冠由显性基因 $A$ 控制，黄色由隐性基因 $a$ 控制，当 $A \to a$ 时，花冠由红色变为黄色，相反的基因 $a \to A$ 时，则由黄色变为红色，如突变发生时间较晚，则出现红黄相嵌现象。有的出现返祖现象，失去硕大花冠而变成青葙花序等。再如上述例子中由大花重瓣金盏菊退化成小花单瓣金盏菊便是这种情况。芽变在无性繁殖的园林植物中经常出现，园林中利用的就是其有利变异，可惜劣变太多，而可利用的突变往往太少。国槐（*Sorphora japanica*）发生有利芽变往往是可逆的，这些有利芽变可以发生逆突变，最后产生劣变，且劣变往往以微突变的形式存在于个体中，开始人们并未觉察到，但繁育几年后就发现品种优良特性都退化了。

**20.1.2.4**　病毒的侵染

病毒侵染在花卉植物中非常普遍，尤其在长期无性繁殖的园林植物上，造成的损失也很严重。美人蕉感染黄瓜花叶病毒（CMV），初期叶片出现褪绿的小斑点，严重时叶片卷曲、畸形，花碎色，植株矮小，甚至枯死；又如百合得了花叶病毒，叶片向背卷曲，植株矮小，花畸形，甚至不能正常开花等。其侵染途径有：刺吸式口器昆虫如蚜虫、蓟马、蝉等吸取植物汁液时传播；通过嫁接、摘心、打杈、摘叶、修剪造型等伤口接触传染；土壤病毒从根部伤口入侵等。病毒引起品种退化的主要是长期进行无性繁殖的园林植物，如郁金香、唐菖蒲、百合、菊花、大丽花、仙客来、香石竹、月季、泡桐等，尤其在高温干旱季节较易发生。为此，可以进行茎尖脱毒获得无病毒苗木。茎尖无毒或少毒的原因说法不一，有人认为茎尖生长速度快，病毒蔓延的速度赶不上茎尖生长的速度；也有人认为，新生的茎尖的输导组织不发达，病毒进入茎尖缺乏通道。无论如何，把植物安排在不易感染病毒病的季节或植株处于最佳生长发育条件，是明智之举。

**20.1.2.5**　繁殖方法不当

种子质量除与遗传性有关外，也与其着生部位有关，例如在植株的营养状况、相对部位、花序的抽生习性、单株结籽量等。如金鱼草、矮牵牛的蒴果重量由花序下部往上递减；波斯菊放射（小）花所结的种子大而重，中盘花种子轻而小，如采花序上部或用中盘花种子繁殖，则苗细弱，生长不良；又如‘五色’

鸡冠花，‘绞纹’凤仙花，未在典型花序部位采种或留种果量太大，或二色观叶植物（如吊兰、变叶木、鸭跖草、‘银边’天竺葵、‘金心’黄杨、海桐等），剪取了没有代表性状部位进行扦插，则往往失去其原有的典型性，又如悬铃木用修剪下来的高部位枝条扦插，结果发育过早，生长很快就衰退等。春化型植物（很多二年生植物和部分多年生草本植物）连续小株采种极易出现种性退化。

**20.1.2.6** 栽培环境不合适或栽培管理措施不到位

优良栽培品种都源自于野生种，其野生性状在良好的栽培条件下处于潜伏的隐性状态。但是当环境条件与栽培方法不适合品种种性要求时，优良的种性就会被潜伏的野生性状所代替。隐性性状会代替原来的显性性状，品种因此退化。大丽花、唐菖蒲喜冷凉环境，如栽培在南方湿热地区，往往生长不良，花序变短，花朵变小；耐荫花卉种植在阳光过强的地方，花卉品质大大降低；优良的大花雏菊品种，在栽培不良时很易变为小花的普通品种；翠菊品种在栽培环境条件恶劣时也会发生重瓣性降低（露心），花瓣变短变窄等退化现象。莲座类的重瓣菊花品种在栽培不良时最易产生重瓣性降低和花朵直径变小等退化现象。这可能与植株营养水平、生长发育状态和对逆境的抗性有关。

**20.1.2.7** 繁殖过程中缺乏对良种的选择

良种的出现，在很大程度上取决于人们选择的方向。在缺乏选择的栽培条件下，某些花卉中，美丽的花色将逐渐减少，而不良或原始花色的比例则逐渐增加。如蒲包花黄色品种与红色品种在一起栽培几年后，较原始的黄色花植株逐年增加，而鲜艳的红色花植株越来越少。这种情况在大岩桐、瓜叶菊等花卉栽培过程中也时有发生。这是因为这类花卉是由各种花色单株构成的一个复杂的品种群体，具有原始花色的植株在花色遗传传递能力上高于其他花色的植株，若不注意选择，原始的花色几年后便代替品种的好花色；若注意选择，如上述蒲包花中不采取混合留种法，而采取红色蒲包花单株留种就可以避免上述问题。

上述退化原因仅从育种和栽培角度方面进行考虑，但造成品种退化的原因也可从分子机理方面得到解释：植物开花性状或其他性状受基因控制，若基因之间发生重组分离或突变，花卉不表现当代优良性状；花序、小花的形成以及植物的生长发育是受基因表达程序调控，如上部采条扦插，即植物处于发育阶段，营养生长受到一定限制；基因表达要求一定的环境条件，如光、温度、水分、营养等，其中条件得不到满足，基因表达不充分，受抑制，甚至不表达，花卉即失去原有的典型性；生物活性分子的产生与消亡，在不同生长发育阶段的种类、水平和功能不尽相同，在特定阶段达不到应有的水平，或代谢出现一定程度的紊乱，则植物可能表现不出本来性状；病毒侵染植物是否引起花卉性状退化，这是病毒基因组和花卉基因组在一定环境条件下相互作用的结果，可能出现轻症、重症或无症，对前者属于品种退化之列。

### 20.1.3 防止品种退化的措施

随着农业、园林绿化的普及和发展，需要植物种苗的规格和种类日益增多，有关良种退化问题更为明显地突现出来。解决这一问题可从两方面着手，首先要建立完备的良种繁育体系和严格的良种繁育制度，其次是采取具体的防止品种退化的措施。

**20.1.3.1** 建立完备的良种繁育体系和严格的良种繁育制度

完备的良种繁育体系，在我国由生产原原种、原种、良种（有时称为合格种子）组成，也可用良种生产生产种。原种又可分为原种、原种一代、原种二代、原种三代等，良种可分为一级良种、二级良种和三级良种等。值得说明的是，其分级不是按照世代，而是按品种种子的纯度、净度和发芽率等标准来确定的。为此，要求配套措施，如完备而独立的良种繁育基地、明确的单位根据品种的繁殖系数和需要的数量，可分级生产。即设立原原种种子田和原种种子田。这一任务一般由选育单位、研究机构和农业院校来完成。种子田可由生产单位建立，但要与一般生产田分开，由有专业知识的人员负责、要建立种子生产档案，加强田间管理，加强选择工作，以确保种子质量。

关于建立完整的良种繁育制度，在我国迄今尚无完善的、有针对性的良种繁育单位和良种繁育体系。我国20世纪50年代提出“自选、自繁、自留、自用，辅之以互相调节”的“四自一辅”的种子工作方针，1978年又提出“种子生产专业化、加工机械化、质量标准化、品种布局区域化，以县为单位组织统一供种”的“四化一供”要求。从20世纪80年代后开始了种子专业化、商品化生产，并初步形成了把品种区域试验、品种审定、种子繁殖、机械加工、质量检验和经营销售等环节联成一个整体的良种繁育体系。现在，用建设社会主义市场经济体制的要求来看，这个良种繁育体系必须进一步改进和完善，要满足“以法治种”的要求，从种子的生产、加工、检验到营销都必须符合《种子法》（2000 年颁布实施）及配套的实施细则的要求。

#### 20.1.3.2　去杂去劣，加强选择

选择应根据生产种子的目的和要求，有针对性地对母株和父本株选择，具体做法有以下几方面。

1. 选择品种典型性高的单株

在植株生长发育的不同时期进行若干次选择。在幼苗期，在移植或定植时，根据性状的相关性进行一次选择；早花品种的良种繁育在初花期去劣，能有效地保持早花性；在盛花期对花卉的典型性进行选择，把具有优良花色或综合其他优良性状的单株加以标记，把具不良性状的单株加以淘汰。

2. 选择品种典型性高的花序

同一单株不同部位的花序或花朵所产生的种子，其典型性也不同，通常在植株上最先开的花，能比晚开的花产生更好的种子后代，如花较大和花期较早（如为选育晚开花的品种则应摘去早开的花，而用晚开的花留种）。在金鱼草和矮牵牛这一类的花卉上，它们的花着生于主枝和侧枝上，每个蒴果中的种子重量一般是由下而上递减，它们所产生的后代在生长势上也有显著的差异。

一般来说，原种要加大选择压力、提高选择差，而良种或生产种则可以适当降低选择标准。选择时，一定是主要性状，尤其是观赏性状、经济性状充分表现的时期进行选择。

在繁育过程中，应坚决贯彻“防杂重于去杂，保纯重于提纯”的方针。在植物生长发育的各个时期，进行观察比较，淘汰性状不良植株后采种，并注意栽培管理，就能达到提纯复壮的目的。

#### 20.1.3.3　采取可行措施，防止混杂

1. 防止机械混杂

严格遵守良种繁育的制度，防止机械混杂要注意以下各个环节：

（1）采种。专人负责及时采收，掉落地上的种子或种球，宁可舍去以免混杂，先收最优良的品种，种子采收后必须当时标以品种名称，如发现无名称标签的种子应舍去，装种子的容器必须干净，保证其中没有旧种子，如用旧纸袋应消除其上用过的旧名称。

（2）晒种。各品种应间隔一定距离，易被风吹动的种子更要注意，并派专人负责。

（3）播种育苗。播种要选无风天气，相似品种最好不在同一畦内育苗，否则应以显著不同的品种间隔开，往畦中灌水时放慢速度以免冲走种子，播种地段必须当时插标牌并画下播种图，播种畦最好不与上年播种畦在同一地段。播种和定植地应该合理轮作，以免隔年种子萌发出来造成混杂。

（4）移栽。此过程中最易混杂，必须严格注意去杂和插木牌并与移植定植图对应。留种田的施肥应保证肥料中没有混入相似品种的种子。

（5）去杂。从移苗时开始分别进行若干去杂工作，是防止机械混杂的有效措施，最好在移苗时、定植时、初花期、盛花期和末花期分别进行一次。

2. 防止生物学混杂

防止生物学混杂的基本方法是隔离与选择。

（1）空间隔离。生物学混杂的媒介主要是昆虫和风力传粉，因此隔离的方法和距离随风力大小、风向情况、花粉数量、花粉易飞散程度、重瓣程度以及播种面积等而不同。一般花粉量大的风媒花植物比花粉量少的隔离距离要大；重瓣程度小的比重瓣程度大的距离要大些；风力较大，及在同一风向的情况下也要大些；播种面积大的距离应较大；在缺乏障碍物的空旷地段距离应较大（因此可以有意识地利用高大建筑或种植高秆植物进行隔离）；在面积较小时，可以利用阳畦或隔离罩防止昆虫传粉。异花授粉植物间隔离距离要大，常异花授粉植物间可以小一些，自花授粉植物间可再小一些甚至可相邻种植。如各种类型的鸡冠花品种间、各种三色堇品种间、金鱼草品种间、万寿菊品种间、金盏花品种间、百日菊品种间等天然杂交百分率较高，应有较远的隔离。亲缘关系远的，或不在同一种属的可隔离的小些；而亲缘关系近的，或有共同生长习性的，可隔离远一些（见表 20-1）。

如果限于土地面积或植物种类比较多而不能满足上述要求时，有两个办法来解决：一是时间隔离，二是组织有关专业户分区播种，以分区保管品种资源。

表 20－1　部分园林植物间的隔离距离

| 作物代表 | 最小隔离距离/m |
| --- | --- |
| 十字花科、葫芦科、伞形花科、百合科、藜科、苋科的品种间 | 1000 |
| 波斯菊、万寿菊、金盏菊、金莲花 | 400 |
| 石竹属、蜀葵、桂竹香 | 350 |
| 矮牵牛、金鱼草、百日草 | 200 |
| 一串红、半支莲、翠菊、香豌豆 | 50 |
| 三色堇、飞燕草 | 30 |

（2）时间隔离。时间隔离是防止生物学混杂极为有效的方法，目的是错开开花期，采用分期播种，配以春化和光照处理，使不同品种的开花期错开，从而避免天然杂交。时间隔离可分为跨年度的与不跨年度的两种。前者适合于种子寿命较长或贮藏条件较好的情况，把全部品种分成 2 组或 3 组，每组内各品种间杂交率不高，每年只播种 1 组，进行一次大量繁殖，将所生产的种子妥为储存，供 2～3 年或多年使用；后一种是在同一年内进行分月播种，分期定植，把开花期错开，这种方法对于某些光周期不敏感的植物适用，如翠菊品种可以秋播春季开花，也可以春播秋季开花。

木本植物的隔离以空间为主，主要靠建立母树林时，规划出较大的空间和建立隔离林带（林带结构可参考防风林）以及利用地形（如山峰、河流、村落）进行隔离，木本植物在必要时可以进行人工辅助授粉以减少天然混杂。

**20.1.3.4** 选择合适的栽培环境，提高栽培技术水平

（1）土壤选择。应该具有良好的土壤结构，避免过分黏重的土壤，且排水良好，对于球根花卉更为重要。

（2）合理施肥。对于生产种子来说，混合肥料以及适当多些的鳞、钾肥有良好的影响。

（3）扩大营养面积。与一般大田比起来适当加大株行距，可以提高种子的质量，增加种子的典型性。

（4）合理轮作。除了诸如防治病虫害、合理利用地力、促进植物生长发育等作用外，对于良种繁育特别有益的是还能防止混杂和一定程度地防止球根花卉的生活力退化。

（5）避免砧木的不良遗传性的影响。采用嫁接繁殖的木本植物。一般一、二年生的良种接穗不要嫁接在野生的老龄砧木上，以嫁接在栽培品种的一、二年生实生苗上为好。此外，拔除有病毒植株，消灭害虫，土壤消毒，中耕除草，创造性状充分表现的环境条件。适地适花，适地适树，有的可改季节栽培，如唐菖蒲南方夏季湿热，可改秋季栽培，可防止品种退化。

## 20.2 园林植物良种繁育的程序和方法

园林植物良种繁育过程就是按照品种培育过程、品种特性和有关市场准入制度的要求进行快速、保质保量生产良种的过程，这就要求我们必须遵照客观实际，有条不紊地推进各项工作顺利开展。

### 20.2.1 良种繁育的程序

**20.2.1.1** 良种繁育圃的建立

良种繁育圃是原来繁殖不同级别的原种、良种或生产种的园区，其规模取决于市场预期的种子、苗木的数量和单位面积上种子、苗木的产量或数量。

圃地的选址是良种繁育圃建立的基础和前提，选择如何直接关系到未来生产种苗的数量和质量，主要从地点、地势、土壤、灌溉条件、病虫害、前作、交通等方面考虑。

1. 良种母本园

母本园是提供优良接穗、插条、芽苗、种子和砧木等为果树苗木繁殖材料的场所。母本园要集体化、规范化管理，每个品种要挂牌做标记，做好品种观察记载，画好定植图。良种母本园是种植原原种来生产原种，或种植原种来生产良种，也可能把良种进一步扩繁生产生产种的区域。要求有适宜的自然环境条

件，灾害性天气少；品种典型纯一，纯度达到 100％；能采用优良的农业技术措施；宜选择无病毒和无重要病虫害、特别是无检疫对象病虫害的地区；园地周围没有中间寄生植物，有条件的需进行隔离。建立母本园按建立的时间可分为新建母本园和在原有种子园的基础上改造或培养成的母本园。对实生繁殖植物来说，要注意母本园的父母本的选择与选配，在整个生育期内都要注重去杂去劣。

良种母本园也是进行无性繁殖的基础，母本园管理的好坏，影响到扦插、压条、分株和嫁接繁殖的发根、成活率等种苗的质量。

2. 砧木母本园

目前主要是用实生繁殖方式培育优良砧木，而问题是：实生繁殖的技术水平要求高，操作要精细，否则对一些长期无性繁殖的园林植物试图通过有性繁殖得到种子和由这些种子培育出壮苗确实有一定困难，这方面的资料尚不健全，只能靠实际工作者摸索。

除有计划地新建外，可将野生砧木资源丰富的地区，如有成片的典型性较高的野生砧木林，通过选择，去杂去劣，改建成砧木母本园。

3. 育苗圃

育苗圃圃地应具备的条件是：土地平整；应为壤土，富含有机质；水源充足，排灌方便，交通便利。

根据育苗生产需要，苗圃应划分为生产区、辅助区和管理区。生产区用地不得少于 75％，一般可以分为繁殖区（包括有性繁殖区、无性繁殖区、保护地栽培区，占育苗面积 8％）、小苗移植区（占 10％～15％）、大苗培育区（占 75％）、试验区（占 2％～3％）、母本、新优品种观察展示区（占 2％）。生产辅助区包括防风林、圃路、排灌水渠道、积肥场、管理区等，占总面积 20％～25％。

育苗圃的工作人员应有丰富的育苗经验，对种子筛选、苗木的真假辨别、生产操作和销售有一定能力。

4. 无病毒母本园

建立无病毒母本园，首先要通过热处理或茎尖培养、国外引种等方法获得无病毒接穗或无病毒营养系砧木的母本树。而且获得的母本树，要由省（自治区、直辖市）级植物检疫机构或全国植保总站指定单位进行病毒检验。根据检验结果，签发无病毒母本树合格证。凡准备建立无病毒接穗或营养系砧木母本园的单位或个人，必须填写申报表，经当地植物检疫机构审查批准。无病毒母本园园址应距离大田生产区有一定距离，而且必须是未栽植过同类苗木的土地。无病毒母本树应集中定植建园，栽培管理措施应有特殊要求，但不应低于当地中等的管理技术水平。要建立母本树技术管理档案，编号记载母本树历年的发育和病虫害发生情况及主要栽培管理措施。由于多种病毒能通过昆虫传播，所以，无病毒母本树应在网室中隔离保存，而且在花期以前要摘除花蕾，以防花粉传播病毒。对线虫易危害的植物，建立母本园前要用杀线虫剂进行土壤消毒。

**20.2.1.2**　采用先进的育苗技术

制订相关育苗技术规程，圃地选择与分区合理，科学整地、施肥和轮作，熟练地进行苗木繁殖，并做好配套措施。幼苗长出后，采取相应措施进行幼苗抚育，如遮荫与补光，降温与防寒、间苗与修剪。适时做好大苗的移植和修剪。要加强灌溉、施肥、中耕、除草等技术措施，促使苗木健壮生长；要注意预防旱、涝、风、雹、严寒、酷热等自然灾害和人、畜的损伤提高苗木保存率；合理间作、套种和补苗，提高土地利用率；加强病虫害防治；有计划地进行苗木出圃工作，并能保证存活率；应有完备技术档案和育苗技术资料。总之，完全按照种苗生长发育规律提供相应的外界条件，采取相应的栽培管理措施，一直是我们追求的理想化模型，也是保证种苗质量的最高要求。

## 20.2.2　加速良种繁育的方法

在扩大快速繁殖新的优良品种和杂交亲本种子技术方面，有各种各样的创新方法和措施。主要是提高繁殖系数，繁殖系数是指植物繁殖的倍数，即单位面积产量与播种量的倍数。一般采用的技术如下所述。

**20.2.2.1**　提高种子的繁殖系数

适当扩大营养面积，尽量使植株营养体充分生长，这样长出的植株果实充实，种子数量多，种子充实。①避免直播。尽可能采用育苗移栽，可节约用种量，提高繁殖系数；②宽行稀植。可增大单株营养面积，使种株能更好地生长发育，不仅可提高单株产种量，而且可提高种子品质；③剥蘖繁殖。具有分蘖特性的作物，如禾本科草坪草等。采用一次剥蘖分植或延长营养生长期多次剥蘖分植的方法，只用少量种子就能迅速扩大繁殖面积，大大提高繁殖系数；④异季或异地繁殖。充分利用地域气候条件，一年繁殖两代。例如，春种夏收后，随即进行夏种秋收，一年种植两次，不但可以加快繁殖速度，同时也能提高种性。异地繁殖是冬季选择光热条件可满足作物生长发育的地区，进行冬繁加代，增加种子繁殖数量。例如到海南岛进行繁殖加代，以延长父本开花时间。

**20.2.2.2　提高特化营养繁殖器官的繁殖系数**

鳞茎实际上是短而膨大的竖立苗端，肉质叶鳞包围其生长点和花原基。由叶鳞腋间产生小鳞茎，最终脱离母鳞茎形成新植株。这种繁殖方式见于洋葱、水仙、郁金香、风信子、百合、大蒜和贝母等。有的百合叶腋可长出零余子，即小鳞茎，又叫珠芽，它脱离母体后可长成一个新植株。结缕草的茎叫匍匐茎，茎上面生着节，节上又会生根长芽，通过这种方式可以使这些植物繁殖出许多后代。有少数植物，在同一植株上直立茎和匍匐茎两者兼有，如虎耳草，通常主茎是直立茎，向上生长，而由主茎上的侧芽发育成的侧枝，就发育为匍匐茎。有些植物的茎本身就介于平卧和直立之间，植株矮小时，呈直立状态，植株长高大不能直立则呈斜升甚至平卧，如酢浆草。唐菖蒲、藏红花和小苍兰的茎是球茎。唐菖蒲球茎上有4个芽原基，这些芽原基在适当条件下可以发育形成新球茎，以后老球茎开花后死亡。在每个新球茎周围，又可长出一些大小不同的小球茎，当它们生长1～2年以后也可达到开花阶段。根状茎是地下水平生长的主茎，具节和节间，叶、花轴和不定根等可从节上发生，如鸢尾、美人蕉、竹子等。这些特化了的营养器官都有很强的营养繁殖能力，所产生的新植株在母体周围繁衍，形成大量的植物个体。一般来说，这些单个营养体的播种体积越大，而且得到足够的营养（稀植），会发育成壮硕的植株，更有利于子代营养体的营养积累，分化出更多的合格子代营养体。

**20.2.2.3　提高一般营养繁殖器官的繁殖系数**

1. 充分利用园林植物的再生力

园林植物的营养繁殖器官或其一部分从母体分离，直接形成新个体。园林植物，特别是多年生植物，营养繁殖能力很强，植株上的营养器官或脱离母体的营养器官具有再生能力，或能生出不定根、不定芽，发育成新的植株。

2. 延长繁殖时间

园林植物由于有极强的再生能力，对繁殖时间或季节要求不甚严格，在保护地甚至在露地条件下，几乎周年都可以进行扦插、压条、嫁接、分株操作。有时可以用嵌芽接和分株相结合，每个芽都能繁育成新植株。

3. 节约繁殖材料

在原种数量不足，或由于意外原因，繁殖材料显得不够用的情况下，可用单芽扦插和芽接技术，这样比传统意义上的扦插有更高的繁殖系数。

4. 园林植物的组织培养

植物组织培养（plant tissue culture）是指在无菌条件下，将植物的离体生活部分，如器官、组织、细胞或原生质体等，在适宜的人工培养基上进行培养，使其增殖，并逐渐分化出器官，形成完整的植株的一种技术。

植物组织培养在园林植物繁育应用主要体现在：快速繁殖、工厂化育苗和利用微茎尖培养获得无病毒植株。①快速繁殖。园林植物经组织培养，可增加繁殖系数，加快繁殖速度，可生产出种性纯、品质好、产花量高的生产性用苗。在花卉育种过程中，不断的杂交、选种极大地扩展了花卉的花形与颜色，使得花卉在各方面都越来越接近人们的需求。但同时，也造成了花卉基因类型的高度异质化，即子代不易有均一表现。而组培苗是在母株器官、组织或细胞的基础上发展起来的，可以保持母株的全部特性（花形、花色、株形、开花习性、抗逆性等），因而可以根据需要来选择集多种优良性状于一体的植株加以分生，从而得到大量与母株一模一样的植株；②工厂化育苗。有些珍稀园林植物在常规育苗条件下，育出的种苗质量不高，数量有限，加上育苗条件不好控制，可以在室内来模拟育苗室的操作，采用组织培养的方式来生产大量种苗。不过和室外相比，苗一般比较弱，茎节细长，而且移栽难度也大，这要针对不同植物采取可行措施（如炼苗等）来提高存活率；③获得无病毒植株。长期应用营养繁殖（分株、扦插等）的观赏植物受病毒病危害相当严重。由于园林植物多采用营养繁殖，病毒则通过营养体及刀具、土壤传递给后代，大大加速了病毒病的传播与积累，导致病毒病的危害越来越严重。因病毒病大大影响其观赏价值，表现在康乃馨、菊花、百合、风信子等的鳞茎、球茎与宿根类花卉及兰科植物等严重退化，花少且小，花朵畸形、变色，大大影响观赏价值，严重者甚至导致某些品种的灭绝，严重制约观赏植物生产的发展。植物组织培养脱毒的原理主要是利用茎尖分生组织不带毒或少带毒。感病植株体内的病毒分布不均匀，其数量随植株部位和年龄而异，越靠近茎尖顶端的区域，病毒的浓度也越低。分生区域无维管束，病毒只能通过胞间连丝传递，赶不上细胞不断分裂和活跃的生长速度，因此生长点含有病毒的数量极少，几乎检测不出病毒。因此，茎尖培养时，切取0.2～0.5mm带1～2个叶原基的茎尖进行培养。

5. 人工种子的利用

人工种子（artificial seeds），又称合成种子（synthetic seeds）或体细胞种子（somatic seeds），是将植物离体培养产生的体细胚包埋在含有营养成分和保护功能的物质中，在适宜的条件下发芽出苗的颗粒体。广义的人工种子包括胚状体、芽体及小鳞茎，用凝胶包裹成球体或块状或其他形状的颗粒体。

与天然种子相比，人工种子可能有很多优点。如人工种子生产不受季节限制，可能更快地培养出新品种来，还可以在凝胶包裹物里加入天然种子可能没有的有利成分，使人工种子具有更加好的营养供应和抵抗疾病的能力，从而获得更加苗壮生长的可能性。人工种子可以完全保持优良品种的遗传特性，而且可以很方便地贮藏和运输。

## 20.3 园林植物优良品种的生产

### 20.3.1 刺槐播种育苗

#### 20.3.1.1 采种

3～5年生刺槐（*Robinia pseduoacacia*）开始结实，10～15年生开始大量结实，应选10～20年壮龄树采种。开花和荚果成熟期各地差异较大，花期4～5月，黄河和淮河流域8～9月荚果成熟。成熟后需立即采种、调制。

#### 20.3.1.2 育苗地选择

育苗地应选择地势平坦，排水良好，土层深厚，肥沃的中性沙壤土为宜。要求土壤含盐量0.2%以下，地下水位大于1m的地方。切忌选择菜地，更不宜与蝶形花科植物连作。育苗地选好后，秋季进行翻耕，深度30cm左右。早春耙细耙平，每667$m^2$施腐熟厩肥5000kg。整地时要施入适量辛硫磷，防治地下害虫。

#### 20.3.1.3 种子催芽

刺槐种子无种皂，种皮厚而坚硬，外皮含有果胶，不易吸水。催芽方法有：①播种前10d，将种子放入缸内，倒入90℃热水，边倒边搅拌，直到不烫手为止。浸泡24h后，捞出漂浮物和坏种子，然后用细眼筛子把已膨胀的种子和未膨胀的种子分开。未膨胀的种子再用90℃热水重新处理1～2次即可。将吸水膨胀的种子倒入筐篓内，上面盖上湿麻袋，放置在温暖处催芽；②逐渐增温、多次浸种法。分别用60～70℃热水浸种，边倒边搅拌，待其自然冷却后换清水浸泡24h，然后捞出种子放入容器中，上盖湿布，置暖处催芽，每天翻动1次，并用温水冲洗，4～5d后即可播种；③2%小苏打溶液浸种12h，阴干后播种；④浓硫酸浸泡25～30min，洗净后，再水浸1d即可播种；⑤混沙催芽，安全且发芽率高，即在5～10℃低温下混沙湿藏2个月左右，即可播种。切记催芽过程中防止种子发黏变质，须每天用清水淘洗1～2次，经1周左右有1/3种子裂嘴露出根尖时，即可进行播种。

#### 20.3.1.4 播种

以春播为主，4月中旬左右，气温达16℃时进行。在不致遭受晚霜为害的前提下，赶早为好。播种量45～60kg/$hm^2$，可产苗15万～30万株。一般采用垄播，垄距70cm，宽窄行双行条播。如土壤较干旱，要采取坐水播种方式。播种时要将种子均匀撒入沟内，覆土1～1.5cm厚，然后用磙子轻压1遍，使种子与土壤密切接触。即使土壤墒情好的情况下，播种前最好灌足底水。

**20.3.1.5** 苗期管理

播后3~7d幼苗出齐。幼苗生出2片真叶时（苗高3~4cm）进行第1次间苗，间去病弱小苗，将过密的苗疏开。随后再进行1~2次间苗，当苗高15cm时定苗，株距10~12cm。双行定苗时一定要交错开，每667m$^2$留苗1.2万株左右。本着不旱不浇的原则进行灌溉，全年灌水2~3次。6月上旬每667m$^2$可追施尿素10kg/次，每施肥后就要灌水1次。速生期可施少量磷肥。如秋季不起苗，越冬前要灌1次防冻水。

**20.3.1.6** 病虫害防治

用700~1000倍敌百虫在苗垄近旁开浅沟浇灌，可抑制根蛆活动。当苗木出齐后每15d喷洒1次0.5%~1%等量式波尔多液或1%~2%硫酸亚铁药液，每10d喷洒1次可防治立枯病。在立枯病发病初，可用50%的代森铵300~400倍液喷洒，灭菌保苗。6~7月发生蚜虫危害，可用40%氧化乐果乳剂800~1500倍液喷雾防治。

**20.3.1.7** 割梢打叶

刺槐苗木生长速度快，枝叶茂密，苗木分化严重。为了使苗木均衡生长，在7月末对树苗进行1次割梢打叶，以抑制大苗，辅助小苗生长，使其均衡生长，割后苗高不低于80cm为宜。

**20.3.1.8** 苗木出圃

起苗前距地表15~20cm处割干，然后用起苗犁起苗，起苗深度以苗木主根不小于18~20cm为宜。要随起随拣随选苗，当天不能栽植的苗木要及时假植。

### 20.3.2 杨树硬枝扦插育苗

杨树（*Populus Spp.*）是我国重要的造林绿化树种，占全国人工林总面积的19%。我国杨树在人工造林中主要是欧美杨无性系、美洲黑杨无性系和黑杨派与青杨派的杂种无性系。

根据所用杨树枝条木质化程度的不同，分为硬技扦插和嫩枝扦插两种。硬枝扦插是用完全木质化的枝条作材料进行扦插育苗。硬枝扦插育苗技术简单，易掌握，生产上应用广泛。硬枝扦插适用树种很多，如桂花、杨树、柳树、银杏、水杉、侧柏、悬铃木、绣球花、黄杨、木槿等。

**20.3.2.1** 圃地的选择和准备

圃地应选在地势平坦、背风向阳、排水良好、浇灌便利的土层深厚、肥沃疏松的砂壤土、壤土或轻壤土上。土壤pH值在7.0~8.5，不宜选择盐碱地。

一般犁地在春秋两季进行，以秋季更好。耕地深度25~35cm为宜。结合犁地，每667m$^2$施入经过充分腐熟的农家肥1500~2500kg。翌年3月耙地前，每667m$^2$再施入钾肥20kg，氮肥10~20kg，硫酸亚铁15kg。

做床做垄前必须对土壤进行消毒，一般采用多菌灵。圃地一定要整平、整细，以免灌水时发生高处干旱、低处积水现象，使新萌的幼叶蘸泥，经太阳照晒而死亡。①垄作。适用于北方寒冷地区，春季育苗时，垄作可提高地温，有利于插穗迅速发根。先将圃地进行全面翻耕后，按垄距条状撒施农家肥，再培垄，高度一般为20~25cm，垄应南北走向，使垄两侧地温均能提高；②高床。适用于地下水位高、土壤较湿的地方，高床可降低地下水位，提高土壤的通气性和地温。翻耕前先将基肥均匀撒在地表，翻耕后作床，床宽100~120cm；③低床。适用于春季不需专门提高地温，但需经常灌溉的地方。做床方法与高床相反，即在两床之间培高15~20cm，宽20cm的畦埂，然后耙平床面，床宽2m，长10m左右为宜。

具体需要哪种方式，各地需因地制宜。杨树扦插不宜重茬，可以在杨树无性系或品种间换茬，一般的规律是把干物质累积多，根系发达的品系栽种于干物质累积少，根系不发达的品种或无性系的茬口上。也可与玉米、豆类作物轮作。

**20.3.2.2** 种条的假植或窖藏

选用1年生苗的苗干作种条，要求生长健壮，无病虫害，木质化程度好。在秋季苗木落叶后立即采条，此时枝条内营养物质积累丰富，经冬季适宜条件贮藏，可促进插穗形成愈伤组织，有利于扦插生根。但对于107杨、108杨等欧美杨，美洲黑杨725杨和109杨、110杨等黑杨派与白杨派和青杨派的杂种无性系，最好是春季随采随插。

冬季起苗后，要带根假植于假植沟中，沟深 70cm，宽 60cm（在寒冷地区深度 90cm，以覆土后不受冻害为度），长度视苗木数量及地形而定。将苗木斜放于假植沟中，放一层苗覆一层土，必须让苗木与沟中沙土紧密接触，不留空隙，以免冬季风干。在寒冷地区，仅将苗木 1/4～1/5 的梢部露出沙土外，然后灌水封土，最好再覆盖草帘，以免发生冻害，待第二年春季育苗时，挖出后剪切插穗。

如采用窖藏，选地势较高、排水方便的向阳地段挖窖，窖深 70～80cm，宽 1～1.5m 左右，长度依种条数量而定。窖底铺一层 10～15cm 厚细沙，并使之保持湿润。在窖底埋条时，每隔 1～2m 插入一竖直草把，以利通风。严冬季节要及时采取保暖措施。要经常抽查窖藏种条，发现种条发热，应及时翻倒；沙层失水干燥时，可适当喷水，以保持湿润。经常观察坑内土壤水分状况，土壤过干，种条容易失水，土壤过湿，种条容易发霉得病。

**20.3.2.3　插穗截制**

制穗时需用锋利枝剪或切刀，工具钝易使插穗劈裂。剪插穗前，先将苗根剪下堆在一起，用土埋好待用。对于以愈伤组织生根为主的无性系，如欧美杨 107 杨、108 杨、109 杨、111 杨、113 杨和 725 杨等，插穗以上下切口平截，且要平滑，以利于愈合组织的形成，提高成活率。要特别注意使插穗最上端保持一个发育正常的芽，上切口取在这个芽以上 1cm 处，如苗干缺少正常的侧芽，副芽仍可发芽成苗。下切口的上端宜选在一个芽的基部，此处养分集中，较易生根。剪切的插穗应按种条基部、上部分别处置，分清上下，50 根一捆，用湿沙立即贮藏好，尽量减少阳光曝晒以免风干，然后用塑料布覆盖，随用随取。

插穗长度按“粗条稍短、细条稍长，黏土地插穗稍短、沙土地插穗稍长”的原则，由种条基部开始截制，插穗的粗度以 0.8～2cm，长 12～15cm 为宜。插穗要按粗细分级，每捆 50 根。

**20.3.2.4　插穗的处理**

越冬保存良好的欧美杨无性系种条，可不经任何处理，直接扦插。保存中失水较重和北方干旱地区春季采条截制的插穗，在扦插前须在活水中浸泡一昼夜，使插穗吸足水分。也可溶去插穗中的生根抑制剂，可提高扦插成活率。对于从外地调进的种条浸水尤其重要。为防止插穗水分散失，影响成活率，可把浸水后的插穗用溶化的石蜡封顶，基部可蘸取生根粉溶液，以利发根。有些地方将插穗装在蛇皮袋里放入干净的水中，让袋子处于自然悬浮状态即可，但泡水时间不要超过一周。

**20.3.2.5　扦插时间**

在冬季较温暖湿润的地方（淮河以南地区），苗木落叶后随采种条随制穗随扦插。冬季寒冷或干旱地区，土壤解冻后春插。必要时，扦插后可以覆盖地膜。

过水的杨树插穗垂直的插入松软的圃地土壤中，插穗上切口与地面相平或略高丁地面，可稍踏实土壤，使土壤与插穗密接即可。

**20.3.2.6　扦插方法**

种条基部和中部截取的插穗要分床扦插。扦插株行距 20cm×60cm，45000 株/hm$^2$，具体根据培育苗木规格、品种无性系特性、苗圃土壤情况、抚育管理强度等而定。

扦插时拉线定位，注意不要倒插。插穗直插为主。扦插后插穗上部应露出 4～5cm。扦插时注意保护插穗下切口的皮层和已经形成的愈伤组织。插穗上部的芽应向上、向阳。扦插后覆土 1cm 盖严插穗，之后立即灌溉。新制插穗的上切口与地面相平或略高于地面，可稍踏实土壤，使土壤与插穗密接即可。

**20.3.2.7　扦插苗物候与管理**

1. 芽萌动期

插穗扦插后，首先是芽膨大，而后伸长，继而芽鳞开裂，而后露出一簇叶尖。此阶段要求温度较低，且与派系品种有关。一般是青杨派、黑杨派间杂种要求温度较低，约 11℃左右即可开始萌动，而黑杨派欧美杨品种要求温度较高，约为 14℃才开始芽萌动；白杨派要求温度最高。故在安排扦插作业的顺序应是青杨派→黑青杨派杂种→黑杨派欧美杨系杂种→白杨派品种。

2. 生长初期（春梢生长期）

此阶段生长期不长，生长量不大。叶片开始像莲状排列，随即拔节，长成瘦弱小苗。因此期插穗未生根，而地上部已萌发生长，需要有营养供应，又因出现水分亏缺，气温不高（14～16℃），故生长慢而表现瘦弱。至此期末才出现皮部生根（救命根），故称之生长初期。

3. 生长临界期（停滞期）

此期苗高生长停滞，苗根缓慢生长，因气温逐渐升高，空气湿度下降，风大干旱，蒸腾、蒸发强烈。未生根的插穗，叶片水分亏缺达到高点，插穗内部的淀粉粒已测不出，说明养分耗尽，光合作用停止，因而出现有死苗现象。而未死的插穗，到此期中期，皮部根大量发生，一直延续到期末。不死的插穗，呼吸旺盛，薄壁细胞组织分生能力强，愈合组织已接近完全包被切口，插穗上的叶出现增大，叶色淡绿，插穗已长出根系，叶片水分亏缺不大，不久即进入生长旺盛期。

4. 生长旺盛期

此期生长时间较长，各杨树品种间出现的时间较一致，但生长量差异较大。由于此期根部吸收能力强，光合作用旺盛，株高、直径生长随之加快，若光、温、水同步到来，地上部生长呈直线上升，否则会出现几个生长高峰。此时，在茎条中形成了根原基。

5. 封顶期（顶芽形成期）

此期插条苗已形成顶芽，苗高不再生长，而根、茎继续积累养分，根原基继续增长，但遇多雨年份，会出现徒长，要引起注意。

6. 木质化期

此时气温已降到5～10℃，所有生长停止，且依高、径、根先后停止。叶绿素逐渐破坏，而被叶黄素、胡萝卜素和花青素所代替，呈现枯黄色，但有机物质还在转化，随后落叶休眠。在这几个时期中，生长初期和生长临界期插条育苗的管理工作较播种育苗简单，主要是除草、松土，干旱时灌溉，必要时追肥。有些品种需要除蘖（抹芽）。苗高速生长期开始时，只保留1个健壮萌条，其余全部抹去。除蘖次数以品种特性而定。

## 20.3.3 翠菊

翠菊（*Callistephus chinensis*），头状花序单生枝，苞片纸质，较多，发达，花型变化较多，花色有紫、蓝、红、粉红、白色等，少有黄色，花期（春播）7～10月，（秋播）5～6月。为常异交植物，重瓣品种天然杂交率很低，容易保持品种的优良性状。重瓣程度较低的品种，天然杂交率很高，留种时必须隔离。

### 20.3.3.1 种子繁殖

春、夏、秋均可播种，以春播（谷雨前后播）或秋播（立秋后播种）为宜，将种子播于露地苗床，出苗整齐，留种植株为避开7月、8月花期高温结实不良，可适当晚播。秋季盆播，在冷室内越冬，翌春上大盆或于4月定植。幼苗生长迅速，需及时间苗，经分苗一次后，苗高约10cm时定植，株距40cm，生长期要追施肥水，由于翠菊根系较浅，夏季干燥，尤需浇灌，但花期要求空气干燥，也可盆栽，盆土必须疏松、肥沃。春播8月开花，夏播（夏至播种者）可以在国庆节前开花，秋播到寒露小苗带土球移入阳畦，翌春定植于露地，“五一”前后开花。

### 20.3.3.2 繁殖方法

翠菊常用播种繁殖。因品种和应用要求不同决定播种时间。若以盆栽品种小行星系列为例：从11月至次年4月播种，开花时间可以从4～8月。翠菊种子千粒重为2.35g，发芽适温为18～21℃，播后7～21d发芽。幼苗生长迅速，须及时间苗。用充分腐熟的优质有机肥作基肥，化肥作追肥，一般多春播，也可夏播和秋播，播后2～3个月就能开花。可根据需要分批播种以控制花期。矮型种2～3月在温室内播种或3月在阳畦内播种，5～6月即可开花；4～5月露地播种，7～8月开花；7月上中旬播种，可在“十一”开花；8月上中旬播种，幼苗在阳畦中越冬，翌年“五一”开花。中型品种5～6月播种，8～9月开花；8月播种需阳畦越冬，翌年5～6月开花。高型品种春夏均可播种，并于秋季开花，但以初夏播种为宜，早播种开花时株高叶老，下部叶枯黄。

出苗后应及时间苗。经一次移栽后，苗高10cm时定植。夏季干旱时，须经常灌溉。秋播切花用的翠菊，必须采用半夜光照1～2h，以促进花茎的伸长和开花。翠菊一般不需要摘心。为了使主枝上的花序充分表现出品种特征，应适当疏剪一部分侧枝，每株保留花枝5～7个。促进的花期调控主要采用控制播种期的方法，3～4月播种，7～8月开花，8～9月播种，年底开花。翠菊出苗后15～20d分苗1次，生长40～45d后定植于盆内，常用10～12cm盆。生长期每旬施肥1次，也可用“卉友”20－20－20通用肥。盆栽后45～80d增施磷钾肥1次。翠菊为常异交植物，重瓣品种天然杂交率很低，容易保持品种的优良性状。重瓣程度较低的品种，天然杂交率很高，留种时必须隔离。

翠菊植株多分枝，枝端都有花，但每朵花的花梗较长（3～14cm），开花时花头分散而略下垂，因而影响观赏价值。可采用多效唑控制花梗高度，方法是在花蕾出现初期，用100mg/L多效唑溶液喷洒，能有效控制花梗伸长，花蕾丰满硕大，开花时花朵紧凑美观，花期也较为一致。

### 20.3.4 五角枫繁育

五角枫为槭树科槭树属落叶小乔木，能吸附烟尘及有害气体，分泌挥发性杀菌物质，净化空气，有利环保。其树皮灰棕色或暗灰色，单叶对生，叶片五裂，花序顶生，花叶同放，树姿优美，叶色多变，是城乡优良的绿化树种。其树体含水量大，而含油量小，枯枝落叶分解快，不易燃烧，也是较理想的防火树种。

#### 20.3.4.1 采种

采种母树应为品质优良的壮年植株。在秋季五角枫翅果由绿色变为黄褐色时采种，采种后晒2～3d，去杂弄净后袋藏。

#### 20.3.4.2 整地作床

苗圃地应当地势平坦、排灌方便、土层深厚、土壤肥沃。细致整地，每667m$^2$施厩肥或土杂肥3000～5000kg、饼肥100kg、尿素或磷酸二铵40kg，并筑成平床。两床之间有高15～20cm，宽20cm的畦埂，床宽2m，长10m左右为宜。

#### 20.3.4.3 播种

多在春季播种。播种前，用50℃温水浸种10min，然后加入冷水浸一昼夜，捞出后置于背风向阳处，每天用温水冲洗一次，并均匀搅拌。待50%的种子裂开后，即可播种。条播，行距20～30cm，播种深度2cm，每667m$^2$播种15～20kg，覆土厚1.5～2cm。播后覆草或地膜，保持土壤湿润和地温。

#### 20.3.4.4 管理

一般播种后15～20d种子即可发芽，可揭去覆草或地膜。苗高10cm时可间苗、定苗，株距10～15cm。定苗后，每10～15d灌溉、施肥一次，每次每667m$^2$施化肥5～8kg或施人粪尿500～750kg。适时中耕、除草，防治病虫害。9月停止施氮肥和灌溉。当年苗高1m左右，可移栽培育大苗。

#### 20.3.4.5 移栽

应在早春土壤解冻后至萌芽前进行，宜早不宜晚。株行距可根据不同目的而采用1.5m×2m、2m×2m或2m×2.5m等。多采用二年生大苗移栽，方法是“三埋两踩一提苗”，即放苗时苗木要竖直，根系要舒展，位置要合适。填土一半时要先提苗，使苗木根颈处土印与地面相平或略高于地2～3cm，然后踩实。再填土、踩实。最后覆上虚土，做好树盘，并浇透定根水（配合生根液），浇水后封土。

带土球苗木栽植用分层夯实法。即放苗前先量土球高度与种植穴深度，使两者一致。放苗时保持土球上表面与地面相平略高，位置要合适，苗木竖直。边填土边踏踩结实，最后做好树盘，浇透水，2～3d再浇水后封土。

### 20.3.5 珠芽繁殖和鳞茎繁殖

对于天然在叶腋生有珠芽的百合类如卷丹、沙紫百合等，可在珠芽成熟时剥离另行栽植，培养1～2年即可开花。对于在自然状态下不生珠芽的种类，可在春季或开花后将地下鳞茎上的鳞片剥离扦插，1月后能生小珠芽，培养2～5年开花，也可在盛花期扭压花茎，铲去表面10～15cm的土成一浅沟、填入粗沙，使花茎横卧其中，经6～8周后，掘起花茎，可见其茎部密生珠芽，此外，打顶、埋土等措施也可促进珠芽形成。繁殖时间一般在休眠期，植株开始生长前为好。栽植深度除注意繁殖材料大小外，还必须注意植物特性、土壤、气候等诸因素。

鳞茎是变态的地下茎，有短缩而扁盘状的鳞茎盘，肥厚多肉的鳞叶就着生在鳞茎盘上，鳞茎中贮藏丰富的有机物质和水分，借以度过不利的气候条件。鳞茎外面有干皮或膜质皮包被的叫有皮鳞茎，如郁金香、风信子等；无包被的叫无皮鳞茎，如百合。鳞茎的顶芽常抽生真叶和花序；鳞叶之间可发生腋芽，每年可从腋芽中形成一个至数个子鳞茎并从母鳞茎旁分离。生产中可栽种子鳞茎，如水仙、郁金香等。为加速繁殖还可创造一定条件分栽鳞叶促其生根，这在百合的繁殖中已广泛应用。

对风信子小球，可在7～8月间掘起母球，用刀切割鳞茎的基部，然后埋于湿沙中，经过两周取出置于有木框的架子上，保持室温20～22℃，注意通风和不见阳光，这样在9～10月可见伤口附近增殖大量小球，再将母球连同子球一并栽植露地，培养一年后再行分栽，经3～4年的培养就可开花。

## 小 结

良种繁育是对通过审定的花卉苗木品种，按照一定的繁育规程扩大繁殖良种群体，使生产的种苗保持一定的纯度和原有种性，以便种苗用于大田生产的一整套生产技术。新品种推广繁育过程中会发生品种混杂退化，如何防止新品种劣变退化，特定品种选育相关的种苗生产技术，保证提供品种纯正、质量合格、数量足够的种苗是本章讨论的重点。在坚持良种繁育程序的前提下，必须加快良种繁育的进程，以提高品种的社会效益和应有价值。

## 思 考 题

1. 名词解释：

   品种混杂退化　　机械混杂　　生物学混杂　　机械隔离
   空间隔离　　繁殖系数　　加代繁殖　　良种繁育
2. 何谓良种繁育？良种繁育的任务是什么？
3. 品种退化的原因有哪些？如何防止品种退化？
4. 简述良种繁育的基本原理与方法。
5. 如何做到良种尽快用于商品生产？
6. 提高良种繁殖系数的技术措施有哪些？

# 参 考 文 献

[1] 包满珠．园林植物育种学［M］．北京：中国农业出版社，2004.
[2] 鲍真晶，闫军辉，何亚丽．高羊茅抗逆无性系的选择和其子一代在上海的草坪特性鉴定［J］．上海交通大学学报（农业科学版），2012，30（3）：72-81.
[3] 曹家树，申书兴．园艺植物育种学［M］．北京：中国农业大学出版社，2002.
[4] 陈发棣，陈佩度，房伟民，等．栽培小菊与野生菊杂交一代的细胞遗传学初步研究［J］．园艺学报，1998，25（3）：308-309.
[5] 陈学林，李卫锋，王丹，等．我国菊花核技术诱变育种研究进展［J］．福建林业科技，2007，34（4）：259-263.
[6] 陈学森，杨红花，刘焕芳，等．利用远缘杂交创造核果类果树新种质的研究［J］．落叶果树，2004，（6）：4-7.
[7] 陈永霞，张新全，杨春华，等．扁穗牛鞭草新品种选育及栽培技术［J］．中国草地学报，2012，34（3）：109-111.
[8] 程金水．园林植物遗传育种学［M］．北京：中国林业出版社，2000.
[9] 程金水，刘青林．园林植物遗传育种学［M］．北京：中国林业出版社，2010.
[10] 崔彬彬，李云．高等植物细胞质遗传的研究进展［J］．河北林果研究，2006，21（1）：24-32.
[11] 代红艳，张志宏．植物转座元件及其分子标记的研究进展［J］．农业生物技术学报，2006，14（3）：434-439.
[12] 戴朝曦．遗传学［M］．北京：高等教育出版社，1998.
[13] 戴思兰．园林植物遗传学［M］．北京：中国林业出版社，2005.
[14] 戴思兰．园林植物育种学［M］．北京：中国林业出版社，2007.
[15] 戴思兰，陈俊愉，李文彬．菊花起源的 RAPD 分析［J］．植物学报，1998，40（11）：1053-1059.
[16] 戴文懿，孙亚梅，高贝，等．拟南芥温敏雄性不育突变体 atms1 的获得及表型分析［J］．上海大学学报（自然科学版），2011，17（5）：681-686.
[17] 邓衍明，叶晓青，佘建明，等．植物远缘杂交育种研究进展［J］．华北农学报，2011，（6）：52-55.
[18] 丁小飞，杨桂芬，董梅，等．白皮松天然群体遗传多样性的等位酶分析．广东林业科技，2011，27（1）：8-12.
[19] 董静，张运涛，王桂霞，等．五叶草莓与凤梨草莓种间杂交 $F_1$ 代的形态学及 SSR 标记鉴定［J］．西北农业学报，2010，（11）：145-148.
[20] 段超，张启翔．观赏植物远缘杂交和多倍体育种研究进展［J］．安徽农业科学，2009，37（15）：6954-6956.
[21] 段立红．植物新品种的法律保护［J］．人民司法，2001，（3）：4-6.
[22] 方宣钧，吴为人，唐纪良．作物 DNA 标记辅助育种［M］．北京：科学出版社，2000.
[23] 冯慧，常卫民，从日晨．远缘杂交在现代月季育种中的作用［J］．广东农业科学，2009，（12）：72-74.
[24] 高之仁．数量遗传学［M］．成都：四川大学出版，1986.
[25] 龚海云．浅谈细胞质中的质体遗传［J］．兵团教育学院学报，2007，17（2）：62-63.
[26] 巩振辉．园艺植物生物技术［M］．北京：科学出版社，2008.
[27] 巩振辉．植物育种学［M］．北京：中国农业出版社，2008.
[28] 郭尚．蔬菜良种繁育学［M］．北京：中国农业科学技术出版社，2010.
[29] 国凤利．天竺葵和杜鹃双亲细胞质遗传的细胞学研究［D］．北京：北京大学，1994.
[30] 国家林业局植物新品种保护办公室．http：//www.cnpvp.net/root/sqpz.aspx？type＝2.
[31] 韩振海、陈昆松．实验园艺学［M］．北京：高等教育出版社，2006.
[32] 何启谦，俞洋，何基娜．园林植物育种学［M］．北京：中国林业出版社，1992.
[33] 贺普超．葡萄学［M］．北京：中国农业出版社，2001.
[34] 胡适宜，国凤利．天竺葵质体和线粒体双亲遗传的细胞学机理—雄性和雌性配子超微结构和 DNA 荧光的研究［J］．植物学报，1994，36（4）：245-250.
[35] 胡适宜．被子植物质体的细胞学机理［J］．植物学报，1997，39（4）：363-370.
[36] 胡枭，赵惠恩．广义菊属远缘杂交研究进展［J］．现代农业科学，2008，15（4）：7-9.
[37] 华南植物园四个兰花新品种．中国风景园林网．http：//www.chla.com.cn/htm/2011/0411/80824.html.
[38] 黄济明，赵晓艺．玫红百合为亲本育成百合种间杂种［J］．园艺学报，1990，17（2）：153-156.
[39] 黄善武．月季育种［M］．北京：中国农业出版社，2000.
[40] 季道藩．遗传学［M］．北京：中国农业出版社，2000.
[41] 景士西．园艺植物育种学总论［M］．北京：中国农业出版社，2000.

[42] 李景秀，管开云，李志坚，等．秋海棠抗性育种初探 [J]．云南植物研究，2001，23 (4)：509 - 514.

[43] 李玲．RAPD 对树薄栽培品种及插田泡（*Rubus coreanus*）类型的遗传差异分析 [J]．四川农业大学，2007.

[44] 李淑萍，康洁．农杆菌 Ti 质粒的改造及其衍生的质粒载体 [J]．生物学通报，2006，41 (5).

[45] 李维基．新编遗传学教程．北京：中国农业大学出版社，2002.

[46] 李玮．广义菊属远缘杂交的初步研究 [D]．北京：北京林业大学，2006.

[47] 李辛雷，陈发棣．菊花二倍体野生种与栽培种间杂种的幼胚拯救 [J]．林业科学，2006，42 (11)：42 - 46.

[48] 李辛雷，陈发棣，崔娜欣．菊属种间杂种的鉴定 [J]．南京农业大学学报，2005，28 (1)：24 - 28.

[49] 李辛雷，陈发棣，赵宏波．菊属植物远缘杂交亲和性研究 [J]．园艺学报，2008，35 (2)：257 - 262.

[50] 孙春青，陈发棣，房伟民，等．甘菊与栽培菊“金陵黄玉”种间杂交失败原因的研究 [J]．园艺学报，2009，36 (9)：1333 - 1338.

[51] 李辛雷，陈发棣，赵宏波．菊属种间杂种若干花器官性状的表现 [J]．中国农业科学，2008，41 (3)：786 - 794.

[52] 李辛雷，陈发棣．部分菊属植物种间杂种难稔性及其克服 [J]．林业科学研究，2007，20 (1)：139 - 142.

[53] 李辛雷，陈发棣．菊花种质资源与遗传改良研究进展 [J]．植物学通报，2004，21 (4)：392 - 401.

[54] 李栒．染色体遗传学导论 [M]．湖南科学技术出版社，1991.

[55] 李玉晖，陈学森，杨红花，等．核果类果树远缘杂交试验初报 [J]．山东农业大学学报，2003，34 (3)：369 - 372.

[56] 李振星，蔡雄．细胞异常程序性死亡与植物雄性不育 [J]．江西农业学报，2011，23 (4)：115 - 117.

[57] 李子峰，王佳，胡永红，等．‘凤丹白’牡丹核型分析与减数分裂的细胞遗传学观察，园艺学报，2007，34 (2)：411 - 416.

[58] 梁青，陈学森，张立杰，等．亲本品种对樱桃远缘杂交亲和性及胚抢救的影响 [J]．果树学报，2006，239 (3)：388 - 391.

[59] 林毅雁．月月粉的再生及刺玫月季育种研究 [D]．北京：北京林业大学．2010.

[60] 刘志祥，洪亚辉，莫爱华，等．观赏植物花色分子遗传学及基因工程研究进展 [J]．湖南农业大学学报（自然科学版），2002，28 (6)：531 - 534.

[61] 刘祖洞．遗传学（第 2 版）[M]．北京：高等教育出版社，1990.

[62] 陆斌．无性系林业的优势与发展 [J]．云南林业，2011，(4)：40 - 41.

[63] 吕英民，陈俊愉．园艺植物栽培品种国际登录权威系列介绍（二）国际登录权威简介 [J]．中国花卉园艺，2001，(18)：20 - 21.

[64] 罗玉兰，张冬梅．SSR 标记及形态鉴定红刺玫和月季杂交 $F_1$ 后代 [J]．分子植物育种，2007，5 (6)：839 - 842.

[65] 木樨属植物品种国际登录中心．http：//icrco. njfu. edu. cn/index _ 4. htm.

[66] 乔燕春，林顺权，刘成明．SRAP 分析体系的优化及在枇杷种质资源研究上的应用 [J]．果树学报，2008，25 (3)：348 - 352.

[67] 荣举，许丽艳，李恩民．同位素亲和标签（ICAT）系列技术及其在蛋白质组研究中的应用：癌变、畸变、突变 [D]．上海：中国科学院上海冶金研究所，2003，15 (4)：244 - 248.

[68] 阮颖，周朴华，刘春林．九种李属植物的 RAPD 亲缘关系分析 [J]．园艺学报，2002，29 (3)：218 - 223.

[69] 申书兴．园艺植物育种学实验指导 [M]．北京：中国农业大学出版社，2002.

[70] 沈德绪．果树育种学 [M]．北京：农业出版社，2000.

[71] 沈海龙．苗木培育学 [M]．北京：中国林业出版社，2009.

[72] 沈洪波，陈学森．果树抗寒生理及抗寒性遗传育种研究进展 [J]．园艺学进展，2002，(5)：64 - 72.

[73] 宋润刚，路文鹏，王军，等．山葡萄种间杂交选育酿造葡萄品种的途径及其效果 [J]．中国农业科学，1998，31 (5)：48 - 55.

[74] 孙春青，陈发棣，房伟民，等．菊花远缘杂交研究进展 [J]．中国农业科学，2010，43 (12)：2508 - 2517.

[75] 孙春青，陈发棣，房伟民，等．栽培菊花“奥运天使”与野路菊杂交生殖障碍的细胞学机理 [J]．中国农业科学，2009，42 (6)：2085 - 2091.

[76] 孙乃恩，孙东旭，朱德煦．分子遗传学 [M]．南京：南京大学出版社，1990.

[77] 孙宪芝，赵惠恩．月季育种研究现状分析 [J]．西南林学院学报，2003，23 (4)：65 - 69.

[78] 孙宪芝．北林月季杂交育种技术体系初探 [D]．北京：北京林业大学．2004.

[79] 孙振雷．观赏植物育种学 [M]．北京：民族出版社，1999.

[80] 谭文澄，戴策刚．观赏植物组织培养技术 [M]．北京：中国林业出版社，1997.

[81] 汤访评．菊属与四个近缘属植物远缘杂交研究 [D]．南京：南京农业大学，2009.

[82] 汪劲武，杨继，李懋学．国产五种菊属植物的核型研究 [J]．云南植物研究，1991，13 (4)：411 - 416.

[83] 王二强，王占营，刘振国，等．远缘杂交在牡丹新品种选育上的应用现状及策略探讨 [J]．江西农业学报，2010，22 (5)：48 - 50.

[84] 王关林，方宏筠．植物基因工程［M］．北京：科学出版社，2009.
[85] 王明庥．林木植物遗传育种学［M］．北京：中国林业出版社，2001.
[86] 王明贤．林木遗传育种学［M］．北京：中国林业出版社，2001.
[87] 王四清，陈俊愉．菊花和几种其他菊科植物花粉的试管萌发［J］．北京林业大学学报，1993，4：56－60.
[88] 王涛．地被菊杂交育种技术的研究［D］．乌鲁木齐：新疆农业大学，2010.
[89] 王亚馥，戴灼华．遗传学［M］．北京：高等教育出版社，1999.
[90] 王永清，杜奎，杨志武，等．果树远缘杂交育种研究进展［J］．果树学报，2012，29（3）：440－446.
[91] 魏佳，陈小龙，孙华，等．油用山茶属植物育种与利用研究进展［J］．浙江农业学报，2012，24（3）：533－540.
[92] 吴卫国．茶树新品种漕溪1号选育研究［J］．安徽农业科学，2012，40（4）：1977－1979.
[93] 向其柏，刘玉莲．中国桂花品种图志［M］．南京：浙江科学技术出版社，2008.
[94] 谢小波，求盈盈，郑锡良，等．杨梅种间杂交及杂种 $F_1$ 的胚培养［J］．果树学报，2009，26（4）：507－510.
[95] 徐刚标．植物群体遗传学［M］．北京：科学出版社，2009.
[96] 徐纪尊，王丽辉，潘庆玉．观赏植物花色基因转化的研究进展［J］．中国农业科技导报，2006，8（5）：56－60.
[97] 徐晋麟，等．现代遗传学原理［M］．北京：科学出版社，2001.
[98] 许智宏，M. R. Davey，E. C. Cocking. 高等植物根原生质体的分离和培养［J］．中国科学（B辑 化学 生物学 农学医学 地学）. 1984，（11）：1012－1018.
[99] 颜启传．种子学［M］．北京：中国农业出版社，2001.
[100] 杨红花，卢继承，李伟，等．远缘杂交理论在果树育种实践中的研究进展［J］．山东农业大学学报，2006，37（1）：145－148.
[101] 杨杰，于小艳，李玉花．植物亲和受精过程中花粉管的黏附和定向生长［J］．植物生理学通讯，2004，40（6）：659－664.
[102] 杨金水．基因组学（第2版）［M］．高等教育出版社，2013.
[103] 杨鹏鸣，周俊国．园林植物遗传育种学［M］．郑州：郑州大学出版社，2010.
[104] 杨晓虹．园林植物遗传育种学［M］．北京：气象出版社，2004.
[105] 杨业华．普通遗传学［M］．北京：高等教育出版社，2006.
[106] 尹佳蕾．亚族部分属间远缘杂交的初步研究［D］．北京：北京林业大学，2005.
[107] 尹晓明，殷云龙，陈永辉．中山杉302和墨西哥落羽杉及其回交一代的同工酶分析［J］．植物资源与环境学报，2002，11（3）：59－61.
[108] 玉云祎，张启翔，高亦珂，等．园林植物新品种保护的现状与策略［J］．山东林业科技，2004，（1）：53－54.
[109] 张庆费．园林植物引种与推广存在问题探讨［J］．园林，2011，（11）：46－49.
[110] 张数方．园林植物育种学［M］．哈尔滨：东北林业大学出版社，1990.
[111] 张西丽，周厚高，周焱．百合远缘杂交育种研究现状［J］．广西农业生物科学，1999，18（2）：157－160.
[112] 张莹莹，代汉萍，刘镇东．树莓品种与牛叠肚及茅莓种间杂交研究［J］．果树学报，2009，26（6）：899－901.
[113] 张云，刘青林．植物花发育的分子机理研究进展［J］．植物学通报，2003，20（5）：589－601.
[114] 赵宏波，陈发棣，房伟民，等．利用亚菊属矶菊获得栽培菊花新种质［J］．中国农业科学，2008，41（7）：2077－2084.
[115] 赵宏波，陈发棣，郭维明，等．菊属与春黄菊族部分属间杂交亲和性初步研究［J］．南京农业大学学报，2008，31（2）：139－143.
[116] 赵宏波．东亚春黄菊族系统演化及栽培菊花与矶菊属间杂交研究［D］．南京：南京农业大学，2007.
[117] 赵莉，潘远智，朱峤．$GA_3$、IBA和6－BA对香水百合开花特性及内源激素的影响［J］．湖北农业科学，2012，51（7）：1385－1389.
[118] 赵寿元，乔守怡．现代遗传学［M］．北京：高等教育出版社，2001.
[119] 赵艳格．浅谈园林植物的引种驯化［J］．园艺与种苗，2012，（3）：19－20，30.
[120] 赵玉辉，胡又厘，郭印山，等．荔枝、龙眼属间远缘杂种的获得及分子鉴定［J］．中国果树，2008，25（6）：950－952.
[121] 赵云鹏，陈发棣，郭维明．观赏植物花色基因工程研究进展［J］．植物学通报，2003，20（1）：51－58.
[122] 中国农业百科全书总编辑委员会．中国农业百科全书（观赏园艺卷）［M］．北京：中国农业出版社，1996.
[123] 周春玲，戴思兰．菊属部分植物的AFLP分析［J］．北京林业大学学报，2002，（6）：71－75.
[124] 孙华彩，赵兰勇，丁一鸣．蔷薇属植物远缘杂交研究进展［J］．山东林业科技，2011，（3）：118－120.
[125] 周树军，汪劲武．10种菊属（*Dendranthema*）植物的细胞学研究［J］．武汉植物学研究，1997，15（4）：289－292.
[126] 朱军．遗传学［M］．3版．北京：中国农业出版社，2002.

[127] 邹清华，等．蛋白质组学（proteomics）的相关技术及应用［J］．生物技术通讯，2003，14（3）：1－7.

[128] A sano Y，HiroshiM yodo. Studies on Crosses between Distantly Related Species of Lilies. For the Intrastylar Pollination Technique［J］. J. Japan Soc. Hort. Sci.，1997，46（1）：59－65.

[129] Boynton J F，Gillham N W，Harris E H，et al. Chloroplast transformation in Chlamyamonas with high velocity microprojection［J］. Science，1988，240：1534－1538.

[130] Carrer H，Hockenberry T N，Svab Z. Kanamycin resistance as selectable marker for plastid transformation in tobacco［J］. Molecular Genetics and Genomics，1993，241：49－56.

[131] Chen J Y，Wang S Q，Wang X C et al. Thirty years' studies on breeding ground－cover chrysanthemum new cultivars［J］. Acta Horticulture，1995，404：30－36.

[132] Cheng X，Chen S M，Chen F D，et al. Interspecific hybrids between Dendranthema morifolium（Ramat.）Kitamura and D. nankingense（Nakai）Tzvel. achieved using ovaryrescue and their cold tolerance characteristics［J］. Euphytica，2010，172：101－108.

[133] Daniel L. Hartl，Elizabeth W. Jones. Essential Genetics，A Genomics Perspective－3rd ed［M］. New York：Jones and Bartlett，Inc.，2002.

[134] Daniel L. Hartl，Elizabeth W. Jones. Essential Genetics，A Genomics Perspective－3rd ed［M］. New York：Jones and Bartlett，Inc.，2002.

[135] Datson P M，Murray B G，Hammett K R W. Pollination systems，hybridization barriers and meiotic chromosome behaviour in Nemesia hybrids［J］. Euphytica，2006，151：173－185.

[136] Deng Y M，Chen S M，Chang QS，et a1. The chrysanthe mum × Artemisia vulgaris intergenerie hybrid shows better rooting ability and ahernarial leaf spot resistance than its chrysanthemum parent［J］. Scientia Horticulturae，2011，11：012.

[137] Dorothy J，Callaway and M. Brett Callaway. Breeding Ornamental Plants［M］. USA：Timber Press，2000.

[138] FaureS，Noyer JL，Carreel. Maternal inheritanceof chloroplast genomeand paternal inheritance of mitochondrial genomeinbabanas［J］. Curr Genet，1994，25：265－269.

[139] Fukai S，Nagira T，Goi M. Cross compatibility between chrysanthemum（Dendranthema grandiflorum）and Dendranthema species native to Japan［J］. Acta Horticulture，2000，508：337－340.

[140] Fukais. Cryopreservation of Germplasm of Chrysanthemums，Bio－technology in Agriculture and Forestry［J］. Cryopreservation of plant Germplasm Springer－Verlag Berlin，1995，32：447－457.

[141] Furuta H，Shinoyama H，Nomura Y，Maeda M，Makara K. Production of intergeneric somatic hybrids of chrysanthemum［Dendranthema x grandiflorum（Ramat）Kitamura］and wormwood（Artemisia sieversiana J. F. Ehrh. ex. Willd）with rust（Puccinia horiana Henning）resistance by electrofusion of protoplasts［J］. Plant Science，2004，166（3）：695－700.

[142] Furuta H. Production of intergeneric somatic hybrids of chrysanthemum and worm wood with rust resistance by electro fusion of protoplasts［J］. Plant Science，2004，166（3）：695－702.

[143] Guo FL，HuSY. Cytological evidence of biparental inheritance of plastid sand mitochondriain Pelargonium［J］. Protoplasma，1995，196：201－207.

[144] Hu Q，Andersen S B，Dixelius C，Hansen L N. Production of fertile intergeneric somatic hybrids between Brassica napus and Sinapis arvensis for the enrichment of the rapeseed gene pool［J］. Plant Cell Reports，2002，21：147－152.

[145] Huang F C，Klaus S M，Herz S，et al. Efficient plastid transformation in tobacco using the aphA6 gene and kanamycinselection［J］. Molecular Genetics and Genomics，2002，268.

[146] International Society for Horticultural Science. http：//www. actahort. org/.

[147] Kermani M J，Sarasa n V，Roberts A V，et al. Oryzalin induced chromosome doubling in Roseand its effect on plant morphology and pollen viability［J］. Theor. Appl. Genet. 2001，107：1195－1200.

[148] Kittiwongwattana C，Lutz K，Clark M，et al. Plastid marker gene excision by the phiC31 phage site specific recombinase［J］. Plant Molecular Biology，2007，64：137－143.

[149] Kondo K，Abd El－Twab M H. Analysis of inter－and intra－generic relationships sensu stricto among the members of Chrysanthemumsensu lato by using fluorescent in situ hybridization［J］. Chromosome Science，2002，6：87－100.

[150] Kuroda H，Maliga P. Sequences downstream of the translation initiation codon are important determinants of translation efficiency inchloroplasts［J］. Plant Physiology，2001，125：430－436.

[151] Li J，Chen S M，Chen F D，etal. Karyotype and meiotic analyses of six species in the subtribe Chrysantheminae［J］. Euphytica，2008，64：293－301.

[152] Li T H, Yosh ijiMiimi. A Comparision of Seed Sets in Self Intraspecific and Intersperspecific Po llination of Lilium Species by Stigmatic and Cut style Pollination Methods [J]. J. Japan Soc. Hort . Sci. , 1995, 64 (1) : 149 - 159.

[153] Lutz K A, Knapp J E, Maliga P. Expression of bar in the plastid genome confers herbicide resistance [J]. Plant Physiology, 2001, 125: 1585 - 1590.

[154] Maliga P, Bock R. Plastid biotechnology: food, fuel, and medicinefor the 21st century [J]. Plant Physiology, 2011, 155: 1501 - 1510.

[155] Mallikarjuna N, Saxena K B. Production of hybrids between Cajanus acutifolius and C. cajan. [J]. Euphytica, 2002, 124: 107 - 110.

[156] Mark SRoh, Robbert J. Griesbach, Roger H. Law son. Evaluation of Interspecific Hybrids of L ilium long if lorum and L. ×elegans [J]. Acta Hort. , 1996, 414: 101 - 110.

[157] Mattheij W M, Puite K J. Tetraploid potato hybrids through protoplast fusions and analysis of their performance in the field [J]. Theoretical and Applied Genetics, 1992, 83: 807 - 812.

[158] Meyers B, Zaltsman A, Lacroix B, et al. Nuclear and plastid genetic engineering of plants: comparison of opportunities and challenges [J]. Biotechnology Advances, 2010, 28: 747 - 756.

[159] NAGATA N. Mechanisms for independent cytoplasmic inheritance of mito - chondria and plastids in angiosperms [J]. Journal of Plant Research, 2010, 123 (2) : 193 - 199.

[160] Nijmi R, Masara Nakano, Kenichirt Maki Production of Interspecific Hyhrids between *Lilium* reg ale and L. rubellum via Ovule Culture [J]. J. Japan Soc. Hort. Sci. , 1996, 64 (4): 919 - 925.

[161] kazaki K, YujiUmada. Interspecrfrc Hybrids of *Lilium* long if lorum and L. ×formolongiwith L. rubellum and L. japonicum through Embryo Culture [J]. J. Japan Soc. Hort. Sci. , 1992, 60 (4): 997 - 1002.

[162] Ohashi H, Yonekura K. New combinations in Chrysanthemum (Compositae - Anthemideae) of Asia with a list of Japanese species [J]. The Journal of Japanese Botany, 2004, 79: 186 - 195.

[163] Okazaki K, Yoshito A sano. Interspecific Hybrid between Lilium 'Oriental' Hybrid and L 'Asiatia' Hybrid Produced by Embryo Culture with Revised Media. Breeding Science [J]. 1994, 44: 59 - 64.

[164] Okazaki K. Introduction of the Characteristics of *Lilium* concolor *into* L. ×A siatic Hybrids by Cro ssing through Style cutting Pollination and Embryo Culture [J]. J. Japan Soc. Hort. Sci. , 1995, 63 (4) : 825 - 833.

[165] Sarmah B K, Sarla N. Overcoming prefertilization barriers in the cross Diplotaxis siettiana × Brassica juncea using iradiated mentor pollen [J]. Biologia Plantarum, 1995, 37 (3): 329 - 334.

[166] Sharma D R, Kaur R, Kumar K. Embryo rescue in plants [J]. Biomedical and Life Sciences, 1996, 89 (3) : 325 - 337.

[167] Sodmergen, BaiHH, HeJX. Potential for biparental cytoplasmicinheritancein Jasminum officinale and Jasminumnu diflorum Sex [J]. Plant Reprod, 1998, 11: 107 - 112.

[168] Spielman M, Scott R J. Polyspermy barriers in plants: from preventing to promoting fertilization [J]. Sexual Plant Reproduction, 2008, 21: 53 - 65.

[169] Sun C Q, Chen F D, Teng N J, et al. Interspecific hybrids between Chrysanthemum grandiflorum (Ramat. ) Kitamura and C. indicum (L. ) Des Moul. and their drought tolerance evaluation [J]. Euphytica, 2010, 174: 51 - 60.

[170] Sun C Q, Chen F D, Teng N J, Liu Z L, Fang W M, Hou X L. Factors affecting seed set in the crosses between Dendranthema grandiflorum (Remat. ) Kitamura and its wild species [J]. Euphytica, 2010, 171: 257 - 262.

[171] Svab Z, Hajdukiewicz P, Maliga P. Stable transformation of plasticdsin higher plants [J]. Proceedings of the National Academy ofSciences of the United States of America, 1990, 87: 8526 - 8530.

[172] Tanaka K, Kanno Y, Kudo S, et al. Somatic embryogenesis and plant regeneration in chrysanthemum [J]. Plant Cell Rep. , 2000, 19 (10): 946 - 953.

[173] Tang F P, Chen F D, Chen S M, et al. Intergeneric hybridization and relationship of genera within the tribe Anthemideae Cass. (I. Dendranthema crassum Kitam. Crossostephium chinense (L. ) Makino) [J]. Euphytica, 2009, 169: 133 - 140.

[174] Tang F P, Chen S M, Deng Y M, et al. Intergenerie hybridization between Dendranthema crassum and Ajania myriantha [J]. Acta Horticuhurae, 2010, 855: 267 - 272.

[175] Teng N J, Chen F D, Jiang Z C, et al. Detection of genetic variation by RAPD among chrysanthemum plantlets regenerated from irradiated calli [J]. Acta Hoticulturae, 2008, 766: 413 - 419.

[176] Tuyl J M , Van Dien M P. Application of in vitro Pollination, Ovary Culture and Embryo Rescue for Overcoming Incongriuity Barriers in Interspesific *Lilium* Crosses [J]. Plant Science, 1991, 74: 115 - 126.

[177] van Tuyl J M, van Dieen M P, van Creij M G M, van Kleinwee T C M, Franken J, Bino R J. Application of in vitro

pollination, ovary culture and embryo rescue for overcoming incongruity barriers in interspecific Lilium crosses [J]. Plant Science, 1991, 74: 115 - 126.

[178] Verma D, Daniell H. Chloroplast vector systems for biotechnology applications [J]. Plant Physiology, 2007, 145: 1129 - 1143.

[179] Von Malek B, Weber W E, Debener T. Identification of molecular markers linked to Rdrl, a gene conferring resistance to blackspot in roses [J]. Theor Appl Genet, 2000, 101: 977 - 983.

[180] ZHANG Q, LIU Y, SODMERGEN. Examination of the cytoplasmic DNA inmale reproductive cells to determine the potential for cytoplasmic inheritance in 295 angiosperm species [J]. Plant and Cell Physiology, 2003, 44 (9): 941 - 951.

[181] Zhao H E, Liu Z H, Hu X, etal. Chrysanthemum genetic resources and related genera of chrysanthemum collected in China [J]. Genetic Resources and Crop Evolution, 2009, 56 (7): 37 - 946.

[182] Lee C B, Page L E, McClure B A, et al. Post - pollination hybridization barriers in Nicotiana section Alatae [J]. Sexual Plant Reproduction, 2008, 21: 83 - 195.

[183] Zhou S J, Ramanna M S, Visser R G F, et al. Analysis of the meiosis in the $F_1$ hybrids of Longiflorum × Asiatic (LA) of lilies (Lilium) using genomic, l si to hybridization [J]. Journal of Genetics and Genomies, 2008, 35: 687 - 695.